U.-P. Tietze, M. Klika, H. Wolpers

Mathematikunterricht in der
Sekundarstufe II

Aus dem Programm
Didaktik der Mathematik

vieweg

Uwe-Peter Tietze
Manfred Klika
Hans Wolpers
(Hrsg.)

Mathematikunterricht in der Sekundarstufe II

Band 2

Didaktik der Analytischen Geometrie und Linearen Algebra

verfasst von Uwe-Peter Tietze
unter Mitarbeit von Peter Schroth und Gerald Wittmann

Adressen der Herausgeber

Prof. Dr. Uwe-Peter Tietze
TU Braunschweig, FB 9
Institut für Didaktik der Mathematik und Elementarmathematik
Pockelstraße 11
38106 Braunschweig

PD Dr. Manfred Klika und Dr. Hans Wolpers
Universität Hildesheim
Institut für Mathematik und Angewandte Informatik
Marienburger Platz 22
31141 Hildesheim

Die Deutsche Bibliothek – CIP-Einheitsaufnahme
Ein Titeldatensatz für diese Publikation ist bei
Der Deutschen Bibliothek erhältlich.

www.vieweg.de

Konzeption und Layout des Umschlags: Ulrike Weigel, www.CorporateDesignGroup.de
Druck und buchbinderische Verarbeitung: Hubert & Co., Göttingen
Gedruckt auf säurefreiem Papier
ISBN-13: 978-3-528-06767-0   e-ISBN-13: 978-3-322-86479-6
DOI: 10.1007/978-3-322-86479-6

Vorwort der Herausgeber

Wir legen mit diesem Band zur Didaktik der Analytischen Geometrie und Linearen Algebra den Teil III unseres dreibändigen Werkes zum Mathematikunterricht in der Sekundarstufe II vor. Ähnlich wie in Teil II zur Didaktik der Analysis knüpfen wir auch hier an die Fachdidaktischen Grundfragen aus Teil I an. Wir haben darauf geachtet, daß dieser Band aber in sich geschlossen ist und ohne Vorkenntnisse gelesen werden kann.

Dennoch halten wir es für wünschenswert, zur Vertiefung auf die Fachdidaktischen Grundfragen zurückzugreifen. Entsprechende Verweise sollen das erleichtern. Wir wiederholen hier kurz die inhaltlichen Schwerpunkte von Teil I. Ausgangspunkt ist die Frage nach den Zielen im Mathematikunterricht und deren Begründung. Wichtige Aspekte sind die Ziel-Mittel-Argumentation, Fragen der Allgemeinbildung und der Wissenschaftsorientierung, das Herausarbeiten allgemeiner Zielsetzungen und die Entwicklung des Begriffs der fundamentalen Idee. Es wird gezeigt, daß die Berücksichtigung dieser Aspekte weitreichende Konsequenzen für die Planung und Durchführung von Mathematikunterricht in der Sekundarstufe II hat. Diese Aspekte erfahren im folgenden eine Vertiefung, indem vier Grundtätigkeiten des Mathematikunterrichts einer genauen Analyse unterzogen werden: Lernen (von Begriffen und Regeln), Problemlösen, Anwenden und Modellbilden sowie Beweisen und Begründen. Es werden Grundlagen zum Verstehen von inhaltsbezogenen Lern- und Interaktionsprozessen gelegt und Konsequenzen für das Unterrichtsmanagement, insbesondere für die Auswahl von Lehrverfahren, abgeleitet. Mit der Diskussion eines problem- und anwendungsorientierten Mathematikunterrichts und der Frage nach Art, Ziel und Umfang des Rechnereinsatzes (Computer, grafikfähiger Taschenrechner, Schul- und Anwendersoftware) werden wesentlichen Gesichtspunkten der aktuellen Reformdiskussion um den Mathematikunterricht Rechnung getragen.

Wir knüpfen mit dieser dreibändigen Didaktik an das Buch „*Tietze/Klika/Wolpers*: Didaktik des Mathematikunterrichts in der Sekundarstufe II" von 1982 an. Die vielfältigen Veränderungen in der Schule, in den Fachwissenschaften und der Fachdidaktik haben uns veranlaßt, ein neues Buch zu schreiben und nicht nur eine Neubearbeitung vorzulegen. Hervorzuheben sind insbesondere die sich verändernde gesellschaftliche Rolle des Gymnasiums, aktuelle und mögliche Veränderungen von Mathematikunterricht durch die neuen Informationstechnologien, die Neubewertung der Anwendungsorientierung und das stark gewachsene Wissen über fachspezifische Lehr-, Lern-, Verstehens- und Interaktionsprozesse.

Wichtiges Charakteristikum des gesamten Werkes ist es, daß die allgemeinen Gedanken und Theorien nicht abstrakt bleiben. Alle Teile dieser Didaktik sind mit zahlreichen Beispielen und Aufgaben versehen. Diese sollen das Verständnis des Textes erleichtern, zur Weiterarbeit anregen, als Übungsmaterial für didaktische Veranstaltungen in der ersten und zweiten Ausbildungsphase dienen und Anregungen für den konkreten Unterricht geben. Die Analyse expliziter und impliziter Ziele von Schulbüchern und deren Bewertung durch Lehrer sollen beim Umgang mit diesem für den Unterricht wichtigsten Medium helfen. Jedes Kapitel endet mit einer Zusammenstellung der zentralen Begriffe und Themenkreise. Alle Kapitel sind in intensiven Diskussionen inhaltlich aufeinander abgestimmt worden.

Nach langer Diskussion über den Gebrauch weiblicher und männlicher Wortformen, wie Lehrerin, Lehrer und LehrerIn, haben wir uns für den traditionellen Weg der männlichen Form entschieden. Wir bitten unsere Leser, Verständnis dafür zu haben. Auch befragte Frauen haben uns in dieser Entscheidung bestärkt.

Das Werk wendet sich an Fachdidaktiker, an Studenten des gymnasialen Lehramts, an Referendare und an Lehrer, die ihren Unterricht überdenken möchten, die nach neuen Formen des Unterrichtens oder nach inhaltlichen Anregungen suchen.

März 2000

Prof. Dr. U.-P. Tietze   Akad. Oberrat PD Dr. M. Klika   Akad. Direktor Dr. H. Wolpers
TU Braunschweig und Universität Hildesheim

Vorwort der Verfasser dieses Bandes

Wir unterziehen den Schulstoff Analytische Geometrie und Lineare Algebra einer umfassenden fachlichen und didaktisch-methodischen Analyse und geben zahlreiche Anregungen für den konkreten Unterricht. Ein erstes Kapitel dient dazu, eine Brücke zwischen der Fachdisziplin und dem Schulstoff zu schlagen und dabei zugleich das Wesentliche des Gebietes, die fundamentalen Ideen, herauszuarbeiten. Dabei wird das Stoffgebiet unter drei Gesichtspunkten gesehen: Mathematik als Produkt, als Prozeß – als Machen, Entwickeln und Entdecken von Mathematik – sowie schließlich Mathematik als Modellbilden, Mathematisieren und Anwenden. Nach unseren Lehrerfahrungen kann dieses Kapitel Studenten helfen, ihre fachwissenschaftlichen Veranstaltungen neu zu sehen und damit besser zu verstehen. In einem zweiten Kapitel wird ein allgemeiner Überblick über den Unterricht in diesem Gebiet gegeben: didaktische Strömungen und Tendenzen werden dargestellt, unterschiedliche Schulbuchansätze beschrieben und empirische Untersuchungen zum konkreten Unterricht referiert und diskutiert. Mögliche Veränderungen des Unterrichts in diesem Gebiet durch die zunehmende Verbreitung und Leistungsfähigkeit von Rechnern und Rechnerprogrammen werden jeweils herausgearbeitet. Die weiteren Kapitel sind didaktischen Einzelfragen gewidmet. Neben der didaktisch-methodischen Behandlung zentraler Inhalte werden die folgenden Fragekontexte diskutiert: Problem- und Anwendungsorientierung, Auswahl von Modellierungen und Problemaufgaben sowie Möglichkeiten, mit Hilfe von Schulsoftware und grafikfähigen Taschenrechnern Stoffe in Form eines experimentellen Unterrichts aufzuschließen.

Wichtig war es uns, Lehrer zu Wort kommen zu lassen und damit die Anbindung an die Schulpraxis herauszuarbeiten. Dabei stützen wir uns im wesentlichen auf zwei Untersuchungen (*Tietze* 1986, 1992). Eine weitere empirische Studie, die wir berücksichtigen konnten, betrifft inhaltsbezogene Lernprozesse und -probleme von Schülern im Bereich Analytische Geometrie und Lineare Algebra. Es handelt sich um eine Arbeit von Herrn *Wittmann*, die gerade fertiggestellt wird. Daneben sind praktische Erfahrungen im Unterrichten und vielfältige Beobachtungen von Mathematikunterricht, insbesondere im Rahmen von Fachpraktika, in den Text eingegangen. Wir versuchen insgesamt, in dieser Didaktik deskriptive und präskriptive Elemente miteinander zu verbinden. Das geschieht zum einen, indem wir Vorstellungen von Lehrern und Schülern zum Oberstufenunterricht darstellen und erörtern sowie didaktische Strömungen, Schulbücher und Lern- und Lehrprozesse analysieren. Das präskriptive Element beinhaltet Vorschläge zu allgemeinen und zu inhaltsbezogenen Zielen und zum methodischen Vorgehen sowie zugehörige didaktische und fachliche Begründungen. Viele Teile des Buches sind in Seminare zur Fachdidaktik eingeflossen und dort diskutiert worden. Wir haben Studenten, Referendare, Lehrer, Fachleiter, Kollegen an der Universität und Mitarbeiter gebeten, die Texte gegenzulesen, und mit ihnen diskutiert. Wir haben uns bemüht, die vielfältigen und widerstreitenden Forderungen nach Lesbarkeit, Praxisorientierung, wissenschaftlicher Genauigkeit und Vollständigkeit sowie nach Kürze in Einklang zu bringen.

In unseren mathematikdidaktischen Veranstaltungen geben wir den Studenten die Möglichkeit, Erfahrungen mit mathematischen Grundtätigkeiten zu machen und zu reflektieren, indem wir Phasen des aktiven Problemlösens, des Modellbildens, des mathematischen Argumentierens und Stunden in die Veranstaltungen einfügen, in denen Studenten ihre Kommilitonen unterrichten. An vielen Stellen werden Computeralgebrasysteme und dynamische Geometrieprogramme eingesetzt. Wir versuchen ferner, über die zentralen Inhalte der Analytischen Geometrie/Linearen Algebra hinaus Querverbindungen zu anderen Gebieten herzustellen, indem Elemente der Differentialgeometrie, der Stochastik oder der diskreten Mathematik mit einbezogen werden.

Wir danken für ihren Rat und ihre Mithilfe: Herrn Demuth (GÖ), Herrn Akad. Rat Förster (BS), Herrn Prof. Dr. Jahnke (BI), Herrn Kuhlmay (BS), Herrn Prof. Dr. Malle (Wien), Herrn Fachseminarleiter StD Meyer (HA), Herrn Studienassessor Schröder (HI) und Herrn wiss. Mitarbeiter Dr. Stahl (BS). Unser besonderer Dank gilt Herrn Fachseminarleiter StD Dornieden (BS), der alle Kapitel gegengelesen und uns mit seiner Erfahrung zur Seite gestanden hat, Herrn Dipl. Phys. Hampe, der die Mehrzahl der Bilder angefertigt und die typografische Gestaltung der Bände übernommen hat, Frau Kroack (BT) und Frau cand. Schmerschneider (BS), die Korrektur gelesen haben, sowie Herrn cand. Heerhold (BS), der an allen inhaltlichen und organisatorischen Fragen beteiligt war, alle Texte gegengelesen und sich immer wieder für die Zugänglichkeit der Texte eingesetzt hat. Herr Heerhold war ferner an der experimentellen Arbeit mit Computeralgebrasystemen und dynamischen Geometrieprogrammen beteiligt.

März 2000

Prof. Dr.rer.nat. Dr.phil.habil. U.-P. Tietze   *Studienrat G. Wittmann*
Prof. Dr.rer.nat.habil. P. Schroth   *Gymnasium Scheinfeld*
TU Braunschweig, Institut für Didaktik der
Mathematik und Elementarmathematik

Inhaltsverzeichnis·

· Die Abschnitte 1.4 & 2.3 wurden von *G. Wittmann*, 4.3 von *P. Schroth* und *U.-P. Tietze* verfaßt.
Die Numerierung von Bildern, Schemata und Fußnoten bezieht sich auf die Kapitel (oberste Glie-
derungsebene). Die Numerierung von Beispielen und Aufgaben erfolgt auf der Ebene der Hauptab-
schnitte (zweite Ebene, etwa Beispiel 2 in 2.3).

Verzeichnis mathematischer Symbole und Abkürzungen

Übliche mathematische Symbole wie Mengen-, Variablen- (in kursiver Schrift) und logische Symbole u.ä. sind nicht aufgenommen worden (vgl. auch *Duden* 1994). Ebenso fehlen die bekannten Symbole, die in der Analysis und in der Geometrie üblich und unmißverständlich sind. Einige Symbole sind aus drucktechnischen Grunden gegenüber Band 1 verändert worden.

$\mathbb{N}, \mathbb{N}^*$	Menge der natürlichen Zahlen mit bzw. ohne Null
$\mathbb{Z}, \mathbb{Z}^*$	Menge der ganzen Zahlen mit bzw. ohne Null
$\mathbb{Q}, \mathbb{Q}^*$	Menge der rationalen Zahlen mit bzw. ohne Null
$\mathbb{R}, \mathbb{R}_0^+, \mathbb{R}^+$	Menge der reellen, der positiven reellen Zahlen mit bzw. ohne Null
$\mathbb{C}$	Menge der komplexen Zahlen
$\mathbf{K}, K, k$	Körper
$[a;b];]a;b[$	abgeschlossenes Intervall $a \leq x \leq b, x \in \mathbb{R}$; offenes Intervall $a < x < b, x \in \mathbb{R}$
$[a;b[$	halboffenes Intervall $a \leq x < b, x \in \mathbb{R}$
I	Intervall
(AB)	Gerade durch die Punkte A und B
$AB; |AB|; \vdash AB$	Strecke mit den Endpunkten A und B; Länge einer Strecke; Halbgerade
$g; E$	Gerade; Ebene
$\sphericalangle ASB, \sphericalangle (\vec{a}, \vec{b})$	Winkel
$\parallel, \perp$	parallel, senkrecht
δ_{ij}	gleich 1 für $i = j$, gleich 0 für $i \neq j$ (Kronecker-Symbol)
$x \mapsto f(x)$	funktionale Zuordnung,
$(x, y) \mapsto f(x, y)$	Funktion zweier Veränderlicher
$f^{-1}; f \circ g$	Umkehrfunktion von f; Verkettung der Fkt. f mit der Fkt. g: $(f \circ g)(x) := f(g(x))$
G_f	Graph der Funktion f
$\vec{x} \mapsto f(\vec{x})$	(lineare) Abbildung zwischen Vektorräumen
$\vec{\ell} . \mathbb{R}^n \to \mathbb{R}^m$	lineare Abbildung von $\mathbb{R}^n$ in $\mathbb{R}^m$
$< a_n > . \mathbb{N} \to \mathbb{R}$	Zahlenfolge
$\{(x, y) | F(x, y) = 0\}$	implizite Darstellung einer Funktion, Kurve oder Relation
$t \mapsto (x(t) | y(t))$	Parameterdarstellung einer Funktion $\mathbb{R} \to \mathbb{R}^2$, einer Kurve
$P; O; P(x|y)$	Punkt; Koordinatenursprung; Punkt mit den Koordinaten x, y
$(x|y); P(x, y)$	Punkt mit den Koordinaten x, y
$\mathbf{V}, V; \mathbf{P}$	Vektorraum (in der Regel über $\mathbb{R}$), im historischen Kontext; (affiner) Punktraum
$\begin{pmatrix} x \\ y \\ z \end{pmatrix}$	Vektor (des $\mathbb{R}^3$), Punkt oder Pfeil(-klasse)
$\vec{a}, \vec{b}; \overrightarrow{AB}; \vec{0}$	(Spalten-, Zeilen-)Vektoren; Nullvektor
$[\vec{v}_i]; [\vec{e}_i]$	Basis; Orthonormalbasis eines Vektorraums
$\vec{e}, \lambda$	(häufig) Eigenvektor, Eigenwert

$B(\vec{x}, \vec{y})$; $L(\vec{x})$	Bilinearform; Linearform
$|\vec{a}|$; $r\vec{a}$	Norm bzw. Betrag von Vektor $\vec{a}$; S-Multiplikation von $\vec{a}$ mit $r \in \mathbb{R}$
$\vec{a} \cdot \vec{b}$; $\vec{a} \times \vec{b}$	Skalarprodukt; Vektorprodukt der Vektoren $\vec{a}, \vec{b}$
$\vec{b}_{\vec{a}}$	orthogonale Projektion von $\vec{b}$ auf $\vec{a}$
$t \mapsto \vec{a}(t)$	vektorwertige Funktion, Parameterdarstellung einer Kurve
$\vec{x}'(s); \dot{\vec{x}}(t)$	Ableitung nach s; Ableitung nach Zeitparameter t
$(s, t) \mapsto \vec{a}(s, t)$	Parameterdarstellung einer Fläche
A ; A^{T}; A^{-1}	Matrix; transponierte Matrix; inverse Matrix
(a_{ij})	Matrix, $i = 1, ..., n, j = 1, ..., m$; n und m ergeben sich aus dem Kontext
(a_i) ; (a_j)	$(n \times 1)$-Matrix (Spaltenvektor), $i = 1, .., n$; $(1 \times m)$-Matrix (Zeilenvektor), $j = 1, .., m$
E, E_n	Einheitsmatrix
$|A|$; $|\vec{a} \ \vec{b} \ \vec{c}|$	Determinante der Matrix A; Determinante mit den Spaltenvektoren $\vec{a}, \vec{b}, \vec{c} \in \mathbb{R}^3$
$\bar{x}$	Mittelwert der (Meßwerte) x_i
MU	Mathematikunterricht
CAS; DGP	Computeralgebrasystem (z.B. DERIVE); dynamisches Geometrieprogramm
GTR; TR	grafikfähiger Taschenrechner; Taschenrechner
LGS	lineares Gleichungssystem
l.u.; l.a.	linear unabhängig; linear abhängig

Teil III Didaktik der Analytischen Geometrie und Linearen Algebra

Uwe-Peter Tietze unter Mitarbeit von Peter Schroth und Gerald Wittmann

Kurse zur Analytischen Geometrie und Linearen Algebra sind neben der Analysis fester Bestandteil des mathematischen Unterrichtskanons in der Oberstufe. Anknüpfend an die allgemeinen fachdidaktischen Überlegungen in Band 1, Teil I wollen wir dieses aspektreiche mathematische Teilgebiet und seine Rolle im Mathematikunterricht der Sekundarstufe II darstellen und kritisch durchleuchten. Die dort entwickelten Ansätze für den Mathematikunterricht in der Sekundarstufe II (allgemeine verhaltens- und inhaltsbezogene Lernziele, fundamentale Ideen, mathematikspezifische Lehr- und Lernprozesse, Problem- und Anwendungsorientierung, Rechnereinsatz und experimenteller Unterricht, Begründen und Argumentieren) werden hier inhaltsbezogen weiterverfolgt. Die didaktische Diskussion um den hier darzustellenden Themenkreis ist sehr intensiv. Sie bezieht sich in erster Linie auf eine inhaltliche und methodische Veränderung der Oberstufengeometrie und auf eine stärkere Vernetzung der Inhalte der Oberstufenmathematik. Wir fassen den Themenkreis daher sehr weit und beziehen auch die Behandlung von Kurven und Flächen mit vielfältigen mathematischen Methoden sowie einige Fragen der synthetischen Geometrie und einer elementaren Differentialgeometrie mit ein. Die projektive Geometrie bleibt ausgeklammert.

Kapitel 1 dient dazu, eine Brücke zwischen der Fachdisziplin und dem Schulstoff zu schlagen und zugleich das Wesentliche des Gebietes, die fundamentalen Ideen, herauszuarbeiten. Das Kapitel endet mit einem historischen Überblick über die Entwicklung der wissenschaftlichen Analytischen Geometrie und Linearen Algebra. Kapitel 1 kann dem Lehramtsstudenten helfen, fachwissenschaftliche Veranstaltungen neu zu sehen und damit besser zu verstehen. Differentialgeometrische Fragen bleiben hier zunächst ausgespart. Sie werden unter dem Aspekt der Problem- und Anwendungsorientierung in Kapitel 4 behandelt.

In Kapitel 2 wird ein Überblick über den Unterricht zur Analytischen Geometrie und Linearen Algebra gegeben: es werden Strömungen und Tendenzen in der Schulbuch- und Curriculumentwicklung und in der didaktischen Literatur dargestellt und kritisch analysiert sowie empirische Untersuchungen zum konkreten Unterricht referiert und diskutiert. Als Konsequenz aus diesen Analysen werden mögliche Schwerpunktsetzungen und Änderungen des Unterrichts herausgearbeitet. Dabei spielen der Rechnereinsatz und neue Formen des Unterrichtens eine Rolle.

Das Kapitel 3 ist wichtigen didaktischen Einzelfragen gewidmet. Es werden zentrale Gebiete wie der Koordinaten- und Vektorbegriff, Geraden, Ebenen und deren Schnittgebilde, das Skalarprodukt und Abstandsfragen sowie Abbildungen, Gleichungssysteme, Matrizen und lineare Modellbildungen didaktisch-methodisch behandelt.

In Kapitel 4 werden Beispiele eines problem- und anwendungsorientierten Mathematikunterrichts sowie Möglichkeiten diskutiert, mit Hilfe von Schulsoftware und grafikfähigen Taschenrechnern Stoffe in Form eines experimentellen Unterrichts aufzuschließen. Im Mittelpunkt stehen Themenkreise wie Kegelschnitte und Flächen 2. Ordnung sowie allgemeine Kurven, Flächen und elementare Fragen der Differentialgeometrie. Wir behandeln dabei auch die Beschreibung von Bewegungen, Abläufen und funktionalen Zusammenhängen in den Natur- und Wirtschaftswissenschaften mit Hilfe von Kurven, Flächen und Funktionen mehrerer Veränderlicher. Diese Inhalte dienen auch dazu, die Themenkreise Analysis und Analytische Geometrie und Lineare Algebra miteinander zu vernetzen.

Lesehinweise: Leser, die sich möglichst schnell didaktischen Fragen zuwenden wollen, können zunächst die Abschnitte 1.1 und 1.4 aussparen und sich mit einem Blick auf das Schema 1.1 begnügen. Sie werden später dann auf die didaktisch wichtigen Stellen zurückverwiesen. Am Ende jedes Unterkapitels befinden sich eine Liste der wichtigsten Begriffe und Inhalte, Übungsaufgaben und Anregungen. Aufgaben, die thematisch über das Buch hinausreichen, sind durch * kenntlich gemacht.

1 Beziehungsnetze, fundamentale Ideen und historische Entwicklung der Analytischen Geometrie und Linearen Algebra

Die der *Analytischen Geometrie* zugrundeliegende Idee ist es, mit Hilfe von Koordinaten und Vektoren geometrische Sachverhalte algebraisch zu beschreiben und umgekehrt algebraische Sachverhalte geometrisch zu interpretieren. Im Vordergrund stehen dabei solche Sachverhalte, die sich linear oder quadratisch beschreiben lassen. Die *Lineare Algebra* beinhaltet die Theorie der Vektorräume und deren Abbildungen. Ihre Methoden und Ergebnisse werden u.a. in der Analytischen Geometrie, bei der Behandlung von linearen Gleichungs- und Ungleichungssystemen und in der linearen Modellbildung angewandt. Vektor, Matrix und Gleichungssystem benutzt man in vielfältiger Weise, um Fragen der Wirtschafts-, Sozial- und Naturwissenschaften zu modellieren.

Entsprechend dem in Band 1, Teil I entwickelten Ansatz spielen fundamentale Ideen bei der Ausweisung von Inhalten und bei der Gestaltung von Lernsequenzen eine wichtige Rolle. Dabei wird das Stoffgebiet unter drei Gesichtspunkten gesehen: (1) Mathematik als Produkt der Fachwissenschaft, (2) Mathematik als Modellbilden, Mathematisieren und Anwenden und schließlich (3) Mathematik als Prozeß, als Entwickeln und Entdecken von Mathematik. Diese drei Sichtweisen führen jeweils auf die „Leitideen" und fachwissenschaftlich orientierte Beziehungsnetze, auf die „zentralen Mathematisierungsmuster" und auf die „bereichsspezifischen Strategien":

- *Leitideen* sind Begriffe und Sätze, die innerhalb des Implikationsgefüges einer mathematischen Theorie eine zentrale Bedeutung haben, indem sie gemeinsame Grundlage zahlreicher Aussagen dieser Theorie sind und/oder einem hierarchischen Aufbau dienen (Abschnitt 1.1).
- *Zentrale Mathematisierungsmuster* repräsentieren den außermathematischen Verwendungs- und Modellierungsaspekt eines mathematischen Gebietes und stehen in enger Beziehung zu dem curricularen Gesichtspunkt Erfordernisse des tertiären Bereichs (Abschnitt 1.2.1).
- *Bereichsspezifische Strategien* spielen im Rahmen des Problemlösens und Begriffsbildens eine wichtige prozeßbezogene Rolle (Abschnitt 1.2.2).

Diese drei Aspekte *fundamentaler Ideen* werden im folgenden für die Analytische Geometrie und Lineare Algebra inhaltlich ausgeführt; dabei werden zugleich die inhaltlichen Beziehungsnetze herausgearbeitet. In Abschnitt 1.3 werden wir die vorangegangenen Analysen dazu nutzen, fundamentale Ideen für den Unterricht in Analytischer Geometrie und Linearer Algebra herauszuarbeiten. In die Diskussion werden dabei die Vorschläge für einen allgemeinen Kanon *universeller* Ideen, wie er etwa *Jung* (1978), *Schreiber* (1979, 1983) und *Heymann* (1993, 1996a) vorschwebt, mit einbezogen. Universelle Ideen sind Ideen, die sich auf die gesamte Mathematik beziehen. Sie wurden in Band 1, Abschnitt 1.3 ausführlich beschrieben. Die Ideen Algorithmus, Approximation, Modellbildung, Invarianz, Optimalität, Messen, Zahl, Charakterisierung (Kennzeichnung von Objekten durch Eigenschaften; Klassifikation von Objekten und Strukturen) sind auch für das Gebiet Analytische Geometrie und Lineare Algebra von Bedeutung, wenngleich mit unterschiedlichem Gewicht. Die fachlichen Analysen und die angeführten Beispiele sind ein wesentlicher Hintergrund für die spätere didaktische Diskussion.

Das Kapitel endet mit einer Schilderung der *historischen Entwicklung* dieses Teilgebiets der Mathematik (Abschnitt 1.4).

1.1 Leitideen und fachwissenschaftlicher Hintergrund

Um Leitideen eines mathematischen Gebietes zu kennzeichnen, ist es notwendig, das logische Beziehungsgeflecht des Gebietes herauszuarbeiten. In der Fachmathematik hat sich ein Aufbau des Gebietes Analytische Geometrie und Lineare Algebra durchgesetzt, der an der Systematik *Bourbakis* orientiert ist (vgl. 1.4). Das Gebiet ist zu einer Theorie der Vektorräume und der euklidischen (bzw. unitären) Räume, also der reellen Vektorräume mit einer ausgezeichneten positiv definiten, symmetrischen Bilinearform (Skalarprodukt) (bzw. der komplexen Vektorräume versehen mit einer hermiteschen Form) geworden. In dieser Theorie tritt die Geometrie nur als eine von vielen Anwendungen auf, und algorithmische Überlegungen spielen kaum eine Rolle.[1] Dieser Rahmen ist als Hintergrund für die Schulmathematik zu eng. Gerade geometrische und algorithmische Sachverhalte sind für den Mathematikunterricht wichtig und müssen daher hier berücksichtigt werden. Wir gehen so vor, daß wir zunächst das in der Fachmathematik übliche Beziehungsnetz der Linearen Algebra mit den entsprechenden Leitideen darstellen. Wir ergänzen und modifizieren dieses Netz dann durch geometrische und durch algorithmische Sichtweisen und machen zugleich deutlich, daß sich das hier zu diskutierende Gebiet mit unterschiedlicher Schwerpunktsetzung (algebraisch, geometrisch, algorithmisch) behandeln läßt und daß sich damit die Leitideen verändern. Mit diesem Abschnitt wollen wir wichtige fachwissenschaftliche Ideen herausarbeiten, alternative Sichtweisen etwa bei der Metrik, den Quadriken, den linearen Gleichungssystemen und der Determinante diskutieren sowie vereinfachte Zugehensweisen (z.B. durch Hervorhebung des $\mathbb{R}^2$ und des $\mathbb{R}^3$) darstellen und damit eine Brücke zur Schulmathematik schlagen. Das Kapitel 1.1 wendet sich in erster Linie an Lehramtsstudenten, mit manchen Teilen aber auch an Referendare.

Die dargestellten, unterschiedlichen Schwerpunktsetzungen zeigen sich auch in den verschiedenen fachdidaktischen Positionen zur Analytischen Geometrie und Linearen Algebra. Die angeführten Beispiele dienen zum Teil als Material in der späteren didaktischen Diskussion.

1.1.1 Leitideen der Linearen Algebra: Überblick

Die hier anzusprechenden Inhalte lassen sich in zwei Themenkreise gliedern:[2]
(1) die Theorie der *endlich-dimensionalen reellen Vektorräume* und *affinen Räume* einschließlich der zugehörigen strukturtreuen *Abbildungen*, also der linearen bzw. affinen Abbildungen;
(2) die Theorie der Multilinearformen über den endlich-dimensionalen reellen Vektorräumen (insbesondere der Bilinearformen, speziell der Skalarprodukte, und der Determinantenformen).

---

[1] Eine interessante Tendenz zeigte sich hingegen in der angelsächsischen Literatur bereits Anfang der 70er Jahre. Dort gibt es mehrere Lehrbücher, die die Lineare Algebra aus ihrer vielfältigen Verwendung heraus entwickeln (*Campbell* 1971; *Fletcher* 1972; *Sawyer* 1972; *Strang* 1976).

[2] Auf die Darstellung mancher fachlicher Details muß hier verzichtet werden. Wir verweisen auf eingeführte Lehrbücher (z.B. *Fischer* 1994, 1997; *Kowalsky* 1979) und auf insbesondere für den Lehrer gedachte, ältere Gesamtdarstellungen wie *Behnke et al.* (1971) oder *Griffiths et al.* (1976). Hilfreich ist auch der Grundkurs Mathematik des *DIFF*.

Hierher gehören auch die Behandlung euklidischer Räume (Vektorraum mit einem Skalarprodukt), deren strukturtreuer Abbildungen und der Quadriken (Hyperflächen 2. Ordnung).

Viele Aussagen über reelle Vektorräume sind vom speziellen Skalarkörper $\mathbb{R}$ unabhängig, sie gelten für Vektorräume über beliebigen Körpern. Das Wort Vektorraum steht aber im folgenden Text in der Regel für einen endlich-dimensionalen $\mathbb{R}$-Vektorraum. Vektorräume über anderen Skalarkörpern, z.B. über $\mathbb{Q}$, $\mathbb{C}$ oder über einem endlichen Körper, spielen im Gegensatz zur Fachwissenschaft als Hintergrund der Schulmathematik kaum eine Rolle. Aus demselben Grund werden auch Inhalte wie projektive Geometrie, Dualräume und Aspekte der Kategorientheorie nicht angesprochen.

Grundlegend für die Lineare Algebra ist der *Steinitzsche Austauschsatz* und der aus ihm folgende *Dimensionssatz*, der besagt, daß zwei Basen eines Vektorraums gleich viele Elemente besitzen. Auf diesen Sätzen fußen wichtige Sachverhalte wie die folgenden.

Satz 1 (einige Grundlagen der Linearen Algebra):
- Vektorräume sind durch die Dimension eindeutig gekennzeichnet, insbesondere sind alle reellen n-dimensionalen Räume isomorph zum $\mathbb{R}^n$, dessen Elemente im folgenden als $(n \times 1)$-Matrizen (Spalten) aufgefaßt werden;
- die Theorie der linearen Abbildungen und der Bilinearformen läßt sich nach Wahl einer Basis auf die Untersuchung von Matrizen zurückführen;
- für lineare Abbildungen $f : \mathbf{V} \to \mathbf{U}$ gilt die Dimensionsformel dim (Kern f) + dim (Bild f) = dim $\mathbf{V}$.

Die beiden ersten Sachverhalte illustrieren die Tatsache, daß sich große Teile der allgemeinen Vektorraumtheorie auf das Rechnen mit Matrizen und linearen Gleichungssystemen zurückführen lassen. Für die Schule ist dieser Zusammenhang wichtig, weil durch ihn abstrakte Begründungszusammenhänge auf begrifflicher Ebene durch algorithmische Vorgehensweisen ersetzt werden können. Im folgenden diskutieren wir weitere Grundbegriffe der Linearen Algebra: (1) der affine Punktraum, (2) die strukturverträglichen Abbildungen, (3) die Norm und der euklidische Vektor- bzw. Punktraum sowie (4) die Kurven und Flächen 2. Ordnung, also spezielle Quadriken.

(1) Um *Analytische Geometrie* betreiben zu können, braucht man zusätzlich zum Vektorraum den Begriff des *Punktraums*. Ein affiner Punktraum $\mathbf{P}$ wird in der Regel dadurch gekennzeichnet, daß man jedem geordneten Punktepaar ein Element aus einem Vektorraum $\mathbf{V}$ zuordnet („Verbindungsvektor") und daß umgekehrt jedem Paar Punkt-Vektor ein Punkt entspricht („Anheften eines Vektors an einen Punkt"). Die axiomatische Kennzeichnung eines affinen Punktraums erfolgt also mit Hilfe der Axiome für einen Vektorraum $\mathbf{V}$ und einer Zuordnung $\mathbf{P} \times \mathbf{P} \to \mathbf{V}$; $(A, B) \mapsto \overrightarrow{AB}$, die bestimmten Eigenschaften genügt.

Beispiel 1 (eine axiomatische Kennzeichnung des affinen Punktraums[3]): Eine nichtleere Menge $\mathbf{P}$, deren Elemente Punkte heißen, und ein Vektorraum $\mathbf{V}$ über einem Körper $\mathbf{K}$ zusammen mit einer Abbildung $n : \mathbf{P} \times \mathbf{P} \to \mathbf{V}$ heißen ein affiner Punktraum über $\mathbf{V}$ – geschrieben $(\mathbf{P}, \mathbf{V}, n)$ oder einfach $\mathbf{P}$ – genau dann, wenn gilt:
- Antragbarkeitsforderung:

---

[3]   Nach dem Schulbuch *Jehle et al.* (1978). In der Fachwissenschaft verzichtet man meist auf die Einschränkung, $\mathbf{P}$ solle nichtleer sein.

Zu jedem $A \in \mathbf{P}$ und zu jedem Vektor $\vec{v} \in V$ gibt es genau einen Punkt $B \in \mathbf{P}$ mit $n(A, B) = \vec{v}$.

– Axiom von *Chasles*:
Für alle Punkte A, B, $C \in \mathbf{P}$ gilt: $n(A, B) + n(B, C) = n(A, C)$.

Eine andere Möglichkeit besteht darin, Punkt und Vektor zu identifizieren (vgl. 1.1.2). Die für die Schule wichtigsten *affinen Teilräume* sind Geraden $\{X \mid X = P + r\vec{a}; \vec{a} \neq 0\}$ und Ebenen $\{X \mid X = P + r\vec{a} + s\vec{b}; \vec{a}$ und $\vec{b}$ l.u.$\}$. Weitere wichtige Teilmengen von $\mathbf{P}$ sind die Quadriken. Die Quadriken im $\mathbb{R}^2$ nennt man Kurven 2. Ordnung oder Kegelschnitte, die im $\mathbb{R}^3$ Flächen 2. Ordnung.

Ein *Koordinatensystem* für einen n-dimensionalen affinen Punktraum erhält man, indem man einen Koordinatenursprung O und n weitere Punkte Q_i auszeichnet; dabei verlangt man, daß die Vektoren $\overrightarrow{OQ_i}$, $i = 1, ..., n$, linear unabhängig sind. Häufig identifiziert man $\vec{x}$ mit dem Punkt $O + \vec{x}$; in der Schulbuchliteratur spricht man dann oft von „Ortsvektor", während man die Elemente von $\mathbf{V}$ im Gegensatz dazu als „freie Vektoren" bezeichnet.

(2) Von zentraler Bedeutung für jede mathematische Struktur sind die *strukturverträglichen Abbildungen*, wie z.B. Homomorphismen, Endomorphismen und Isomorphismen. In der Linearen Algebra gehören hierzu die *linearen Abbildungen* eines *Vektorraums* in einen anderen oder in sich selbst, also die Abbildungen mit den Eigenschaften $f(\vec{x} + \vec{y}) = f(\vec{x}) + f(\vec{y})$ und $f(r\vec{x}) = r f(\vec{x})$, ferner die *Linear-*, *Bilinear-* oder *Multilinearformen*. Es handelt sich hierbei um lineare, bilineare bzw. multilineare Abbildungen in den Grundkörper $\mathbb{R}$, den man als Vektorraum über sich selbst auffassen kann. Die symmetrischen Bilinearformen sind fundamental für Skalarprodukte und die hiervon induzierten Normen. Die alternierenden Multilinearformen sind Grundlage für die Definition der Determinante und die Begriffe Volumenmaß und Orientierung. Die Abbildungen f eines *affinen Punktraums*, für die gilt, daß die von f induzierte Abbildung $\tilde{f}: \mathbf{V} \to \mathbf{V}$, $\overrightarrow{AB} \mapsto \overrightarrow{f(A)f(B)}$ linear ist, nennt man *affine Abbildungen*.

(3) Die *Norm* $|\vec{a}|$ (oder den Betrag oder die Länge) eines Vektors, die Orthogonalität und den Kosinus des Winkels zwischen zwei vom Nullvektor verschiedenen Vektoren definiert man mittels eines *Skalarprodukts*. Darunter versteht man eine positiv definite, symmetrische Bilinearform B. Das Skalarprodukt wird häufig auch mit $\cdot$ gekennzeichnet. Die Endomorphismen f von $\mathbf{V}$, für die $B(f(\vec{x}), f(\vec{y})) = B(\vec{x}, \vec{y})$ gilt, nennt man *orthogonale Abbildungen*. Diese lassen sich auch als längentreue Abbildungen kennzeichnen.

Ein Punktraum $\mathbf{P}$, der zu einem Vektorraum mit Skalarprodukt gehört, heißt *euklidischer Raum*. In $\mathbf{P}$ lassen sich ein *Abstand* und ein *Winkelmaß* einführen. Gilt $\vec{a} = \overrightarrow{AB}$, so definiert man den Abstand der beiden Punkte A und B durch $|AB| = |\vec{a}| = \sqrt{\vec{a} \cdot \vec{a}}$. Für den Winkel $\sphericalangle ASB$ definiert man mit Hilfe der Verbindungsvektoren $\vec{a} = \overrightarrow{SA}$ und $\vec{b} = \overrightarrow{SB}$

durch $\cos\alpha = \dfrac{\vec{a}\cdot\vec{b}}{|\vec{a}||\vec{b}|}$ ein (nicht orientiertes) Winkelmaß, das dem elementaren Winkel-

maß im Anschauungsraum entspricht. *Isometrien* (metrische affine Abbildungen, Kongruenzabbildungen) sind die längentreuen Abbildungen eines euklidischen Punktraums; sie erhalten auch das Winkelmaß.

(4) Im Mathematikunterricht spielen Kegelschnitte bzw. *Kurven zweiter Ordnung* wie Parabel, Ellipse und Hyperbel sowie *Flächen zweiter Ordnung* wie Paraboloid, Ellipsoid und Hyperboloid eine wichtige Rolle. Die *Quadrik* ist deren Verallgemeinerung. Eine

Punktmenge in einem affinen Raum von der Form $\left\{ X \,\middle|\, \overrightarrow{OX} = \vec{x} \,\wedge\, B(\vec{x},\vec{x}) + L(\vec{x}) = r \right\}$

nennt man eine Quadrik. Dabei ist B eine symmetrische Bilinearform, L eine Linearform, O der Koordinatenursprung und $r \in \mathbb{R}$. Man spricht auch von Hyperfläche zweiter Ordnung.

In den folgenden beiden Abschnitten stellen wir zwei wichtige Hilfsmittel für das Arbeiten in der Linearen Algebra dar: Matrizen und Eigenvektoren.

Matrizen

Wir hatten bereits darauf hingewiesen, daß die $(n \times 1)$-Matrizen (Spalten) ein Modell eines axiomatisch gekennzeichneten Vektorraums bilden und daß alle anderen Modelle dazu isomorph sind. Will man „mathematische Gegenstände" wie z.B. Quadriken und Abbildungen konkret beschreiben, so geschieht das in der Regel so, daß man eine Basis $[\vec{v}_i]$ für den jeweiligen Vektorraum auszeichnet. Damit läßt sich einer Abbildung bzw. einer Quadrik eine Matrix zuordnen. Es ist zu beachten, daß diese Matrix von der Wahl der Basis abhängig ist.

Der *linearen Abbildung f* von $\mathbf{V}$ in $\mathbf{V}$ etwa wird eine Matrix $A = (a_{ij})$ durch $f: \vec{v}_j \mapsto \sum a_{ij}\vec{v}_i$ zugeordnet. Nimmt man im $\mathbb{R}^n$ die Spalten $\vec{e}_i$ mit einer 1 in der i-ten Zeile und sonst Nullen als Basisvektoren, so sind die Spalten von A gerade die Bilder dieser Basisvektoren. Ist $\vec{x}$ ein Spaltenvektor, so ist $f: \vec{x} \mapsto A\vec{x}$. Für die Matrix einer orthogonalen Abbildung A (bezogen auf eine Orthonormalbasis) gilt, daß ihre Spalten, aufgefaßt als Vektoren, zueinander senkrecht stehen und Einheitsvektoren sind und daß daher $AA^{\mathsf{T}} = E$ und $A^{-1} = A^{\mathsf{T}}$ ist. Dies ist der Fall, weil die Spalten der Matrix die Bilder

der orthonormalen Basisvektoren $\begin{pmatrix} 1 \\ 0 \\ \vdots \end{pmatrix}, \begin{pmatrix} 0 \\ 1 \\ \vdots \end{pmatrix}, \ldots, \begin{pmatrix} 0 \\ \vdots \\ 1 \end{pmatrix}$ sind.

Der *Bilinearform B* wird eine Matrix $B = (b_{ij})$ durch $b_{ij} = B(\vec{v}_i, \vec{v}_j)$ zugeordnet; sie läßt sich für die Spaltenvektoren des $\mathbb{R}^n$ durch die Gleichung $B(\vec{x}, \vec{y}) = \vec{x}^{\mathsf{T}}(b_{ij})\vec{y}$ darstellen.

Beim *Übergang zu einer anderen Basis* verändern sich die Matrizen in sehr übersichtlicher Form. Die neue Basis sei durch Spaltenvektoren $\vec{t}_i$ gekennzeichnet, und T sei die aus diesen Spalten bestehende Matrix. Dann besteht für den Spaltenvektor $\vec{x}$ und seinen Koordinatenvektor $\vec{u}$ bzgl. der Basis $[\vec{t}_i]$ der Zusammenhang $\vec{x} = T\vec{u}$.

Satz 2: Bei einem Basiswechsel transformieren sich die Matrizen A von linearen Selbstabbildungen eines Vektorraums bzw. von symmetrischen Bilinearformen in der folgenden Weise: $T^{-1}A\,T$ bzw. $T^{\mathrm{T}}A\,T$. Zu jeder linearen Abbildung bzw. Bilinearform gehört also eine Klasse sog. ähnlicher Matrizen und umgekehrt.

Große Teile der Linearen Algebra beinhalten Klassifikationsprobleme, und zwar die Klassifikation von Matrizen zu
- linearen und affinen Abbildungen,
- orthogonalen Abbildungen und Isometrien,
- symmetrischen Bilinearformen, insbesondere zu Skalarprodukten und Quadriken.

Man versucht durch geeignete Wahl der Basis, die jeweiligen Matrizen auf eine möglichst einfache Form zu bringen. Anhand solcher „Einfach-Formen" klassifiziert man die oben genannten Objekte. Betrachtet man Punkträume, so entspricht ein Wechsel des Koordinatensystems mit fixem Koordinatenursprung genau der geschilderten Basistransformation. Will man auch den Ursprung verschieben, so geschieht das durch Addition eines Spaltenvektors. Das *Arbeiten mit Koordinatensystemen bzw. Basen und deren geschickte Auswahl* ist eine Leitidee der Analytischen Geometrie und Linearen Algebra.

Beispiel 2 (Koordinatentransformationen in der Ebene): Eine affine Abbildung in der Ebene sei bezüglich eines kartesischen Koordinatensystems durch die Gleichung $\vec{y} = A\vec{x}$ mit $A = \begin{pmatrix} 5 & -1 \\ -1 & 3 \end{pmatrix}$ gegeben. Das neue Koordinatensystem habe denselben Ursprung und $\begin{pmatrix} 1 \\ 1 \end{pmatrix}$ und $\begin{pmatrix} 0 \\ 1 \end{pmatrix}$ als Punkte, die die Achsen und die Einheiten kennzeichnen; die y-Achse bleibt also erhalten, die x-Achse wird um $45°$ gedreht. Hat ein Punkt im neuen Koordinatensystem die Koordinaten $\vec{u} = \begin{pmatrix} 3 \\ 1 \end{pmatrix}$, so hat er im ursprünglichen System die Koordinaten $T\vec{u} = \begin{pmatrix} 1 & 0 \\ 1 & 1 \end{pmatrix}\begin{pmatrix} 3 \\ 1 \end{pmatrix}$. Im neuen System hat die Abbildungsmatrix die Form $T^{-1}A\,T = \begin{pmatrix} 1 & 0 \\ -1 & 1 \end{pmatrix}\begin{pmatrix} 5 & -1 \\ -1 & 3 \end{pmatrix}\begin{pmatrix} 1 & 0 \\ 1 & 1 \end{pmatrix} = \begin{pmatrix} 4 & -1 \\ -2 & 4 \end{pmatrix}$.

Eigenwerte und Eigenvektoren

Bei den oben angeführten Klassifikationsproblemen spielen *Eigenwerte* und *Eigenvektoren* eine wichtige Rolle. Unter einem Eigenvektor einer Matrix A bzw. einer linearen Abbildung f versteht man einen Vektor $\vec{x}$ ($\vec{x} \neq \vec{0}$) mit $A\vec{x} = \lambda\vec{x}$ bzw. $f(\vec{x}) = \lambda\vec{x}$, λ nennt man den zugehörigen Eigenwert. Geometrisch gesehen, spannen Eigenvektoren die Richtungen auf, die bei der zugehörigen linearen Abbildung in sich übergehen.

Man berechnet die Eigenwerte und -vektoren einer linearen Abbildung f, indem man eine Basis $[\vec{v}_i]$ auszeichnet und dann die zu f gehörige Matrix A untersucht. Die f so zugeordneten Eigenwerte sind unabhängig von der Wahl dieser Basis, da die Matrix A und die transformierte Matrix $T^{-1}AT$ dieselben Eigenwerte haben (vgl. Satz 2 und Aufg. 2). Die Eigenwerte einer Matrix berechnet man nun in der folgenden Weise. Aus der Theorie der linearen Gleichungssysteme läßt sich ableiten, daß die Eigenwerte λ einer Matrix A genau die Lösungen der sog. charakteristischen Gleichung $|A - xE| = 0$ sind. Man berechnet zunächst mit Hilfe dieser Gleichung die Eigenwerte und kann dann mittels des Gleichungssystems $A\vec{x} = \lambda\vec{x}$ die zugehörigen Eigenvektoren der Matrix A (als Spaltenvektoren) bestimmen. Faßt man so einen Spaltenvektor als Koordinatenvektor $\vec{e}$ bezüglich der Basis $[\vec{v}_i]$ auf, so gilt für diesen Vektor $f(\vec{e}) = \lambda\vec{e}$; er ist somit Eigenvektor von f. Häufig benutzt wird der folgende Sachverhalt. Führt man eine Basistransformation durch und wählt als ersten Vektor der neuen Basis einen Eigenvektor, so erhält man für die lineare Abbildung f eine Matrix, deren erste Spalte als erste Komponente den Eigenwert und sonst nur Nullen enthält.

Für die Klassifikation von symmetrischen Bilinearformen und damit auch für die Klassifikation von Quadriken ist der folgende Satz von Bedeutung.

Satz 3 (Hauptsatz über symmetrische Matrizen): Für eine n-reihige, symmetrische Matrix gelten die folgenden Aussagen.

(a) A hat genau n reelle Eigenwerte, die entsprechend ihrer Vielfachheit (als Nullstellen der charakteristischen Gleichung $|A - xE| = 0$) zu zählen sind.

(b) Eigenvektoren zu verschiedenen Eigenwerten sind orthogonal. Zu einem Eigenwert der Vielfachheit s gehören s linear unabhängige Eigenvektoren.

(c) Wendet man das Schmidtsche Orthogonalisierungsverfahren (vgl. Satz 4 in 1.1.3) an, so erhält man nach Normierung eine Basis von orthonormalen Eigenvektoren $[\vec{e}_i]$. Bei entsprechender Basistransformation geht A in Diagonalgestalt über. Sei T die Matrix mit den $\vec{e}_i$ als Spalten, so ist T eine orthogonale Matrix, d.h. $T^{-1} = T^{\mathrm{T}}$. Die transformierten Matrizen $T^{-1}AT$ und $T^{\mathrm{T}}AT$ haben Diagonalform.

Die Diagonalgestalt von $T^{-1}AT$ bzw. $T^{\mathrm{T}}AT$ ergibt sich unmittelbar daraus, daß AT die Vektoren $\lambda_j\vec{e}_j$ als Spalten besitzt und damit $T^{-1}AT = T^{\mathrm{T}}AT = (\vec{e}_i \cdot \lambda_j\vec{e}_j) = (\lambda_j\delta_{ij})$ gilt.

Von besonderer Bedeutung und sehr einfach zu beweisen ist Satz 3(b) (vgl. Aufg. 3).

Beispiel 3 (2- und 3-reihige symmetrische Matrizen): Im Fall $n = 2$ kann man unmittelbar nachrechnen, daß das charakteristische Polynom einer symmetrischen Matrix M ($\neq rE$) zwei verschiedene Lösungen hat (vgl. Aufg. 4). Die Eigenvektoren bilden nach Satz 3(b) eine Orthonormalbasis. Bei entsprechender Basistransformation geht M in eine Diagonalmatrix über.

Auch der Fall $n = 3$ läßt sich mit einfachen Mitteln lösen. Das charakteristische Polynom von M ist vom Grad 3 und hat daher mindestens eine reelle Nullstelle λ. $\vec{e}_1$ sei ein zugehöriger Eigenvektor. Man konstruiere zwei auf $\vec{e}_1$ und zueinander senkrecht stehende normierte Vektoren $\vec{e}_2$ und $\vec{e}_3$. Geht man zu der aus diesen drei Vektoren bestehenden Orthonormalbasis über, so besteht die Transformationsmatrix T aus den drei Spalten $\vec{e}_1$, $\vec{e}_2$ und $\vec{e}_3$. Wir berechnen die transformierte

Matrix $\tilde{M} = T^{\mathrm{T}}MT$. Die erste Spalte von MT ist gleich $\lambda\vec{e}_1$ und daher die erste Spalte von $\tilde{M}$

gleich $\begin{pmatrix} \lambda \\ 0 \\ 0 \end{pmatrix}$. Mit M ist auch $T^{\mathrm{T}}MT$ symmetrisch. Folglich gilt $\tilde{M} = \begin{pmatrix} \lambda & 0 & 0 \\ 0 & * & * \\ 0 & * & * \end{pmatrix}$. Mit Hilfe der

Ergebnisse für $n = 2$ läßt sich die Matrix $\tilde{M}$ durch eine weitere orthonormale Basistransformation in eine Diagonalmatrix überführen. (Vgl. Aufg. 5.)

Der Rahmen der universitären, formal-axiomatischen Linearen Algebra ist für die Schulmathematik zu eng. Wir ergänzen in den Abschnitten 1.1.2. bis 1.1.7 Sichtweisen, die vom üblichen, fachwissenschaftlichen Kanon abweichen, insbesondere geometrisch-anschauliche und kalkülhaft-algorithmische Aspekte. Ferner nehmen wir Konkretisierungen vor.

1.1.2 Vektorraum und Punktraum

In der Schulmathematik steht nicht der formal-axiomatisch eingeführte Vektorraum im Mittelpunkt, sondern einige seiner konkret eingeführten Modelle. Das sind in erster Linie die zwei- und dreidimensionalen geometrischen Vektoren und die Spaltenvektoren des $\mathbb{R}^2$ und des $\mathbb{R}^3$. Diese Modelle dienen vorrangig der Beschreibung und Behandlung von Sachverhalten im konkreten Anschauungsraum. (Für Details vgl. Kap. 3.) Mit dem Anschauungsraum als gedankliches Fundament entfällt die Notwendigkeit, einen Punktraum formal-axiomatisch zu kennzeichnen. Zusätzlich spielt der $\mathbb{R}^n$ als Mathematisierungsmuster in einem anwendungsorientierten Mathematikunterricht eine wichtige Rolle.

Geometrische Vektoren sind Klassen gleichlanger und gleichgerichteter Pfeile, oder gleichwertig dazu Translationen der Anschauungsebene oder des Anschauungsraumes. Jeder Vektor kann dabei durch zwei Punkte eindeutig festgelegt werden: $\vec{v} = \overrightarrow{PP'}$. Die Addition zweier Pfeilklassenvektoren wird durch das Aneinander-

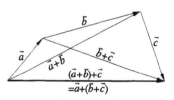

hängen zweier Repräsentanten definiert. Die Multiplikation eines Vektors $\vec{a}$ mit einem Skalar s wird dadurch eingeführt, daß man einen Repräsentanten auf die $|s|$-fache Länge bringt und seine Orientierung bei negativem s zusätzlich umkehrt. Beide Verknüpfungen sind wohldefiniert, d.h. unabhängig von der Wahl der Repräsentanten. Die Addition ist assoziativ und kommutativ (vgl. Bilder). Für die skalare Multiplikation gelten die bekannten Vektorraumgesetze:

(a) $(rs)\vec{a} = r(s\vec{a})$;

(b) $1\vec{a} = \vec{a}$;

(c) $(r + s)\vec{a} = r\vec{a} + s\vec{a}$ (1. Distributivgesetz);

(d) $r(\vec{a} + \vec{b}) = r\vec{a} + r\vec{b}$ (2. Distributivgesetz).

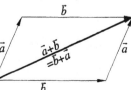

Die Gesetze (a) – (c) folgen unmittelbar aus der Definition der Skalarmultiplikation, während (d) eine direkte Folge der Sätze über zentrische Streckungen bzw. der Ähnlichkeitssätze ist (s.u.). Damit ist zugleich gezeigt, daß die Struktur der Pfeilklassen ein Modell für einen zwei- bzw. dreidimensionalen, axiomatisch eingeführten Vektorraum ist. Entsprechendes gilt für das Modell der Translationen. Die Addition der als Vektoren aufgefaßten Translationen u und v wird als Verkettung $u \circ v$ von Abbildungen eingeführt, die Skalarmultiplikation $s\,u$ über den Pfeilklassenvektor $s\overrightarrow{PP'}$ mit $P' = Pu$.

Beispiel 4 (Skalarmultiplikation und Sätze über zentrische Streckung): Gegeben sei eine zentrische Streckung mit dem Zentrum Z und dem Streckfaktor r. O.E.d.A. kann man r als positiv voraussetzen. Ferner sei $\overrightarrow{ZA} = \vec{a}$ und $\overrightarrow{ZB} = \vec{b}$. Für die Bilder A' bzw. B' von A bzw. B gilt $\overrightarrow{ZA'} = r\vec{a}$ und $\overrightarrow{ZB'} = r\vec{b}$. Der 1. Satz über zentrische Streckungen besagt nun, daß die Strecke $B'A'$ parallel zu BA ist und die r-fache Länge besitzt. Damit folgt, daß $r(\vec{a} - \vec{b}) = r\vec{a} - r\vec{b}$ ist (vgl. Bild). Umgekehrt lassen sich der 1. und 2. Satz über zentrische Streckungen unmittelbar aus dem 2. Distributivgesetz herleiten. (Anm.: Der 2. Satz über zentrische Streckungen beinhaltet die Umkehrung: Gegeben sei eine zentrische Streckung φ mit dem Zentrum Z, die A in A' überführt. Sei D ein Punkt auf der Halbgeraden $\vdash ZB$, und sei $DA' \parallel BA$, dann ist $D = \varphi(B)$.)

Mit Hilfe der Pfeilklassenvektoren lassen sich zahlreiche Sätze der Geometrie beweisen. *Beispiel 5*: Die Diagonalen im Parallelogramm halbieren einander. *Beweis*: Gegeben sei das Parallelogramm $ABCD$ mit $\vec{a} = \overrightarrow{AB}$, $\vec{b} = \overrightarrow{AD}$ und S als Schnittpunkt der Diagonalen. Dann läßt sich S doppelt beschreiben: $\overrightarrow{AS} = \vec{b} + r(\vec{a} - \vec{b})$ und $\overrightarrow{AS} = s(\vec{a} + \vec{b})$. Es folgt $(1 - r - s)\vec{b} = (s - r)\vec{a}$ und damit $r = s = \frac{1}{2}$, weil $\vec{a}$ und $\vec{b}$ linear unabhängig sind. Ganz ähnlich läßt sich die Umkehrung beweisen. (Weitere Beispiele finden sich in den Aufg. 6 – 9.)

Geraden und Ebenen lassen sich durch Vektorgleichungen $\vec{x} = \vec{a} + r\vec{b}$ mit $\vec{b} \neq 0$ bzw. $\vec{x} = \vec{a} + r\vec{b} + s\vec{c}$ mit linear unabhängigen Vektoren $\vec{b}$ und $\vec{c}$ darstellen. Für die Darstellung und Behandlung von Sachverhalten der Analytischen Geometrie mit Hilfe solcher Vektoren hat sich in der Schulmathematik der Begriff *Vektorrechnung* eingebürgert.

Eine weitergehende rechnerische Behandlung geometrischer Probleme im Anschauungsraum wird durch die Einführung eines Koordinatensystems ermöglicht. Punkten lassen sich Zahlenpaare bzw. -tripel zuordnen, Pfeilklassenvektoren und Translationen entsprechend zwei- bzw. dreireihige Spaltenvektoren. Zahlreiche geometrische Probleme lassen sich durch lineare und quadratische Koordinatengleichungen beschreiben. So stellt für $(a, b, c) \neq (0, 0, 0)$ die Gleichung $ax + by + cz + d = 0$ eine Ebene im Raum und die

Gleichung $ax^2 + by^2 + cxy + dx + ey + f = 0$ einen Kegelschnitt in der Ebene dar. Meist arbeitet man mit kartesischen Koordinaten, für viele Probleme sind aber auch schiefwinklige Koordinaten sinnvoll. Ein weiteres Beschreibungsmittel sind Gleichungen für Spaltenvektoren.

Die Spaltenvektoren des $\mathbb{R}^n$ lassen sich auch unabhängig von geometrischen Fragestellungen als eine Art verallgemeinerte Zahlen sehen. Die Addition und S-Multiplikation der Spaltenvektoren (a_i) erfolgt komponentenweise: $(a_i) + (b_i) = (a_i + b_i)$ und $s(a_i) = (sa_i)$.

Bei einer axiomatischen Kennzeichnung des affinen Punktraums im Rahmen der Linearen Algebra leitet man klassische geometrische Sätze aus den in 1.1.1 Beispiel 1 angegebenen Axiomen des affinen Raums, also in erster Linie aus den Axiomen des Vektorraums her. Für die Sätze über zentrische Streckungen haben wir dies bereits oben gezeigt. Der

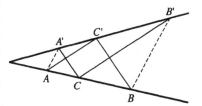

Satz von *Pappos* z.B. läßt sich unmittelbar auf die Kommutativität des Grundkörpers $\mathbb{R}$ zurückführen (vgl. Aufg. 10).

Beispiel 6 (Satz von *Pappos*): Aus $AC' \parallel CB'$ und $CA' \parallel BC'$ folgt $AA' \parallel BB'$; sind also die durchgezogenen Strecken paarweise parallel, so auch die gestrichelten (vgl. Bild).

Man kann bei einer formalen Beschreibung auch den umgekehrten Weg gehen. Dabei spielen der mit den Sätzen über Streckungen verwandte Satz von *Desargues* und der Satz von *Pappos* eine wichtige Rolle. Dieser Ansatz wurde in den 60er und 70er Jahren in einfacher Form auch für die Schule vorgeschlagen[4] – ein interessanter Ansatz, der aber in der heutigen didaktischen Diskussion kaum eine Rolle mehr spielt (vgl. 2.1.4). Wir skizzieren diesen Ansatz in einem Exkurs.

Exkurs 1: Begründung der Linearen Algebra aus der Geometrie

Ziel dieses Ansatzes ist es, den Begriff des Vektorraums aus geometrischen, anschaulich einsehbaren Axiomen zu entwickeln. Dazu knüpfen wir an Arbeiten von *Pickert* und ferner an das grundlegende Werk von *Artin* (1964) an. *Pickert* ist verschiedene Wege gegangen, insbesondere was die Rolle der reellen Zahlen anbelangt. Wir beschränken uns hier auf die weiterreichenden und damit grundsätzlicheren Vorschläge, die auch die Ent-

---

[4] Z.B. von *Papy* (1965) und *Pickert* (1964ab). Die geometrischen Wurzeln der Linearen Algebra müssen nach *Pickert* im Unterricht deutlich werden. Damit wendet sich *Pickert* gegen eine Lineare Algebra pur. „Soll der Mathematikunterricht unserer Gymnasien gerade auch dem Nichtmathematiker einen Eindruck vom Wesen der heutigen Mathematik (und nicht nur vom Entstehen der mathematischen Wissenschaft in der Antike) vermitteln, so wird er auf dem Gebiet der Geometrie jedenfalls in der Oberstufe seine Hauptaufgabe darin zu sehen haben, die lineare und bilineare Algebra der Vektoren als geometrische Disziplin zu entwickeln. Da der Oberstufenunterricht aber auch die Geometrie als deduktive Wissenschaft verstehen lehren soll, scheint es mir notwendig, ein im Unterricht verwendbares Axiomensystem der vektoriell dargestellten Elementargeometrie zu suchen" (*Pickert* 1964a, 65).

wicklung des Körpers der Skalare aus geometrischen Grundannahmen heraus beinhalten (*Pickert* 1964b; *Andelfinger/Pickert* 1975; *Papy* 1965).

Die undefinierten Grundbegriffe dieses Ansatzes sind Punkt und Gerade. Sie werden durch die üblichen Inzidenzaxiome miteinander in Beziehung gesetzt. So verlangt man etwa, daß es zu zwei Punkten genau eine Gerade gibt, die mit den Punkten inzidiert, daß zu Punkt und Gerade genau eine durch den Punkt gehende Parallele existiert etc. Damit ist zugleich die begriffliche Basis für die Definition von „Translation" und „Vektor" gegeben. Man fordert in einem weiteren Axiom, daß es ausreichend viele Translationen gibt, nämlich zu jedem Punktepaar (P, Q) eine.

Um aus der durch diese Axiome definierten „Translationsebene" eine Ebene zu machen, die sich mit Hilfe von Zahlenpaaren als Koordinatenebene beschreiben läßt, braucht man einen Zahlkörper. Seine Konstruktion ist Hauptgegenstand der weiteren Überlegungen. *Pickert* hat hierfür zwei Vorschläge gemacht, wobei nur der zweite die Einbeziehung der endlichen Geometrien gestattet.[5]

(Weg 1) Dieser Weg – hier leicht verändert skizziert – stellt den Anordnungsbegriff in den Vordergrund: Man muß die Punkte einer Geraden jeweils (archimedisch) anordnen können. Diese Anordnung läßt sich auf Vektoren gleicher Richtung übertragen. Das Kernstück, die Konstruktion des Körpers der Skalare, besteht nun darin, daß man, ausgehend von einem festen Vektor $\vec{e}$, einem Vektor gleicher Richtung $\vec{v}$ eine Folge r aus natürlichen Zahlen zuordnet. Die Folge r läßt sich als Skalar auffassen und gestattet, eine Aussage wie $\vec{v} = r\vec{e}$ zu formulieren. Die Skalare entsprechen Dezimalzahlen.

Man geht dabei ähnlich wie bei einer Intervallschachtelung vor. Im ersten Schritt sucht man das größte natürlichzahlige Vielfache von $\vec{e}$, das kleiner als $\vec{v}$ ist: $a_0\vec{e}$. Dann geht man zum zehnten Teil von $\vec{e}$ über, einem Vektor $\vec{e}_1$ mit $\vec{e} = 10\vec{e}_1$, wendet dasselbe Verfahren auf den verbliebenen Rest von $\vec{v}$, also $\vec{v} - a_0\vec{e}$, an und erhält ein a_1, für das $a_1 < 10$ gilt. Dann geht man wieder zum zehnten Teil über und wendet das Verfahren wieder auf den Rest $\vec{v} - a_0\vec{e} - a_1\vec{e}_1$ an usw. Auf diese Weise gewinnt man eine von $\vec{v}$ und $\vec{e}$ abhängige Zahlenfolge $r = < a_n >$, nennt r einen Skalar und schreibt $\vec{v} = r\vec{e}$. Die Verallgemeinerung für den Fall, daß $\vec{v}$ und $\vec{e}$ entgegengesetzter Richtung sind, erhält man, indem man $-\vec{v}$ und $\vec{e}$ betrachtet. Umgekehrt läßt sich nun auch jedem der so gewonnenen Skalare s und jedem Vektor $\vec{v}$ zusammen ein Vektor als skalares Produkt $s\vec{v}$ zuordnen – in eindeutiger Weise und ohne Widerspruch zu bereits erklärten Ausdrücken.

Die Verknüpfungen „+" und „·" für Skalare definiert man durch: $(r + s)\vec{v} = r\vec{v} + s\vec{v}$; und $(r \cdot s)\vec{v} = r(s\vec{v})$ (∗). Die Skalare, die man suggestiver auch als $a_0, a_1 a_2 a_3 ...$ schreiben kann, bilden mit den so definierten Verknüpfungen einen reellen Zahlkörper. Man erhält

---

[5]   Eine Diskussion speziell der endlichen Geometrien wird hier ausgespart. Für eine schulnahe Darstellung vgl. *Pickert* (1971a). Für Weg 1 vgl. *Pickert* (1964b), für Weg 2 *Andelfinger/ Pickert* (1975). Für die Schule wird in erster Linie der Weg 1 vorgeschlagen.

die Skalare so in der Schreibweise von Dezimalbrüchen. Zur Vereinfachung des Verfahrens arbeiten *Papy* und *Pickert* mit der dualen Zahldarstellung.

(Weg 2) Statt der Anordnung ist hier die Streckung der zentrale Begriff. Unter einer Streckung versteht man eine geradentreue Abbildung der oben definierten Translations- ebene, die genau einen Fixpunkt hat und Geraden in parallele Geraden überführt. Eine solche Streckung *r* ist, vorausgesetzt sie existiert, durch den Fixpunkt Z und ein Paar Punkt-Bildpunkt festgelegt. Die Existenz ausreichend vieler Streckungen ist Inhalt eines Axioms, das gleichbedeutend mit der Gültigkeit des Satzes von *Desargues* ist (s.u.). Zeichnet man ein Zentrum Z aus und berücksichtigt, daß sich alle Vektoren in der Form $\overrightarrow{ZP}$ schreiben lassen, so induziert jede Streckung eine Selbstabbildung *r* der Vektoren: Dabei wird ein Vektor $\vec{v}$ auf einen Vektor mit gleicher bzw. entgegengesetzter Richtung, den wir $r\vec{v}$ nennen, abgebildet. Hier übernehmen also die Streckungen die Funktion der Skalare. Die Verknüpfungen der Skalare werden wie in Weg 1 definiert (vgl. (*)). Man kann in elementarer Weise zeigen, daß sie einen Schiefkörper **K** bilden. Eine Trans- lationsebene mit ausreichend vielen Streckungen läßt sich daher als Koordinatenebene über diesem Schiefkörper **K** auffassen. Interessant ist, daß man auch weitere Eigenschaf- ten des Schiefkörpers geometrisch kennzeichnen kann, so ist etwa die Kommutativität gleichwertig mit dem Satz von *Pappos*. Das skizzierte Verfahren ist unabhängig von der Wahl des Fixpunktes Z.

Beispiel 7 (großer und kleiner Satz von *Desargues* und die Existenz von Streckungen und Transla- tionen): „Die Geraden (AA'), (BB') und (CC') schneiden sich in einem Punkt. Aus AB ∥ A'B' und BC ∥ B'C' folgt AC ∥ A'C'" (großer Satz von *Desargues*). Die Folgerung gilt auch, wenn die 3 Geraden sich nicht in einem Punkt schneiden, sondern parallel sind (kleiner Satz von *Desargues*).

Gilt in einer Geometrie der große Satz von *Desargues*, so existiert zu jedem Punktepaar A und A' eine Streckung und umgekehrt. Gilt der kleine Satz von *Desargues,* so existiert zu je- dem Punktepaar A und A' eine Translation und umgekehrt. (Vgl. Aufg. 8.)

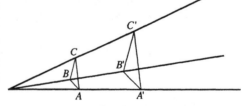

Exkurs 2: Der Punktraum als Vektorraum – Identifizierung von Punkt und Vektor

Die in 1.1.1 geschilderte Kennzeichnung des Punktraums stellt eine Verdopplung der Vektorraumstruktur dar. Eine Möglichkeit, dieses zu vermeiden, besteht darin, Punkt und Vektor zu identifizieren. Wir skizzieren hier einen Ansatz, den *Dieudonné* (1966) als Vorschlag für die Schule gedacht hat, der aber auch allgemeiner gesehen werden kann.[6]

---

[6]   *Dieudonné* strebte dabei zugleich eine Neustrukturierung der Schulgeometrie an. Er war der Ansicht, daß der Geometrieunterricht wesentlich leichter sein würde, wenn man geradewegs von den modernen Ideen des Vektorraums, der quadratischen Form und der Drehungsgruppe ausginge.

Ausgangspunkt ist der zweidimensionale Vektorraum $\mathbb{R}^2$ mit einer positiv definiten, symmetrischen Bilinearform (Skalarprodukt), die hier durch das „·"-Zeichen gekennzeichnet wird: $(\vec{x}, \vec{y}) \mapsto \vec{x} \cdot \vec{y}$. Indem man Punkte mit Vektoren identifiziert, liefern die Vektorraumaxiome eine axiomatische Beschreibung der affinen Ebene. Das hat aus geometrischer Sicht einige ungewohnte Konsequenzen:

– da der Vektorraum ein ausgezeichnetes Element enthält, nämlich den Nullvektor, sind in einem so definierten affinen Raum nicht alle Punkte gleichwertig, sondern es gibt einen ausgezeichneten Punkt $\vec{0}$, den sog. Ursprung;

– man erhält eine Addition und eine S-Multiplikation für Punkte;

– so wie man Zahlen auf der Zahlengerade einmal als Punkte und zugleich als Operatoren (Schiebungen, Streckungen) auffassen kann, so macht man auch hier keinen Unterschied zwischen Punkten und Translationen; Vektoren sind Punkte, aber auch Translationen.

„Gerade" ist hier kein undefinierter Grundbegriff, sondern wird als eindimensionale Nebenklasse $\vec{a} + \mathbb{R}\vec{b}$ gekennzeichnet. Entsprechend sind Ebenen im $\mathbb{R}^3$ bzw. $\mathbb{R}^n$ die Nebenklassen zweidimensionaler Unterräume $\vec{a} + \mathbb{R}\vec{b} + \mathbb{R}\vec{c}$. In Verallgemeinerung ist ein n-dimensionaler affiner Raum also nichts anderes als eine Menge von Punkten mit den Verknüpfungen „+" und „·", die den Axiomen für n-dimensionale Vektorräume genügt. Geraden, Ebenen und Hyperebenen sind Nebenklassen. Der Abstand eines Punktes $\vec{x}$ vom Ursprung bzw. sein Betrag ist durch $|\vec{x}| = \sqrt{(\vec{x} \cdot \vec{x})}$, die Orthogonalität durch $\vec{x} \cdot \vec{y} = 0$ gegeben.

Affine Sätze werden unmittelbar aus den Vektorraumaxiomen, Sätze der euklidischen Geometrie unter Zuhilfenahme der Axiome für das Skalarprodukt (als positiv definite, symmetrische Bilinearform) abgeleitet. So ist der Strahlensatz im Prinzip nichts anderes als die Distributivität der skalaren Multiplikation $r(\vec{u} - \vec{v}) = r\vec{u} - r\vec{v}$.[7]

Die bijektiven geradentreuen Abbildungen f der Ebene auf sich (Kollineationen) können über lineare Abbildungen eingeführt werden; es gilt $f = l \circ t$, wobei t eine Translation und l eine lineare Abbildung ist. Ist l eine Isometrie, so spricht man von einer Kongruenzabbildung. Die zu einer Isometrie gehörige Matrix ist von der Form

$\begin{pmatrix} p & -r \\ r & p \end{pmatrix}$ oder $\begin{pmatrix} p & r \\ r & -p \end{pmatrix}$. Im ersten Fall nennt man die Abbildung eine Drehung, im

zweiten Fall eine Geradenspiegelung (an einer Ursprungsgeraden).

Exkurs (Definition des Winkels): Die so definierte Drehung kann zur Einführung eines formalen Winkelbegriffs und der trigonometrischen Funktionen benutzt werden. Es läßt sich algebraisch beweisen, daß es – eventuell nach einer geeigneten Translation – zu jedem Paar sich schneidender Geraden (h, h') genau eine Drehung gibt, die h in h' überführt. Man nennt zwei Geradenpaare äquivalent, $(h_1, h'_1) \sim (h_2, h'_2)$, wenn dieselbe Drehung h_1 in h'_1 und h_2 in h'_2 überführt. Die

---

[7]	Solche algebraischen Beweise sind genau genommen keine Beweise geometrischer Sachverhalte, sondern lediglich Beweise algebraischer Sachverhalte in geometrischer Sprache, zumindest so lange, wie die Isomorphie zwischen geometrischer Struktur (etwa im Sinne der Axiome von *Pickert* (s.o.) oder *Hilbert*) und der algebraischen Struktur nicht nachgewiesen worden ist.

zugehörigen Äquivalenzklassen werden Winkel genannt. Ferner definiert man $\cos \varphi := p$ und $\sin \varphi := r$, wobei p und r der Matrix der zu φ gehörigen Drehung entstammen (s.o.).[8] Diese Definitionen sind bis auf das Vorzeichen von $\sin \varphi$ unabhängig von der Wahl der Orthonormalbasis. Um hier volle Eindeutigkeit zu erreichen, muß man den Begriff der Orientierung einführen. Auf dieser Grundlage lassen sich Sätze aus der Trigonometrie über die Multiplikation von Matrizen beweisen.

Kurzzusammenfassung zu 1.1.2: Es lassen sich drei Sichtweisen bzw. Zugänge zu den Begriffen (a) Vektorraum bzw. Vektor und (b) Punktraum bzw. Punkt unterscheiden:

– *formal-axiomatisch*: (a) Kennzeichnung des Vektorraums durch Axiome; (b) axiomatische Kennzeichnung des Punktraums durch Rückgriff auf den zugehörigen Vektorraum;
– *kalkülhaft-algorithmisch* (arithmetisch): (a) $\mathbb{R}^n$, Spaltenvektor; (b) $\mathbb{R}^n$, Spalte oder Zeile;
– *geometrisch*: (a) Pfeilklasse, Zeiger, Translation; (b) Anschauungsraum/-ebene.

1.1.3 Symmetrische Bilinearformen, Quadriken und deren Klassifikation

Bei der Klassifikation von *symmetrischen Bilinearformen* unterscheidet man zwischen affiner und metrischer Klassifikation, je nachdem ob beliebige Basen oder nur orthogonale Basen (in einem Raum mit Skalarprodukt) zugelassen werden. In beiden Fällen läßt sich eine symmetrische Bilinearform durch eine Matrix in Diagonalform darstellen. Bei der affinen Klassifikation kommt man dabei in der Diagonale mit den Zahlen $0, +1, -1$ aus. Der Beweis erfolgt mit dem ebenso einfachen wie als bereichsspezifische Strategie wichtigen verallgemeinerten Schmidtschen Orthogonalisierungsverfahren.[9]

Satz 4 (verallgemeinertes Schmidtsches Orthogonalisierungsverfahren): Sei B eine von der Nullform verschiedene symmetrische Bilinearform über dem Vektorraum V. Dann gibt es eine Basis $[\vec{v}_i]$ mit der Eigenschaft $B(\vec{v}_i, \vec{v}_j) = 0$ für $i \neq j$.

Beweis: Man kann von einer Basis $[\vec{x}_i]$ mit $B(\vec{x}_1, \vec{x}_1) \neq 0$ ausgehen; ansonsten ist man bereits fertig. Man setze $\vec{v}_1 = \vec{x}_1$ und die $\vec{y}_i = \vec{x}_i - (B(\vec{x}_1, \vec{x}_i)/B(\vec{x}_1, \vec{x}_1))\vec{x}_1$, $i = 2, ..., n$. Als neue Basis nehme man $\vec{v}_1$ und $\vec{y}_i$, $i = 2, ..., n$. Es gilt $B(\vec{v}_1, \vec{y}_i) = 0$ für $i = 2, ..., n$. Dieses Verfahren läßt sich fortsetzen, indem man es auf den von $\vec{y}_i$ aufgespannten Teilraum anwendet. Durch geeignete Skalierung kann man erreichen, daß $B(\vec{v}_i, \vec{v}_j) \in \{-1, 0, 1\}$ ist. Da das Skalarprodukt „$\cdot$" auch eine symmetrische Bilinearform ist, kann man mit diesem Verfahren eine Orthogonalbasis erstellen; daher stammt der Name Orthogonalisierungsverfahren. Bei geeigneter Normierung erhält man sogar eine Orthonormalbasis. In Fall des Skalarprodukts läßt sich das Verfahren gut veranschaulichen. Der Vektor $(\vec{x}_1 \cdot \vec{x}_2 / \vec{x}_1^2)\vec{x}_1$ ist die Orthogonalprojektion von $\vec{x}_2$ auf $\vec{x}_1$. Zieht man diesen Vektor von $\vec{x}_2$ ab, so erhält man einen zu $\vec{x}_1$ orthogonalen Vektor.

---

[8] Die Winkelfunktionen sind hier Funktionen von Winkeln und nicht von Winkelmaßen, wie sonst üblich. *Dieudonné* ist der Ansicht, daß der Begriff Winkelmaß in der Geometrie überflüssig ist. Wer diese Ansicht nicht teilt, muß zeigen, daß sich Drehmatrizen und die reellen Zahlen des Intervalls $[0; 2\pi[$ in geeigneter Weise identifizieren lassen (vgl. *Dieudonné* 1966, 14). Zum Winkelbegriff und seinen verschiedenen schulrelevanten Definitionen vgl. *Duden* (1994, 674).

[9] Diese bereichsspezifische Strategie hat ihre Bedeutung in erster Linie außerhalb der Schulmathematik.

Im metrischen Fall muß man sich wesentlich komplexerer Methoden bedienen, indem man mit Eigenvektoren arbeitet. Man kann so zeigen, daß es eine Orthonormalbasis gibt, bezüglich der die symmetrische Bilinearform B eine Diagonalmatrix besitzt (vgl. Satz 3 in 1.1.1). Man nennt die Vektoren dieser Basis auch Hauptachsen von B.

Da die *Quadriken* wesentlich mit Hilfe von symmetrischen Bilinearformen beschrieben werden, ist deren affine bzw. metrische Klassifikation zugleich die Grundlage der entsprechenden Klassifikation von Quadriken. Eine Quadrik $\left\{ X \mid \overrightarrow{OX} = \vec{x} \wedge B(\vec{x},\vec{x}) + L(\vec{x}) = r \right\}$ läßt sich bei vorgegebener Basis durch die Matrizengleichung $\vec{x}^{\mathrm{T}} M\vec{x} + \vec{m}^{\mathrm{T}}\vec{x} = r$ mit einer symmetrischen Matrix M oder durch die entsprechende quadratische Koordinatengleichung $\sum_{i,j} a_{ij} x_i x_j + \sum_i m_i x_i = r$ beschreiben. Wir betrachten hier als Beispiel die Quadriken, die einen Mittelpunkt besitzen und sich in der Form $\left\{ X \mid \overrightarrow{OX} = \vec{x} \wedge B(\vec{x},\vec{x}) = r \right\}$ darstellen lassen (s.u.). Aufgrund der Sätze über symmetrische Bilinearformen gibt es jeweils ein orthonormiertes Koordinatensystem, bezüglich dessen eine solche Quadrik durch die Matrizengleichung $\vec{x}^{\mathrm{T}} M\vec{x} = r$ mit einer Diagonalmatrix M bzw. durch die Koordinatengleichung $\sum a_i x_i^2 = r$ mit $(x_i) = \vec{x}$ beschrieben werden kann (Hauptachsenform, metrische Klassifikation). Die Quadrik ist symmetrisch bezüglich der Koordinatenachsen, die man deshalb als Hauptachsen bezeichnet. Läßt man beliebige Koordinatensysteme zu, kann man sogar erreichen, daß $a_i \in \{-1, 0, 1\}$ (affine Klassifikation). Auf diese Weise erhält man also einen sehr genauen Überblick über die Typen von Quadriken, insbesondere auch von Kegelschnitten und Flächen zweiter Ordnung.[11]

Kegelschnitte

Vor dem Hintergrund der allgemeinen algebraischen Quadrikentheorie diskutieren wir zunächst ein Beispiel, um daran wichtige allgemeine Sachverhalte zu erkennen und unterschiedliche Verfahren zu entwickeln. Zugleich soll der Aspektreichtum dieses Gebietes angedeutet werden. Eine Betrachtung der Kegelschnitte aus geometrischer Sicht erfolgt in Abschnitt 4.1. Dabei steht ein konkret-experimentelles Vorgehen im Vordergrund.

Beispiel 8 (Analyse eines Kegelschnitts): Gegeben sei die quadratische Gleichung $x^2 + xy + y^2 = 4$ (∗).

Es gilt, die Gleichung durch Wahl eines geeigneten Koordinatensystems zu vereinfachen und damit die Voraussetzung für eine Klassifikation solcher Gleichungen zu schaffen. Wir skizzieren vier verschiedene Zugänge, um deutlich zu machen, daß es schulnähere Wege als den über Eigenvektoren gibt. Eine interessante Ergänzung ist das experimentelle Arbeiten mit einem CAS.

---

[11] Die hier skizzierte Klassifizierung mit Hilfe von Basistransformationen ist gleichwertig zu der über affine bzw. isometrische Abbildungen.

(a) (*quadratische Ergänzung*): Durch quadratische Ergänzung erhält

man $\left(x+\frac{1}{2}y\right)^2 +\frac{3}{4}y^2 = 4$. Durch die Koordinatentransformation

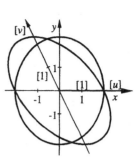

$u = x+\frac{1}{2}y$ und $v = y$ bzw. $x = u-\frac{1}{2}v$ und $y = v$ erhält man die

Gleichung einer Ellipse $\dfrac{u^2}{4}+\dfrac{v^2}{16/3} = 1$. Das neue Koordinatensystem

ist durch den Ursprung $\begin{pmatrix} 0 \\ 0 \end{pmatrix}$ und die Einheitspunkte $\begin{pmatrix} 1 \\ 0 \end{pmatrix}$ und $\begin{pmatrix} -\frac{1}{2} \\ 1 \end{pmatrix}$

gekennzeichnet. Es handelt sich um ein schiefwinkliges Koordinatensystem. Die Kurve ist schiefsymmetrisch bezüglich der Koordinatenachsen (vgl. Aufg. 11). Bei der Koordinatentransformation handelt es sich um eine Scherung entlang der x-Achse des ursprünglichen Systems. Faßt man die obigen Transformationsgleichungen nicht als Koordinatentransformation, sondern als Gleichungen einer affinen Abbildung auf, so wird die obige Ellipse in eine Ellipse überführt, die symmetrisch zu dem kartesischen Koordinatensystem liegt (vgl. Bild). Die Ellipse wird geschert.

(b) (*Symmetriebetrachtungen*): Da die Gleichung sich beim Vertauschen von x und y nicht ändert und der Kegelschnitt auch bei Spiegelung an den Winkelhalbierenden des 2. Quadranten in sich

übergeht, ist es naheliegend, durch die Punkte $\begin{pmatrix} \frac{\sqrt{2}}{2} \\ \frac{\sqrt{2}}{2} \end{pmatrix}$ und $\begin{pmatrix} -\frac{\sqrt{2}}{2} \\ \frac{\sqrt{2}}{2} \end{pmatrix}$, die auf den Winkelhalbie-

renden liegen, unter Beibehaltung des Ursprungs O ein neues orthonormales Koordinatensystem einzuführen. Für die Transformationsgleichungen gilt der allgemeine Ansatz $x = a_{11}u + a_{12}v$ und

$y = a_{21}u + a_{22}v$ bzw. $\begin{pmatrix} x \\ y \end{pmatrix} = A\begin{pmatrix} u \\ v \end{pmatrix}$ mit $A = \begin{pmatrix} a_{11} \, a_{12} \\ a_{21} \, a_{22} \end{pmatrix}$. Da die Einheitspunkte des neuen Koordinaten-

systems $\begin{pmatrix} 1 \\ 0 \end{pmatrix}$ und $\begin{pmatrix} 0 \\ 1 \end{pmatrix}$ im ursprünglichen Koordinatensystem durch die Tupel $\begin{pmatrix} \frac{\sqrt{2}}{2} \\ \frac{\sqrt{2}}{2} \end{pmatrix}$ und $\begin{pmatrix} -\frac{\sqrt{2}}{2} \\ \frac{\sqrt{2}}{2} \end{pmatrix}$

gekennzeichnet sind, erhält man für die Transformationsmatrix $A = \dfrac{\sqrt{2}}{2}\begin{pmatrix} 1 & -1 \\ 1 & 1 \end{pmatrix}$ bzw. entspre-

chende Transformationsgleichungen. Setzt man die Transformationsgleichungen in die quadrati-

sche Gleichung (∗) ein, so erhält man $\dfrac{3}{2}u^2 +\dfrac{v^2}{2} = 4$ (∗∗) bzw. $\dfrac{u^2}{8/3}+\dfrac{v^2}{8} = 1$, also die Gleichung

einer Ellipse mit den Halbachsenlängen $2\sqrt{\dfrac{2}{3}}$ und $2\sqrt{2}$. Dieselbe Koordinatentransformation über-

führt $x^2 + 3xy + y^2 = 4$ in $\dfrac{u^2}{8/5}-\dfrac{v^2}{8} = 1$, also in die Gleichung einer Hyperbel. Bei der Koordina-

tentransformation handelt es sich um eine 45°-Drehung des Koordinatensystems.

(c) (*Drehung um den Winkel* α): Wir geben hier einen allgemeinen Ansatz, der es gestattet, in jeder quadratischen Gleichung die gemischten Glieder zu eliminieren, indem wir das Koordinatensystem um einen Winkel α drehen. Die Einheitspunkte haben die Koordinaten

$$E_u = \begin{pmatrix} \cos\alpha \\ \sin\alpha \end{pmatrix} \text{ und } E_v = \begin{pmatrix} -\sin\alpha \\ \cos\alpha \end{pmatrix} \text{ (vgl. Bild).}$$

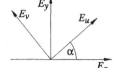

Wir erhalten die Transformationsgleichungen $x = u\cos\alpha - v\sin\alpha$

und $y = u\sin\alpha + v\cos\alpha$. Als neue quadratische Gleichung erhält man

$u^2(\sin\alpha\ \cos\alpha + 1) + v^2(-\sin\alpha\ \cos\alpha + 1) + uv(2\cos^2\alpha - 1) = 4$ (∗∗∗). Um den gemischten Term zu

eliminieren, setzt man $\cos\alpha = \dfrac{\sqrt{2}}{2}$, also $\alpha = 45°$. Die Gleichung (∗∗∗) geht dann in $\dfrac{3}{2}u^2 + \dfrac{v^2}{2} = 4$

über. Dieses Verfahren läßt sich auf beliebige quadratische Gleichungen 2. Grades $ax^2 + by^2 + cxy + dx + ey + m = 0$ mit $(a, b, c) \neq (0, 0, 0)$ anwenden. Man nennt eine solche Koordinatentransformation, die das Koordinatensystem in die Symmetrieachsen der Quadrik hineindreht, eine *Hauptachsentransformation*.

(d) (*Eigenwertbetrachtungen*): Die Gleichung $x^2 + xy + y^2 = 4$ hat in Matrixschreibweise die Form

$\vec{x}^\mathrm{T}\begin{pmatrix} 1 & \frac{1}{2} \\ \frac{1}{2} & 1 \end{pmatrix}\vec{x} = 4$. Für die Matrix lassen sich die Eigenwerte $\lambda_1 = \dfrac{3}{2}$ und $\lambda_2 = \dfrac{1}{2}$ und die normierten

Eigenvektoren $\begin{pmatrix} \frac{\sqrt{2}}{2} \\ \frac{\sqrt{2}}{2} \end{pmatrix}$ und $\begin{pmatrix} \frac{-\sqrt{2}}{2} \\ \frac{\sqrt{2}}{2} \end{pmatrix}$ errechnen, die man als Basisvektoren nimmt. Mit der Transfor-

mationsmatrix $T = \dfrac{\sqrt{2}}{2}\begin{pmatrix} 1 & -1 \\ 1 & 1 \end{pmatrix}$ erhält man die Transformation:

$$\vec{x}^\mathrm{T}T^\mathrm{T}AT\vec{x} = \frac{1}{2}\vec{x}^\mathrm{T}\begin{pmatrix} 1 & 1 \\ -1 & 1 \end{pmatrix}\begin{pmatrix} 1 & \frac{1}{2} \\ \frac{1}{2} & 1 \end{pmatrix}\begin{pmatrix} 1 & -1 \\ 1 & 1 \end{pmatrix}\vec{x} = \frac{1}{2}\vec{x}^\mathrm{T}\begin{pmatrix} 3 & 0 \\ 0 & 1 \end{pmatrix}\vec{x} = 4 .$$

Die Berechnung der Eigenvektoren läßt sich auch elementar durchführen, indem man das Gleichungssystem $A\vec{x} = \lambda\vec{x}$ mit den Methoden der Mittelstufe löst:

$$\begin{array}{lll} x + \frac{1}{2}y = \lambda x & (1-\lambda)x + \frac{1}{2}y = 0 & (1-\lambda)x + \frac{1}{2}y = 0 \\ \frac{1}{2}x + y = \lambda y \quad\Leftrightarrow & \frac{1}{2}x + (1-\lambda)y = 0 \quad\Leftrightarrow & (\frac{1}{2} - 2(1-\lambda)^2)x = 0. \end{array}$$

Um nichttriviale Lösungen zu bekommen, setzt man $\dfrac{1}{2} - 2(1-\lambda)^2 = 0$ und erhält $\lambda_1 = 1 + \dfrac{1}{2}$ und

$\lambda_2 = 1 - \dfrac{1}{2}$. Basislösungen der LGS sind $\begin{pmatrix} 1 \\ 1 \end{pmatrix}$ und $\begin{pmatrix} -1 \\ 1 \end{pmatrix}$. Wir normieren diese orthogonalen

„Eigenvektoren" und erhalten so eine Orthonormalbasis $\vec{e}_1$ und $\vec{e}_2$.

Wir untersuchen nun den Vorgang der Hauptachsentransformation näher. Dazu bezeichnen wir die Matrix der Koordinatentransformation mit T. Die Spalten von T sind die Eigenvektoren $\vec{e}_i$. Die Hauptachsentransformation entspricht der Matrizenmultiplikation $T^\mathrm{T}AT$. Da

$A\vec{e}_i = \lambda_i \vec{e}_i$ gilt, sind die Spalten von AT jeweils das λ_i-fache der Spalten $\vec{e}_i$; also

$AT = \dfrac{\sqrt{2}}{2}\begin{pmatrix}\lambda_1 & -\lambda_2 \\ \lambda_1 & \lambda_2\end{pmatrix}$. Die Zeilen von T stehen senkrecht auf den Zeilen von T^{T}, folglich ist

$$T^{\mathrm{T}}AT = \frac{\sqrt{2}}{2}\begin{pmatrix}1 & 1 \\ -1 & 1\end{pmatrix}\frac{\sqrt{2}}{2}\begin{pmatrix}\lambda_1 & -\lambda_2 \\ \lambda_1 & \lambda_2\end{pmatrix} = \begin{pmatrix}\lambda_1 & 0 \\ 0 & \lambda_2\end{pmatrix}.$$

Wie im Beispiel unter Weg (a) angedeutet, läßt sich die Matrizentransformation $T^{\mathrm{T}}AT$ bei festbleibendem Koordinatensystem auch als Abbildung auffassen. Man erhält auf diese Weise eine Klasse gleichartiger Quadriken, wenn man T die regulären 2×2-Matrizen durchlaufen läßt.

Die allgemeine Gleichung einer Kurve 2. Ordnung besitzt in Koordinatenschreibweise die Form $ax^2 + by^2 + 2cxy + 2dx + 2ey + m = 0$, in Matrizenschreibweise die Form $\vec{x}^T M \vec{x} + 2\vec{m}^T\vec{x} + m = 0$. Sie läßt sich durch eine Drehung des Koordinatensystems auf die Form $a_1 x^2 + a_2 y^2 + b_1 x + b_2 y + m = 0$ (mit $a_1 \neq 0 \vee a_2 \neq 0$) bringen. Diese Darstellung umfaßt nicht die ausgearteten Kegelschnitte. Durch quadratische Ergänzung und eine entsprechende Koordinatentransformation (Verschiebung) erhält die Gleichung o.E.d.A. die Gestalt $a_1 x^2 + a_2 y^2 = r$ bzw. $a_1 x^2 + b_2 y = r$ für $a_2 = 0$. Im ersten Fall liegt für a_1, $a_2 > 0$ und $r > 0$ eine Ellipse vor, für $a_1 \cdot a_2 < 0$ und $r > 0$ eine Hyperbel. Im zweiten Fall handelt es sich um die Gleichung einer Parabel. (Für eine vollständige Übersicht vgl. Aufg. 12.)

Wir ergänzen einige Überlegungen zum *Symmetriepunkt* (*Mittelpunkt*) von Kurven 2. Ordnung $\vec{x}^T M \vec{x} + 2\vec{m}^T\vec{x} + m = 0$. Solch eine Kurve besitzt einen Symmetriepunkt $\vec{s}$, wenn $\vec{s}$ Lösung des LGS $M\vec{s} = -\vec{m}$ (und $2\vec{m}^T\vec{s} + m \neq 0$) ist. Ist $\vec{s}$ Symmetriepunkt der Kurve, so liegt mit dem Vektor $\vec{x}$ auch der an $\vec{s}$ gespiegelte Vektor $2\vec{s} - \vec{x}$ auf der Kurve. Das LGS $M\vec{s} = -\vec{m}$ besitzt genau einen Punkt (den Mittelpunkt der Kurve) als Lösung, wenn $|M| \neq 0$ ist. Kurven ohne Symmetriepunkt sind beispielsweise Parabeln; sie sind nicht punkt-, sondern achsensymmetrisch. Ellipsen und Hyperbeln haben genau einen Symmetriepunkt, während parallele Geraden unendlich viele Symmetriepunkte besitzen. Kurven mit Symmetriepunkt heißen *Mittelpunktskurven*, Kurven ohne Symmetriepunkt heißen *parabolische Kurven*.

Beispiel 9 (Exkurs: Betrachtungen zu den Begriffen „senkrecht" und „konjugiert"): Im Zusammenhang mit dem Skalarprodukt führt man den Begriff „$\vec{x}$ senkrecht $\vec{y}$" durch $\vec{x}\cdot\vec{y} = 0$ ein. Da das Skalarprodukt eine spezielle Bilinearform ist, liegt es nahe, diesen Gedanken auf eine beliebige symmetrische Bilinearform B zu verallgemeinern. Man nennt die Richtungen $\vec{x}$ und $\vec{y}$ konjugiert,

wenn $B(\vec{x}, \vec{y}) = 0$ gilt. Die Bedeutung konjugierter Richtungen verdeutlichen wir an dem folgenden Beispiel. Man betrachte einen Durchmesser einer Kurve 2. Ordnung (etwa einer Ellipse), der
die Kurve im Punkt Q schneidet. Die Richtung der Tangente in Q und die Richtung des Durch-
messers sind konjugiert zueinander. Dieser Sachverhalt stellt eine Verallgemeinerung des entsprechenden Satzes über Kreistangenten dar, der besagt, daß eine Tangente an einen Kreis im Punkt Q
senkrecht auf dem zu Q gehörigen Kreisdurchmesser steht (vgl. Aufg. 13).

Flächen 2. Ordnung

Die oben entwickelten Gedanken lassen sich übertragen. Nach Hauptachsentransformation und eventueller Verschiebung erhält man die Gleichungstypen

- $a_1 x^2 + a_2 y^2 + a_3 z^2 + m = 0$ (Flächen 2. Ordnung mit Symmetriepunkt);

- $a_1 x^2 + a_2 y^2 + lz = 0$ (Flächen 2. Ordnung ohne Symmetriepunkt).

Im folgenden geben wir einen Überblick über die verschiedenen Flächen 2. Ordnung
(vgl. dazu *Duden* 1994; *Bronstein et al.* 1995; *Merziger/Wirth* 1995).

Flächen 2. Ordnung mit Symmetriepunkt

a_1	a_2	a_3	m	Typ der Fläche
+	+	+	+	leere Menge
+	+	+	0	Nullpunkt
+	+	+	−	Ellipsoid
+	+	−	+	zweischaliges Hyperboloid
+	+	−	0	elliptischer Doppelkegel, z-Achse ist Kegelachse
+	+	−	−	einschaliges Hyperboloid
+	+	0	+	leere Menge
+	+	0	0	z-Achse
+	+	0	−	elliptischer Zylinder
+	−	0	±	hyperbolischer Zylinder
+	−	0	0	zwei Ebenen durch die z-Achse
+	0	0	+	leere Menge
+	0	0	0	yz-Ebene
+	0	0	−	zwei Ebenen parallel zur yz-Ebene

+ bedeutet > 0, − bedeutet < 0, ± bedeutet ≠ 0, 0 bedeutet = 0

Flächen 2. Ordnung ohne Symmetriepunkt

a_1	a_2	l	Typ der Fläche
+	+	±	elliptisches Paraboloid
+	−	±	hyperbolisches Paraboloid (Sattelfläche)
+	0	±	parabolischer Zylinder

Wir geben die nichtausgearteten Flächen 2. Ordnung in Hauptachsenform und ausgewählte Graphen wieder.

(1) Ellipsoid $\qquad$ $\dfrac{x^2}{a^2}+\dfrac{y^2}{b^2}+\dfrac{z^2}{c^2}=1$; (∗) Sonderfälle: Kugel und Rotationsellipsoid;

(2) Zweischaliges Hyperboloid $\dfrac{x^2}{a^2}-\dfrac{y^2}{b^2}-\dfrac{z^2}{c^2}=1$; (3) Einschaliges Hyperb. $\dfrac{x^2}{a^2}+\dfrac{y^2}{b^2}-\dfrac{z^2}{c^2}=1$;

(4) Elliptischer Doppelkegel $\dfrac{x^2}{a^2}+\dfrac{y^2}{b^2}-\dfrac{z^2}{c^2}=0$; (5) Ellipt. Paraboloid $\dfrac{x^2}{a^2}+\dfrac{y^2}{b^2}-z=0$;

(6) Hyperbolisches Paraboloid $\dfrac{x^2}{a^2}-\dfrac{y^2}{b^2}-z=0$; (7) Ellipt. Zylinder $\dfrac{x^2}{a^2}+\dfrac{y^2}{b^2}-1=0$;

(8) Hyperbolischer Zylinder $\dfrac{x^2}{a^2}-\dfrac{y^2}{b^2}-1=0$; (9) Parabol. Zylinder $y^2-2px=0$.

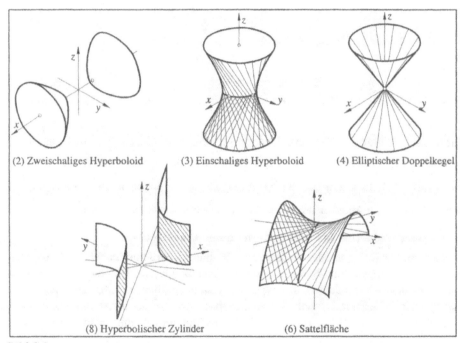

(2) Zweischaliges Hyperboloid   (3) Einschaliges Hyperboloid   (4) Elliptischer Doppelkegel

(8) Hyperbolischer Zylinder   (6) Sattelfläche

Bild 1.1

Beispiel 10 (Normalform einer Fläche 2. Ordnung; nach Merziger/Wirth 1995, 238f.): Mittels Hauptachsentransformation (s.o.) untersuchen wir die quadratische Gleichung

$$-50x^2+9y^2+16z^2-24yz-200x-10y+55z+25=0\,,\text{ bzw. in Matrizenschreibweise}$$

$$\vec{x}^T M \vec{x} + 2\vec{m}^T \vec{x} + m = 0 \text{ mit } M = \begin{pmatrix} -50 & 0 & 0 \\ 0 & 9 & -12 \\ 0 & -12 & 16 \end{pmatrix}, \ 2\vec{m} = \begin{pmatrix} -200 \\ -10 \\ 55 \end{pmatrix}, \ m = 25 \, .$$

Es gibt keinen Symmetriepunkt $\vec{s}$, da das LGS $M\vec{s} = -\vec{m}$ unlösbar ist. Die Lösbarkeit des LGS ist die Bedingung dafür, daß mit $\vec{x}$ auch der an $\vec{s}$ gespiegelte Punkt $2\vec{s} - \vec{x}$ auf der Fläche liegt (s.o.). Es handelt sich also um eine Fläche ohne Mittelpunkt.

Man erhält drei verschiedene Eigenwerte $\lambda_1 = 25$, $\lambda_2 = -50$ und $\lambda_3 = 0$ als Lösung der Gleichung $|M - xE| = 0$. Dazu gibt es nach Satz 3(b) drei zueinander orthogonale Eigenvektoren von M, die wir in geeigneter Weise normieren. Diese Vektoren $\vec{e}_i$ bilden eine Orthonormalbasis, die Spalten

der Matrix $A = (\vec{e}_1, \vec{e}_2, \vec{e}_3) = \dfrac{1}{5} \begin{pmatrix} 0 & 5 & 0 \\ 3 & 0 & -4 \\ -4 & 0 & -3 \end{pmatrix}$. Eine Koordinatentransformation mit A überführt M in

eine Diagonalmatrix (Hauptachsentransformation). Es ergeben sich für $\vec{x} = A\vec{r}$ die Gleichungen

$$\vec{r}^T A^T M A \vec{r} + 2\vec{m}^T A \vec{r} + m = 0 \text{ mit } A^T M A = \begin{pmatrix} 25 & 0 & 0 \\ 0 & -50 & 0 \\ 0 & 0 & 0 \end{pmatrix} \text{ und}$$

$$2\vec{m}^T A = (-200, \ -10, \ 55) \cdot \frac{1}{5} \begin{pmatrix} 0 & 5 & 0 \\ 3 & 0 & -4 \\ -4 & 0 & -3 \end{pmatrix} = (-50, \ -200, \ -25) \quad \text{und } m = 25 \text{ bzw. in Koordinaten-}$$

schreibweise $25r^2 - 50s^2 - 50r - 200s - 25t + 25 = 0$. Durch quadratische Ergänzung und eine entsprechende Translation mit $\vec{r} = \vec{u} + (1, \ -2, \ 8)^T$ erhält man die Gleichung $25u^2 - 50v^2 - 25w = 0$ bzw. $w = u^2 - 2v^2$. Es handelt sich bei der Fläche also um ein hyperbolisches Paraboloid (Sattelfläche). (Anm.: Solche Aufgaben lassen sich sehr gut mit einem einfachen CAS lösen.)

1.1.4 Lineare und affine Abbildungen und deren Klassifikation

Die *linearen Abbildungen* eines Vektorraums **V** sind die strukturerhaltenden Abbildungen von **V** in einen Vektorraum **W** über demselben Grundkörper; als Bildraum kommen insbesondere **V** und der Grundkörper in Frage. Wir diskutieren hier in erster Linie Selbstabbildungen eines Vektorraums. Zeichnet man eine Basis aus, so sind die Abbildungen von der Form $f : \vec{x} \mapsto A\vec{x}$ (∗); dabei ist $\vec{x}$ ein Spaltenvektor und A eine quadratische Matrix. *Affine Abbildungen f* eines Punktraums **P** in sich werden in der Linearen Algebra durch die

Forderung, daß die von f induzierte Abbildung $\tilde{f} : \mathbf{V} \to \mathbf{V}$, $\overrightarrow{AB} \mapsto \overrightarrow{f(A)f(B)}$ linear ist, definiert. Zeichnet man in **P** ein Koordinatensystem aus und interpretiert Spaltenvektoren in geeigneter Weise als Punkte (Ortsvektoren), so hat eine affine Abbildung die Form $\vec{x} \mapsto A\vec{x} + \vec{v}$ (∗∗). Dieser Sachverhalt entspricht der zweiten üblichen Definition, bei der die affine Abbildung als Verkettung ($f = l \circ t$) einer linearen Abbildung l und einer Translation t eingeführt wird. Die nichtausgearteten affinen Abbildungen sind bijektiv und geradentreu, d.h., eine Gerade wird stets wieder auf eine Gerade abgebildet. Man nennt solche Abbildungen *Kollineationen*. (Vgl. Aufg. 14.)

Der Geometer führt umgekehrt affine Abbildungen über den Begriff der *Kollineation* ein. Dabei wird zusätzlich verlangt, daß affine Abbildungen das Teilverhältnis[13] erhalten. Im Fall affiner Ebenen mit $\mathbb{R}$ als Grundkörper kann man auf diese Bedingung verzichten. Die Kollineationen eines reellen affinen Punktraums sind also affine Abbildungen im Sinne der Linearen Algebra.[14] Für einen Beweis kann man einen sehr allgemeinen Weg und einen engeren, aber für Schüler verständlichen, Weg gehen.

Weg 1 (Hauptsatz der affinen Geometrie[15]): Man kann für einen Vektorraum $\mathbf{V}$ (dim $\mathbf{V} \geq 2$) über einem beliebigen Körper $\mathbf{K}$ (char $\mathbf{K} \neq 2$) zeigen, daß Kollineationen, die den Koordinatenursprung festlassen, semilineare Abbildungen sind, d.h. sie erfüllen neben der Additivität die Bedingung $f(r\vec{x}) = \varphi(r) \cdot (\vec{x})$, wobei φ ein Automorphismus des Grundkörpers ist. Da $\mathbb{R}$ nur die identische Abbildung als Automorphismus besitzt, ist f im Fall eines $\mathbb{R}$-Vektorraums linear.

Weg 2 (Geometrische Charakterisierung von affinen Abbildungen der Ebene[16]): Eine bijektive, geradentreue Abbildung f

(a) ist parallelentreu;

(b) ist teilverhältnistreu; liegt also T auf der Geraden (AB) und sind A', B', T' die Bildpunkte von A, B und T, dann gilt für Teilverhältnisse $t(A', T', B') = t(A, T, B)$;

(c) erfüllt die Eigenschaft (**), ist also eine affine Abbildung im Sinne der Linearen Algebra.

Beweis zu Weg 2: (a) Es seien g und h parallel, also $g \cap h = \emptyset$. Wegen der Bijektivität sind auch die Bildgeraden disjunkt und müssen daher parallel sein. Aufgrund der Parallelentreue wird ein Parallelogramm wieder auf ein Parallelogramm abgebildet. (b) Faßt man den Mittelpunkt M einer Strecke AB als Schnittpunkt der Diagonalen eines Parallelogramms auf, so ergibt sich, daß M auf den Mittelpunkt der Bildstrecke $A'B'$ abgebildet wird. Ein Punkt $T \in (AB)$ läßt sich durch eine fortgesetzte Halbierung (Intervallschachtelung) festlegen. Diese fortgesetzte Halbierung wird auf eine fortgesetzte Halbierung der Bildstrecke $A'B'$ abgebildet und schachtelt dort den Bildpunkt T' von T ein. Ist $\overrightarrow{AT} = t\,\overrightarrow{TB}$, dann gilt $\overrightarrow{A'T'} = t\,\overrightarrow{T'B'}$. (c) Für die induzierte Abbildung $\widetilde{f}$ gilt daher $\widetilde{f}(r\vec{x}) = r\,\widetilde{f}(\vec{x})$. Die Additivität ergibt sich daraus, daß ein Parallelogramm in ein Parallelogramm abgebildet wird, wie unter (a) gezeigt. $\widetilde{f}$ ist also linear und damit gilt (**).

Ist $\mathbf{P}$ ein euklidischer Raum, so nennt man die abstandstreuen Abbildungen von $\mathbf{P}$ in sich *Isometrien*. Das bedeutet, daß die induzierten Abbildungen (s.o.) orthogonale Abbildungen sind. Wir betrachten im folgenden Beispiel die Herleitung der Gleichung einer Drehung auf unterschiedlichen Wegen.

---

[13] Das Teilverhältnis $t(A, B, C)$ mit $B \neq C$ von drei auf einer Geraden liegenden Punkten wird durch $\overrightarrow{AC} = t\overrightarrow{CB}$ definiert. Ohne den Vektorbegriff wird das Teilverhältnis t definiert durch $|AC| = |t|\,|CB|$ mit $t \geq 0$ für Punkte C der Strecke AB und mit $t < 0$ für äußere Punkte C.

[14] Allgemeiner noch lassen sich affine Abbildungen dadurch kennzeichnen, daß sie die Konvexität erhalten Für Einzelheiten vgl. *Wegner* (1972).

[15] Für Beweishinweise vgl. etwa *Fischer* (1994, 35).

[16] Nach Schulbuch *Lambacher/Schweizer* (1995a, 199f.).

Beispiel 11 (Drehung in der Ebene): (a) Der einfachste Zugang zur Beschreibung von affinen Abbildungen führt über Matrizen. Wir beschränken uns hier auf Abbildungen f, die den Koordinatenursprung festlassen: $f: \vec{x} \mapsto \vec{u} = A\vec{x}$. Die Spalten von A sind die

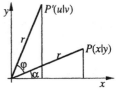

Bilder der Punkte $\begin{pmatrix} 1 \\ 0 \end{pmatrix}$ und $\begin{pmatrix} 0 \\ 1 \end{pmatrix}$. Da es sich um eine Drehung handelt,

gilt also: $A = \begin{pmatrix} \cos\varphi & -\sin\varphi \\ \sin\varphi & \cos\varphi \end{pmatrix}$.

(b) Man kann auch elementargeometrisch-trigonometrisch vorgehen. Mit Hilfe der Additionsformeln für die Winkelfunktionen erhält man die Transformationsgleichungen

$u = r \cdot \cos(\varphi + \alpha) = r \cdot \cos\varphi \cdot \cos\alpha - r \cdot \sin\varphi \cdot \sin\alpha = x \cdot \cos\varphi - y \cdot \sin\varphi$,

$v = r \cdot \sin(\varphi + \alpha) = r \cdot \cos\varphi \cdot \sin\alpha + r \cdot \sin\varphi \cdot \cos\alpha = x \cdot \sin\varphi + y \cdot \cos\varphi$.

(c) Ein rein elementargeometrischer Beweis über rechtwinklige, ähnliche Dreiecke ist ebenfalls möglich, aber vergleichsweise unübersichtlich (vgl. das Schulbuch *Reidt/Wolff* 1961[6], 89).

Wir betrachten nun das Klassifikationsproblem. Dabei rücken wir zunächst die linearen Abbildungen und die affinen Abbildungen mit einem Fixpunkt in den Vordergrund, die parallel behandelt werden können. Man bedient sich dabei des – keineswegs elementaren – Satzes von *Jordan* (vgl. etwa *Flohr/Raith* 1971, 24f.). Es zeigt sich, daß es recht vielfältige Arten von linearen Abbildungen gibt.

Die affinen Abbildungen der Ebene

Für den Fall $n = 2$ läßt sich das Klassifikationsproblem elementar lösen; es wird daher in vielen Schulbüchern abgehandelt. Man gewinnt einen Überblick über die verschiedenen Typen von Abbildungen *mit Fixpunkt*, indem man zwischen Abbildungen mit (a) genau zwei (reellen) Eigenwerten, (b) einem und (c) keinem Eigenwert unterscheidet oder – gleichwertig dazu – zwischen Abbildungen mit mehreren, einer oder keiner Fixgeraden.

Satz 5 (Klassifikation von ebenen affinen Abbildungen mit Fixpunkt): Bei geeigneter Wahl eines affinen Koordinatensystems läßt sich die Abbildung in der Form $\vec{x} \mapsto A\vec{x}$ mit den folgenden Typen von Abbildungsmatrizen A darstellen:

(a) $\begin{pmatrix} \lambda_1 & 0 \\ 0 & \lambda_2 \end{pmatrix}$ mit $\lambda_1 \neq \lambda_2$, (b$_1$) $\begin{pmatrix} \lambda & 0 \\ 0 & \lambda \end{pmatrix}$ oder (b$_2$) $\begin{pmatrix} \lambda & r \\ 0 & \lambda \end{pmatrix}$ mit $r \neq 0$, (c) $\begin{pmatrix} a & -b \\ b & a \end{pmatrix}$ (wobei λ und

λ_i für reelle Eigenwerte stehen). Im Fall (a) handelt es sich um eine sog. Eulersche Affinität. Ist speziell etwa $\lambda_1 = 1$, so spricht man von Achsenaffinität, ist zusätzlich $\lambda_2 = -1$, so liegt eine Schrägspiegelung vor. Typ (b$_1$) stellt eine zentrische Streckung dar, (b$_2$) eine Streckscherung bzw. für $\lambda = 1$ eine Scherung. Die Abbildung vom Typ (c) nennt man eine Drehstreckung.

Beweis: Man betrachtet affine Koordinatensysteme mit dem Fixpunkt als Ursprung. Die Abbildungen haben dann die Form $\vec{x} \mapsto A\vec{x}$.

Fall (a): f habe zwei verschiedene Eigenwerte λ_1 und λ_2. Dann gibt es, wie man unmittelbar sieht, zwei linear unabhängige Eigenvektoren $\vec{e}_1$ und $\vec{e}_2$ (s.o.). Bezüglich der Basis $[\vec{e}_i]$ ergeben sich die Abbildungsgleichungen

$$A\vec{x} = A(x_1\vec{e}_1 + x_2\vec{e}_2) = x_1 A\vec{e}_1 + x_2 A\vec{e}_2 = x_1\lambda_1\vec{e}_1 + x_2\lambda_2\vec{e}_2 = \begin{pmatrix} \lambda_1 x_1 \\ \lambda_2 x_2 \end{pmatrix} = \begin{pmatrix} \lambda_1 & 0 \\ 0 & \lambda_2 \end{pmatrix}\vec{x}.$$

Fall (b): f hat genau einen Eigenwert λ. $\vec{e}$ sei ein Eigenvektor, $\vec{u}$ ein weiterer von $\vec{e}$ l.u. Vektor. Sei

$A\vec{u} = r\vec{e} + s\vec{u}$, so erhält man $\quad A\vec{x} = A(x_1\vec{e} + x_2\vec{u}) = x_1\lambda\vec{e} + x_2 r\vec{e} + x_2 s\vec{u} = \begin{pmatrix} \lambda x_1 + rx_2 \\ sx_2 \end{pmatrix} = \begin{pmatrix} \lambda & r \\ 0 & s \end{pmatrix}\vec{x}$.

Da die charakteristische Gleichung $|A' - xE| = (\lambda - x)(s - x) = 0$ der transformierten Abbildungsmatrix A' auch nur einen Eigenwert hat, muß $s = \lambda$ gelten.

Fall (c): Man kann diesen Fall auf die beiden vorangegangenen Fälle zurückführen. Wie man unmittelbar einsieht, gibt es eine Drehung d, so daß $g = f \circ d$ eine Abbildung mit mindestens einer Fixgeraden, also mindestens einem Eigenwert ist (vgl. etwa *Lambacher/Schweizer* 1995a, 225). Damit gehört g zum Typ (a) oder (b). Im ersten Fall ist dann $f = g \circ d^{-1}$ eine Verkettung einer Drehung mit einer Eulerschen Affinität, im zweiten mit einer Streckscherung. Man kann durch eine geeignete Koordinatentransformation sogar auf die unter (c) angegebene Matrix kommen (ebd., 237).

Beispiel 12 (affine Abbildung mit einem Fixpunkt): Wir betrachten die affine Abbildung $f: \vec{x} \mapsto A\vec{x}$

mit $A = \dfrac{1}{25}\begin{pmatrix} -11 & 27 \\ -48 & 61 \end{pmatrix}$ bezogen auf ein kartesisches Koordinatensystem. Das charakteristische

Polynom $|A - xE| = x^2 - 2x + 1$ hat eine doppelte Nullstelle bei 1. Man erhält $\vec{e}_1 = \begin{pmatrix} \frac{3}{5} \\ \frac{4}{5} \end{pmatrix}$ als einen

normierten Eigenvektor und ergänzt ihn mit dem zu $\vec{e}_1$ orthogonalen Vektor $\vec{e}_2 = \begin{pmatrix} \frac{-4}{5} \\ \frac{3}{5} \end{pmatrix}$ zu einer

Basis. Die Matrix $T = \begin{pmatrix} \vec{e}_1 & \vec{e}_2 \end{pmatrix}$ ist orthogonal, und es gilt $T^{-1}AT = \begin{pmatrix} 1 & 3 \\ 0 & 1 \end{pmatrix}$. f ist also eine Scherung mit der durch $\vec{e}_1$ aufgespannten Geraden als Scherachse und mit dem Scherfaktor 3. Die Koordinatentransformation ist eine Drehung des Koordinatenkreuzes um ca. 53° (cos 53° ≈ $^3/_5$).

Einen Überblick über die *fixpunktfreien affinen Abbildungen* liefert der folgende Satz.

Satz 6 (fixpunktfreie Affinitäten): Sei die fixpunktfreie affine Abbildung f durch die Gleichung $\vec{y} = A\vec{x} + \vec{b}$ gegeben, dann hat A den Eigenwert 1. f ist eine Schubscherung oder eine Schubachsenaffinität.

Beweis: Aus der Nichtexistenz eines Fixpunktes folgt, daß die Gleichung $(E - A)\vec{x} = \vec{b}$ keine Lösung hat, also gilt $|E - A| = 0$. Die Matrix A hat 1 als einen Eigenwert. Nach Satz 5 ist die Abbildungsmatrix A von der Form $\begin{pmatrix} 1 & 0 \\ 0 & \lambda \end{pmatrix}$ oder $\begin{pmatrix} 1 & r \\ 0 & 1 \end{pmatrix}$.

Die affinen Abbildungen des Raumes

Wir beschränken uns auf die affinen Abbildungen f mit Fixpunkt, der als Koordinatenursprung gewählt wird. Wir betrachten also Abbildungsgleichungen der Form $\vec{y} = A\vec{x}$. Das charakteristische Polynom von A hat den Grad 3, also nach dem Zwischenwertsatz mindestens eine Nullstelle r. $\vec{e}_1$ sei ein zugehöriger Eigenvektor. Wir ergänzen $\vec{e}_1$ zu einer

Basis [$\vec{e}_1, \vec{e}_2, \vec{e}_3$] und haben damit ein Koordinatensystem festgelegt. Dabei lassen sich für $\vec{e}_2$ und $\vec{e}_3$ zwei Fälle unterscheiden:

(a) es gibt Vektoren $\vec{e}_2$ und $\vec{e}_3$, so daß f die von ihnen aufgespannte Ebene in sich überführt;

(b) es gibt solche Vektoren nicht.

Im Fall (a) wird die Abbildungsmatrix A bei entsprechender Koordinatentransformation in eine Matrix der Form $\begin{pmatrix} r & 0 & 0 \\ 0 & * & * \\ 0 & * & * \end{pmatrix}$ überführt, und die Klassifikation kann daher auf den zweidimensionalen Fall zurückgeführt werden. Im Fall (b) läßt sich eine Basis [$\vec{e}_1, \vec{e}_2, \vec{e}_3$] finden, bzgl. der die Abbildungsmatrix von der Form $\begin{pmatrix} r & 1 & 0 \\ 0 & r & 1 \\ 0 & 0 & r \end{pmatrix}$ ist. (Für einen elementaren Beweis von Fall (b) vgl. *DIFF* MG4 1986, 89ff.)

Die orthogonalen Abbildungen und Isometrien

Bei geeigneter Wahl einer orthonormierten Basis gehört zu einer *orthogonalen Abbildung f* eine Matrix A der Form

$$\begin{pmatrix} A_1 & & & 0 \\ & A_2 & & \\ & & \ddots & \\ 0 & & & A_n \end{pmatrix} \text{ mit } A_i = (\pm 1), A_i = \begin{pmatrix} a_i & -b_i \\ b_i & a_i \end{pmatrix} \text{ oder } A_i = \begin{pmatrix} a_i & b_i \\ b_i & -a_i \end{pmatrix} \text{ und } a_i^2 + b_i^2 = 1.$$

Der Raum läßt sich also in zueinander orthogonale 1- bzw. 2-dimensionale Teilräume zerlegen, auf denen f entweder die identische Abbildung bzw. die Spiegelung am Ursprung oder eine Drehung bzw. eine Geradenspiegelung ist (s.u.). Von Interesse für den Mathematikunterricht ist neben dem Fall $n = 2$ auch die Klassifikation im Fall $n = 3$. Auf beide Fälle wollen wir hier näher eingehen.

Wir betrachten zunächst den Fall $n = 2$. A sei die zu f gehörige Matrix bzgl. einer orthonormalen Basis bzw. eines kartesischen Koordinatensystems. Die Spalten von A müssen als Bilder orthonormaler Vektoren ebenfalls orthonormal sein. Daraus folgt, daß $A = \begin{pmatrix} a & -b \\ b & a \end{pmatrix}$ oder $A = \begin{pmatrix} a & b \\ b & -a \end{pmatrix}$ mit $a^2 + b^2 = 1$ sein muß. Im ersten Fall liegt eine Drehung vor, im zweiten Fall kann man A in eine Diagonalmatrix überführen. Die charakteristische Gleichung $(a-x)(-a-x) - b^2 = x^2 - 1 = 0$ liefert zwei unterschiedliche Eigenwerte: $+1$ und -1. Da A symmetrisch ist, existieren nach Satz 3(b) zwei orthonormale Eigenvektoren $\vec{e}_1$ und $\vec{e}_2$ mit $f(\vec{e}_1) = \vec{e}_1$ und $f(\vec{e}_2) = -\vec{e}_2$. Eine entsprechende Basistransformation überführt A in $\begin{pmatrix} 1 & 0 \\ 0 & -1 \end{pmatrix}$, f ist also eine Spiegelung an der von $\vec{e}_1$ aufgespannten Geraden.

Der Fall $n = 3$ gestattet eine Querverbindung zur Analysis. Die charakteristische Gleichung $|A - xE| = 0$ hat den Grad 3 und daher nach dem Zwischenwertsatz der Analysis mindestens eine Lösung r und einen dazugehörigen Eigenvektor $\vec{e}_1$. Da es sich um eine orthogonale Abbildung handelt, gilt für den Eigenwert $r = \pm 1$. Man ergänzt $\vec{e}_1$ mit Hilfe des Schmidtschen Orthogonalisierungsverfahrens (vgl. Satz 4) und durch Normierung zu einer Orthonormalbasis $[\vec{e}_1, \vec{e}_2, \vec{e}_3]$. Wegen ihrer Orthogonalität überführt f den von $\vec{e}_2$ und $\vec{e}_3$ aufgespannten Raum in sich. Die Matrix bzgl. der Basis $[\vec{e}_1, \vec{e}_2, \vec{e}_3]$ besitzt dann die Form $\begin{pmatrix} \pm 1 & 0 & 0 \\ 0 & * & * \\ 0 & * & * \end{pmatrix}$. Berücksichtigt man die Betrachtungen für den zweidimensionalen Fall, so sieht man, daß f eine Drehung oder Drehspiegelung ist.

Beispiel 13 (eine metrische Abbildung des Raumes ohne Fixpunkt): f sei durch die Abbildungsgleichung $\vec{y} = A\vec{x} + \vec{b}$ mit $A = \begin{pmatrix} \frac{3}{5} & \frac{-4}{5} & 0 \\ \frac{4}{5} & \frac{3}{5} & 0 \\ 0 & 0 & 1 \end{pmatrix}$ und $\vec{b} = \begin{pmatrix} 0 \\ 0 \\ 1 \end{pmatrix}$ gegeben. Es handelt sich bei dieser Abbildung um die Verkettung einer Drehung um die z-Achse $\vec{x} \mapsto A\vec{x}$ mit einer Translation mittels des Vektors $\vec{b}$, also in Richtung der Drehachse. Die Abbildung hat keinen Fixpunkt, da die Gleichung $\vec{x} = A\vec{x} + \vec{b}$ bzw. $(E - A)\vec{x} = \vec{b}$ keine Lösung hat.

Ganz allgemein gilt der Satz, daß jede eigentliche (orientierungstreue) Bewegung (Isometrie) des euklidischen Raumes ohne Fixpunkt als eine Verkettung einer Drehung des Raumes um eine feste Achse und einer Translation in Richtung der Drehachse beschrieben werden kann; man spricht von einer Schraubung. Läßt man auch die Translation um den Nullvektor zu, so ergibt sich aus den obigen Überlegungen, daß alle orientierungstreuen Isometrien Schraubungen sind. (Vgl. Aufg. 15.)

Hier nicht diskutierte Abbildungen, wie etwa Parallel- und Zentralprojektionen (z.B. einer Ebene auf eine Ebene oder des Raums in sich), kartografische Abbildungen und die Inversion am Kreis, werden später im didaktischen Zusammenhang behandelt.

Kurzzusammenfassung: Es lassen sich drei Sichtweisen bzw. Zugänge zu (a) den linearen und (b) den affinen Abbildungen unterscheiden; dabei heben wir o.E.d.A. die Selbstabbildungen hervor:
- *formal-axiomatisch*: (a) lineare Abbildung des formalen Vektorraums $\mathbf{V}$ in sich; (b) Abbildung f des formalen affinen Punktraums in sich, bei der die induzierte Abbildung $\tilde{f} \colon \mathbf{V} \to \mathbf{V}$ linear ist;
- *kalkülhaft-algorithmisch* (arithmetisch): (a) Abbildung $\mathbb{R}^n \to \mathbb{R}^n$; $\vec{x} \mapsto A\vec{x}$; (b) Abbildung $\mathbb{R}^n \to \mathbb{R}^n$; $\vec{x} \mapsto A\vec{x} + \vec{b}$;
- *geometrisch*: (a) –; (b) Kollineation (geradentreue bijektive Abbildung) der Anschauungsebene oder des Anschauungsraums in sich.

1.1.5 Determinantenform und Determinante

Neben den symmetrischen Bilinearformen bilden die sog. *Determinantenformen* eine andere wichtige Klasse von Multilinearformen. Ähnlich wie die symmetrischen Bilinearformen lassen sich auch die Determinantenformen in interessanter Weise geometrisch deuten.

Unter einer Determinantenform über einem n-dimensionalen Vektorraum $\mathbf{V}$ versteht man eine Abbildung $D: \mathbf{V}^n \to \mathbf{R}$, $(\vec{x}_1, ..., \vec{x}_n) \mapsto D(\vec{x}_1, ..., \vec{x}_n)$ mit $D \neq 0$, die linear in ihren Argumenten ist und bei Vertauschung zweier Argumente das Vorzeichen wechselt (alternierende Multilinearität). Eine zentrale Idee in der Theorie der Determinantenformen ist der folgende, ohne Beweis angeführte Satz, auf den sich sehr viele weitere Aussagen zurückführen lassen.

Satz 7: Zwei verschiedene Determinantenformen unterscheiden sich nur um einen konstanten Faktor.

Die n-reihige *Determinante* ist eine Abbildung $A \mapsto |A|$ von der Menge der $(n \times n)$-Matrizen in $\mathbf{R}$. Sie läßt sich auch auffassen als eine Abbildung der Spalten der Matrix A. Man fordert, daß diese Abbildung $\mathbf{V}^n \to \mathbf{R}$ multilinear und alternierend (∗), also eine spezielle Determinantenform ist. Ferner soll $(\vec{e}_1, ..., \vec{e}_n) \mapsto |\vec{e}_1 ... \vec{e}_n| = 1$ (∗∗) für $\vec{e}_j = (\delta_{ji})$ gelten. Durch die beiden Eigenschaften (∗) und (∗∗) ist die Determinante eindeutig festgelegt. Für Determinanten gelten folgende wichtige Sachverhalte.

Satz 8 (Eigenschaften von Determinanten bzgl. Spalten- und Zeilenumformungen):

(a) Additivität in den Spalten: $|\vec{a} + \vec{a}'\ \vec{b}\ \vec{c}| = |\vec{a}\ \vec{b}\ \vec{c}| + |\vec{a}'\ \vec{b}\ \vec{c}|$.

(b) Multipliziert man eine Spalte (Zeile) mit r, so nimmt auch die zugehörige Determinante den r-fachen Wert an.

(c) Sind die Spalten (Zeilen) von A linear abhängig, so gilt $|A| = 0$, sind sie linear unabhängig, so gilt $|A| \neq 0$.

(d) Addiert man das r-fache einer Zeile (Spalte) zu einer anderen Zeile (Spalte), so ändert sich der Wert der Determinante nicht.

(e) Vertauscht man zwei Spalten (Zeilen), so ändert die Determinante ihr Vorzeichen.

(f) Die Determinante läßt sich nach den einzelnen Spalten (Zeilen) entwickeln (vgl. Beispiel 14).

Die Aussagen ergeben sich unmittelbar aus der Definition, insbesondere aus der alternierenden Multilinearität. (Vgl. auch Aufg.16.)

Satz 9 (Multiplikationssatz für Determinanten und eine Folgerung):

(a) Der Multiplikationssatz besagt $|AB| = |A||B|$.

(b) Jeder linearen (Selbst-)Abbildung f läßt sich eindeutig eine Determinante zuordnen, und zwar durch $f \mapsto |A|$, wobei A eine zu f gehörige Abbildungsmatrix bzgl. einer beliebigen Basis ist.

Beweis (a) Multiplikationssatz: Die Abbildungen $D_A: X \mapsto |AX|$ lassen sich als Determinantenformen in den Spaltenvektoren $\vec{x}_i$ auffassen. Da $D_A(\vec{e}_1, ..., \vec{e}_n) = |A|$ und $D_E(\vec{e}_1, ..., \vec{e}_n) = 1$ mit $\vec{e}_j = (\delta_{ji})$ gilt, so folgt aus Satz 7 $D_A = |A|D_E$ und damit auch $|AX| = |A||X|$.

(b) Die Eindeutigkeit folgt aus dem Multiplikationssatz und Satz 2.

Der Multiplikationssatz läßt sich auch weniger begrifflich und ohne Rückgriff auf die Determinantenform beweisen. Man geht dabei stärker kalkülhaft vor, indem man Matrizen als Produkt sog. Elementarmatrizen darstellt (vgl. *Fischer* 1997, 172ff.). Für Determinanten mit sehr kleiner Spaltenzahl n, etwa $n = 2$ oder $n = 3$, kann man den Zusammenhang auch einfach ausrechnen, insbesondere wenn man ein Computeralgebrasystem zu Hilfe nimmt.

Wie skizzieren exemplarisch die Entwicklung einer Determinante.

Beispiel 14 (Entwicklung einer 3-reihigen Determinante nach der ersten Spalte):

$$\begin{vmatrix} a_{11} & a_{12} & a_{13} \\ a_{21} & a_{22} & a_{23} \\ a_{31} & a_{32} & a_{33} \end{vmatrix} = \begin{vmatrix} a_{11} & a_{12} & a_{13} \\ 0 & a_{22} & a_{23} \\ 0 & a_{32} & a_{33} \end{vmatrix} + \begin{vmatrix} 0 & a_{12} & a_{13} \\ a_{21} & a_{22} & a_{23} \\ 0 & a_{32} & a_{33} \end{vmatrix} + \begin{vmatrix} 0 & a_{12} & a_{13} \\ 0 & a_{22} & a_{23} \\ a_{31} & a_{32} & a_{33} \end{vmatrix} = \begin{vmatrix} a_{11} & 0 & 0 \\ 0 & a_{22} & a_{23} \\ 0 & a_{32} & a_{33} \end{vmatrix} +$$

$$\begin{vmatrix} 0 & a_{12} & a_{13} \\ a_{21} & 0 & 0 \\ 0 & a_{32} & a_{33} \end{vmatrix} + \begin{vmatrix} 0 & a_{12} & a_{13} \\ 0 & a_{22} & a_{23} \\ a_{31} & 0 & 0 \end{vmatrix} = a_{11} \begin{vmatrix} 1 & 0 & 0 \\ 0 & a_{22} & a_{23} \\ 0 & a_{32} & a_{33} \end{vmatrix} + \ldots = a_{11} \begin{vmatrix} a_{22} & a_{23} \\ a_{32} & a_{33} \end{vmatrix} + \ldots \, .$$

Die erste Umformung kommt dadurch zustande, daß man die erste Spalte als Summe der Spalten-

vektoren $\begin{pmatrix} a_{11} \\ 0 \\ 0 \end{pmatrix}$, $\begin{pmatrix} 0 \\ a_{21} \\ 0 \end{pmatrix}$ und $\begin{pmatrix} 0 \\ 0 \\ a_{31} \end{pmatrix}$ auffaßt und dann die Multilinearität anwendet. Das zweite

Gleichheitszeichen ergibt sich für den Fall $a_{11} \neq 0$ dadurch, daß man jeweils ein Vielfaches der ersten Spalte zu den anderen Spalten addiert. Im Fall $a_{11} = 0$ ist die i-te Determinante gleich Null.

Das dritte Gleichheitszeichen folgt aus Satz 8(b). Für die weiteren Umformungen vgl. Aufg. 17.

Die Determinante läßt sich auch (rekursiv) algorithmisch einführen, indem man analog zum Vorgehen in Beispiel 14 von der n-reihigen Determinante zu $(n-1)$-reihigen Determinanten übergeht. Auch die Strategie des Gaußschen Algorithmus liefert eine algorithmische Definition der Determinante (vgl. Beispiel 32 in 1.2.1).

Die sog. Cramersche Regel gestattet das Lösen von linearen Gleichungssystemen mit Hilfe von Determinanten. Sie wird zwar in Schulbüchern verwendet, stellt aber kein sehr effektives Verfahren dar.

Beispiel 15 (Cramersche Regel): Um das Gleichungssystem $x\vec{a} + y\vec{b} = \vec{c}$ zu lösen, bildet man die Determinanten $|\vec{a} \ \vec{c}|$ und $|\vec{c} \ \vec{b}|$ und ersetzt $\vec{c}$ durch $x\vec{a} + y\vec{b}$. Setzt man voraus, daß $|\vec{a} \ \vec{b}| \neq 0$ ist, so ergibt sich aus $|\vec{a} \ \vec{c}| = x|\vec{a} \ \vec{a}| + y|\vec{a} \ \vec{b}|$ dann $y = |\vec{a} \ \vec{c}|/|\vec{a} \ \vec{b}|$. Entsprechend gilt $x = |\vec{c} \ \vec{b}|/|\vec{a} \ \vec{b}|$.

Dieses Lösungsprinzip läßt sich verallgemeinern.

Die zwei- und dreireihigen Determinanten lassen sich geometrisch sehr einfach deuten. Bezieht man im Fall $n = 3$ die Spalten der Determinante auf ein kartesisches Koordinatensystem und betrachtet den von den zugehörigen 3 Pfeilvektoren aufgespannten Spat (vgl. Bild), so ist die Determinante das orientierte Volumen dieses Spats. Die Orientierung ist dabei durch die bekannte „Korkenzieherregel" gegeben. Für ein positiv orientiertes Tripel $(\vec{a}, \vec{b}, \vec{c})$ besagt die Korkenzieherregel:

Dreht man einen Korkenzieher von $\vec{a}$ nach $\vec{b}$, so bewegt sich der Korkenzieher in Richtung $\vec{c}$. Entsprechendes gilt für die zweireihige Determinante und das Parallelogramm. Dieser Zusammenhang läßt sich elementargeometrisch oder abbildungsgeometrisch mit Hilfe von Scherungen als flächenmaßtreuen Abbildungen beweisen (vgl. Aufg. 18). Wegen der genannten Eigenschaften kann man die Determinante auch inhaltlich-konkret im $\mathbb{R}^2$ als orientiertes Flächenmaß eines Parallelogramms oder im $\mathbb{R}^3$ als orientiertes Volumen eines Spats einführen. Bei einer solchen Einführung der Determinante lassen sich viele ihrer Eigenschaften unmittelbar anschaulich-geometrisch einsehen (vgl. 1.2.2).

Bei einem axiomatisch-deduktiven Vorgehen benutzt man die Determinante, um in einem n-dimensionalen Vektor- oder Punktraum ein allgemeines Inhaltsmaß für Parallelotope (verallgemeinerter Spat) und eine Orientierung für Systeme von Vektoren einzuführen. In einem Vektorraum mit Skalarprodukt und Determinante kann man daher auch orientierte Winkel und ein orientiertes Winkelmaß definieren.

Als Hilfsmittel ist die Determinante wichtig in der Theorie der Matrizen, der Gleichungssysteme, der linearen Abbildungen und in der Eigenwerttheorie. So ist die quadratische Matrix A etwa genau dann invertierbar, wenn $|A| \neq 0$ ist. Ferner ist genau dann eine Bilinearform nichtausgeartet, ein Endomorphismus umkehrbar und ein (quadratisches) lineares Gleichungssystem eindeutig lösbar, wenn die Determinante der jeweils zugehörigen Matrix von Null verschieden ist. Damit ein homogenes Gleichungssystem $A\vec{x} = \vec{0}$ nichttriviale Lösungen hat, muß $|A| = 0$ gelten. Mit Hilfe von Determinanten lassen sich auch die Eigenwerte einer Matrix bestimmen. Sie sind die Lösungen der Gleichung $|A - xE| = 0$.

Ferner ist die Determinante wegen $|T^{-1}AT| = |A|$ ein wichtiges (invariantes) Merkmal der linearen Selbstabbildungen. Mit ihr lassen sich z.B. die orientierungstreuen Abbildungen durch $|A| > 0$ und die volumentreuen Abbildungen durch $|A| = \pm 1$ kennzeichnen.

Kurzzusammenfassung: Es lassen sich drei Sichtweisen bzw. Zugänge zur Determinante unterscheiden:
- *formal-axiomatisch*: Determinante als spezielle alternierende multilineare Abbildung $V^n \to \mathbb{R}$ (Determinantenform);
- *kalkülhaft-algorithmisch* (arithmetisch): Determinante als Wert eines quadratischen Zahlenschemas (Matrix), der rekursiv berechnet wird;
- *geometrisch*: Determinante als orientiertes Flächen- oder Volumenmaß.

1.1.6 Metrische Räume

Wir haben bereits in den vorangegangenen Abschnitten den Gedanken des *metrischen Vektorraums* unter algebraischer Perspektive im Zusammenhang mit dem Skalarprodukt diskutiert. Wir wollen hier die Sichtweise erweitern und insbesondere den geometrischen Zugang hervorheben. Es gibt zahlreiche ältere Vorschläge, die Theorie der metrischen Räume als Leitidee mit in den Unterricht einzubeziehen, da sie für wichtige Teile der Mathematik und ihrer Anwendungen von Bedeutung ist; gedacht ist hier insbesondere an die Funktionalanalysis und die Approximationstheorie. *Pickert* (1971b) schlägt vor, die Behandlung von Metrik, Bilinearform und Kegelschnitt miteinander zu verbinden; wir verweisen ferner auf *Laugwitz* (1958), *Jehle et al.* (1978), *Stowasser/Breinlinger* (1973) und *Drumm* (1978). Hier sollen nun einige fachliche Aspekte des Metrik-Begriffs geklärt werden. Dabei beschränken wir uns auf die Betrachtung von Ebenen.

Im Rahmen *geometrischer Überlegungen* wird man von einem Abstandsmaß d verlangen, daß es symmetrisch ist, die Dreiecksungleichung erfüllt und invariant gegenüber Verschiebungen ist. (Das sind Anforderungen, die bei Entfernungsmessungen in der Realität keineswegs immer erfüllt sind.) Damit wird auch eine „Längenmessung" $|\ |$ für Vektoren möglich. Es gilt $|\vec{x}| = d(\vec{0}, \vec{x})$ und umgekehrt $d(\vec{x}, \vec{y}) = |\vec{x} - \vec{y}|$ (ein Vektor $\vec{x}$ steht hier auch für den Punkt $O + \vec{x}$). Man fordert zusätzlich, daß das Vervielfachen eines Vektors mit der Längenmessung verträglich ist ($|r\vec{x}| = |r||\vec{x}|$). Besitzt ein affiner Raum eine solche Metrik, so spricht man von einer *Minkowskigeometrie*, die Längenmessung für Vektoren nennt man eine *Norm*.

Eine solche Metrik läßt sich durch die Angabe sog. *Eichkurven* (bzw. *Eichhyperflächen*) festlegen. Eichkurven bestehen aus allen Punkten, die von dem vorgegebenen Ursprung den Abstand 1 haben. Durch die Vorgabe solcher Eichkurven wird auch der Abstand zwischen beliebigen Punkten P und Q festgelegt, indem man die entsprechende Strecke PQ mit einem Eckpunkt in den Ursprung verschiebt und sie mit der zugehörigen Einheitsstrecke ausmißt. Die Metrik des in der Schule vorrangig benutzten kartesischen Koordinatensystems ist durch einen Kreis als Eichkurve gegeben. Es läßt sich zeigen, daß Eichkurven konvex und punktsymmetrisch zum Ursprung sein müssen. Umgekehrt wird durch jede solche konvexe Kurve eine Metrik mit den obigen Eigenschaften festgelegt (vgl. *Laugwitz* 1958). Wir geben in Bild 1.2a mit der Betragsnorm $|\vec{x}|_B = |x_1| + |x_2|$, der Maximumsnorm $|\vec{x}|_\infty = \max(|x_1|, |x_2|)$ und der euklidischen Norm $|\vec{x}| = \sqrt{ax_1^2 + bx_2^2}$ mit $a, b > 0$ drei Beispiele für Eichkurven an. Für den Zusammenhang zwischen Metrik, allgemeiner Norm und euklidischer Norm vgl. Bild 1.2b.

Die Behandlung von Eichkurven eröffnet die Möglichkeit, allgemein über Abstand, Entfernung und Messen sowie über Grenzen des Norm-Ansatzes zu sprechen. Es ist oft sinnvoll, die Entfernung zwischen zwei Punkten A und B nicht über deren räumlichen Abstand, sondern über die Zeit, die man zu dessen Überwindung braucht, zu messen. Dieser sehr offene Abstandsbegriff schließt ungewohnte Konsequenzen mit ein. Während bzgl. der euklidischen Metrik Gerade und Kreis höchstens zwei Punkte gemeinsam haben, muß dies bei der Maximums- und der Betragsmetrik nicht der Fall sein. (Vgl. Aufg. 19.)

Beispiel 16 (Länge von Transportwegen): Materialien müssen durch eine Halle z.B. zu einem Reaktionsofen transportiert werden. Durch ausgewählte Richtungen, etwa parallel zu den Hallenwanden, denkt man sich ein Koordinatensystem gegeben. Der „direkte" Weg läßt sich mittels der euklidischen Norm ($a = b = 1$) messen. Andererseits kann dieser Weg verstellt sein, und es sind deshalb rechtwinklige, parallel zu den Hallenmauern freigelassene Korridore für den Transport zu benutzen. Dann wird die Weglange durch die Betragsnorm beschrieben. Der Transport könnte aber auch durch einen Laufkran mit Laufkatze erfolgen, die in den beiden Achsenrichtungen gleichzeitig und mit gleicher Geschwindigkeit oder unabhängig voneinander gewegt werden kann. In diesem Fall ist die Maximumsnorm die passende Beschreibungsform für den Transport bzw.die dafür benötigte Zeit. (Nach *Jehle et al.* 1978, 126f., verändert.)

Beispiel 17 (eine euklidische Metrik mit nicht kreisförmiger Eichkurve): Entfernungen in einem geradlinigen Gebirgstal und seiner Umgebung sollen gemessen werden. Die Berge links und rechts haben etwa den gleichen Anstieg. Auf- und Abstieg senkrecht zum Talverlauf dauert a-mal solange wie das Wandern parallel dazu ($a > 1$). Zeichnet man die Eichkurve auf eine Landkarte, so erhält man eine Ellipse, deren Hauptachse im Tal liegt und a-mal so lang wie die Nebenachse ist. Man kann die Situation dadurch modifizieren, daß man Entfernungen nur auf einem Hang mißt. Als Eichkurve erhält man die gleiche Ellipse. Geht man davon aus, daß der Wanderer beim Abstieg schneller als beim Aufstieg geht, so erhält man als „Eichkurve" eine im unteren Teil „langgezogene Ellipse". (Vgl. Aufg. 20.)

Die euklidische Metrik, deren Eichkurve eine Ellipse ist und die sich durch eine positiv definite, symmetrische Bilinearform beschreiben läßt, nimmt eine Sonderstellung unter den Metriken ein. Verlangt man nämlich, daß es ausreichend viele „Drehungen" gibt, so bleibt nur noch die euklidische Metrik übrig (vgl. *Laugwitz* 1958). Unter einer Drehung versteht man die identische Abbildung oder eine Isometrie $\vec{x} \mapsto A\vec{x} + \vec{b}$ mit genau einem Fixpunkt und positiver Determinante. Eine Drehung um den Koordinatenursprung muß also die Eichkurve („Einheitskreis") in sich überführen. Man kann nun zeigen, daß sich z.B. bei der Betragsmetrik ein Eckpunkt der Eichkurve nur wieder auf einen Eckpunkt durch eine Drehung abbilden läßt, so daß es also nur sehr wenige Drehungen gibt (vgl. Aufg. 21). Bei der Ellipse als Eichkurve läßt sich dagegen jeder ihrer Punkte auf einen anderen Ellipsenpunkt drehen. Neben dieser abbildungstheoretischen Kennzeichnung läßt sich die euklidische Metrik auch elementargeometrisch definieren. Eine Norm wird nämlich genau dann von einem Skalarprodukt induziert, wenn sie die sog. Parallelogrammregel erfüllt:

$$|\vec{a} + \vec{b}|^2 + |\vec{a} - \vec{b}|^2 = 2|\vec{a}|^2 + 2|\vec{b}|^2 \quad \text{(vgl. } Stowasser\ et\ al.\ 1973).$$

Die Orthogonalität von Vektoren kann man dann durch

$$\vec{a} \perp \vec{b} \Leftrightarrow |\vec{a} + \vec{b}| = |\vec{a} - \vec{b}| \quad \text{oder durch} \quad \vec{a} \perp \vec{b} \Leftrightarrow |\vec{a}|^2 + |\vec{b}|^2 = |\vec{a} - \vec{b}|^2 \quad \text{definieren.}$$

Die erste Definition orientiert sich an dem Satz über die Diagonalen im Rechteck, die zweite am Satz des Pythagoras. Es läßt sich auch ein Winkelmaß einführen, dessen Definition in enger Beziehung zum Cosinussatz $|\vec{a} - \vec{b}|^2 = |\vec{a}|^2 + |\vec{b}|^2 - 2|\vec{a}||\vec{b}|\cos\gamma$ steht.

Man definiert für den durch zwei Vektoren $\vec{a}$ und $\vec{b}$ gegebenen Winkel ein Winkelmaß γ durch $\cos\gamma = \dfrac{1}{2}\dfrac{|\vec{a}|^2 + |\vec{b}|^2 - |\vec{a} - \vec{b}|^2}{|\vec{a}||\vec{b}|}$.

Betragsnorm   Maximumsnorm   euklidische Norm

Bild 1.2a: Metrik

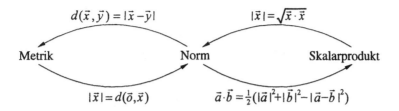

wenn gilt:
1. $d(\vec{a}+\vec{c}, \vec{b}+\vec{c}) = d(\vec{a}, \vec{b})$ und

2. $d(r\vec{a}, r\vec{b}) = rd(\vec{a}, \vec{b})$ und

3. $d(\vec{a}, \vec{b}) = d(\vec{b}, \vec{a})$.

wenn gilt:
1. Parallelogrammregel oder

2. Existenz hinreichend vieler Drehungen oder

3. Existenz eines Lots zu jedem Vektor.

Bild 1.2b: Zur Beziehung zwischen Metrik, Norm und Skalarprodukt

Beispiel 18 (Probleme bei der Definition von „orthogonal" bzgl. der Maximumsnorm): Versucht man, Orthogonalität bzgl. der Maximumsnorm durch $\vec{a}\perp\vec{b} \Leftrightarrow |\vec{a}|^2 + |\vec{b}|^2 = |\vec{a}-\vec{b}|^2$ zu definieren, so führt dies zu unerwünschten Kuriositäten. Es würde z.B. für $\vec{a}=\begin{pmatrix}4\\0\end{pmatrix}$ und $\vec{b}=\begin{pmatrix}-1\\3\end{pmatrix}$ $\vec{a}\perp\vec{b}$ gelten, aber nicht $\vec{a}\perp 2\vec{b}$.

In der *Linearen Algebra* wird eine euklidische Metrik bzw. Norm durch eine positiv definite, symmetrische Bilinearform definiert: $|\vec{x}| = \sqrt{B(\vec{x},\vec{x})}$. Wir hatten bereits gezeigt, daß bei geeigneter Wahl der Basis die zu einer positiv definiten, symmetrischen Bilinearform gehörige Matrix die Einheitsmatrix ist. Bezüglich einer derartigen Basis gilt für das Skalarprodukt dann $B(\vec{x},\vec{y}) = \sum x_i y_i$. In der kalkülhaft-algorithmischen Linearen Algebra des $\mathbb{R}^n$ kann man umgekehrt durch $\vec{x}\cdot\vec{y} = \sum x_i y_i$ ein Skalarprodukt einführen.

Der allgemeine Begriff des Skalarprodukts erfährt eine zusätzliche Bedeutung durch die Übertragung auf unendlich dimensionale Vektorräume, insbesondere auf Funktionenräume in der Funktionalanalysis. Betrachtet man etwa den Vektorraum der auf dem Intervall [0; 2π] stetigen reellen Funktionen, so wird durch $B(f,g) = \int_0^{2\pi} f(x)g(x)dx$ ein Skalarprodukt erklärt (vgl. dazu auch 1.4). Es handelt sich hier um Inhalte, die zwar für die Anwendung von großer Bedeutung sind, jedoch außerhalb des Rahmens der Schulmathematik liegen.[17]

1.1.7 Lineare Gleichungssysteme und der Gaußsche Algorithmus

Weite Bereiche der Linearen Algebra lassen sich in der Sprache linearer Gleichungssysteme darstellen. Gleichungssysteme wiederum lassen sich algorithmisch abhandeln. So erhält man einen zweiten Zugang zur Linearen Algebra – neben dem in der Fachma-

---

[17] Eine Ausnahme macht das Schulbuch von *Tischel* (1975/77), in dem auch metrische Begriffe in Funktionenräumen behandelt werden.

thematik üblichen begrifflich-abstrakten. Die Leitidee einer algorithmisch-rechnerischen Behandlung der Gleichungssysteme ist der Gaußsche Algorithmus. Wir stellen im folgenden einige wichtige Tatsachen zusammen.

Gleichungssysteme lassen sich in vielfältiger Form darstellen und ihre Lösungen bzw. die Lösbarkeit jeweils entsprechend interpretieren (vgl. *DIFF* MG2 1983 für eine ausführliche Erörterung).

(1) *System linearer Gleichungen*: $x_1 a_{i1} + x_2 a_{i2} + x_3 a_{i3} + \dots + x_n a_{in} = b_i$, $i = 1, \dots, m$. Es existiert genau dann mindestens eine Lösung, wenn der Durchschnitt der durch die m Gleichungen definierten Hyperebenen nicht leer ist. Die Lösung ist genau dann eindeutig, wenn sich die m Hyperebenen in genau einem Punkt schneiden.

(2) *Vektorgleichung*: $x_1 \vec{a}_1 + x_2 \vec{a}_2 + x_3 \vec{a}_3 + \dots + x_n \vec{a}_n = \vec{b}$. Das Gleichungssystem ist genau dann lösbar, wenn sich $\vec{b}$ als Linearkombination der $\vec{a}_i$ darstellen läßt; die Lösung ist genau dann eindeutig, wenn die $\vec{a}_i$ linear unabhängig sind.

(3) *Matrizengleichung*: $A\vec{x} = \vec{b}$. Die Gleichung ist lösbar, wenn der Rang der Matrix A und der Rang der um die Spalte $\vec{b}$ erweiterten Matrix gleich sind. Ist die Gleichung lösbar, so ist sie genau dann eindeutig lösbar, wenn der Rang der Matrix n, also gleich der Anzahl der Unbekannten ist. Die Matrix A ist dann invertierbar, und es gilt $\vec{x} = A^{-1}\vec{b}$.

(4) *Lineare Abbildung*: $L: \vec{x} \mapsto \vec{b}$. Die Lösungsmenge von $A\vec{x} = \vec{b}$ ist gerade das Urbild von $\vec{b}$ unter L. Die Gleichung ist genau dann lösbar, wenn $\vec{b}$ im Bildbereich von L liegt. Ist die Gleichung lösbar, so ist sie genau dann eindeutig lösbar, wenn L injektiv ist, wenn also der Kern $\{\vec{x} \mid L(\vec{x}) = 0\}$ von L der Nullraum $\{\vec{0}\}$ ist.

(5) *System von Skalarproduktgleichungen*: $\vec{x} \cdot \vec{a}_i = b_i$ mit $\vec{a}_i = \begin{pmatrix} a_{i1} \\ \vdots \\ a_{in} \end{pmatrix}$, $i = 1, \dots, m$. Die Lösungen des zugehörigen homogenen Systems $\vec{x} \cdot \vec{a}_i = 0$ sind gerade die zu sämtlichen $\vec{a}_i$, $i = 1, \dots, m$, orthogonalen Vektoren.

Die verschiedenen Darstellungen und Interpretationen sind für den Mathematikunterricht interessant, da sie im $\mathbb{R}^2$ bzw. im $\mathbb{R}^3$ unterschiedliche geometrisch-anschauliche Sichtweisen ermöglichen.

Jedes LGS $x_1 a_{i1} + x_2 a_{i2} + x_3 a_{i3} + \dots + x_n a_{in} = b_i$, $i = 1, \dots, m$, (bzw. $A\vec{x} = \vec{b}$) läßt sich durch elementare Zeilenumformungen algorithmisch in ein System in Stufengestalt überführen, wobei sich die Lösungen des Ausgangssystems und des Systems in Stufengestalt höchstens in der Numerierung der Unbekannten unterscheiden.

$$x_1 a'_{11} + x_2 a'_{12} + x_3 a'_{13} + \dots + x_n a'_{1n} = b'_1$$
$$x_2 a'_{22} + x_3 a'_{23} + \dots + x_n a'_{2n} = b'_2$$
$$\ddots$$
$$x_r a'_{rr} + \dots + x_n a'_{rn} = b'_r, \text{ mit } a'_{ii} \neq 0 \text{ für } i = 1, \dots, r$$

$$(\text{bzw. } A\vec{x} = \vec{b})$$

Elementare Zeilenumformungen, wie die Multiplikation einer Gleichung mit einem von Null verschiedenen Skalar, Addition des Vielfachen einer Gleichung zu einer anderen oder die Vertauschung zweier Gleichungen, verändern die Lösungsmenge des Gleichungssystems nicht. Eine eventuelle Vertauschung von Spalten entspricht einer Umnumerierung der Unbekannten. [18]

In der Matrizenschreibweise bedeutet dies: Läßt man neben elementaren Zeilenumformungen auch Spaltenvertauschungen, also eine Umnumerierung der Variablen, zu, so kann man das ursprüngliche Gleichungssystem stets auf die Form $D\vec{x} = \vec{d}$ mit einer Stufenmatrix D bringen (s.u.). Wir betrachten nun statt des ursprünglichen Gleichungssystems das äquivalente von der Form $D\vec{x} = \vec{d}$. Man sieht sofort, daß das Gleichungssystem genau dann lösbar ist, wenn $\vec{d}$ höchstens in den Zeilen 1 bis r von Null verschiedene Komponenten besitzt. Aus der Darstellung $D\vec{x} = \vec{d}$ läßt sich auch die Dimension d der Lösungsmannigfaltigkeit unmittelbar ablesen, es gilt: $d = n - r$. Mit Hilfe des Gaußschen Algorithmus läßt sich das Gleichungssystem auch auf die noch einfachere Diagonalform $D'\vec{x} = \vec{d}'$ bringen, aus der man die Lösungen unmittelbar ablesen kann.

$$
D = \begin{pmatrix}
1 & d_{12} & d_{13} & \cdots & \cdots & & d_{1n} \\
0 & 1 & d_{23} & \cdots & \cdots & & d_{2n} \\
0 & 0 & 1 & \ddots & \cdots & \cdots & d_{3n} \\
\vdots & \vdots & \vdots & \ddots & \ddots & & \vdots \\
0 & 0 & 0 & \cdots & 1 & d_{r\,r+1} & \cdots & d_{rn} \\
& & & \mathbf{0} & & &
\end{pmatrix},
\quad
\vec{d} = \begin{pmatrix}
d_1 \\ d_2 \\ d_3 \\ \vdots \\ d_r \\ \mathbf{0}
\end{pmatrix},
\quad
D' = \begin{pmatrix}
1 & 0 & 0 & \cdots & 0 & * \\
0 & 1 & 0 & \cdots & 0 & * \\
0 & 0 & 1 & & 0 & * \\
\vdots & \vdots & \vdots & \ddots & \vdots & \vdots \\
0 & 0 & 0 & \cdots & 1 & * \\
& & \mathbf{0} & & &
\end{pmatrix}
$$

(Die durch $\mathbf{0}$ gekennzeichneten Teilmatrizen enthalten nur Nullen.)

Die Vorgehensweise des Gaußschen Algorithmus läßt sich unmittelbar auf die Betrachtung des Zeilenrangs von Matrizen übertragen, da die entsprechenden elementaren Zeilenumformungen den Rang der Matrix nicht verändern. Ähnliches gilt für elementare Spaltenumformungen und den Spaltenrang von Matrizen. Der Zeilenrang ist dabei die Maximalzahl der linear unabhängigen Zeilen, der Spaltenrang die Maximalzahl der linear unabhängigen Spalten. Wir wollen daher auch hier vom Gaußschen Algorithmus sprechen.

Vertiefung 1 (Zeilen- und Spaltenrang): Wir stellen in diesem Kontext einige Überlegungen an zu dem wichtigen Satz, daß der Zeilenrang $\mathrm{rg}_z A$ einer Matrix A gleich ihrem Spaltenrang $\mathrm{rg}_s A$ ist: $\mathrm{rg}_z A = \mathrm{rg}_s A$. Wie oben können wir – ohne Wesentliches zu verfälschen – uns auf den Fall beschränken, daß sich eine Matrix A mittels des Gaußschen Algorithmus auf die Form D' bringen läßt. Man sieht dann unmittelbar, daß $\mathrm{rg}_z A = \mathrm{rg}_z D' = r$ ist und daß die Spaltenvektoren einen r-dimensionalen Unterraum des $\mathbb{R}^n$ aufspannen, also auch $\mathrm{rg}_s D' = r$ gilt. Man benutzt nun den Satz, daß die elementaren Zeilenumformungen einer Matrix auch den Spaltenrang nicht verändern, daß also $\mathrm{rg}_s D' = \mathrm{rg}_s A$ ist. Auch dieser Satz läßt sich elementar-rechnerisch nachprüfen (vgl. Aufg. 22). Insgesamt hat man: $\mathrm{rg}_z A = \mathrm{rg}_z D' = r = \mathrm{rg}_s D' = \mathrm{rg}_s A$.

---

[18] Eine ausführlichere Beschreibung des Gaußschen Algorithmus findet sich u.a. im Mathematik Ratgeber (*Gottwald et al.* 1988) und in *DIFF* MG2 (1983).

Vertiefung 2 (Dimensionsformel): Wir betrachten jetzt die linearen Gleichungssysteme im Zusammenhang mit den linearen Abbildungen. Sei $f: \mathbb{R}^n \to \mathbb{R}^m$ eine lineare Abbildung, A die zugehörige Abbildungsmatrix bzgl. der kanonischen Basen. Der Spaltenrang r von A ist dann nichts anderes als dim (Bild f). Entsprechend ist die Lösungsmannigfaltigkeit des homogenen Gleichungssystems $A\vec{x} = \vec{0}$ nichts anderes als der Kern von f, also gilt mit Hilfe des oben bewiesenen Satzes dim (Kern f) = $n - r$. Insgesamt haben wir damit den eingangs erwähnten zentralen Satz dim (Bild f) + dim (Kern f) = n bewiesen, diesmal – wie angekündigt – mit Hilfe des Gaußschen Algorithmus. Bei einem abstrakt-begrifflichen Vorgehen benutzt man umgekehrt den Dimensionssatz, um Aussagen über die Lösungsmannigfaltigkeiten von Gleichungssystemen zu machen.

Es ist deutlich geworden, daß der Gaußsche Algorithmus sich nicht nur für die Lösung von Gleichungssystemen eignet, sondern sich auch auf die Fragen des Zeilen- und Spaltenrangs von Matrizen übertragen läßt und sich dort als ein wichtiges Hilfsmittel des Beweisens erweist. Der Gaußsche Algorithmus kann auch noch auf weitere Situationen, etwa die Berechnung einer Determinante, übertragen werden. Der Gaußsche Algorithmus ist daher nicht nur eine Leitidee im Rahmen eines algorithmischen Aufbaus der Linearen Algebra, sondern kann auch als eine bereichsspezifische Strategie angesehen werden.

Beispiel 19 (Lösung eines Gleichungssystems mit dem Gaußschen Algorithmus):

$$
\begin{aligned}
1x + 2y + 1z &= 1 \\
2x + 5y + 3z &= 4 \\
3x + 5y + 5z &= 3
\end{aligned}
\Leftrightarrow
\begin{aligned}
1x + 2y + 1z &= 1 \\
1y + 1z &= 2 \\
-1y + 2z &= 0
\end{aligned}
\Leftrightarrow
\begin{aligned}
1x + 2y + 1z &= 1 \\
1y + 1z &= 2 \\
3z &= 2
\end{aligned}
\Leftrightarrow
\begin{aligned}
1x &= -\tfrac{7}{3} \\
1y &= \tfrac{4}{3} \\
1z &= \tfrac{2}{3}
\end{aligned}
$$

Die ersten Zeilenumformungen führen auf Ebenen, die senkrecht auf der yz-Ebene stehen, die weiteren auf Ebenen, die senkrecht zu zwei Koordinatenebenen sind.

Im Rahmen der Schulmathematik können lineare Gleichungssysteme in folgenden innermathematischen Bereichen eine Rolle spielen:
- bei der Behandlung von Geraden, Ebenen und deren Schnittgebilden;
- bei der Behandlung linearer Abbildungen;
- bei Interpolationsproblemen: Verbinden von Meßwerten durch eine ganzrationale Funktion;
- zur Überprüfung der linearen Abhängigkeit von Vektoren und zur Darstellung eines Vektors als Linearkombination anderer;
- zur Invertierung von Matrizen;
- bei der Lösung von Eigenwertproblemen im Zusammenhang mit der Klassifikation von Kegelschnitten und linearen Abbildungen.

Auf außermathematische Verwendungssituationen gehen wir in Abschnitt 1.2.1 ein.

1.1.8 Zusammenfassung: Leitideen

Unsere Überlegungen haben gezeigt, daß es mindestens zwei Arten des Aufbaus der Linearen Algebra gibt, die formal-axiomatische Vektorraumtheorie (vgl. 1.1.1 und 1.1.2) und eine algorithmisch aufgebaute Lineare Algebra des $\mathbb{R}^n$, deren Leitideen neben dem $\mathbb{R}^n$ die linearen Gleichungssysteme, die Matrizen und der Gaußsche Algorithmus sind.

Ferner wurden drei Arten, Analytische Geometrie zu betreiben, herausgearbeitet. Die nachfolgenden Ansätze (1) und (2) basieren auf der formal-axiomatischen modernen Mathematik. Ansatz (3) gründet sich auf einen naiv-anschaulichen Punktraum und dessen mathematische Beschreibung (vgl. dazu Kap. 1.4 und Band 1, Kap. 5.1).

(1) Analytische Geometrie ist ein Teil der Linearen Algebra. Ausgangspunkt ist die Vektorraumtheorie. Punktraum und zugeordneter Vektorraum werden mit dem Begriff des Verbindungsvektors verknüpft. Eine zweite Möglichkeit besteht darin, daß man Punkt und Vektor identifiziert (vgl. 1.1.2 Exkurs 2) und als Verbindungsvektor zweier Punkte (hier also auch Vektoren) den Differenzvektor definiert. Geometrische Begriffe, wie etwa Gerade, Ebene und Hyperebene, werden mit Hilfe von oder direkt als Nebenklassen eingeführt. Wichtiger Gegenstand sind die Homomorphismen dieser Strukturen: lineare und affine Abbildungen, Bilinear und Multilinearformen. Bilinear- und Multilinearformen (Skalarprodukt, Determinante) werden genutzt, um Längen-, Winkel- und Volumenmaße abstrakt einzuführen. Je nach Schwerpunktsetzung dominieren in Hochschullehrbüchern formal-axiomatische Betrachtungen oder das Arbeiten mit Matrizen.

(2) Der Vektorraumbegriff wird aus einer formal-axiomatisch aufgebauten synthetischen Geometrie entwickelt. Punkt, Gerade und Inzidenz sind dabei die Grundbegriffe. Vektoren und die Elemente des Grundkörpers werden mit Hilfe von Abbildungen des Punktraums eingeführt (Translationen, Streckungen). Ein modifizierter Weg geht von einer archimedisch-angeordneten Ebene (Punktraum) aus und führt auf einen Vektorraum über einem reellen Zahlkörper. Diese Ansätze werden zur sog. Grundlagenmathematik gerechnet. Hierher gehören auch Ansätze, die sich nur auf Teilaspekte beziehen, etwa die Einführung von Norm und Metrik über Eichkurven. (Vgl. 1.1.2 Exkurs 1.)

(3) Die Sachverhalte des Anschauungsraums werden mit Hilfe eines Koordinatensystems und mit Gleichungssystemen mathematisch dargestellt und behandelt (Koordinatengeometrie) oder zusätzlich mit Hilfe von Pfeilklassen- bzw. Translationsvektoren („Vektorrechnung“, vektorielle Analytische Geometrie) und/oder n-Tupel-Vektoren beschrieben. Die Beweise gehen meist von einer Argumentationsbasis aus, die in erster Linie die Dreiecks- und Viereckslehre sowie die Ähnlichkeitssätze umfaßt.

Wir fassen einige der bisherigen Ergebnisse unter dem Aspekt der Leitideen in dem folgenden Schema zusammen.

Schema 1.1 Leitideen der Linearen Algebra

Affin-lineare Grundstrukturen

Vektorraum (Basis, Dimension, Austauschsatz)	affiner Punktraum (Koordinatensystem)
euklidischer Vektorraum (mit Skalarprodukt)	euklidischer Punktraum (mit eukl. Metrik)

Strukturverträgliche Abbildungen

lineare Abbildungen	affine Abbildungen
orthogonale Abbildungen	Isometrien

Lineare Funktionale und ihre geometrische Bedeutung

positiv definite symmetr. Bilinearform (Skalarprod.)	Metrik, Längen-, Winkelmaß
Determinante(nform)	orientiertes Volumen eines n-dim. Spats

Klassifikation von Abbildungen und Quadriken

Basistransformation	Koordinatentransformation
Matrizentransformation, -klassifikation;	Klassifikation von Quadriken;
Klassifikation von linearen Abbildungen	Klassifikation von affinen Abbildungen
Eigenwerte, Eigenvektoren	Fixgeraden von Abbildungen

Gleichungssysteme und der Gaußsche Algorithmus; Matrizenkalkül

Aufgaben, Wiederholung, wichtige Begriffe und Zusammenhänge

Grundstrukturen: Vektorraum, euklidischer Vektorraum, affiner Punktraum, euklidischer Punktraum; metrischer Raum; Basis, Dimension, Koordinatensystem.
Strukturverträgliche Abbildungen: lineare, orthogonale, affine Abbildungen, Isometrien; Klassifikation von Abbildungen über die Klassifikation von Matrizen.

Funktionale: Linearform, Bilinearform, Skalarprodukt, Multilinearform, Determinante(nform).
Quadrik: Kegelschnitte, Kurven 2. Ordnung, Flächen 2. Ordnung; Klassifikation von Quadriken über die Klassifikation von symmetrischen Matrizen.
Klassifikation von Matrizen zu Quadriken und linearen Abbildungen: Koordinaten-/Basistransformation, Schmidtsches Orthonormalisierungsverfahren, Eigenwerte, Eigenvektoren.
Zusammenhänge zwischen Geometrie und LA: Streckung und Distributivgesetz der Skalarmultiplikation; Abstand (Länge), Winkelmaß und Skalarprodukt; orientiertes Volumenmaß und Determinante.
Gleichungssysteme: Darstellung mittels Vektoren, Matrizen, linearer Abbildungen oder Skalarprodukt; Gaußscher Algorithmus; innermathematische Anwendungen.

1) Beweisen Sie Satz 1 in Abs. 1.1.1 zunächst für $n = 2, 3$ möglichst elementar, dann allgemein.

2) Beweisen Sie, daß eine (quadratische) Matrix A und die transformierte Matrix $T^{-1}AT$ dieselben Eigenwerte haben zunächst für $n = 2$ möglichst elementar, dann allgemein. Benutzen Sie im allgemeinen Fall für den Beweis die Multiplikativität der Determinante.

3) Beweisen Sie Satz 3(b) 1. Teil in Abs. 1.1.1. (Hinweis: λ_1 und λ_2 seien Eigenwerte mit $\lambda_1 \neq \lambda_2$. Zeigen Sie, daß $\lambda_1 \vec{e}_1 \cdot \vec{e}_2 = (\lambda_1 \vec{e}_1)^T \vec{e}_2 = \vec{e}_1^T (\lambda_2 \vec{e}_2) = \lambda_2 \vec{e}_1 \cdot \vec{e}_2$ ist.

4) Zeigen Sie, daß die zweireihige symmetrische Matrix $M \neq rE$ zwei verschiedene Eigenwerte hat. (Bezug Beispiel 3 in Abs. 1.1.1.)

5) Vervollständigen Sie den Beweis für $n = 3$ aus Beispiel 3.

6) Beweisen Sie die folgenden elementargeometrischen Sätze vektoriell: (a) Die Seitenmittelpunkte eines Vierecks bilden ein Parallelogramm. (b) Verbindet man die Mittelpunkte zweier Dreiecksseiten, so erhält man eine Strecke, die parallel zur dritten Seite und halb so lang ist.

7) (a) Beweisen Sie vektoriell: Die Seitenhalbierenden in einem Dreieck schneiden sich in einem Punkt S, dem sogenannten Schwerpunkt. Sie schneiden sich im Verhältnis $2 : 1$. Anm.: Es gilt

$$\vec{OS} = \tfrac{1}{3}(\vec{OA} + \vec{OB} + \vec{OC}) \,.$$

(b) Beweisen Sie den Satz von *Varignon* vektoriell: Gegeben sei ein Viereck $ABCD$, dessen Eckpunkte nicht notwendigerweise in einer Ebene liegen müssen. S sei der Schnittpunkt der Verbindungslinien gegenüberliegender Seitenmittelpunkte. Zeigen Sie, daß $\vec{OS} = (\vec{OA} + \vec{OB} + \vec{OC} + \vec{OD})$. Anm.: Denkt man sich die Eckpunkte mit gleichen Massen belegt, dann ist S der Schwerpunkt dieses Systems aus 4 Punkten.

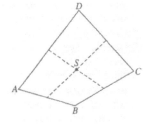

8) Beweisen Sie vektoriell: (a) Kleiner und großer Satz von *Desargues* (vgl. Beispiel 7). (b) Satz von *Thompson:* Gegeben sei ein Dreieck ABC, ferner ein beliebiger Punkt P_1 auf der Strecke BC. Man zeichnet nun durch P_1 eine zu (AC) parallele Gerade, die (AB) in P_2 schneidet. Indem man in gleicher Weise fortfährt, erhält man nacheinander P_1 bis P_7. Zeigen Sie, daß $P_1 = P_7$ gilt. (Für heuristisch reizvolle Verallgemeinerungen des Satzes vgl. *Wellstein* 1976.)

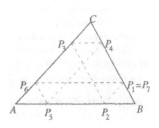

9) Sammeln Sie weitere Aufgaben und Sätze in der Art der Aufgaben 6 und 8. Benutzen Sie dazu insbesondere ältere Schulbücher; z.B. in *Jehle et al.* (1978, 112ff.) finden sich zahlreiche Beispiele (etwa der Satz von *Ceva*, der Satz von *Menelaos*). Informationen liefert auch *Duden* (1994).

10) Beweisen Sie den Satz von *Pappos* mit Hilfe der Vektorrechnung. Führen Sie ihn auf die Kommutativität von $\mathbb{R}$ zurück.

11) Vergleichen Sie die Koordinatenachsen bei der in Beispiel 8(a) beschriebenen Transformation (Scherung) mit den Hauptachsen der Hauptachsentransformation unter dem Gesichtspunkt der Symmetrie. Interpretieren Sie die jeweiligen Schnittpunkte der Achsen mit der Kurve.

12) Aufgabe zur Vertiefung: Versuchen Sie, sich mit Hilfe von Eigenvektoren einen Überblick über alle Kegelschnitte unter metrischer Sicht zu verschaffen.

13) Beweisen Sie den folgenden Satz über Kurven zweiter Ordnung: Die Mittelpunkte $\vec{p}$ einer Schar paralleler Sehnen mit dem Richtungsvektor $\vec{v}$ liegen auf einer Geraden, deren Richtung zu $\vec{v}$ konjugiert ist. Hilfe: Genügt $\vec{p}+\lambda\vec{v}$ der Kurvengleichung, so auch $\vec{p}-\lambda\vec{v}$; zeigen Sie: für zwei Mittelpunkte $\vec{p}_1$ und $\vec{p}_2$ ist $\vec{p}_1-\vec{p}_2$ zu $\vec{v}$ konjugiert. Untersuchen Sie zunächst den Kreis. (Vgl. *DIFF* MG4 1986, 212 ff.) (Bezug Beispiel 9.)

14) Beweisen Sie auf Schulniveau: Die nichtausgearteten affinen Abbildungen $\vec{x}\mapsto A\vec{x}+\vec{b}$ sind bijektiv und geradentreu, d.h. eine Gerade wird stets wieder auf eine Gerade abgebildet; darüber hinaus sind sie parallelentreu. (Vgl. 1.1.4 1. Absatz.)

15) Beweisen Sie: Jede eigentliche (orientierungstreue) Bewegung (Isometrie) des euklidischen Raumes kann als eine Verkettung einer Drehung des Raumes um eine feste Achse und einer Translation in Richtung der Drehachse beschrieben werden; man spricht von einer Schraubung. (Für einen Beweis vgl. *DIFF* MG4 1986, 80ff.)

16) Beweisen Sie Satz 8(c). Benutzen Sie Satz 2.

17) Beweisen Sie mit Hilfe von Satz 8 und $|\vec{e}_1...\vec{e}_n|=1$, daß gilt:

$$\begin{vmatrix} 1 & 0 & 0 \\ 0 & a_{22} & a_{23} \\ 0 & a_{32} & a_{33} \end{vmatrix} = \begin{vmatrix} a_{22} & a_{23} \\ a_{32} & a_{33} \end{vmatrix}$$

18) Beweisen Sie (a) elementargeometrisch und (b) abbildungsgeometrisch mit Hilfe von Scherungen, daß der Flächeninhalt des von $\vec{a}$ und $\vec{b}$ aufgespannten Parallelogramms gleich dem Betrag der Determinante $|\vec{a}\ \vec{b}|$ ist.

19) Während bzgl. der euklidischen Metrik Gerade und Kreis höchstens zwei Punkte gemeinsam haben, muß dies bei der Maximums- und der Betragsmetrik nicht der Fall sein. Belegen Sie diese Aussage.

20) Arbeiten Sie das Beispiel 17 vollständig aus (genauere Problemformulierung und Lösungen). Suchen Sie nach ähnlichen Problemstellungen. Diskutieren Sie die Möglichkeiten solcher Aufgaben für den Unterricht.

21) Beweisen Sie, daß sich bei der Betragsmetrik ein „Eckpunkt" der Eichkurve (auf den Achsen) durch eine Drehung nur wieder auf einen Eckpunkt abbilden läßt. (Hinweis: E_x und E_y seien die Einheitspunkte auf der positven x- bzw. y-Achse. Man zeige, daß sich E_x nicht auf einen inneren Punkt der Strecke E_xE_y abbilden läßt. Der Beweis erfolgt indirekt, indem man eben diese Aussage annimmt. Dann kann auch das Bild von E_y kein Eckpunkt sein. Der Widerspruch ergibt sich, wenn man die Bilder der Strecken zwischen den 4 verschiedenen Einheitspunkten betrachtet bzw. mit Hilfe von Aufg. 19.)

22) Beweisen Sie algorithmisch-rechnerisch, daß die elementaren Zeilenumformungen einer Matrix auch den Spaltenrang nicht verändern zunächst für $n = 2, 3$ möglichst elementar, dann allgemein. (Hinweis: Führen Sie einen indirekten Beweis. Betrachten Sie m linear unabhängige Spalten der Matrix, die bei der Addition des Vielfachen einer Zeile zu einer anderen Zeile linear abhängig werden. Machen Sie den Vorgang rückgängig und zeigen Sie, daß das zu einem Widerspruch führt.)

1.2 Zentrale Mathematisierungsmuster und bereichsspezifische Strategien

1.2.1 Zentrale Mathematisierungsmuster

Zentrale Mathematisierungsmuster sollen den Anwendungsaspekt im Mathematikunterricht repräsentieren. Es sind mathematische Ideen, die als Erklärungsmodell für wichtige Sachverhalte unserer Erfahrung dienen können oder ein begriffliches Netz für die mathematische Modellierung vielfältiger außermathematischer Situationen abgeben. Wir beschränken uns dabei auf Modellbildungen, die im Rahmen einer schulnahen Mathematik liegen. Die im folgenden beschriebenen zentralen Mathematisierungsmuster basieren auf einer Analyse von Verwendungssituationen Linearer Algebra und Analytischer Geometrie in den Wirtschafts-, Sozial- und Humanwissenschaften, den technischen Fächern und der Naturwissenschaft. Wir haben uns dabei gestützt auf Bücher zur Wirtschaftsmathematik, auf Lehrwerke und Aufsätze zur Mathematik für Biologen, für Geographen und für Psychologen sowie auf Bücher und Aufsätze, in denen Modellierungen für den Mathematikunterricht adaptiert werden.[19] Im Hinblick auf die Physik und die technischen Fächer haben wir uns auf theoretische Sachverhalte und Anwendungen beschränkt, die bereits in der Schule eine Rolle spielen oder kein Spezialwissen erfordern. Gesichtet wurden Schulbücher der Sekundarstufe II und Lehrbücher zu universitären Einführungsveranstaltungen. Die Analyse führte in erster Linie auf die folgenden Problemkreise:

(1) Beschreibung physikalischer und technischer Phänomene mit Hilfe von Vektoren und Kurven;

(2) Entscheidungs- und Optimierungsprobleme in den Wirtschaftswissenschaften (Verflechtungsprobleme, lineares Optimieren, Transportprobleme);

(3) Beschreibung von Prozessen in den Sozial-, Wirtschafts- und Naturwissenschaften (Markoff-Prozesse, Probleme der Populationsdynamik);

(4) Klärung von Zusammenhängen zwischen Merkmalsvariablen/Meßgrößen (regressions-, korrelations- und faktorenanalytische Fragestellungen).

Als weitere Quelle für zentrale Mathematisierungsmuster kommt die Mathematisierung allgemeiner räumlicher Erfahrung hinzu (Ort, Abstand, Richtung, Orientierung). Da lineare Gleichungssysteme wegen der Möglichkeit, vielfältige Probleme aus verschiedensten Anwendungsbereichen linear zu modellieren, zweifellos ein zentrales Mathematisierungsmuster darstellen, gehen wir hier den umgekehrten Weg und suchen Anwendungssituationen.

Die Analyse zentraler Mathematisierungsmuster dient auch dazu, solche Anforderungen in Studium und Beruf zu erfassen, deren Vorbereitung in einer allgemeinbildenden Schule wünschenswert ist. Dabei geht es in der Regel nicht darum, Inhalte des Studiums in der Schule vorwegzunehmen, sondern wichtige vorgeordnete allgemeine Fähigkeiten, Fertigkeiten und inhaltsbezogene Qualifikationen unter Transfergesichtspunkten zu för-

---

[19]   Insbesondere in den Wirtschaftswissenschaften gibt es Standardlehrbücher für Wirtschaftsmathematik, die wesentliche Formen der Modellbildung darlegen und die zugleich eine große Verbreitung erfahren haben (z.B. *Tietze* 1995; *Rödder* 1997). Hinsichtlich der Psychologie, der Erziehungs- und Sozialwissenschaften haben wir in erster Linie auf die klassischen Methodenlehrwerke zurückgegriffen (z.B. *Clauß/Ebner* 1972ff.).

dern. Wir wiederholen hier, stark gekürzt, einige Aspekte des Modellbildens aus Band 1, Kapitel 4.

Aspekte des mathematischen Modellierens im Mathematikunterricht

Ausgangspunkt beim mathematischen Modellbilden ist stets ein *Problem*, das nicht aus der Mathematik, sondern der *Realität* entstammt. Neben den klassischen Bereichen Naturwissenschaft und Technik spielen mathematische Modellbildungen auch in Wirtschafts- und Sozialwissenschaften, Umwelt- und Verkehrsfragen u. a. m. eine Rolle. Beispiele für mathematische Modellbildung betreffen etwa die Bahnlinien von Planeten, die Entwicklung von Populationen (von Menschen, Tieren oder Bakterien) oder die Beschreibung der Sichtweite auf einem Aussichtsturm. In diesem Abschnitt werden wir zahlreiche Modellierungsbeispiele für den Bereich Analytische Geometrie und Lineare Algebra darstellen. Beim mathematischen Modellieren unterscheidet man 5 Schritte:

- Schritt 1: Schaffung eines Realmodells;
- Schritt 2: Mathematisierung des Realmodells;
- Schritt 3: Erarbeitung einer mathematischen Lösung;
- Schritt 4: Interpretation der mathematischen Lösung und Validierung des Modells;
- Schritt 5: Veränderung des Modells.

Um ein Problem wirklich handhabbar machen zu können, müssen bereits bei der Erfassung und Beschreibung der Realität in Schritt 1 *Vereinfachungen* und *Idealisierungen* durchgeführt werden. Es gilt, „die unendlich komplizierte Wirklichkeit auf den Komplexitätsgrad zu reduzieren, der entsprechend unseres augenblicklichen Wissensstandes gerade noch beherrschbar ist" (*Ebenhöh* 1990, 6). Das bedeutet auch, daß bereits bei der Bildung eines *Realmodells* Annahmen einfließen, die die Möglichkeiten und Grenzen der in Frage kommenden mathematischen und informationsverarbeitenden Verfahren berücksichtigen. Solche Grenzen haben oft dazu geführt, daß man Linearität bei Wirkungszusammenhängen annimmt und die damit verbundenen Beschränkungen des Modells in Kauf nimmt. Mit der stark gewachsenen Rechnerkapazität ist auch die Komplexität mathematischer Modelle gestiegen. Ein Beispiel hierfür aus dem Alltag sind die inzwischen hochkomplizierten Modelle zur Wettervorhersage. Ein weiteres Beispiel für einschränkende Annahmen bei der Bildung des Realmodells ist etwa die Annahme der Kugelförmigkeit der Erde in der mathematischen Geografie. Bei der mathematischen Modellierung der Erde durch Karten muß man zusätzliche Einschränkungen machen, da sich die Längen-, Winkel- und Flächenmaßtreue nicht gleichzeitig realisieren lassen.

Bei der mathematischen Modellbildung unterscheidet man zwischen deskriptiven und normativen Modellen. Bei *deskriptiven* Modellen geht es darum, die Realität möglichst genau abzubilden. Das Modell kann hierbei eine rein beschreibende, aber auch eine erklärende Funktion haben, indem Wirkungszusammenhänge der untersuchten Größen mitberücksichtigt werden (z.B. die Beschreibung des Verhaltens von Gasen). Bei *normativen* Modellen wird die Realität zum Teil erst durch das Modell definiert. Es geht also nicht um die Frage, wie gut das Modell die Realität beschreibt, sondern darum, ob gewisse Zielvorstellungen des Modellbildners realisiert werden (z.B. Formeln für Steuern, Stromtarife oder parlamentarische Wahlverfahren).

1.2.1.1 Beschreibung physikalischer und technischer Phänomene mit Hilfe von Vektoren und Kurven

Die wichtigsten elementaren Modellierungen physikalischer Sachverhalte durch Ideen aus der Analytischen Geometrie beziehen sich auf:

- die Darstellung von gerichteten Größen und deren „Addition" durch Vektoren (Pfeilklassen, Zeiger): Addition von Kräften, Geschwindigkeiten, Beschleunigungen usw.;
- die Beschreibung der Arbeit und die „Projektion" von Kräften mittels des Skalarprodukts;
- die Beschreibung von Drehmoment, Lorentzkraft usw. mittels des Vektorprodukts;
- die Beschreibung von Bewegungskurven mit Hilfe von Parameterdarstellungen und Polarkoordinaten.

In der Mechanik des hier abgesteckten Rahmens geht es wesentlich darum, Kräfte und deren Auswirkung auf Körper und zugehörige Bewegungen zu beschreiben.

Beispiel 1 (Wind, Windgeschwindigkeit und das Segeln – Vektor und Skalarprodukt): Die Richtung des Windes und seine Geschwindigkeit lassen sich durch einen Vektor $\vec{a}$ als eine Klasse gleichgerichteter und gleichlanger Pfeile beschreiben. Zusätzlich entsteht durch die Fortbewegung des Segelbootes ein Fahrtwind mit dem Vektor $\vec{b}$, der der Fahrtrichtung entgegengerichtet und dessen Betrag gleich der Geschwindigkeit des Bootes ist. Auf das Segel wirkt also ein Wind mit dem Vektor $\vec{a}+\vec{b}$ – in der Seglersprache der sog. scheinbare Wind. Dieser Wind kommt in dem nebenstehenden Bild stärker von vorn als der Wind über Land (wahrer Wind). Man kann mit dem Boot also weniger stark an den Wind gehen als gemeinhin vermutet. (Vgl. *Deutscher Hochseesportverband* 1960, 89; 1996; Aufg. 3.)

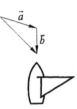

Welche vom Wind erzeugte Kraft (Luftkraft) wirkt auf das Segelboot, und welche Arbeit leistet diese Luftkraft, wenn sie das Boot vorantreibt? Die Luftkraft $\vec{K}$ hängt von der Windgeschwindigkeit ab, aber auch von der Art des Segels, dessen Stellung zum Wind und der Art, wie es gespannt ist.[20] Zunächst muß man die Luftkraft zerlegen in eine Kraft $\vec{K}_{\vec{s}}$, die in Fahrtrichtung wirkt und eine Kraft quer dazu, die das Boot nicht vorantreibt, sondern seitlich abdriften läßt; $\vec{s}$ gibt die Fahrtrichtung und die zurückgelegte Weglänge an. Dann ist die geleistete Arbeit A gleich dem Produkt aus Weg und wirksamem Kraftanteil: $A = |\vec{K}_{\vec{s}}||\vec{s}| = |\vec{K}||\vec{s}|\cos\alpha = \vec{K}\cdot\vec{s}$, wobei α der durch die beiden Vektoren gegebene Winkel ist.

Während die bisherigen Überlegungen auch dem, der wenig mit Physik vertraut ist, leicht zugänglich sind, bereiten Betrachtungen zur Winkelgeschwindigkeit und zum Drehmoment eher Schwierigkeiten.

Beispiel 2 (Winkelgeschwindigkeit als Vektor): Die Bewegung eines starren Körpers, der mit konstanter Winkelgeschwindigkeit ω um eine feste Achse rotiert, läßt sich durch einen Vektor $\vec{w}$ darstellen, dessen Richtung durch die Achse sowie den Drehsinn und dessen Betrag durch die Winkelgeschwindigkeit bestimmt ist. Befestigt man einen Stein an einem Faden und dreht ihn,

---

[20] Hat der Wind eine Richtung, die um weniger als 90° vom Kurs abweicht (raumer Wind), so sind quantitative Überlegungen zur Luftkraft vergleichsweise einfach. In den anderen Fällen (seitlicher Wind und am Wind) spielen schwierige strömungstechnische Fragen – ähnlich denen zum Auftrieb bei Flugzeugen – eine Rolle.

dann gilt für den Geschwindigkeitsvektor $\vec{v} = \vec{w} \times \vec{r}$, wobei der Vektor $\vec{r}$ vom Anfangspunkt des Fadens zum Stein „zeigt". (Vgl. Aufg. 4.)

Beispiel 3 (Drehmoment als Vektorprodukt): Auf einen drehbar gelagerten Körper wirkt eine Kraft $\vec{F}$ an einem Punkt S. Der Drehpunkt liege im Koordinatenursprung O. Ist $\vec{r} = \overrightarrow{OS}$, so wird durch $\vec{M} = \vec{r} \times \vec{F}$ das Drehmoment $\vec{M}$ beschrieben. Der Betrag von $\vec{M}$ ist also gleich dem Flächeninhalt des von $\vec{r}$

und $\vec{F}$ aufgespannten Parallelogramms und läßt sich damit interpretieren als „Kraft mal wirksamer Hebel", wie etwa bei der Balkenwaage.

Beispiel 4 (vektorielle Beschreibung des Flächensatzes und das zweite Keplersche Gesetz der Planetenbewegung): Für die Betrachtung der Planetenbewegung ist der sog. Flächensatz von Bedeutung. Ausgangspunkt ist ein Zentralkraftfeld, wie es etwa bei der Anziehung eines Planeten durch die Sonne gegeben ist. Der Einfachheit halber verlegen wir den Koordinatenursprung in das Zentrum. In diesem Kraftfeld bewegt sich ein Massenpunkt, z.B. der Planet, auf einer durch $\vec{x}(t)$ gegebenen Kurve. Die Anziehungskraft wirkt in die zum Ortsvektor entgegengesetzte Richtung, also $\vec{F}(t) = \lambda(t)\vec{x}(t)$. Ferner gilt das allgemeine Newtonsche Gesetz der Mechanik (Kraft = Masse mal Beschleunigung), also $\vec{F} = m\ddot{\vec{x}}$. Damit gewinnt man insgesamt die Formel $m\ddot{\vec{x}} = \lambda\vec{x}$ (∗). Mit $\frac{1}{2}(\vec{x} \times \dot{\vec{x}})$ bezeichnet man die momentane Flächengeschwindigkeit. Man kann nun leicht zeigen, daß die Flächengeschwindigkeit konstant ist. Die Ableitung des Vektorprodukts erfolgt analog zur Produktregel der Differentialrechnung. Es gilt also die Gleichung $(\vec{x} \times \dot{\vec{x}})\dot{} =$ $(\dot{\vec{x}} \times \dot{\vec{x}}) + (\vec{x} \times \ddot{\vec{x}}) = \vec{0} + (\vec{x} \times \frac{\lambda}{m}\vec{x}) = \vec{0}$ wegen (∗); folglich ist $\vec{x} \times \dot{\vec{x}} = \vec{c}$, wobei $\vec{c}$ ein konstanter Vektor ist. Es werden also in gleichen Zeiten vom Ortsvektor des bewegten Massenpunktes gleiche Flächen überstrichen (Flächensatz). Im Fall der Planetenbewegung ist dies das zweite Keplersche Gesetz. Ferner haben wir zugleich hergeleitet, daß die Planetenbahn $\vec{x}$ in der zu $\vec{c}$ orthogonalen Ebene durch den Ursprung liegt. Auf die Planetenbewegung gehen wir fachlich und allgemein unter didaktisch-methodischen Gesichtspunkten in 4.2.1 (Beispiel 7 und Aufg. 12) erneut ein.

Die Beispiele machen deutlich, daß sich wichtige physikalische Sachverhalte mit den Mitteln der Vektorrechnung modellieren lassen: geometrischer Vektor, elementargeometrisch eingeführtes Skalar- und Vektorprodukt. Wir weisen noch auf einige Probleme der Mathematisierung physikalischer Sachverhalte durch Vektoren hin:

– Stellt man gerichtete Größen (Kräfte usw.) durch Vektoren dar, so könnte durch die evtl. mit dem Vektorbegriff verbundene freie Verschiebbarkeit von Pfeilen das Mißverständnis gefördert werden, daß die Wirkung antiparalleler Kräfte sich aufhebe, weil man die Wichtigkeit des Aufpunktes übersieht.

– Die „Skalar- und Vektorprodukte" aus der Physik (z.B. im Gesetz der Arbeit (Arbeit = Kraft mal Weg) $A = \vec{K} \cdot \vec{s}$) sind häufig keine „Skalar- und Vektorprodukte" im mathematischen Sinne, da Elemente aus verschiedenen „konkreten" Vektorräumen verknüpft werden.

Als eine Konsequenz ergibt sich, daß man sich bei den „geometrischen Vektoren" nicht nur auf die Pfeilklassen beschränken darf, sondern daß man auch andere Modelle, wie etwa etwa das Zeigermodell, benötigt (vgl. Abschnitt 3.1.1).

In der Physik, Technik und der Geografie geht es häufig darum, Positionen und Bewegungsabläufe von Körpern in Ebene und Raum darzustellen. Dazu bedient man sich neben dem kartesischen noch zahlreicher anderer *Koordinatensysteme*, z.B. ebener Polarkoordinaten und räumlicher Polarkoordinaten, insbesondere auch die geografischen Koordinaten, und Zylinderkoordinaten.[21] Für die Beschreibung von Bewegungsabläufen reicht oft der in der Analysis behandelte Begriff des Funktionsgraphen nicht aus; man braucht häufig den allgemeineren Begriff der *Kurve*. Betrachtet man etwa eine Kreisbewegung und möchte berücksichtigen, daß die Kurve in Abhängigkeit von der Zeit durchlaufen wird, so sind die üblichen Darstellungen durch eine implizit gegebene Funktion $x^2 + y^2 = r^2$ oder durch zwei Teilfunktionen $x \mapsto \sqrt{r^2 - x^2}$ und $x \mapsto -\sqrt{r^2 - x^2}$ ungeeignet. Das Durchlaufen der Kurve kann dagegen angemessen erfaßt werden durch eine Parameterdarstellung $t \mapsto \begin{pmatrix} r\cos t \\ r\sin t \end{pmatrix}$ oder oft auch durch Polarkoordinaten (r, φ) mit der Gleichung $r = f(\varphi) = \text{const.}$ Bewegt sich ein Körper geradlinig, so kann man die übliche Parameterdarstellung der Geraden benutzen: $t \mapsto \begin{pmatrix} a_1 \\ a_2 \end{pmatrix} + t \begin{pmatrix} b_1 \\ b_2 \end{pmatrix}$.

Häufig beschreibt man eine Kurve zunächst in einem gut passenden Koordinatensystem durch einen entsprechend einfachen Ausdruck und gelangt in einem zweiten Schritt durch eine Koordinatentransformation dann zu einer formalen Darstellung in kartesischen Koordinaten (Beispiel: Schraubenlinie in Zylinderkoordinaten). In vielen Fällen ist es sinnvoll, eine solche Transformation durch ein CAS ausführen zu lassen. Unter einer Kurve versteht man in der Regel den folgenden Sachverhalt.

Definition von Kurve und deren Darstellung: Eine stetige Abbildung eines (endlichen oder unendlichen) Intervalls in die Ebene, den Raum bzw. den $\mathbb{R}^n$ nennt man in der Analysis eine Kurve. Manche Autoren fordern statt „stetig" auch „differenzierbar" oder „genügend oft differenzierbar". Das Wort Kurve wird häufig auch für den Graphen einer solchen Abbildung gebraucht. (Vgl. auch Abs. 4.2.)
Es lassen sich für die Ebene folgende Darstellungen von Kurven unterscheiden:
(a) im kartesischen Koordinatensystem:
    (a$_1$) implizit $F(x,y) = 0$;   (a$_2$) explizit $y = f(x)$ oder $x = g(y)$;
    (a$_3$) in Parameterform $t \mapsto (x(t), y(t))$ (hier Zeilenschreibweise);
(b) in Polarkoordinaten $r = f(\varphi)$ oder $\varphi = g(r)$.
Im Raum beschränken wir uns hier auf die Parameterform $t \mapsto (x(t), y(t), z(t))$ als die einfachste Darstellung (hier Zeilenschreibweise).

Diese Definition kann man als Exaktifizierung einer älteren Vorstellung von Kurve sehen. In diesem Sinne ist Kurve eine Linie, die man ohne abzusetzen zeichnen bzw. durchlaufen kann (vgl. Bd. 1, 61f.). Eine Kurve heißt (a) „einfach", wenn sie keine Doppelpunkte besitzt, und

---

[21] Die räumlichen Polarkoordinaten (r, φ, θ) sind bezogen auf einen festen Punkt (Pol), eine (Polar-)Ebene und eine (Polar-)Achse; als Transformationsgleichung für kartesische Koordinaten hat man $x = r\cos\theta\cos\varphi$, $y = r\cos\theta\sin\varphi$, $z = r\sin\theta$. Für die Zylinderkoordinaten (r, φ, z) gilt entsprechend $x = r\cos\varphi$, $y = \sin\varphi$, $z = z$. Für Details vgl. *Duden* (1994).

(b) „geschlossen", wenn sie keine Endpunkte hat. Der Kreis ist eine einfache, geschlossene, die Lemniskate eine nichteinfache, geschlossene Kurve (vgl. Bild).

Beispiel 5 (Propellerbewegung eines Flugzeugs): (a) Der Propeller (Radius *r*) eines geradlinig mit der konstanten Geschwindigkeit *v* auf der Startbahn rollenden Flugzeugs bewege sich mit der Frequenz *f*; die Winkelgeschwindigkeit beträgt also $f \cdot 2\pi$. Jede Propellerspitze durchläuft in Abhängigkeit von der Zeit *t* eine Raumkurve, nämlich eine Schraubenlinie. Diese Kurve soll mathematisch beschrieben werden. Wir wählen das kartesische Koordinatensystem so, daß die *x*- und die *y*-Achse parallel zur Bewegungsebene des Propellers liegen und die *z*-Achse in Bewegungsrichtung des Flugzeugs zeigt. Der Ursprung sei durch den Propellermittelpunkt vor der Abfahrt gegeben. Dann ergibt sich für die Raumkurve die nebenstehende Parameterdarstellung. In Zylinderkoordinaten läßt sich die Kurve durch $(r, f \cdot 2\pi t, vt)$ darstellen. (b) Befindet sich das Flugzeug im geradlinigen Steigflug, erhält man die entsprechende Kurvendarstellung durch eine Drehung des Koordinatensystems und die entsprechende Transformation. (Vgl. Aufg. 5.)

$$t \mapsto \begin{pmatrix} r\cos(f \cdot 2\pi t) \\ r\sin(f \cdot 2\pi t) \\ vt \end{pmatrix}$$

Beispiel 6 (Spirale): Bei den üblichen Scheren spürt man, daß der Druck während des Schneidens um so größer wird, je kleiner der Scherenwinkel ist. Bei Blechscheren verlangt man daher, daß das Blech unter konstantem Winkel geschnitten wird, unabhängig davon, wie tief es zwischen die Klingen geschoben wird. Man erreicht dieses Ziel, indem man einer der beiden Schneiden die Form eines Ausschnitts aus einer logarithmischen Spirale gibt. Die Spirale ist in Polarkoordinatendarstellung durch die Formel $r = e^{a\varphi}, a \neq 0$, gegeben. (Vgl. *Steinberg* 1993, Aufg. 6 – 8.)

In vielen technischen und physikalischen Anwendungen begnügt man sich nicht mit der Darstellung einer Kurve, sondern fragt auch nach der Länge eines zurückgelegten Kurvenweges (*Bogenlänge*) oder nach der *Krümmung*. Die Geschwindigkeit z.B., mit der eine Kurve durchfahren oder durchflogen werden kann, hängt unter anderem von deren Krümmung ab. Die Betrachtung von Kurven, Bogenlänge und Krümmung gehört in den Bereich der elementaren Differentialgeometrie, in der Elemente der Analytischen Geometrie und der Analysis verknüpft werden. Manchmal ist aber auch eine Betrachtung von Kurven aus der Sicht der synthetischen Geometrie von Nutzen (s.u.); oft werden beide Sichtweisen miteinander verbunden.

Beispiel 7 (Parabolspiegel): Gefragt ist nach der Form eines Scheinwerferspiegels, der parallele Lichtstrahlen liefert. Durch Betrachtung von ebenen Schnitten sieht man mit Mitteln der Elementargeometrie, daß ein parabolischer Spiegel mit der Lichtquelle im Brennpunkt eine Lösung ist.

1.2.1.2 Entscheidungs- und Optimierungsprobleme in den Wirtschaftswissenschaften (Verflechtungs-, lineare Optimierungs- und Transportprobleme)

Für die allgemeine Theoriebildung in der Volkswirtschaft ist die Analysis wichtig, etwa bei den Begriffen Elastizität und Wachstumsrate. Für die Behandlung konkreter Entscheidungsprobleme benutzt man dagegen oft Verfahren der Linearen Algebra, insbesondere dann, wenn es sich um eine diskrete Modellierung handelt. Wir diskutieren drei typische Anwendungssituationen aus den Wirtschaftswissenschaften: Verflechtungs-,

Optimierungs- und Transportprobleme. Die Beispiele sind z.T. aus wirtschaftswissen-schaftlichen Fachbüchern (wie *Tietze* 1995) oder, wo dies angemessen möglich war, aus Schulbüchern (z.B. *Artmann/Törner* 1988; *Kroll/Reiffert/Vaupel* 1997; *Lehmann* 1990) entnommen.

In Unternehmen z.B. des Fahrzeugbaus oder in der chemischen Industrie hat man es meist mit mehr-stufigen Fertigungsabläufen zu tun, bei denen feste Mengenbeziehungen zwischen Rohstoffen, Zwi-schenprodukten, Halbfertigbauteilen, Baugruppen usw. bestehen. Um solche Mengenbeziehungen dar-zustellen, bedient man sich *gewichteter gerichteter Graphen*, hier sog. Gozintographen[22] (vgl. Bild 1.3). Ein wichtiger Gedanke beim Bilden des mathemati-schen Modells ist, daß man solche Zusammenhänge

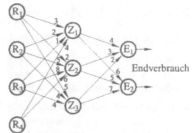

Bild 1.3

mit Hilfe von Matrizen erfassen kann. Man interessiert sich dafür, wie viele der Vor- und Zwischenprodukte man benötigt, damit ein vorgegebenes Produktionsprogramm durch-geführt werden kann. In einfachen Fällen lassen sich die Probleme direkt mittels Matri-zenmultiplikation lösen, in komplexeren benötigt man lineare Gleichungssysteme bzw. komplexere Matrizengleichungen. Diese Modellierungen für den innerbetrieblichen Be-reich lassen sich bei entsprechender Modifikation auf Volkswirtschaften als Ganzes über-tragen. Wir betrachten zunächst eine sehr einfache Situation.

Beispiel 8 (Materialverflechtung und Matrizenmultiplikation): In einem Unternehmen werden zwei Typen von Endprodukten E_1 und E_2 aus drei Zwischenpro-dukten Z_i und die wiederum aus vier verschiedenen Sorten von Rohstoffen R_i hergestellt. Die entsprechenden Mengenbe-ziehungen lassen sich durch den Gozintographen in Bild 1.3 oder die nebenstehenden Matrizen erfassen. Der Mengenzu-sammenhang zwischen den Rohstoffen und den Zwischenpro-

$$A = \begin{array}{c} \\ R_1 \\ R_2 \\ R_3 \\ R_4 \end{array} \overset{\begin{array}{ccc} Z_1 & Z_2 & Z_3 \end{array}}{\begin{pmatrix} 3 & 2 & 5 \\ 2 & 5 & 4 \\ 1 & 8 & 4 \\ 4 & 6 & 0 \end{pmatrix}}, \quad B = \begin{array}{c} \\ Z_1 \\ Z_2 \\ Z_3 \end{array} \overset{\begin{array}{cc} E_1 & E_2 \end{array}}{\begin{pmatrix} 4 & 6 \\ 3 & 5 \\ 2 & 7 \end{pmatrix}}$$

dukten ist in der Matrix A, der zwischen den Zwischenprodukten und den Endprodukten in der Matrix B erfaßt. Dabei ist a_{ij} die Anzahl der Rohstoffeinheiten R_i, die für eine Einheit Z_j benötigt wird; Entsprechendes gilt für b_{ij}. Gesucht ist die Matrix C für den Zusammenhang zwischen Roh-stoffen und Endprodukten. Es gilt $C = A \cdot B$. Dieser Zusammenhang läßt sich unmittelbar aus dem obigen Graphen ablesen; es gilt z.B. $c_{11} = 3 \cdot 4 + 2 \cdot 3 + 5 \cdot 2$.

In diesem Beispiel lassen sich die verschiedenen Produktionsebenen klar voneinander trennen. Ist das nicht der Fall, gehen z.B. Rohstoffe nicht nur über die Zwischenprodukte, sondern auch direkt in die Endprodukte ein, so ist ein komplexeres mathematisches Mo-dell notwendig.

Beispiel 9 (Stücklistenproblem): Wir betrachten einen Elektronikkonzern, der eine Vielzahl von elektronischen Produkten herstellt, die teilweise direkt auf den Markt gelangen, teilweise aber auch innerhalb der Firma zur Herstellung komplexer Produkte verwendet werden: Dioden, Transistoren,

---

[22] Nach dem Mathematiker *A. Vazonyi*, der diesen Begriff dem selbst erfundenen italienischen Mathematiker *Zepartzat Gozinto* zuschrieb. Gesprochen klingt der Name wie „the part that goes into".

Kondensatoren, Transformatoren, Verstärkermodule, Netzgeräte, Entscheidungsgatter; dazu Stereoanlagen, Fernsehgeräte usw. Die Nachfrage nach den einzelnen Gütern ist aufgrund der Auftragsverpflichtungen bekannt. Sie bestimmt den „Netto-Output-Vektor". Man will wissen, wieviel Stück von den einzelnen Gütern jeweils produziert werden müssen („Produktionsvektor"). Wir konkretisieren das Stücklistenproblem: Für den Aufbau eines Gatters für logische Entscheidungen (a_7) z.B. müssen die folgenden Teile

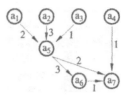

Bild 1.4

produziert werden: Dioden (a_1), Widerstände (a_2), Transistoren (a_3), Inverter (a_4), NOR-Gatter (a_5) und Ungleich-Gatter (a_6). Die Produktion läßt sich durch den angegebenen gewichteten Graphen darstellen. Dabei bedeutet etwa die 3 am Pfeil von a_5 nach a_6, daß man zur Herstellung eines Ungleichgatters 3 NOR-Gatter benötigt. Die mathematische Problembearbeitung führt auf ein LGS mit 7 Unbekannten in oberer Dreiecksform mit Einsen in der Diagonale, aus dem man die Lösungen durch sukzessives Einsetzen gewinnt. Auch eine Bearbeitung mittels einer Matrizengleichung ist möglich (Lösung s.u.).[23]

Das Problem aus diesem Beispiel läßt sich auch allgemeiner fassen. Man betrachtet ein komplexes System der Produktion mehrerer Güter, in dem diese nicht unabhängig voneinander produziert werden, sondern Verflechtungen zu berücksichtigen sind. Man nennt das ein Input-Output-Problem. Gegeben sei ein Betrieb mit mehreren Abteilungen oder noch allgemeiner eine Volkswirtschaft mit mehreren Wirtschaftssektoren, etwa A_1, A_2 und A_3. Der Sektor A_j braucht, um ein Produkt herzustellen, v_{ij} Einheiten vom Sektor A_i. Die Zahl v_{ij} nennt man einen Verflechtungskoeffizienten, $V = (v_{ij})$ eine Verflechtungsmatrix. Bekannt ist wieder der Netto-Output-Vektor $\vec{n}$, gefragt wird nach dem Produktionsvektor $\vec{x}$ mit $\vec{x} = (x_i)$, also nach den Anzahlen der Einheiten x_i, die die einzelnen Sektoren A_i jeweils herstellen müssen. Dieses Wirtschaftsmodell der Input-Output-Analyse trägt den Namen *Leontief-Modell* (vgl. *Stöppler* 1972/81, 246; *Vogt* 1976, 31ff.; *Artmann/Törner* 1988; *Tietze* 1995).

Beispiel 10 (Lösung des allgemeinen Input-Output-Problems und speziell des Stücklistenproblems): Wir betrachten eine Volkswirtschaft bzw. einen Betrieb mit 3 Sparten. Die Verflechtung sei durch den nebenstehenden Graphen gegeben. Ringpfeile sind dann notwendig, wenn eine Sparte auch eigene Produkte verbraucht. Aus dem Graphen läßt sich die Verflechtungsmatrix V ablesen. Man fragt nun zunächst nach dem Zusammenhang zwischen dem Produktionsvektor $\vec{x}$, dem Verbrauchsvektor $\vec{v}$ und dem Netto-Output-Vektor $\vec{n}$; der Netto-Output-Vektor entspricht den erwarteten Marktchancen der einzelnen Produkte. Man erhält $\vec{x} = \vec{v} + \vec{n}$ (*). Der Verbrauchsvektor hängt vom Produktions-

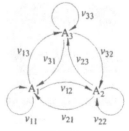

Bild 1.5

vektor $\vec{x}$ ab und zwar in der Form $\vec{v} = V\vec{x}$ (s.u.). Setzt man dies in die Gleichung (*) ein, ergibt sich $\vec{x} = V\vec{x} + \vec{n}$ bzw. $(E - V)\vec{x} = \vec{n}$ (**). Damit hat man eine Gleichung für den Produktionsvektor $\vec{x}$, durch die sich dieser in Abhängigkeit vom vorgegebenen Netto-Output-Vektor $\vec{n}$ bestimmen läßt.

---

[23]   Das Beispiel entstammt dem Schulbuch *Artmann/Törner* (1988). Es wurde wegen seiner Einfachheit gewählt. Für realitätsnähere Beispiele aus der Wirtschaft vgl. *Tietze* (1995, 9-48ff.).

Für die Mathematisierung $\vec{v} = V\vec{x}$ sind die folgenden zwei Wege denkbar. (1) Mengenbetrachtungen machen deutlich, daß die Zuordnung $\vec{x} \mapsto \vec{v}$ linear ist, also durch eine Matrix dargestellt werden kann. Es bietet sich die Verflechtungsmatrix V an. (2) Der interne Verbrauch des i-ten Produkts v_i kommt durch die Anforderungen der drei Abteilungen zustande. Die Abteilung A_j baucht $v_{ij}x_j$ Güter von der Abteilung A_i; aus dem

$$V = \begin{pmatrix} 0 & 0 & 0 & 0 & 2 & 0 & 0 \\ 0 & 0 & 0 & 0 & 3 & 0 & 0 \\ 0 & 0 & 0 & 0 & 1 & 0 & 0 \\ 0 & 0 & 0 & 0 & 0 & 0 & 1 \\ 0 & 0 & 0 & 0 & 0 & 3 & 2 \\ 0 & 0 & 0 & 0 & 0 & 0 & 1 \\ 0 & 0 & 0 & 0 & 0 & 0 & 0 \end{pmatrix}$$

Verflechtungsgraphen liest man die Gleichung $v_i = v_{i1}x_1 + v_{i2}x_2 + v_{i3}x_3$ ab (Bild 1.5).

Wir lösen jetzt das Stücklistenproblem. Hier gibt es eine Hierarchie der Produkte (vgl. Bild 1.4), so daß die Verflechtungsmatrix eine obere Dreiecksmatrix mit Nullen in der Diagonale ist. Für das oben beschriebene Gatter-Problem erhält man die obenstehende Matrix. Die Matrix $E - V$ ist also eine obere Dreiecksmatrix mit Einsen in der Diagonale. Solche Matrizen sind invertierbar, das Problem ist also eindeutig lösbar (vgl. Aufg. 9). Im allgemeinen Fall muß das nicht gelten.

An diesem Problemkontext ist der Tatbestand wichtig, daß sich ein komplizierter wirtschaftlicher Sachverhalt durch ein lineares Gleichungssystem bzw. eine Matrizengleichung mathematisieren läßt. *Zentrale Mathematisierungsmuster* sind hier also *lineare Gleichungssysteme*, ($n \times 1$)-*Matrizen* als *Listen* (Produktions-/Netto-Output-/Verbrauchsvektoren) und ($n \times n$)-Matrizen als *Verflechtungsmatrizen*. Interessant an dieser Mathematisierung ist auch die Rolle, die die *gewichteten gerichteten Graphen* spielen. Der erste Schritt der Mathematisierung ist meist die Erstellung des Graphen. Dieses Zusammenspiel von Graphen und Matrizen kommt in der mathematischen Modellbildung häufig vor; Graphen sind von großer Bedeutung für das Mathematisieren.

Ein der innerbetrieblichen Verflechtungsaufgabe verwandtes Problem ist die innerbetriebliche Leistungsverrechnung.

Beispiel 11 (innerbetriebliche Leistungsverrechnung): Gefragt ist nach den Kosten für eine Produktionseinheit in den jeweiligen Abteilungen. Sie bestehen nicht nur aus den primären Lohn-, Material-, Energie- und Kapitalkosten, sondern auch aus den Kosten durch die von anderen Abteilungen bezogenen Leistungen. Diese Kosten sind also wechselseitig verflochten (für Details vgl. *Müller-Merbach* 1971; *Tietze* 1995, 9-51ff.).

Eine überaus wichtige Rolle in der Volkswirtschaft spielen Aufgaben des *linearen Optimierens*, insbesondere die sog. Transportprobleme. Aufgaben zum linearen Optimieren finden sich in vielen Einführungskursen zur Wirtschaftsmathematik und Mathematik für Sozialwissenschaftler. Eine Aufgabe, bei der nach einem Extremwert einer Größe, die von mehreren Variablen abhängt, gefragt wird, nennt man Optimierungsaufgabe. Oft unterliegen die Variablen einschränkenden Bedingungen – anders als bei den üblichen Extremwertaufgaben der Schulanalysis. Bei vielen Anwendungsproblemen genügt eine mathematische Modellierung, bei der der funktionale Zusammenhang als linear und die Nebenbedingungen als durch lineare Gleichungen und Ungleichungen beschreibbar angenommen werden. Dann spricht man von linearem Optimieren. Solche Probleme lassen sich algorithmisch mit Hilfe der sog. Simplexmethode lösen. Wegen des hohen Rechenaufwandes bedient man sich der EDV. Ein hoher Anteil aller linearen Optimierungsprobleme sind Transportprobleme (vgl. Beispiel 14).

Beispiel 12 (lineares Optimieren): Zum Betonieren der Decke einer Autobahnbrücke wird Beton B475 (Druckfestigkeit 475 kp/cm^2) benötigt. Neben der Brücke ist eine Stützmauer zu errichten, für die man Beton B375 verwendet. Wegen anderer Verpflichtungen kann die Firma Müller für einen eventuellen Auftrag die Betonmischmaschine nicht länger als 66 Stunden und das Rüttelsieb nicht länger als 270 Stunden einsetzen. Sand und Kies stehen in den betriebseigenen Gruben ausreichend zur Verfügung, Zement muß jedoch eingekauft werden, und derzeit sind nicht mehr als 2500 Zentner zu bekommen. Für einen Kubikmeter B375 braucht man die Mischmaschine 8 min, das Rüttelsieb 40 min und 7 Ztr. Zement. Entsprechend gilt für den Beton B475 16 min, 60 min und 7 Ztr. Der Verdienst pro Kubikmeter beträgt 9 bzw. 12 DM. Für einen Lieferauftrag entstehen zudem insgesamt 500 DM fixe Kosten. Bei welchem Angebot kann Firma Müller am meisten verdienen?

Erstellung eines mathematischen Modells: Man zerlegt die Aufgabe zunächst in zwei Teilaufgaben: (a) Klärung der Rahmenbedingungen: Welche Lieferangebote kann die Firma machen? (b) Optimierungsfrage: Welches mögliche Angebot verspricht einen maximalen Gewinn? Man erhält ein System von Ungleichungen für die Rahmenbedingungen, wenn man x für die gelieferte Menge der Betonsorte B375 setzt und entsprechend y für die Menge der Sorte B475:

(1) $0 \le x, y$;   (2) $8x + 16y \le 3960$;   (3) $40x + 60y \le 16200$;   (4) $7x + 7y \le 2500$.

Ferner ermittelt man für den Gewinn z die (affin-) lineare Funktion in zwei Veränderlichen $z = 9x + 12y - 500$.

Lösung des mathematischen Problems: Eine Lösung dieses algebraischen Problems ist durch dessen Geometrisierung möglich. Die geometrische Veranschaulichung einer linearen Ungleichung ist eine Halbebene in der xy-Ebene, der Durchschnitt der Halbebenen ist das sog. Planungspolygon. Die Koordinatenpaare $(x \mid y)$ der Punkte in diesem Planungspolygon geben technisch mögliche Lieferungen an. Der Graph der Gewinnfunktion ist eine Ebene im xyz-Raum. Daraus ersieht man, daß das Gewinnmaximum auf einer der Ecken des Polygons angenommen wird. Eine Lösung gelingt aber auch im R^2, wenn man folgendermaßen vorgeht. Man fragt nach einem speziellen Gewinn, etwa $z = 700$, und erhält so die Gerade g: $y = -^9/_{12} x + 100$; höhere Gewinne bedeuten nach rechts verschobene Geraden (vgl. nebenstehende Skizze). Auch dieses Verfahren bestätigt, daß das Gewinnmaximum in einem der Eckpunkte des Polygons erreicht wird. Für eine kritische didaktische Analyse dieses Anwendungsbeispiels vgl. Band 1, 3.1 und Aufgabe 10.

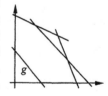

Verallgemeinerung: Dieser Gedanke läßt sich auch auf den Fall mit 3 Variablen übertragen. Statt eines Planungspolygons erhält man ein Planungspolyeder. Das Maximum wird in einer Ecke des Polyeders angenommen. Die Bearbeitung des allgemeinen Problems, etwa mit Hilfe der Simplexmethode, baut auf den anschauungsgeometrischen Überlegungen auf. Man hat ein verallgemeinertes n-dimensionales Polyeder und entsprechend verallgemeinerte Ecken. Das algorithmische Verfahren der Simplexmethode gestattet es, zu einer beliebigen Ecke eine weitere Ecke zu finden, deren Gewinnwert gleich oder größer ist – solange dies noch möglich ist.

Beispiel 13 (lineares Optimieren mit mehr als 3 Variablen – Zuschneideproblem): In einer Kleiderfabrik sollen 500 Anzüge gleicher Größe, 150 davon mit Weste, aus demselben Stoff gefertigt werden. Es existieren fünf Zuschneidemuster für die Stoffballen, die alle die gleiche Länge haben. In der folgenden Tabelle ist angegeben, wie viele Jacken, Hosen und Westen ein Ballen nach den einzelnen Zuschneidemustern ergibt:

	Muster 1	Muster 2	Muster 3	Muster 4	Muster 5
Jacken	5	4	6	3	4
Hosen	5	7	3	8	5
Westen	1	0	1	2	3

Wie viele Ballen sollen nach Muster 1, wie viele nach Muster 2, wie viele nach Muster 3 usw. geschnitten werden, damit die Gesamtzahl der für die 500 Anzüge verbrauchten Ballen minimal wird? Die Mathematisierung führt auf eine lineare Funktion als Zielfunktion und ein System von 3 linearen Gleichungen als Nebenbedingungen. Bezeichnet man mit x_i die Anzahl der Stoffballen, die nach dem i-ten Muster verarbeitet werden sollen, so ergibt sich etwa bezüglich der Jacken die folgende Gleichung: $5x_1 + 4x_2 + 6x_3 + 3x_4 + 4x_5 = 500$. (Für eine Lösung dieses Systems nach der Simplexmethode und weitere Beispiele mit Lösung vgl. *Vogt* 1976, Aufg. 9.22 u.a.; vgl. ferner *Tietze* 1995.)

Die *zentralen Mathematisierungsmuster* dieser Modellierung sind *Systeme von linearen (Un)gleichungen*. Wichtig für die Mathematisierung ist darüber hinaus die *Geometrisierung* des Problems, denn die allgemeinen Lösungsmechanismen lassen sich exemplarisch im Anschauungsraum diskutieren. Das heißt, daß der *verallgemeinerte Anschauungsraum* – die verallgemeinerte Vorstellung von Punkt, Ecke, Ebene, Konvexität – ein wichtiges Mathematisierungsmuster für das lineare Optimieren ist.

Beispiel 14 (Transportprobleme nach *Schick et al.* 1974, 106f.; *Schick* 1977): Ein Produzent stellt in drei verschiedenen Orten A_1, A_2 und A_3 Zement her, der an vier verschiedene Baustellen B_1, B_2, B_3 und B_4 geliefert werden soll. Die Produktions-

c_{ij}	B_1	B_2	B_3	B_4	a_i
A_1	3	4	5	3	50
A_2	1	3	2	6	80
A_3	4	1	5	2	70
b_j	40	80	20	60	200

mengen a_j in t, die Bedarfsmengen b_j in t und die Transportkosten c_{ij} in DM je t sind in der nebenstehenden Tabelle zusammengestellt. Der Transport soll so vorgenommen werden, daß die gesamten Transportkosten minimal werden. Bezeichnen wir mit x_{ij} die Mengen, die von A_i nach B_j transportiert werden sollen, so erhält man als einschränkende Bedingungen die 7 Gleichungen: $x_{i1} + x_{i2} + x_{i3} + x_{i4} = a_i$, $i = 1, 2, 3$ und $x_{1j} + x_{2j} + x_{3j} = b_j$, $j = 1, 2, 3, 4$. Davon sind wegen $\Sigma a_i = \Sigma b_j$ nur 6 unabhängig. Die Zielfunktion für die Transportkosten mit der Gleichung $z = \sum_{i=1}^{3} \sum_{j=1}^{4} c_{ij} x_{ij}$ soll minimiert werden.

Die Klärung der Rahmenbedingungen führt bei Transportproblemen auf ein *lineares Gleichungssystem*. Das Problem ist in manchen Fällen einfacher zu lösen als das allgemeine lineare Optimierungsproblem (vgl. Aufg. 10).

1.2.1.3 Beschreibung von Prozessen in den Sozial-, Wirtschafts- und Naturwissenschaften (Markoff-Prozesse, Probleme der Populationsdynamik)

Ein weiterer häufig vorkommender Typ von Mathematisierungssituationen sind die Markoff-Prozesse. Sie spielen in den Sozial-, den Wirtschafts- und den Naturwissenschaften eine wichtige Rolle.[24] Stochastische Prozesse bilden z.B. die Grundlage für die mathematische Modellierung der Brownschen Molekülbewegung und der Schwankungen von Börsenkursen (vgl. Abschnitt 1.4). Hier handelt es sich um eine Thematik, die als Bin-

---

[24] Vgl. *Kemeny et al.* 1966; *Stöppler* 1981; *Lehmann* 1983; *Krengel* 1991 und die Beispiele dort.

deglied zwischen Linearer Algebra und Stochastik fungieren kann, aber kaum stochastische Vorkenntnisse verlangt.

Beispiel 15 (Markoff-Prozeß): Ein Psychologe untersucht das Verhalten von Mäusen, die einem bestimmten Fütterungsschema unterzogen werden, und macht folgende Beobachtungen. Bei einem bestimmten Versuch gingen 80% der Mäuse, die im vorangehenden Experiment nach rechts gingen, wieder nach rechts, 60% der Mäuse, die zuerst nach links gingen, gingen anschließend nach rechts. Vor der ersten Fütterung ging die Hälfte der Mäuse nach rechts, die andere Hälfte nach links. Was ist für den dritten und weitere Versuche zu erwarten?

Vor dem Hintergrund dieses Beispiels sollen der Begriff Markoff-Kette und die zugehörigen Verfahren erläutert werden.

Erläuterung (Markoff-Ketten/stochastische Prozesse): Man führt eine Reihe von Versuchen (Experimenten) mit den folgenden beiden Eigenschaften durch: (1) Jeder Versuch habe eine endliche Anzahl möglicher Resultate $a_1, a_2, ..., a_r$; a_i nennt man auch einen *Zustand* des Systems. (2) Die Wahrscheinlichkeit eines bestimmten Resultates a_j ist höchstens vom Ergebnis des unmittelbar vorausgegangenen Experiments abhängig, nicht von früheren. Die Wahrscheinlichkeit, daß ein Experiment das Resultat a_j hat, wenn das vorangehende Experiment das Resultat a_i hatte, bezeichnen wir als *Übergangswahrscheinlichkeit* p_{ij}. Die Matrix $P = (p_{ij})$ heißt *Übergangsmatrix*. Es handelt sich dabei um eine stochastische Matrix, deren Elemente aus dem Intervall [0; 1] und deren Zeilensummen gleich 1 sind. Bezeichnen wir in Beispiel 15 das Resultat „geht nach links" mit a_1 und das Resultat „geht nach rechts" mit a_2, dann ist z.B. $p_{12} = 60\%$.

Auch die Aussagen, die man über den jeweiligen Zustand des Prozesses macht, sind Wahrscheinlichkeitsaussagen. So bezeichnet $p_i^{(0)}$ die Wahrscheinlichkeit dafür, daß der Prozeß sich am Anfang im Zustand a_i befindet, entsprechend $p_i^{(n)}$ die Wahrscheinlichkeit, daß der Prozeß nach n Schritten im Zustand a_i ist. Den Vektor $\vec{p}^{(n)} = (p_1^{(n)} \cdots p_r^{(n)})$ nennt man *Wahrscheinlichkeitsvektor* oder stochastischen Vektor; seine Koeffizientensumme ist gleich 1. Für das Beispiel 15 ist $\vec{p}^{(0)} = (\frac{1}{2} \frac{1}{2})$. Man kann statt mit Zeilenvektoren ebenso gut auch mit Spaltenvektoren arbeiten.

Besonders interessant sind solche Markoff-Ketten, die Zustände a_e besitzen, in denen der Prozeß abbricht, also $p_{ee} = 1$ ist. Man spricht dann von *absorbierenden Ketten*. Bei einer anderen wichtigen Klasse von Markoff-Ketten mit sog. regulärer Übergangsmatrix pendelt sich der Prozeß auf einen stabilen Wahrscheinlichkeitsvektor ein, den sog. *stationären Vektor* $\vec{t}$ mit $\vec{t}P = \vec{t}$. Eine stochastische Matrix P heißt regulär, wenn alle Elemente einer Potenz P^n von P positiv sind. (Für weitere Einzelheiten und Beispiele vgl. Aufg. 11 und 12.)

Markoff-Ketten lassen sich in erster Linie auf zweierlei Weise darstellen und behandeln: durch gewichtete gerichtete Graphen[25] oder durch Matrizen. Das nebenstehende Bild gibt ein Beispiel für eine Kette mit den drei Zuständen a_1, a_2 und a_3, ebenso die Matrix P.

$$P = \begin{pmatrix} p_{11} & p_{12} & p_{13} \\ p_{21} & p_{22} & p_{23} \\ p_{31} & p_{32} & p_{33} \end{pmatrix} \text{ mit } p_{i1} + p_{i2} + p_{i3} = 1$$

---

[25] *Engel* (1976) behandelt in seinem für die Schule interessanten Buch Markoff-Ketten über Graphen.

Fragen über Markoff-Ketten können mit Hilfe des Matrizenkalküls gelöst werden (vgl. Aufg. 12):

- Wie groß ist die Wahrscheinlichkeit, daß sich der Prozeß nach n Schritten im Zustand a_j befindet? Sei $\vec{p}^{(0)}$ der anfängliche Wahrscheinlichkeitsvektor für die n möglichen Zustände, so gilt für den Wahrscheinlichkeitsvektor $\vec{p}^{(1)}$ nach einem Versuch $\vec{p}^{(1)} = \vec{p}^{(0)}P$. Die Wahrscheinlichkeit für das Ergebnis a_j ist die j-te Komponente des Vektors $\vec{p}^{(1)}$. Die Frage führt also auf $\vec{p}^{(n)} = \vec{p}^{(0)}P^n$.

- Welche Wahrscheinlichkeit besteht dafür, daß ein absorbierender Prozeß auf einem bestimmten absorbierenden Zustand endet, wie groß ist die durchschnittliche Dauer bis zur Absorption? Bei der Beantwortung dieser Fragen spielen Matrizen von der Form $(E - P)^{-1}$ eine Rolle.

- Wie kann man einen stationären Vektor berechnen? Das Problem führt auf die Gleichung $\vec{p} = \vec{p}P$, also auf ein spezielles Eigenwertproblem.

Den Markoff-Ketten lassen sich die folgenden *zentralen Mathematisierungsmuster* aus der Linearen Algebra zuordnen:

- *($n\times1$)-Matrix* bzw. *($1\times n$)-Matrix* zur Kennzeichnung des Zustandes eines Systems, hier stochastische Vektoren. Wir bezeichnen solche Matrizen als Zustandsvektoren.
- *Matrix* als *Übergangsmatrix*. Die Übergangswahrscheinlichkeiten lassen sich auch in *gewichteten gerichteten Graphen* darstellen, die Übergänge als *lineare Abbildungen* interpretieren.
- *Lineare Gleichungssysteme* zur Berechnung des stationären Vektors.

Markoff-Prozesse lassen sich sehr gut mit Hilfe von Computeralgebrasystemen wie DERIVE simulieren.

Wir gehen im folgenden auf Probleme der *Populationsdynamik* ein. Unter den Begriff Populationsdynamik fallen Fragestellungen, die auf verschiedenartige mathematische Modelle führen. *Beck* (1975) diskutiert die Entwicklung von Käfer- und Feldmauspopulationen und stößt dabei auf Sachverhalte, zu deren Mathematisierung je nach Problemstellung die Exponentialfunktion, das Integral oder Methoden der Linearen Algebra geeignet sind.[26] Wir beschränken uns auf Sachverhalte vom letzteren Typ. Wesentliches Merkmal der hier diskutierten Fragestellungen ist der Umstand, daß die Population aus miteinander verflochtenen Teilpopulationen besteht. (Für Modellierungen in der Analysis vgl. Band 1, Kap. 9.) Die Populationsdynamik spielt in den Sozialwissenschaften und der Biologie eine wichtige Rolle.

Erläuterung (Populationsdynamik): Die Entwicklung einer Population, deren Individuen durch bestimmte Merkmale (bei Menschen etwa durch Sozialschicht, Beruf, Einkommen, Kauf- oder Wahlverhalten, Alter usw.) in Klassen gegliedert sind, soll im Zeitverlauf untersucht werden. Eine solche Population läßt sich in ihrer Zusammensetzung durch einen Vektor $\vec{w} = (w_i)$ angeben; dabei sei w_i die Anzahl der Individuen der i-ten Teilpopulation. Die Veränderungen einer Population innerhalb einer bestimmten Periode (z.B. eines Monats oder eines Jahres) können durch sog. Populations- oder Übergangsmatrizen A beschrieben werden, die Aussagen z.B. über das Vermehrungs-,

---

[26] Weitere Literatur hierzu: *Engel* (1976); *Fletcher* (1972); ferner die Schulbücher *Lehmann* (1990); *Kroll et al.* (1997).

Überlebens- oder Änderungsverhalten einzelner Populationsteile beinhalten. Ist die Population im Zeitpunkt t durch den Vektor $\vec{w}_t$ gegeben, so nach n Perioden durch $\vec{w}_{t+n} = A^n \vec{w}_t$. Wesentlich ist der Gedanke der Rekursion.

Wir illustrieren diese Begrifflichkeit an einem Beispiel.

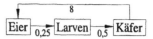

Beispiel 16 (Entwicklung einer Käferpopulation): Das Bild zeigt den Lebenszyklus von Käfern. Die Übergänge erfolgen jeweils innerhalb eines Monats. Ein Käfer legt 8 Eier, von den Eiern überleben 25% und werden zu Larven. Nur 50% der Larven können sich zu Käfern weiterentwickeln. Die Populationsentwicklung läßt sich durch die nebenstehende Übergangsmatrix A beschreiben. Die Käferpopulation bei Beobachtungsbeginn $t = 0$ sei durch den Vektor $\vec{w}_0$ gegeben. Nach einem Monat hat die Kolonie die Zusammensetzung $A\vec{w}_0 = \vec{w}_1$ und nach drei Monaten die ursprüngliche Zusammensetzung, da $A^3 = E$ ist. (Vgl. Aufg. 13 und Beispiel 37.)

$$A = \begin{pmatrix} 0 & 0 & 8 \\ \frac{1}{4} & 0 & 0 \\ 0 & \frac{1}{2} & 0 \end{pmatrix}, \vec{w}_0 = \begin{pmatrix} 40 \\ 20 \\ 12 \end{pmatrix}, \vec{w}_1 = \begin{pmatrix} 96 \\ 10 \\ 10 \end{pmatrix}$$

Beispiel 17 (spezielle Fragen zur Populationsdynamik): Insbesondere interessiert man sich dafür, ob die Klasseneinteilung zeitlich stabil ist, ob sich nach mehreren Perioden wieder der Anfangszustand einstellt (Zirkularität) oder ob die Population zumindest einer stabilen Zusammensetzung zustrebt. Die Frage nach Zirkularität führt auf $A^n = E$, die nach einer stabilen Aufteilung der Bevölkerung auf das Gleichungssystem $A\vec{x} = \vec{x}$, also auf ein spezielles Eigenwertproblem.

In der Populationsdynamik finden oft dieselben zentralen Mathematisierungsmuster wie bei den Markoff-Prozessen Anwendung.

1.2.1.4 Klärung von Zusammenhängen zwischen Merkmalsvariablen/Meßgrößen (regressions-, korrelations- und faktorenanalytische Fragestellungen)

In allen messenden Wissenschaften taucht oft das Problem auf, für eine Meßreihe von Größenpaaren (x_i, y_i) einen Zusammenhang herzustellen. Oft wird dieser Zusammenhang aus Vereinfachungsgründen als näherungsweise linear angenommen. Es geht anschaulich darum, durch eine Menge von Punkten möglichst optimal eine Gerade zu zeichnen, bzw. algebraisch gesprochen, eine sog. *Ausgleichs-* oder *Regressionsgerade* zu berechnen. In der Sprache der beschreibenden Statistik handelt es sich um eine bivariable Verteilung von Merkmalen. Liegen von jeder Versuchsperson der Stichprobe jeweils zwei Beobachtungen vor, z.B. Größe und Gewicht

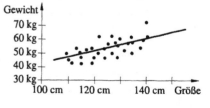

bei Erwachsenen (vgl. Bild), so fragt man nach dem Zusammenhang zwischen den Merkmalsvariablen. Oft wird ein solcher Zusammenhang als linear angenommen; ob diese Annahme sinnvoll ist, wird in der Praxis meist mit dem Korrelationskoeffizienten überprüft (s.u.). Die Regressionsanalyse hat sowohl Bezüge zur Stochastik als auch zur Analysis und zur Linearen Algebra. (Vgl. *DIFF* MS1 1980; *Wirths* 1990.)

Beispiel 18 (Ausgleichsgerade): Gegeben seien die n Meßwertpaare $\{(x_i, y_i)\}$. Gesucht ist eine lineare Funktionsgleichung $y = mx + b$, die möglichst gute Voraussagen über die zweite Meßgröße in Abhängigkeit von der ersten erlaubt. Dazu minimiert man die Summe über die Quadrate der Differenz von gemessenem Wert y_i und vorausgesagtem Wert $mx_i + b$, also $S(m,b) = \sum_{i=1}^{n} (y_i - (mx_i + b))^2$. In der Analysis löst man diese Extremwertaufgabe, indem man den Summenausdruck $S(m, b)$ partiell nach m und b differenziert und damit die Formeln für die optimalen Werte m_x und b_x erhält:

$$m_x = \sum_{i=1}^{n} (x_i - \bar{x})(y_i - \bar{y}) \bigg/ \sum_{i=1}^{n} (x_i - \bar{x})^2 \quad (*) \text{ und } b_x = \bar{y} - m_x \bar{x};$$ dabei sind $\bar{x}$ und $\bar{y}$ das arithmetische Mittel der x_i bzw. y_i.

Das Problem läßt sich auch „geometrisch" lösen, wenn man den $\mathbb{R}^n$ als geometrischen Raum sieht und $S(m,b)$ als Abstandsquadrat interpretiert. Den Summenausdruck $S(m,b)$ kann man mit Hilfe des Skalarprodukts in der Form $S(m,b) = (\vec{y} - (m\vec{x} + b\vec{e}))^2$ schreiben mit $\vec{x} = (x_i)$, $\vec{y} = (y_i)$ und $\vec{e}$ als dem Vektor, dessen Komponenten alle gleich 1 sind. Die Wurzel aus $S(m,b)$ ist dann der Abstand des festen Punktes $\vec{y}$ von dem beweglichen Punkt $\vec{z} = m\vec{x} + b\vec{e}$; $\vec{z}$ liegt in der von $\vec{x}$ und $\vec{e}$ aufgespannten Ebene E. Dieser Abstand ist dann minimal, wenn $\vec{z}$ der Fußpunkt des Lotes von $\vec{y}$ auf die Ebene E ist, also $\vec{y} - \vec{z}$ senkrecht auf $\vec{x}$ und auf $\vec{e}$ steht. Es muß also gelten $(\vec{y} - (m\vec{x} + b\vec{e})) \cdot \vec{e} = 0$ und $(\vec{y} - (m\vec{x} + b\vec{e})) \cdot \vec{x} = 0$. Aus diesen beiden Gleichungen erhält man $m_x = (\vec{x} - \bar{x}\vec{e}) \cdot (\vec{y} - \bar{y}\vec{e})/(\vec{x} - \bar{x}\vec{e})^2$ und $b_x = \bar{y} - m_x\bar{x}$. Dieser Ausdruck für m_x entspricht der obigen Formel $(*)$. Beide Verfahren führen also zum selben Ergebnis.

Diesen skizzierten Weg zur Regressionsgerade geht man dann, wenn die Meßwerte der ersten Koordinate relativ genau sind. Sind dagegen die y-Werte eher genau, dann vertauscht man die Rolle von x- und y-Koordinate und erhält damit eine zweite Regressionsgerade mit der Gleichung $x = m_y y + b_y$. Liegt die Punktwolke der Meßwertpaare auf einer Geraden g, so fallen beide Regressionsgeraden mit dieser Geraden g zusammen. Je weniger eng die Punktwolke um eine Gerade liegt, um so größer ist der Winkel zwischen den beiden Regressionsgeraden.

Als Maß für den Zusammenhang zweier Meßreihen bzw. der beiden Meßvariablen (hier Größe und Gewicht) benutzt man aber nicht diesen Winkel, sondern den eng mit ihm zusammenhängenden *Korrelationskoeffizienten* r.

$$r := \frac{\sum_{i=1}^{n} (x_i - \bar{x})(y_i - \bar{y})}{\sqrt{\sum_{i=1}^{n} (x_i - \bar{x})^2 \sum_{i=1}^{n} (y_i - \bar{y})^2}} = \frac{(\vec{x} - \bar{x}\vec{e}) \cdot (\vec{y} - \bar{y}\vec{e})}{|\vec{x} - \bar{x}\vec{e}||\vec{y} - \bar{y}\vec{e}|},$$ wobei $\vec{x}$ der Vektor ist, der die Meßwerte x_i

als Komponenten hat, und entsprechend $\vec{y}$ die y_i . Für den Korrelationskoeffizienten gilt: $-1 \leq r \leq 1$ und ferner $|r| = 1$ genau dann, wenn die Punkte (x_i, y_i) auf einer Geraden liegen (vgl. Aufg. 14). Vergleicht man die Formeln für m_x, m_y und r miteinander, so sieht man, daß der Winkel zwischen den beiden Regressionsgeraden klein wird, wenn r betragsmäßig nahe bei 1 liegt. Ist der Wert des Korrelationskoeffizienten nahe bei Null, so kann dennoch ein funktionaler Zusammenhang zwischen den Meßwertreihen bestehen, der dann aber nicht linear ist. In manchen Fällen lassen sich die Meßdaten auch linearisieren.

Beispiel 19 (eine weitere geometrische Interpretation des Korrelationskoeffizienten): In der stochastischen Praxis arbeitet man oft mit Meßwerten, die auf den Mittelwert 0 transformiert sind, man ersetzt also x_t durch $x_t - \bar{x}$. Die so transformierten Meßwertreihen $\vec{x}$ und $\vec{y}$ interpretieren wir geometrisch als Zeiger. Für den Korrelationskoeffizienten von $\vec{x}$ und $\vec{y}$ ergibt sich nun $r = \vec{x} \cdot \vec{y}/|\vec{x}||\vec{y}| = \cos\varphi$, wobei φ der von $\vec{x}$ und $\vec{y}$ aufgespannte Winkel mit $0° \leq \varphi \leq 180°$ ist. Der Korrelationskoeffizient hängt also eng mit dem Winkel zwischen den beiden Zeigern zusammen. Ist der Korrelationskoeffizient gleich 1, so beträgt der Winkel 0°, und die beiden Zeiger sind linear abhängig; ist dagegen $r = 0$, so stehen die Zeiger senkrecht aufeinander, die gemessenen Variablen heißen unabhängig. Wäre in dem oben geschilderten Fall der Korrelationskoeffizient zwischen Größe und Gewicht gleich 1, so könnte man aus der Größe direkt das Gewicht bestimmen. Da es aber gewichtige und weniger gewichtige Personen gleicher Größe gibt, kann das nicht der Fall sein.

Die geschilderten Mathematisierungen beruhen darauf, daß man anschaulich-räumliche Vorstellungen wie Punkt, Abstand, Winkel und Lot auf den $\mathbb{R}^n$ überträgt. Wir hatten dieses Mathematisierungsmuster *verallgemeinerter Anschauungsraum* genannt.

Wir erweitern den Gedanken der Regressionsgeraden.

Beispiel 20 (verallgemeinerte lineare Regression): Wir skizzieren eine Problemstellung, wie sie in der Psychologie und den Sozialwissenschaften oft auftritt. Für eine Stichprobe von 100 Schülern sind Werte von 16 Tests (Merkmalsvariablen) gegeben: etwa ein Intelligenztest, mathematische Leistungstests, ein Test zum Angstverhalten usw. Die Tests repräsentieren Merkmalsvariablen x_i. Aus den ersten 15 Variablen möchte man Voraussagen über eine 16. Variable, z.B. mathematische Problemlösefähigkeit, machen. Man will also wissen, wie diese Variable von den anderen abhängt. Man macht dabei aus Vereinfachungsgründen oft die Annahme, daß dieser Zusammenhang näherungsweise linear beschreibbar ist. Es handelt sich dann um eine sog. lineare Regression. Interpretiert man den Sachverhalt der einfachen linearen Regression bei zwei Merkmalsvariablen geometrisch, so geht es darum, durch eine Menge von Punkten in der Ebene eine Gerade so zu legen, daß die Punkte „möglichst nah" bei dieser Geraden liegen (s.o.). Das hier angegebene Problem würde man geometrisch so interpretieren, daß man das Tupel der 16 Testwerte eines Schülers als Punkt in einem verallgemeinerten Anschauungsraum $\mathbb{R}^{16}$ auffaßt. In dieser Interpretation stellt sich das Problem so dar, daß man eine „verallgemeinerte Ebene" (Hyperebene $x_{16} = a_1 x_1 + ... + a_{15} x_{15}$) möglichst optimal durch die Menge der 100 Punkte zu legen versucht.

Wir wollen den Begriff des *verallgemeinerten Anschauungsraums* weiter vertiefen. Es ist zu fragen, welche mathematischen Ideen für den Anwender in dieser Mathematisierungssituation von Bedeutung sind. Die Berechnung der a_i ist komplex und wird von Rechnern vorgenommen, liegt also in der Regel außerhalb des Blickwinkels des Anwenders. Wichtig dagegen scheint uns die geometrische Interpretation des Verfahrens, da sie bei Verzicht auf fachwissenschaftliche Details ein Verstehen der linearen Regression und eine kritische Einschätzung des Verfahrens gestattet. Gemeint ist hier die Möglichkeit, die 16 Testwerte einer Person als verallgemeinerten Punkt aufzufassen und die Lösungsmenge einer linearen Gleichung als verallgemeinerte Ebene zu sehen. Dieser Vorgang läßt sich allgemein folgendermaßen beschreiben: zunächst sucht man für Sachverhalte des $\mathbb{R}^n$ mit $n > 3$ einen analogen 3-dimensionalen Sachverhalt auf, indem man etwa für n-Tupel Tripel und für lineare Gleichungen über dem $\mathbb{R}^n$ solche über dem $\mathbb{R}^3$ setzt. Der

3-dimensionale Sachverhalt wird nun geometrisch-anschaulich interpretiert. Anschlie-ßend findet eine Namensübertragung statt. Man nennt ein n-Tupel Punkt, Zeiger oder Pfeil, spricht von der Länge eines solchen Vektors, vom Winkel und Winkelmaß zwischen zwei solchen Vektoren, von Geraden, Ebenen, Kugeln usw. im $\mathbb{R}^n$. Häufig sind solche Namensübertragungen allgemein akzeptiert, manchmal eher vage und informell, wenn man z.B. Hyperebenen als „verallgemeinerte Ebenen" sieht.[27] Operationen wie das orthogonale Projizieren in verschiedene 2- bzw. 3-dimensionale Unterräume, die Verwendung von axonometrischen Bildern und Tafelprojektionen können ebenfalls dazu dienen, höherdimensionale mathematische Ausdrücke einer anschaulich-konkreten Behandlung zugänglich zu machen. Eine solche geometrische Interpretation bietet die folgenden Vorteile:

– Ein Problem wird anschaulich. In der anschaulichen Form kann auch der Nichtmathematiker die mathematische Problemlösung erfassen, kritisch einschätzen und die Grenzen des Verfahrens sehen, die sich für eine inhaltliche Deutung ergeben.
– Es erfolgt eine starke Informationsreduktion, eine Problemlösung wird überschaubar, da Details unterdrückt werden können. Sie kann dadurch meist leichter behalten werden.
– Durch die Übersetzung in den Anschauungsraum können heuristische Hilfsmittel eingesetzt werden.

Damit ist der *verallgemeinerte Anschauungsraum* ein wichtiges Mathematisierungsmuster.

Wir beschreiben als weiteres Verfahren die sog. Faktorenanalyse. Es handelt sich um ein wichtiges Verfahren, insbesondere in den Sozialwissenschaften.

Beispiel 21 (Faktorenanalyse): Wir knüpfen an Beispiel 20 an. Man möchte etwa die Anzahl der Voraussagevariablen – meist sind es mehr als die im ersten Beispiel gegebenen 15 – reduzieren, auf wenige Ursachenkomplexe zurückführen. Dazu faßt man gleichartige Variablen, also solche, die hoch miteinander korrelieren, zu „Faktoren" zusammen. Zu jedem Test gehören die Werte von 100 Probanden. Man kann die Testergebnisse jeweils als einen verallgemeinerten im Ursprung angetragenen Zeiger (Vektor aus dem $\mathbb{R}^{100}$) auffassen. Die Ähnlichkeit zwischen zwei durch Tests erfaßten Merkmalsvariablen wird durch die Korrelation gemessen, die bei entsprechender Transformation gleich dem Kosinus des Winkels zwischen den Zeigern ist. Anschaulich gesehen, geht es bei der Faktorenanalyse um das Aufsuchen von Bündeln „eng beieinander liegender" Zeiger. Diese Bündel von Zeigern (Vektoren) ersetzt man durch einen Zeiger, der den sog. Faktor kennzeichnet. Diese Faktoren sollen unabhängig voneinander sein, die zugehörigen Zeiger also senkrecht aufeinander stehen. Mathematisch gesehen handelt es sich um ein für Nichtmathematiker kaum verstehbares Verfahren, nämlich um die Bestimmung der Eigenvektoren der Korrelationsmatrix (r_{ij}) mit anschließender Projektion in einen Unterraum und Rotation (vgl. *Gaensslen et al.* 1973; *Timm* 1975).

Auch hier ist in bezug auf den Anwender wieder nicht die komplexe Berechnung der Eigenvektoren das Wichtige – da ihm diese Arbeit von der EDV abgenommen wird –, sondern die geometrische Interpretation im Sinne des *verallgemeinerten Anschauungsraums*, die erst ein verständiges Umgehen mit dem Verfahren erlaubt, ohne die formalen Details durchschauen zu müssen.

---

[27] Namensübertragungen sind in der Fachmathematik sehr üblich. Die Beziehung zum ursprünglichen Sachverhalt, dessen Name übernommen wird, ist oft relativ lose, wie z.B. im Fall der Bezeichnung „Drehung" für einen orthogonalen Vektorraumautomorphismus, dessen Determinante den Wert 1 hat.

Die angeführten Beispiele aus der Psychologie illustrieren zusätzlich ein weiteres wichtiges Mathematisierungsmuster: die $(n\times 1)$-*Matrix* als Liste der Testergebnisse einer Stichprobe oder als Liste der Testergebnisse einer Versuchsperson sowie die $(n\times n)$-*Matrix* als Hilfsmittel, um Korrelationen systematisch abzuspeichern.

1.2.1.5 Lineare Gleichungssysteme als zentrales Mathematisierungsmuster

Die bisherige Analyse ergab Anwendungsfelder, in denen LGS entweder allein oder im Zusammenhang mit Matrizen als zentrales Mathematisierungsmuster benutzt werden:
- Verflechtungsprobleme: Stücklistenproblem, das Leontief-Modell;
- Transportprobleme;
- Beschreibung des Anschauungsraums: Geraden, Ebenen und deren Schnittgebilde;
- Berechnung stationärer Vektoren bei Markoff-Prozessen und in der Populationsdynamik.

Wir ergänzen hier weitere Anwendungen für lineare Gleichungssysteme.

In vielen Anwendungen geht es darum, feste Punkte (z.B. Meßpunkte) durch eine ganzrationale Funktion zu verbinden. Indem man die Punkte in den Ansatz $y = a_n x^n + \ldots + a_1 x^1 + a_0$ einsetzt, erhält man ein lineares Gleichungssystem für die Koeffizienten a_i. Es handelt sich hier um ein *Interpolationsproblem*, für das auch andere Lösungen, wie etwa die Spline-Interpolation, möglich sind (vgl. Band 1, Teil II).

Häufig lassen sich auch Modellierungen durch nichtlineare Gleichungssysteme anschließend linearisieren (vgl. das Schulbuch *Griesel/Postel* 1986, 56). Eine weitere Verwendung von LGS ergibt sich bei vielen technischen Fragestellungen, z.B. in der Aerodynamik, Strömungsmechanik und Thermodynamik. Dort treten komplizierte *Differentialgleichungen* auf, die nicht geschlossen gelöst werden können. Man benutzt dann vielfach Ansätze, in denen für viele einzelne Stützstellen Näherungswerte ermittelt werden. Diese Vorgehensweise wird „Diskretisierung von Differentialgleichungen" genannt und führt auf sehr große lineare Gleichungssysteme. Nach *Kroll/Reiffert/Vaupel* (1997, 110) ist dies der technisch wichtigste Anwendungsbereich für lineare Gleichungssysteme.

Vielfältige Anwendungssituationen lassen sich unter die Überschrift *Ströme in Netzen* subsumieren.

Beispiel 22 (Verteilerstation eines Versorgungsnetzes): Die Verteilerstation eines Wasserversorgungsnetzes besteht aus vier Knoten, die durch eine Ringleitung verbunden sind. An den Knotenpunkten treffen von außen Versorgungsleitungen auf die Ringleitung; durch einige fließt Wasser zu, durch andere ab. Die Abbildung zeigt die jeweiligen Wassermengen (in m^3/sec) und deren Strömungsrichtung. Gefragt ist in erster Linie nach den Kapazitäten s_i, die für die Abschnitte A_i vorzusehen sind, also z.B. nach dem Durchmesser der Rohre. Fragen kann man zusätzlich, ob z.B. Abschnitte der Ringleitung ge-

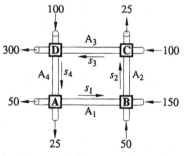

sperrt werden können. Der Ansatz des Gleichgewichts zwischen Input und Output führt auf Gleichungssysteme mit nichteindeutiger Lösung, erfordert also zusätzliche Modellierungsüberlegungen, z.B. zur Berücksichtigung von Bau- oder Reparaturkosten. (Nach Schulbuch *Kroll/Reiffert/Vaupel* 1997, 95, 103.)

Andere typische Beispiele für Ströme in Netzen sind elektrische Stromkreise. Dabei müssen das Ohmsche und die Kirchhoffschen Gesetze berücksichtigt werden.

Ein weiteres Feld für den Einsatz von LGS sind sog. *Mischungsprobleme*, bei denen die Bestandteile von Mischungen in einem festen Verhältnis zueinander stehen. Solche Fragestellungen sind insbesondere in der Chemie und in verwandten Wirtschaftsbereichen häufig anzutreffen.

Beispiel 23 (Mischungsaufgabe): Aus drei Kaffeesorten zu kg-Preisen von a, b und c soll eine Mischung zum kg-Preis d hergestellt werden. Wie ist das Mischungsverhältnis? (Vgl. Aufg.16.)

Wir erwähnen abschließend noch als weiteres zentrales Mathematisierungsmuster die *Funktionen mehrerer Veränderlicher*, insbesondere in den Wirtschaftswissenschaften (z.B. Kostenfunktionen, vgl. *Tietze* 1995) und in der Physik und Technik (z.B. die Mariotte-Gay-Lussacschen Gasgesetze). Sie werden in der Regel dem Gebiet Analysis zugeordnet. Wir werden in Kap. 4.3 aber zeigen, daß im anwendungsbezogenen Umgang mit solchen Funktionen eher auf Methoden und Sichtweisen der Analytischen Geometrie zurückgegriffen wird (z.B. auf Projektionen und die Bildung von Schnitten).

In Schema 1.2 stellen wir die herausgearbeiteten zentralen Mathematisierungsmuster in Verbindung mit relevanten Anwendungssituationen und naheliegenden Ergänzungen zusammenfassend dar.

Schema 1.2 Zusammenfassung: Zentrale Mathematisierungsmuster[28]

(1) *Koordinatensysteme (kartesische, Polar-, Kugelkoordinaten, Parameterdarstellungen)*
– Koordinatengeometrie, z.B. Beschreibung von Sachverhalten in Ebene und Raum durch Koordinaten und durch lineare und quadratische Gleichungen (Punkte, Geraden, Ebenen, Flächen 2. Ordnung usw.), Abstands- und Winkelmessung über Koordinatengleichungen;
– Beschreibung von Sachverhalten in Ebene und Raum durch Koordinatenvektoren und durch entsprechende Gleichungen, Abstands- und Winkelmessung über das Skalarprodukt für Koordinatenvektoren;
– Beschreibung von Bahnkurven und deren Durchlaufen durch Parametergleichungen und in Polarkoordinaten;
– ebene oder räumliche grafische Darstellung funktionaler bzw. algebraischer Zusammenhänge in Verwendungssituationen (hier insbesondere lineare, quadratische Zusammenhänge zwischen verschiedenen Größen- bzw. Skalenbereichen; Schwingungen, Wachstumsprozesse) und die geometrische Diskussion von Besonderheiten solcher Graphen (Extrema, Wendepunkte, Krümmung, Bogenlänge);
– Längen- und Breitengrade in der Geografie (sphärische Geometrie).

(2) *Lineare Gleichungs- und Ungleichungssysteme*
– Beschreibung von Geraden, Ebenen und deren Schnittgebilden;
– Verflechtungsaufgaben, innerbetriebliche Leistungsverrechnung;
– Markoff-Ketten, insbesondere stationärer Wahrscheinlichkeitsvektor;
– lineares Optimieren, Transportprobleme;
– Mischungsprobleme;
– Diskretisierung von Differentialgleichungen;
– Ströme in Netzen;
– Funktionen zu vorgegebenen Bedingungen.

(3) *Linearität* im Sinne von

---

[28] Die *gewichteten gerichteten Graphen* und die *Funktionen mehrerer Veränderlicher* haben wir hier nicht mit aufgeführt, weil sie nicht unmittelbar in den Bereich Analytische Geometrie/Lineare Algebra fallen.

- linearer Regression;
- linearer Interpolation;
- Linearisierung durch geeignete Skalierung der Achsen beim Arbeiten im Koordinatenkreuz, etwa durch logarithmische Skalen;
- lineare Transformation (bei Markoff-Prozessen und Populationsproblemen).

(4) *Matrix*

a) Spalten und Zeilen als Zustandsvektoren in einem System oder als Listen
- Materialliste, Preisliste, Produktions-/Netto-Output-/Verbrauchsvektor, Liste von Meßwerten, Testliste für eine Stichprobe, Liste mehrerer Testergebnisse für eine Person;
- Populationsvektor;
- Wahrscheinlichkeitsvektoren bei Markoff-Prozessen;
- Ortsangaben;
- Kräfte, Geschwindigkeiten, Beschleunigungen usw. bezogen auf ein Koordinatensystem.

b) Matrix als (verallgemeinerte) Verflechtungsmatrix
- Verflechtungsmatrizen (Teileverflechtung, Stücklistenproblem, Leontief-Modell);
- Korrelationsmatrizen in der Statistik;
- Kommunikationsmatrizen, Inzidenzmatrizen bei endlichen Geometrien, Entfernungstabellen;
- Formalisierung gewichteter gerichteter Graphen.

c) Matrix als Übergangsmatrix
- Übergangsmatrizen bei Markoff-Ketten;
- Populationsmatrizen;
- Abbildungsmatrizen, z.B. Projektionsmatrizen in der darstellenden Geometrie;
- Formalisierung gewichteter gerichteter Graphen.

(5) *Verallgemeinerter Anschauungsraum*
- Zustandsvektor/Liste als verallgemeinerter Zeiger, Punkt, Pfeil;
- lineare Regression (verallgemeinerte(r) Punkt, Gerade, Ebene);
- lineares Optimieren (verallgemeinerte(s,r) Polyeder, Ecke, Konvexitätsbegriff);
- Korrelation (verallgemeinertes Winkelmaß, Unabhängigkeit von Variablen in der Statistik und verallgemeinerte Orthogonalität).

(6) *Zeiger, Pfeilvektoren und gerichtete Größen*
- Darstellung von gerichteten Größen und deren „Addition" (Addition von Kräften, Geschwindigkeiten usw.);
- Erfassung von Längen- und Winkelmaßen durch das Skalarprodukt;
- Beschreibung von Arbeit und die „Projektion" von Kräften mittels des Skalarprodukts;
- Beschreibung von Drehmoment, Lorentzkraft mittels des Vektorprodukts;
- Wechselströme, Schwingungsvorgänge und die Überlagerung als Vektoraddition.

1.2.2 Bereichsspezifische Strategien und Problemkontexte

Bereichsspezifische Strategien sind zentrale Strategien des Problemlösens in einem mathematischen Teilgebiet; auch das Entdecken und das Ausformulieren von Problemen gehören hierher. Sie sind eine wichtige Ergänzung allgemein-heuristischer Strategien (vgl. Band 1, Kap. 3). Die Betonung bereichsspezifischer Strategien im Mathematikunterricht steht im engen Zusammenhang mit der Förderung von allgemeinen, insbesondere heuristischen Qualifikationen. Bereichsspezifische Strategien sind dadurch gekennzeichnet, daß sie sich für das Bearbeiten vieler verschiedener Probleme innerhalb eines Gebietes eignen. Ihre Isolierung fußt hier auf einer Analyse solcher Problemsituationen, die für den Mathematikunterricht in der Sekundarstufe II geeignet sind, sowie auf deren schulbezogener Bearbeitung. Sie führt auf die Strategien, die wir in Schema 1.3 zusammengestellt haben und die wir anschließend inhaltlich belegen.

Schema 1.3 Bereichsspezifische Strategien

(1) Geometrisieren algebraischer Sachverhalte und Algebraisieren geometrischer Sachverhalte;
(2) Strategien zur Analogiefindung zwischen ebenen und räumlichen Sachverhalten sowie zwischen dem R^2, dem R^3 und dem R^n;
(3) Linearitätsüberlegungen;
(4) Darstellung und Behandlung elementar-algebraischer Sachverhalte im Matrizenkalkül;
(5) Transformieren von Koordinaten;
(6) Strategie des Gaußschen Algorithmus;
(7) mathematisches Experimentieren mit konkreten Modellen und dem Rechner.

1.2.2.1 Geometrisieren algebraischer Sachverhalte und Algebraisieren geometrischer Sachverhalte

Diese Strategie berührt die gedankliche Basis der Analytischen Geometrie. Sie ist zudem ein Spezialfall des fusionistischen Prinzips, für das sich insbesondere *Klein* und *Lietzmann* in ihren didaktischen Arbeiten immer wieder eingesetzt haben. Es beinhaltet die flexible Verwendung von Beweismethoden, Sätzen und Theorieteilen eines mathematischen Teilgebiets für ein anderes, also eine Verbindung und Durchdringung verschiedener mathematischer Gebiete.

Man gewinnt Beweise oder löst Probleme, indem man einen algebraischen Sachverhalt ins Geometrische übersetzt und das geometrische Analogon für heuristische Zwecke nutzt, oder aber auch das Problem geometrisch löst und anschließend das Ergebnis in die Algebra zurückübersetzt (vgl. Bild 1.6 (a)).

Dabei läßt sich häufig der geometrische Teil des Lösungsweges anschließend auch ins Algebraische übersetzen, so daß man dann eine rein algebraische Problemlösung erhält (vgl. Bild 1.6 (b)). Wir illustrieren die Wirkungsweise der Strategie an zwei Beispielen.

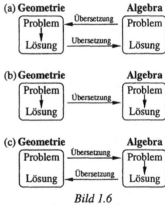

Bild 1.6

Beispiel 24 (Satz über dreireihige Determinanten): Eine dreireihige Determinante ist genau dann von Null verschieden, wenn ihre Spalten linear unabhängig sind. Ein algebraischer Beweis auf einer begrifflich elementaren Ebene ist im Schulrahmen schwierig. Interpretiert man die Determinante als orientiertes Inhaltsmaß und die lineare Unabhängigkeit ebenfalls geometrisch, so ist der Satz unmittelbar einsichtig. Man wechselt durch die Geometrisierung des Problems die Argumentationsbasis (vgl. Band 1, Kap. 5).

Beispiel 25 (Geometrisierung der Lösungsmenge eines linearen Gleichungssystems): Man interpretiert lineare Gleichungen durch Geraden bzw. Ebenen und gewinnt durch die Betrachtung des geometrischen Schnittgebildes einen Überblick über die Lösungsmenge des Gleichungssystems. Entsprechendes ist für die Behandlung von Ungleichungssystemen beim linearen Optimieren sinnvoll.

Der umgekehrte Weg, die Algebraisierung geometrischer Probleme (Bild 1.6 (c)), ist hinreichend bekannt; er beinhaltet das eigentliche Anliegen der Analytischen Geometrie, im Sinne *Descartes* die Welt durch Gleichungen beschreiben zu wollen. Es lassen sich in der Analytischen Geometrie drei Formen des Algebraisierens unterscheiden:

(1) Durch die Einführung eines Koordinatensystems beschreibt man Punkte durch Koordinaten, geometrische Figuren und Sachverhalte mit Hilfe von Koordinatengleichungen bzw. Systemen von Koordinatengleichungen. Dies ist der Ansatz der traditionellen Analytischen Geometrie (vgl. Abschnitt 2.1.1).

(2) Der zweite Weg bedient sich ebenfalls eines Koordinatensystems. Man ordnet Punkten und Pfeilen n-Tupel-Vektoren des R^n, $n = 2, 3$, zu und beschreibt geometrische Figuren und Sachverhalte bzw. löst geometrische Probleme durch das Arbeiten mit Gleichungen in den n-Tupel-Vektoren.

(3) Die algebraische Lösung eines geometrischen Problems kann auch koordinatenfrei erfolgen, indem man mit Pfeilklassenvektoren oder auch Zeigern sowie deren Verknüpfungen arbeitet. Man beschreibt Punkte, Strecken, Winkel usw. mit Hilfe solcher geometrischer Vektoren und algebraisiert auf diese Weise geometrische Sachverhalte. Die Bearbeitung erfolgt algebraisch, indem man die algebraischen Sätze über geometrische Vektoren und deren Verknüpfungen benutzt (Addition, S-Multiplikation, Skalar-, Vektor- und Spatprodukt). Dabei sollte allerdings gewährleistet sein, daß die benutzten Grundeigenschaften im geometrischen Modell überprüft worden sind. Dieser Weg, der typisch für die vektorielle Analytische Geometrie ist, eignet sich besonders, um Sätze der Elementargeometrie zu behandeln. Einige affine Sätze führen wir in Beispiel 27 auf, einige metrische in Beispiel 28 (vgl. auch 1.1.2). Dabei findet man häufig ein Vorgehen, für das der Ausdruck „geschlossener Vektorzug" üblich ist und das wesentlich auf den Gedanken der linearen Unabhängigkeit zurückgreift.

Beispiel 26 (geschlossener Vektorzug): Wir beweisen hier den Satz, daß die Diagonalen im Parallelogramm einander halbieren. Das Parallelogramm läßt sich durch zwei linear unabhängige Vektoren $\vec{a}$ und $\vec{b}$ aufspannen. Man sucht einen „geschlossenen Vektorzug", der durch den Schnittpunkt der Diagonalen geht. Indem man alle vorkommenden Vektoren durch $\vec{a}$ und $\vec{b}$ ausdrückt und deren lineare Unabhängigkeit benutzt, erhält man den Beweis:

$$\vec{b} + r(\vec{b} - \vec{a}) + s(\vec{a} + \vec{b}) = (-r + s)\vec{a} + (1 + r + s)\vec{b} = \vec{0} \implies |r| = |s| = \tfrac{1}{2}.$$

Beispiel 27 (affine Sätze):

(a) Sätze über Parallelogramme (etwa: (1) die Diagonalen halbieren einander; (2) verbindet man die Seitenmittelpunkte eines (nicht unbedingt ebenen) Vierecks, so erhält man ein Parallelogramm; (3) sind in einem Viereck zwei Seiten gleichlang und parallel, so liegt ein Parallelogramm vor usw.);

(b) Sätze über Dreiecke (z.B. die Seitenhalbierenden treffen sich in einem Punkt und teilen einander im Verhältnis $2 : 1$);

(c) Schwerpunktsätze in Ebene und Raum u.ä. (Mittelpunkt einer Strecke, Schwerpunkt eines Dreiecks, eines Vierecks, eines n-Ecks, eines Tetraeders, Berechnung von Punkten, die eine Strecke im Verhältnis $r : s$ teilen);

(d) ferner: Strahlen- und Ähnlichkeitssätze; der große, der kleine Satz von *Desargues;* die Sätze von *Pappos,* von *Thompson,* von *Varignon,* von *Ceva;* Sätze über affine Abbildungen.

Beispiel 28 (metrische Sätze): Sätze über Höhen, Winkelhalbierende, Mittelsenkrechte, Umkreis und Inkreis eines Dreiecks; Sätze über Rechtecke und Rhomben (z.B. die Diagonalen im Parallelogramm stehen genau dann senkrecht aufeinander, wenn es ein Rhombus ist); Satz von Thales; Satz von Pythagoras; Kosinussatz; Dreiecksungleichung; Cauchy-Schwarzsche Ungleichung; Satz über die Hessesche Normalenform. Metrische Sätze lassen sich häufig recht einfach mit Hilfe des Skalarprodukts beweisen.

Wir weisen exemplarisch auf ein grundsätzliches Problem solcher Beweise hin. Wenn man z.B. die Strahlensätze mit Hilfe von Pfeilklassenvektoren dadurch beweist, daß man auf die Distributivität der S-Multiplikation zurückgreift, so ist dies ein Vorgehen, das nicht legitim ist. Bei korrektem Vorgehen sind es gerade die Strahlensätze, die diese Distributivität für die geometrischen Vektoren garantieren. Dasselbe gilt für einen Beweis der Strahlensätze über die Spaltenvektoren. Man führt Vektoren als Tupel ein, interpretiert diese geometrisch als Punkte und Pfeile und beweist nun die Strahlensätze durch Algebraisierung, indem man sie auf die „Distributivität" der S-Multiplikation von Tupeln zurückführt. Das hieße auch hier, die Dinge auf den Kopf stellen, denn die Strahlensätze sind eine wesentliche Voraussetzung der hier benutzten Isomorphie zwischen dem geometrischen Vektorraummodell und dem $\mathbb{R}^2$ bzw. $\mathbb{R}^3$. Für einige Sachverhalte, wie z.B. die Strahlensätze, ist es daher sinnvoll, zueinander analoge Sätze im algebraischen und im geometrischen Modell gegenüberzustellen, deren Beweise zu vergleichen und damit den Isomorphiegedanken inhaltlich vorzubereiten (Bild 1.6 (c)).

Zusammenfassung (Themenbereiche zum Geometrisieren und Algebraisieren)
- Vektorielle Beweise elementargeometrischer Sätze mit Hilfe von Pfeilklassenvektoren; Vergleich analoger Beweise;
- Probleme der Längen- und Winkelmessung, der Winkelfunktionen und ihre Behandlung durch das Skalarprodukt mit seinen algebraischen Eigenschaften;
- Lösungsbedingungen für lineare Gleichungssysteme durch ihre geometrische Interpretation als Systeme von Geraden und Ebenen; Aufsuchen von Näherungslösungen bei einfachen nichtlinearen Gleichungssystemen;
- Gaußscher Algorithmus und seine geometrische Interpretation (s.u.);
- lineare Optimierungsaufgaben und ihre geometrische Interpretation: die Ungleichungssysteme werden als konvexe Polygone bzw. Polyeder und die Zielfunktionen mit Hilfe von Geraden bzw. Ebenen dargestellt; die geometrische Interpretation dient als Lösungsverfahren in Fällen mit 2 oder 3 Variablen und zur begrifflichen Vorbereitung des allgemeinen Falls;
- Determinanten als orientierter Inhalt; Scherungen und andere inhaltserhaltende Abbildungen und entsprechende Determinantenumformungen;
- Determinanten als Maß für Inhaltsveränderungen bei linearen Transformationen;
- Eigenvektoren und Fixgeraden bei affinen Abbildungen; Eigenvektoren und Symmetrieachsen bei Kurven und Flächen 2. Ordnung, geometrische Interpretation der Eigenwerte über die Länge der Achsen solcher Quadriken (vgl. Aufg. 18).

1.2.2.2 Zur Analogie zwischen ebenen und räumlichen Sachverhalten sowie zwischen $\mathbb{R}^2$, $\mathbb{R}^3$ und $\mathbb{R}^n$

Da es häufig schwierig ist, sich räumliche Sachverhalte vorzustellen oder sie zu zeichnen, kann es sinnvoll sein, zunächst ein analoges ebenes Problem zu betrachten. Besonders naheliegend ist dies bei Abständen, Rotationsflächen und bei vielen Abbildungsfragen (vgl. auch Beispiel 12).

Beispiel 29 (Abstandsfragen): (a) Die Hessesche Normalenform einer Ebene leitet man in Analogie zur Hesseschen Normalenform einer Geraden in der Ebene her. Damit ist das Problem Abstand von Punkt und Gerade in der Ebene analog zum Problem Abstand von Punkt und Ebene im Raum, nicht aber zur Frage Abstand Punkt-Gerade im Raum (vgl. Aufg. 19). (b) Gefragt ist nach dem Abstand einer Ebene von einer Kugel. Zeichnet man das analoge ebene Problem, so sieht man sofort, daß es genügt, mit Hilfe der Hesseschen Normalenform den Abstand des Mittelpunkts des Kreises von der Geraden zu berechnen. Diese Lösung läßt sich unmittelbar auf den Raum übertragen. (Vgl. Aufg. 19.)

Beispiel 30 (Übertragung des Satzes von Pythagoras u.a.): (a) Das räumliche Analogon des Satzes von Pythagoras beinhaltet einen Satz über die Beziehung der Flächenquadrate eines Tetraeders mit einer Ecke, in der alle Kanten senkrecht aufeinander stehen. Dieser Satz kann sehr einfach mit Hilfe von Skalar- und Vektorprodukt bewiesen werden. (b) Zahlreiche Sätze über das Dreieck lassen sich auf Vierecke im Raum übertragen, z.B. Berechnung des Mittelpunktes von In- und Umkugel eines Tetraeders oder seines Schwerpunkts. (Für einen Beweis des räumlichen Pythagoras und ähnlicher Sätze im Rahmen der synthetischen Geometrie vgl. *Polya* 1966. Unter synthetischer Geometrie versteht man in erster Linie eine Geometrie, wie sie etwa in der Mittelstufe des Gymnasiums getrieben wird. Sie arbeitet koordinatenfrei. Wichtige Themen sind die Dreiecks- und Vierckslehre. Die Geometrie *Euklids* ist eine synthetische Geometrie.)

Beispiel 31 (Determinante): Man deutet die dreireihige Determinante als orientiertes Volumenmaß eines Spats in Analogie zur Interpretation der zweireihigen Determinante als Fläche eines Parallelogramms. Dieser Analogieschluß kann Ausgangspunkt für eine Verallgemeinerung sein, z.B. indem man mittels der n-reihigen Determinante ein orientiertes Volumenmaß im R^n einführt.

Auch algebraische Fragen im R^3 lassen sich oft vereinfachen bzw. lösen, wenn man das analoge Problem im R^2 betrachtet. Das gilt insbesondere für Flächen 2. Ordnung und Abbildungen des Raumes sowie für die zugehörigen Matrizenbetrachtungen. Das Herausarbeiten der Analogien kann oft die methodische Basis für eine Übertragung gewisser Sachverhalte des R^2 und R^3 auf höherdimensionale Räume sein. (Vgl. auch das zentrale Mathematisierungsmuster „verallgemeinerter Anschauungsraum".)

Zusammenfassung

- Entdecken und Beweisen elementargeometrischer Sätze des Raumes; elementargeometrisches Beschreiben von Sachverhalten des Raumes in Analogie zu Sachverhalten in der Ebene;
- Einführung von Koordinatengleichungen für Ebenen im Raum in Analogie zu Geradengleichungen in der Ebene; Interpretation von Hyperebenen im R^n als verallgemeinerte Ebenen;
- geometrische Behandlung des Skalarprodukts im R^3 in Analogie zum R^2; Verallgemeinerung auf den R^n; Übertragung der Hesseschen Normalenform und der Abstandsberechnungen von der Ebene auf den Raum;
- analytische Behandlung von Flächen und Abbildungen des Raumes in Analogie zum R^2; Übergang von zweireihigen zu dreireihigen Determinanten und entsprechende Verallgemeinerungen.

1.2.2.3 Linearitätsüberlegungen, die Darstellung und Behandlung elementaralgebraischer Sachverhalte im Matrizenkalkül sowie das Transformieren von Koordinaten

Diese drei Strategien sind bereits in Abschnitt 1.1.1 besprochen worden. Man führt z.B. unter Ausnutzung der Linearität Abbildungen auf die Bilder von Basiselementen zurück und kommt damit zu einer Matrizendarstellung. Matrizendarstellung und geeignete Koordinatentransformationen erlauben eine Klassifikation von Abbildungen und Quadriken. Dabei spielen Eigenvektoren, aber auch einfache Symmetriebetrachtungen eine wichtige Rolle.

1.2.2.4 Strategie des Gaußschen Algorithmus

Das Verfahren des Gaußschen Algorithmus und dessen Möglichkeiten haben wir bereits in Abschnitt 1.1.7 dargestellt. Wir wollen hier einige der Überlegungen unter dem Gesichtspunkt der bereichsspezifischen Strategie vertiefen und konkretisieren. Wir hatten gesehen, daß sich der Gaußsche Algorithmus auf Matrizen übertragen läßt und dort eine

Reihe von wichtigen Fragestellungen zu lösen gestattet. Faßt man Vektoren des $\mathbb{R}^n$ als Spalten oder Zeilen einer Matrix auf, kann man mit Hilfe derselben Strategie Fragen der linearen Abhängigkeit von Vektoren behandeln. Hier handelt es sich bereits um eine Verallgemeinerung des Gaußschen Algorithmus zu der allgemeinen Strategie, durch elementare Zeilen- bzw. Spaltenumformungen gezielt Nullen in ein rechteckiges „Schema" zu bringen. Voraussetzung dazu ist, daß sich charakteristische Merkmale des rechteckigen Schemas durch solche elementaren Umformungen nicht oder nur in gut überschaubarer Weise ändern. Bei Gleichungssystemen und Matrizen bleibt das charakteristische Merkmal – die Lösungsmenge bzw. der Rang – im wesentlichen unverändert. Man kann diese Strategie des Gaußschen Algorithmus aber auch auf Determinanten übertragen, nur muß man dann beachten, daß einige elementare Umformungen das charakteristische Merkmal, den Wert der Determinante, verändern. Eine Multiplikation einer Zeile mit einer reellen Zahl t führt zu einer Vervielfachung des Determinantenwertes, eine Vertauschung von Zeilen zu einem Vorzeichenwechsel. Mit Hilfe eines so verallgemeinerten Gaußschen Algorithmus lassen sich Teile der Determinantenlehre behandeln.

Beispiel 32 (Berechnung einer Determinante):

$$\begin{vmatrix} 2 & 0 & 0 & 3 \\ 1 & 2 & 0 & 1 \\ 3 & 7 & 2 & 0 \\ 1 & 5 & 6 & 5 \end{vmatrix} = -\begin{vmatrix} 1 & 2 & 0 & 1 \\ 2 & 0 & 0 & 3 \\ 3 & 7 & 2 & 0 \\ 1 & 5 & 6 & 5 \end{vmatrix} = -\begin{vmatrix} 1 & 2 & 0 & 1 \\ 0 & -4 & 0 & 1 \\ 0 & 1 & 2 & -3 \\ 0 & 3 & 6 & 4 \end{vmatrix} = \begin{vmatrix} 1 & 2 & 0 & 1 \\ 0 & 1 & 2 & -3 \\ 0 & -4 & 0 & 1 \\ 0 & 3 & 6 & 4 \end{vmatrix} =$$

$$\begin{vmatrix} 1 & 2 & 0 & 1 \\ 0 & 1 & 2 & -3 \\ 0 & 0 & 8 & -11 \\ 0 & 0 & 0 & 13 \end{vmatrix} = 8 \cdot 13 \cdot \begin{vmatrix} 1 & 2 & 0 & 1 \\ 0 & 1 & 2 & -3 \\ 0 & 0 & 1 & -\frac{11}{8} \\ 0 & 0 & 0 & 1 \end{vmatrix} = 8 \cdot 13 \cdot \begin{vmatrix} 1 & 0 & 0 & 0 \\ 0 & 1 & 0 & 0 \\ 0 & 0 & 1 & 0 \\ 0 & 0 & 0 & 1 \end{vmatrix} = 104.$$

Wir hatten bereits erwähnt, daß man mit Hilfe des Gaußschen Algorithmus ein Gleichungssystem in eine Form bringen kann, die ein unmittelbares Ablesen der Lösungen gestattet. Wir erläutern das an einem Beispiel aus dem Unterricht.

Beispiel 33 (Parameterdarstellung): Eine Gerade sei als Schnitt zweier Ebenen durch Koordinatengleichungen gegeben. Auf das zweireihige LGS wenden wir den Gaußschen Algorithmus an:

$$\begin{aligned} x + 2y + z &= 4 \\ x + 3y + 2z &= 5 \end{aligned} \quad \Leftrightarrow \quad \begin{aligned} x + 2y + z &= 4 \\ y + z &= 1 \end{aligned} \quad \Leftrightarrow \quad \begin{aligned} x + {} & {-z} = 2 \\ y + z &= 1. \end{aligned}$$

z ist frei wählbar, wir ersetzen z durch den Parameter t. Aus dem System rechts läßt sich die Lösungsmannigfaltigkeit unmittelbar ablesen:

$$\begin{pmatrix} x \\ y \\ z \end{pmatrix} = \begin{pmatrix} 2+t \\ 1-t \\ t \end{pmatrix} = \begin{pmatrix} 2 \\ 1 \\ 0 \end{pmatrix} + t \begin{pmatrix} 1 \\ -1 \\ 1 \end{pmatrix}.$$

Der Gaußsche Algorithmus läßt sich leicht geometrisch deuten.

Beispiel 34 (geometrische Deutung des Gaußschen Algorithmus im $\mathbb{R}^3$): Addiert man das Vielfache einer Zeile eines linearen Gleichungssystems zu einer anderen Zeile, so bedeutet das geometrisch, daß wir die zweite Ebene um die gemeinsame Schnittgerade beider Ebenen gedreht haben. Ziel ist es dabei, eine Ebene zu erhalten, die auf möglichst vielen der Koordinatenebenen senkrecht steht.

Zusammenfassung
- Überprüfung der Lösbarkeit von linearen Gleichungssystemen, Berechnung der Dimension der Lösungsmannigfaltigkeit, Berechnung aller Lösungen – auch bei ausgearteten Systemen;
- Invertierung von Matrizen;
- Hinführung zur Parameterdarstellung von Geraden, Ebenen, Hyperebenen usw.;
- Berechnung des Spalten- oder des Zeilenrangs von Matrizen, Hilfsmittel beim Beweis des Satzes „Spaltenrang gleich Zeilenrang";
- Berechnung der Dimension von Bild und Kern einer linearen Abbildung $f: R^n \to R^m$, Hilfsmittel beim Beweis der Dimensionsformel dim (Kern f) + dim (Bild f) = n (vgl. 1.1.1);
- Überprüfung der linearen Abhängigkeit von Vektoren, Berechnung der Maximalzahl linear unabhängiger Vektoren;
- Berechnung von Determinanten.

1.2.2.5 Mathematisches Experimentieren mit konkreten Modellen und dem Rechner

Der Themenkreis Analytische Geometrie/Lineare Algebra kann an vielen Stellen problemorientiert unterrichtet werden. Der Einsatz von Rechnern und konkreten Modellen erlaubt experimentelles Arbeiten mit mathematischen Sachverhalten. Charakteristisch für diesen Ansatz sind darüber hinaus, daß die Fragen einfach nachvollziehbar sind und daß nicht eine mathematische Methode, Theorie oder Struktur im Vordergrund steht, sondern ein konkretes Objekt (vgl. Band 1, Kap. 3). Modelle und Rechner können beim Entdecken mathematischer Zusammenhänge sowie beim Entwickeln und Überprüfen von Hypothesen helfen, so z.B. bei der Untersuchung von Veränderungen geometrischer Figuren in Abhängigkeit von Eckpunkten und bei der Klärung der Abhängigkeit gewisser Kurvenscharen von ihren Parametern.

(1) Arbeiten mit konkreten Modellen
Zur Behandlung von Kegelschnitten, Kurven und Flächen zweiter Ordnung lassen sich vielfältige Experimente an konkreten Modellen durchführen.

Beispiel 35 (Experimentieren mit der Gärtnerkonstruktion der Ellipse): Um eine Ellipse zu konstruieren, befestigt man die Enden einer Schnur an zwei Punkten auf einer Pappe und umzeichnet die beiden Befestigungspunkte F_1 und F_2 bei gespannter Schnur. Man experimentiert mit verschieden langen Fäden und unterschiedlichen Abständen für die Befestigungspunkte. Man erkennt Symmetrien und damit die Achsen von Ellipsen. Man arbeitet mit ausgewählten Spezialfällen. So läßt sich feststellen, daß die Länge der Schnur genauso lang wie die Hauptachse sein muß und daß die Befestigungspunkte im Abstand $\sqrt{a^2 - b^2}$ liegen, wobei a bzw. b die halbe Länge der Haupt- bzw.

der Nebenachse ist. Man entwickelt aus der „Gärtnerkonstruktion" eine Definition der Ellipse als geometrischer Ort aller Punkte, deren Abstandssumme von zwei festen Punkten konstant ist. Ähnliche Experimente gibt es für andere Kegelschnitte und einige Flächen 2. Ordnung.[29]
Wir geben weitere Beispiele. Ein einfaches Modell für eine Sattelfläche erhält man, wenn man zwei Stäbe mit einer Zentimetereinteilung, die windschief zueinander sind, mit Fäden so verspannt, daß Punkte auf entsprechender gleicher Position miteinander verbunden sind. Für Rollkurven gibt es den sog. „Spirographen"[30], mit dem man Zykloiden

---

[29] Vgl. Kap. 3 und 4. Für Begriffsbildung durch Konstruktion vgl. Band 1, 2.2.1.
[30] Hierbei handelt es sich um ein im Handel erhältliches Malwerkzeug für Kinder (BM Creativ).

sowie Epi- und Hypozykloiden zeichnen kann. Man projiziert das Kantenmodell eines Würfels mit einer punktförmigen Lichtquelle oder mit den parallelen Sonnenstrahlen auf ein Blatt Papier.

(2) Arbeiten mit Grafik- und Geometrieprogrammen auf dem Computer oder dem GTR

Kurvenscharen, die in Parameterdarstellung oder in Polarkoordinaten gegeben sind, lassen sich unmittelbar mit Hilfe eines Grafikprogramms zeichnen. Durch Parameteränderung und Vergleiche lassen sich Hypothesen gewinnen. Ähnliches gilt für Geometrieprogramme, wie z.B. EUKLID, die ein gezieltes Variieren von Figuren und Simulationen gestatten (vgl. Kap. 4.1 und 4.2).

Beispiel 36 (Simulation von Kegelschnitten): Gesucht wird der geometrische Ort aller Punkte, die von einem gegebenen Kreis und einem inneren Punkt F des Kreises den gleichen Abstand haben. Der geometrische Ort, eine Ellipse, läßt sich punktweise mit einem Geometrieprogramm wie EUKLID konstruieren. Der Prozeß kann zusätzlich automatisiert werden. Verändert man gezielt den Punkt F, so gelangt man zur Hypothese, daß F und der Kreismittelpunkt die Brennpunkte der Ellipse sind. Der Nachweis kann synthetisch oder analytisch erfolgen. Man läßt den Punkt F auf die Kreislinie oder aus dem Kreis heraus wandern und entdeckt weitere Zusammenhänge.

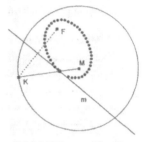

Bild 1.7 EUKLID-Grafik

(3) Arbeiten mit einem Computeralgebrasystem (CAS)

Bei Fragestellungen zur Populationsdynamik und zu Markoff-Ketten geht es u.a. um das Potenzieren von Matrizen. Bei Markoff-Ketten fragt man z.B. danach, ob die Potenzen P^n der stochastischen Übergangsmatrix gegen eine feste Matrix T konvergieren. In der Populationsdynamik interessiert man sich dafür, ob ein zyklischer Verlauf vorliegt, ob der Ausgangszustand nach einer bestimmten Anzahl von Perioden wieder erreicht wird. Ein zyklischer Verlauf ist genau dann gegeben, wenn für die Übergangsmatrix A ein $n \in \mathbb{N}$ existiert, so daß $A^n = E$ ist. Bei solchen Problemen ist ein Experimentieren mit dem Rechner hilfreich, um allgemeine Hypothesen zu entwickeln und eventuell auch zu überprüfen. Für die Untersuchung von Kurven und Flächen ist die 2D- und 3D-Grafik eines CAS sehr hilfreich und oft auch unumgänglich (vgl. 4.1, 4.2 und insbesondere 4.3).

Beispiel 37 (ein gängiges Modell aus der Populationsdynamik): Wir knüpfen an das Beispiel 16 an. Es zeigt sich, daß die Bevölkerungsentwicklung zyklisch ist, da der Zusammenhang $A^3 = E$ gilt. Verallgemeinerungen sind möglich. Wir betrachten den allgemeinen Fall und stellen mit dem Rechner fest, daß $\begin{pmatrix} 0 & 0 & c \\ a & 0 & 0 \\ 0 & b & 0 \end{pmatrix}^3 = abc \cdot E$ ist. Auch für 4- und mehrreihige analoge Matrizen führen

die Rechnungen zum gleichen Ergebnis. Es handelt sich bei Übergangsmatrizen dieser Art um ein gängiges Modell.

Beispiel 38 (Vereinfachung einer quadratischen Gleichung mit DERIVE oder einem anderen CAS): Die quadratische Gleichung $x^2 + xy + y^2 = 4$ soll durch eine Drehung auf Hauptachsenform gebracht werden. Man setzt $x = au - bv$ und $y = bu + av$ mit $a^2 + b^2 = 1$. Die Abbildung wird mit Hilfe des Ersetzungszeichens := (oder Befehl Substituiere) realisiert. Man variiert a und b und entwickelt Vermutungen. Eine direkte Lösung erhält man dann, indem man den Koeffizienten vor

uv Null setzt. Berücksichtigt man zusätzlich $a^2 + b^2 = 1$, so erhält man als eine Lösung $a = b = \frac{1}{2}\sqrt{2}$, also eine Drehung um 45°. Als äquivalente quadratische Gleichung ergibt sich $\frac{3}{2}u^2 + \frac{1}{2}v^2 = 4$.

Computeralgebrasysteme gestatten ferner die Betrachtung von schwierigen Kurven und die Untersuchung der Krümmung oder der Bogenlänge ohne große theoretische Vorarbeiten. Die komplexen Formeln werden als „black box" benutzt, deren Eigenschaften man mit dem Rechner untersucht.

Wir ergänzen unsere Liste bereichsspezifischer Strategien um das *lineare Gleichungssystem*, dessen Bedeutung beim Lösen von Problemen bereits an mehreren Stellen herausgearbeitet wurde.

Aufgaben, Wiederholung

Zentrale Mathematisierungsmuster: Koordinatensysteme; lineare Gleichungs- und Ungleichungssysteme; Linearität; Matrix als Zustandsvektor bzw. Liste, als Verflechtungs- und als Übergangsmatrix; verallgemeinerter Anschauungsraum; Zeiger, Pfeilvektoren und gerichtete Größen.
Bereichsspezifische Strategien: Geometrisieren algebraischer Sachverhalte und Algebraisieren geometrischer Sachverhalte; Analogie zwischen ebenen und räumlichen Sachverhalten sowie zwischen R^2, R^3 und R^n; Linearitätsüberlegungen; Darstellung und Behandlung elementar-algebraischer Sachverhalte im Matrizenkalkül; Transformieren von Koordinaten; Strategie des Gaußschen Algorithmus; LGS; mathematisches Experimentieren mit konkreten Modellen und mit dem Rechner.

1) Wiederholung: Geben Sie Beispiele zu den einzelnen zentralen Mathematisierungsmustern.
2) Wiederholung: Geben Sie Beispiele zu den einzelnen bereichsspezifischen Strategien.
3) Modellieren Sie unter Berücksichtigung von Beispiel 1 die folgende Situation: Segeln bei konstantem Wind und konstanter Strömung mit vorgegebenem Ziel.
4) Leiten Sie die Formel für den Geschwindigkeitsvektor $\vec{v} = \vec{w} \times \vec{r}$ her. (Vgl. Beispiel 2.)
5) (a) Variieren Sie das Beispiel 5 und geben Sie die zugehörigen mathematischen Lösungen an.
   (b) Beschreiben Sie das Gewinde einer zylindrischen Metallschraube und das einer konischen Holzschraube.
6) Leiten Sie die Formel der logarithmischen Spirale her. (Lösungshilfe: Die charakterisierende Bedingung in Beispiel 6 ist gleichbedeutend mit $r \cdot \frac{d\varphi}{dr} = $ const.)
7) An der Achse einer Drehscheibe startet ein Käfer K. Er krabbelt gleichförmig und auf kürzestem Wege zum Scheibenrand. Gesucht ist nach der Kurve, auf der sich der Käfer K über dem Boden bewegt. Dabei sei c die Bahnlänge, die K nach der ersten vollen Umdrehung der Scheibe zurückgelegt hat. Werden beide Bewegungen als gleichförmig vorausgesetzt, so gilt $r = a\varphi$ mit $a = c/2\pi$. Eine solche Kurve heißt archimedische Spirale. Beweisen Sie die Formel. (Vgl. *Steinberg* 1993 und Abschnitt 4.2.3) (Vgl. Beispiel 6.)
8) Untersuchen Sie spiralige Erscheinungen in der Realität; suchen Sie im Internet. Geben Sie Beispiele für Spiralen und deren mathematische Beschreibung an (vgl. *Heitzer* 1998, ferner Beispiel 5 und 6 und Abschnitt 4.2.3).
9) Beweisen Sie, daß obere bzw. untere Dreiecksmatrizen mit Einsen in der Diagonale invertierbar sind. (Vgl. Beispiel 10.) Benutzen Sie evtl. ein CAS als Hilfe.
10) Aufgaben zum linearen Optimieren: (a) Untersuchen Sie, ob es sich bei den Problemstellungen in den Beispielen 12, 13 und 14 um Modellierungs- oder Textaufgaben handelt (vgl. Kap. 4 in

Band 1). (b) Untersuchen Sie die vereinfachten Lösungsverfahren für Transportaufgaben in *Schick* 1977. (Vgl. Beispiel 14.)

11) Lösen Sie die folgenden Beispielaufgaben zu Markoff-Ketten: (a) Aufgabe in Beispiel 15; (b) Aufgabe in Beispiel 11 in Abs. 3.3.2. (c) Suchen Sie nach weiteren Sachsituationen, die sich in analoger Weise modellieren lassen.

12) Überprüfen Sie den folgenden Satz zunächst experimentell mit DERIVE und beweisen Sie anschließend den Satz. Für reguläre stochastische Matrizen gilt: (a) P besitzt genau einen Wahrscheinlichkeits-Fixvektor $\vec{t}$, dessen Komponenten alle positiv sind. Unter einer stochastischen Matrix versteht man eine Matrix, deren Elemente aus dem Intervall $[0; 1]$ und deren Zeilensummen sämtlich gleich 1 sind. (b) Die Folge P^n konvergiert gegen die Matrix T, deren Zeilen gleich dem Fixvektor $\vec{t}$ sind. (c) Sei $\vec{p}$ ein beliebiger stochastischer Vektor, so konvergiert die Folge $\vec{p}P^n$ gegen den Fixvektor $\vec{t}$. (Eine stochastische Matrix P heißt regulär, wenn alle Elemente einer Potenz P^n von P positiv sind.) (Vgl. *Krengel* 1991, 200f.)

13) (a) Bearbeiten Sie Beispiel 16 unter den Fragen in Beispiel 17. Weisen Sie nach, daß die Entwicklung zyklisch ist. Variieren Sie die Übergangskoeffizienten und ziehen Sie allgemeine Schlüsse (mit Beweis). (b) Suchen Sie nach weiteren Sachsituationen, die sich in analoger Weise modellieren lassen.

14) Für den Korrelationskoeffizienten gilt (a) $-1 \leq r \leq 1$ und (b) $|r| = 1$ genau dann, wenn die Punkte (x_i, y_i) auf einer Geraden liegen. Beweisen Sie (a) mit Hilfe der Cauchy-Schwarzschen Ungleichung. Beweisen Sie (b) mit Hilfe der geometrischen Interpretation aus Beispiel 19.

15) Lösen Sie die Aufgabe aus Beispiel 22 und diskutieren Sie zusätzliche Modellierungsfragen.

16) (a) Lösen Sie das Problem in Beispiel 23. Wählen Sie dazu aktuelle Preise. (b) Suchen Sie nach weiteren Sachsituationen, die sich in analoger Weise modellieren lassen.

17) Beweisen Sie einige der Sätze aus den Beispielen 27 und 28 elementargeometrisch und vektoriell.

18) Berechnen Sie die Länge der Achsen der Quadrik mit der Gleichung $x^2 + xy + y^2 = 4$ über Eigenwerte (vgl. auch Beispiel 8 in 1.1.3).

19) (a) Leiten Sie eine Formel zur Berechnung des Abstandes Punkt-Gerade im Raum her. Hinweis: In Schulbüchern wird dieser Abstand einmal über die Lotbildung und einmal mit Hilfe des Vektorprodukts berechnet. (Vgl. Beispiel 29.) (b) Sammeln Sie Typen von Abstandsaufgaben in Schulbüchern.

20) (a) Führen Sie das Beispiel 36 mit EUKLID aus. (b) Führen Sie die Beispiele 37 und 38 mit DERIVE aus.

1.3 Zusammenfassung: Fundamentale Ideen für den Unterricht in Analytischer Geometrie und Linearer Algebra

Im folgenden wollen wir fundamentale Ideen herausarbeiten, die für die didaktische Diskussion von Unterricht zur Analytischen Geometrie und Linearen Algebra bedeutsam sind. Den Ausgangspunkt bildet ein Kanon *universeller Ideen*, der in Band 1, Abschnitt 1.3 ausführlich beschrieben und begründet worden ist:

(1) *Messen*   (2) *Funktion, Abbildung, Operator und Invarianz*

(3) *Modellbilden*   (4) *Optimieren und Optimalität*

(5) *Algorithmus und Kalkül*   (6) *Approximieren*

(7) *Charakterisierung* (Kennzeichnung von Objekten durch Eigenschaften).

Diese Ideen beziehen sich auf die Mathematik *insgesamt* und sind zugleich so elementar, daß sie eine Grundlage für curriculare Überlegungen sein können. Wir haben die universellen Ideen inhaltlich konkretisiert[31], sie mit den in den Abschnitten 1.1 und 1.2 herausgearbeiteten Leitideen, zentralen Mathematisierungsmustern und bereichsspezifischen Strategien verglichen und modifiziert bzw. ergänzt. Auf diese Weise gelangen wir zu für den Mathematikunterricht bedeutsamen Ideen, die sich inhaltlich auf die Analytische Geometrie und Lineare Algebra beziehen, zugleich diese aber mit anderen Themen des Unterrichts vernetzen. Darüber hinaus werden durch diese Ideen übergreifende Gesichtspunkte, wie mathematisches Modellieren, der formal-deduktive Aspekt und der Aspekt Mathematik als Prozeß, hervorgehoben. Wir nennen solche Ideen *fundamental für ein Gebiet*. Dieses Vorgehen stellt eine wünschenswerte Reduktion und Zusammenfassung der bisherigen Analysen dar. Die Betonung fundamentaler Ideen beeinflußt nicht nur die Auswahl von Inhalten, sondern mehr noch die didaktisch-methodische Perspektive, unter der Inhalte gesehen werden können (z.B. die Art der Begriffsbildung und der Argumentationsbasis), und die Auswahl der Unterrichtsform (z.B. Lehrverfahren und Medien). Das gilt insbesondere auch für die Art, wie Inhalte innerhalb eines Themenkreises miteinander vernetzt und wie sie auf andere Themenkreise bezogen werden. In der konkreten curricularen Arbeit ist es oft sinnvoll, auf die ursprünglichen Analysen zu Leitideen, zentralen Mathematisierungsmustern und bereichsspezifischen Strategien zurückzugehen.

Das Programm „fundamentale Ideen" ist, so wie es hier verstanden wird, kein Automatismus zur Stoffreduktion, kann diese aber durchaus zur Folge haben. Die Berücksichtigung fundamentaler Ideen soll dem Lehrer in erster Linie helfen, curriculare Entscheidungen bewußt und begründet zu treffen. Sie sind *ein* Begründungsgesichtspunkt neben anderen, wie z.B. lebenspraktische Bedeutung, Studierfähigkeit, Allgemeinbildung und wissenschaftliche Propädeutik.[32]

Die Idee des *Messens* erfährt in der Analytischen Geometrie durch die Längenformel für Koordinaten, durch das Skalarprodukt und durch die Determinante eine neue Akzentuierung. Die Längenformel für Koordinaten und das Skalarprodukt gestatten das Messen von Abständen und Längen in einem durch den R^3 algebraisierten Anschauungsraum.

---

[31] Für eine inhaltliche Ausfüllung der universellen Ideen vgl. Aufg. 1 und den zugehörigen Anhang.

[32] Für eine ausführliche Diskussion vgl. Band 1, Teil I, insbesondere Kapitel 1.

Fachlicher Hintergrund ist der Satz von Pythagoras, der durch diese Anwendung in einem neuen Licht erscheint. Das Skalarprodukt ermöglicht darüber hinaus das Messen von Winkeln. Fachlicher Hintergrund ist der Kosinussatz. Der Gedanke des Skalarprodukts läßt sich auf den $\mathbb{R}^n$ übertragen und erlaubt dort ein metrisches Denken. Damit lassen sich vielfältige Modellierungen, wie z.B. die Varianz, die Korrelation und die Faktorenanalyse, geometrisch deuten. Die Determinante kann als orientiertes Flächen- und Volumenmaß interpretiert werden und ermöglicht ein verallgemeinertes Volumenmaß für den $\mathbb{R}^n$. Eine interessante Variante ist die Entfernungsmessung auf Landkarten (Kartografie).

Lineare und affine *Abbildungen* dienen als Hilfsmittel zum Erfassen anschaulich-geometrischer Sachverhalte (z.B. von Kongruenz- und Ähnlichkeitsbetrachtungen). Sie sind ein zentrales Mathematisierungsmuster beim Beschreiben von physikalisch-technischen Sachverhalten (z.B. Projektionen) und von Systemveränderungen (Populationsdynamik, Markoff-Ketten). Methodologisch betrachtet sind strukturerhaltende Abbildungen (hier lineare Abbildungen und Kollineationen) ein universelles Ordnungsprinzip der modernen Mathematik. *Invarianten* dienen der Charakterisierung von Abbildungen (Kongruenz- und Ähnlichkeitsabbildungen, Kollineationen) und sind ein wichtiges Analysehilfsmittel (Fixgeraden, -räume, Eigenvektoren).

Der Unterricht in Analytischer Geometrie und Linearer Algebra bietet die Möglichkeit, den *Funktionsbegriff* der schulischen Analysis in zwei Richtungen auszudehnen. Für Anwendungen wichtig, insbesondere in den Wirtschafts- und Sozialwissenschaften, aber auch in der Physik, ist die Behandlung von Funktionen zweier und mehrerer Veränderlicher. Den Ausgangspunkt bilden dabei die linearen Funktionen. Auch der Regressionsgedanke läßt sich hier subsumieren als eine Ergänzung, möglicherweise als eine Verallgemeinerung der Interpolation von Funktionen. Die zweite Erweiterung des Funktionsbegriffs sind die Parameterdarstellungen von ebenen und räumlichen Kurven als Funktionen von $\mathbb{R}$ in den $\mathbb{R}^2$ bzw. $\mathbb{R}^3$. Aus der Betrachtung von Funktionen und geometrischen Abbildungen kann evtl. ein *allgemeiner Abbildungsbegriff* entwickelt werden.

Unter die Idee der *Optimalität* lassen sich zum einen optimale Lösungen, etwa beim linearen Optimieren, subsumieren, zum anderen aber auch optimale Formen, wie z.B. die Diagonalform von Quadriken und die Einfach-Form bei linearen Abbildungen (vgl. 1.1.4). Diese Diagonal- oder Einfach-Formen sind nicht nur optimal von der Gestalt her, sondern aus ihnen lassen sich wichtige Eigenschaften, wie z.B. Symmetrie oder Invarianz, unmittelbar ablesen.

Hinter den Pfeilklassen- und den Spaltenvektoren steht als allgemeine *Charakterisierung* der axiomatische Vektorraumbegriff. Das Skalarprodukt läßt sich als positiv definite symmetrische Bilinearform oder schulnäher durch die Forderungen „distributiv, $\vec{a} \cdot \vec{b} = 0$ für $\vec{a} \perp \vec{b}$ und $\vec{a}^2 = |\vec{a}|^2$" charakterisieren, die Determinante durch „alternierend, multilinear und $|\vec{e}_1\ \vec{e}_2\ \vec{e}_3| = 1$" axiomatisch kennzeichnen.

Weitere universelle Ideen sind in Schema 1.4 konkretisiert. Fragt man, welche der in den vorangegangenen Analysen diskutierten Ideen in dem Kanon universeller Ideen nicht angemessen repräsentiert sind, so ist es insbesondere die Idee der *Algebraisierung und Geometrisierung im (verallgemeinerten) Anschauungsraum*. Sie ist sowohl zentrales

Mathematisierungsmuster wie auch bereichsspezifische Strategie. Die Idee der *Algebraisierung* des Anschauungsraumes mittels Koordinatensystemen und linearer und quadratischer Gleichungen sowie Vektoren ist charakteristisch und damit fundamental für die Analytische Geometrie. Fundamental für die Lineare Algebra ist der Gedanke der *Linearität*, insbesondere das *lineare Gleichungssystem* und die *Matrix*, sowohl als Leitidee wie auch als bereichsspezifische Strategie und zentrales Mathematisierungsmuster.

Wir fassen diese Analyse in Schema 1.4 zusammen (vgl. Aufg. 1 und 2).

Schema 1.4 Zusammenfassung: Fundamentale Ideen zur Analytischen Geometrie und Linearen Algebra im Umfeld der Schulmathematik

- *Algebraisierung und Geometrisierung im (verallgemeinerten) Anschauungsraum*
  (a) Algebraisierung des Anschauungsraumes mit Hilfe von Koordinaten, linearen und quadratischen Gleichungen, linearen und affinen Abbildungen sowie Vektoren;
  (b) Geometrisierung linear-algebraischer Sachverhalte und linearer Modellierungen in der Ebene, im Raum oder im verallgemeinerten Anschauungsraum.
- *Messen* von
  (a) Abständen, Längen und Winkeln mittels des Satzes von Pythagoras, mit dem Skalarprodukt und den Eichkurven;
  (b) Parallelogrammflächen und Spatvolumina mittels Determinanten oder mittels Spatprodukt.
- *Modellierung* mittels
  (a) Kurven in Parameterdarstellung, Flächendarstellung und Funktionen mehrerer Veränderlicher;
  (b) gerichteter Größen und Vektoren;
  (c) Linearitätsüberlegungen, linearer Gleichungssysteme und linearer Abbildungen;
  (d) Zustandsvektoren, Listen, Verflechtungs- und Übergangsmatrizen sowie gewichteter gerichteter Graphen.
- *Lineare Gleichungssysteme*
  als Leitidee, zentrales Mathematisierungsmuster und bereichsspezifische Strategie.
- *Algorithmus und Kalkül*
  Matrizenkalkül, Koordinaten- und Matrizentransformation, Strategie des Gaußschen Algorithmus.
- *Optimalität* im Sinne von
  (a) linearem Optimieren;
  (b) optimaler Darstellung von Abbildungen und Quadriken mit Matrizen in Diagonalform oder ähnlicher Gestalt (Klassifikation durch Koordinatentransformation bei linearen und affinen Abbildungen sowie Quadriken).
- *Abbildung, Invarianz und erweiterter Funktionsbegriff*
  (a) Abbildungen als Hilfsmittel zum Erfassen anschaulich-geometrischer Sachverhalte und als Mathematisierungsmuster;
  (b) Charakterisierung von Abbildungen durch Invarianten, Betrachtung von Fixräumen und Eigenvektoren sowie von Symmetrien (Mittelpunkt, Spiegelachse) als wichtige Analysehilfsmittel;
  (c) strukturerhaltende Abbildung als fundamentales Ordnungsprinzip der modernen Mathematik;
  (d) Funktionen mehrerer Veränderlicher und die Parameterdarstellung von Kurven als Erweiterung des Funktionsbegriffs aus der schulischen Analysis.

Aufgaben

1) Konkretisieren Sie den aufgeführten Kanon universeller Ideen für das Gebiet Analytische Geometrie und Lineare Algebra. Greifen Sie dabei auf die Schemata 1.1, 1.2 und 1.3 zurück. Eine Lösung finden Sie in einem Anhang, anschließend an die Aufgaben.

2) Diskutieren Sie die Auswahl der in Schema 1.4 zusammengestellten fundamentalen Ideen. Gehen Sie dabei von ein oder zwei Ideen aus, die Sie nicht als fundamental ansehen würden. Ergänzen Sie Ideen, die Ihrer Ansicht nach in dem Schema fehlen. Begründen Sie Ihre Wahl.

3) Versuchen Sie, die in Schema 1.4 zusammengestellten Ideen zu gewichten. Diskutieren Sie diese Gewichtung. Überlegen Sie für jede universelle Idee, in welchem Gebiet der Schulmathematik sie am bedeutsamsten sein könnte.

Anhang zu Aufg. 1: Inhaltliche Konkretisierung universeller Ideen

(1) *Messen*: Skalarprodukt und Determinante im $\mathbb{R}^2$ bzw. $\mathbb{R}^3$, Eichkurven, Messen im $\mathbb{R}^n$;

(2) *Funktion/Abbildung/Operator und Invarianz*: lineare und affine Abbildungen, Eigenvektoren und Fixgeraden/-räume; Erweiterung des Funktionsbegriffs aus der Analysis (Funktionen zweier und mehrerer Veränderlicher, Parameterdarstellung von Kurven);

(3) *Modellbilden*: gerichtete Größen und Vektoren, Kurven und das Durchlaufen von Kurven, Verflechtungsprobleme, Übergänge in Systemen (Markoff-Prozesse, Populationsdynamik), lineares Optimieren und Transportprobleme, Gleichungssysteme, Flächen/Funktionen mehrerer Veränderlicher;

(4) *Optimieren/Optimalität*: lineares Optimieren, die optimale Darstellung von Abbildungen und Quadriken in Diagonalform oder ähnlicher Gestalt;

(5) *Algorithmus und Kalkül*: Strategie des Gaußschen Algorithmus, Matrizenkalkül;

(6) *Approximieren*: Regression;

(7) *Charakterisierung* (Kennzeichnung von Objekten durch Eigenschaften; Klassifikation von Objekten und Strukturen): z.B. allgemeine Kennzeichnung von Kegelschnitten und Flächen 2. Ordnung, axiomatische Kennzeichnung von Begriffen der Linearen Algebra.

1.4 Historische Entwicklung[33]

Betrachtet man die historische Entwicklung der Analytischen Geometrie und Linearen Algebra, so verläuft diese nicht stetig. Vielmehr lassen sich einzelne Entwicklungslinien ausmachen, die – teilweise eng miteinander verschlungen, teilweise auch über lange Zeit hinweg ohne jede Berührung – ihren Ursprung in verschiedensten mathematischen Teilgebieten haben und erst im 20. Jahrhundert im Zuge der Strukturmathematik zu einer einheitlichen Theorie zusammengeführt werden. Die wichtigsten dieser Entwicklungslinien sind stark vereinfacht in Schema 1.5 dargestellt. Sie werden im folgenden ausführlicher verfolgt. Von besonderem Interesse ist dabei die Genese von für die Schulmathematik relevanten Begriffen und Verfahren.[34]

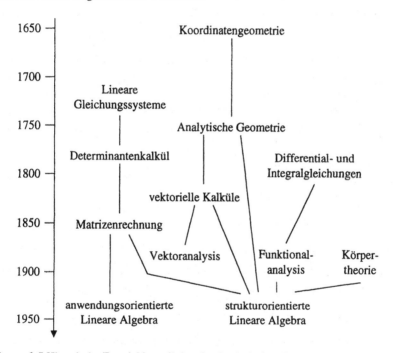

Schema 1.5 Historische Entwicklungslinien der Analytischen Geometrie und Linearen Algebra

Entwicklung der klassischen Analytischen Geometrie

Den historischen Hintergrund für die Anfänge der Analytischen Geometrie bildet die Entstehung der exakten modernen Naturwissenschaften in der Renaissance, gekennzeichnet durch die Abtrennung der Naturwissenschaften von Philosophie und Theologie, die

---

[33] von *Gerald Wittmann*

[34] Die Ausführungen stützen sich vor allem auf *Boyer* (1956), *Crowe* (1967), *Dieudonné* (1985), *Dorier* (1995a, 1996), *Kline* (1972), *Mainzer* (1980), *Moore* (1995) und *Scholz* (1990). Die biographischen Daten sind *Gottwald/Ilgauds/Schlote* (1990) entnommen. Alle Übersetzungen stammen vom Verfasser; in einigen Zitaten ist die Symbolik an heute übliche Konventionen angeglichen, um die Lesbarkeit zu erleichtern. Auslassungen in Zitaten werden – abweichend vom sonstigen Text – mit […] gekennzeichnet.

Durchsetzung der experimentellen Methode und das Eindringen der Mathematik in die Naturwissenschaften. Sichtbar ist dies am Beispiel der Astronomie in den Arbeiten von *Kopernikus* (1473-1543), *Galilei* (1564-1642) und *Kepler* (1571-1630). In bezug auf die Entwicklung der Mathematik lösen sie vor allem großes Interesse an der Beschreibung der Planetenbahnen, also von Kegelschnitten, aus.

Der Gebrauch von Koordinatensystemen im 16. und 17. Jahrhundert, der die Verbindung algebraischer Gleichungen mit geometrischen Kurven ermöglicht, ist in einem engen Zusammenhang mit der Entstehung der frühneuzeitlichen Algebra als einer Theorie der Gleichungen und ihrer Lösungsverfahren zu sehen. *Vieta* (1540-1603) und *Descartes* (1596-1650) entwickeln unabhängig voneinander algebraische Notationen unter Verwendung von mit Buchstaben bezeichneten Variablen (vgl. *Scholz* 1990, 183ff.). Die Einführung von Koordinatensystemen in die Mathematik wird im allgemeinen *Descartes* zugeschrieben, wenngleich man erste Ansätze diesbezüglich schon bei *Oresme* (1323-1382) findet. Wie *Descartes* verwendet auch *Fermat* (1601-1665) noch keine negativen Abszissen- und Ordinatenwerte; diese treten erstmals bei *Wallis* (1616-1703) und systematisch später bei *Newton* (1643-1727) auf. Insbesondere betreiben *Descartes* und *Fermat* nur ebene Geometrie. Die dreidimensionale Verallgemeinerung wird von beiden lediglich angedeutet und schließlich im 18. Jahrhundert vollzogen.

Nebenstehendes Beispiel (nach *Kline* 1972, 303) veranschaulicht den Koordinatengebrauch bei *Fermat*, der mit schiefwinkligen Koordinaten arbeitet, ohne daß Koordinatenachsen explizit in Erscheinung treten. *Fermat* betrachtet eine Kurve und einen daraufliegenden Punkt *J*. Die Lage von *J* gibt er an durch die Länge *A*, gemessen vom Punkt *O* auf der Grundlinie zum Punkt *Z*, und die Länge *E*, gemessen vom Punkt *Z* zum Punkt *J*. Die damalige Koordinaten-

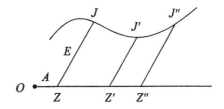

methode benötigt meist zahlreiche Hilfslinien und hat nur wenig mit der heutigen Koordinatengeometrie gemeinsam, die sich erst im 18. Jahrhundert herausbildete.

Betrachtet man *Descartes'* geometrische Arbeiten, so wird deutlich, „daß er nicht der Begründer der nach ihm benannten rechtwinkligen ebenen (und schon gar nicht der räumlichen) Koordinatensysteme ist. Seine Bezugssysteme bestehen nämlich aus beliebig winkligen Geraden-, Strecken- und Tangentensystemen und kommen im Prinzip nicht über *Apollonius* hinaus. Der Koordinatengebrauch von *Oresme* wird dem heutigen Mathematiker geläufiger erscheinen als bei *Descartes*. *Descartes* muß daher als einer der ersten bedeutenden Theoretiker der algebraischen Kurven und Funktionen und weniger als Begründer der analytischen Koordinatengeometrie im heutigen Sinn angesehen werden." (*Mainzer* 1980, 98)

Mit *Descartes* beginnt die Algebraisierung der Geometrie. Durch sein einziges mathematisches Werk „La Géométrie" (1637) erfährt die Behandlung von Kurven eine entscheidende Wendung (zum Kurvenbegriff vgl. *Weth* 1993). Im Altertum werden nur Kurven betrachtet, die punktweise mit Zirkel und Lineal konstruierbar sind, beispielsweise Kegelschnitte. *Descartes* gibt zusätzlich auch Kurven an, die als Ortslinien aus der Bewegung eines Punktes entstehen. Aufgrund einer dynamischen bzw. kinematischen Sichtweise von Kurven erweitert sich in der Folgezeit der Bereich der untersuchten geometrischen Objekte gewaltig, und es erfolgen wesentliche Schritte hin zur Entwicklung der Infinitesimalrechnung. *Descartes* selbst läßt letztlich allerdings nur Kurven zu, die durch eine Gleichung algebraisch beschrieben werden können. Neu an seiner Behandlung der Kurven ist vor allem deren Klassifizierung aufgrund der zugehörigen Gleichung. Diese Methode ist wegweisend für die Analytische Geometrie: Sie entwickelt sich in der Folgezeit immer stärker zu einer arithmetischen Koordinatengeometrie.

Schon *Descartes'* Zeitgenosse *Fermat* geht von einer algebraischen Gleichung aus, um daraus die Kurveneigenschaften abzuleiten. *Wallis* führt in seinem „Tractatus de sectionibus conicis" (1655) die Kegelschnitte als Beispiele für algebraische Kurven zweiten Grades ein. *Euler* (1707-1783) schreibt 1744 den zweiten Teil seiner „Introductio in analysin infinitorum", der 1748 veröffentlicht wird. Darin werden Kegelschnitte algebraisch als Kurven zweiten Grades definiert und ihre wesentlichen Eigenschaften durch Verfahren der Gleichungsanalyse abgeleitet. Im Zuge einer algebraischen Kurventheorie ändern sich auch die Fragestellungen und Methoden. Koordinatentransformationen – beispielsweise die Hauptachsentransformation von Quadriken – sind von zunehmender Bedeutung für die Klassifikation von Kurven aufgrund der Struktur ihrer Gleichung.

Wesentliche Impulse zur Weiterentwicklung der Analytischen Geometrie kommen auch aus der Physik. Schon im 17. Jahrhundert sind ebene Polarkoordinaten bekannt; so findet man bei *Newton* Umrechnungsformeln für die Transformation von rechtwinkligen Koordinaten in Polarkoordinaten. *Lagrange* (1736-1813) verwendet schon 1773 sowohl kartesische als auch Kugelkoordinaten und gibt Gleichungen für die Rotation der drei Raumachsen an. In „Mécanique analytique" (1788) beschreibt *Lagrange* die Grundlagen der Kinematik in völlig neuer Form: An den Beginn seiner Arbeit stellt er Differentialgleichungen, die – physikalisch interpretiert – die Zwangsbedingungen eines Systems zusammenfassen; die Lösungen der Differentialgleichungen beschreiben die Bewegung von Körpern im Koordinatensystem. Dieser Ansatz erweist sich seinerzeit als revolutionär und legt den Grundstein für die mathematische Durchdringung der Physik.

Die Entwicklung der klassischen Koordinatengeometrie findet ihren Abschluß gegen Ende des 18. Jahrhunderts. Schon bald nach der Verbreitung der kartesischen Koordinatensysteme wird bemerkt, daß die Begriffe der Analytischen Geometrie prinzipiell von der Anzahl der Koordinaten unabhängig sind, auch wenn für $n > 3$ eine geometrische Veranschaulichung nicht mehr möglich ist. Im 19. Jahrhundert entsteht dann die Idee eines n-dimensionalen Raumes, entsprechend dem Paradigmenwechsel in der Mathematik, wonach mathematische Objekte nicht notwendigerweise an die Anschauung gebunden sind. *Cayley* (1821-1895) bezeichnet ein System von n reellen oder komplexen Zahlen als Vektor, und durch *Jordan* (1838-1922) erfolgt 1875 die Begründung der euklidischen und affinen Geometrie in beliebigen n-dimensionalen Räumen. Die Verallgemeinerung der Analytischen Geometrie für $n > 3$ und die Abstraktion von konkreten Objekten bilden im 20. Jahrhundert eine der Wurzeln der heutigen Linearen Algebra.

Lineare Gleichungssysteme, Determinanten und Matrizen

Lineare Gleichungssysteme, Determinanten und Matrizen sind für die Entwicklung der Linearen Algebra von großer Bedeutung, da sie eine Vielzahl linearer Phänomene in sich bergen. Diese werden jedoch lange Zeit als isolierte Problemfelder behandelt, erst in der zweiten Hälfte des 19. Jahrhunderts systematisch erschlossen und dann im Zuge einer vereinheitlichenden Theorieentwicklung zu Beginn des 20. Jahrhunderts unter dem Dach der Linearen Algebra zusammengefaßt.

Lineare Gleichungssysteme sind bereits seit dem Altertum bekannt. Zur Berechnung der Lösungen werden verschiedene Verfahren herangezogen. Sie bereiten keine Schwierigkeiten, solange alle Koeffizienten als konkrete Zahlen gegeben sind. Dies ändert sich erst im 18. Jahrhundert, als durch die Algebraisierung der Geometrie und die Entwicklung der Mechanik nunmehr Gleichungssysteme auftreten, deren Koeffizienten wiederum Variablen sind. Um 1750 entwickelt sich eine Theorie der linearen Gleichungssysteme mit dem Ziel, die Lösung explizit in Abhängigkeit von den Koeffizienten anzugeben, wobei auch erstmals Determinanten auftreten.

Von *Maclaurin* (1698-1746) ist bekannt, daß er 1729 (posthum 1748 veröffentlicht) allgemein die Lösung eines Systems von drei Gleichungen in drei Unbekannten bestimmt. 1750 beschreibt *Cramer* (1704-1752), wohl ohne Kenntnis der Arbeiten *Maclaurins*, die später nach ihm benannte Regel zur Lösung regulärer linearer Gleichungssysteme in zwei, drei und vier Unbekannten. Er gibt die Lösungen als Quotienten an, deren Zähler und Nenner jeweils Polynome in den Koeffizienten des Systems sind, die heutigen Determinanten. *Cauchy* (1789-1857) bezeichnet diese Terme später als Determinanten und führt deren Notation als quadratische Schemata mit doppelter Indizierung ein, *Cayley* fügt 1841 die seitlichen Begrenzungsstriche hinzu (vgl. *Kline* 1972, 606ff., 795ff.).

Der Gauß-Algorithmus zur Lösung linearer Gleichungssysteme hat seine Wurzeln bereits im Altertum und wird in der neuzeitlichen Mathematik schon im 16. Jahrhundert, also lange vor *Gauß* (1777-1855), praktiziert. *Gauß* verwendet in seinen Arbeiten lediglich häufig lineare Gleichungssysteme in Dreiecksform. Er bevorzugt dieses Lösungsverfahren selbst zu den Hochzeiten des Determinantenkalküls, so daß es ein deutliches Gegengewicht zu diesem darstellt und schließlich seinen Namen erhält (vgl. *Brieskorn* 1983, 462ff.).

Den eigentlichen Determinantenkalkül begründen *Vandermonde* (1735-1796) und *Laplace* (1749-1827) ab 1770: Determinanten werden rekursiv definiert (die sog. Entwicklung nach Zeilen oder Spalten) und erste Eigenschaften entdeckt (z.B. die Vorzeichenänderung beim Vertauschen zweier Zeilen oder Spalten). *Vandermonde* und *Laplace* verifizieren diese Eigenschaften – wie damals üblich – nur für kleine Werte von n, erst *Cauchy* beweist die allgemeinen Sätze über Determinanten vollständig. In der Folgezeit findet der Determinantenkalkül rasch weite Verbreitung.

Der Determinantenkalkül dringt später auch in die Analysis ein: Die Hesse-Determinante wird zur Bestimmung der lokalen Extrema von Funktionen mehrerer Variabler herangezogen, und mit Hilfe der Wronski-Determinante weist man die lineare Unabhängigkeit eines n-Tupels von Lösungen einer homogenen linearen Differentialgleichung n-ter Ordnung nach.

Weierstraß (1815-1897) ordnet die Determinante als Multilinearform ein. Er gibt ab 1864 in seinen Vorlesungen eine Definition der Determinante als Funktion von n^2 unabhängigen Variablen, die bestimmten Eigenschaften genügt. *Frobenius* (1849-1917) formuliert zehn Jahre später die heute übliche Definition der Determinante als Abbildung vom Ring der ($n \times n$)-Matrizen in den zugehörigen Körper, die linear in jeder Zeile, alternierend und normiert ist, jedoch noch ohne diese Terminologie zu verwenden (vgl. *Frobenius* 1905, 179f.). Aufgrund dieser Definition stehen im heutigen systematischen Aufbau der Linearen Algebra die Matrizen vor den Determinanten, während die historische Entwicklung genau umgekehrt verläuft: Die Matrizenrechnung entsteht später als der Determinantenkalkül. Eine Parallelität besteht jedoch darin, daß bei den Matrizen – wie zuvor schon bei den Determinanten – über lange Zeit hinweg keine geschlossene Theorieentwicklung stattfindet.

Matrizen treten erstmals zur Wende vom 17. in das 18. Jahrhundert im Zuge von Koordinatentransformationen auf. Eine ($m \times n$)-Matrix ist zunächst nichts anderes als eine abkürzende Schreibweise für eine lineare Substitution. Obwohl man Vorformen der Matrizenaddition und -multiplikation bereits in den Werken von *Euler* und *Gauß* findet, dauert es noch lange, bis sich Matrizen als eigenständige mathematische Objekte etablieren können, die – abhängig vom Kontext – lineare Transformationen, Bilinearformen oder Koeffizienten linearer Gleichungssysteme beschreiben. Die Bezeichnung eines rechteckigen ($m \times n$)-Schemas als Matrix wird 1850 von *Sylvester* (1814-1897) kreiert. Neben diesem befassen sich auch *Cayley* und *Hermite* (1822-1901) um 1850 in mehreren Arbeiten mit der Multiplikation von Matrizen; *Eisenstein* (1823-1852) gibt schon 1844 erste Hinweise auf die Nichtkommutativität der Verknüpfung linearer Transformationen und damit auch der Matrizenmultiplikation. *Cayleys* Abhandlung „A memoir on the theory of matrices" (1858) schließlich gilt als Ursprung der modernen Matrizenrechnung. Das Konzept des Rangs einer Matrix erscheint erstmals 1879 bei *Frobenius*.

Die Frage nach der Diagonalisierbarkeit symmetrischer Matrizen – in heutiger Terminologie das Problem der Bestimmung von Eigenwerten und zugehörigen Eigenvektoren – ist nahezu so alt wie die Verwendung von Matrizen selbst. Sie tritt bereits bei *Euler* und *Lagrange* auf und hat im wesentlichen zwei Quellen: Einerseits die Hauptachsentransformation quadratischer Formen, die die Klassifikation von Quadriken erleichtern soll, andererseits die Herleitung allgemeiner Lösungen für lineare Differentialgleichungssysteme mit konstanten Koeffizienten.

Aus der weiteren Entwicklung werden zwei Stationen herausgegriffen: *Cauchy* zeigt 1829, daß das charakteristische Polynom $P(\lambda) = \det(A - \lambda E)$ einer reellen symmetrischen Matrix A nur reelle Nullstellen besitzt, und bestimmt die Hauptachsentransformation quadratischer Formen. In moderner Terminologie heißt dies, daß jede reelle symmetrische Matrix nur reelle Eigenwerte besitzt und diagonalisierbar ist. *Jordan* leitet 1870/71 die nach ihm benannte Normalform beliebiger quadratischer Matrizen mit komplexen Koeffizienten im Kontext linearer Differentialgleichungssysteme her. Seine Ergebnisse werden anschließend rasch auch auf andere Anwendungen der Matrizenrechnung übertragen.

Spätestens ab 1880 ist die Theorie der Matrizen in ihrer heutigen Form bekannt. Zu Beginn des 20. Jahrhunderts schließlich wird die Matrizenrechnung in der Vektorraumsprache der Linearen Algebra neu gefaßt, und es entsteht die Theorie der Eigenräume.

Die Entwicklung früher geometrischer Kalküle: Leibniz, Möbius, Bellavitis

Die Wurzeln der heutigen Vektorgeometrie reichen weit zurück (vgl. *Crowe* 1967, 2; *Hund* 1996, Teil I, 116ff.; *Mach* 1933, 34ff., 191ff.). Eine Parallelogrammkonstruktion zur Ermittlung der Resultierenden zweier sich überlagernder Bewegungen ist bereits in der Antike bekannt. Belege hierfür gibt es bei *Archimedes* (287-212 v.Chr.) und *Heron von Alexandria* (um 100 n.Chr.). Im 16. und 17. Jahrhundert basiert eine Entwicklungslinie der Statik auf der Zusammensetzung und Zerlegung von Kräften, wenngleich der Kraftbegriff noch nicht im heutigen Sinne geklärt und von anderen Konzepten (z.B. Arbeit) abgegrenzt ist. In Abhandlungen von *Stevin* (1548-1620) und *Roberval* (1602-1675) findet man korrekte Anwendungen des Kräfteparallelogramms, ohne daß es explizit erwähnt wird. *Roberval* beschreibt auch, daß im Gleichgewichtsfall die drei an einem starren Körper angreifenden Kräfte ein Dreieck bilden. Das Gesetz vom Kräfteparallelogramm wird schließlich 1710 durch *Varignon* (1654-1722) formuliert, allerdings erst wesentlich später, nach dessen Tod, veröffentlicht. Im selben Jahr begründet *Newton* das Kräfteparallelogramm aus der Dynamik.

„Von *Newton* rührt die klare Formulierung des Prinzips der Zusammensetzung der Kräfte her. Wird ein Körper von zwei Kräften gleichzeitig ergriffen, von welchen die eine die Bewegung AB, die andere die Bewegung AC in derselben Zeit hervorrufen würde, so bewegt sich der Körper, weil beide Kräfte und die von denselben erzeugten Bewegungen voneinander unabhängig sind, in derselben Zeit nach AD." (*Mach* 1933, 191f.)

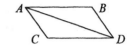

Leibniz (1646-1716) erweist sich als ein früher Vordenker eines genuin geometrischen Kalküls, in dem mit geometrischen Objekten unmittelbar operiert wird. Er beschreibt seine Vision einer „Analysis situs" bereits 1679 in einem Brief an *Huygens*, der allerdings erst später in den gesammelten Werken veröffentlicht wird. In einem Essay, den er dem Brief beifügt, erläutert *Leibniz* seine Vorstellungen eines raumgeometrischen Kalküls. Er basiert (in heutiger Formulierung und Symbolik) auf der Kongruenz von Systemen isolierter Punkte: $ABC \cong DEF$ bedeutet, daß das System der drei Punkte A, B und C kongruent zum System D, E und F ist, beide also zur Deckung gebracht werden können. *Leibniz* bezeichnet mit A, B, … gegebene sowie mit X, Y, … unbekannte Punkte und bestimmt geometrische Örter aufgrund von Kongruenzbeziehungen: So gibt $ABC \cong ABY$ einen Kreis an, $AY \cong BY$ eine Ebene, $AY \cong BY \cong CY$ eine Gerade und $AY \cong BY \cong CY \cong DY$ einen Punkt. Mit Hilfe dieses Kalküls zeigt *Leibniz*, daß sich zwei Ebenen in einer Gerade schneiden: Er beschreibt die erste Ebene durch $AY \cong BY$, die zweite durch $AY \cong CY$, und folgert daraus aufgrund der Transitivität der Kongruenzrelation die Beziehung $AY \cong BY \cong CY$, die eine Gerade bestimmt (vgl. *Crowe* 1967, 4).

Leibniz' Ausführungen beschränken sich im wesentlichen auf die Ableitung bereits bekannter elementargeometrischer Sachverhalte und bleiben deutlich hinter den konzeptionellen Forderungen zurück. Da *Leibniz* ausschließlich mit Kongruenzrelationen arbeitet, ist er noch weit entfernt von Operationen, die als Addition, Multiplikation, … gedeutet werden können. In bezug auf die Vektorrechnung fehlt noch ein Richtungskonzept, d.h. die Betrachtung von AB und BA als zwei verschiedenen Objekten.

In der ersten Hälfte des 19. Jahrhunderts setzt dann eine fieberhafte Suche nach einem Kalkül ein, der es – wie schon *Leibniz'* System – erlaubt, mit den geometrischen Objekten unmittelbar zu rechnen, und nicht die Vermittlung von Koordinaten, also von Hilfslinien, benötigt. Ausgelöst wird diese Suche unter anderem durch eine tiefgreifende Ernüchterung über die Koordinatenmethode in der zwei- und dreidimensionalen Geometrie, die sich als sehr schwerfällig herausstellt. Einerseits werden die Koordinatenachsen häufig unzweckmäßig gewählt und haben mit dem Problem an sich nichts zu tun, zum anderen ergeben sich umständliche und langwierige Rechnungen (vgl. *Dieudonné* 1985, 82f.).

Im Lebenswerk von *Möbius* (1790-1868) kann man gut verfolgen, wie sich im Laufe der Zeit die Konzepte der heutigen Vektorgeometrie immer stärker herauskristallisieren. In „Der barycentrische Calcul" führt *Möbius* 1827 als einer der ersten Mathematiker gerichtete Strecken ein, definiert deren Addition allerdings nur für den Fall, daß sie kollinear sind. Er arbeitet also eigentlich mit orientierten Streckenlängen. Trotz der Beschränkung auf kollineare gerichtete Strecken gelingt es Möbius, einen für geometrische Anwendungen fruchtbaren Kalkül zu entwickeln. Er erzeugt sich kollineare Strecken durch das Einzeichnen von Scharen paralleler Geraden. Dieses Verfahren erinnert noch sehr an frühe Koordinatenmethoden und illustriert deren Behäbigkeit.

Mit AB bezeichnet *Möbius* eine gerichtete Streckenlänge. Der Kalkül wird zunächst am Beispiel zweier Punkte erläutert: „Aufgabe: Durch zwei gegebene Puncte A und B sind zwei Parallellinien AA' und BB' gezogen. Bezeichnen ferner a und b zwei Zahlen, die in einem gegebenen Verhältnisse zu einander stehen, deren Summe aber nicht Null ist. Es wird verlangt, die zwei Parallelen durch eine dritte Gerade so zu schneiden, dass, wenn A' und B' die resp. Durchschnittspuncte sind, $a \cdot AA' + b \cdot BB' = 0$ ist. Auflösung: Man ziehe die Gerade AB, und theile dieselbe in P dergestalt, dass $AP:PB = b:a$, so wird jede durch P gehende und die Parallelen schneidende Gerade, wie $A'PB'$, und keine andere, die geforderte Eigenschaft haben" (*Möbius* 1885, I, 26).

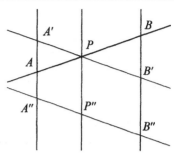

Die zwei Zahlen a und b lassen sich als Koordinaten von P in bezug auf die Punkte A und B auffassen. Da sie nur bis auf einen Faktor $\neq 0$ bestimmt sind, handelt es sich um homogene Koordinaten. Physikalisch lassen sich a und b als in A und B angebrachte punktförmige Massen deuten. Der gesuchte Punkt P ist dann der Schwerpunkt (das Baryzentrum) des Systems der beiden Massenpunkte. Dieser Kalkül wird anschließend für eine beliebige Anzahl von Punkten verallgemeinert (vgl. ebd., 31f.).

Siebzehn Jahre später, 1844, definiert *Möbius* in „Ueber die Zusammensetzung gerader Linien und eine daraus entspringende neue Begründungsweise des barycentrischen Calculs" auch die Addition nichtkollinearer gerichteter Strecken. Er entwickelt in der Folge einen Kalkül, in dem mit gerichteten Strecken und Punkten gerechnet wird, und auf den sich die bekannten arithmetischen Umformungsregeln übertragen lassen. Obwohl die Elemente dieses Kalküls geometrischer Natur sind, läßt sich nicht mehr jede auftretende Umformung geometrisch deuten. Es findet eine teilweise Ablösung der Symbolebene von den geometrischen Objekten statt:

„Da es also bei jeder beliebigen Anzahl geometrisch zu addirender Linien immer nur darauf ankommt, zu wissen, welches die Anfangs- und welches die Endpuncte sind, nicht aber, wie letztere mit ersteren zusammengehören, so wollen wir alle diese Puncte isolirt schreiben, und zur Unterscheidung der Anfangspuncten das positive, den Endpuncten das negative Zeichen geben, wollen also statt $AB + CD + EF$
$\qquad A - B + C - D + E - F$, oder $A + C + E - B - D - F$
schreiben, oder wie man sonst diese sechs Buchstaben mit ihren Zeichen auf einander folgen lassen will " (ebd., 608)

Diese Konventionen gestalten den Kalkül wesentlich schlanker und damit handlicher. Für die damalige Zeit sind sie aber noch ungewohnt. Auf der Basis dieses Kalküls gibt *Möbius* eine neue Begründung für den baryzentrischen Kalkül. Er vergleicht abschließend beide Herleitungen miteinander:

„Offenbar ist die gegenwärtige Herleitung dieser Formeln einfacher, als die in jener Schrift gegebene, indem dort ihre Erklärung noch ein System fremdartiger Hülfslinien erforderte. […] Von der anderen Seite kann freilich nicht geleugnet werden, dass bei einer solchen Erklärung jedes Glied der Formel eine mathematische Bedeutung erhält, während bei der hier gegebenen Darstellung die einzelnen Glieder nicht als wirkliche Grössen, sondern nur, ich möchte sagen, durch ein Spiel des Calculs zum Vorschein kommen." (ebd., 611f.)

1862 schließlich verfaßt *Möbius* die Schrift „Ueber geometrische Addition und Multiplication", die trotz einer Überarbeitung 1865 nicht mehr zu Lebzeiten erscheint, sondern erst aus dem Nachlaß veröffentlicht wird. Hierin findet sich eine modifizierte Definition der geometrischen Summe, in der nun ansatzweise strukturelle und damit vereinheitlichende Sichtweisen zum Vorschein kommen:

„Wenn alle zu addirenden Linien einer und derselben Geraden parallel sind, so fällt die geometrische Addition derselben mit der sogenannten algebraischen Addition zusammen […] Die geometrische Addition ist also als eine Verallgemeinerung der algebraischen Addition zu betrachten" (*Mobius* 1887, IV, 664).

In derselben Schrift definiert *Möbius* auch das „geometrische Product" (ebd., 664) zweier gerichteter Strecken, das dem heutigen Vektorprodukt verwandt ist. Das geometrische Produkt ist jedoch mit dem Flächeninhalt des von zwei Strecken aufgespannten Parallelogramms identisch, während das Vektorprodukt einen Vektor ergibt, dessen Betrag als Flächeninhalt gedeutet werden kann. Dieser in der heutigen Vektoralgebra vollzogene Standpunktwechsel erlaubt eine Vereinheitlichung der Symbolik und läßt algebraische Strukturen deutlicher hervortreten, als dies bei *Möbius* der Fall ist.

Möbius deutet die heutige Sichtweise jedoch schon an: Er beschreibt eine geometrische Addition ebener Flächen und zeigt am Beispiel eines dreiseitigen Prismas, daß jeder Seitenfläche eine auf ihr senkrecht stehende gerichtete Strecke entspricht, deren Länge gleich dem Flächeninhalt ist. *Möbius* bezeichnet eine derartige Strecke als „Repräsentante der Fläche" (ebd., 672) und leitet folgenden Satz ab: „Ist die geometrische Summe dreier Flächen $\equiv 0$, so ist es auch die geometrische Summe ihrer Repräsentanten, und umgekehrt" (ebd., 672).

Auch der „Calcolo delle equipollenze" (1835, nach mehreren Vorarbeiten seit 1832) von *Bellavitis* (1803-1880) zeugt vom damaligen Bestreben, geometrische Kalküle zu entwickeln. Darin findet man – vermutlich erstmals – eine Definition der Äquivalenz gerichteter Strecken.

Zu Beginn des „Calcolo delle equipollenze" definiert *Bellavitis* gerichtete Strecken als die Verbindung zweier Punkte im üblichen Sinne, wobei er hinzufügt, daß *AB* und *BA* als verschiedene Elemente zu betrachten sind. Zwei gerichtete Strecken bezeichnet er als äquipollent, wenn sie gleich lang, parallel und gleich orientiert sind. *Bellavitis* erklärt die sog. äquipollente Summe zweier oder mehrerer gerichteter Strecken, die der heutigen geometrischen Vektoraddition nach der Spitze-Schaft-Regel entspricht. Er hebt hervor, daß jede gerichtete Strecke durch eine hierzu äquipollente ersetzt werden kann, die äquipollente Summe kommutativ ist und den üblichen Termumformungsregeln genügt. Ein Fundamentaltheorem besagt, daß sämtliche für das Lösen von Gleichungen verwendeten algebraischen Operationen auch für Äquipollenzen (Gleichungen gerichteter Strecken) zulässig sind.

Bellavitis' Kalkül entspricht letztlich der geometrischen Darstellung der komplexen Zahlen in der Ebene und eröffnet im Vergleich zu dieser auch keine neuen Möglichkeiten. Die zugrundeliegende Idee ist jedoch eine andere: *Bellavitis* betrachtet die gerichteten Strecken als genuin geometrische Objekte, nicht als geometrische Darstellungen komplexer Zahlen. Er bezeichnet die komplexen Zahlen als unwürdig für die Mathematik als einer Wissenschaft, die nur auf der Vernunft basiert, und fordert, daß sich die Beschreibung geometrischer Wahrheiten nicht auf die Theorie der komplexen Zahlen stützen dürfe (vgl. *Crowe* 1967, 52ff.; *Dorier* 1995a, 236; *Favaro* 1881).

Von den komplexen Zahlen zu Hamiltons Quaternionenkalkül

Nicht unterschätzt werden darf die Bedeutung der komplexen Zahlen für die Entwicklung der vektoriellen Geometrie. An der Wende vom 18. zum 19. Jahrhundert entsteht eine Vielzahl zweidimensionaler vektorieller Systeme unter Verwendung der komplexen Zahlen, die sich nur wenig voneinander unterscheiden (vgl. *Brieskorn* 1983, 170ff.; *Crowe* 1967, 5ff.; *Scholz* 1990, 293ff.).

Die komplexen Zahlen werden im 16. Jahrhundert von *Cardano* (1501-1576) und *Bombelli* (1526-1572) im Rahmen der Theorie kubischer Gleichungen eingeführt. Die Frage, ob imaginäre Zahlen – diese Bezeichnung geht auf *Descartes* zurück – wirklich existieren oder wie die natürlichen Zahlen sogar eine Entsprechung in real-gegenständlichen Objekten besitzen, beschäftigt die Mathematiker über lange Zeit hinweg, neben *Descartes* auch *Newton* und *Euler*: Einerseits erweisen sie sich schon bald als unabdingbar für viele Berechnungen, die zweifellos auf korrekte, reellwertige Ergebnisse führen, andererseits bleibt das Unbehagen angesichts ihres ungeklärten ontologischen Status. Diese Problematik ist Ende des 18. und Anfang des 19. Jahrhunderts einer der Auslöser für die Suche nach einer geometrischen Darstellung der komplexen Zahlen, gleichsam um deren Existenz zu begründen.

Die geometrische Darstellung komplexer Zahlen deutet *Gauß* zunächst 1799 in seiner Dissertation an, bevor er sie später in mehreren Briefen und Schriften ausführlicher darstellt. *Gauß* betrachtet die komplexen Zahlen erstmalig als geordnete Paare reeller Zahlen. Damit führt er sie einerseits auf bekannte Elemente zurück, was ihre Akzeptanz erhöht, und eröffnet andererseits den Weg zu ihrer geometrischen Darstellung in einem Koordinatensystem, der Gaußschen Zahlenebene: Jeder komplexen Zahl kann umkehrbar eindeutig ein Punkt der Ebene zugeordnet werden.

In der Folgezeit (gegen Mitte des 19. Jahrhunderts) verliert die Frage nach der Existenz der komplexen Zahlen an Bedeutung. So werden 1832 von *Gauß* und 1837 von *Hamilton* jeweils geordnete Zahlenpaare mit wohldefinierten Regelsystemen eingeführt, die dieselben Eigenschaften wie die komplexen Zahlen besitzen, und als legitime mathematische Objekte betrachtet. *Scholz* (1990, 299) bezeichnet dies als einen „Schritt weg von der Gleichsetzung der mathematischen Existenz mit der Existenz innerhalb der materiellen Welt, hin zur Auffassung, daß mathematische Existenz durch ein System konsistenter Regeln konstituiert wird", und sieht darin einen Ansatz zur Herausbildung struktureller Denkweisen.

Während *Gauß* die komplexen Zahlen geometrisch interpretiert, stößt *Wessel* (1745-1818) von der Geometrie her kommend auf die komplexen Zahlen. Seine 1796 in dänisch geschriebene Arbeit wird allerdings erst nach ihrer 1897 erfolgten Übersetzung ins Französische („Essai sur la représentation analytique de la direction") verbreitet. Wie schon der Titel andeutet, sucht *Wessel* einen geometrischen Kalkül für das Rechnen mit gerichteten Strecken in der Ebene. Mit dieser Zielsetzung entwickelt er eine algebraische Darstellung zur Beschreibung von geometrischen Operationen gerichteter Strecken und stellt fest, daß diese den komplexen Zahlen gleich ist (vgl. *Bekken* 1995; *Crowe* 1967).

In der ersten Hälfte des 19. Jahrhunderts gibt es vielfache Bestrebungen, die komplexen Zahlen zu verallgemeinern und auf der Basis sog. hyperkomplexer Zahlen einen vektoriellen Kalkül für den dreidimensionalen Raum zu schaffen. Sämtliche Versuche scheitern jedoch. Erst *Hamilton* (1805-1865) ist 1843 mit dem Quaternionenkalkül erfolgreich.

Quaternionen sind Quadrupel der Form $Q = w + xi + yj + zk$ mit reellen Zahlen w, x, y und z. Für die imaginären Einheiten i, j und k gilt $i^2 = j^2 = k^2 = -1$ sowie $ij = -ji$ und $ij = k$ usw. (die dritte imaginäre Einheit ist das Produkt der beiden anderen). Quaternionen lassen sich analog zu den komplexen Zahlen addieren und multiplizieren, sind jedoch bzgl. der Multiplikation nicht kommutativ. Im Gegensatz zu den komplexen Zahlen bilden die Quaternionen (in heutiger Terminologie) keinen Körper, sondern einen Schiefkörper oder eine Divisionsalgebra über R.

Hamilton dokumentiert seine Überlegungen bei der Konstruktion der Quaternionen sehr genau (vgl. *Van der Waerden* 1973): Sein Ziel ist eine Verallgemeinerung der komplexen Zahlen, um damit die Geometrie des dreidimensionalen Raumes zu beschreiben. Wie die meisten seiner Zeitgenossen experimentiert auch *Hamilton* anfangs mit Tripeln der Form $x + yi + zj$, in schematischer Analogie zu den komplexen Zahlen $x + yi$. Nachdem alle derartigen Ansätze fehlschlagen, geht er zu Quadrupeln über. *Hamilton* denkt zunächst rein algebraisch. Er versucht, sinnvolle Rechenoperationen für Tripel und Quadrupel zu definieren, unter Beibehaltung möglichst vieler Strukturgesetze, gemäß dem heutigen Permanenzprinzip. Doch schon bald erkennt *Hamilton*, daß Quaternionen bzgl. der Multiplikation nicht kommutativ sein können. Seine Entscheidung, das Kommutativgesetz aufzugeben, ist für die damalige Zeit revolutionär: Die Quaternionen stoßen als eines der ersten nichtkommutativen Systeme teilweise auf heftige Ablehnung.

Anschließend arbeitet *Hamilton* an der geometrischen Darstellung der Quaternionen und ihrer Rechenoperationen. Hierzu spaltet er eine Quaternion $Q = w + xi + yj + zk$ in ihren reellen Skalarteil $S(Q) = w$ und ihren imaginären Vektorteil $V(Q) = xi + yj + zk$ auf, betrachtet eine Quaternion also als Summe aus einem Skalar und einem Vektor. Der Vektorteil kann als gerichtete Strecke im Raum dargestellt werden, wobei die drei imaginären Einheiten i, j und k ein Orthonormalsystem bilden. Die Addition von Quaternionen beschreibt dann die übliche Vektoraddition im Raum. Die geometrische Interpretation des Skalarteils gelingt *Hamilton* erst 1845. Er deutet eine Quaternion als Quotient zweier Vektoren, also zweier rein imaginärer Quaternionen. Die Multiplikation mit einer Quaternion beschreibt dann eine Drehstreckung im Raum, die eine gerichtete Strecke auf eine andere abbildet, ähnlich der Multiplikation mit einer komplexen Zahl in der Ebene.

Die Deutung als Drehstreckung im Raum verdeutlicht nochmals, daß eine Quaternion vier Komponenten benötigt: Der Skalarteil beschreibt die Längenänderung, die drei Komponenten des Vektorteils die Richtungsänderung. Außerdem bestätigt sie, daß Quaternionen nicht kommutativ sein können, da Drehungen im Raum nicht kommutieren.

Auf der Basis von rein imaginären Quaternionen, also von Quaternionen, deren Skalarteil verschwindet, entwickelt *Hamilton* die heutige Vektorrechnung. Zerlegt man das Produkt zweier rein imaginärer Quaternionen $\alpha = xi + yj + zk$ und $\alpha' = x'i + y'j + z'k$ wiederum in seinen Skalar- und Vektorteil, so erhält man die beiden Produkte zweier Vektoren im heutigen Sinne: Der Skalarteil $S(\alpha\alpha') = -(xx' + yy' + zz')$ ist das negative Skalarprodukt, der Vektorteil $V(\alpha\alpha') = i(yz' - zy') + j(zx' - xz') + k(xy' - yx')$ das Vektorprodukt. *Hamilton* interpretiert letzteres als gerichtete Strecke, die auf den beiden gegebenen senkrecht steht. Diese vereinheitlichende Sichtweise wird möglich, weil *Hamilton* die Quaternionen algebraisch einführt und geometrisch deutet, etwa im Vergleich zu *Möbius*, der einen genuin geometrischen Kalkül aufbaut.

Ein aus der heutigen Vektorrechnung bekanntes Beispiel veranschaulicht, wie *Hamilton* noch vor 1850 mit rein imaginären Quaternionen arbeitet: „Um auszudrücken, daß zwei gegebene Strecken α, α' senkrecht zueinander sind, können wir folgende Orthogonalitätsgleichung angeben: $S(\alpha\alpha') = 0$ oder $\alpha\alpha' + \alpha'\alpha = 0$. Um auszudrücken, daß zwei gegebene Strecken dieselbe oder entgegengesetzte Richtung besitzen, können wir folgende Koaxialitäts- oder Parallelitätsgleichung angeben: $V(\alpha\alpha') = 0$ oder $\alpha\alpha' - \alpha'\alpha = 0$. Und um auszudrücken, daß drei Strecken in einer Ebene liegen oder parallel zur selben Ebene sind, können wir folgende Komplanaritätsgleichung angeben: $S(\alpha\alpha'\alpha'') = 0$ oder $\alpha\alpha'\alpha'' - \alpha''\alpha'\alpha = 0$; entweder weil das Volumen des von den drei Strecken aufgespannten Parallelepipeds dann verschwindet, oder weil einer der drei Vektoren dann auf dem Vektorteil des Produkts der beiden anderen senkrecht steht." (*Hamilton* 1967, 239f.)

Es zeigt sich schon bald, daß der Skalarteil für viele geometrische und physikalische Anwendungen unnötig ist. Demzufolge behandelt *Hamilton* auch im ersten Kapitel seines Spätwerks „Elements of Quaternions" (1867 unvollständig post mortem erschienen) ausführlich Vektoren, also Quaternionen, deren Skalarteil verschwindet. Damit ist der Grundstein für die moderne Vektorrechnung gelegt.

Trotz seines ursprünglich algebraischen Zugangs begründet *Hamilton* in den „Elements of Quaternions" wie zuvor schon in den „Lectures on Quaternions" (1853) den Quaternionenkalkül rein geometrisch. Zunächst werden Vektoren als gerichtete Strecken eingeführt und anschließend Quaternionen als Quotienten zweier Vektoren. Um die Operationen geometrischer Objekte eindeutig definieren zu können, benötigt *Hamilton* eine umfangreiche Terminologie (vector, vehend, vection, vetcum, ..., revector, revehend, revection, ..., provector, provehend, ... usw.); er muß bei der Addition zweier Vektoren beispielsweise zwischen freien und gebundenen Vektoren unterscheiden. Aufgrund dieser Terminologie erweisen sich beide Werke als schwer verständlich (vgl. *Kaske* 1995); hier wird die mathematische Eleganz einer algebraischen Einführung deutlich.

Entwicklung der Vektoranalysis aus dem Quaternionenkalkül

In der Folgezeit wird die Vektorrechnung aus dem Quaternionenkalkül herausgelöst und weiterentwickelt zur klassischen Vektoranalysis, der Theorie der Vektorfelder.
Als Vektorfeld bezeichnet man allgemein eine Funktion $U \to \mathbb{R}^n$, $U \subseteq \mathbb{R}^n$ offen. Für physikalische Anwendungen beschreibt ein Vektorfeld $\mathbb{R}^3 \to \mathbb{R}^3$ den Wert einer stationären (zeitunabhängigen) Vektorgröße in jedem Punkt des Raumes, so wie eine Abbildung $\mathbb{R}^3 \to \mathbb{R}$ den Wert einer stationären Skalargröße angibt. Nichtstationäre Skalar- bzw. Vektorgrößen hängen noch von der Zeit als einer zusätzlichen Variablen ab.

Die Entwicklung der Vektoranalysis geht einher mit einem Paradigmenwechsel in der Physik. Seit dem 17. Jahrhundert gewinnen in der Physik neben skalaren Größen (Zeit, Masse, Temperatur) in zunehmendem Maße vektorielle Größen (Geschwindigkeit, Beschleunigung, Kraft, Impuls) an Bedeutung. Erste Vorläufer moderner Feldtheorien entstehen, z.B. *Newtons* Erklärung der Gravitation. Im 19. Jahrhundert gewinnen die Feldtheorien rasch an Bedeutung: Die elektromagnetischen Erscheinungen und viele Phänomene der Lichtausbreitung werden erst auf der Basis von Feldtheorien verständlich (und schließlich vereinheitlicht). Umgekehrt benötigen diese Theorien adäquate mathematische Darstellungen. Physikalische und mathematische Entwicklung befruchten sich gegenseitig; zahlreiche führende Wissenschaftler dieser Zeit sind sowohl auf dem Gebiet der Mathematik als auch der Physik aktiv.
Thomson (1824-1907), der für seine Verdienste später geadelt wird und heute als *Lord Kelvin* bekannt ist, weist um 1850 auf mathematische Analogien zwischen verschiedenen physikalischen Erscheinungen hin, so zwischen den Größen **D** und **E** in der Elektrizitätslehre oder den Beziehungen $\mathbf{F} = -\mathrm{grad}\, V$ für eine Kraft und $\mathbf{j} \sim -\mathrm{grad}\, T$ für den Wärmestrom (vgl. *Hund* 1996, Teil II, 50ff.).
Maxwell (1831-1879) beschreibt 1864 in „A Dynamical Theory of Electromagnetic Field" erstmals eine Theorie des elektromagnetischen Feldes, die von mechanischen Analogien befreit ist. In der Folge gelingt ihm die Vereinigung von Elektromagnetismus und Licht zu einer Theorie: Er interpretiert Licht als eine elektromagnetische Störung, die sich gemäß den Feldgleichungen ausbreitet (vgl. ebd., 53ff.).
Auch die Weiterentwicklung des Quaternionenkalküls unterliegt in der Folgezeit dem Einfluß der Physik. *Tait* (1831-1901) steht noch unmittelbar in der Nachfolge *Hamiltons*. Sein „Elementary Treatise on Quaternions" erscheint 1867 und trägt entscheidend zur Verbreitung des Quaternionenkalküls bei, da es einfacher zu lesen ist als *Hamiltons* Darstellungen. In den Arbeiten von *Maxwell* deutet sich bereits die Herauslösung der Vektorrechnung aus dem Quaternionenkalkül an. Er gibt 1873 in seinem „Treatise on Electricity and Magnetism" die nach ihm benannten Gleichungen zweifach an, einmal in Quaternionen- und einmal in Komponentenschreibweise. Ende des 19. Jahrhunderts werden schließlich nahezu zeitgleich, jedoch unabhängig voneinander, die Grundlagen der modernen Vektoranalysis durch *Gibbs* (1839-1903) und *Heaviside* (1850-1925) geschaffen. Ihre Leistung besteht vor allem in einer Verschlankung und Vereinfachung des Quaternionenkalküls. Die aus diesem herausgelöste Vektoranalysis ist für physikalische Anwendungen wesentlich einfacher zu handhaben und nicht auf drei Dimensionen beschränkt. Es dauert allerdings bis weit ins 20. Jahrhundert, ehe sie sich durchsetzen kann, da die

Anhänger verschiedener Systeme teilweise erbittert gegeneinander kämpfen (vgl. *Crowe* 1967; *Reich* 1995).

Für *Gibbs* und *Heaviside* ist ein Vektor nichts anderes als der Vektorteil einer Quaternion (vgl. *Kline* 1972, 785ff.). Sie schreiben Vektoren in der Form $\mathbf{v} = a\mathbf{i} + b\mathbf{j} + c\mathbf{k}$, wobei $\mathbf{i}$, $\mathbf{j}$ und $\mathbf{k}$ Einheitsvektoren in x-, y- und z-Richtung sind, also ein Orthonormalsystem bilden, und die Koeffizienten a, b und c reelle Zahlen sind. Für das Skalarprodukt zweier Vektoren $\mathbf{v}_1 = a_1\mathbf{i} + b_1\mathbf{j} + c_1\mathbf{k}$ und $\mathbf{v}_2 = a_2\mathbf{i} + b_2\mathbf{j} + c_2\mathbf{k}$ beispielsweise gilt dann $\mathbf{v}_1 \cdot \mathbf{v}_2 = a_1a_2 + b_1b_2 + c_1c_2$. Es läßt sich formal als Produkt zweier Polynome auffassen, wenn man $\mathbf{i} \cdot \mathbf{i} = \mathbf{j} \cdot \mathbf{j} = \mathbf{k} \cdot \mathbf{k} = 1$ sowie $\mathbf{i} \cdot \mathbf{j} = 0$ für $\mathbf{i} \neq \mathbf{j}$ usw. definiert. Unter Verwendung von Differentialoperatoren wie dem Nabla-Operator ∇, die formal Vektorcharakter besitzen, läßt sich diese Darstellung auch auf Vektorfelder und deren Ableitungen erweitern. Ähnliche Darstellungen sind heute noch in der Physik und der Elektrotechnik gebräuchlich, was belegt, daß es keine völlige Standardisierung der Vektoranalysis gibt.

Ursprünge der Vektorraumtheorie bei Grassmann

Auch *Grassmann* (1809-1877), ein Zeitgenosse *Hamilton*s, arbeitet an der Entwicklung eines raumgeometrischen Kalküls. In seiner unveröffentlichten Staatsexamensarbeit „Theorie der Ebbe und Flut" beschreibt er 1840 ein vektorielles System, das alle wesentlichen Ideen der modernen Vektorrechnung enthält, unter anderem Vorläufer des Skalar- und Vektorprodukts. Auch die Weiterentwicklung der Vektorgeometrie hin zur Differentialgeometrie deutet sich bereits an, z.B. durch die Ableitung von Vektorfunktionen nach der Zeit (vgl. *Scholz* 1990, 341ff.).

Das in der „Theorie der Ebbe und Flut" definierte „geometrische Produkt" zweier gerichteter Strecken ist dem heutigen Vektorprodukt ähnlich, im Gegensatz zu diesem jedoch – wie bei *Möbius* – ein Flächeninhalt mit Vorzeichen. Das „lineäre Produkt" zweier gerichteter Strecken ist identisch mit dem heutigen Skalarprodukt zweier Vektoren (vgl. *Grassmann* 1911, III.1, 30ff.).

*Grassmann*s Hauptwerk „Die lineale Ausdehnungslehre" erscheint 1844 in einer ersten Auflage. Es folgt einem sehr originellen Ansatz: „Das der Ausdehnungslehre zugrundeliegende Konzept ist die Idee eines geometrischen Kalküls, der die Vorzüge sowohl der synthetischen als auch der analytischen Geometrie miteinander verbindet: *Grassmann*s Zugang entnimmt der synthetischen Geometrie das Konzept der Beschäftigung mit geometrischen Objekten, wie zum Beispiel Punkten, und nicht mit Zahlen; der analytischen Geometrie entnimmt er die Idee des Rechnens mit diesen Objekten." (*Beutelspacher* 1996, 3)

Zu Beginn konstruiert *Grassmann* (1894, I.1, 46ff.) induktiv ein „Ausdehnungsgebilde" m-ter Stufe. Er schafft damit einen (nach heutiger Terminologie) abstrakten und basisfreien m-dimensionalen reellen Vektorraum, dessen Elemente jedoch nicht a priori durch ein Axiomensystem angegeben, sondern synthetisch erzeugt werden.

Durch eine stetige Änderung eines nicht näher bestimmten Elements wird ein Ausdehnungsgebilde erster Stufe erzeugt, durch eine stetige Änderung eines Ausdehnungsgebildes erster Stufe ein solches zweiter Stufe, allgemein durch eine stetige Änderung eines Ausdehnungsgebildes $(m-1)$-ter Stufe ein solches m-ter Stufe. Für $m \leq 3$ läßt sich die stetige Änderung jeweils als Bewegung längs einer Geraden geometrisch deuten: Eine Bewegung eines Punktes erzeugt eine Gerade, usw. Die Dimension eines linearen Raumes ergibt sich demzufolge natürlicherweise durch die Anzahl der Erzeugungsvorgänge oder „Aenderungsweisen" (ebd., 52), aus denen er hervorgeht.

Auf dieser Grundlage entwickelt *Grassmann* eine m-dimensionale reelle Geometrie. Er führt wesentliche Konzepte der späteren Vektorraumtheorie wie die Begriffe linear abhängig, Basis und Dimension ein und beweist fundamentale Sätze wie das Austauschlemma und die Dimensionsformel $\dim V + \dim W = \dim(V \cap W) + \dim(V + W)$ für zwei

Unterräume V und W eines Vektorraums, allerdings ohne Verwendung dieser Bezeichnungen und noch nicht in voller Klarheit.

Gemäß dem konstruktiven Zugang *Grassmanns* bedeutet das heutige Austauschlemma die Unabhängigkeit eines Ausdehnungsgebildes von einem konkreten Erzeugungsvorgang: „Ich will zuerst zeigen, dass, wenn das System durch irgend welche m Aenderungsweisen erzeugbar ist, ich dann statt jeder beliebigen derselben eine neue von den $(m-1)$ übrigen unabhängige, demselben System m-ter Stufe angehörige Aenderungsweise (p) einführen, und durch diese in Verbindung mit den $(m-1)$ übrigen das gegebene System erzeugen kann." (ebd., 61)

In der Ausdehnungslehre sind bereits erste Ansätze einer multilinearen Algebra zu erkennen. *Grassmann* führt eine von ihm als „äußere Multiplikation" (ebd., 77) bezeichnete multilineare Abbildung ein, die eine Verallgemeinerung des geometrisch als Flächeninhalt gedeuteten Produkts zweier gerichteter Strecken ist.

Grassmann konstruiert die äußere Multiplikation induktiv, ausgehend von geometrischen Überlegungen. Er betrachtet zunächst zwei Strecken a und b und definiert für diese das äußere Produkt $a \cdot b$ als den Flächeninhalt des von beiden Strecken aufgespannten Parallelogramms unter Berücksichtigung dessen Vorzeichens. Das äußere Produkt ist antikommutativ oder alternierend, es gilt $a \cdot b = -b \cdot a$, und distributiv, es gilt $a \cdot (b+c) = a \cdot b + a \cdot c$ und $(b+c) \cdot a = b \cdot a + c \cdot a$. Anschließend verallgemeinert *Grassmann* das äußere Produkt für eine endliche Anzahl von Faktoren $a \cdot b \cdot c \cdots$ und damit auch für Faktoren, die einem Ausdehnungsgebiet beliebiger Stufe entstammen. Das äußere Produkt ist progressiv, d.h. man gelangt bei der Produktbildung immer in ein Ausdehnungsgebilde höherer Stufe. In moderner Terminologie ist das äußere Produkt eine alternierende multilineare Abbildung $V_1 \times \ldots \times V_r \to W$ von reellen Vektorräumen $V_1, \ldots, V_r$ und W.

Obwohl „Die lineale Ausdehnungslehre" schon 1844 viele Ideen einer strukturorientierten linearen und multilinearen Algebra vorwegnimmt, ist diesem Werk kein Erfolg beschieden. Es erweist sich für die meisten Zeitgenossen als schwer lesbar. Der Inhalt wird kaum zur Kenntnis genommen, *Grassmann* erntet allenfalls Kritik an seiner eigenwilligen Darstellungsweise. Für einen geometrischen Kalkül ist die Ausdehnungslehre zu abstrakt und umfassend, und es gibt zu dieser Zeit keine mathematischen Probleme, die mit ihrer Hilfe gelöst werden können und ihr Studium rechtfertigen würden.

1862 erscheint „Die lineale Ausdehnungslehre" in einer grundlegend überarbeiteten Fassung. *Grassmann* konstruiert nun einen n-dimensionalen reellen Vektorraum als Menge aller Linearkombinationen, die sich aus n ursprünglichen Elementen bilden lassen. Nach der Definition der üblichen Operationen für diese Linearkombinationen beweist er elf „Fundamentalformeln" (*Grassmann* 1896, I.2, 13), die bis auf abweichende Konventionen und einige Redundanzen den heutigen Vektorraumaxiomen entsprechen. Dieses Vorgehen *Grassmanns* bezeichnet *Dorier* (1995a, 246) als „eine Art von a-posteriori-Axiomatisierung einer linearen Struktur".

Grassmann beschreibt die Bildung von Linearkombinationen wie folgt: „Ich sage, eine Grösse a sei aus den Grössen $b, c, \ldots$ durch die Zahlen $\beta, \gamma, \ldots$ abgeleitet, wenn $a = \beta b + \gamma c + \ldots$ ist, wo $\beta, \gamma,$ $\ldots$ reelle Zahlen sind" (ebd., 11). Damit werden (in moderner Terminologie) die Begriffe Vektorraum, Erzeugendensystem, Basis und Dimension definiert: „Die Gesammtheit der Grössen, welche aus einer Reihe von Grössen $a_1, a_2, \ldots a_n$ numerisch ableitbar sind, nenne ich das aus jenen Grössen ableitbare Gebiet (das Gebiet der Grössen $a_1, \ldots a_n$), und zwar nenne ich es ein Gebiet n-ter Stufe, wenn jene Grössen von erster Stufe (das heisst, aus n ursprünglichen Einheiten numerisch ableitbar) sind, und sich das Gebiet nicht aus weniger als n solchen Grössen ableiten lässt. Ein Gebiet, welches ausser der Null keine Grösse enthält, heisst ein Gebiet nullter Stufe." (ebd., 16)

Das Austauschlemma findet sich nun in dieser Form: „Wenn eine Grösse a_1 aus n Grössen $b_1, b_2, \ldots b_n$ numerisch ableitbar ist, und dabei die zu b_1 gehörige Ableitungszahl ungleich Null ist, so ist das aus den n Grössen $b_1, b_2, \ldots b_n$ ableitbare Gebiet identisch mit dem aus den n Grössen $a_1, b_2, \ldots b_n$ ableitbaren." (ebd., 19)

Darüber hinaus diskutiert *Grassmann* auch in seiner Neubearbeitung multilineare Abbildungen, wobei er insbesondere die Unterschiede zwischen symmetrischen und alternierenden Abbildungen herausarbeitet, und Endomorphismen eines Gebietes, wozu er die Gesamtheit aller Endomorphismen wiederum als Gebiet betrachtet (vgl. *Scholz* 1990, 344ff.). Aber auch in der zweiten Auflage wird „Die lineale Ausdehnungslehre" kaum rezipiert (mit Ausnahme von *Peano*, vgl. unten). *Grassmann* bleibt im Gegensatz zu *Hamilton* stets ein wissenschaftlicher Einzelgänger, der seiner Zeit weit voraus ist und erst weit nach seinem Tod die gebührende Anerkennung findet.

Erste Axiomatisierungen der Vektorraumstruktur durch Peano und Weyl

Auf *Peano* (1858-1939) geht die erste axiomatische Definition eines reellen Vektorraums zurück. Er befaßt sich in verschiedenen Schaffensperioden mit vektoriellen Konzepten, unter anderem auch mit gerichteten Strecken und n-Tupeln. 1888 schreibt er eine eigene, kompakte Darstellung von *Grassmanns* Ausdehnungslehre. Im abschließenden Kapitel IX mit der Überschrift „Trasformazioni di sistemi lineari" wird ein reeller Vektorraum axiomatisch definiert:

„Es existieren Systeme von Objekten, für die folgende Definitionen gegeben werden:

1) Es ist eine Äquivalenz zweier Objekte **a** und **b** des Systems definiert, [...] bezeichnet mit **a** = **b** [...].

2) Es ist eine Summe zweier Objekte **a** und **b** des Systems definiert, d.h. es ist ein Objekt definiert, bezeichnet mit **a** + **b**, das ebenfalls dem gegebenen System angehört und folgenden Bedingungen genügt:

$$(\mathbf{a} = \mathbf{b}) \Rightarrow (\mathbf{a} + \mathbf{c} = \mathbf{b} + \mathbf{c}), \quad \mathbf{a} + \mathbf{b} = \mathbf{b} + \mathbf{a}, \quad \mathbf{a} + (\mathbf{b} + \mathbf{c}) = (\mathbf{a} + \mathbf{b}) + \mathbf{c}$$

und der gemeinsame Wert beider Seiten der letzten Äquivalenz wird mit **a** + **b** + **c** bezeichnet.

3) Wenn **a** ein Objekt des Systems und m eine positive ganze Zahl ist, dann bezeichnen wir mit $m\mathbf{a}$ die Summe von m zu **a** äquivalenten Objekten. Wenn **a**, **b**, ... Objekte des Systems und m, n, ... positive ganze Zahlen sind, so gilt offensichtlich

$$(\mathbf{a} = \mathbf{b}) \Rightarrow (m\mathbf{a} = m\mathbf{b}), \quad m(\mathbf{a} + \mathbf{b}) = m\mathbf{a} + m\mathbf{b}, \quad (m + n)\mathbf{a} = m\mathbf{a} + n\mathbf{a}, \quad m(n\mathbf{a}) = (mn)\mathbf{a}, \quad 1\mathbf{a} = \mathbf{a}.$$

Wir nehmen nun an, daß $m\mathbf{a}$ für jede beliebige Zahl m eine Bedeutung so zugewiesen werden kann, daß obige Gleichungen weiterhin gelten. Das Objekt $m\mathbf{a}$ wird als Produkt der (reellen) Zahl m mit dem Objekt **a** bezeichnet.

4) Wir nehmen schließlich an, daß ein Objekt des Systems, genannt Nullobjekt und bezeichnet mit 0, derart existiert, daß für jedes beliebige Objekt **a** das Produkt der Zahl 0 mit dem Objekt **a** stets das Objekt 0 ergibt, d.h. $0\mathbf{a} = 0$.

Wenn $\mathbf{a} - \mathbf{b}$ dasselbe bedeutet wie $\mathbf{a} + (-1)\mathbf{b}$, so folgt: $\mathbf{a} - \mathbf{a} = 0$, $\mathbf{a} + 0 = \mathbf{a}$.

Def. Systeme von Objekten, die den durch die Definitionen 1, 2, 3, 4 auferlegten Bedingungen genügen, werden lineare Systeme genannt." (*Peano* 1888, 141f.)

Obwohl dieses Axiomensystem stark den Fundamentalformeln *Grassmanns* ähnelt, handelt es sich doch um eine grundlegende Weiterentwicklung: *Peano* postuliert die Eigenschaften der betrachteten Operationen vorab, um die Vektorraumstruktur zu charakterisieren, *Grassmann* hingegen leitet sie nachher als Gesetzmäßigkeiten ab. Darüber hinaus beseitigt *Peano* die in *Grassmanns* Fundamentalformeln enthaltenen Konventionen und Redundanzen im Sinne der Minimalität eines Axiomensystems und arbeitet die Konzepte des neutralen und der inversen Elemente klarer heraus. *Peano* verwendet die Sprache der mittlerweile verbreiteten Mengentheorie: Er definiert nicht, was Vektoren sind, sondern wie man mit ihnen operieren kann.

Die von *Peano* gegebenen Beispiele umfassen auch unendlich-dimensionale lineare Systeme, so die Polynomfunktionen vom Grad $\leq n$ als ein lineares System der Dimension $n + 1$ und alle Polynomfunktionen als ein unendlich-dimensionales lineares System. Ferner befaßt sich *Peano* ausführlich mit der Menge aller linearen Abbildungen eines linearen Systems A in ein lineares System B, in moderner Symbolik Hom(A, B), also mit einem linearen System, dessen Objekte Abbildungen sind.

Peano ist als früher Vordenker einer abstrakten Linearen Algebra einzustufen. Sein Axiomensystem erleidet jedoch das gleiche Schicksal wie *Grassmann*s Ausdehnungslehre: Es wird von den Zeitgenossen nicht aufgegriffen, hat insbesondere keinen Einfluß auf die Arbeiten von *Steinitz* (vgl. unten) und spielt somit für die tatsächliche Entwicklung der Linearen Algebra keine Rolle. Auch *Peano* selbst erwähnt sein Axiomensystem in späteren Schriften nur noch beiläufig (vgl. *Moore* 1995, 265ff.).

Das zweite Axiomensystem für Vektorräume stammt dreißig Jahre später von *Weyl* (1885-1955). Es ist nicht geklärt, ob *Weyl* die Arbeiten *Peano*s kennt. In seinem Buch „Raum, Zeit, Materie" (1918) strebt *Weyl* eine systematische und genetische Darstellung der Relativitätstheorie sowie ihrer mathematischen und physikalischen Grundlagen an, wobei er insbesondere die fundamentalen Prinzipien hervorhebt. *Weyl* beschreibt in vielen Fällen zunächst intuitive Vorstellungen und axiomatisiert sie anschließend, so auch beim Vektorbegriff, der die Basis der affinen Geometrie bildet (vgl. *Weyl* 1918, 14ff.).

Als Ausgangspunkt wählt *Weyl* die anschauliche Vorstellung eines Vektors als Translation oder Verschiebung im Raum und beschreibt die Hintereinanderausführung sowie die Vervielfachung als Operationen zwischen Vektoren. *Weyl* gibt dann ein dreigeteiltes Axiomensystem an, dem diese Operationen genügen; die ersten beiden Axiomengruppen α) für die Addition und β) für die Skalarmultiplikation entsprechen dem Axiomensystem *Peano*s und im wesentlichen unseren heutigen Vektorraumaxiomen; *Weyl* faßt lediglich die Existenz eines neutralen und je eines inversen Elements bzgl. der Addition zu einem Axiom, genannt „Möglichkeit der Subtraktion" (ebd., 15), zusammen. Den dritten Teil γ) bildet das sog. „Dimensionsaxiom" (ebd., 15). *Weyl* läßt damit explizit nur endlich-dimensionale Vektorräume zu.

Dieses erste Axiomensystem regelt die Beziehungen von Vektoren untereinander; *Weyl* gibt noch ein zweites System für die Beziehungen von Vektoren und Punkten an:

„1. Je zwei Punkte A und B bestimmen einen Vektor a; in Zeichen $\overrightarrow{AB} = a$. Ist A irgend ein Punkt, a irgend ein Vektor, so gibt es einen und nur einen Punkt B, für welchen $\overrightarrow{AB} = a$ ist.

2. Ist $\overrightarrow{AB} = a$, $\overrightarrow{BC} = b$, so ist $\overrightarrow{AC} = a + b$." (ebd., 16)

Weyl definiert – als Verallgemeinerung von eindeutigen Erzeugendensystemen im dreidimensionalen Raum – die lineare Unabhängigkeit einer endlichen Anzahl von Vektoren in der heute üblichen Weise und gelangt dadurch zum Begriff der Vektorbasis, die einen Raum aufspannt: Alle Linearkombinationen aus n linear unabhängigen Vektoren bilden eine „n-dimensionale lineare Mannigfaltigkeit" (ebd., 17), in heutiger Terminologie einen n-dimensionalen affinen Raum. An dieser Stelle fügt *Weyl* das erwähnte Dimensionsaxiom ein: „Es gibt n linear unabhängige Vektoren, aber je $n + 1$ sind voneinander linear abhängig" (ebd., 17). Er charakterisiert damit die Dimensionszahl n als eine Invariante der linearen Vektormannigfaltigkeit, die unabhängig ist von der gewählten Basis, also der konkreten Erzeugung der Mannigfaltigkeit.

Nach einem kurzen Abriß über quadratische Formen gibt *Weyl* das sog. „metrische Axiom" (ebd., 25) an. Er verallgemeinert damit das anschauliche Skalarprodukt des dreidimensionalen Raums und ordnet es als symmetrische Bilinearform ein.

Etablierung des axiomatischen Vektorraumbegriffs durch die Funktionalanalysis

Der Raumbegriff wird im Laufe des 19. Jahrhunderts ständig verallgemeinert und von geometrischer Anschauung gelöst. Hierzu trägt insbesondere die Entwicklung nichteuklidischer Geometrien durch *Bólyai* (1802-1860) und *Lobatschewski* (1792-1856) bei. *Riemann* (1826-1866) erwähnt 1854 in seinem Habilitationsvortrag „Ueber die Hypothesen, welche der Geometrie zu Grunde liegen" auch (in heutiger Terminologie) unendlich-dimensionale Funktionenräume. Die Etablierung des axiomatischen Vektorraumbegriffs erfolgt schließlich zu Beginn des 20. Jahrhunderts durch die Funktionalanalysis (zur Geschichte der Funktionalanalysis vgl. *Birkhoff/Kreyszig* 1984).

Die klassische Funktionalanalysis ist die Theorie der Funktionenräume und darauf definierter Funktionale. Ein Funktional ist (in moderner Terminologie) eine Linearform auf einem Funktionenraum, d.h. eine lineare Abbildung von einem Funktionenraum in den Skalarkörper $\mathbb{R}$ oder $\mathbb{C}$. Ein Funktionenraum bildet zusammen mit den üblichen Verknüpfungen für Funktionen stets einen Vektorraum. Die in der Funktionalanalysis betrachteten Funktionenräume sind im allgemeinen unendlich-dimensional und normiert, d.h. die Metrik wird durch eine Norm induziert. Ein vollständiger normierter Funktionenraum heißt Banach-Raum; ist zusätzlich die Norm durch ein Skalarprodukt gegeben, heißt er Hilbert-Raum.

Ein einfaches Beispiel dafür, wie Ideen der Linearen Algebra in Funktionenräumen wirksam werden, liefert die Fourier-Zerlegung einer Funktion. Die Lebensdaten von *Fourier* (1768-1830) belegen, daß dies nachträglich geschieht. Die Fourier-Zerlegung einer Funktion ist deren Darstellung bzgl. eines linear unabhängigen Orthonormalsystems, und die Fourierkoeffizienten sind ihre Koordinaten bzgl. dieses Systems. Die Fourierkoeffizienten lassen sich als Skalarprodukt aus der Funktion und dem jeweiligen Basiselement darstellen (vgl. 1.1).

Die Funktionalanalysis hat ihren Ursprung in einer Systematisierung der Theorie der Differential- und Integralgleichungen. Differentialgleichungen rücken im 18. Jahrhundert immer mehr in den Mittelpunkt des Interesses, was unter anderem auch mit der rasanten Entwicklung auf dem Gebiet der Mechanik zusammenhängt. *D'Alembert* (1717-1783), *Lagrange* und *Euler* beschreiben Mitte des 18. Jahrhunderts, daß (in heutiger Terminologie) jede Lösung einer linearen Differentialgleichung n-ter Ordnung als Linearkombination von n Fundamentallösungen ausgedrückt werden kann. Sie überprüfen jedoch nicht, ob die Fundamentallösungen auch linear unabhängig sind; dieses Kriterium wird erst von *Cauchy* klar formuliert. Im 18. Jahrhundert ist auch schon bekannt, daß man die allgemeine Lösung einer Differentialgleichung als Summe einer speziellen Lösung und der allgemeinen Lösung der zugehörigen homogenen Differentialgleichung erhält. Um 1770 entdeckt *Lagrange* die Variation der Konstanten als ein Verfahren zur Gewinnung einer speziellen Lösung inhomogener linearer Differentialgleichungen. Während seiner Beschäftigung mit Differentialgleichungen stößt *Lagrange* auch mindestens zweimal auf Eigenwertprobleme, stellt jedoch keine übergreifenden Beziehungen her.

Das Studium der Differentialgleichungen offenbart zwar bereits im 18. Jahrhundert eine Vielzahl von Präkonzepten der Linearen Algebra; diese bleiben jedoch noch lange Zeit implizite, unbenannte und unverbundene Phänomene. Ihre begriffliche Klärung einschließlich der Angabe exakter Beweise erfolgt zu Beginn des 19. Jahrhunderts durch *Cauchy*, und erst zu Beginn des 20. Jahrhunderts liefert die Theorie der Determinanten, Matrizen, quadratischen und bilinearen Formen sowie der Eigenräume, verallgemeinert auf abzählbar unendliche Dimension, den Hintergrund für eine vereinheitlichte Theorie der Linearität, in die dann auch die Differentialgleichungen integriert werden.

Aus der Theorie der Differential- und Integralgleichungen erwächst schließlich eine axiomatisierte Funktionalanalysis. Da die Lösungsverfahren für einzelne Typen von Differential- und Integralgleichungen immer komplexer und spezieller werden, entsteht nach der Jahrhundertwende – in der Hoffnung auf einen Ausweg aus diesem Dilemma – eine breite Suche nach allgemeinen, abstrakten Funktionenräumen. Angespornt wird die Suche durch einen Paradigmenwechsel in der Mathematik zu dieser Zeit. Die Kraft der

Mengenlehre und der Axiomatik wird in anderen Teilgebieten der Mathematik deutlich; *Hilbert* (1862-1943) beispielsweise veröffentlicht 1899 die „Grundlagen der Geometrie". Während *Hilbert* mit Hilfe seines Axiomensystems den euklidischen Raum bis auf Isomorphie eindeutig charakterisiert, spielt die Axiomatisierung bei der Entwicklung der Funktionalanalysis eine andere Rolle. Sie erlaubt eine sehr ökonomische Arbeitsweise, die *Banach* (1892-1945) in der Einleitung zu seiner Dissertation wie folgt beschreibt: „Das Ziel dieser Arbeit ist es, einige Sätze zu begründen, die für verschiedene Klassen von Funktionalen, die ich im folgenden spezifizieren werde, gültig sind. Um sie jedoch nicht für jedes einzelne dieser Gebiete eigens beweisen zu müssen, was sehr unangenehm wäre, habe ich beschlossen, einen anderen Weg zu wählen: [...] Ich betrachte Mengen von Elementen, bezüglich derer ich bestimmte Eigenschaften postuliert habe. Ich leite daraus verschiedene Theoreme ab und beweise dann für jede spezielle Klasse von Funktionalen, daß die übernommenen Postulate dort gültig sind." (*Banach* 1922, 133)

Den Durchbruch zu einer Vereinheitlichung schafft *Fréchet* (1878-1973). In seiner Dissertation begründet er 1906 die Theorie eines abstrakten, axiomatisch definierten metrischen Raums; sein Axiomensystem hat bis heute unverändert Gültigkeit. *Riesz* (1880-1956) führt in seiner Arbeit „Über lineare Funktionalgleichungen" (1916) erstmals den Begriff der Norm ein. Obwohl *Riesz* nur stetige Funktionen über einem abgeschlossenen Intervall betrachtet, nimmt er auf diese Einschränkung keinen Bezug, sondern gibt die Definitionen eines normierten und eines vollständigen Funktionenraums in ihrer modernen Form an. Die weitere Entwicklung der Funktionalanalysis verläuft äußerst rasant: *Banach*, *Hahn* (1879-1934) und *Wiener* (1894-1964) diskutieren zu Beginn der zwanziger Jahre allgemeine normierte Räume, *Fréchet* wiederum führt 1925 die nach ihm benannten vollständigen linearen metrischen Räume ein. Zusätzliche Impulse ergeben sich ab 1925 durch die Arbeiten zur Quantenmechanik und deren mathematische Fundierung durch *Hilbert* und *von Neumann* (1903-1957).

In der Funktionalanalysis beeinflussen sich – wie schon in der Vektoranalysis – die Entwicklung der Linearen Algebra und der Analysis wechselseitig. Einerseits sind die meist koordinatenfreien und unendlich-dimensionalen bzw. kontinuierlichen Funktionenräume im Gegensatz zu geometrischen Vektorräumen oder n-Tupeln nicht mehr anschaulich faßbar. Ihre Behandlung erfordert eine abstrakte und allgemeine Definition des Vektorraumbegriffs, erzwingt also seine Axiomatisierung. Andererseits dringen mit der Betrachtung von Funktionenräumen zahlreiche Konzepte der Linearen Algebra in die Funktionalanalysis ein und entfalten dort ihre ordnende und vereinheitlichende Wirkung. Dies wiederum gestattet die Übernahme anschaulicher geometrischer Vorstellungen und Bezeichnungen in die Funktionalanalysis: „Eine für die ganze nachfolgende Entwicklung entscheidende, monumentale Einsicht von *Hilbert* bestand in der Interpretation der Funktionalanalysis als einer Geometrie des unendlich-dimensionalen Funktionenraumes [...] in genauer Analogie zu den Verhältnissen der elementaren euklidischen Geometrie" (*Nevanlinna* 1956, 5). Ein Funktionenraum ist in diesem Sinne eine sehr weitgehende Verallgemeinerung des Anschauungsraums (vgl. Kap 1.1).

Das bekannteste Beispiel für die geometrische Interpretation der Funktionalanalysis ist das nach *Schmidt* (1876-1959) benannte Orthonormalisierungsverfahren. *Schmidt* entwickelt es kurz nach der Jahrhundertwende im Rahmen seiner Dissertation über die Entwicklung von Funktionen nach Systemen gegebener Funktionen (vgl. *Nevanlinna* 1956, 4f.). Übertragen in die Lineare Algebra läßt sich damit eine Orthonormalbasis eines Untervektorraums von $\mathbb{R}^n$ bzw. $\mathbb{C}^n$ zu einer Orthonormalbasis des gesamten Vektorraums ergänzen (vgl. Kap 1.1). Im $\mathbb{R}^3$ kann man das Orthonormalisierungsverfahren nach *Schmidt* geometrisch veranschaulichen.

Beiträge der Körpertheorie zur Entwicklung der Linearen Algebra

Wesentliche Beiträge zur Entwicklung der Linearen Algebra kommen – noch vor ihrer endgültigen Axiomatisierung – in der zweiten Hälfte des 19. Jahrhunderts aus der Theorie der endlichen algebraischen Körpererweiterungen. Sie trägt insbesondere zur Klärung der Begriffe Dimension, Basis und lineare Abhängigkeit bei.

Die Dimension eines Vektorraums ist in der Körpertheorie von besonderer Bedeutung: Jede endliche Körpererweiterung K/k kann als k-Vektorraum betrachtet werden; die Dimension des k-Vektorraums K gibt den Grad der Körpererweiterung an. Betrachtet man speziell eine einfache algebraische Körpererweiterung $K = k[\alpha]$, d.h. eine Körpererweiterung, die durch die Adjunktion eines über k algebraischen Elements α an k entsteht, so ist der Grad n des Minimalpolynoms von α bezüglich k zugleich der Grad der Körpererweiterung. Begründung: Die n Potenzen $1, \alpha, ..., \alpha^{n-1}$ sind aufgrund der Irreduzibilität des Minimalpolynoms linear unabhängig über k und bilden folglich nicht nur ein Erzeugendensystem, sondern auch eine Basis des k-Vektorraums $K = k[\alpha]$.

Die Verbindung zwischen Körper- und Vektorraumtheorie wird wohl erstmals von *Dedekind* (1831-1916) hergestellt, der die „Vorlesungen über Zahlentheorie" von *Dirichlet* (1805-1859) nach dessen Tod herausgibt. Im elften Anhang zur vierten Auflage von 1893, überschrieben mit „Ueber die Theorie der ganzen algebraischen Zahlen", verwendet *Dedekind* gezielt algebraische Begriffe, um die Theorie der Zahlkörper, d.h. der endlichen algebraischen Erweiterungen von (in moderner Symbolik) $\mathbb{Q}$ systematisch darzustellen. Er definiert zunächst die Reduzibilität oder Abhängigkeit eines Systems von Zahlen über einem reellen oder komplexen Körper:

„Ein System T von m Zahlen $\omega_1, \omega_2 ... \omega_m$ heisst reducibel in Bezug auf einen Körper A, wenn es m Zahlen $a_1, a_2 ... a_m$ in A giebt, die der Bedingung $a_1\omega_1 + a_2\omega_2 + \cdots + a_m\omega_m = 0$ genugen und nicht alle verschwinden; im entgegengesetzten Falle heisst das System T irreducibel nach A. Je nachdem der erstere oder letztere Fall stattfindet, werden wir auch sagen, die m Zahlen $\omega_1, \omega_2 ... \omega_m$ seien von einander abhängig oder unabhängig (in Bezug auf A)." (*Dirichlet* 1893, 466)

Nun geht *Dedekind* von einem irreduziblen oder unabhängigen System $\omega_1, ..., \omega_n$ aus. Er bezeichnet die Gesamtheit Ω aller Linearkombinationen $\omega = h_1\omega_1 + \cdots + h_n\omega_n$ mit Koeffizienten $h_1, ..., h_n$ als „Schaar" (ebd., 467) und die n Elemente $\omega_1, ..., \omega_n$ als „(irreducibele) Basis der Schaar Ω" (ebd., 468). In heutiger Terminologie ist Ω ein n-dimensionaler Vektorraum über dem Körper A.

„Die charakteristischen Eigenschaften einer solchen Schaar Ω sind die folgenden:

I. Die Zahlen in Ω reproduciren sich durch Addition und Subtraction, d.h. die Summen und Differenzen von je zwei solchen Zahlen sind ebenfalls Zahlen in Ω.

II. Jedes Product aus einer Zahl in Ω und einer Zahl in A ist eine Zahl in Ω.

III. Es giebt n von einander unabhängige Zahlen in Ω, aber je $n + 1$ solche Zahlen sind von einander abhängig." (ebd., 468)

Übertragen in die Vektorraumsprache ist n die maximale Anzahl linear unabhängiger Vektoren; *Weyl* geht später ähnlich vor (vgl. oben). *Dedekind* charakterisiert n als eine Eigenschaft der Schaar Ω, die unabhängig von einem konkreten Erzeugendensystem ist: Er führt explizit aus, daß jedes System aus n unabhängigen Zahlen eine Basis von Ω bildet. Dieser Sachverhalt ist äquivalent zum Austauschlemma. Es folgt der Satz, daß für jede Zahl θ, die über dem Körper A algebraisch vom Grad n ist, die n Potenzen $\theta^{n-1}, ..., \theta$, 1 eine Basis des durch Adjunktion entstandenen Körpers $A[\theta]$ bilden (vgl. ebd., 472).

Knapp vierzig Jahre später (1910) erscheint die „Algebraische Theorie der Körper" von *Steinitz* (1871-1928), die erste umfassende und systematische Abhandlung einer allgemeinen Körpertheorie. *Steinitz* definiert in dieser Arbeit die lineare (nicht die algebraische) Abhängigkeit von n Elementen eines Erweiterungskörpers L über einem Grundkörper R (vgl. *Steinitz* 1910, 183). Den nach ihm benannten Austauschsatz formuliert *Steinitz* hingegen noch ausschließlich im Kontext endlicher algebraischer Körpererweiterungen. Er spricht von algebraisch abhängigen Systemen:

„Es seien U und B endliche irreduzible Systeme von m bzw. n Elementen; es sei $n \le m$ und B algebraisch abhängig von U. Dann sind im Falle $m = n$ die Systeme U und B äquivalent, im Falle $n < m$ aber ist U einem irreduziblen System äquivalent, welches aus B und $m - n$ Elementen aus U besteht." (ebd., 291f.)

Während bei *Steinitz* noch eine Unterscheidung von linearer und algebraischer Abhängigkeit besteht, führt *Van der Waerden* (1903-1996) in seinem zweibändigen Lehrbuch „Moderne Algebra" (1930/31) beide Konzepte zusammen. Er gibt im ersten Band die heute üblichen Definitionen der Begriffe linear (un)abhängig, Basis und Dimension (vgl. *Van der Waerden* 1930, 95ff.) und vereinheitlicht damit Körpertheorie und Lineare Algebra im Zuge einer strukturorientierten Algebra. Im zweiten Band widmet er der Linearen Algebra ein eigenes Kapitel und gibt mit der Kapitelüberschrift auch diesem neuen Teilgebiet der Mathematik seinen Namen.

Entwicklung der Linearen Algebra im 20. Jahrhundert

In den zwanziger und dreißiger Jahren unseres Jahrhunderts befindet sich die Lineare Algebra auf dem Weg zu einem eigenständigen mathematischen Teilgebiet. Unter dem Einfluß der aufblühenden strukturmathematischen Forschung wird eine Verallgemeinerung der Vektorraumstruktur in zweifacher Hinsicht angestrebt. Einerseits werden Vektorräume über beliebigen Körpern definiert, nicht mehr nur über R oder C, und andererseits die Axiome abgeschwächt in Richtung Modultheorie. Die Lineare Algebra wird damit zu einem festen Bestandteil der modernen Algebra (vgl. *Birkhoff* 1973). Als moderne oder abstrakte Algebra bezeichnet man die (axiomatisierte) Theorie der Strukturbegriffe, im Unterschied zur klassischen Algebra, der Theorie der Gleichungen und ihrer Lösungsverfahren. „Die moderne oder abstrakte Algebra [...] ruht auf drei Säulen, nämlich auf der Gruppentheorie, der Körpertheorie und der Idealtheorie" (*Van der Waerden* 1966, 155).

„Die Idealtheorie ist eine Anwendung der Modultheorie." (ebd., 164) Eine ihrer Wurzeln liegt in der Zahlentheorie. Die Bezeichnungen Modul und Ideal finden sich bereits 1871 bei *Dedekind*, im zehnten Anhang zur zweiten Auflage der „Vorlesungen über Zahlentheorie" von *Dirichlet*. Für den Begriff Modul wird folgende Definition gegeben: „Ein System A von reellen oder complexen Zahlen α, deren Summen und Differenzen demselben System A angehören, soll ein Modul heissen; wenn die Differenz zweier Zahlen ω, ω' in A enthalten ist, so wollen wir sie congruent nach A nennen und dies durch die Congruenz $\omega \equiv \omega'$ (mod. A) andeuten." (*Dirichlet* 1871, 442) Die Formulierung der Definition verweist deutlich auf ihren Ursprung in der Zahlentheorie. Es handelt sich (in moderner Terminologie) um einen Z-Modul, also um eine additiv geschriebene abelsche Gruppe. *Dedekind* erwähnt ausschließlich kommutative Strukturen; nichtkommutative sind für die damals betrachteten reellen oder complexen Zahlen ohne Bedeutung (zur Entwicklung der Idealtheorie vgl. *Edwards* 1983; *Kleiner* 1998).

Gegen Ende des 19. Jahrhunderts werden in rascher Folge die verschiedenen algebraischen Strukturen untersucht und axiomatisiert; gleichzeitig findet deren Vernetzung statt. So formuliert *Weber* (1842-1913) im Rahmen einer Arbeit zur Galoistheorie 1893 die Gruppenaxiome in ihrer heutigen Form. *Krull* (1899-1971), *Noether* (1882-1935) und *Van der Waerden* sind etwa ab 1920 maßgeblich an der weiteren Ausarbeitung der Begriffe Vektorraum, Algebra, Modul, Ring und Ideal beteiligt. Die endgültige Festlegung der Begriffe Vektorraum und Modul sowie ihre Abgrenzung gegeneinander erfolgt 1947 durch das Autorenkollektiv *Bourbaki*.

Ein unitärer Modul und ein Vektorraum besitzen beide dieselbe Struktur: Ein unitärer Modul über einem (nicht unbedingt kommutativen) Ring *A* mit Einselement, ein Vektorraum über einem Körper *K*. So definiert *Bourbaki* (1947, 1ff.) zunächst den allgemeineren Begriff Modul und anschließend den Unterbegriff Vektorraum: Ein Vektorraum ist in diesem Sinne ein spezieller Modul. *Bourbaki* unterscheidet zwischen einem Links-Modul bzw. Links-Vektorraum und einem Rechts-Modul bzw. Rechts-Vektorraum: In der modernen Algebra sind auch nichtkommutative Strukturen von Interesse, anders als bei *Dedekind* (vgl. oben).

Parallel zur Strukturmathematik wächst eine anwendungsorientierte Lineare Algebra heran, die insbesondere dem Einfluß der Wirtschaftswissenschaften unterliegt. Zwei Entwicklungen von großer Bedeutung werden im folgenden skizziert: die lineare Optimierung und die Theorie der Markoff-Prozesse.

In den USA entsteht in der Zeit unmittelbar nach dem zweiten Weltkrieg die lineare Optimierung oder lineare Programmierung (vgl. Abs. 1.2.1.2). Ihre Entwicklung wird nicht zuletzt durch militärisch-logistische Aufgaben des gerade beendeten Krieges stark forciert. Als Pionier auf diesem Gebiet gilt *Dantzig* (geb. 1914). Er gibt mit dem Simplex-Algorithmus auch ein numerisches Verfahren zur linearen Optimierung an (vgl. *Dantzig* 1984).

Bei der Beschreibung stochastischer Prozesse (vgl. Abs. 1.2.1.3) findet der Matrizenkalkül Anwendung in der Wahrscheinlichkeitstheorie. Stochastische Prozesse bilden die Grundlage für die mathematische Modellierung der Brownschen Molekülbewegung und der Schwankungen von Börsenkursen. Letztere untersucht *Bachelier* (1870-1946) schon zu Beginn unseres Jahrhunderts. *Markoff* (1856-1922) erforscht in den Jahren 1906 bis 1912 systematisch Folgen voneinander abhängiger Zufallsgrößen, sog. Markoff-Ketten. Die Übergangswahrscheinlichkeiten der Markoff-Ketten lassen sich durch stochastische Matrizen (mit der Zeilensumme 1) beschreiben. Durch *Kolmogoroff* (1903-1987) erfolgt 1931 die Verbindung der Markoff-Ketten mit den stochastischen Prozessen und damit die Einführung der Markoff-Prozesse (vgl. *Schneider* 1988, 443ff.).

Wiederholung, Aufgaben, Anregungen zur Diskussion

1) Aufgabe zur Wiederholung: Fassen Sie die wichtigsten Entwicklungslinien der Linearen Algebra, insbesondere der Vektorraumtheorie, zusammen.

2) Die Determinante läßt sich verschieden definieren: induktiv oder axiomatisch als Abbildung vom Ring der $(n \times n)$-Matrizen in den Grundkörper. Stellen Sie verschiedene in (Hochschul-) Lehrbüchern gegebene Definitionen zusammen. In welchem Kontext stehen diese Definitionen, und welche Zielsetzungen werden verfolgt? Vergleichen Sie damit die Einführung der Determinante in Schulbüchern und die dort verfolgten Zielsetzungen.

3)* Lesen Sie „Der barycentrische Calcul" von *Möbius* (1885, I, 25ff.) im Originaltext. Zeigen Sie, daß *Möbius* dort mit gerichteten Streckenlängen arbeitet. Betrachten Sie dazu auch die Situation, daß die gegebenen Zahlen verschiedene Vorzeichen besitzen. Lesen Sie anschließend „Ueber die Zusammensetzung gerader Linien und eine daraus entspringende neue Begründungsweise des barycentrischen Calculs" von *Möbius* (1885, I, 601ff.). Zeigen Sie auf, wie in dieser Schrift der Vektorbegriff weiterentwickelt wird.

4) Eine Arithmetisierung der ebenen Geometrie ist sowohl durch reelle Zahlenpaare $(a,b) \in \mathbb{R}^2$ als auch durch komplexe Zahlen $z = a + ib$ möglich. Stellen Sie beide Beschreibungen einander gegenüber. Vergleichen Sie insbesondere die Darstellung von Abbildungen der Ebene.

5) Zeigen Sie mit Hilfe von Dimensionsbetrachtungen, daß Tripel der Form $a + ib + jc$ kein hyperkomplexes Zahlsystem über $\mathbb{R}$ bilden können. Betrachten Sie dazu $\mathbb{C}$ und hyperkomplexe Zahlsysteme als $\mathbb{R}$-Vektorräume.

6) Verifizieren Sie exemplarisch, daß für Quaternionen die üblichen Rechengesetze (mit Ausnahme des Kommutativgesetzes) gelten.

7) Sammeln Sie Beispiele für nichtkommutative Systeme aus dem Umfeld der Schulmathematik.

2 Allgemeine didaktische Fragen zur Analytischen Geometrie und Linearen Algebra

2.1 Fachdidaktische Entwicklungen und Strömungen

Anders als die Schulanalysis ist das Stoffgebiet Analytische Geometrie/Lineare Algebra unübersichtlich. Die verschiedenen stofflichen Perspektiven, unter denen dieses Gebiet gesehen werden kann und in der Schule auch gesehen wurde, spiegeln sich in der Vielfalt inhaltlich sehr unterschiedlicher Schulbücher wider. Wir untersuchen auf der Basis von Lehrplänen, Schulbüchern und didaktischer Literatur unterschiedliche curriculare Strömungen und Tendenzen. In leichter Abänderung von Band 1, Abs. 1.1.2 unterscheiden wir hier vier Hauptströmungen, die vier sich teilweise überlappenden Perioden entsprechen: (1) die Traditionelle Mathematik, (2) die Neue Mathematik, (3) die didaktische Auseinandersetzung mit der Neuen Mathematik und (4) neuere Entwicklungen, die in erster Linie durch den Rechner und die experimentelle Mathematik gekennzeichnet sind. Wir haben solche fachdidaktischen Positionen herangezogen, die möglichst idealtypischen Charakter tragen, um an ihnen Hauptgesichtspunkte der Diskussion deutlich zu machen. Die Standpunkte unterscheiden sich in Art, Umfang und Stellenwert von

- geometrischen Fragestellungen,
- axiomatisch-deduktiven Elementen,
- algorithmischen und kalkülhaften Aspekten,
- Verwendungssituationen und mathematischen Modellierungen,
- Objektstudien, mathematischen Experimenten und Rechnereinsatz.

1. Der *Traditionelle Mathematikunterricht* – schwerpunktmäßig bis etwa Ende der sechziger Jahre – war in seinen allgemeinen Absichten durch das klassische Ziel des Gymnasiums geprägt, der Entwicklung des Individuums im Sinne des deutschen Idealismus und Humanismus. Die wesentlichen Inhalte und Aufgabengebiete der traditionellen Schulbücher haben sich bereits zu Anfang des Jahrhunderts herausgeschält und erfuhren danach eine allmähliche Festschreibung und Kanonisierung. Positiv zu sehen am Traditionellen Mathematikunterricht sind insbesondere die folgenden zwei Sachverhalte. Durch die starke Verklammerung von Mathematik- und Physikunterricht – auch personell[1] – spielten Anwendungen im Mathematikunterricht eine wichtige Rolle. Ein weiteres, wichtiges allgemeines Ziel war die Förderung des Anschauungsvermögens. Im Traditionellen Mathematikunterricht stand die geometrisch-anschauliche Sichtweise im Vordergrund. Bis Ende der fünfziger Jahre war Analytische Geometrie Koordinatengeometrie in der Ebene, bei der die Behandlung von Kegelschnitten dominierte. Dieser Ansatz wurde abgelöst durch die vektorielle Analytische Geometrie, in der geometrische Sachverhalte mit Hilfe von Pfeilklassenvektoren beschrieben werden.

2. Die Reform des Mathematikunterrichts im Sinne der *Neuen Mathematik* – etwa ab Mitte der sechziger Jahre – ist in der Oberstufe durch eine starke Anlehnung in Inhalt, Sequenzierung und Ausdrucksweise an die mathematischen Anfängervorlesungen der Universität geprägt. Solche Vorlesungen waren – und sind es meist auch heute noch –

---

[1] Noch Anfang der achtziger Jahre hatten 75% der Mathematiklehrer auch eine Lehrbefähigung in Physik. In einigen Bundesländern liegt dieser Prozentsatz heute bei Berufsanfängern unter 15%.

gekennzeichnet durch einen konsequent deduktiven Aufbau auf der Basis eines möglichst optimalen Axiomensystems und durch eine elegante formale Darstellung fertiger Resultate. Hinzu kommen wertende Standardwendungen wie „trivial", „offensichtlich" oder „wie man leicht sieht". Diese formal-axiomatische Mathematik beschäftigt sich in erster Linie mit formalen Strukturen (*Bourbakismus*). Die Frage nach einer Theorie der Bedeutung mathematischer Begriffe und Sätze sowie eine Reflexion der Beziehung zwischen Mathematik und ihren Anwendungen bleiben weitgehend ausgeklammert. In der Schule führte die Übernahme dieses Gedankenguts dazu, daß subjektive Aspekte bei der Begriffsbildung sowie Vorerfahrungen, Vorkenntnisse und Fähigkeiten kaum berücksichtigt wurden. Deutlich ist die Absage an über die Mathematik hinausweisende Bildungsziele, die zu einer Einengung der fachlichen Ansprüche führen könnten, und eine Tendenz, den Mathematikunterricht in erster Linie auf die Bedürfnisse späterer Mathematiker und Naturwissenschaftler auszurichten. Die Schulbücher, die während der Phase der sogenannten Neuen Mathematik entstanden, lehnten sich an die universitäre Anfängervorlesung der Linearen Algebra an und betrachteten geometrische Fragestellungen in erster Linie als deren Anwendung.

3. Die Periode der *didaktischen Auseinandersetzung mit der Neuen Mathematik* läßt sich nicht mehr so einheitlich beschreiben. Wir unterscheiden hier die didaktische Auseinandersetzung mit den Argumenten der Neuen Mathematik und die Entwicklung neuer Curricula. Der zeitliche Schwerpunkt dieser Periode lag in den achtziger Jahren, aber schon parallel zur Neuen Mathematik hatte es kritische Stimmen gegeben. Die didaktische Auseinandersetzung bezog sich u.a. auf Fragen zum Verhältnis der Schulmathematik zur Axiomatik und zum Formalismus sowie zu Gestalt und Bedeutung der Geometrie. Als eine curriculare Alternative zur Linearen Algebra der Neuen Mathematik wurden ab Ende der siebziger Jahre Curricula zur *anwendungsorientierten Linearen Algebra* entwickelt, die wir als sehr umfassenden und neuartigen Ansatz in dem Abschnitt 2.1.3 besonders hervorheben. Die Schulbuchentwicklung von Anfang der achtziger bis Anfang der neunziger Jahre ist geprägt von einer Diskussion, die ihren Ausgangspunkt in der Auseinandersetzung mit der Neuen Mathematik hatte.

4. In der *neueren didaktischen Diskussion* ab Ende der achtziger Jahre dominieren Themen wie Rechnereinsatz und experimenteller Unterricht sowie eine durch den Rechner beeinflußte Problem- und Anwendungsorientierung. Dabei werden auch „alte" Inhalte wie etwa Kegelschnitte unter neuen Gesichtspunkten erörtert. Weitere wichtige Gegenstände der aktuellen Diskussion sind die neu aufgelebte Frage nach Allgemeinbildung und wissenschaftlicher Propädeutik sowie die Untersuchung inhaltsspezifischer Lern- und Interaktionsprozesse. Auf diese Themen gehen wir in den Abschnitten 2.3 und 2.4 ein.

2.1.1 Die Analytische Geometrie in der Traditionellen Mathematik

2.1.1.1 Koordinatengeometrie und die Lehre von den Kegelschnitten

Lenné (1971) kennzeichnet die traditionelle Analytische Geometrie folgendermaßen:
Sie „hat ihren Schwerpunkt in der Verknüpfung von quadratischen Funktionen mit geometrischen Eigenschaften ihrer Graphen in einer durch die Euklid-Hilbertschen Axiome charakterisierten Ebene, wobei von diesen Axiomen nur auf dem Weg über die bekannten Sätze der traditionellen Elementargeometrie Gebrauch gemacht wird. Die so erfaßten Kegelschnitte lassen zudem noch

eine Reihe räumlicher Betrachtungen, Anwendungen der Infinitesimalrechnung, Ergänzungen der Funktionslehre, physikalische, verbale und historische Hinweise zu" (ebd., 270).

So hat etwa das seinerzeit sehr verbreitete Schulbuch *Lambacher/Schweizer* (1954) folgende inhaltliche Aufteilung: 40 Seiten koordinatenbezogene Behandlung von Punkt, Strecke und Gerade in der Ebene sowie 140 Seiten Kegelschnitte[2]. Die didaktische Diskussion wurde stark geprägt von *Lietzmann* und seiner in vielen unterschiedlichen Auflagen erschienenen „Methodik des mathematischen Unterrichts" (ebd., 1916 bis 1968).

Beispiel 1 (Inhalte der Kegelschnittlehre)[3]: Die Kegelschnitte werden in der Regel konstruktiv durch die sogenannten Gärtnerkonstruktionen eingeführt. Die Ellipse etwa ist dadurch als geometrischer Ort aller Punkte, deren Abstandssumme von zwei festen Punkten konstant ist, gekennzeichnet. Aus der Konstruktion werden dann die zugehörigen quadratischen Koordinatengleichungen und die Brennpunkteigenschaften abgeleitet (vgl. Beispiel 35 in Abschnitt 1.2.2.5). Wichtige weitere Themen sind Tangente, Pol und Polare. Konstruiert man von einem Punkt $P(x_1 \mid y_1)$, der außerhalb[4] des Kegelschnitts liegt, die zwei Tangenten und verbindet die Berührpunkte durch eine Gerade g, so ist g die Polare zu P und umgekehrt P der Pol zu g. Für Kegelschnitte mit einer Gleichung der nebenstehenden Form (KS) gilt für die Tangente im Punkt P und gleichermaßen für die Polare zu P die

$$(KS)\ \frac{x^2}{a^2} \pm \frac{y^2}{b^2} = 1,\ (TP)\ \frac{x_1 x}{a^2} \pm \frac{y_1 y}{b^2} = 1$$

Gleichung (TP). Die Polare wird z.B. dazu benutzt, Tangenten von einem Punkt an einen Kegelschnitt zu berechnen.

Der zweite zentrale Themenkreis sind die Verwandtschaften von Kegelschnitten. Kegelschnitte werden durch Parallel- und Zentralprojektionen aufeinander abgebildet, und dabei werden geometrische Verwandtschaften festgestellt. Eine wichtige Rolle spielen in diesem Zusammenhang die „Dandelinschen Kugeln". (Vgl. 4.1 und Aufg. 1.)

Die Schulbücher verfügen im wesentlichen über zwei zentrale Inseln von Routineaufgaben: (1) Aufgaben zu Tangente, Pol und Polare und (2) Aufgaben zu geometrischen Örtern bzw. zu sog. „beweglichen Zielen". Unter „Aufgabeninseln" verstehen wir zusammenhängende Komplexe von Aufgaben, die sich in ähnlicher Weise lösen lassen. Das bekannteste Beispiel ist die Aufgabeninsel zur Kurvendiskussion im Analysisunterricht.

Beispiel 2 (Aufgabe zu geometrischen Örtern): „Bestimme die Parabel, welche die Gerade $3x - 4y + 3 = 0$ in $B(3 \mid 3)$ berührt und (a) die x-Achse, (b) die y-Achse, (c) die Gerade $y = 5$ als Achse hat" (*Lambacher/Schweizer* 1954, 120).

Die Behandlung der Analytischen Geometrie im Sinne der Traditionellen Mathematik, ihre Beziehung zur Fachmathematik und die entsprechenden didaktischen Rechtfertigungsmuster sind nur in einem größeren historischen Zusammenhang zu verstehen. Die traditionelle Analytische Geometrie, wie sie noch bis Mitte der sechziger Jahre an Gymnasien unterrichtet wurde, ist bereits um die Jahrhundertwende konzipiert worden. Eine systematische analytische Behandlung der Kegelschnitte hat sich an deutschen Schulen in der Folge des Meraner Reformplans durchgesetzt, der seinerzeit forderte: „Die Behandlung der Kegelschnitte in der Oberprima soll die synthetische und analytische Seite des Gegenstandes möglichst gleichmäßig berücksichtigen" (*Meraner Reformen*, ZmnU 1905, 552). Wesentlich für den Meraner Reformplan sind die Forderung nach einer ausgewogenen Einbeziehung von Anwendungen und die Betonung von Funktion und Abbildung als

---

[2] Für eine Behandlung der Kegelschnittlehre aus geometrischer Sicht vgl. Abschnitt 4.1.

[3] Wir orientieren uns in erster Linie an *Lambacher/Schweizer* (1954).

[4] Der Begriff ist anschaulich klar, auf eine genauere Definition wird in der Regel verzichtet.

integrativer Idee. Der Plan geht zurück auf das Erlanger Programm des Göttinger Mathematikers *Felix Klein* (vgl. Band 1, Kap. 4 und 7).

Es gibt bereits wesentlich frühere Versuche, Analytische Geometrie in den Mathematikunterricht einzubeziehen. So forderte *Süvern* bereits 1816 im preußischen Normallehrplan, Gerade und Kreis analytisch zu behandeln; in den siebziger Jahren wuchs der Nachdruck, mit dem diese Forderung gestellt wurde.[5] Erstmalig in den Lehrplänen von 1892 ist dann die Einführung des Koordinatenbegriffs in einfachster Form und daran anknüpfend die analytische Behandlung der Grundbegriffe und -eigenschaften von Kegelschnitten vorgesehen. In Österreich wurde die Analytische Geometrie schon seit 1849 in den Unterricht einbezogen (vgl. *Höfler* 1910, 320). Die traditionelle Analytische Geometrie, die es hier zu beschreiben gilt, ist wesentlich von den Absichten der Meraner Reform geprägt. Die folgenden Punkte scheinen uns charakteristisch[6]:
-   Analytische Geometrie ist nur ein Aspekt einer sehr viel umfassenderen Oberstufengeometrie. Daneben stehen eine synthetische Behandlung der Kegelschnitte, die sphärische Trigonometrie, die darstellende Geometrie und – als umfassende Hintergrundtheorie – die projektive Geometrie;
-   die übergeordnete Systematik ist vom Erlanger Programm *Felix Kleins* geprägt, ohne daß dieses selbst zum Gegenstand des Unterrichts wird;
-   wichtig ist die Anerkennung des fusionistischen Prinzips, d.h. eine flexible Verwendung von Beweismethoden, Sätzen und Theorieteilen eines mathematischen Teilgebiets für ein anderes, also eine Verbindung und Durchdringung verschiedener mathematischer Gebiete;
-   eine genetische Stoffanordnung und das Vermeiden einer pedantischen Beweissystematik.

Was den letzten Punkt anbelangt, so fällt bei einer Analyse von Schulbüchern und der verschiedenen Ausgaben der „Methodik des mathematischen Unterrichts" von *Lietzmann* (1916 bis 1968) auf, daß der Schulstoff Analytische Geometrie wie die Analysis eine zunehmende Kanonisierung erfährt, die mit einer gewissen stofflichen Erstarrung einhergeht. An die Stelle eines genetischen Vorgehens tritt damit in zunehmendem Maße eine Art „Aufgabendidaktik" (vgl. Band 1, Kap. 1.1.2).

Wir wollen im folgenden typische Inhalte und deren methodische Gestaltung diskutieren. Dabei gehen wir zunächst auf die curricularen Vorschläge von *Lietzmann* ein, die sich in ähnlicher Form auch in zahlreichen Schulbüchern bis 1965 wiederfinden lassen. *Lietzmann* (1916) schreibt: „... die analytische Geometrie soll uns die Geometrie arithmetisieren. Die erste Aufgabe der analytischen Geometrie wird also die sein, die elementaren Aufgaben der Dreiecks- und Kreisgeometrie in die arithmetische Form umzusetzen" (ebd., 375). Großes Gewicht legt er auf die Behandlung von Koordinatensystemen, wobei er eine Einbeziehung der homogenen Koordinaten[7] im Gegensatz zu zahlreichen Didaktikern der Zeit als für die Schule ungeeignet ablehnt. An die Betrachtung der Koordinatensysteme soll sich eine analytische Behandlung grundlegender Konstruktionen und Berechnungen der ebenen Geometrie anschließen, evtl. auch Elemente einer räumlichen Geometrie. Wichtig ist ihm ferner die Behandlung geometrischer Örter.

---

[5]   Diese Forderung wurde insbesondere mit Hinweis auf die Ausbildung von Naturwissenschaftlern und Medizinern gestellt, vgl. *Pahl* (1913, 277), *Inhetveen* (1976, 208).

[6]   Wir stützen uns hierbei in erster Linie auf Berichte zur Meraner Reform in ZmnU von 1905, auf *Lietzmann* (1916) und auf Schulbücher.

[7]   In der projektiven Geometrie arbeitet man mit sogenannten homogenen Koordinaten.

Eigentlicher Schwerpunkt ist jedoch die Kegelschnittlehre. „Will man auch in der Oberstufe der höheren Schulen im Unterricht von der Vielgestaltigkeit der mathematischen Methoden ein Bild vermitteln und andererseits doch den Lehrstoff nicht allzusehr in diskrete Kapitel zerhacken, dann dürfte sich eine Konzentrierung um eine geringe Zahl großer Themen als empfehlenswert erweisen, und dazu dürfte etwa neben der Kugelgeometrie, dem Funktionsbegriff, dem Zahlbegriff usf. die Kegelschnittlehre besonders geeignet sein" (*Lietzmann* 1949, 6). *Lietzmann* plädiert für eine enge Durchdringung synthetischer und analytischer Betrachtungsweisen. In der Behandlung der Kegelschnitte sieht er eine „günstige Gelegenheit, die verschiedenen in der Geometrie angewandten Methoden an einem einfachen Objekt aufzuweisen" (ebd., 6).[8] Die Behandlung der Kegelschnitte soll somit einen wesentlichen Beitrag leisten, den Schüler in methodische Aspekte der Mathematik einzuführen.

Lietzmanns starke Betonung der Geometrie für den Schulunterricht hat ihre Ursache sicherlich auch darin, daß die Geometrie ganz offensichtlich der Schwerpunkt seines fachlichen Interesses war. Dieses deckt sich aber mit der seinerzeit wichtigen fachwissenschaftlichen Rolle der Geometrie. Die curricularen Rechtfertigungsmuster in den Kapiteln zur Oberstufengeometrie sind in erster Linie fachimmanenter Natur. Doch wäre es verkürzt, wenn man sich auf die dort explizit angegebenen Begründungen beschränken wollte. *Lietzmanns* curriculare Vorschläge müssen auch vor dem Hintergrund der allgemeinen Absichten der Meraner Reform gesehen werden, wie sie sich in seinen nichtinhaltsspezifischen Betrachtungen zur Bedeutung und Aufgabe des mathematischen Unterrichts widerspiegeln (vgl. *Lietzmann* 1919, Kap. 2). Die Geometrie gilt als wichtigstes Instrument bei der Herausbildung des Anschauungsvermögens. Anschauungsvermögen beinhaltet nicht nur räumliches Vorstellungsvermögen, sondern wird auch als ein zentrales heuristisches Mittel zur Gewinnung wissenschaftlicher Erkenntnis gesehen (vgl. Band 1, Kap. 1).

Auf außermathematische Anwendungen der Analytischen Geometrie geht *Lietzmann* kaum ein. Lediglich vor dem Hintergrund der wehrorientierten nationalsozialistischen Lehrpläne sind in *Lietzmann/Graf* (1941) Kapitel zur angewandten Kegelschnittlehre (Wurf, Geschoßbahn, Schallmeßverfahren) sowie zur Perspektive und ihren Anwendungen (Luftbildmessung usw.) aufgenommen.

Eine andere Schwerpunktsetzung findet man in der „Didaktik des mathematischen Unterrichts" von *Höfler* (1910), dessen curriculare Vorstellungen wir im folgenden skizzieren. *Höfler* hebt die Beziehung zwischen Mathematik und Physik stark hervor, als eine „innigste, beiden Fächern wohltätige Beziehung" (ebd., 311). Die Betonung dieser Beziehung wirkt sich auf Stoffauswahl und Stoffdarbietung aus und stellt damit ein wesentliches curriculares Begründungsmuster dar. „Die Auswahl des Lehrstoffes dagegen, den der Lehrer jeweils für ausreichend und notwendig zu einem solchen Vorkursus (der Analytischen Geometrie; Anm. des Autors) hält, mag sich ganz nach dem Bedürfnis der

---

[8] Diese verschiedenen Methoden sind in *Lietzmann* (1949) gegenübergestellt: planimetrisch (mit Methoden der ebenen Geometrie), stereometrisch (mit Methoden der räumlichen Geometrie), analytisch, affin, perspektiv (spezieller abbildungsgeometrischer Aspekt), projektiv und gruppentheoretisch. Die Methoden sind u.E. nicht alle gleichermaßen für die Schule geeignet.

jeweiligen Schulklasse und des nächstbezogenen Unterrichts, namentlich der Physik richten" (ebd., 319). *Höfler* hält die mathematische Behandlung der gleichförmigen und gleichmäßig beschleunigten Bewegung für einen wichtigen Inhalt des mathematischen Unterrichts. Ferner schlägt er vor, das räumliche Koordinatensystem im Zusammenhang mit der Darstellung des *Mariotte-Gay-Lussacschen* Gesetzes einzuführen (vgl. Aufg. 3). Wesentliche Schwerpunkte der Oberstufenmathematik – denen auch die Analytische Geometrie untergeordnet wird – sind der funktionale Gedanke, der seine Rechtfertigung in erster Linie aus der Anwendung von Mathematik erfährt, und eine zusammenfassende Darstellung der bisherigen Lehre von den Gleichungen in algebraischer und grafischer Form. „Ungezwungen läßt sich dieses Ziel (das funktionale Denken; Anm. des Autors) erreichen, wenn man den ganzen Unterricht der analytischen Geometrie in seinen Dienst stellt" (ebd., 312). Die Absicht *Lietzmanns*, den Schüler am Thema Kegelschnitte in die unterschiedlichen Methoden der Geometrie einzuführen, tritt bei *Höfler* zurück. Dafür betont er stärker die Geometrie als Hilfsmittel für algebraische Fragestellungen, etwa für die Analyse der allgemeinen Gleichung zweiten Grades $Ax^2 + By^2 + Cxy + Dx + Ey + F = 0$.

Ein anderes Charakteristikum des *Höflerschen* Vorgehens ist, daß er abstrakte Begriffe gänzlich in den Hintergrund stellt und dafür vorrangig an konkreten Modellen arbeitet. Mögliche Lernschwierigkeiten der Schüler – etwa durch zu weitgehende Abstraktion – sind für *Höfler* ein wichtiger Maßstab für die Auswahl und Gestaltung von Inhalten. Er ist der Ansicht, „daß wohl kein Umstand den pädagogischen Erfolgen eines rein wissenschaftlich noch so glänzenden Fachmannes im gleichen Maß gefährlich werden kann und muß wie das Verwechseln der Leichtigkeit solcher Abstraktionen bei ihm, dem Fachmann, und ihrer Schwierigkeiten bei dem Anfänger" (ebd., 312). *Höfler* mißt den pädagogischen Erfolg in erster Linie daran, wie weit Schüler mathematische Begriffe auf konkrete Anwendungssituationen – insbesondere aus der Physik – übertragen können.

Man darf die Unterschiede zwischen *Lietzmann* und *Höfler* nicht isoliert betrachten, sondern muß sie vor dem damaligen Hintergrund einer intensiven Diskussion sehen, in der es um Art und Umfang von Anwendungen im Mathematikunterricht ging und darüber hinaus um den Gegensatz zwischen materialer (hier im Sinne von konkret-anwendungsbezogener) und formaler Bildung (vgl. Band 1, Abs. 4.2.1). Diese Auseinandersetzung erfährt zur Zeit im Rahmen der Diskussion zur Allgemeinbildung eine Renaissance (vgl. insbesondere *Heymann* 1996a/b, ferner Band 1, Abs. 1.1.3).

2.1.1.2 Vektorielle Analytische Geometrie

Während die traditionelle Kegelschnittlehre noch bis in die sechziger Jahre hinein unterrichtet wurde, hatte bereits in den fünfziger Jahren eine breite fachdidaktische Diskussion um die „Vektorrechnung" eingesetzt.[9] Man versteht darunter den anschaulich-rechnerischen Umgang mit Pfeilen und Pfeilklassen sowie ihren „Produkten" (Skalarprodukt, Vektorprodukt, Spatprodukt) ohne die axiomatisch-deduktiven Gesichtspunkte einer modernen Vektorraumtheorie und zielt dabei zunächst auf die praktische Bedeutung der

---

[9]   Vgl. die Themenhefte Der Mathematikunterricht 1955(3), 1956(1) und (4), *Lietzmann/Stender* (1961, 194 ff.) und *Lenné* (1971, 270). Eine stark an der Physik orientierte Behandlung der Vektorrechnung findet sich bei *Schönwald* (1968/69).

Vektorrechnung in der Physik ab. Schulbücher tragen dieser Entwicklung anfangs dadurch Rechnung, daß sie das Thema Vektoren in einen Anhang aufnehmen – bei ansonsten unverändertem Aufbau (vgl. z.B. *Lambacher/Schweizer* 1954). „Die Forderung der heutigen Lehrergeneration auf Aufnahme des Vektorkalküls ist uns ein herzliches Anliegen. Da wir jedoch am Anfang einer neuen Stoffdarbietung stehen, haben wir uns darauf beschränkt, die Grundtatsachen geometrisch zu entwickeln, nur die einfachen Vektorprodukte und unkomplizierte Übungen aus dem Bereich der Raumlehre und der Physik zu bringen" (*Reidt/Wolff* 1953, Vorwort).

In der Diskussion bleibt offen, ob die Vektorrechnung als besonderer Stoff und ob sie ab der Mittelstufe oder erst ab der Oberstufe gelehrt werden soll. *Stender* (in *Lietzmann/ Stender* 1961, 195) und andere vertreten deutlich die Auffassung, Vektorrechnung immer dort zu verwenden, wo sie sinnvoll ist und Erleichterung bringt, sie aber nicht als eigenständiges Stoffgebiet einzuführen. „Es geht vielmehr darum, durch die unmittelbare Anschaulichkeit, die begriffliche Prägnanz und die arbeitstechnische Oekonomie vektorieller Methoden im Gesamtbereich der Schulmathematik und -physik den Unterricht zu durchdringen, um ihn zu vereinfachen, zu verkürzen und zu verlebendigen, wie es in ähnlicher, anerkannter Weise durch den Funktionsbegriff schon längst geschieht" (*Lohmeyer* in *Lietzmann/Stender* 1961, 195). Dieser Standpunkt wird noch 1968 von *Jahner* in einer Neuauflage der *Lietzmannschen* Methodik bekräftigt. Zahlreiche Sachverhalte und Sätze der Elementargeometrie lassen sich vektoriell einfach darstellen bzw. beweisen. Dies gilt insbesondere für die Geometrie des Raumes, z.B. die Darstellung von Geraden und Ebenen. Das Skalarprodukt gestattet, viele Probleme, in denen Längen, Abstände und Winkelmaße eine Rolle spielen, in einfacher Weise zu lösen.

Seit Mitte der sechziger Jahre erschienen zahlreiche Schulbücher, die intensiven Gebrauch von der Vektorrechnung bei der Beschreibung geometrischer Sachverhalte machten. Besonders prägend war das Buch von *Köhler et al.* (1964ff.). Der neue Ansatz führte entgegen der ursprünglichen Intention meist zu einer Vermehrung des Stoffes. Die Bücher dieser Periode haben oft mehr als den doppelten Umfang älterer Bücher bei gleichzeitig wesentlich komprimierterer Darstellung. Insgesamt dominieren geometrische Fragestellungen; Gesichtspunkte der Linearen Algebra spielen, wenn überhaupt, eine untergeordnete Rolle. Es gibt jedoch auch Ausnahmen. In *Bachmann* (1972) z.B. dominiert zwar weiterhin die geometrische Sicht, es sind aber Begriffe und Inhalte der Linearen Algebra (Vektorraumtheorie, Bilinearität, Matrizen) hinzugenommen worden.

Beispiel 3 (unterschiedliche Schulbuchansätze): Unterschiede gibt es bei der Darstellung der Kegelschnitte, die im Vergleich zur traditionellen Analytischen Geometrie in der Regel stark gekürzt wurde. Einige Bücher bleiben bei deren Beschreibung durch Koordinaten (z.B. *Honsberg* 1967): „Zur Beschreibung der Kegelschnitte ist die Vektorschreibweise weniger geeignet als die Koordinatenschreibweise, die wir hier bevorzugen. Die Darstellungsweise sollte sich dem zu beschreibenden Objekt unterordnen" (ebd., 142; vgl. ferner Aufg. 4). In mehreren Büchern arbeitet man sowohl mit einer koordinatenbezogenen als auch mit einer vektoriellen Beschreibung der Kegelschnitte (z.B. *Köhler et al.* 1964; *Reidt/Wolff/Athen* 1967).

Manche Schulbücher haben einen doppelten Aufbau (z.B. *Schröder/Uchtmann* 1970). Die Analytische Geometrie wird zum einen in Koordinatenform, zum anderen noch einmal vektoriell abgehandelt.[10] Eine zusätzliche Stofferweiterung ergibt sich durch Hinzunahme vielfältiger Inhalte aus der Abbildungsgeometrie, von Vektor- und Spatprodukt sowie der Determinante.

Der Begriff Vektor wird in der Regel als Klasse gleichlanger, gleichgerichteter und gleichorientierter Strecken in der Ebene bzw. im Raum eingeführt (Pfeilklassenvektor) (vgl. *Köhler et al.* 1964, 2ff.). Das Skalarprodukt wird durch $\vec{a}\cdot\vec{b}=|\vec{a}||\vec{b}|\cos\gamma$ $(\gamma = \sphericalangle\,(\vec{a},\vec{b})$ oder durch $\vec{a}\cdot\vec{b}=|\vec{a}||\vec{b}_{\vec{a}}|$ definiert. Oft werden diese Definitionen durch Anwendungen aus der Physik motiviert, z.B. mit Hilfe des Gesetzes von der Arbeit $A = \vec{K}\cdot\vec{s}$ (wirksame Kraft mal Weg). Andere Bücher rechtfertigen die Einführung des Skalarprodukts durch die Frage nach der „Produktbildung" von Vektoren. Begriffe wie „Länge" und „Winkelmaß" werden als intuitiv gegeben vorausgesetzt. Mit dem so definierten Skalarprodukt lassen sich metrische Sätze der Elementargeometrie beweisen. In vielen Büchern ist ein möglichst koordinatenfreies Arbeiten in der Anfangsphase erklärte Absicht. In der Tat braucht man für die Behandlung metrischer Sätze und Sachverhalte aus der Elementargeometrie nur die Distributivität und die Symmetrie des Skalarprodukts sowie die Tatsachen $\vec{a}\perp\vec{b}\Leftrightarrow\vec{a}\cdot\vec{b}=0$ und $|\vec{a}|^2 = \vec{a}\cdot\vec{a}$, nicht aber seine Koordinatendarstellung.

Beispiel 4 (Satz aus der Viereckslehre): Die Diagonalen im Rhombus stehen senkrecht aufeinander. *Beweis*: Der Rhombus sei von den gleichlangen Vektoren $\vec{a}$ und $\vec{b}$ aufgespannt. Dann sind seine Diagonalen durch $\vec{a}+\vec{b}$ und $\vec{a}-\vec{b}$ gegeben. Es gilt $(\vec{a}+\vec{b})\cdot(\vec{a}-\vec{b}) = |\vec{a}|^2 - |\vec{b}|^2 = 0$. Der Beweis macht deutlich, daß auch die Umkehrung des Satzes gilt (vgl. auch 1.2.2.1 Beispiel 28 und Aufg. 5).

Die lineare Unabhängigkeit wird über die geometrischen Begriffe „kollinear" und „komplanar" eingeführt. Sie spielt eine Rolle beim vektoriellen Beweisen elementargeometrischer affiner Sätze (vgl. Beispiel 5 in 1.1.2 und 27 in 1.2.2.1) sowie im Zusammenhang mit der Parameterdarstellung von Ebenen und bei der Betrachtung linearer Schnittgebilde.

In mehreren der hier angesprochenen Schulbücher bzw. in Ergänzungsbänden werden die *affinen Abbildungen* der Ebene, manchmal auch des Raumes, ausführlich behandelt. Dabei dominieren geometrische Fragestellungen und Begriffsbildungen. Die affinen Abbildungen werden durch die Angabe der Abbildungsgleichungen gekennzeichnet:

$$x' = a_1x + b_1y + c_1 \text{ und } y' = a_2x + b_2y + c_2 \ (*).$$

Diese Definition ist in der Regel Ergebnis eines Abstraktionsprozesses, in dessen Verlauf man die Gleichungen der in der Mittelstufe behandelten Abbildungen miteinander vergleicht (Translation, Geradenspiegelung, Drehung, Streckung usw.). Zur Vereinfachung benutzt man später statt der Abbildungsgleichungen (∗) eine vektorielle Schreibweise. Manche Autoren führen auch Matrizen ein.

Aufgabeninseln und Routineaufgaben

Einen großen Raum nehmen die folgenden beiden Themenkreise ein:

- Parameterformen der Geraden- und Ebenengleichungen und als deren Anwendung die Berechnung von Schnittgebilden; diese Aufgaben führen auf die Lösung von LGS (vgl. Aufg. 6);

---

[10] Dies hängt auch mit der Strategie einiger Schulbuchverlage zusammen, Lehrer, die keine Veränderung im Unterricht vornehmen wollen, auch bei Neugestaltung weiterhin an das eingeführte Lehrwerk zu binden.

– Normalenformen der Geraden- und Ebenengleichungen und als deren Anwendung die Bestimmung von Abständen und die Berechnung von Schnittwinkeln, etwa zwischen Ebenen. Durch diese beiden Themenkreise sind die zentralen Aufgabeninseln von Kursen zur Analytischen Geometrie gekennzeichnet. Diese Aufgabenbereiche lassen sich auf wenige Musteraufgaben zurückführen und tragen daher einen fast algorithmischen Charakter, ähnlich den Aufgaben zur Kurvendiskussion im Analysisunterricht. Der notwendige Aufwand an abstrakten, formalen Fachbegriffen ist gering. Solche Aufgabeninseln haben für den Unterricht eine wichtige Funktion.

Beispiel 5 (Abstandsprobleme und ihre Lösung): Die Aufgabeninsel der Abstandsfragen umfaßt mehrere Grundaufgaben als Teilbereiche: die Berechnung des Abstandes eines Punktes von einer Ebene, eines Punktes von einer Geraden und des Abstandes zwischen zwei Geraden, insbesondere windschiefen Geraden. Diese Grundaufgaben werden in der Mehrzahl der Schulbücher auf zwei verschiedenen Wegen bearbeitet. Man behandelt sie zunächst direkt im Anschluß an die Einführung des Skalarproduktes, indem man Fußpunkte eines Lots berechnet. Eine zweite Behandlung erfolgt dann im Anschluß an die Einführung der Hesseschen Normalenform von Geraden und Ebenen:

(1) *Abstand Punkt-Ebene*: Es sei $\vec{n}_0 \cdot \vec{x} - p = 0$ mit $p \geq 0$ und $|\vec{n}_0| = 1$ die Hessesche Normalenform der Ebenengleichung der Ebene E, und der Punkt A sei durch den Ortsvektor $\vec{a}$ gegeben. Dann ist $|p - \vec{n}_0 \cdot \vec{a}|$ der Abstand des Punktes A von der Ebene E;

(2) *Abstand Ebene-Ebene*: Es muß nur der Fall paralleler Ebenen betrachtet werden; dieses Problem läßt sich auf den Fall (1) zurückführen;

(3) *Abstand Punkt-Gerade*: Sei der Punkt P durch $\vec{p}$ und die Gerade g durch $\vec{x} = \vec{a} + r\vec{b}$ gegeben, dann entspricht der Abstand dem Flächeninhalt des von den Vektoren $\dfrac{\vec{b}}{|\vec{b}|}$ und $\vec{a} - \vec{p}$ aufgespannten Parallelogramms, der sich u.a. unmittelbar mit Hilfe des Vektorprodukts dieser beiden Vektoren berechnen läßt;

(4) *Abstand Gerade-Gerade*: Es muß nur der Fall zweier windschiefer Geraden g_1 und g_2 betrachtet werden; der Fall paralleler Geraden läßt sich auf (3) zurückführen. Man bettet g_1 in eine zu g_2 parallele Ebene ein und führt die Aufgabe dann auf (1) zurück. Dieser Aufgabentyp ist schwierig (vgl Aufg 7a).

Neben den direkten Problemstellungen, wie sie oben beschrieben sind, finden sich in Schulbüchern weitere Aufgaben in vielfältiger Einkleidung. So soll etwa aus einer Kugelschar diejenige Kugel herausgesucht werden, die eine vorgegebene Ebene berührt (vgl. ferner die Aufg. 7b und 8).

Lineare Gleichungssysteme und Determinanten in älteren Schulbüchern

Aufgaben zum Thema Schnittgebilde und die Untersuchung der linearen Unabhängigkeit von Koordinatenvektoren führen auf lineare Gleichungssysteme, die in der Regel formlos durch Übertragung der Methoden der Mittelstufe gelöst werden (meist Gleichsetzungs- und Einsetzungsmethode). Erst in Schulbüchern späterer Perioden findet man Ansätze einer systematischen Behandlung von Gleichungssystemen, wobei entweder die Betrachtungsweise der (formalen) Linearen Algebra (vgl. 2.1.2) oder die algorithmische Sichtweise (Gaußscher Algorithmus; vgl. 2.1.3) im Vordergrund stehen.

Einige ältere Schulbücher, wie z.B. *Köhler et al.* (1964), gehen einen sehr eigenen Weg, indem sie lineare Gleichungssysteme mit Hilfe von Determinanten lösen. „Neben den bisher bekannten Lösungsverfahren für solche Systeme wollen wir ein neues kennenlernen, das den vektoriellen Problemen besonders angepaßt ist" (ebd., 12). Durch Umformungen des linearen Gleichungssystems $a_i x + b_i y = c_i$, $i = 1, 2$, kommt man auf die Lösungsformeln:

$$x = \frac{c_1 b_2 - c_2 b_1}{a_1 b_2 - a_2 b_1} \text{ und } y = \frac{a_1 c_2 - a_2 c_1}{a_1 b_2 - a_2 b_1}. \text{ Zur Abkürzung führt man durch } ad - bc = \begin{vmatrix} a & b \\ c & d \end{vmatrix}$$

die Determinante ein. Ein analoges, wenngleich sehr viel komplexeres Verfahren führt auf die Rekursionsformel für die dreireihige Determinante. Man erhält auf diese Weise die Cramersche Regel für reguläre lineare Gleichungssysteme mit zwei und drei Variablen (vgl. 1.1.5 Beispiel 14 und 15). Neben der rechnerischen Herleitung der üblichen Determinanteneigenschaften (z.B. der alternierenden Multilinearität) betrachten *Köhler et al.* (1964, 138ff.) die „Determinantenform"[11] für Geraden- und Ebenengleichungen (vgl. Aufg. 9). Dieser Exkurs wird fachlich weder den linearen Gleichungssystemen gerecht, da er eine Beschränkung auf eindeutig lösbare Systeme beinhaltet, noch zeigt er die Bedeutung der Determinante angemessen auf.

2.1.2 Die Lineare Algebra der Neuen Mathematik

Wir beginnen mit einer Beschreibung des curricularen Ansatzes der Neuen Mathematik, in dessen Mittelpunkt eine formale Behandlung von euklidischen Vektor- und Punkträumen steht. Die Position der Neuen Mathematik wird z.B. von *Seebach* (1973) in einer allgemeinen Didaktik zum Mathematikunterricht der Sekundarstufe II und in zahlreichen Schulbüchern, die ihre Erstauflage zwischen 1973 und 1979 erfahren haben, vertreten. Wir beziehen uns insbesondere auf *Seebach* und das Schulbuch von *Jehle et al.* (1978).[12] Die Position läßt sich folgendermaßen kennzeichnen:

– Der axiomatische Vektorraumbegriff und formales Deduzieren aus Axiomen stehen im Vordergrund. Analytische Geometrie bedeutet eine mit den Mitteln der Linearen Algebra axiomatisierte Geometrie.
– Sprache und Aufbau lehnen sich an die universitäre Anfängervorlesung an, der begriffliche Apparat ist äußerst umfangreich. Im Gegensatz zur Universitätsvorlesung geht der axiomatischen Kennzeichnung einer Theorie eine kurze Motivierungsphase voran, in der ein konkretes Modell vorgestellt wird. Analytische Geometrie ist eine formale Anwendung der Theorie.

Die Begründung für ein solches Vorgehen ist bei den verschiedenen Autoren ähnlich. „Analytische Geometrie, die heute vielfach als Lineare Geometrie bezeichnet wird, und Infinitesimalrechnung stehen nach wie vor am Beginn jeder mathematischen Hochschulbildung. Um den Übergang vom Gymnasium zur Hochschule zu erleichtern, erscheint es deshalb geboten, bei der Behandlung dieser traditionellen Disziplinen auch im gymnasialen Oberstufenunterricht so weit wie möglich die in der heutigen Mathematik übliche deduktive (axiomatische) Methode zu verwenden. Diese Methode, d.h. das Aufstellen von Grundsätzen (Axiomen) und das Ableiten von Erkenntnissen (Lehrsätzen)

---

[11] Es handelt sich hier um einen Schulbuchausdruck, nicht um den fachwissenschaftlichen Terminus.
[12] Andere Schulbücher, die dieser Position im großen und ganzen zuzuordnen sind: *Andelfinger/Radbruch* (1979); *Faber/Brixius* (1974/75); *Hahn/Dzewas/Pfetzer* (1979); *Tischel* (1975/77) u.a.

nach den Gesetzen der Logik, ist daher auch für dieses Lehrbuch bestimmend" (*Jehle et al.* 1978, 7).

Wir skizzieren den Kursaufbau. In einem Einführungsteil werden dem Schüler zunächst wichtige Leitbegriffe vorgestellt: Relation, Abbildung, algebraische Struktur, innere und äußere Verknüpfung, verknüpfungstreue Abbildung, Gruppe und Körper. Daran schließt sich als erster Schwerpunkt die Behandlung der *Vektorraumtheorie* an. Zur Illustration der Diktion zitieren wir eine diesem Kapitel vorangestellte vorstrukturierende Lernhilfe: „Nach Mengen mit einer oder zwei inneren Verknüpfungen studieren wir nun eine spezielle algebraische Struktur mit einer inneren und einer äußeren Verknüpfung" (*Jehle et al.* 1978, 29).

Anhand eines kurzen Hinweises auf die Addition von Pfeilklassen werden der Begriff Vektorraum axiomatisch gekennzeichnet und Beispiele dazu gegeben. Dieses methodische Vorgehen – knappes Einführungsbeispiel, axiomatische Kennzeichnung, Überprüfung der Merkmale in Beispielen – ist typisch. Viele Aufgaben bestehen in einer solchen Strukturüberprüfung. Kritiker sprachen seinerzeit ironisierend von „Strukturerkennungsdienst". Die weitere Entwicklung der Vektorraumtheorie umfaßt Unterräume, erzeugende Systeme, lineare Abhängigkeit sowie Basis und Dimension. Sie findet ihren (formalen) Höhepunkt im Dimensionssatz (vgl. Abschnitt 1.1.1).

Nach *Seebach* (1973, 90) bietet sich hier ein weites Feld für ein deduktives Vorgehen: „... ein Paradebeispiel für den Aufbau einer axiomatisch begründeten mathematischen Theorie. Das Begriffssystem ist noch gut überschaubar, die Beweise sind relativ einfach. Veranschaulichungen und einfache Beispiele stehen in hinreichendem Maße zur Verfügung."

Beispiel 6 (Aufgaben zu einer formalen Vektorraumtheorie in der Schule): Wir geben einige der Aufgaben wieder, die *Seebach* (1973, 90ff.) vorschlägt. Ausgangspunkt ist die folgende Definition der linearen Abhängigkeit: Die Vektoren $\vec{a}_i$ heißen „linear abhängig", wenn sich der Nullvektor als nichttriviale Linearkombination der $\vec{a}_i$ darstellen läßt; „linear unabhängig" wird als Negation von linear abhängig eingeführt. Es sollen die folgenden Sätze bewiesen werden.

- Jede Obermenge einer Menge linear abhängiger Vektoren ist ebenfalls linear abhängig, jede Teilmenge einer Menge linear unabhängiger Vektoren ist wieder linear unabhängig.
- Eine einelementige Menge von Vektoren ist linear abhängig genau dann, wenn sie aus dem Nullvektor besteht.
- Sind $\vec{a}_1, \vec{a}_2, \vec{a}_3, ..., \vec{a}_m$ linear unabhängig und ist $r_1\vec{a}_1 + r_2\vec{a}_2 + r_3\vec{a}_3 + ... + r_m\vec{a}_m = \vec{0}$, so folgt daraus: $r_1 = r_2 = r_3 = ... = r_m = 0$. Dieser Satz ist wichtig für die Anwendungen: Aus dem Verschwinden einer Linearkombination linear unabhängiger Vektoren kann geschlossen werden, daß ihre sämtlichen Koeffizienten Null sind.
- Seien $\vec{a}_1, \vec{a}_2, \vec{a}_3, ..., \vec{a}_m$ ($m \geq 2$) Vektoren aus einem Vektorraum **V** über dem Körper **K**. Dann sind die folgenden Aussagen äquivalent:
  (a) $\vec{a}_1, \vec{a}_2, \vec{a}_3, ..., \vec{a}_m$ sind linear abhängig; (b) einer dieser Vektoren ist Linearkombination der übrigen; (c) die lineare Hülle $\langle a_1, a_2, a_3, ..., a_m \rangle$ kann bereits durch $m - 1$ geeignete Vektoren aus den $\vec{a}_1, \vec{a}_2, \vec{a}_3, ..., \vec{a}_m$ erzeugt werden.
- Ist der Vektorraum **V** endlich erzeugt, so ist **V** entweder der Nullraum $\{\vec{0}\}$, oder es gibt mindestens ein linear unabhängiges Erzeugendensystem $\vec{a}_1, \vec{a}_2, \vec{a}_3, ..., \vec{a}_n$.

- Sind die Vektoren $\vec{a}_1, \vec{a}_2, \vec{a}_3, ..., \vec{a}_n$ linear unabhängig, dagegen $\vec{a}_1, \vec{a}_2, \vec{a}_3, ..., \vec{a}_n, \vec{b}$ linear abhängig, dann läßt sich $\vec{b}$ auf eine und nur eine Weise als Linearkombination der $\vec{a}_1, \vec{a}_2, \vec{a}_3, ..., \vec{a}_n$ darstellen. (Vgl. Aufg. 10.)

Die Theorie der *affinen Punkträume* wird in gleicher Weise axiomatisch deduktiv entwickelt. Die Axiome aus *Jehle et al.* (1978) sind in Abschnitt 1.1.1 Beispiel 1 aufgeführt. Begriffe wie Gerade und Ebene werden formal als Nebenklassen eingeführt. Die üblichen elementaren affin-geometrischen Sätze werden linear-algebraisch bewiesen.

Die Einführung *metrischer* Begriffe erfolgt in der Regel über die formale Kennzeichnung des Skalarprodukts als positiv definite, symmetrische Bilinearform $(\vec{a}, \vec{b}) \mapsto \vec{a} \cdot \vec{b}$. Länge, Orthogonalität und Winkelmaß werden dann wie folgt definiert:

(a) Länge von $\vec{a}$: $|\vec{a}| = \sqrt{\vec{a} \cdot \vec{a}}$; (b) Orthogonalität: $\vec{a} \perp \vec{b} \Leftrightarrow \vec{a} \cdot \vec{b} = 0; (\vec{a}, \vec{b} \neq \vec{0})$;

(c) Maß φ des nichtorientierten Winkels $\sphericalangle (\vec{a}, \vec{b})$ zweier Vektoren $\vec{a}$ und $\vec{b}$ mit Hilfe der Kosinusfunktion durch die Festsetzung: $\cos\varphi = \dfrac{\vec{a} \cdot \vec{b}}{|\vec{a}||\vec{b}|}; (0 \leq \varphi \leq \pi)$.

Dieser formalen Kennzeichnung des Skalarprodukts geht allerdings oft eine kurze geometrische Diskussion des Skalarprodukts für Pfeilklassen (z.B. $\vec{a} \cdot \vec{b} = |\vec{a}||\vec{b}|\cos\gamma$) als Einführungs- und Motivierungsphase voraus.[13]

Einen noch allgemeineren Weg gehen *Jehle et al.* (1978, 125ff.), indem sie zunächst einen abstrakten Längenbegriff für Vektoren anhand mehrerer Beispiele für Normen diskutieren: Betragsnorm, Maximumsnorm, verschiedene euklidische Normen. Sie untersuchen an diesen Normen dann geometrische Fragen wie die nach der Definition von Senkrecht-Stehen, der Existenz eines Lots und die nach der Existenz von längentreuen Abbildungen mit genau einem Fixpunkt (etwa Drehungen). Dabei kommen sie zu dem Ergebnis, daß unter den diskutierten Normen nur die euklidischen Normen zu einer metrischen Geometrie führen, in der die Existenz eines Lots gewährleistet ist und die „ausreichend" viele solcher längentreuen Abbildungen besitzt. Noch weiter geht *Drumm* (1978), indem er eine plausible Auszeichnung der euklidischen Normen anstrebt: er zeigt, daß eine Norm, die zu jedem Vektor die Existenz eines Lots gewährleistet, eine euklidische Norm ist. (Vgl. 1.1.6.)

Beispiel 7 (Probleme bei der formalen Einführung des Winkelmaßes): Die oben angegebene Definition eines Winkelmaßes mit Hilfe des Kosinus ist problematisch, wenn dieser Kosinus geometrisch eingeführt wurde. Korrekt ist sie dann, wenn die Kosinusfunktion analytisch mit Hilfe von Potenzreihen definiert wird. Hierauf wird in der Regel in Schulbüchern nicht hingewiesen, weil man vermutlich annimmt, hiermit nun doch den Rahmen der Schule zu sprengen.

Die formale Kennzeichnung des Skalarprodukts bringt einige gravierende unterrichtliche Probleme mit sich. Es wird dem Schüler meist nicht deutlich, daß die früher gegebene inhaltliche Definition des Skalarprodukts einen ganz anderen Sinn hat als die formale Definition. Letztere besteht ja nur aus Forderungen, und es ist keineswegs gewährleistet, daß ein so gekennzeichnetes Skalarprodukt überhaupt für beliebige Vektorräume

---

[13] Vgl. auch *Andelfinger/Radbruch* (1974); *Faber/Brixius* (1975). *Tischel* (1975/77) diskutiert als weiteres einführendes Beispiel ein Skalarprodukt über Funktionenräumen.

existiert oder eindeutig ist. Hierdurch werden Fragen angeschnitten, die in der Regel für Schüler zu schwierig sind und daher in den Schulbüchern auch kaum diskutiert werden.

Die Behandlung der *Abbildungen* entspricht der modernen Fachsystematik – allerdings mit der Einschränkung auf den Fall $n = 2$ (vgl. *Jehle et al.* 1978). Es werden zunächst die linearen Abbildungen des Vektorraums in sich eingeführt (Endomorphismen). Affine Abbildungen werden dadurch gekennzeichnet, daß die von ihnen induzierten Abbildungen des zugehörigen Vektorraums linear sind (vgl. Abschnitt 1.1.1). Es wird dann gezeigt, daß man lineare und affine Abbildungen und deren Verkettungen mit Hilfe von Matrizen und deren Multiplikation darstellen kann. Inhaltlicher Schwerpunkt sind die folgenden Themen: Eigenschaften und Klassifikation affiner Abbildungen, Eigenschaften und Klassifikation von Kongruenz- und Ähnlichkeitsabbildungen. Bei der Behandlung dieser Themen dominiert die linear-algebraische Vorgehensweise. Man arbeitet mit dem Matrizenkalkül, Determinanten und Eigenvektoren.

2.1.3 Die anwendungsorientierte Lineare Algebra

Unter dem Einfluß angelsächsischer Fachliteratur wurden um 1980 herum in der BRD Schulbücher entwickelt, in denen eine anwendungsorientierte Lineare Algebra eine wichtige Rolle spielt (*Artmann/Törner* 1980; *Lehmann* 1983). Bereits Anfang der 70er Jahre gab es in den angelsächsischen Ländern Universitäts- bzw. „College"-Lehrbücher, die die Lineare Algebra nicht axiomatisch, sondern über ihre Anwendungen entwickeln.[14] Die hier skizzierte Position kann als eine Reaktion auf die schulpraktischen Probleme mit der Neuen Mathematik und auf die Schwierigkeiten bei deren didaktischer Begründung angesehen werden.

Im Mittelpunkt der anwendungsorientierten Linearen Algebra stehen, aus mathematischer Perspektive, der Umgang mit Matrizen und der systematische Einsatz von Algorithmen, insbesondere des Gaußschen Algorithmus. Gleichungssysteme sind von besonderer Bedeutung. Einmal lassen sich durch Gleichungssysteme und den Gaußschen Lösungsalgorithmus wesentliche Teile der Linearen Algebra aufbauen (vgl. Abs. 1.1.7), zum anderen sind sie ein zentrales Mathematisierungsmuster, das in vielfältigen Verwendungssituationen eine Rolle spielt. In der deutschsprachigen Diskussion lassen sich zwei curriculare Ansätze unterscheiden. Einmal stehen isolierte Problemkontexte, wie etwa Kommunikationsprobleme, Teileverflechtungsprobleme oder Markoff-Prozesse, im Mittelpunkt eines problemorientierten Unterrichts. Andere Autoren dagegen plädieren für eine stärkere Systematik, indem sie die linearen Gleichungssysteme, Matrizen und den Gaußschen Algorithmus als Leitideen und als systematisches Band für vielfältige innermathematische Inhalte und Verwendungssituationen benutzen (vgl. Abs. 1.1.7 und 1.2.2.4).

Wir stellen diesen Ansatz anhand des Schulbuchs von *Artmann/Törner* (1980, 1988) dar. Mischungsprobleme und Fragen der innerbetrieblichen Leistungsverrechnung motivieren die linearen Gleichungssysteme. Eine systematische Behandlung mittels des Gaußschen Algorithmus schließt sich an. Dabei wird auch die besondere Bedeutung der homogenen Gleichungssysteme herausgearbeitet (für Leistungskurse):

(a) die Menge ihrer Lösungen ist abgeschlossen gegenüber der Addition und der S-Multiplikation;

---

[14] Vgl. z.B. *Campbell* (1971); *Fletcher* (1972); *Sawyer* (1972) und *Strang* (1976).

(b) alle Lösungen eines allgemeinen Gleichungssystems lassen sich in der Form $\vec{x}_{\text{sing}} + \vec{x}_{\text{hom}}$ dar-stellen, wobei $\vec{x}_{\text{sing}}$ eine feste Lösung des Systems und $\vec{x}_{\text{hom}}$ eine beliebige Lösung des zuge-hörigen homogenen Systems ist.

Auf eine explizite Herausstellung des Vektorraumbegriffs im Zusammenhang mit den Lösungen homogener Gleichungssysteme wird verzichtet. Das entspricht der Tendenz, abstrakte strukturelle Ideen nur so weit zu behandeln, wie das vom konkreten Kontext her zu rechtfertigen ist.

Die Darstellung eines Gleichungssystems in der Form $A\vec{x} = \vec{b}$ gibt Anlaß, Vektoren als Zahlenspalten sowie Matrizen und deren Multiplikation einzuführen. Zur weiteren Vertiefung der Matrizenmultiplikation werden Teileverflechtungsprobleme bearbeitet. Die Analogie zwischen $ax = b$ und $A\vec{x} = \vec{b}$ ist Ausgangspunkt für eine matrizenalgebra-ische Behandlung von linearen Gleichungssystemen und für eine Untersuchung von Matrizen und deren Verknüpfungen unter algebraischen Gesichtspunkten (neutrales Ele-ment, Nullteiler, Inversenbildung usw.).

Die Spaltenvektoren (Zeilenvektoren) des $\mathbb{R}^3$ werden später geometrisch als Zeiger und Punkte gedeutet. Die geometrische Interpretation wird mit dem Ziel eingeführt, die Parameterdarstellung der Lösungsmenge geometrisch zu deuten, Sätze über die Lösungs-mannigfaltigkeiten, etwa über deren Dimension, und somit eine geometrische Theorie der linearen Gleichungssysteme zu erhalten. In diesem Zusammenhang werden der Be-griff der linearen Abbildung durch $\vec{x} \mapsto A\vec{x}$ (A Matrix des Gleichungssystems) und die algebraische Beschreibung des Senkrecht-Stehens entwickelt. Es lassen sich dann Sätze wie die folgenden aussprechen.

Beispiel 8 (Sätze zu LGS und Abbildungen): (a) Die Lösungsmenge des Gleichungssystems $A\vec{x} = \vec{0}$ ist gleich dem Kern der Abbildung $f : \vec{x} \mapsto A\vec{x}$ und besteht aus der Menge aller Vektoren, die senkrecht auf allen Zeilenvektoren von A stehen. (b) Man gelangt damit auch unmittelbar auf die Dimensionsformel $\dim B(A) + \dim K(A) = 3$, wobei man $K(A)$ als Lösungsmenge eines Glei-chungssystems $A\vec{x} = \vec{0}$ oder als Kern der linearen Abbildung $f : \vec{x} \mapsto A\vec{x}$ interpretieren kann. Entsprechend wird $\dim B(A)$ einmal als Rang des Gleichungssystems, zum anderen als Dimension des Bildes von f gedeutet. In diesem Kontext spielt der Gaußsche Algorithmus eine wichtige Rolle. (c) Hinter der zweiten Deutung der obigen Dimensionsformel als Formel für Abbildungen steht der Satz, daß der Zeilenrang einer Matrix gleich ihrem Spaltenrang ist. Dieser Satz wird bei *Artmann/ Törner* für 3×3-Matrizen elementar bewiesen. (Vgl. Aufg. 11.)

Die hier vorgeschlagenen Inhalte lassen zahlreiche Erweiterungen zu, sowohl in Richtung auf Anwendungen als auch auf interessante innermathematische Problemstel-lungen. *Artmann/Törner* schlagen die Behandlung des Stücklistenproblems und des Leontief-Modells vor. Solche Verflechtungsprobleme führen auf Gleichungssysteme von der Form $(E - V)\vec{x} = \vec{b}$; dabei ist V die Verflechtungsmatrix, $\vec{x}$ der Produktionsvektor und $\vec{b}$ der Netto-Output-Vektor. Es stellt sich die Frage nach der Lösbarkeit eines sol-chen Gleichungssystems, wobei nur nichtnegative Lösungen interessieren. (Vgl. 1.2.1.2)

Beispiel 9 (Lösung von Verflechtungsproblemen):

(a) Im Fall des *Stücklistenproblems* ist die Lösung gut zu bearbeiten und führt auf eine vertiefte Behandlung von Matrizen. Zur Lösung der Gleichung $(E - V)\vec{x} = \vec{b}$ fragt man nach dem Inversen von $(E - V)$. In Analogie zur arithmetischen Formel $(1 - a)^{-1} \cdot (1 - a^n) = 1 + a + ... + a^{n-1}$ läßt sich eine entsprechende Formel für Matrizen herleiten: $(E - V)^{-1}(E - V^n) = E + V + ... + V^{n-1}$. Die Verflechtungsmatrix V beim Stücklistenproblem ist eine obere Dreiecksmatrix, die in der Diagonalen und darunter nur Nullen enthält. Es läßt sich nun zeigen, daß es für solche Matrizen ein $n \in \mathbb{N}$ gibt, so daß $V^n = 0$. Mit Hilfe der obigen Formel erhält man also

$\quad (E - V)^{-1} = E + V + ... + V^{n-1}$.

(b) Für das Leontief-Modell ist die Frage nach geeigneten Lösungen schwerer zu klären.

Exkurs: Matrizen und Motivation

Laugwitz (1975, 1977) verknüpft die Frage nach dem außermathematischen Anwendungsbezug und die Frage nach der Motivation miteinander. Dazu unterscheidet er zwischen *lokaler* und *globaler* Motivierung sowie zwischen *inner-* und *außermathematischer* Motivierung.

„Die Motivierung für den Lernenden, welcher nicht primär an Mathematik interessiert ist, sollte lokaler Natur sein, d.h., jeder neue Begriff, jede neue Methode sollte einzeln und für sich motiviert werden. Und sie sollte, wenn irgend möglich, außermathematischer Natur sein, es sollten unmittelbare Anwendungen in den Gebieten gegeben werden, welche der Lernende kennt. Darüber hinaus sollten die Motivierungen überzeugend sein. Nehmen wir zur Erläuterung ein Beispiel aus einem anderen Teil der Mathematik: Es mag sein, daß für die Erweiterung des Körpers der rationalen Zahlen zum Körper der reellen Zahlen auf der in Frage kommenden Altersstufe bereits innermathematische Motivierungen ausreichen und man keine außermathematischen braucht; doch die Tatsache, daß es keine rationale Zahl mit Quadrat 2 gibt, ist noch keine überzeugende Motivierung" (*Laugwitz* 1975, 177).

Laugwitz' Ansatz ist in engem Zusammenhang mit den Vorstellungen *Wagenscheins* zu sehen. Er versucht, durch ein genetisches und exemplarisches Vorgehen einen geeigneten Weg zur Strukturmathematik zu finden.

„Die Genesis mathematischer Strukturen führt von einfachen mathematischen Modellen bekannter Situationen und Phänomene über vorläufige Begriffsbildungen zu allgemeinen Theorien. Von Spalten und Matrizen her werden die Begriffe des Vektorraums und des Morphismus erschlossen; sie stehen am Ende eines Lernprozesses, sind nicht an seinen Anfang zu setzen" (*Laugwitz* 1977, 69).

Zum weiteren Ablauf des Unterrichts in einem Stoffgebiet schreibt *Laugwitz*:

„Ein exemplarischer Zugang determiniert den weiteren Weg noch nicht, der spätere Ablauf ist noch offen. Eine Lenkung seitens des Lehrenden muß erfolgen; er wird Seitenwege, die von den nun einmal gesetzten Lernzielen zu weit wegzuführen drohen, zunächst nicht weiter begehen lassen und das besser der selbständigen Arbeit von Einzelnen überlassen. Doch sollte die Offenheit der Entwicklung gerade positiv genutzt werden zu einer Selektion derjenigen weiterführenden Stoffe und Methoden, welche im Rahmen der allgemeinen Lernziele von besonderem Interesse für die Lernenden sind" (ebd., 69f.).

Laugwitz listet die folgenden außermathematischen Problemsituationen auf, deren Mathematisierung jeweils auf Teilaspekte der Matrizenrechnung führt (Multiplikation von Matrizen, Transponierte, Inverse, speziell Inverse von stochastischen Matrizen):

- Kommunikationsprobleme, Geheimschriften, Codierungsprobleme (vgl. *Fletcher* 1967, 1968; *Wittmann* 1976);
- Teileverflechtung in der Wirtschaft und Industrie (vgl. Abschnitt 1.2.1.2);

– Populationsprobleme (vgl. Abschnitt 1.2.1.3);
– Markoff-Prozesse (vgl. Abschnitt 1.2.1.3).

Beispiel 10 (Kommunikationsmatrizen und die Multiplikation von Matrizen): Ausgangssituation ist eine Gesellschaft von n Personen P_i , die jeweils eine oder mehrere Sprachen S_j beherrschen. a_{ij} ist nun jeweils 1 oder 0, je nachdem, ob P_i die Sprache S_j beherrscht. Sei $A = (a_{ij})$, dann ist die Matrix AA^T eine sog. „Kommunikationsmatrix", die die Anzahl der Sprachen angibt, in denen sich je zwei Personen miteinander unterhalten können. Das Ausgangsproblem läßt eine Reihe von Modifikationen und Ausweitungen zu, etwa Nachrichtenübermittlung mit Relaisstationen, die auf weitere Einzelheiten des Matrizenkalküls führen. Auch die Teileverflechtung führt direkt auf die Matrizenmultiplikation. (Vgl. Aufg. 12.)

Grenzen außermathematischer Motivierung

Wir wollen uns mit den von *Laugwitz* betonten Fragen der außermathematischen Motivierung auseinandersetzen. Es kann keineswegs als abgesichert gelten, daß Probleme der Anwendung den Schüler generell mehr motivieren als innermathematische Probleme. Erfahrungen zeigen, daß diese Alternative für die Motivation allgemein eine nicht so große Rolle spielt, wie *Laugwitz* annimmt (vgl. auch Band 1, Kap. 4). Es gibt hier starke personenspezifische Unterschiede. Für die Motivierung im Unterricht sind vermutlich andere Faktoren wichtiger, z.B.:

– Verständlichkeit des Problems;
– Darbietung des Problems; Aufbau einer Erwartungshaltung beim Schüler;
– Vertrautheit des Schülers mit dem Kontext, dem das Problem entstammt;
– angemessener Schwierigkeitsgrad des Problems;
– soziales Klima und Unterrichtskultur (vgl. Band 1, 1.1.3).

In der schulischen Motivationspsychologie wird insbesondere der Gedanke der Leistungsmotivation von *Heckhausen* (1972, 1989) betont. Ein Problem ist dann motivierend, wenn es von mittlerer Schwierigkeit für den Schüler ist. Es muß eine Herausforderung, aber bei Einsatz auch lösbar sein, d.h. (a) planvolles Entdecken ist Voraussetzung für das Finden einer Lösung, und (b) bei Unterstützung durch Lernhilfen soll die Mehrzahl der Schüler das Problem lösen können.

2.1.4 Die didaktische und schulpraktische Auseinandersetzung mit der Linearen Algebra
2.1.4.1 Eine Auseinandersetzung mit den Begründungsargumenten der Linearen Algebra in der Neuen Mathematik

Die folgenden Argumente wurden in Abschnitt 2.1.2 für eine formale Lineare Algebra ins Feld geführt (vgl. auch die Diskussion in Band 1, Kap. 1.1, 1.2):

(a) ein schulisches Vorgehen, das sich in Diktion, Aufbau und Inhalt an die Anfängervorlesungen anschließt, ist notwendig für den Zugang zu einem mathematisch-naturwissenschaftlichen Studium;

(b) die Vektorraumtheorie ist ein einfaches, für die Schule geeignetes Beispiel einer axiomatisch-deduktiv aufgebauten Theorie;

(c) ein axiomatisch-deduktiver Aufbau liefert Oberbegriffe und Leitideen, die es gestatten, vielfältige Sachverhalte zu subsumieren;

(d) Vektorräume und affine Räume sind das adäquate algebraische Hilfsmittel, die Oberstufengeometrie mathematisch streng zu entwickeln.

Die Frage, ob im Sinne von *Argument (a)* die Behandlung der Linearen Algebra den Zugang zu einem mathematischen Studium erleichtert, muß eher negativ beantwortet werden. Die am Studienanfang niedrigere Sprachbarriere erweist sich als wenig bedeutsam. Auf der anderen Seite scheint ein Mangel an Techniken, an Detailkenntnissen in bezug auf konkrete Inhalte (wie geometrische Sachverhalte bzw. Objekte, spezielle Kurven, Flächen und Abbildungen, Algorithmen und Formeln) sowie ein Defizit an heuristischen Qualifikationen einschließlich geeigneter Einstellungen dem Studienanfänger in mathematischen Veranstaltungen Schwierigkeiten zu bereiten. Trotz der Betonung des formalen Deduzierens in der Periode der Neuen Mathematik waren die entsprechenden Qualifikationen mangelhaft, wie die in Band 1, Kap. 5 referierten Untersuchungen von *Leppig* (1978, 1979) zeigen. Auch die *Deutsche Mathematiker Vereinigung* fordert in einer Denkschrift bereits 1976, daß

„das Verständnis der für ein Gebiet typischen Probleme, Grundgedanken und Methoden, das Verstandnis des Inhalts eines Satzes und der Grundidee eines Beweises unbedingt den Vorrang behalten muß vor formaler Exaktheit und Vollständigkeit. ... Die Schüler sollen die Notwendigkeit eines Beweises sehen ... Plausibilitätsbetrachtungen sind ein legitimes Unterrichtsmittel, die selbstverständlich als solche gekennzeichnet werden müssen."

Darüber hinaus kann man, auch für Leistungskurse, in Frage stellen, daß Schule den Auftrag einer speziellen Berufsvorbereitung hat. Dieser Gedanke wird in der aktuellen Diskussion zur Allgemeinbildung besonders hervorgehoben. Ihre anfängliche Durchschlagskraft verdankte die Neue Mathematik der Tatsache, daß die Traditionelle Mathematik im Verhältnis zur wissenschaftlichen Mathematik weit zurückgeblieben war, und dem Umstand, daß das Verhältnis von Mathematik und Schulmathematik seinerzeit als eine Art Abbildverhältnis gesehen wurde.

Das *Argument (b)*, die Vektorraumtheorie sei ein einfaches, für die Schule geeignetes Beispiel einer axiomatisch aufgebauten Theorie, ist zumindest in Teilen einsehbar. Die Lineare Algebra ist in ihrem strukturellen Aufbau wesentlich einfacher als beispielsweise die Analysis. Es bleibt aber die grundlegende Frage, ob ein durchgängig axiomatisch-deduktives Vorgehen ein guter Weg ist, den Schüler mit der Methodologie der theoretischen Mathematik vertraut zu machen. Es besteht vielmehr die Gefahr, daß der Schüler einen axiomatisch-deduktiven Aufbau als mehr oder weniger willkürlich und vom Lehrer verordnet empfindet und daß er dadurch keinen Eindruck von der Bedeutung und Nützlichkeit strukturellen Denkens bekommt. Einen Schüler, der Mathematik vorrangig als ein Hilfsmittel der Beschreibung und der Berechnung erlebt hat, muß diese extreme Positionsumkehr verwirren; die Dinge erscheinen ihm künstlich und unnötig verkompliziert. Gerade und Ebene sind ihm vertraute und klare Begriffe, es besteht daher für ihn keine Notwendigkeit, sie neu zu erfinden.

Für den Analysisunterricht läßt sich ein Vorgehen rechtfertigen, das zunächst konkret-inhaltliche und kalkülhafte Aspekte betont und formal-axiomatische Kennzeichnungen als Ergebnis eines Exaktifizierungsprozesses behandelt; dessen Notwendigkeit wird deutlich, wenn man an die Grenzen etwa eines naiven Funktions-, Grenzwert- oder Ableitungsbegriffs gerät (vgl. Band 1, Abschnitt 2.2.2 und Kap. 7 und 8). Die konkreten Begriffe der Analytischen Geometrie wie Gerade, Ebene, Koordinatensystem, Pfeilklassen- und Spaltenvektor sowie Kollineation sind dagegen ausreichend präzise. Ein Loslösen von der ontologischen Basis ist also problematisch. Damit wird auch das *Argument (c)*, mathematische Strukturbegriffe können zu einer besseren kognitiven Verankerung des Schulwissens beitragen, hinfällig. *Kirsch* (1977) spricht von „Spießumkehr", *Freudenthal*

(1973) von „antididaktischer Inversion", wenn bei einem formalen Aufbau der Geometrie im Sinne der Linearen Algebra Sachverhalte als Definitionen und Axiome an die Spitze gestellt werden, die im ursprünglichen Verständnis aus anschaulich-konkreten Sachverhalten erst hergeleitet werden müssen:

- Definition von Gerade und Ebene durch lineare Gleichungen oder als Nebenklassen in einem Vektorraum;
- Definition von Länge und Winkelmaß über ein formal eingeführtes Skalarprodukt;
- Definition von ebener Drehung als orientierungserhaltender Kongruenzabbildung mit Fixpunkt oder als Abbildung mit der Matrix $\begin{pmatrix} a & -b \\ b & a \end{pmatrix}$ mit $a^2 + b^2 = 1$;
- Definition der affinen Abbildung als Verkettung einer linearen Abbildung und einer Translation.

Auf das *Argument (d)* zur Geometrie wird in einem umfassenderen Abschnitt zu Art und Umfang geometrischer Fragestellungen eingegangen.

Die Überbetonung des Formal-Axiomatischen liefert ein extrem verkürztes Bild, das die Mehrzahl der fundamentalen Ideen dieses Gebietes nicht berücksichtigt. Zudem ist die lineare Mathematik eher arm an mathematisch interessanten Gegenständen. Um den Aspekt des Formal-Axiomatischen aber dennoch deutlich werden zu lassen, bietet sich eher ein lokales Axiomatisieren an (s.u.). Es handelt sich dabei um einen Prozeß, in dem nach wichtigen Grundsätzen und allgemeinen Annahmen gesucht wird (vgl. Band 1, Kap. 5). Wir machen einige Vorschläge, die später z.T. weiter ausgeführt werden:

- eine Erörterung des Längenbegriffs, ausgehend von Grundforderungen über Eichkurven bis hin zur Kennzeichnung der euklidischen Metrik bzw. des Skalarprodukts (vgl. 1.1.6 und 3.2.2);
- ein Versuch, die Kollineationen und die geometrisch definierte Determinante (Volumen) durch algebraische Eigenschaften zu kennzeichnen (vgl. 1.1.5 und 3.3.1);
- eine Entwicklung der Theorie der linearen Gleichungssysteme nach einer vorangegangenen algorithmischen Behandlung; die Diskussion der Lösungsmenge kann zu einer einführenden Betrachtung von Vektorräumen hinleiten.

In der Auseinandersetzung um Axiomatik in der Schule spielt der Gegensatz abstrahierende versus charakterisierende Axiomatik eine Rolle. Er wird im nächsten Abschnitt diskutiert.

Exkurs: Abstrahierende oder charakterisierende Axiomatik – ein schulrelevanter Gegensatz?

Die *abstrahierende Axiomatik* erfaßt wichtige gemeinsame Strukturmerkmale von Objekten, die darüber hinaus mathematisch durchaus unterschiedlich sein können. Durch eine Untersuchung von Folgerungen und Konsequenzen aus diesen gemeinsamen Merkmalen trägt man einer gedanklichen Ökonomie Rechnung. Beispiele hierfür sind die Gruppen-, Körper- und Vektorraumaxiome sowie die Kolmogoroff-Axiome der Wahrscheinlichkeitsrechnung. Nimmt man bei Vektorräumen die Dimension hinzu und legt den Grundkörper fest, so sind die entsprechenden Strukturen eindeutig bestimmt – es liegt damit eine *charakterisierende Axiomatik* vor. Die Dedekind-Peano-Axiome der natürlichen Zahlen oder die Hilbertschen Axiome der reellen Zahlen etwa sind charakterisierend. Man spricht auch von polymorphen bzw. monomorphen Axiomensystemen, je nachdem ob die zugehörige Theorie – bis auf Isomorphie – mehrere oder genau ein Modell besitzt. Alle Modelle des n-dimensionalen Vektorraums über den reellen Zahlen sind isomorph zum $\mathbb{R}^n$; das zugehörige Axiomensystem ist also monomorph. Der Begriffsgegensatz polymorph-monomorph wirkt eher statisch. In den Begriffen „abstrahierend" und „charakterisierend" kommt dagegen stärker der Prozeß zum Tragen, z.B. ein mathematisches Objekt durch gewisse Eigenschaften unverwechselbar festzulegen (vgl. Band 1, Kap. 5.).

In der didaktischen Diskussion wird als Motivierung von Axiomatik oft der Gedanke der *Ökonomie* hervorgehoben. Es ist dies ein Argument, das im Rahmen der Fachmathematik fundamental ist, wenn man an die Fülle wichtiger Sätze in polymorphen Theorien, wie z.B. der Gruppentheorie, denkt. Im Rahmen der Schulmathematik gilt dieses Argument allenfalls für die Wahrscheinlichkeitsrechnung, nicht jedoch für die Vektorraum-Axiomatik, da der Schüler höchstens zwei bis drei Modelle kennenlernt, die er zudem noch identifiziert.[15] Dies scheint keine Grundlage dafür zu sein, die Bedeutung von Axiomensystemen erfassen zu können. Um den Aspekt der gedanklichen Ökonomie in der Mathematik dem Schüler aber dennoch nahezubringen, sollte man andere Wege gehen, indem man etwa die Bedeutung einzelner Merkmale, z.B. die Linearität, in ihrer Funktion als bereichsspezifische Strategie herausarbeitet.

Eine andere Argumentation findet sich bei *Jung* (1978) und *Artmann/Weller* (1981), in der insbesondere die Bedeutung der *charakterisierenden* Axiomatik hervorgehoben wird. „Die deskriptive (abstrahierende; Anm. des Autors) Axiomatik definiert Strukturen wie Gruppe, Ring, Körper, Verband usw., formal. Die materiale (charakterisierende; Anm. des Autors) sucht ein vorgegebenes Feld von Sachverhalten zu axiomatisieren im Sinne einer logischen Systematisierung. Von dieser Art der Axiomatik gehen daher starke Motivationen aus, die aus dem jeweiligen nichtmathematischen Feld herkommen, z.B. der Physik" (*Jung* 1978; zitiert nach *Artmann/Weller*). Hieran knüpfen *Artmann/ Weller* an. Es geht ihnen darum, „eine allgemein akzeptierte Lösung der Spannung zu finden zwischen der von der Mathematik geforderten implizit-formalen Begriffsdefinition und der von der Didaktik geforderten konkret-inhaltlichen Begriffsfestlegung"[16]. Sie meinen, diese Spannung durch den Wechsel zur charakterisierenden Axiomatik auflösen zu können. Sie realisieren diesen Gedanken in einer gestuften Hinführung zu einer formalen Charakterisierung des *n*-dimensionalen Vektorraums.

Beispiel 11 (ein Weg zu den Vektorraumaxiomen nach *Artmann/Weller* 1981): Die Grundlage für den Schritt in die Axiomatik sehen die Autoren in einer soliden Kenntnis des konkreten R^n als *n*-Tupelraum, insbesondere des R^3. Ziel ist die Charakterisierung des R^3 bzw. des R^n durch Eigenschaften. *Artmann/Weller* beschreiben einen Weg in vier Stufen: Charakterisierung der Abbildungen $\vec{x} \mapsto A\vec{x}$ durch die Linearität, eine Kennzeichnung der linearen Teilräume des R^n, deren Isomorphie zu einem R^k und schließlich die charakterisierende Axiomatik des R^n. Als zusätzliches Beispiel für charakterisierende Axiomatik in der Linearen Algebra führen sie die formale Kennzeichnung der Determinante durch Eigenschaften ein, die sich unmittelbar aus der konkreten Begriffsdefinition als Volumen ergeben: linear in den Spalten, alternierend und $|E| = 1$.

Die Realisierung des Gesamtprogramms erfordert einen hohen gedanklichen und begrifflichen Aufwand: Vertrautheit mit den Begriffen Basis, Dimension, dem Steinitzschen Austauschsatz und dem Isomorphiebegriff. Aus heutiger Sicht sprengt es den Rahmen von Schule. Einzelteile des Programms sind u.E. aber durchaus zu realisieren

---

[15] Für eine Vertiefung der Diskussion vgl. 3.1.4.

[16] *Artmann/Weller* beziehen sich auf ein Zitat aus *Reichel* (1978, 222). Zu Fragen des Definierens vgl. Band 1, Kap. 5.

und können bereits einen Einblick in die mathematische Methodologie vermitteln. Die Charakterisierung der linearen Abbildungen und der Determinante ist relativ leicht zu erfassen (vgl. 1.1.4/5). Wichtig scheint uns ferner ein zweiter, mehr psychologischer Gesichtspunkt: die Möglichkeit für den Schüler, den Unterschied zwischen konkret-inhaltlicher und formal-impliziter Begriffsfestlegung auch tatsächlich zu erkennen. Im Fall der Determinante ist dieser Unterschied sehr deutlich, da die Begriffsfestlegung als orientiertes Flächen- bzw. Volumenmaß auch im Verständnis des Schülers konkret ist. Beim Vektorraum ist der Unterschied an „Konkretheit" zwischen dem $\mathbb{R}^n$ und dem formal beschriebenen n-dimensionalen Vektorraum aus der subjektiven Sicht des Schülers sicherlich geringer – unserer Erfahrung nach so gering, daß die meisten Schüler ihn nicht erfassen und damit auch nicht den Gedanken der formal-impliziten Beschreibung und den der Loslösung aus der ontologischen Bindung.

Beispiel 12 (Charakterisierung der Determinante): Die Determinante $|\vec{a}\ \vec{b}|$ sei inhaltlich-konkret eingeführt als orientiertes Flächenmaß des von den Spaltenvektoren $\vec{a}$ und $\vec{b}$ aufgespannten Parallelogramms. Die Addition des Vielfachen einer Spalte zu einer anderen ($*$) entspricht genau einer Scherung entlang einer der Parallelogrammseiten, verändert also das orientierte Flachenmaß nicht. Ferner gilt $|\vec{e}_1\ \vec{e}_2| = 1$ ($**$) und schließlich $|\vec{a}\ \vec{b}| = -|\vec{b}\ \vec{a}|$ ($***$), weil sich durch Vertauschen der Spalten die Orientierung ändert. Man kann die Determinante nun eindeutig durch die drei Eigenschaften ($*$), ($**$) und ($***$) festlegen, wie man unmittelbar nachrechnet. Diese Überlegungen lassen sich auf die dreireihige Determinante übertragen. Auch für den n-dimensionalen Fall wird durch diese Eigenschaften eindeutig eine Determinante festgelegt, die aber verständlicherweise keinen konkret-inhaltlichen Bezug mehr hat.

2.1.4.2 Schulpraktische Konsequenzen: eine Lehrplanänderung von 1983

In der Praxis zeigte sich schnell, daß der formal-axiomatische Aufbau der Linearen Algebra für die Schule ungeeignet war. Anfang der achtziger Jahre kam es daher zu einer Revision der Lehrpläne. Wir betrachten hier exemplarisch die Lehrplanänderung in Rheinland-Pfalz (*Kultusministerium Rheinland-Pfalz* 1983).[17] Die Gründe für eine Einschränkung des formal-axiomatischen Ansatzes sind dabei weniger grundsätzlicher als pragmatischer Natur: „Auf Grund der zur Verfügung stehenden Zeit ... (kann) ein lückenloser Aufbau der Linearen Algebra und ein darauf fundierter axiomatischer Neuaufbau der Geometrie ... nicht angestrebt werden."

Beispiel 13 (Lehrplan Leistungskurs): „Als Schwerpunkt werden gewählt:
- die Losung linearer Gleichungssysteme und das Arbeiten mit Matrizen (wegen der vielseitigen Anwendbarkeit und der damit verbundenen Erschließung der Vektorrechnung);
- einfache Verfahren der vektoriellen analytischen Geometrie. (Durch Hervorhebung der Raumgeometrie kann damit auch in der Sekundarstufe II geometrisches Denken und Anschauungsvermögen geschult werden.)

... Ein möglicher Weg bearbeitet zunächst (homogene und inhomogene) Gleichungssysteme und führt zu den Begriffen Vektor, Erzeugendensystem, linear abhängig und linear unabhängig und

---

[17] Eine genaue Analyse dieser Lehrplanänderung findet sich in *Schmidt* (1993a). Die Zitate sind dieser Arbeit entnommen.

Basis über die Lösungsmengen der Systeme. Dann wird das Begriffssystem auf die Geometrie angewandt" (*Kultusministerium Rheinland-Pfalz* 1983).

Dieser und ähnliche Änderungsansätze haben ihren Niederschlag in vielen Schulbüchern gefunden, die bis heute noch gängig sind. *Schmidt* (1993a) beschreibt die Reaktion der Lehrer so: „Es gab nur wenige, die sich in dem eingeschlagenen Kompromiß so richtig wiederfinden konnten. Die einen bedauerten den Verzicht auf eine rigorose Lineare Algebra, andere forderten einen angemessenen Zeitumfang für eine stärkere Berücksichtigung der Abbildungsgeometrie, wiederum anderen kam die vertraute Analytische Geometrie zu kurz usw. Mit dem Niederschlag ähnlicher Konzeptionen in Schulbüchern und der Konkretisierung im Rahmen von Lehrerfortbildungsveranstaltungen entwickelten sich zwar zunehmend akzeptable Realisierungsansätze, so richtig zufrieden damit kann man aber sowohl aus didaktischer als auch aus unterrichtspraktischer Sicht bis heute nicht sein" (ebd., 24).

Deutlicher und grundsätzlicher sind die Lehrplanänderungen für den entsprechenden Grundkurs zum Thema Analytische Geometrie und Lineare Algebra ausgefallen.

Beispiel 14 (Lehrplan Grundkurs): „Ein Halbjahreskurs zu diesem Themenbereich muß sich auf wenige Ziele im Zusammenhang mit der angestrebten mathematischen Grundbildung konzentrieren. Als Kernbestand solcher Ziele werden im Hinblick auf eine allgemeine Studierfähigkeit erwartet:

- Vertrautheit mit dem Rechnen mit Vektoren
- Sicherheit im Umgang mit linearen Gleichungssystemen
- Geometrische (Raum-)Anschauung
- Fähigkeit zur geometrischen Veranschaulichung abstrakter Zusammenhänge.

Der folgende Kurs ist in seinem Schwerpunkt auf die Analytische Geometrie ausgerichtet. Als eine auch für den Schuler erkennbare Leitidee kann die Lösung geometrischer Problemstellungen mit Hilfe algebraischer Begriffe und Verfahren herausgestellt werden. Als geeignetes Hilfsmittel wird dabei die vektorielle Methode benutzt, deren Vorzüge vor allem durch die gleichartige Behandlung von geometrischen Fragestellungen in der Ebene und im Raum und durch die Übertragbarkeit auf andere Bereiche verdeutlicht werden können. Dabei wird der Anschauungsraum mit seinen geometrischen Eigenschaften von Beginn an vorausgesetzt und durchgehend benutzt, nicht erst nach längerem theoretischem Unterbau definiert.

Daraus ergeben sich als Konsequenzen:

- Vektoren, ihre Verknüpfungen und deren Eigenschaften werden aus geometrischen Zusammenhängen gewonnen;
- Begriffe der Linearen Algebra (linear abhängig, Erzeugnis, Basis, Skalarprodukt, ...) werden zur rechnerischen Bewältigung von Problemen des Anschauungsraums eingeführt, nicht zum Aufbau einer Vektorraumtheorie oder zur Definition geometrischer Grundbegriffe. An geeigneter Stelle wird die Übertragbarkeit dieser Begriffe auf andere Bereiche an einfachen Beispielen angedeutet.

Als bequemes Hilfsmittel zur Lösung linearer Gleichungssysteme wird durchgängig der Gaußsche Algorithmus benutzt. Damit erwirbt der Schüler diese wichtige Fertigkeit auch dann, wenn aus Zeitgründen auf die Entwicklung von Lösbarkeitskriterien nicht ausführlicher eingegangen werden kann" (*Kultusministerium Rheinland-Pfalz* 1983).

Wir haben diesen Entwurf für Grundkurse von 1983 so ausführlich dargestellt, da er unseren Beobachtungen nach charakteristisch ist für gegenwärtige Leistungskurse und – in reduzierter Form – auch für heutige Grundkurse in der Mehrzahl der Bundesländer.

2.1.4.3 *n*-Tupel und ihre geometrische Interpretation

Wir gehen hier auf eine fachdidaktische Position ein, die als eine konkrete Antwort auf die Probleme der Neuen Mathematik zu sehen ist, die aber darüber hinaus eine neue integrative und heute noch aktuelle Sicht auf die vektorielle Analytische Geometrie und die anwendungsorientierte Lineare Algebra gestattet. Wir beziehen uns auf die Arbeit von *Bürger et al.* (1980) und auf das Lehrwerk Mathematik Oberstufe von *Bürger et al.* (1978-1980; 1989-1993). Diese Position läßt sich durch zwei Merkmale charakterisieren:

– die Einführung des Vektorbegriffs über *n*-Tupel („arithmetischer Vektor");
– eine flexible geometrische Interpretation der *n*-Tupel als Pfeile, Pfeilklassen, Punkte und Translationen.

Hauptziel ist das verständige Handhaben des arithmetischen Vektorbegriffs in den verschiedenen schulrelevanten Interpretationsmöglichkeiten. In den oben genannten Arbeiten spielen geometrische Fragestellungen eine wichtige Rolle, so daß eine inhaltliche Nähe zur vektoriellen Analytischen Geometrie deutlich ist. Durch die Hervorhebung der *n*-Tupel als vorherrschendes Vektorraummodell ist auch die Einbeziehung von Anwendungen der Linearen Algebra gut möglich.

Vektoren werden als Elemente des $\mathbb{R}^n$ eingeführt und der Terminus „Vektor" bleibt stets an die Elemente des $\mathbb{R}^n$ gebunden. Das Rechnen mit diesen arithmetischen Vektoren wird als eine Art Verallgemeinerung des Zahlenrechnens gesehen. Die *n*-Tupel werden für $n = 2$ und 3 geometrisch als Punkte, Pfeile, Pfeilklassen und als Translationen interpretiert. Punkte, Pfeile, Pfeilklassen und Translationen mit den entsprechenden Verknüpfungen sind zwar Vektorraummodelle, doch werden sie hier nicht als eigenständige Modelle behandelt. Sie erfüllen eine schwächere Funktion, indem sie als Veranschaulichung der *n*-Tupel dienen (nach Einführung eines Koordinatensystems). Für die Addition von

n-Tupeln bedeutet das, daß sich ein Term der Form $\begin{pmatrix} 1 \\ 3 \\ 4 \end{pmatrix} + \begin{pmatrix} 4 \\ 5 \\ 6 \end{pmatrix}$ auf sehr verschiedene

Weise geometrisch interpretieren läßt:

– das erste Tupel wird als Punkt, das zweite Tupel als Pfeil und die Addition als „Anheften" des Pfeils an den Punkt bzw. als Verschieben des Punktes gedeutet; man kann auch sagen, daß auf einen Zustand ein Operator angewendet wird;
– die beiden Tupel werden als Pfeilklassen gedeutet, deren Addition durch Aneinanderhängen von Repräsentanten erfolgt; man kann diesen Vorgang als Verketten zweier Translationen oder auch Operatoren verstehen;
– die beiden Tupel werden als Punkte *P* und *Q* gedeutet; der Summe entspricht dann der Punkt *S*, der *O, P, Q* zu einem Parallelogramm ergänzt; dabei ist *O* der Ursprung des Koordinatensystems.

Die Möglichkeiten der Interpretation werden zwanglos und in verschiedenen Kombinationen verwendet, so wie es am zweckmäßigsten für das jeweilige Problem ist. Die Deutung als Punktaddition spielt eher eine geringe Rolle.

Die Interpretationen der arithmetischen Vektoren sind in Analogie zu der Einführung der verschiedenen Typen von Zahlen (natürliche, ganze Zahlen, Bruchzahlen) und deren Verknüpfung zu sehen. Zahlen werden jeweils sowohl als Zustand als auch als Operator gedeutet. Die Verkettung der Zahlen wird dabei als Anwenden eines Operators auf einen

Zustand oder als Verketten zweier Operatoren interpretiert. Diese Analogie sollte den Schülern deutlich gemacht werden.

Abweichend vom Vorgehen bei Zahlen schlagen *Bürger et al.* eine zweifache Bezeichnungsweise für Vektoren vor. Wird ein Vektor als Punkt interpretiert, so bezeichnet man ihn mit einem Großbuchstaben (z.B. *P, Q, X*), wird er als Pfeil bzw. als Pfeilklasse gedeutet, so verwendet man $\vec{a}, \vec{b}, \vec{x}$ bzw. $\overrightarrow{AB}, \overrightarrow{XY}$. Die Veranschaulichung der Vektoren des $\mathbb{R}^n$ als Punkte bzw. Pfeile und die damit verbundenen sprachlichen Identifikationen bewirken – so *Bürger et al.* – eine *Namensübertragung*. Dieser Vorgang wird zum Teil unbewußt vollzogen, sollte aber auch thematisiert werden. Ein Beispiel hierfür ist die folgende Sprechweise: Die Lösungsmenge einer linearen Gleichung „ist eine Gerade" statt „kann durch eine Gerade veranschaulicht werden".

Für die Einführung des Skalarprodukts schlägt *Reichel* (1980) ein Vorgehen vor, das die Koordinatendarstellung des Skalarprodukts und seine geometrische Definition miteinander verbindet. Ausgehend vom Kosinussatz zeigt er, daß $\sum_{i=1}^{2(3)} a_i b_i = |\vec{a}||\vec{b}|\cos\gamma$ mit $\vec{a} = (a_i)$ und $\vec{b} = (b_i)$ gilt, und kennzeichnet dadurch das Skalarprodukt $\vec{a} \cdot \vec{b}$.

2.1.4.4 Art und Umfang geometrischer Fragestellungen

Wir beschränken uns im folgenden nicht nur auf die Auseinandersetzung mit der Position der Neuen Mathematik zur Oberstufengeometrie, sondern betten diese Frage in einen größeren Zusammenhang ein. Anhand der vier dargestellten Positionen wollen wir der Frage nach Art und Umfang geometrischer Problemstellungen in der Oberstufe nachgehen.

Die Spannweite der Diskussion zur Geometrie läßt sich an zwei sehr gegensätzlichen Standpunkten verdeutlichen. Dazu schreibt *Seebach* (1973): „Die ‚Geometer' wollen in erster Linie Geometrie um ihrer selbst willen betreiben, insbesondere die traditionelle euklidische Geometrie im zwei- und dreidimensionalen Raum, wobei vor allem auch die Anschauung zu ihrem Recht kommen soll. Wenn ein solcher Lehrgang den Anforderungen an wissenschaftlicher Strenge entspricht, die man heute allgemein in der Sekundarstufe II stellt (1973, heute keineswegs; Anm. des Autors), so kommt nur ein axiomatischer Aufbau etwa im Sinne *Hilberts* in Frage. Ein derart umfangreiches und kompliziertes Axiomensystem ist aber der Mehrzahl der Schüler nicht zumutbar" (ebd., 75). „Die andere extreme Richtung löst ‚Geometrie' völlig in algebraische oder topologische Strukturen auf. ‚Elementargeometrie' läßt sich nach dieser Auffassung am einfachsten unter die Theorie der quadratischen Formen subsumieren" (ebd., 75).

Die *traditionelle Kegelschnittlehre* wurde im wesentlichen durch zwei zentrale Zielsetzungen ausgewiesen:

– die Förderung des räumlichen Anschauungsvermögens;
– die Einführung des Schülers in die verschiedenartigen Methoden der klassischen Geometrie, einer Geometrie also, die sich als konkret-beschreibend versteht.

Die „Stärkung des räumlichen Anschauungsvermögens" ist eine zentrale Forderung der Meraner Reformen (vgl. ZmnU 1905, 543). Anschauungsvermögen wird dabei in einer

Doppelbedeutung gesehen: einmal als die Fähigkeit, sich räumliche Sachverhalte vorzu-stellen ("Kopfgeometrie"), zum anderen als die Fähigkeit, das Anschauen als ein heuristi-sches Mittel zur Gewinnung von wissenschaftlicher Einsicht und Erkenntnis zu gebrau-chen (vgl. *Lenné* 1969, 114ff. und Band 1, Abschnitt 1.2.2). Die Absicht, die "Kopfgeo-metrie" zu fördern, spiegelt sich in der starken Betonung des konkreten Zeichnens – auch im Unterricht der damaligen Oberprima – wider.

Bezogen auf die damalige Unterrichtspraxis und die entsprechenden Schulbücher stellen sich zwei Fragen:
- Fördert der Umgang mit den Sachverhalten der ebenen Elementargeometrie automatisch das räumliche Anschauungsvermögen?
- Fördert der Geometrieunterricht zudem ein allgemeines Anschauungsvermögen in dem obigen Sinne?

Im Traditionellen Mathematikunterricht ging man – ganz im Sinne der herrschenden Vorstellung von formaler Bildung – davon aus, daß sich der Geometrieunterricht in dieser doppelten Weise auswirken würde. Nach heutigem Kenntnisstand muß man diese Hypothesen, auch die engere, eher als falsch ansehen. Der Umgang mit den Sätzen der Dreiecks-, Vierecks- und Kegelschnittlehre führt weder automatisch zu einer besseren Raumanschauung noch direkt zu einem besseren allgemeinen Anschauungsvermögen. Die Raumanschauung wird nur dann gefördert, wenn sie gezielt, insbesondere durch Kopfgeometrie und unterstützendes Arbeiten mit Modellen und Materialien, angestrebt wird. Richtig ist durchaus, daß die Elementargeometrie Frage- und Problemstellungen liefern kann, die dem Schüler zugänglich sind und die ein eigenständiges Problemlösen ermöglichen. Damit ist Geometrieunterricht geeignet, allgemeine heuristische Fähigkei-ten zu fördern, aber auch diese Möglichkeit muß zielgerichtet genutzt werden. Aus der damaligen Forderung nach Anschaulichkeit ergaben sich zudem positive Konsequenzen für das Verstehen von Mathematik, insbesondere in Hinblick auf das Beweisen. So verzichtete man weitgehend auf eine strenge Beweissystematik: der Lehrer soll "alle logischen Beweise zu einem Bewußtwerden der ganz von selbst im Geiste auftretenden Erwägungsmomente zu gestalten suchen ..." (ZmnU 1905, 550).

Neuere Ergebnisse der Transferforschung lassen weitreichende Transferhypothesen fragwürdig erscheinen – zumindest, wenn erwartet wird, daß der Transfer automatisch erfolgt und in der direkten Übertragung kognitiver Strategien besteht. Die Fähigkeit, sich Information anschaulich und Informationsverarbeitung übersichtlich zu machen und dadurch zu vereinfachen und zu verkürzen, ergibt sich weder unmittelbar aus einer guten Raumanschauung, noch folgt sie direkt aus dem Umgang mit speziellen Inhalten. Wichti-ger ist aller Wahrscheinlichkeit nach eine geeignete Unterrichtskultur, in der eigenständi-ge Denk- und Problemlöseprozesse ermöglicht und gefördert werden. Es ist allerdings unmittelbar einsichtig, daß unterschiedliche mathematische Inhalte und Repräsentationen dafür mehr oder weniger gut geeignet sind. Solche Zusammenhänge haben wir bereits in Abschnitt 1.2.2 herausgearbeitet.

In der *vektoriellen Analytischen Geometrie* bleibt die Geometrie und die Förderung der Raumanschauung weiterhin ein wichtiges Ziel. Die Voraussetzungen dafür werden durch die analytische Behandlung des Raumes verbessert. De facto tritt dieses Ziel den-noch eher in den Hintergrund dadurch, daß in der Praxis oft die in Abschnitt 2.1.1.2

geschilderten Aufgabeninseln, die ein weitgehend schematisches Aufgabenlösen ermöglichen, den Unterricht dominieren.

Die *Neue Mathematik* der siebziger Jahre setzt mit ihrer Kritik am Mathematikunterricht im wesentlichen an der Oberstufengeometrie an – einerlei ob traditionell oder vektoriell. Man empfindet die Vorstellungen der Meraner Reform als psychologisierend und plädiert für eine größere mathematische Präzision. Darüber hinaus fragt man, „ob die Geometrie überhaupt noch – in Nachfolge einer älteren Ontologie – als ein gesondertes mathematisches Gebiet herausgearbeitet werden sollte; ob sie nicht vielmehr so früh wie möglich als rein formales System in direktem Zusammenhang mit anderen formalen Systemen behandelt und vom Modell der räumlichen Anschauung – im Prinzip – abgelöst werden sollte" (*Lenné* 1969, 90). An die Stelle der Geometrie tritt die Theorie der zwei- und dreidimensionalen Vekträume mit positiv definiter, symmetrischer Bilinearform. Diese Vorstellungen haben ihren Niederschlag in Schulbüchern zur Linearen Algebra gefunden.

Die Position blieb nicht lange unwidersprochen. Bereits 1973 meldete sich *Freudenthal* vehement zu Wort:

„Ich habe gezeigt, wie man, um die Geometrie los zu werden, sich immer mehr daran gewöhnte, sie ‚analytisch' aufzuziehen, wie das zum Vektorrechnen führte, und schließlich über die Geometrisierung von Analysis und Algebra zur linearen Algebra. Es ist heute eine weitverbreitete Auffassung, mit der linearen Algebra sei die Geometrie überflüssig geworden, oder lineare Algebra sei Geometrie. Es ist eine geradezu lächerliche Auffassung, wie man an allen einschlägigen Lehrbüchern zeigen kann" (ebd., 410). „Man erlaubt die Geometrie eben gerade soweit, wie die Methode der linearen Algebra reicht, und das bißchen wird bis zum Erbrechen ausgewalzt und ausgelaugt. Die alten Dreieckskonstruktionsaufgaben waren gewiß borniert; die sogenannten Geometrie-Aufgaben der linearen Algebra sind es nicht weniger, und außerdem sind sie ungenießbar" (ebd., 411). *Freudenthal* zeigt Gegenpositionen auf: „Die einzigen Gegenstände, die wirklich sinnvoll mit linearer Algebra behandelt werden können, sind Schwerpunkte und konvexe Körper, aber die läßt man links liegen, weil sie wieder in kein System der Mathematik passen" (ebd., 411). An anderer Stelle hebt er noch den Inhaltsbegriff und verbunden damit die Determinante als „geometrisch wichtigste" und „nichttriviale" Konsequenz aus den Vektorraumaxiomen hervor.

In die gleiche Richtung geht *Führer* (1979), wenn er auf die Wichtigkeit „konkreten Materials" hinweist, an dem die Schüler Vermutungen entwickeln können und das sie zu theoretischen Überlegungen anregt. Konkretes Material in diesem Sinne können nach *Führer* insbesondere einfach zu beschreibende und dennoch nichttriviale Raumkörper sein. Er meint, daß in der modernen Oberstufengeometrie hier ein Mangel besteht, dem man aber durch die Einbeziehung des Konvexitätsbegriffs nachhaltig begegnen kann.

„Und die fundamentalen Techniken der Linearen Algebra wie erst recht der Abbildungsgeometrie (*was* soll denn abgebildet werden?) können ja auf ganz natürliche und zwanglose Weise beim Objektstudium geboren werden. So zeitigt die Strecke Geraden, das Dreieck Ebenen, das Viereck Fragen nach der Dimension, das Polyeder die Linearkombinationen und Hüllenerzeugung und Ungleichungssysteme, die Kugel die Dreiecksungleichung, ein analytisch oder durch Komplex-Summe definierter Körper Symmetrie-, Rauminhalts- und Invarianzprobleme ... Und welchen Rang erst müßten, von ihrer Bedeutung in Geometrie, Physik und Stochastik her, Untersuchungen zum Schwerpunktsbegriff einnehmen! Lineare Algebra kann doch nur nachhaltig gelernt werden, wenn sie sich auf Problemstellungen bezieht, die dem Lernenden ein- und ansichtig sind" (ebd., 60).

Die Möglichkeiten, die heute der Rechner eröffnet, bieten für solche „Objektstudien" eine ganz neue Perspektive.

Die Befürworter des *arithmetischen Vektors* (*n*-Tupel) gehen davon aus, daß ihr Weg hin zum Vektorbegriff und dessen geometrischen Anwendungen für den Schüler zugänglicher ist (vgl. 2.3, 3.1.1). Die Vektorrechnung wird dabei zu einer Art erweitertem Rechnen mit Zahlen. Zugleich wird das Ziel, den Anschauungsraum algebraisch-arithmetisch zu beschreiben, stärker in den Vordergrund gerückt. Man kann noch weiter gehen und sagen, daß der Vektor zu einem zentralen Mathematisierungsmuster wird, das eine seiner Anwendungen in der Mathematisierung des Anschauungsraums findet. Damit entsteht dann zugleich eine andere Sicht auf die Geometrie, die wir durch den Begriff „verallgemeinerter Anschauungsraum" gekennzeichnet haben. Geometrische Vorstellungen und Begriffe werden zu Hilfsmitteln, um mathematische Modellierungen außermathematischer Sachverhalte, die den Apparat der Linearen Algebra benutzen, besser verstehen und flexibler mit ihnen umgehen zu können (vgl. 1.2).

Einen interessanten Weg, Geometrie in einen Kurs zur *anwendungsorientierten Linearen Algebra* zu integrieren, gehen *Artmann/Törner* (1988), indem sie Projektionen $\vec{x} \mapsto A\vec{x}$ mit $A^2 = A$ behandeln. Sie zeigen, daß sich jedes lineare Gleichungssystem mit Hilfe des Gaußschen Algorithmus in ein solches mit einer Projektionsmatrix A überführen läßt. In einem zweiten Schritt beschreiben sie dann systematisch die geometrische Gestalt der Lösungsmengen. (Vgl. Aufg. 14.) „Natürlich ist eine gute Kenntnis des $\mathbb{R}^3$ (mit der zugehörigen Zeichenfertigkeit und Vorstellungskraft) ein in sich erstrebenswertes Ziel, weil man daraus ersehen kann, wie unsere räumliche Umwelt mit den Mitteln der Linearen Algebra erfaßt wird. Um so besser, wenn sich das mit der Arithmetik der Gleichungssysteme nahtlos zusammenfügt" (ebd., 165).

2.1.4.5 Zurück zur vektoriellen Analytischen Geometrie? – Ein Vergleich neuerer Schulbücher

Wir vergleichen zunächst exemplarisch zwei sehr unterschiedliche neuere Schulbücher, indem wir die inhaltlichen Schwerpunkte und deren Gewichtung sowie unterschiedliche Zugänge zu zentralen Begriffen aufzeigen. Es handelt sich um die Lehrwerke *Lambacher/Schweizer* (1995a/b): Analytische Geometrie – mit Linearer Algebra (Erstauflage LK 1988, GK 1990) und *Kroll/Reiffert/Vaupel* (1997): Analytische Geometrie/ Lineare Algebra. Daran schließt sich eine grobe Einordnung weiterer Lehrbücher an. Wir machen ferner den Versuch, die hinter den Lehrwerken stehenden curricularen Begründungsmuster herauszuarbeiten.

Der Schwerpunkt beider Schulbücher liegt auf der vektoriellen Analytischen Geometrie, dennoch weichen sie in der fachlichen Darstellung und den allgemeinen Zielsetzungen stark voneinander ab. Die folgende Übersichtstabelle soll einen ersten groben Vergleich gestatten; dazu haben wir den ungefähren Prozentsatz der den einzelnen Themenkreisen gewidmeten Seiten im Verhältnis zur Gesamtseitenzahl berechnet:[18]

---

[18] Wir beziehen uns dabei in erster Linie auf Absatzüberschriften; „–" bedeutet: kein Absatz mit entsprechender Überschrift. Auf weitere Unterschiede, insbesondere bei der Behandlung der Abbildungen, gehen wir in Kap. 3 ein.

	Lambacher LK	Kroll
Vektorräume	15%	–
Geraden/Ebenen/Schnittgebilde/Abstandsfragen	40%	49%
lineare Gleichungssysteme	10%	23%
davon: a) strukturorientiert	4%	–
b) geometriebezogen	–	8%
c) anwendungsbezogen/algorithmisch	6%	16%
affin-lineare Abbildungen	25%	27%
davon: a) strukturorientiert	9%	9%
b) geometriebezogen	16%	9%
c) anwendungsbezogen	–	9%

Die Tabelle macht deutlich, daß das Werk *Lambacher/Schweizer* für Leistungskurse strukturmathematische Gesichtspunkte mit einbezieht, wenngleich auch vorsichtig. (Im Grundkurs wird auf solche Inhalte weitgehend verzichtet.) Begriffe wie Vektorraum, linear unabhängig, Basis und Isomorphie werden systematisch erarbeitet. Gleiches gilt für die Lösungsmengen homogener und inhomogener Gleichungssysteme. Ausgangspunkt der Behandlung linearer Gleichungssysteme ist der Gaußsche Algorithmus. Auf eine formale Kennzeichnung von affiner Ebene und affinem Raum wird verzichtet. Etwa 40% des Buchumfangs entfallen auf zwei umfassende Aufgabeninseln, die bereits in den Schulbüchern zur vektoriellen Analytischen Geometrie aus den sechziger Jahren die zentrale Rolle spielten: (1) Geraden und Ebenen und deren Schnittgebilde sowie (2) Skalarprodukt und die Berechnung von Längen, Abständen und Winkeln. Die affinen Abbildungen werden als bijektive, geradentreue Abbildungen der Ebene auf sich eingeführt. Es wird gezeigt, daß die zugeordnete Vektorabbildung linear ist. Mit Hilfe von Eigenwerten und Eigenvektoren werden die affinen Abbildungen klassifiziert und die Normalform entwickelt. Das geschieht ohne den in der Linearen Algebra üblichen Rückgriff auf den Matrizenkalkül (vgl. 1.1.4 und 3.3). In einem kurzen Exkurs wird die Ellipse als affines Bild des Kreises behandelt. Vergleicht man dieses Schulbuch mit einem der ersten Schulbücher der vektoriellen Analytischen Geometrie, dem Buch *Köhler et al.* (1964), so zeigt sich inhaltlich eine gewisse Nähe, insbesondere in Hinblick auf die zentralen Aufgabeninseln. Abweichend ist dagegen eine stärkere Betonung des kalkülhaft-rechnerischen Aspekts. Vektoren, eingeführt als geometrische Vektoren, werden sehr bald arithmetisch gedeutet. Hinzugekommen sind die systematische Behandlung der linearen Gleichungssysteme mit dem Gaußschen Algorithmus und strukturmathematische Inhalte. Weggelassen wurden große Teile der Kegelschnittlehre.

Mehrere andere neuere Lehrwerke stimmen mit *Lambacher/Schweizer* in den Inhalten stark überein. Das gilt z.B. für *Krämer/Höwelmann/Klemisch* (1989), das Nachfolgewerk des lange Zeit vorherrschenden Schulbuchs *Köhler et al.* Auch das Lehrwerk Anschauliche Analytische Geometrie von *Barth et al.* (1995) weist starke inhaltliche Übereinstimmungen auf, verzichtet aber auf die Behandlung von Abbildungen und unterscheidet sich von anderen Schulbüchern insbesondere durch eine Fülle von Bildern und grafischen Darstellungen. Räumliche Sachverhalte und Objekte spielen eine große Rolle. „Die

Raumgeometrie lebt durchs Bild. Das macht ihren Reiz, das zeichnet sie vor andern mathematischen Disziplinen aus und das macht sie heute so unentbehrlich. Heute, wo Unmengen von Daten anfallen, ist Sichten, Wichten und Richten nur noch mit Elektronenrechnern zu bewältigen. Aber erst das Bild macht den Datenwust über- und durchschaubar. ... Vorrang hat die Geometrie, die Lineare Algebra ist wichtiges Hilfsmittel" (ebd., Vorwort).

Das andere hier exemplarisch darzustellende Lehrwerk von *Kroll/Reiffert/Vaupel* (1997) gibt der Analytischen Geometrie ebenfalls großes Gewicht, fast gleiche Aufmerksamkeit ist dagegen einer anwendungs- und kalkülorientierten Linearen Algebra gewidmet (vgl. 2.1.3). Auf strukturmathematische Inhalte wird weitgehend verzichtet. „Im Rahmen der Raumgeometrie dient uns die Vektorrechnung jedoch vornehmlich als leicht zu handhabendes *Werkzeug*, das nicht nur sehr durchsichtige, sondern vor allem auch *allgemeingültige* Problemlösungen erlaubt, die allein mit der Koordinatengeometrie nur schwer erreichbar wären" (ebd., 26). Die Entwicklung des Buchs wurde von den folgenden didaktischen Prinzipien geleitet: „Entwicklung einer erkennbar relevanten Mathematik anhand von Fragestellungen, die im Sinnhorizont des Schülers liegen. Hierbei haben intuitiv einleuchtende Methoden den Vorrang, und Begriffe werden nur soweit präzisiert, als dies von der bisherigen (Lern-)Erfahrung nahegelegt wird" (ebd., Vorwort).

Inhaltlich beschreiben die Autoren ihr Werk wie folgt: „Es sind zunächst zwei sehr unterschiedliche Erfahrungsbereiche, mit denen die Schüler in diesem Buch konfrontiert werden: der dreidimensionale Raum einerseits und Probleme der Alltagswelt, die auf lineare Gleichungssysteme führen, andererseits. Von ihnen handeln das erste beziehungsweise das zweite Kapitel. Doch auch im dritten Kapitel (lineare Abbildungen; Anm. des Autors), das partiell auf den anderen beiden aufbaut, geht es um die Beschreibung und Analyse von geometrischen, wirtschaftlichen und stochastischen Zusammenhängen, die unmittelbar im Erfahrungsbereich der Schüler liegen" (ebd., Vorwort). Das zweite Kapitel basiert auf einer Behandlung linearer Gleichungssysteme mit dem Gaußschen Algorithmus. Das dritte Kapitel rückt den Matrizenkalkül in den Vordergrund. Zum einen ist die Matrix zentrales Mathematisierungsmuster als Verflechtungs- und als Übergangsmatrix (vgl. 1.2 Schema 1.2), zum anderen dient sie einer systematischen Behandlung der affinen Abbildungen der Ebene und des Raumes. Die Autoren machen deutlich, daß der Lehrer eine Auswahl aus diesem umfassenden Stoffangebot treffen muß, und geben dazu Hinweise.

Das bereits vorgestellte Lehrwerk von *Artmann/Törner* (1988) behandelt schwerpunktmäßig eine anwendungs- und kalkülorientierte Lineare Algebra. Die Erörterung geometrischer Fragestellungen ist eingeschränkt (s.o.) und nicht mit dem Vorgehen in dem Buch von *Kroll et al.* zu vergleichen. Thematisch sehr umfassend ist das Buch von *Lehmann* (1990). Es behandelt, ähnlich wie *Kroll et al.*, die beiden großen Aufgabeninseln der vektoriellen Analytischen Geometrie einschließlich abbildungsgeometrischer Fragen sowie wichtige außermathematische Anwendungen der Linearen Algebra unter Betonung des Matrizenkalküls und des Gaußschen Algorithmus. Darüber hinaus werden auch strukturmathematische Fragen angesprochen. Die Themenbreite wird erkauft durch eine sehr knappe Darstellung und eine abstrakte Begrifflichkeit in den Theorieabschnitten.

Das österreichische Lehrwerk Mathematik Oberstufe (Klasse 9-12) von *Bürger et al.* (1989-1993) umfaßt neben dem Themenkreis vektorielle Analytische Geometrie auch Inhalte einer anwendungs- und kalkülorientierten Linearen Algebra. Es ist wegen der anderen Rahmenbedingungen allerdings schwer mit deutschen Lehrwerken vergleichbar. Interessant ist insbesondere die Einführung des Begriffs Vektor als arithmetischer Vektor, auf die wir oben ausführlich eingegangen sind (vgl. 2.1.4.3).

2.1.5 Problemorientierung, Rechner und experimenteller Unterricht, gebietsübergreifende Ansätze

Wir analysieren in den folgenden Abschnitten wichtige Schwerpunkte der aktuellen didaktischen Diskussion zur Analytischen Geometrie und Linearen Algebra:
- der Rechner und mathematisches Experimentieren;
- ein neues Interesse an Kegelschnitten und Flächen zweiter Ordnung;
- Problemorientierung, Objektstudien und experimentelles Arbeiten;
- die Betonung gebietsübergreifender Ansätze.

2.1.5.1 Der Rechner und mathematisches Experimentieren

Während bisher die Auswahl der Inhalte im Vordergrund stand, wird hier die Bedeutung von Medien und Unterrichtsmethoden hervorgehoben. In diesem Kontext spielen insbesondere Grafik- und Plotprogramme, Computeralgebrasysteme (CAS) und dynamische Geometrieprogramme (DGP)[19] eine wichtige Rolle. In Band 1, Abschnitt 1.4 haben wir vier unterrichtsmethodische Gesichtspunkte zum Rechnereinsatz im Mathematikunterricht unterschieden: der Rechner als
- *Medium* zur Darstellung, Demonstration und Veranschaulichung mathematischer Phänomene, wie Kurven, Funktionen, Raumkurven, Flächen und Verteilungen;
- *Werkzeug* zur Einübung gewisser Techniken und Fertigkeiten, zur Unterstützung des Verstandnisses mathematischer Verfahren und Begriffe und zur Verringerung des Rechenaufwandes bei Beispielen und des Aufwandes bei Termumformungen;
- *Entdecker*, als Hilfe beim Entdecken mathematischer Zusammenhänge im Sinne eines experimentellen Unterrichts und beim Entwickeln und Überprüfen von Hypothesen, z.B. bei der Untersuchung von Veränderungen geometrischer Figuren in Abhängigkeit von Eckpunkten und der Abhängigkeit gewisser Kurvenscharen von Parametern. Ähnliches gilt für Fragen der Populationsdynamik und der Markoffschen Ketten, ferner für das Konstruieren von Kegelschnitten;
- *Tutor*, als Hilfsmittel für spezielle Lernprozesse.

Der Computer als *Medium* spielt in der Analytischen Geometrie und Linearen Algebra eine besondere Rolle. In vielfältiger Form lassen sich zu vorgegebenen Gleichungen Geraden und Kurven im $\mathbb{R}^2$ sowie Geraden, Kurven, Ebenen und Flächen im $\mathbb{R}^3$ und zugehörige Schnittgebilde darstellen. Gleiches gilt auch für die Wirkung von Abbildungen auf diese geometrischen Gebilde und Situationen. Damit ist die für die Analytische

---

[19] Wie CABRI GÉOMÈTRE, THALES oder EUKLID. Mit solchen Geometrieprogrammen lassen sich geometrische Konstruktionen durchführen und geometrische Figuren manipulieren. So kann man etwa bei einem Dreieck mit zusätzlichen Hilfslinien die Eckpunkte einzeln verschieben und die Auswirkung einer solchen Verschiebung auf die komplexe Dreiecksfigur beobachten. Ferner lassen sich z.B. Kegelschnitte in vielfältiger Form als geometrische Örter realisieren.

Geometrie charakteristische Verzahnung von geometrischer Situation und algebraischer Beschreibung bzw. Berechnung in viel größerem Maße als früher möglich; der Unterricht wird sich dadurch grundlegend verändern. Der Computer kann unterschiedliche algebraische Beschreibungen wie Gleichungen für kartesische Koordinaten oder Polarkoordinaten sowie Parameterdarstellungen verarbeiten. Es fehlt z.Z. allerdings noch an einer umfassenden didaktisch-methodischen Aufbereitung dieser Möglichkeiten. *Schmidt* (1993a) gibt ferner zu bedenken: „Hier müssen sicher noch eine Reihe von Fragen untersucht werden, etwa wieviel Kalkülausführung per Hand zum Verständnis der Verfahren notwendig ist oder welche Fähigkeiten zur Problembearbeitung mit der Software und zur Interpretation der Ergebnisse geschult werden können ..." (ebd., 27).

Der Rechner als *Werkzeug*, insbesondere als „Rechenknecht", kann den Schüler von umfangreichen und fehleranfälligen Rechnungen entlasten und damit die Sicht auf inhaltlich bedeutsame Zusammenhänge freimachen. Das gilt nicht nur für den numerischen Rechenaufwand, sondern auch für umfangreiche algebraische Umformungen, in die sich viele Schüler verstricken und dadurch den Blick auf Bedeutungszusammenhänge verlieren. Wird der Rechner in diesem Sinne eingesetzt, führt das zu einer Bedeutungsminderung von Routinen und zugleich zu einer Aufwertung des bedeutungsvollen Arbeitens, wie des Entwickelns von Lösungsstrategien und des Einordnens und Interpretierens von Ergebnissen. Das gilt hier insbesondere für das Lösen linearer Gleichungssysteme und die Verwendung des Gaußschen Algorithmus, für das Berechnen von Schnittgebilden, für Aufgaben der Matrizenalgebra, für Koordinatentransformationen sowie für die Lösung von Eigenwertproblemen und das Berechnen von Bildern bei Abbildungen. Im anwendungsorientierten Mathematikunterricht erlaubt es der Rechner, dadurch realitätsnahe Anwendungsaufgaben zu behandeln. „Da die Verwendung von Matrizen auch ein breites Feld von Anwendungen erschließt, kann die *Lineare Algebra* viel *realitätsnäher* und *motivierender*, als zur Zeit üblich, unterrichtet werden" (*Lehmann* 1993, 64).

Ganz neue Perspektiven für den Mathematikunterricht beinhaltet der Rechner als *Entdecker*. Er ermöglicht ein quasi experimentelles Umgehen mit mathematischen Gegenständen, indem man durch systematisches Variieren eines mathematischen Sachverhaltes versucht, zu Hypothesen zu gelangen. Das gilt hier insbesondere für die Betrachtung von Funktions-, Kurven- und Flächenscharen und das systematische Verändern der zugehörigen Parameter, für die Untersuchung von Matrizenfolgen, aber auch im Zusammenhang mit dem Modellbilden. Im Rahmen der dynamischen Modellierung bietet der Rechner neue Möglichkeiten der Simulation (z.B. bei Markoff-Ketten und in der Bevölkerungsdynamik; vgl. 1.2.2.5). Im Mittelpunkt der Analytischen Geometrie standen bisher die „mathematisch langweiligen" linearen Objekte. Der Computer eröffnet die Möglichkeit zur Betrachtung einer Vielfalt von geometrischen Objekten, ohne daß der theoretische und rechnerische Aufwand groß sein muß. *Gieding* (1991) gibt die Devise aus: „Wider die Armut an geometrischen Formen im Unterricht zur Analytischen Geometrie/Linearen Algebra".

Es lassen sich idealtypisch zwei sehr verschiedene Formen des Rechnereinsatzes unterscheiden:

– Begriffe und Verfahren werden zunächst ohne den Rechner eingeführt. Danach werden Begriffe und Verfahren unter Verwendung des Rechners angewandt.

– Man arbeitet mit Verfahren und Begriffen, ohne diese vorher theoretisch genauer erörtert zu haben, und sammelt dabei Erkenntnisse zu deren Eigenschaften.

Letztere Art des Vorgehens ist etwa im Zusammenhang mit affinen Abbildungen und Basistransformationen denkbar. Es würde sich hier um eine Art experimentellen Unterricht handeln. Auch Betrachtungen zum Krümmungsverhalten oder zur Bogenlänge von Kurven können damit beginnen, daß man einen zunächst nicht näher erklärten Term zur Krümmung oder Bogenlänge (etwa aus einer Formelsammlung) als „black box" in den Rechner eingibt und die Schüler damit Erfahrungen sammeln läßt. Der Rechner als *Tutor* spielt im Kontext dieses Buchs keine spezielle Rolle.

2.1.5.2 Zurück zu den Kegelschnitten?

In mehreren neueren Veröffentlichungen findet man Plädoyers für die Kegelschnitte, so bereits bei *Schupp* (1988) im Vorwort eines didaktisch orientierten Buchs über Kegelschnitte:

„Im Zuge der 'Neuen Mathematik' sind die Kegelschnitte aus den Lehrplänen der allgemeinbildenden Schulen weitgehend verschwunden. Das ist bedauerlich, weil sie sowohl in der historischen Entwicklung der Mathematik als auch bei der Modellierung und Klärung außermathematischer Probleme eine wichtige Rolle gespielt haben. Das vorliegende Buch möchte dieser Tatsache durch eine eingehende Sachanalyse ... Rechnung tragen. Dabei wird besonderer Wert auf eine möglichst intensive Verschränkung der vielfältigen Erzeugungs-, Untersuchungs- und Repräsentationsmethoden (synthetischer und analytischer, euklidisch- und abbildungsgeometrischer, kartesischer und vektorieller, darstellender und computergrafischer Art) gelegt, wodurch sich eine genetische Exploration dieser reizvollen Gebilde, ihrer jeweiligen Besonderheiten und ihres inneren Zusammenhangs ergibt" (ebd., V).

Weitere Argumente für eine Wiederbelebung des Themenkreises in der Schule finden sich bei *Meyer* (1995b, 34):

„Kegelschnitte sind seit einiger Zeit aus der Mode gekommen:
– trotz guter didaktischer Gegenargumente (im Original wird hier auf Ausführungen in *Schupp* 1988 hingewiesen; Anm. des Autors);
– obwohl sie in vorzüglicher Weise dazu dienen können, bisher Gelerntes in Analysis und Vektorgeometrie anzuwenden und zu vertiefen (angesichts des relativ reichhaltigen Methodenarsenals wirkt eine Beschränkung der Unterrichtsinhalte auf die übliche Kurvendiskussion oder Schnittpunktbestimmung zweier linearer Gebilde auch auf Schüler unangemessen dürr);
– obwohl sie in methodischer Hinsicht ein optimales Betätigungsfeld entdeckenden Lernens sein können!"

In seinem Aufsatz führt *Meyer* diesen letzten Punkt aus, indem er vielfältige Vorschläge für ein entdeckenlassendes und hypothesenüberprüfendes Arbeiten unter Zuhilfenahme des dynamischen Geometrieprogramms THALES entwickelt. Er stellt damit einen Zugang zu den Kegelschnitten vor, der weit entfernt ist von deren systematischer Behandlung in der traditionellen Geometrie. Dieser Ansatz läßt sich ausweiten zu einer Behandlung von Flächen zweiter Ordnung, etwa der Sattelfläche (vgl. *Meyer* 1995a), und zur Betrachtung von Kurven in der Ebene und im Raum (vgl. *Steinberg* 1993; *Winter* 1989). Eine Vertiefung dieser Fragestellungen erfolgt in Kapitel 4.

2.1.5.3 Problemorientierung, Objektstudien und experimentelles Arbeiten

Durch die Benutzung des Rechners wird der Kegelschnitt zum Objekt, mit dem man handelnd umgehen kann. Bei solchen *Objektstudien* und beim *experimentellen Vorgehen* geht es nicht um die Lösung einer festumrissenen, vorgegebenen Fragestellung, sondern darum, zunächst selbst Fragen zu stellen und Probleme zu entdecken. Konkrete Modelle und der Rechner können helfen beim Entdecken mathematischer Zusammenhänge sowie beim Entwickeln und Überprüfen von Hypothesen, z.B. bei der Untersuchung von Veränderungen geometrischer Figuren in Abhängigkeit von Eckpunkten oder bei der Klärung der Abhängigkeit gewisser Kurvenscharen von ihren Parametern. In Abschnitt 1.2.2 haben wir bereits mehrere Beispiele für Objektstudien und mathematisches Experimentieren dargestellt. Auch die oben skizzierten alternativen Vorstellungen zur formalen Linearen Algebra von *Freudenthal* und *Führer* weisen in diese Richtung: Betrachtungen zu einfachen Raumkörpern, zu konvexen Körpern, zu Schwerpunkten und zur Determinante als orientiertem Volumen eines Spats. In der neueren Literatur finden sich zunehmend Beispiele für ein solches Arbeiten als Alternative zum herkömmlichen Vorgehen. Damit ergeben sich für einen problemorientierten Unterricht neue Perspektiven. Der Gedanke des experimentellen Mathematikunterrichts ist nicht neu, hat aber durch den Rechner eine wesentlich größere Bedeutung gewonnen. Bereits 1959 veröffentlichte *Lietzmann* sein Buch „Experimentelle Geometrie", das zahlreiche interessante Beispiele eines experimentellen Unterrichts auch für die Oberstufe enthält.

Die Zielsetzungen und Zwecke, die in der didaktischen Literatur mit einem problemorientierten Unterricht und entsprechenden curricularen Vorschlägen verbunden werden, sind sehr vielfältig und nicht auf das Ziel der Förderung heuristischer Qualifikationen eingegrenzt. So wird etwa durch Problemorientierung der Versuch gemacht, die Motivation zu erhöhen, oder es sollen im Sinne eines genetischen Unterrichts die zentralen Techniken und Begriffe der Linearen Algebra und Analytischen Geometrie aus einsichtigen, dem Schüler vertrauten und ihn interessierenden Problemkontexten sukzessiv erschlossen werden. Problemorientierung kann eventuell auch dahin führen, daß der Schüler in der Mathematik eine lebendige und aspektreiche Tätigkeit und Wissenschaft sieht.

2.1.5.4 Gebietsübergreifende Ansätze

Wir haben an mehreren Stellen deutlich gemacht, daß der Unterricht in Analytischer Geometrie und Linearer Algebra Möglichkeiten zu gebietsübergreifenden Aktivitäten bietet. Am deutlichsten zeigt sich dies natürlich in der Geometrie, wo man in vielfältiger Weise synthetische und analytische Methoden miteinander verknüpfen kann – wie dies *Lietzmann* immer wieder gefordert und in vielen konkreten Beispielen belegt hat. Schulbücher der traditionellen Analytischen Geometrie, insbesondere *Reidt/Wolff* (1953), bieten dazu umfangreiches Material.

Markoff-Prozesse sowie die geometrische Betrachtung von Regression und Korrelation geben Möglichkeiten, Analytische Geometrie und Stochastik miteinander zu verzahnen. Ein solcher Unterricht kann einen Einstieg in Fragen der beschreibenden Statistik bieten, aber auch die Wahrscheinlichkeitstheorie vorbereiten. Die Untersuchung von Kurven in der Ebene und im Raum sowie von Flächen und Funktionen mehrerer Veränderlicher sowie das Arbeiten mit Polarkoordinaten und Parameterdarstellungen bieten eine Anbindung an Fragen der Analysis und zugleich deren sinnvolle Erweiterung. In dem Schulbuchwerk von *Kroll et al.* (1988/1989; 1997) findet man in diesem Sinne bereits eine Durchbrechung der klassischen strengen Dreiteilung des mathematischen Oberstufenunterrichts. So werden die Kegelschnitte unter dem übergreifenden Begriff der Kurve im Analysis-Band behandelt. Zugleich werden in diesem Kontext auch andere Koordinatensysteme diskutiert. (Vgl. auch Der MU 1986 32(5) und Der MU 1990 36(5).)

Wiederholung, Aufgaben, Anregungen zur Diskussion

Wichtige Begriffe und Inhalte

Unterschiedliche didaktische Ansätze: traditionelle Kegelschnittlehre, vektorielle Analytische Geometrie, Lineare Algebra (der Neuen Mathematik), anwendungsorientierte Lineare Algebra, Vektoren als n-Tupel und deren geometrische Interpretation; der Rechner und mathematisches Experimentieren; Problemorientierung und Objektstudien.
Aufgabeninseln von Routineaufgaben in der traditionellen Kegelschnittlehre, der vektoriellen Analytischen Geometrie, der Linearen Algebra (der Neuen Mathematik), der anwendungsorientierten Linearen Algebra.
Möglichkeiten des Rechners: Medium, Werkzeug, Entdecker, Tutor.
Objektstudien, experimenteller MU: Kurven und Flächen zweiter Ordnung, Kurven- und Flächenscharen, Schwerpunkte, Konvexität und konvexe Körper, Determinanten.

1) (a) Leiten Sie die Gleichungen für Tangente und Polare bei Ellipse, Hyperbel und Parabel ab. Lassen sich diese Gedanken verallgemeinern? (b) Berechnen Sie die Gleichung einer Tangente von einem Punkt an einen Kegelschnitt. Nehmen Sie ein konkretes Beispiel. (c) Übertragen Sie die Konzepte Tangente, Pol und Polare auf Flächen zweiter Ordnung. (Bezug Beispiel 1.)

2) Bearbeiten Sie die Aufgabe in Beispiel 2. Entwickeln Sie Aufgaben vom gleichen Typ.

3) Untersuchen Sie das Mariotte-Gay-Lussacsche Gesetz für ideale Gase, das einen Zusammenhang zwischen Temperatur, Druck und Volumen herstellt. Diskutieren Sie eine geometrische Veranschaulichung des Gesetzes als Fläche.

4) Diskutieren Sie das Zitat zur vektoriellen Behandlung von Kegelschnitten in Beispiel 3. Benutzen Sie dazu Schulbücher, in denen eine vektorielle Darstellung der Kegelschnitte zu finden ist (z.B. *Köhler et al.* 1964ff.; *Reidt/Wolff/Athen* 1967; *Eckart/Jehle/Vogel* 1991).

5) Beweisen Sie die folgenden elementargeometrischen Sätze vektoriell mit Hilfe des Skalarprodukts: (a) Die Höhen eines Dreiecks *ABC* schneiden sich in einem Punkt. (Hilfe: *H* sei der Schnittpunkt der Höhen h_a und h_b. Betrachten Sie die Vektoren $\vec{a} = \overrightarrow{HA}$, $\vec{b} = \overrightarrow{HB}$, $\vec{c} = \overrightarrow{HC}$.)

(b) Die Mittelsenkrechten eines nichtentarteten Dreiecks schneiden sich in einem Punkt.

6) Gegeben seien die Ebenen E_1 und E_2. Bestimmen Sie das Schnittgebilde der beiden Ebenen. Interpretieren Sie die einzelnen Tripel (Bezug 2.1.1.2, Abschnitt Aufgabeninseln):

$$E_1: \vec{x} = \begin{pmatrix} 4 \\ 0 \\ -3 \end{pmatrix} + \lambda \begin{pmatrix} 0 \\ -1 \\ 0 \end{pmatrix} + \mu \begin{pmatrix} -2 \\ 0 \\ 3 \end{pmatrix}, \qquad E_2: \vec{x} = \begin{pmatrix} -2 \\ 3 \\ 0 \end{pmatrix} + \rho \begin{pmatrix} 0 \\ 0 \\ -1 \end{pmatrix} + \sigma \begin{pmatrix} 2 \\ -1 \\ 3 \end{pmatrix}.$$

7) (a) Berechnen Sie den Abstand zwischen zwei windschiefen Geraden. Begründen Sie dazu das in Beispiel 5 (4) skizzierte Verfahren.

(b) Lösen Sie folgende Aufgabe zur Abstandsberechnung aus *Köhler et al.* (1964, 149): Ein Spat mit der Grundfläche $P_1P_2P_3P_4$ und der Deckfläche $P_5P_6P_7P_8$ sei gegeben durch $P_1(1\,|\,0\,|\,1)$, $P_2(3\,|\,0\,|\,0)$, $P_4(1\,|\,1\,|\,0)$ und $P_5(2\,|\,1\,|\,1)$. Berechne

b_1) den Abstand der Diagonalgeraden durch P_1 und P_3 von der Diagonalgeraden durch P_6 und P_8,

b_2) die Höhe des Spats über der Grundfläche.

c) Deute den Zusammenhang der Ergebnisse aus b_1) und b_2).

8) (a) Lösen Sie die nachfolgende Abituraufgabe für einen Leistungskurs (1997) (vgl. Beispiel 5).
(b) Klären Sie die notwendigen Wissensvoraussetzungen. Welche inhaltsspezifischen und welche allgemeinen Kompetenzen muß ein Schüler haben, um die Aufgabe eigenständig lösen zu können? (c) Diskutieren Sie den Schwierigkeitsgrad der Aufgabe. Entwickeln Sie dazu Gesichtspunkte bzw. Kriterien, die Sie für bedeutsam halten. (d) Welche allgemeinen Fähigkeiten werden durch diese Aufgabe gefördert?

Aufgabe: Gegeben sind zwei Geraden g_1 und g_2 , eine Geradenschar g_a und eine Schar von Kugeln K_ρ:

$$g_1: \vec{r} = \begin{pmatrix} 0 \\ 4 \\ -6 \end{pmatrix} + \lambda \begin{pmatrix} 0 \\ 1 \\ -2 \end{pmatrix}; \quad g_2: \vec{r} = \begin{pmatrix} 5 \\ 2 \\ 8 \end{pmatrix} + \mu \begin{pmatrix} 5 \\ 3 \\ 4 \end{pmatrix}; \quad g_a: \vec{r} = \begin{pmatrix} 1 \\ 0 \\ 7 \end{pmatrix} + \gamma \begin{pmatrix} a \\ 0 \\ 1 \end{pmatrix};$$

K_ρ: $(x + 1)^2 + (y - 1)^2 + (z - 7)^2 = \rho^2$; $\lambda, \mu, \gamma, \rho, a \in \mathbb{R}$.

i) Ermitteln Sie den Schnittpunkt und den Schnittwinkel von g_1 und g_2 und eine Gleichung der Ebene E, die von g_1 und g_2 aufgespannt wird. Welchen Abstand hat diese Ebene vom Ursprung des Koordinatensystems? Untersuchen Sie, ob es Werte von a gibt, so daß $g_a \parallel E$ bzw. $g_a \perp E$ ist. Bestimmen Sie die Schnittpunkte von g_a und E in Abhängigkeit von a.

ii) Wählen Sie eine Kugel aus der Kugelschar so aus, daß die Kugel die Ebene berührt, und berechnen Sie die Koordinaten des Berührpunktes.

iii) Untersuchen Sie die Lage der Geradenschar g_a zur Kugel K_3 mit $\rho = 3$ LE und zeigen Sie, daß keine dieser Geraden g_a Tangente für K_3 sein kann. (Bezug Beispiel 5.)

9) Analysieren Sie die „Determinantenform" der Geraden- und Ebenengleichung in *Köhler et al.* (1964, 138ff.). (Bezug 2.1.1.2)

10) Beweisen und analysieren Sie die Sätze in Beispiel 6 unter didaktischen Gesichtspunkten.

11) Beweisen und analysieren Sie die Sätze in Beispiel 8 unter didaktischen Gesichtspunkten.

12) Beweisen Sie die Aussage in Beispiel 10. Analysieren Sie die Aufgabe unter didaktischen Gesichtspunkten. Listen Sie solche Gesichtspunkte auf, und begründen Sie diese.

13) Die Geometer der fünfziger und früherer Jahre legten Wert darauf, geometrische Sachverhalte (etwa aus der Dreiecks- oder Viereckslehre) mit Hilfe von geometrischen Vektoren ohne Rückgriff auf ein Koordinatensystem zu behandeln. Versuchen Sie, diese Position zu begründen.

14) Gegeben sei ein Gleichungssystem mit der dreireihigen Matrix A. Vereinfachen Sie das Gleichungssystem mit dem Gaußschen Algorithmus zu einem System in Stufengestalt mit der Matrix P (vgl. 1.1.7). Geben Sie einen Überblick über alle Möglichkeiten für P, und zeigen Sie, daß P eine Projektionsmatrix ist. Charakterisieren Sie die unterschiedlichen Projektionen geometrisch. (Vgl. *Artmann/Törner* 1988, Kap. 6.) (Bezug 2.1.4.4 Abschnitt Art und Umfang geometrischer Fragestellungen, letzter Absatz.)

2.2 Das Curriculum aus Sicht des Lehrers

Die Aussagen über den tatsächlichen Unterricht zur Analytischen Geometrie und Linearen Algebra in diesem Abschnitt beziehen sich auf eine schriftliche Befragung von Lehrern zum Mathematikunterricht in der Oberstufe (*Tietze* 1986) und auf die in *Tietze* (1992) beschriebenen Intensivinterviews zur selben Frage. Es fehlen neuere Untersuchungen. Wir skizzieren zunächst einige Ergebnisse aus der schriftlichen Befragung und versuchen dann vorsichtig, diese auf die Gegenwart zu übertragen. Einige Passagen aus den Interviews sollen helfen, ein genaueres Bild von den Lehrervorstellungen zu zeichnen.

Wenngleich die fachdidaktische Diskussion um die Inhalte in diesem Gebiet relativ offen und auch teilweise kontrovers ist, so ergibt sich aus unserer Befragung[20] doch ein vergleichsweise homogenes Bild. Wir haben zum einen direkt nach den inhaltlichen Schwerpunktsetzungen gefragt, zum anderen nach dem eingeführten Schulbuch und dessen Bewertung und daraus Schlußfolgerungen gezogen. Die so gewonnenen Ergebnisse stimmen weitgehend überein.

Frage und Antworten (vgl. *Tietze* 1986, 154ff.): „Über die Festlegung der wesentlichen Inhalte zum Themenkreis analytische Geometrie/lineare Algebra gibt es in der fachdidaktischen Diskussion – anders als zur Analysis – sehr unterschiedliche Ansichten. Wir würden gern wissen, welche Inhalte in Ihrem Unterricht im Vordergrund stehen und welche eine geringe Rolle spielen. Markieren Sie bitte + für 'steht im Vordergrund' und – für 'spielt eine geringe oder keine Rolle' in das jeweilige Kästchen. Liegt der Unterrichtsanteil des betreffenden Inhalts dazwischen, so schreiben Sie eine 0. Unterscheiden Sie bitte zwischen Leistungs- und Grundkursen."

Grundkurs	vektorielle Analyt. Geo.	Analyt. Geo. o. Vektoren	Axiomatik	Algorithmen	lineares Optimieren	andere Anwendungen
Gymnasium	76/13	18/75	12/71	15/71	8/78	24/58
Fachgymn.	43/57	0/100	14/64	29/71	57/43	43/57
Leistungskurs						
Gymnasium	87/6	7/85	55/19	15/62	7/82	40/40
Fachgymn.	73/27	0/100	13/73	40/53	20/73	33/60

Die obige Tabelle gibt die Kursprofile unterschieden nach Kurs- und Schultyp wieder. Die erste Zahl bezieht sich auf die prozentuale Häufigkeit der Nennungen für „steht im Vordergrund", die zweite entsprechend für „spielt eine geringe oder keine Rolle". Die Unterschiede sind signifikant (für Details vgl. ebd., 155ff.).

Die Antworten machen deutlich, daß es ausgeprägte Unterschiede in der Schwerpunktsetzung je nach Kurstyp und Schulart gibt. Während die Kursprofile für allgemeinbildende staatliche Gymnasien und Privatgymnasien einander in etwa gleichen und deshalb nicht getrennt dargestellt wurden, weichen die Kurse an Fachgymnasien in ihren Schwerpunktsetzungen deutlich davon ab.

Wir beschreiben zunächst die Situation an allgemeinbildenden Gymnasien. In *Leistungskursen* läßt sich der Unterricht von 90% der Lehrer in der folgenden Weise charak-

---

[20] Es wurden 275 Lehrer in Niedersachsen befragt. Die Ergebnisse sind inhaltlich auf die meisten anderen (alten) Bundesländer übertragbar, wie Vergleiche mit den unveröffentlichten Ergebnissen der DIMGO-Untersuchung des IDM (vgl. *Pfeiffer/Steiner* 1982) zeigen.

terisieren: es dominiert die vektorielle Behandlung von Inhalten der Analytischen Geometrie. Ein Schwerpunkt ist die Behandlung von Geraden und Ebenen und deren Schnittgebilden sowie das Lösen von Abstandsproblemen mittels Skalarprodukt. Axiomatische Fragestellungen spielen für 55% der Befragten eine große, für 25% eine mittlere Rolle. Algorithmische Fragestellungen und das lineare Optimieren kommen in der Regel im Unterricht nicht vor. „Andere Anwendungen" werden aber von 60% der Lehrer – mit unterschiedlicher Gewichtung – in den Unterricht mit einbezogen. Ob diese Lehrer alle das Wort „Anwendung" in dem von uns intendierten Sinne von außermathematischer Anwendung gemeint haben, scheint uns fraglich, schon deshalb, weil die jeweils verwendeten Schulbücher meist keine Anregungen in dieser Richtung geben. *Pfeiffer* (1981, 182) stellte bei Interviews zum Mathematikunterricht in der Sekundarstufe II fest, daß die Mehrheit der Lehrer mit dem Begriff „Anwendung" das Umgehenkönnen der Lernenden mit Mathematik verbinden (vgl. auch Bd. 1, Kap. 4). In diesem Zusammenhang könnte das z.B. bedeuten, daß Lehrer im Arbeiten mit linearen Gleichungssystemen oder mit Matrizen eine „Anwendung" allgemeiner Sätze der Linearen Algebra sehen.

In *Grundkursen* allgemeinbildender Gymnasien besitzen Anwendungen, lineares Optimieren und algorithmische Aspekte insgesamt ein geringes Gewicht. Auf Axiomatik wird in der Regel verzichtet. Dagegen wird von einem Viertel der Lehrer eine traditionelle Analytische Geometrie unterrichtet. Es sind dies in erster Linie Lehrer mit sehr langer Lehrerfahrung. Der Behandlung von Abbildungen kommt in Grundkursen kaum eine Bedeutung zu (vgl. *Tietze* 1986, 140ff.).

Zur Situation in *Fachgymnasien*: grob gesagt, unterscheiden sich Leistungskurse im Fachgymnasium von denen in Gymnasien durch eine deutlich geringere Betonung axiomatischer Fragen und eine intensivere Behandlung von Algorithmen. Aber es steht auch hier die vektorielle Analytische Geometrie im Vordergrund. Die Grundkurse haben einen besonderen Charakter, sowohl im Vergleich zum Leistungskurs des gleichen Schultyps als auch zum Grundkurs in allgemeinbildenden Gymnasien Für fast 60% der Lehrer spielt die vektorielle Analytische Geometrie eine höchstens mittlere oder keine Rolle, für fast 60% steht statt dessen in erster Linie das lineare Optimieren im Vordergrund.

2.2.1 Schulbücher im Urteil der Lehrer

Wichtige und interessante Hypothesen zu curricularen Vorstellungen von Lehrern lassen sich aus der Analyse des Schulbuchs von *Köhler/Höwelmann/Krämer* (1964ff.) zur Analytischen Geometrie und dessen Bewertung durch den Lehrer gewinnen.[21] Das Schulbuch hatte zur Zeit der Befragung die höchste Verbreitung von allen hier zur Diskussion stehenden Lehrbüchern. 69% der Lehrer gaben an, daß *Köhler/Höwelmann/Krämer* in ihren Grundkursen eingeführt sei; bei Leistungskursen entsprechend 58%. Mit einer Gesamtnote von 2,2 in Grundkursen und 2,1 in Leistungskursen ist es das mit Abstand am besten bewertete gängige Schulbuch überhaupt. Den Hauptteil des Buchs machen die koordinatenbezogene und die vektorielle Beschreibung von Geraden, Ebenen und deren Schnittgebilden und die Behandlung von Abstandsberechnungen aus. Nimmt man noch

---

[21] Das Buch erfuhr zahlreiche, weitgehend unveränderte Neuauflagen und wurde erst 1989 grundlegend überarbeitet; die Neufassung erschien als *Krämer/Höwelmann/Klemisch* (1989).

die knappe Einführung der beiden hierfür notwendigen Hilfsmittel „geometrischer Vektor" und „Skalarprodukt" hinzu, so kommt man auf einen Seitenanteil von 81%. Die zentralen Problemkontexte „Beschreibung von Geraden und Ebenen und deren Schnittgebilden" und „Abstandsberechnungen" lassen viele gut verständliche Fragestellungen zu, deren Lösungen auf wenige Musteraufgaben zurückzuführen sind und daher einen fast algorithmischen Charakter tragen. Der Aufwand an abstrakten und formalen fachsystematischen Begriffen ist relativ gering. An ihre Stelle treten oft anschauungsbezogene und didaktische Termini (vgl. 2.1.1.2). Von der Fachdidaktik wird die Einseitigkeit dieses Buchs bemängelt, daß so wichtige Aspekte der Mathematik wie der algorithmische und der anwendungsbezogene nicht berücksichtigt sind, ferner, daß die Stoffanordnung und -darbietung Züge der traditionellen Aufgabendidaktik trägt (vgl. *Steiner/Tietze* 1982). Die Auswahl der Probleme zur Raumbeschreibung und deren methodische Bearbeitung sind wenig geeignet, allgemeine Zielsetzungen des Mathematikunterrichts wie „Raumanschauung" zu fördern. Die herausragend positive Bewertung des Buchs durch den Lehrer und seine große Verbreitung lassen den Schluß zu, daß die Mehrheit der Lehrer ein Vorgehen im Sinne der traditionellen Aufgabendidaktik für sinnvoll hält und die fachliche Einseitigkeit, das Fehlen algorithmischer und anwendungsbezogener Aspekte, nicht als Mangel ansieht. Das ist um so verständlicher, als die Mehrheit der Gymnasiallehrer einen anderen Anwendungsbegriff hat als den in der Fachdidaktik üblichen (s.o.). Der hohe Marktanteil von *Köhler et al.* läßt sich evtl. auch damit erklären, daß andere Lehrbücher zum Zeitpunkt der Befragung noch stark an der Linearen Algebra orientiert waren und im Urteil der Lehrer vergleichsweise schlecht abschnitten, insbesondere hinsichtlich der Lesbarkeit (mit einer Ausnahme, s.u.). Hier wird die Zeitbezogenheit der Untersuchung deutlich.

Es gibt eine kleine Gruppe von Lehrern, die der Betonung außermathematischer Anwendungen und Algorithmen im Unterricht großes Gewicht beimessen, z.B. die Lehrer, die das Buch von *Artmann/Törner* (1980) positiv beurteilen. Es handelt sich bei diesem Buch um einen curricularen Entwurf, der neueren Tendenzen in der Fachdidaktik hin zu mehr Anwendungsorientierung und weniger Formalismus bereits entspricht. Die wesentlich geringere Verbreitung dieses Buchs in Leistungskursen als in Grundkursen läßt den Schluß zu, daß auch diese Lehrer für Leistungskurse ein Mindestmaß an üblicher Fachsystematik im Sinne einer Vorbereitung auf mathematisch-naturwissenschaftliche Studiengänge erwarten. Dieser Forderung hat sich auch die Einbeziehung von Anwendungen unterzuordnen. Anwendungen und algorithmische Aspekte dürfen – aus der Sicht mancher Lehrer – nicht zum systematischen Band eines Leistungskursbuchs werden, wie das bei *Artmann/Törner* z.T. der Fall ist. Interviews mit Lehrern zeigen, daß das Buch inzwischen vielen Lehrern bekannt ist (*Tietze* 1992). Mehrere Lehrer haben das Buch von *Artmann/Törner* zunächst sehr positiv aufgenommen, sind inzwischen aber zum traditionellen Ansatz zurückgekehrt, nur einige Lehrer – an Wirtschaftsgymnasien tätig – befürworten weiterhin dezidiert ein derartiges anwendungsorientiertes Vorgehen.

Vergleicht man *Köhler/Höwelmann/Krämer* mit dem Nachfolgewerk *Krämer/Höwelmann/Klemisch*, so zeigt sich zum einen, daß sich die zentralen Inhalte aus der vektoriellen Analytischen Geometrie nicht wesentlich geändert haben. Den Forderungen in der didaktischen Diskussion wurde Rechnung getragen durch die algorithmische Behandlung von linearen Gleichungssystemen und die stärkere Betonung der Raumgeometrie.

So wurden z.B. 1982 auf einer Tagung in Oberwolfach zum Mathematikunterricht in Grundkursen, auf der Lehrplaner, Fachseminarleiter und Fachdidaktiker vertreten waren, folgende Grundforderungen für Kurse in Analytischer Geometrie und Linearer Algebra aufgestellt (vgl. *Kroll* 1983):
- Beschreibung und Untersuchung von Objekten des Anschauungsraumes mit Vektoren;
- Entwicklung linearer Gleichungssysteme aus Anwendungssituationen heraus und deren systematische algorithmische Lösung (Gaußscher Algorithmus).

Viele der heute üblichen Schulbücher ähneln inhaltlich *Krämer/Höwelmann/Klemisch.* Damit trug man allgemeinen Forderungen in der didaktischen Diskussion Rechnung.

Wie weit Lehrer das Angebot der neueren Schulbücher zur algorithmischen Mathematik und zur Raumgeometrie annehmen, muß hier offen bleiben. Insgesamt kann man davon ausgehen, daß sich der Unterricht zur Analytischen Geometrie und Linearen Algebra in den zentralen Inhalten nicht wesentlich geändert hat.

2.2.2 Interviews

Die mit Gymnasiallehrern geführten Interviews (*Tietze* 1992)[22] bestätigen dieses Bild. Sie ergeben im Kern folgende inhaltliche Schwerpunktsetzungen:
- in Grundkursen der allgemeinbildenden Gymnasien herrscht eine anschauungsbezogene vektorielle Analytische Geometrie vor;
- in Leistungskursen wird zusätzlich Strukturmathematik und Axiomatik betont;
- im Wirtschaftsgymnasium spielen algorithmische Aspekte der Linearen Algebra im Zusammenhang mit linearen Gleichungssystemen und dem linearen Optimieren eine wichtige Rolle.

Es zeigt sich weiter, daß die inhaltlichen Vorstellungen zur Analytischen Geometrie und Linearen Algebra ähnlich wie die zur Analysis durch eine Hervorhebung von zentralen Aufgabeninseln gekennzeichnet sind; hier sind es die Aufgabenbereiche „Schnittgebilde" und „Abstandsfragen". Die Abstandsfragen werden in Leistungskursen in der Regel auf die Hessesche Normalenform zurückgeführt.

„Es sind immer die gleichen Rechenmethoden: Schnittgebilde und Abstandsberechnungen. Kegelschnitte machen wir nicht mehr. Aber den Schülern hat die Analytische Geometrie nicht so gefallen, sie freuen sich auf eine Weiterführung der Analysis" (Lehreräußerung).

Einzelne allgemeine Lernziele werden von den interviewten Lehrern wiederholt genannt. Sie streben insbesondere eine Schulung des Anschauungsvermögens an und versuchen, bei den Schülern Anschauung und Abstraktion zu verknüpfen. Hierin wird der interessante Aspekt der Analytischen Geometrie gesehen.

In dem folgenden Interview wird die Rückkehr von der strukturorientierten Linearen Algebra zur vektoriellen Analytischen Geometrie beschrieben.

„Und dann kam die Lineare Algebra, dieser strukturelle Weg. Am Anfang haben wir das wahrscheinlich auch mehr vom Strukturellen her gesehen, und dann haben wir uns schließlich nach und nach doch besonnen, auch diese geometrischen Dinge wieder etwas stärker zu machen." (O., 23)

Es blieben aber Elemente der Strukturmathematik. Manchen Lehrern bereitet deren Verknüpfung mit der vektoriellen Analytischen Geometrie Probleme.

---

[22] 15 Lehrer aus verschiedenen Bundesländern wurden in 3-4 Sitzungen von jeweils anderthalb bis zwei Stunden Dauer zu verschiedenen Aspekten des Mathematikunterrichts in der Oberstufe befragt. Eine genaue Quellenangabe bei Zitaten durch das Kodierungskürzel der jeweiligen LehrerIn erfolgt nur bei längeren Äußerungen.

„Einmal bin ich von den algebraischen Strukturen ausgegangen. Ich habe also erst Lineare Algebra bis Vektorräume usw. gemacht und habe dann die reelle vektorielle Geometrie hinterher gemacht. Das Mal davor bin ich genau umgekehrt vorgegangen. Es hat beides seine Vor- und Nachteile. Im Endeffekt ist es für die Aufgabenstellungen, die ich im Abitur vornehmen muß, vielleicht besser, mit der Analytischen Geometrie erst einmal anzufangen und sie zu einem gewissen Abschluß zu bringen, denn die Aufgaben im Abitur sind doch meistens mehr aus der Analytischen Geometrie als aus der Linearen Algebra. Insofern kommt man dann am Schluß nicht in Zeitbedrängnis." (I., 24)

Die bereits in Band 1 für den Bereich der Analysis beschriebenen Vorstellungen von Lehrern zu Grund- und Leistungskursen lassen sich auf den Bereich der Linearen Algebra und Analytischen Geometrie übertragen. Die für Leistungskurse angestrebte gemäßigte Anlehnung an die Fachsystematik und fachwissenschaftliche Diktion findet sich in den Aussagen der interviewten Lehrer wieder. Besonders pointiert beschreibt dies Herr E: „In Leistungskursen steht das Mathematische im Vordergrund, in Leistungskursen mache ich das (den Bereich Lineare Algebra/Analytische Geometrie; Anm. des Autors) sehr gern strukturorientiert. Ich habe bisher auch keine Probleme damit gehabt, daß ich wirklich von den Strukturen her an die Probleme herangegangen bin, also das alles sehr abstrakt hergeleitet habe und wirklich auch Beweise geführt habe. (Ich habe darauf geachtet), daß man genau seine Voraussetzungen und die Axiome kennt, aus denen man das Weitere dann herleiten kann.

Ja, da liegt der grundsätzliche Unterschied (zwischen Grund- und Leistungskurs). In den Grundkursen gehe ich immer von der Anschauung her (an die Sache) heran, aber in den Leistungskursen neige ich eher dazu, von den Definitionen her zu kommen und von da aus alles genau herzuleiten, unter Benutzung der Schlußweisen der Logik, um mich nicht so sehr auf die Anschauung festzulegen." Das habe natürlich inhaltliche Konsequenzen. „Den Begriff der linearen Abhängigkeit, den kann man sehr streng definieren, und aus diesen Definitionen kann man dann wunderschöne Schlußfolgerungen ziehen – ein Thema, das sehr geeignet ist in einem Leistungskurs. Der Grundkursschüler dagegen verbindet mit linearer Abhängigkeit etwas, was sich auf gemeinsame Vektoren in einer Ebene bezieht, die man dann kombinieren kann. Er sieht immer ein bestimmtes Bild vor sich, während die Leistungskursschüler nur eine Gleichung vor Augen haben – also eine rein analytische Definition. Denn es müssen ja nicht anschauliche Vektoren sein, (die dahinterstehen) – gerade das vermeide ich in Leistungskursen. Erst kommt die ganz allgemeine Definition von Vektoren und dann erst die anschaulichen Vektoren, gerade die behandle ich möglichst spät. Das ist – finde ich – ein ganz entscheidender Unterschied im Vergleich zwischen Grund- und Leistungskurs." (E., 30)

Einige Lehrer sehen in der Analytischen Geometrie für manchen Schüler die Möglichkeit eines Neuanfangs, da Wissensdefizite nicht so stark „durchschlagen" oder Raum für ein besseres Verständnis von Mathematik ist:
– „An einer solchen Stelle kann es dann sein, daß dieser Teufelskreis, den es in der Mathematik gibt, durchbrochen wird."
– „Gerade die Analytische Geometrie ist ein Feld, wo man die Schüler immer wieder dazu bringen kann, wirklich etwas zu verstehen."

Aus den Interviews wird deutlich, daß für Leistungskurse das Ziel der Vorbereitung auf die Universitätsmathematik eine wichtige Rolle spielt und daß Grundkurse sich zwar durch Zugeständnisse in Hinblick auf die Verständlichkeit auszeichnen, sich aber inhaltlich nicht wesentlich von Leistungskursen unterscheiden.

Auf die wichtige Frage, ob Lehrer Computer, mathematische Lernsoftware oder insbesondere Computeralgebrasysteme als wichtige Hilfsmittel für den Mathematikunterricht ansehen, können wir keine Antwort geben. Bei Studenten des gymnasialen Lehramts beobachten wir, daß nach vielen Jahren der radikalen Ablehnung die Akzeptanz von Computeralgebrasystemen jetzt (1999) langsam zunimmt. Inzwischen sind Kenntnisse in diesem Bereich verbindlicher Bestandteil der Prüfungsordnung (in Niedersachsen).

2.3 Schülerkonzepte und epistemologische Probleme[23]

Mathematische Begriffe und Theorien erfassen die objektiven, sachlogischen Inhalte und Strukturen der Fachwissenschaft. Das Lernen von Mathematik läßt sich nicht als ein „Abbilden" dieser Begriffe und Theorien bei den Schülern beschreiben. Vielmehr bilden die Schüler im Rahmen der ihnen angebotenen Lerngelegenheiten und auf der Basis ihrer Vorerfahrungen eigene Konzepte aus, die stets subjektiv gefärbt und damit interindividuell verschieden sind. Schülerkonzepte sehen nicht selten völlig anders aus als die Begriffe und Theorien, die der Lehrer zu vermitteln sucht, sie sind kontextabhängig und zeitlich nicht stabil.

Die Diskussion von Schülerkonzepten zur Analytischen Geometrie und Linearen Algebra erfolgt auf der Grundlage von Unterrichtsbeobachtungen und qualitativen empirischen Untersuchungen mit dem Charakter von Fallstudien.[24] Es werden zunächst Schülerkonzepte deskriptiv nachgezeichnet, anschließend wird versucht, den zugrundeliegenden Lernprozeß, insbesondere mögliche Einflußfaktoren curricularer und unterrichtsmethodischer Art, zu rekonstruieren. Vielfach spiegeln sich in den Lernschwierigkeiten einzelner Schüler auch tieferliegende epistemologische Probleme, d.h. grundsätzliche Probleme mathematischer Begriffsbildung, wider.

Es erweist sich als sinnvoll, zwei Aspekte mathematischen Denkens in der Analytischen Geometrie und Linearen Algebra zu unterscheiden:[25]
- einen syntaktisch-algorithmischen Aspekt, der das Umformen von Vektortermen und das Lösen von Vektorgleichungen sowie das Lösen linearer Gleichungssysteme umfaßt, die jeweils festen Regeln folgen;
- einen semantisch-begrifflichen Aspekt, die Beziehung zwischen dem Vektorkalkül und den durch ihn beschriebenen geometrischen Objekten. Wichtige Teilaspekte des semantisch-begrifflichen Denkens sind das algebraische Beschreiben geometrischer Sachverhalte mit Hilfe des Vektorkalküls und umgekehrt das geometrische Interpretieren von Vektortermen und -gleichungen.

In Abituraufgaben zur Analytischen Geometrie und Linearen Algebra wird kaum semantisch-begriffliches Denken gefordert. Nicht zuletzt unter dem Druck des Zentralabiturs in einigen Ländern hat sich ein sehr enger Kanon an Standardaufgaben herausgebildet, vor allem aus dem Bereich der Schnitt- und Abstandsbeziehungen. Wie die Analysis zerfällt auch die Analytische Geometrie für viele Schüler in eine Ansammlung (weitgehend unverbundener) Aufgabenklassen, für die jeweils passende Lösungsverfahren explizit vorbesprochen und eingeübt werden.

---

[23] von *Gerald Wittmann*

[24] Soweit nichts anderes vermerkt ist, handelt es sich dabei um eigene, z.T. noch laufende Untersuchungen, die bislang nur auszugsweise veröffentlicht sind (*Wittmann* 1996, 1998, 1999). Bei den Zitaten handelt es sich um Gedächtnisprotokolle von im Unterricht erfolgten Schüleräußerungen, Transkripte von Schülerinterviews oder schriftliche Schülertexte, die weder sprachlich noch inhaltlich korrigiert sind. Auch ein von üblichen Konventionen abweichender Gebrauch mathematischer Symbole durch die Schüler wird so wiedergegeben. Textkürzungen in den Zitaten werden durch […] angezeigt, Textergänzungen stehen in eckigen Klammern.

[25] Diese Kategorisierung erfolgt in Analogie zu einer entsprechenden Kategorisierung für die elementare Algebra (vgl. Band 1, 2.3).

Diese Befunde werden durch den Mathematikleistungstest von TIMSS/III bestätigt: „Im Unterricht der mathematischen Grundkurse der gymnasialen Oberstufe erreicht nur ein kleiner Teil der Schülerinnen und Schüler ein Niveau der sicheren und selbständigen Anwendung des Gelernten. Wird der vertraute Schulkontext von Aufgaben geändert, hat die Mehrheit der Grundkursteilnehmer erhebliche Schwierigkeiten, diese zu lösen. Mehr als vier Fünftel der Grundkursteilnehmer überschreiten das Niveau der Anwendung elementarer Konzepte und Regeln nicht ... In den mathematischen Leistungskursen wird erwartungsgemäß ein deutlich höheres Leistungsniveau erreicht. Dennoch ist der einigermaßen erfolgreiche Umgang mit mathematischen Problemstellungen, deren Lösungen nicht unmittelbar evident sind, nicht einmal bei jedem achten Leistungskursschüler anzutreffen" (*Baumert/Bos/Watermann* 1999, 101). Auch im internationalen Vergleich „liegen die relativen Stärken der deutschen Schülerinnen und Schüler ... eher bei der Lösung von Aufgaben, die Routineprozeduren der Oberstufenmathematik oder reines Begriffswissen repräsentieren" (ebd., 104f.).

Beispiel 1: Folgende Aufgabe wurde bei TIMSS/III von lediglich 21 % der GK- und 39 % der LK-Schuler richtig gelöst· „Für zwei Vektoren $\vec{a}$ und $\vec{b}$ ($\vec{a}, \vec{b} \neq \vec{0}$) gilt: $|\vec{a}+\vec{b}|=|\vec{a}-\vec{b}|$. Wie groß ist der Winkel zwischen $\vec{a}$ und $\vec{b}$?" (*Baumert/Bos/Klieme et al.* 1999, 93)

Auch eigene Fallstudien deuten darauf hin, daß das semantisch-begriffliche Denken bei Schülern in der Regel eher schwach ausgeprägt ist. Es kommt zu einer Verselbständigung des Kalküls, d.h. zu einer weitgehenden Ablösung der vektoralgebraischen und arithmetischen Berechnungen von den zugrundeliegenden geometrischen Situationen. Die Ursachen hierfür sind vielfältig: Sie können in unzureichenden Vorkenntnissen der Schüler, methodischen Defiziten (vor allem einseitigen Aufgabenstellungen) und curricularen Unstimmigkeiten (bezogen auf die geometrischen Vorerfahrungen der Schüler aus der Sekundarstufe I) begründet liegen.

Die folgenden Abschnitte befassen sich in erster Linie mit dem semantisch-begrifflichen Denken von Schülern. Es werden Schülerkonzepte zu vier Teilgebieten untersucht,
(1) zum Vektorbegriff,
(2) zur Parametergleichung einer Geraden,
(3) zum Bearbeiten geometrischer Aufgaben, die nicht zum üblichen Aufgabenkanon gehören und für die keine Standardverfahren bereitstehen,
(4) zum Begriff Vektorraum als Strukturbegriff.
Die ersten drei Teilgebiete sind zentrale Bestandteile der vektoriellen Analytischen Geometrie, das vierte ist der Linearen Algebra zuzurechnen.

Zum syntaktisch-algorithmischen Denken von Schülern in der Analytischen Geometrie liegen bislang keine empirischen Befunde vor. Schwierigkeiten beim Lösen linearer Gleichungssysteme im 9. Schuljahr beschreibt *Kirsch* (1991). Defizite bezüglich der elementaren Sekundarstufen-I-Algebra sind von geringerer Bedeutung als in der Analysis, da die auftretenden Terme in der Regel einfach gebaut sind; wir verweisen diesbezüglich auf Band 1, 2.3 und 7.3.

2.3.1 Vektorbegriff

Die individuellen Vektorkonzepte von Schülern hängen natürlich vom methodischen Vorgehen bei der Einführung des Vektorbegriffs ab. Empirische Befunde liegen zu zwei verschiedenen Zugängen vor,

- der traditionellen Definition von Vektoren als Pfeilklasse bzw. Verschiebung,
- und einem Lehrgang, in dem Vektoren arithmetisch als n-Tupel reeller Zahlen eingeführt und anschließend flexibel geometrisch interpretiert werden (vgl. insbesondere *Bürger/Fischer/ Malle/Reichel* 1980 sowie die Schulbücher *Artmann/Törner* 1988, *Bürger et al.* 1989, I).

Der Vektorbegriff erweist sich aber in jedem Fall als ein sehr schwieriger Begriff.

Vektor als Pfeilklasse bzw. Verschiebung

Die in Schulbüchern gegebenen Definitionen unterscheiden sich in den genauen Formulierungen erheblich. Betrachtet man deren mathematischen Kern, so lassen sich zwei Kategorien unterscheiden:

- Vektor als Menge oder (Äquivalenz-)Klasse aller parallelgleichen Pfeile; die zugrundeliegende Äquivalenzrelation wird im allgemeinen nur anschaulich formuliert, ohne exakten Beweis dafür, daß es sich um eine Äquivalenzrelation handelt;
- Vektor als Verschiebung; daß ein Vektor durch unendlich viele parallelgleiche Pfeile dargestellt werden kann, wird in diesem Fall aus der Abbildungsgeometrie begründet; die Aquivalenzklassenbildung wird in der Regel nicht explizit angesprochen.

Die Schülerkonzepte zum Vektorbegriff wurden mittels einer offenen schriftlichen Befragung in vier Grund- und drei Leistungskursen untersucht. Die Schüler wurden – als die Einführung des Vektorbegriffs schon einige Zeit zurücklag – aufgefordert, diesen Begriff schriftlich möglichst genau und umfassend zu erklären. Unabhängig von der konkreten Einführung des Vektorbegriffs – in jedem der Kurse wurde mit einem anderen Schulbuch gearbeitet – zeigte sich eine große Diskrepanz zwischen der „offiziellen" Definition und den individuellen Erklärungen der Schüler. Ein erheblicher Teil der Schüler nimmt überhaupt keinen Bezug auf die Definition, sondern zählt lediglich Eigenschaften auf und beschreibt Beispiele für Anwendungen. Nur wenigen Schülern gelingt es, eine vollständige und korrekte Erklärung des Vektorbegriffs anzugeben. Fast immer finden sich Verkürzungen oder sprachliche Ungenauigkeiten, nicht selten auch völlig unzureichende Konzepte.

Beispiel 2: In einem der Grundkurse wurde nach dem Schulbuch *Barth et al.* (1993) unterrichtet (Vektor als Menge aller parallelgleichen Pfeile). Folgende Zitate stammen von Schülern, die in ihrem Text auf die Definition zurückgreifen, und belegen, daß das korrekte Reproduzieren der Definition selbst für sprachlich gewandte Schüler nicht einfach ist.

(1) „Ein Vektor ist ein Repräsentant einer Punktemenge. Grundsätzlich besitzt er einen Fußpunkt und hat eine bestimmte Länge und eine bestimmte Richtung. Die Darstellung erfolgt als Pfeil."

(2) „Ein Vektor ist ein Pfeil in einem Raum. Er geht von einem bestimmten Punkt im Raum aus, zeigt in eine bestimmte Richtung und hat eine bestimmte Länge und beschreibt eine bestimmte Steigung. Jeder Vektor ist ein Repräsentant der Vektorgruppe, deren Vektoren alle in die gleiche Richtung zeigen."

(3) „Unter Vektor versteht man die Gesamtheit aller Repräsentanten, die in einem Raum oder einer Ebene die Richtung und die Länge eines Pfeils angeben. [...] Alle Repräsentanten eines Vektors müssen gleiche Lage und gleiche Länge aufweisen."

(4) „Unter einem Vektor versteht man ganz allgemein die Menge aller Repräsentanten eines Vektors. Als Repräsentanten bezeichnet man – ganz einfach und anschaulich gesagt – 'Pfeile' mit einer bestimmten Länge und einer bestimmten Richtung. Repräsentanten eines bestimmten

Vektors sind parallelgleich, d.h. sie sind gleich lang und haben dieselbe Richtung (sind also parallel)."

Bei der Einführung des Vektorbegriffs auftretende Schwierigkeiten können sprachlicher Natur sein. Begriffe wie „Richtung" und „Orientierung" oder auch „parallelgleich" und „gleichsinnig parallel" werden meistens als bekannt vorausgesetzt und nicht weiter geklärt. Es kann jedoch vorkommen, daß die Schüler ihnen aufgrund ihrer Alltagserfahrungen andere Bedeutungen zuschreiben als der Lehrer oder das Schulbuch.

Ein solches Problem wird im folgenden exemplarisch für den Begriff „Richtung" aufgezeigt. Dieser Terminus besitzt zwei verschiedene Bedeutungen, für die in der deutschen Sprache keine eigenen Bezeichnungen existieren:
- orientierte Richtung; Beispiele hierfür sind: in nördlicher Richtung, Verschiebungsrichtung, Richtungs-Cosinus, Ausbreitungsrichtung einer Welle;
- nichtorientierte Richtung; Beispiele hierfür sind: Nord-Süd-Richtung, vertikale und horizontale Richtung, tangentiale Richtung, Schwingungsrichtung.

In der Alltagssprache tritt der orientierte Richtungsbegriff ungleich häufiger auf als der nichtorientierte, wie die Beispiele belegen, so daß die Vorerfahrungen der Schüler weitgehend davon geprägt sein dürften. Auch einige Formulierungen in Beispiel 3 (vgl. unten) weisen darauf hin, daß Schüler den Terminus „Richtung" im Sinne von orientierter Richtung kennen. Dies wird besonders deutlich, wenn Schüler – ohne äußere Vorgaben – von „positiver Richtung" und „negativer Richtung" sprechen. In manchen älteren Schulbüchern wird „Richtung" hingegen auch im Sinne von nichtorientierter Richtung verwendet (vgl. *Köhler/Höwelmann/Krämer* 1974a, 1ff.).

Wesentlich gravierender als die sprachlichen sind jedoch die begrifflichen Schwierigkeiten. Schüler beider Sekundarstufen sind meistens überfordert, wenn sie unendlich viele, in ihren Augen bislang verschiedene Objekte plötzlich zu einer Menge oder Klasse zusammenfassen und als ein einziges Objekt behandeln sollen (diese begriffliche Schwierigkeit äußert sich sprachlich darin, daß der Begriff „Vektor" zwar im Singular steht, jedoch unendlich viele Pfeile umfaßt, also eine Pluralbedeutung besitzt). Auch in der Sekundarstufe II fehlen ihnen meistens tragfähige Vorerfahrungen mit dieser Art mathematischer Begriffsbildung (vgl. Band 1, 2.2). Zwar sind Beispiele für Äquivalenzklassenbildungen fester Bestandteil eines jeden Sekundarstufen-I-Curriculums, Schüler haben diese jedoch – selbst bei entsprechender Bezeichnung – häufig nicht als solche wahrgenommen, sondern besitzen andere Konzepte:
- Alle Brüche mit demselben Wert bilden eine Äquivalenzklasse, bezeichnet als Bruchzahl. Das Kürzen oder Erweitern eines Bruchs kann demnach als die Wahl eines anderen Repräsentanten derselben Äquivalenzklasse aufgefaßt werden. Schüler verstehen das Kürzen oder Erweitern eines Bruchs in der Regel aber als konkrete Rechnung. Unterstützt wird dieses Schülerkonzept durch die Angabe entsprechender Regeln, die den Charakter von Rechenvorschriften besitzen, z.B. „Ein Bruch wird erweitert, indem man Zähler und Nenner mit derselben Zahl k multipliziert".
- Alle Gleichungen mit derselben Lösungsmenge sind äquivalent zueinander und bilden eine Äquivalenzklasse. Die Durchführung einer Äquivalenzumformung kann als Wählen eines anderen Repräsentanten derselben Äquivalenzklasse aufgefaßt werden. Auch wenn im Unterricht beim Lösen einer Gleichung von Äquivalenzumformungen gesprochen wird, kommt für die Schüler dieser Gedanke nicht zum Tragen, es dominiert das Rechnen nach festen Vorschriften (z.B. „die Gleichung mit 5 multiplizieren", „alle Terme mit x auf eine Seite bringen").

Nicht zuletzt fehlen Schülern auch aktuelle Lerngelegenheiten für ein Verstehen der Pfeilklassendefinition. Die strikte Differenzierung zwischen Vektoren und ihren Repräsentanten läßt sich im Unterrichtsalltag kaum durchhalten. Selbst in Schulbüchern werden beide Begriffe schon bald nach ihrer Einführung weitgehend synonym verwendet; eine Ausnahme bildet lediglich *Krämer et al.* (1989).

Eine solche Abschwächung der Terminologie findet man exemplarisch bei *Barth et al.* (1993). Unmittelbar nach ihrer Einführung wird dort der synonyme Gebrauch von „Pfeil" und „Vektor" angekündigt: „Als Sammelbegriff für die Menge aller parallelgleichen Pfeile verwenden wir die Bezeichnung Vektor. Jeder Pfeil dieser Menge heißt Repräsentant des Vektors. Oft nennt man auch die Pfeile selber kurz und bündig Vektoren." (ebd., 63)

Die strikte Differenzierung zwischen Vektoren und ihren Repräsentanten erweist sich aber auch als bedeutungslos beim weiteren Vorgehen in der Analytischen Geometrie. Für das Lösen geometrischer Probleme genügt die intuitive Vorstellung eines Vektors als frei verschiebbarer Pfeil durchaus. Situationen, in denen man mit Äquivalenzklassen und Repräsentanten argumentieren müßte (z.B. Wohldefiniertheitsprobleme bei Beweisen), treten selbst in Leistungskursen nicht auf. Aus der Schülerperspektive betrachtet, bildet die Vektordefinition als solche einen isolierten Vorspann zur Analytischen Geometrie, der später nicht mehr benötigt wird. Dieser inhaltliche Bruch zwischen Definition und Anwendungen spiegelt sich auch in Schülertexten unserer Untersuchung wider. Angesichts der aufgezeigten Schwierigkeiten schlagen wir vor, bei der Einführung des Vektorbegriffs auf eine überzogene Begrifflichkeit zu verzichten und statt dessen den Kalkülaspekt in den Vordergrund zu rücken (vgl. 3.1).

Werden Vektoren als Parallelverschiebungen eingeführt oder wird ihre Einführung daran geknüpft, tritt eine weitere begriffliche Schwierigkeit auf: Die Schüler benötigen eine mengentheoretische Auffassung der Parallelverschiebung als Abbildung der Ebene in sich, wobei jedem Punkt der Ebene ein Bildpunkt zugeordnet wird. In der Regel verbinden Schüler mit dem Begriff Parallelverschiebung jedoch Konzepte im Sinne des Bewegens von Figuren oder einzelner herausgehobener Punkte an eine andere Stelle. In solchen Schülerkonzepten ist der Bewegungsvorgang dominant, der Zuordnungscharakter hingegen nicht ausgeprägt (vgl. *Bender* 1982, 17ff.).

Beispiel 3: In zwei parallel geführten Grundkursen wurden gemäß *Lambacher/Schweizer* (1993B) Vektoren als Parallelverschiebungen eingeführt und durch Pfeile veranschaulicht. Einige Zitate aus den Schülertexten, die im Rahmen der oben beschriebenen Untersuchung entstanden, zeigen das Spektrum auftretender Schülerkonzepte im Hinblick auf den Abbildungsbegriff.

(1) Ein Vektor ist „ein Pfeil, der in einem Raum einen Punkt beschreibt; dabei ist der Anfang des Pfeiles der Ursprung selbst[;] ausgehend von diesem Ursprung läßt sich die Lage eines jeden Punktes genau datieren."

Die Einführung von Vektoren als Parallelverschiebung ist hier völlig verblaßt. Das Vektorkonzept reduziert sich auf einen Pfeil im Koordinatensystem. Im weiteren Text wird das Arbeiten mit Ortsvektoren noch weiter ausgeführt. Es findet sich kein Hinweis darauf, daß ein Vektor durch unendlich viele Pfeile dargestellt werden kann.

(2) „Ein Vektor ist ein Pfeil bestimmter Länge in eine bestimmte Richtung. Die exakte Lage eines Vektors ist dabei irrelevant. Ein Vektor kann dabei genauso im R_2- wie auch im R_3-System vorhanden sein. Die Länge des Vektors ergibt sich aus den Koordinaten von der Vektorspitze minus der Koordinaten des Vektorfußpunktes".

Zunächst wird ein Vektor als Pfeil beschrieben, den man beliebig positionieren kann; mit „Richtung" ist dabei die orientierte Richtung gemeint. Der weitere Text, auch über das Zitat hinaus, bezieht sich auf Vektoren im Koordinatensystem. Die Schilderung der Längenberechnung erfolgt in Form einer Handlungsanweisung, wobei der arithmetische Aspekt eines Vektors nur auf seine Länge bezogen wird.

(3) „Ein Vektor ist eine Menge von Pfeilen, die die gleiche Orientierung und die gleiche Richtung haben. Vektoren werden in der Regel mit $\vec{a}$, $\vec{b}$, $\vec{c}$, ... bezeichnet. Man kann Vektoren addieren, subtrahieren oder parallel verschieben, in der Ebene oder im Raum. In früheren Jahrgangsstufen haben wir Parallelverschiebungen kennengelernt: man kann einen Punkt in der Ebene beliebig verschieben. Diese Parallelverschiebung nennt man Vektor. Es gibt auch Richtungsvektoren und Normalenvektoren."

Das Zitat hat die Struktur einer additiven Aufzählung. Zwischen den einzelnen Aufzählungspositionen, insbesondere den beiden Definitionen, wird kein Zusammenhang hergestellt. In der ersten, unvollständigen Definition wird „parallel verschieben" neben „addieren" und „subtrahieren" eingeordnet: Was aus einer mathematischen Perspektive die Darstellung desselben Vektors durch einen anderen Repräsentanten ist, scheint dieser Schüler als Vektoroperation aufzufassen. Hier werden wiederum die oben beschriebenen Schwierigkeiten bei der Äquivalenzklassenbildung sichtbar. In der zweiten Definition wird eine Parallelverschiebung als Verschiebung eines Punktes beschrieben. Hierbei muß allerdings offenbleiben, ob „eines Punktes" im Sinne von „eines einzelnen Punktes" oder im mathematischen Sinne von „eines beliebigen Punktes" zu lesen ist.

(4) „Durch einen Vektor entsteht die Parallelverschiebung eines Punktes im Raum. Es existieren in der Analytischen Geometrie spezielle Arten von Vektoren, wie z.B. Ortsvektoren oder Richtungsvektoren, etc. [...] Entscheidend bei einem Vektor ist meist seine Länge, Orientierung sowie seine Richtung. Zu jedem Vektor gibt es durch Umkehrung seiner Richtung auch einen Gegenvektor."

In diesem Text werden „Vektor" und „Parallelverschiebung" nicht als Synonyme verwendet, sondern als Bezeichnungen für verschiedene Objekte betrachtet: Es ist von der „Parallelverschiebung eines Punktes" die Rede, die „durch einen Vektor entsteht". Dies weist ferner auf ein vom Zeichnen geprägtes Konzept von Parallelverschiebung hin. Daß ein Vektor durch unendlich viele Pfeile dargestellt werden kann, geht aus dem gesamten Text nicht hervor. Der Terminus „Richtung" wird in zwei verschiedenen Bedeutungen verwendet: zunächst im Sinne von nichtorientierter Richtung, unmittelbar anschließend im Sinne von orientierter Richtung oder Orientierung.

Die beschriebenen Verschiebungskonzepte entsprechen den Lerngelegenheiten, die Schüler im Geometrieunterricht der Sekundarstufe I erfahren. Dort wird die Parallelverschiebung im allgemeinen nicht als punktweise Zuordnung behandelt (vgl. *Struve* 1990, 57ff.). So wird im Schulbuch *Barth et al.* (1985, 154f.) für die 7. Jahrgangsstufe folgende Definition gegeben, die auch im Sinne einer Bewegungsvorstellung aufgefaßt werden kann: „Eine Abbildung, die jede Figur auf eine dazu kongruente abbildet, heißt Kongruenzabbildung ... Verschiebt man jeden Punkt einer Figur gleich weit in dieselbe Richtung, so entsteht eine Bildfigur. Diese Abbildung heißt Verschiebung oder Translation." Ein erheblicher Teil der anschließenden Aufgaben besteht darin, die Bilder einzelner Drei- oder Vierecke zu konstruieren.

Vektor als *n*-Tupel reeller Zahlen

Werden Schüler nach ihren Vorstellungen zum Begriff „Vektor" gefragt, so weichen auch hier die individuellen Erklärungen häufig von der „offiziellen" Definition ab. Diesbezügliche Erfahrungen gehen zurück auf eine Untersuchung in einem Grundkurs Analytische Geometrie (13. Jahrgangsstufe), in dem parallel zum Unterricht regelmäßig Einzelinterviews mit Schülern geführt wurden. Zu Beginn des Kurses erfolgte eine arithmetische Einführung von Vektoren als n-Tupel reeller Zahlen, anschließend wurden die n-Tupel für $n = 2$ bzw. 3 geometrisch als Punkte und Pfeile im Koordinatensystem interpretiert. Dies bildete die Basis für eine Analytische Geometrie des Anschauungsraumes.

Beispiel 4: In einem Interview nach Abschluß des Kurses wird Ralf gefragt: „Was stellen Sie sich vor, wenn Sie den Begriff Vektor hören?" Ralf antwortet: „Das ist ein bißchen schwierig, weil einerseits sind das ja nur Punkte, also können es sein, andererseits können es ja auch solche ähm Strecken, ähm Strecken, ja, solche ähm Richtungsvektoren ähm sein, die also eine, ja, eine Strecke angeben, ähm tja, und eines von diesen beiden stelle ich mir dann halt vor."

Der Interviewer fragt wenig später nach: „Sie haben jetzt gesagt, Sie haben zwei verschiedene Vorstellungen, wie hängen die miteinander zusammen? Gibt es da irgendwas, was die verbindet, oder existieren die getrennt für sich jeweils?" Ralf antwortet: „Ähm tja, verbunden werden sie durch, ähm durch diese Angaben im Koordinatensystem."

Umrahmt von „einerseits ... andererseits" erläutert Ralf zwei Vorstellungen zum Vektorbegriff: „Punkte" und „Richtungsvektoren". Als „Richtungsvektoren" bezeichnet er wohl Pfeile, die er – in mehreren Ansätzen – von Strecken abzuheben versucht. Verknüpft werden die beiden primär geometrischen Vorstellungen über eine gemeinsame arithmetische Beschreibung, die „Angaben im Koordinatensystem", die sich als n-Tupel paraphrasieren lassen. Als eigenständige Objekte treten die n-Tupel bei Ralf nicht in Erscheinung.

Die Formulierung „können sein" – Ralf verwendet sie zweimal – weist darauf hin, daß er „Punkte" und „Richtungsvektoren" nicht mit Vektoren gleichsetzen, sondern diesbezüglich eine gewisse Distanz schaffen will; möglicherweise klingt hier noch die ursprüngliche Definition an, die den Terminus Vektor nur auf n-Tupel bezieht. Ralfs Formulierung kann auch zum Ausdruck bringen, daß eine Wahlmöglichkeit zwischen beiden Vorstellungen besteht; hierfür spricht zudem sein Nachsatz „und eines von diesen beiden stelle ich mir halt vor".

Ungeachtet aller interindividuellen Differenzen läßt sich im Laufe des Kurses tendenziell eine Bedeutungsverschiebung des Vektorbegriffs hin zur Geometrie ausmachen. Die arithmetische Definition ist vielen Schülern lediglich dann präsent, wenn sie gerade im Unterricht behandelt wurde, also über einen „Aktualitätsbonus" verfügt. Ansonsten verliert sie im Laufe des Kurses an Bedeutung. Die Schüler verknüpfen den Terminus „Vektor" zunehmend mit seinen geometrischen Deutungen, mit Pfeilen häufiger als mit Punkten. Die n-Tupel besitzen für die Schüler nicht mehr den Status eigenständiger Objekte, sondern dienen lediglich der gemeinsamen, verbindenden Beschreibung von Punkten und Pfeilen im Koordinatensystem. Die ursprüngliche Intention des Lehrgangs kehrt sich damit völlig um.

Beispiel 5: Im Unterricht und in den Interviews taucht von seiten der Schüler wiederholt die Frage nach einer geometrischen Darstellung des Skalarprodukts zweier Vektoren auf. Ralf beispielsweise will in einem Nachinterview wissen, „was man sich darunter vorstellt, zwei Vektoren zu multiplizieren, ich meine addieren ist leichter, da hat man so was und da hängt man dann noch mal so was dran, aber wie stellt man sich das vor, die zu [multiplizieren]?" Wenig später fragt er nochmals: „Wie kann ich mir das jetzt bildlich vorstellen? Ich habe da einen Vektor und multipliziere damit diesen Vektor. Was passiert da mit den beiden?"

Wenn Ralf hier von Vektoren spricht, meint er stets deren geometrische Darstellung als Pfeile (vgl. Beispiel 4). Er beschreibt ihre Addition als einen Prozeß („dranhängen eines Vektors"), den er sich gut vorstellen kann und der als Ergebnis einen Vektor liefert. Anders ist die Situation jedoch beim Skalarprodukt. Ralf weiß, daß das Skalarprodukt zweier Vektoren eine reelle Zahl ist, und er kann es zur Winkelbestimmung und zur Herleitung eines Normalenvektors einer Ebene einsetzen, wie an anderen Stellen des Interviews deutlich wird. Das genügt ihm jedoch offenbar nicht. Er möchte sich auch das Skalarprodukt als einen Prozeß vorstellen können, bei dem irgend etwas für ihn Sichtbares mit den beiden Pfeilen geschieht.

Die relativ überdauernden Schülerkonzepte werden weniger durch die Definition zu Beginn des Kurses geprägt, sondern weitaus stärker durch das anschließende Arbeiten mit Vektoren in der Analytischen Geometrie. Dort haben die n-Tupel jedoch keine eigenständige Bedeutung, ihr Objektcharakter geht im Laufe der Zeit unter, und umgekehrt verliert die geometrische Deutung ihren arithmetischen Ursprung, sie verselbständigt sich. Die Schüler denken gleichsam die n-Tupel nicht mehr mit – ähnlich wie beim Pfeilklassenmodell, wo sie häufig die Äquivalenzklassen außer acht lassen und nur noch mit einzelnen Pfeilen arbeiten. Hinzu kommt, daß Begriffsbildungen wie „parallele Vektoren", „Richtungsvektor einer Gerade" oder „Normalenvektor" im Kontext der Analytischen Geometrie erfolgen, und ohne diesen Kontext, nur bezogen auf n-Tupel, keinen Sinn ergeben.

Exemplarisch wird dies durch die Definition für den Begriff „Normalvektor" im Schulbuch von *Bürger et al.* (1989, I, 227) illustriert: „Wir sagen, zwei Vektoren $\vec{a}$ und $\vec{b}$ stehen aufeinander normal, wenn die entsprechenden Pfeile aufeinander normal stehen. Wir schreiben dafür kürzer $\vec{a} \perp \vec{b}$. Wir sagen auch: jeder der beiden Vektoren ist ein Normalvektor des anderen." Ein Normalvektor ist zwar eigentlich ein n-Tupel, die Definition des Begriffs erfolgt jedoch über das Normalstehen (Senkrechtstehen) der zugehörigen Pfeile, also auf der Basis geometrischer Vorstellungen, und auch das Symbol $\vec{a} \perp \vec{b}$ ist der Geometrie entlehnt. Das arithmetische Kriterium (Nullwerden des Skalarprodukts) wird erst später als Satz formuliert und bewiesen (vgl. ebd., 230). Die in Schülerkonzepten erfolgende Verkürzung, den Terminus „Normalvektor" gleich auf Pfeile zu beziehen, ist da durchaus naheliegend.

Aus einer epistemologischen Perspektive betrachtet, schließen die dargestellten Schülerkonzepte nahtlos an Vorerfahrungen aus dem Geometrieunterricht der Sekundarstufe I an (vgl. auch *Andelfinger* 1988, 168ff.). Zahlen werden dort zur Angabe von Seitenlängen, Winkelmaßen und Flächeninhalten verwendet, n-Tupel zur Beschreibung von Figuren und Körpern im Koordinatensystem. In der Lernbiographie der Schüler sind die geometrischen Objekte zuerst da, Zahlen und n-Tupel werden später verwendet, um die Eigenschaften bekannter geometrischer Objekte zu erfassen. Punkte und Pfeile besitzen für die Schüler natürlicherweise Objektcharakter, Zahlen und n-Tupel im Kontext der Geometrie hingegen eher Beschreibungscharakter. Sollen die Schüler nun n-Tupel als Objekte, Punkte und Pfeile hingegen als deren Deutungen betrachten, werden diese Erfahrungen gleichsam „auf den Kopf gestellt".

Das syntaktisch-algorithmische Denken, das Rechnen mit n-Tupeln, bereitet Schülern in der Regel keine Probleme. Sie übertragen die von den reellen Zahlen her vertrauten Regeln im Sinne eines komponentenweisen Arbeitens auf die n-Tupel. Dabei kann es allerdings vereinzelt zu Übergeneralisierungen kommen.

Beispiel 6: Die Übergeneralisierung wird exemplarisch am Betrag eines Vektors sichtbar. Nebenstehendes Fehlerphänomen trat wiederholt auf, erwies sich allerdings nicht als stabil. Wie läßt es sich erklären? Die Addition von Vektoren wurde im Unterricht als komponentenweise

$$\left| \overrightarrow{CA} \right| = \left| \begin{pmatrix} -9 \\ -18 \\ -6 \end{pmatrix} \right| = \begin{pmatrix} 9 \\ 18 \\ 6 \end{pmatrix}$$

Addition definiert, die Multiplikation mit einem Skalar als komponentenweise Multiplikation mit dem Skalar, usw. Die Anwendung dieser Regel auf die Betragsbildung ist dann eine zwar naheliegende, jedoch unzulässige Übergeneralisierung. Hinzu kommt, daß die betreffenden Schüler die Betragsbildung bei reellen Zahlen ausschließlich mit der Handlungsanweisung „man läßt das Minuszeichen weg" beschreiben. Ihr Wissen um den Betrag einer reellen Zahl bezieht sich also nur auf den syntaktisch-algorithmischen Aspekt, nicht jedoch auf den semantisch-begrifflichen (der Betrag einer reellen Zahl gibt ihren Abstand vom Ursprung an). Das syntaktisch-algorithmische Wissen wird später ohne jegliche Bedeutungsvorstellungen auf den Betrag eines Vektors übertragen.

Die Einführung von Vektoren als n-Tupel eignet sich unseres Erachtens nicht als unmittelbare Vorbereitung für eine Analytische Geometrie des Anschauungsraumes. Sie macht vor allem dann Sinn, wenn das Schwergewicht des Kurses anschließend auf einer anwendungsorientierten Linearen Algebra der n-Tupel liegt (wie bei *Artmann/Törner* 1988). Dies zeigt, daß die Bewertung einer bestimmten Begriffseinführung nicht per se erfolgen kann, sondern stets auch von den damit verfolgten Zielen abhängt.

2.3.2 Parametergleichung einer Gerade

Obwohl das Aufstellen der Parametergleichung einer Gerade zu den Standardaufgaben zählt, bereitet die umgekehrte Aktivität, das Interpretieren einer vorgegebenen Gleichung, den Schülern weitaus häufiger Probleme.

Beispiel 7: Im Unterricht eines Grundkurses werden die Lagebeziehungen zweier Geraden untersucht. Eine Rechnung ergibt, daß sie zusammenfallen. In einem anschließenden Gespräch stellt Christoph die Frage: „Ist das jetzt eine Gerade, oder sind das zwei Geraden?"

Christoph versucht hier, die rechnerische Lösung in bezug auf die geometrische Ausgangssituation zu deuten, also eine Beziehung zwischen den Gleichungen und den dadurch beschriebenen geometrischen Objekten herzustellen. Im vorausgehenden Unterricht hingegen wurde meistens die umgekehrte Aktivität geübt. Zwar wurde thematisiert, daß die Beschreibung einer Gerade durch eine Parametergleichung nicht eindeutig ist, und die Schüler mußten mehrere Parametergleichungen derselben Gerade aufstellen. Es ist für Christoph aber offenbar nicht einfach, diese Erfahrungen hier im Kontext der Lagebeziehungen zweier Geraden zu verwerten.

Unter methodischen Überlegungen erweist sich in dieser Situation vor allem die gewählte Terminologie als unglücklich: Es ist stets von „zwei Geraden" die Rede, und „zusammenfallen" kann – alltagssprachlich verstanden – einen dynamischen Vorgang suggerieren.

Eine genauere Untersuchung von Schülerkonzepten zur Parametergleichung einer Gerade wurde in einem Grundkurs am Ende des Unterrichts in Analytischer Geometrie durchgeführt (vgl. *Wittmann* 1999). Im Rahmen von Einzelinterviews sollten Schüler eine Parametergleichung angeben und geometrisch interpretieren. Nicht alle Schüler, die den Kalkül beherrschen, können auch den in der Gleichung auftretenden Symbolen eine geometrische Bedeutung zuweisen und den durch die Gleichung beschriebenen geometrischen Sachverhalt erläutern. Hier erweisen sich wiederum syntaktisch-algorithmisches und semantisch-begriffliches Denken als prinzipiell voneinander unabhängig.

Beispiel 8: Martina wird vom Interviewer zunächst gefragt: „Was stellen Sie sich vor, wenn Sie den Begriff Gerade hören?" Sie antwortet: „Das ist einfach eine Streckenverlängerung. Ich habe zwei Punkte, und die Gerade geht eben durch zwei Punkte durch und ist halt nicht begrenzt wie eine Strecke, sondern verlängert."

Durch den Interviewer dazu aufgefordert, schreibt Martina nebenstehende Parametergleichung an und erläutert sie. Martina bezieht sich dabei nur auf zwei Elemente der Parametergleichung, „einen Punkt, durch den die Gerade durchgeht", und den Richtungsvektor. Sie erwähnt

$$X: g = \begin{pmatrix} a_1 \\ a_2 \\ a_3 \end{pmatrix} + \lambda \cdot \begin{pmatrix} v_1 \\ v_2 \\ v_3 \end{pmatrix}$$

weder den Parameter, noch betrachtet sie die linke Seite der Gleichung; auch die Vertauschung von

g und X fällt ihr nicht auf. Martina läßt an keiner Stelle erkennen erkennen, daß es sich um eine Gleichung handelt. Sie behandelt die Gerade stets ganzheitlich als ein im Koordinatensystem gegebenes Objekt, das durch einen Punkt und einen Richtungsvektor „gekennzeichnet" ist.

Martina nimmt die Parametergleichung gemäß ihrer eingangs geäußerten Vorstellung einer Gerade als konkretes, gegenständliches Objekt nur selektiv wahr. Sie registriert lediglich die Koordinaten des Punktes und des Richtungsvektors, alles andere sind für sie bedeutungslose Symbole. Für Martina besitzt die Parametergleichung denselben Informationsgehalt wie ein Zweiertupel, bestehend aus Punkt und Richtungsvektor.

Die Einordnung der Schülerkonzepte erfolgt anhand von zwei Kriterien: Welche Vorstellungen verbinden die Schüler mit den in der Analytischen Geometrie behandelten Begriffen, und welche Aspekte funktionalen Denkens sind in ihren Erläuterungen der Parametergleichung zu erkennen?

In den Interviews wird deutlich, daß die Vorkenntnisse der Schüler aus der Sekundarstufe I auch ihr semantisch-begriffliches Denken in der Analytischen Geometrie prägen, insbesondere ihren Umgang mit der Parametergleichung einer Gerade. Dahinter steht ein grundsätzliches epistemologisches Problem bezüglich der Auffassung von Analytischer Geometrie. Mit den dort behandelten Begriffen können zwei verschiedene geometrische Vorstellungen verbunden sein:

(1) Gerade als eine abstrakte Punktmenge, als Teilmenge des R^2 bzw. R^3; ein Punkt ist ein Element einer Gerade.

(2) Gerade als ein konkretes, gegenständliches Objekt, das in seiner Ganzheit betrachtet wird; ein Punkt liegt auf einer Gerade, er ist ein eigenständiges Objekt.

Das Vorliegen einer dieser beiden Vorstellungen beeinflußt insbesondere auch die Wahrnehmung der zugehörigen Parametergleichung:

(1) Betrachtet man die Gerade als abstrakte Punktmenge, bestimmt die Parametergleichung alle Punkte der Gerade; sie induziert eine Ordnung auf der Punktmenge. Die Parametergleichung läßt sich dynamisch deuten, als Beschreibung eines Durchlaufungsprozesses. Die Gerade ist der Graph einer Funktion $R \rightarrow R^3$.

(2) Betrachtet man die Gerade als konkretes, gegenständliches Objekt, gibt die Parametergleichung Auskunft über deren Lage im Koordinatensystem, die durch einen Punkt A und einen Vektor $\vec{v}$ festgelegt ist. Daß es sich um eine Gleichung handelt, tritt dabei in den Hintergrund. Die Gerade wird rein statisch als ein durch zwei Angaben zu beschreibendes Objekt betrachtet.

Hinter diesen Vorstellungen stehen – idealtypischerweise – zwei verschiedene Auffassungen von Analytischer Geometrie:

(1) Analytische Geometrie als Punktmengengeometrie; diese Auffassung liegt auch der Analytischen Geometrie als einer innermathematischen Anwendung oder Veranschaulichung der Linearen Algebra zugrunde;

(2) Analytische Geometrie als arithmetische Beschreibung von im Anschauungsraum gegebenen Objekten; der Punktmengengedanke kommt dabei nicht oder nur selten zum Tragen.

Die beiden Auffassungen sind komplementär zueinander; sie müssen sich nicht gegenseitig ausschließen. In den Interviews zeigt sich vielmehr, daß es Mischformen gibt und Schüler kontextbedingt zwischen beiden Auffassungen springen. Die in einer ersten, spontanen Reaktion geäußerten Vorstellungen sind ausnahmslos alle der zweiten Auffassung zuzuordnen. Erst aufgrund entsprechender Impulse läßt sich bei manchen Schülern auch die erste Auffassung erkennen.

Die Vorstellung der Schüler von einer Gerade ist eng damit verknüpft, ob sie die Parametergleichung als eine funktionale Beziehung deuten: Schüler, die eine Gerade ausschließlich als ganzheitliches, konkretes Objekt beschreiben, zeigen in der Regel keinerlei funktionales Denken (vgl. Beispiel 8). Den genauen Zusammenhang zwischen dem Parameter und den Punkten auf der Gerade stellen nur wenige Schüler dar.

Die funktionale Deutung der Parametergleichung setzt einen entwickelten Funktionsbegriff voraus, über den wohl nur wenige Schüler verfügen. Zudem tritt die funktionale Beziehung bei der grafischen Darstellung nicht hervor: Der Parameter als unabhängige Variable wird nicht im Koordinatensystem aufgetragen, im Gegensatz zur Darstellung einer Funktion $R \rightarrow R$ im xy-Koordinatensystem, wo sowohl die abhängige als auch die unabhängige Variable auf den Achsen aufgetragen werden. *Weth* (1993, 186) spricht deshalb auch vom „unsichtbaren Parameter".

Die Auffassung der Analytischen Geometrie als eine arithmetische Beschreibung von im Anschauungsraum gegebenen Objekten schließt an Vorerfahrungen der Schüler an. So kommt *Struve* (1990) aufgrund von Schulbuchanalysen zu dem Schluß, daß die Geometrie in der Sekundarstufe I den Schülern als eine den Naturwissenschaften ähnliche Theorie begegnet: „Geometrie – so wie sie der Schüler erfährt – dient dazu, gewisse Phänomene der Realität zu beschreiben und zu erklären. Die geometrischen Begriffe werden mit Bezug zu realen Objekten eingeführt, überwiegend Falt- und Zeichenblattfiguren, die Sätze der Geometrie sind Aussagen über diese Objekte" (ebd., 38). Eine solche Auffassung reicht zur Bewältigung der üblichen Standardaufgaben auch in der Sekundarstufe II völlig aus. Sie wird zudem im Unterricht regelmäßig vergegenwärtigt, so bei der Veranschaulichung der Lagebeziehungen von Geraden und Ebenen mit Hilfe konkreter Gegenstände.

Zieht man als Maßstab das Aufgabenmaterial in Schulbüchern heran, wird im Unterricht das semantisch-begriffliche Denken der Schüler im Umfeld der Parametergleichungen möglicherweise zu wenig gefördert. Vielfach fehlen Lerngelegenheiten für die Vorstellung einer Geraden als orientierte Punktmenge (vor allem zur geometrischen Deutung des Parameters) auch im weiteren Verlauf des Kurses über die Einführungsbeispiele hinaus.

2.3.3 Aufgaben in der Analytischen Geometrie

Für Schülerfehler, die beim Lösen von Aufgaben in der Analytischen Geometrie auftreten und die den semantisch-begrifflichen Aspekt mathematischen Denkens betreffen, lassen sich unter anderem zwei Problemfelder ausmachen:
– Die Schüler besitzen Defizite in bezug auf den Vektorbegriff.
– Die Schüler wenden Lösungsstrategien an, die ihnen aus der Sekundarstufen-I-Geometrie vertraut sind, in der Analytischen Geometrie jedoch nicht zum Ziel führen.
Im folgenden werden zunächst die Fehlerphänomene vorgestellt und anschließend die zugehörigen Fehlerursachen zu rekonstruieren versucht.

Ein vor allem zu Beginn der Analytischen Geometrie häufig auftretendes Fehlerphänomen ist das „Vergessen" des Aufpunktes in Vektorgleichungen.

Beispiel 9 (nach *Tietze*): Ein Schüler erläutert die Parametergleichung $\vec{x} = \vec{a} + r\vec{b} + s\vec{c}$ einer Ebene: „$\vec{b}$ und $\vec{c}$ sind zwei Vektoren, die sich schneiden, also Pfeile, die vom selben Punkt ausgehen, und die spannen dann die Ebene auf." Auf die Frage nach $\vec{a}$ antwortet der Schüler: „Das ist der

Punkt, wo sie sich schneiden. Den brauche ich eigentlich nicht, den habe ich ja schon. Nein, das verstehe ich eigentlich nicht."

In der Schüleräußerung treten in bezug auf die Vektoren $\vec{b}$ und $\vec{c}$ zwei verschiedene Konzepte auf, die sich nicht miteinander vereinbaren lassen und letztlich in einen Konflikt führen: Einerseits sind $\vec{b}$ und $\vec{c}$ Pfeile, die vom selben Punkt ausgehen; dann bezeichnet $\vec{a}$ diesen gemeinsamen Anfangspunkt. Andererseits sind $\vec{b}$ und $\vec{c}$ (ähnlich wie Strecken) ortsfest, sie schneiden sich und bestimmen damit einen Punkt. Dann ist $\vec{a}$ jedoch überflüssig, da dieser Punkt schon als Schnittpunkt der beiden Strecken gegeben ist.

Beispiel 10: In einer von *Malle* (1997) in Österreich durchgeführten Untersuchung sollten Schüler eine Formel für den Mittelpunkt der Strecke AB aufstellen und begründen. Die korrekte Formel lautet. $M = \frac{1}{2}\vec{AB}$. Richard schreibt die Formel $M = \frac{\vec{AB}}{2}$ an und erläutert sie folgendermaßen:

„Wenn ich die Punkte A und B habe, und diese verbinde, dann habe ich auch gleichzeitig den Vektor $\vec{AB}$. Wenn ich vom Vektor $\vec{AB}$ die Hälfte nehme, komme ich zum Mittelpunkt."

Eine mögliche Fehlerursache kristallisiert sich aus Richards Äußerungen klar heraus: Richard beschreibt zunächst den Vektor $\vec{AB}$ als Verbindung der beiden Punkte A und B, als durch beide festgelegt. Er geht stillschweigend davon aus, daß der Vektor $\vec{AB}$ wie die Strecke AB stets in A beginnt, und beachtet nicht, daß der Vektor $\vec{AB}$ frei verschiebbar ist und demzufolge einen Aufpunkt benötigt. Richard differenziert hier nicht im nötigen Maße zwischen der Strecke AB und ihrer Beschreibung durch den Vektor $\vec{AB}$.

In beiden Beispielen sprechen die Schüler zwar von Vektoren, ihre Argumentation bezieht sich aber eigentlich auf Strecken: Terminologie und Symbolik einerseits sowie deren geometrische Bedeutung andererseits klaffen auseinander. Hier werden zwei grundsätzliche Aspekte der Vektorgeometrie berührt. Zum einen besitzen die betreffenden Schüler ein eingeschränktes Vektorkonzept, das – zumindest im Kontext der gestellten Aufgaben – nicht beinhaltet, daß ein Vektor durch unendlich viele verschiedene Pfeile dargestellt werden kann (vgl. 2.3.1). Vielmehr tritt die Vorstellung auf, daß ein Vektor stets ortsfest ist, ähnlich wie eine Strecke. Zum anderen scheint es, als ob unter dem Einfluß geometrischer Aufgaben der Beschreibungscharakter des Vektorkalküls im Laufe der Zeit in den Hintergrund gerät und die Vektoren gleichsam die Stelle der durch sie beschriebenen Objekte einnehmen: Die Schüler differenzieren nicht mehr zwischen einem Vektor und der durch ihn beschriebenen Strecke.

Wie die beiden folgenden Beispiele dokumentieren, tauchen beim Bearbeiten von Aufgaben zur vektoriellen Analytischen Geometrie durch Schüler immer wieder aus der Sekundarstufen-I-Geometrie bekannte Versatzstücke auf – der Erwerb adäquater Lösungsstrategien für dieses Teilgebiet erweist sich als ein langfristiger Prozeß.[26]

---

[26] *Lesehinweis*: Wir empfehlen, die in den Beispielen 11 und 12 gegebenen Aufgaben zunächst selbst zu lösen, verschiedene Lösungswege gegenüberzustellen und auf dieser Basis die dargestellten Lösungsansätze der Schüler zu beurteilen.

Beispiel 11 (nach *Tholen* 1986): In einer Klausuraufgabe (LK 12) ist eine Gerade durch ihre Parameterdarstellung $g: \vec{x} = \vec{x}_0 + \lambda \vec{a}$ gegeben

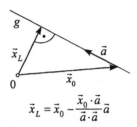

($\vec{a} \neq \vec{0}$). Mit $\vec{x}_L$ wird der Ortsvektor vom Nullpunkt zum Fußpunkt des Lotes von g bezeichnet. Es ist zu zeigen, daß für $\vec{x}_L$ nebenstehende Formel gilt. Nach der Korrektur erläutert eine Schülerin der Lehrerin im Gespräch ihr Vorgehen bei der Bearbeitung der Aufgabe:

$$\vec{x}_L = \vec{x}_0 - \frac{\vec{x}_0 \cdot \vec{a}}{\vec{a} \cdot \vec{a}} \vec{a}$$

Die Schülerin schreibt in der Klausur zunächst die auswendig gelernte Formel $\lambda_F = \dfrac{(\vec{x}_L - \vec{x}_0) \cdot \vec{a}}{\vec{a} \cdot \vec{a}}$ für den Parameterwert des Lotfußpunkts an. Ihr sind jedoch weder syntaktische Strukturen der Formel (Skalarprodukt in Zähler und Nenner; $\vec{x}_L$ ist ein Vektor, λ_F hingegen eine reelle Zahl) noch ihre geometrische Deutung bewußt. Sie verbindet mit der Formel lediglich vage Erinnerungen an den Unterricht („Abstand gesucht", „Fußpunkt des Lotes"). Da eine Gleichung für $\vec{x}_L$ als Ziel vorgegeben ist, formt die Schülerin nunmehr die Vektorgleichung so lange manipulativ um, bis das gewünschte Ergebnis da steht („was gesucht ist, muß links isoliert vom Gleichheitszeichen stehen, also rüberbringen und ausrechnen"). Hierbei ist irrationales Wunschdenken handlungsleitend, wie es auch *Malle* (1993, 206ff.) für algebraische Termumformungen beschreibt. Geometrische Überlegungen spielen nur phasenweise eine Rolle. In der Zeichnung ist für die Schülerin das rechtwinklige Dreieck die zentrale Figur. Sie deutet die als Ziel vorgegebene Gleichung in Erinnerung an den Satz von Pythagoras („[das] Minus [auf der rechten Seite der Gleichung] stimmt, denn x_0 Hypotenuse und x_L Kathete").

Die Schülerin greift weder auf die vorgegebene Parametergleichung für die Gerade g zurück, noch zieht sie adäquate vektorgeometrische Strategien in Betracht, wie das Darstellen eines Vektors als Summe anderer Vektoren, das Aufsuchen geschlossener Vektorketten oder die geometrische Deutung eines Skalarprodukts als Projektion eines Vektors auf einen anderen.

Beispiel 12 (nach *Wittmann* 1998): In einer Prüfungsarbeit in einem GK wurde den Schülern folgende Aufgabe gestellt: Gegeben sind die drei Punkte $A = (8 \mid 4 \mid -4)$, $B = (0 \mid 4 \mid -3)$ und $C = (5 \mid 2 \mid -9)$.

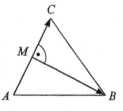

1) Zeigen Sie, daß das Dreieck ABC gleichschenklig ist mit der Basis AC.
2a) Berechnen Sie den Flächeninhalt des Dreiecks ABC.
2b) Geben Sie die Eckpunkte eines Dreiecks an, das den dreifachen Flächeninhalt des Dreiecks ABC besitzt.

Die ersten beiden Teilaufgaben sind Standardaufgaben, während den Schülern für 2b) kein eingeübtes Lösungsverfahren zur Verfügung steht. Es handelt sich um eine offene Aufgabe, die sehr unterschiedliche Lösungswege zuläßt.

Christina und Sabine scheitern bei der Bearbeitung von 2b). Ihre Lösungsansätze sind nebenstehend verkürzt wiedergegeben. Beide Schülerinnen versuchen, die ursprüngliche Flächeninhaltsformel der neuen Situation anzupassen und geeignet aufzulösen – eine für die Sekundarstufen-I-Geometrie typische Vorgehensweise. Christina schreibt nur Streckenlängen an; sie bricht rasch wieder ab. Sabine arbeitet zwar zunächst korrekt mit Beträgen von Vektoren. Ihr gelingt es dann allerdings nicht, diese Gleichung geometrisch zu deuten und die neue geometrische Situation wiederum in eine Vektorgleichung zu fassen. Sie bewegt

Sabine: $I' = 3 \cdot |\overrightarrow{AC}| \cdot |\overrightarrow{MB}|$

$\qquad = 3 \cdot |C - A| \cdot |B - M|$

$\qquad \vdots$

$\qquad |C| = \dots$

Christina: $I' = 3 \cdot \overline{AC} \cdot \overline{MB}$

$\qquad \dfrac{I'}{\overline{MB}} = 3 \cdot \overline{AC}$

sich statt dessen ausschließlich auf der (vektor-)algebraischen Ebene und gelangt lediglich aufgrund manipulativer Umformungen und gravierender Fehler voran. Daß auch die von Christina und Sabine zu 1) angefertigten Skizzen keine Pfeile, sondern nur Punkte und Strecken beinhalten, mag als ein weiterer Indikator dafür gelten, daß das vektorielle Denken beider Schülerinnen noch nicht im gewünschten Maß entwickelt ist. Dem widerspricht auch nicht die erfolgreiche Bearbeitung von 1) und 2a) durch Christina und Sabine. Diese beiden Teilaufgaben verlangen nur die Berechnung von Streckenlängen über die Beträge von Vektoren und die Anwendung der Flächeninhaltsformel für Dreiecke – Lösungsstrategien, die sich nicht grundlegend von den aus der Sekundarstufen-I-Geometrie bekannten unterscheiden.

Ein Vergleich von Beispiel 9 mit Beispiel 10 und ebenso von Beispiel 11 mit Beispiel 12 zeigt, daß die auftretenden Probleme nicht zugangsspezifisch sind, sondern grundlegender Natur, und sich demzufolge nicht allein durch methodische Varianten (etwa eine andere Einführung des Vektorbegriffs) beheben lassen. Die der vektoriellen Analytischen Geometrie adäquaten Lösungsstrategien (vgl. 1.2.2.1) müssen im Unterricht explizit thematisiert werden. Curricular betrachtet ist es deshalb ungünstig, wenn die Analytische Geometrie mit typischen Aufgabenfeldern der ebenen Geometrie (z.B. Berechnungen und Beweise an Drei- und Vierecken, Teilpunkte einer Strecke) beginnt: Die behandelten Inhalte sind dann dieselben wie in der Sekundarstufe I, die Lösungsstrategien jedoch völlig andere. Schüler, die weitgehend aufgrund optischer Reize und dadurch ausgelöster Handlungsanweisungen arbeiten (z.B. rechtwinkliges Dreieck bedeutet Satz von Pythagoras anwenden), registrieren diese Andersartigkeit möglicherweise nicht und folgen weiterhin vertrauten Lösungsstrategien. (Auch die in den Beispielen 11 und 12 gestellten Aufgaben behandeln de facto Probleme der ebenen Geometrie, selbst wenn in Beispiel 12 die Punkte durch Koordinatentripel gegeben sind.)

Weiter deuten die angeführten Beispiele darauf hin, daß die beiden Teilaspekte des semantisch-begrifflichen Denkens bei Schülern in der Regel sehr unterschiedlich ausgeprägt sind: Das geometrische Interpretieren von Vektortermen und -gleichungen bereitet ihnen wesentlich mehr Probleme als das algebraische Beschreiben geometrischer Sachverhalte mit Hilfe des Vektorkalküls. Hier spiegeln sich möglicherweise die Anforderungen üblicher Standardaufgaben wider. Sofern sich diese nicht rein rechnerisch lösen lassen, erfordern sie allenfalls eine algebraische Erfassung geometrischer Sachverhalte, jedoch nur äußerst selten die umgekehrte Aktivität.

2.3.4 Vektorraum als Strukturbegriff

Die Untersuchung von Schülerkonzepten zum Vektorraumbegriff als Strukturbegriff geht zurück auf eine sechsstündige Unterrichtssequenz in einem Grundkurs am Ende der Analytischen Geometrie.[27] Nach Abschluß der Unterrichtssequenz wurden Einzelinterviews mit mehreren Schülern geführt. Die Unterrichtssequenz folgte der Idee der abstrahierenden Axiomatik (vgl. *Freudenthal* 1963): Die Schüler sollten mehrere Modelle untersuchen, miteinander vergleichen sowie Gemeinsamkeiten beschreiben und sich auf diesem

---

[27] Eine Behandlung des Vektorraumbegriffs am Ende der Analytischen Geometrie, wenn die Schuler bereits über Vorerfahrungen mit Beispielen und Gegenbeispielen zu diesem Begriff verfügen, lehnt sich an den Aufbau gängiger Schulbücher an (vgl. *Artmann/Törner* 1988; *Hahn/Dzewas* 1992; *Kuypers/Lauter* 1992).

Wege die Vektorraumaxiome erschließen. Der Vektorraumbegriff hat dann die Bedeutung eines „vereinheitlichenden und verallgemeinernden Begriffs" (*Dorier* 1995b, 175).

Den theoretischen Hintergrund der Untersuchung bilden Arbeiten zur Begriffsbildung bzw. Abstraktion und Verallgemeinerung von *Dörfler* (1988b), *Dorier* (1995b), *Malle* (1988) und *Peschek* (1988, 1989). Der Vektorraumbegriff entsteht durch ein Wechselspiel von Abstraktion und Verallgemeinerung. In diesem Zusammenhang versteht man unter Abstraktion das Ablösen der Struktur von den Modellen, unter Verallgemeinerung die Konkretisierung der Struktur in weiteren Modellen. Abstraktion bezieht sich vor allem auf den Begriffsinhalt, Verallgemeinerung auf den Begriffsumfang (vgl. Band 1, Kap. 2). Im Lernprozeß kann man demnach drei Schritte unterscheiden:

(1) das Herausarbeiten struktureller Gemeinsamkeiten in verschiedenen Modellen;
(2) die axiomatische Formulierung der Vektorraumaxiome, d.h. der Übergang von einer konkret-inhaltlichen zu einer formal-axiomatischen Begriffsbildung im Sinne eines Exaktifizierungsprozesses;
(3) das Arbeiten mit dem Axiomensystem, insbesondere das deduktive Ableiten von Eigenschaften eines Vektorraums.

Diese drei Schritte laufen in der Regel nicht streng hierarchisch ab, sondern sind eng miteinander verknüpft. In der Sekundarstufe II werden üblicherweise nur die ersten beiden Schritte begangen. Im folgenden werden aus der oben beschriebenen Unterrichtssequenz resultierende Erfahrungen hierzu dargestellt.

Um die Vektorraumstruktur aus verschiedenen Modellen herauszuarbeiten, müssen die Schüler ihre Aufmerksamkeit von den einzelnen Objekten lösen und auf die Menge aller dieser Objekte richten, was manchen Schülern Probleme bereiten kann.

Beispiel 13: Zu Beginn der Unterrichtssequenz wurden magische (3×3)-Quadrate betrachtet. Nach einer Einführungsphase stand die Frage im Raum: „Wie viele magische (3×3)-Quadrate gibt es?" Schüler, die erkannt hatten, daß die additive Verknüpfung zweier magischer Quadrate ein neues liefert, konnten die Frage leicht beantworten. Andere Schüler hingegen beschaftigten sich nach wie vor mit den Eigenschaften einzelner Quadrate; sie lösten ihre Aufmerksamkeit nicht von der Untersuchung einzelner Quadrate, um sie auf die Menge aller Quadrate zu richten.

Als ein Kernproblem erweist sich, daß diejenigen Begriffe, bei denen der Abstraktions- und Verallgemeinerungsprozeß seinen Ausgang nimmt, in der kognitiven Struktur der Schüler bereits als eigenständige Objekte vorhanden sein müssen. Dies ist bei den verschiedenen Vektorraummodellen in unterschiedlicher Weise der Fall. Magische Quadrate etwa werden sofort als Objekte akzeptiert; Probleme kann jedoch die Betrachtung der Menge aller magischen Quadrate als *ein* neues Objekt bereiten (vgl. Beispiel 13). Bei Funktionen oder geometrischen Abbildungen fällt es Schülern häufig schon schwer, sie überhaupt als Objekte zu betrachten, weil dabei intuitive und handlungsbezogene Vorstellungen zu überwinden sind.[28] Noch größere Probleme bereitet es dann, Mengen von Funktionen oder Abbildungen mit bestimmten Eigenschaften als neue Objekte aufzufassen, die ihrerseits wiederum aus Objekten bestehen. Der Objektcharakter von Funktionen- oder Abbildungsräumen ist jedoch eine zentrale Voraussetzung, um sie im Hinblick auf identische Strukturen miteinander vergleichen zu können.

---

[28] Speziell für Parallelverschiebungen wurde dies in 2.3.1 aufgezeigt; zu Schülerkonzepten in der Abbildungsgeometrie allgemein vgl. *Bender* (1982, 17ff.) und *Struve* (1990, 57ff.); zu Schülerkonzepten zum Funktionsbegriff in der Sekundarstufe I vgl. *Andelfinger* (1985, 83ff., 204ff.).

Ferner wurde beobachtet, daß manche Schüler zwar von einem „Vektorraum" sprechen, dessen Elemente (wie Funktionen, Folgen, geometrische Abbildungen, …) jedoch
lange Zeit nicht als „Vektoren" bezeichnen. Dieses Phänomen kann einerseits darin begründet sein, daß die betreffenden Schüler davor zurückscheuen, den vertrauten, an die
Geometrie gebundenen Terminus „Vektor" auf andere Bereiche zu übertragen, andererseits aber auch darauf hinweisen, daß sie die abstrakten Vektoren noch nicht als eigenständige Objekte behandeln, sondern die Vektorraumstruktur weiterhin als eine Eigenschaft einzelner Modelle betrachten. Es besteht eine nicht zu unterschätzende „kognitive
Distanz" (*Dörfler* 1988b, 103) zwischen der an Modellen entdeckten Beziehungsstruktur
und einem abstrakten, von den Modellen gelösten Vektorraumbegriff.

Beispiel 14: Robert erklärt im Interview zunächst die Begriffe Vektorraum und Vektor: „Vektorraum, […] das ist eine Menge von Elementen, in der diese acht Axiome gelten, ein Vektor ist ein
Begriff aus der Geometrie, das ist, wird dargestellt durch einen Pfeil". Diese Äußerung zeichnet
sich durch eine auffallende Ambivalenz aus: Robert beschreibt zunächst den Begriff Vektorraum
strukturell, unmittelbar anschließend jedoch den Begriff Vektor geometrisch.

Etwas später fährt Robert fort: „Ein Vektorraum kann unter anderem aus Vektoren bestehen
oder aus Widerstanden, haben wir ja gesagt, Vektorraum hat ja nichts, nicht direkt was mit Vektoren zu tun, sondern Vektoren sind nur ein Beispiel für einen Vektorraum, [...] Vektorraum kann
auch bestehen aus ganzrationalen Funktionen". Robert erklärt hier wiederum Vektorraum als
Strukturbegriff. Gleichzeitig grenzt er Vektoren davon ab und ordnet sie als Beispiel eines Vektorraums ein. Robert verbindet – auch im weiteren Verlauf des Interviews – mit Vektoren stets Pfeile
oder Pfeilklassen, nicht die Elemente eines abstrakten Vektorraums.

Für Robert sind offenbar die Elemente eines Vektorraums noch keine eigenstandigen Objekte,
insbesondere fehlt ihm eine passende Bezeichnung für sie. Daß dieses Defizit im Unterricht nicht
zu Tage getreten ist, legt die Vermutung nahe, daß die dort gebotenen Lerngelegenheiten Robert
nicht genügten, um den Objektcharakter der abstrakten Vektoren zu erfahren. Ihm fehlten Situationen (wie z.B. ein Arbeiten mit dem Axiomensystem), in denen die Elemente eines Vektorraums als
eigenstandige Objekte hervortreten.[29]

Auch die axiomatische Formulierung der herausgearbeiteten Strukturen birgt Schwierigkeiten in sich. Untersuchen die Schüler zunächst Verknüpfungen in den einzelnen
Modellen, so entdecken sie Eigenschaften dieser Verknüpfungen, bezeichnet als Regeln
oder Gesetze, die sich daraus ableiten lassen. Das Kommutativgesetz oder die Existenz
eines neutralen Elements beispielsweise sind demnach Eigenschaften des Modells. In
einem abstrakten Vektorraum hingegen sind die Axiome grundlegende Kriterien, die eine
Menge zusammen mit den beiden Verknüpfungen erfüllen muß, damit sie per definitio-
nem ein Vektorraum ist. Die Axiome besitzen also einen völlig anderen Status als die
ursprünglichen Regeln oder Gesetze, auch wenn sich Bezeichnung und Wortlaut nicht
ändern. In den Interviews zeigt sich, daß es Schülern schwer fällt, diesen Standpunktwechsel nachzuvollziehen.

Zudem lassen sich nicht alle Axiome aus den Eigenschaften der untersuchten Modelle ableiten.
Das Axiom $1 \cdot v = v$ für alle $v \in V$ beispielsweise ist phänomenologisch nicht zugänglich; es dient
nur der Vollständigkeit des Axiomensystems (vgl. *Claus* 1975). Insofern kann es Schülern als

---

[29] Damit die abstrakten Vektoren bei den Schülern zu eigenständigen, von den Modellen gelösten
Objekten heranwachsen können, ist es wohl nötig, phasenweise ausschließlich auf der abstrakten Ebene mittels entsprechender formaler Repräsentationsmodi zu arbeiten, um die für die
Objektwerdung hinderlichen geometrisch-anschaulichen Vorstellungen auszublenden. Dies
sprengt jedoch selbst in Leistungskursen den zur Verfügung stehenden zeitlichen Rahmen.

Trivialität erscheinen: „Wer sagt ihnen, daß man in einem axiomatischen Aufbau um der formalen Vollständigkeit willen Aussagen erwähnen muß, die sich bei einer phänomenologischen Betrachtung nahezu von selbst verstehen?" (*Hefendehl-Hebeker* 1996, 25).

Axiomensysteme werden zudem in einer eigenen, auf Präzision bedachten Sprache abgefaßt, derer die meisten Schüler nicht mächtig sind.

Beispiel 15: In den Interviews sprachen Schüler mehrfach davon, daß in einem Vektorraum „ein neutrales und ein inverses Element" existieren muß. Dies ist eine Zusammenfassung und Verkürzung folgender zwei Axiome:
- „Es gibt ein neutrales Element $0 \in V$, so daß für alle $v \in V$ gilt: $v + 0 = v$ "
- „Zu jedem $v \in V$ gibt es ein inverses Element $-v$ mit der Eigenschaft $v + (-v) = 0$."

Es stellte sich heraus, daß die Schüler keine strukturellen Unterschiede in der Formulierung der beiden Existenzaussagen sahen; ihre Aufmerksamkeit ist nicht auf die Wahrnehmung derartiger sprachlicher Feinheiten gerichtet.

Fraglich bleibt insbesondere, ob Schülern über die Bedeutung einzelner Axiome hinaus auch die Bedeutung einer Axiomatisierung an sich deutlich werden kann. Das deduktive Folgern einiger Sätze aus den Vektorraumaxiomen kann hierzu nicht maßgeblich beitragen. Da ein anschaulicher Vektorbegriff in der gesamten Analytischen Geometrie nicht an seine Grenzen stößt, besteht keine Notwendigkeit einer axiomatischen Begriffsdefinition, und ihre Mächtigkeit kommt nicht zum Tragen.[30]

Aufgaben

1) Untersuchen Sie Schulbücher daraufhin, welche Definitionen des Vektorbegriffs dort gegeben werden, welche Lerngelegenheiten Schüler für die Definition erhalten und wie mit der Definition gearbeitet wird (z.B. im Aufgabenteil).
2) Führen Sie selbst explorative Gespräche mit Schülern zum Vektorbegriff und werten Sie diese aus.
3) Zu Beispiel 7: (a) Analysieren Sie Christophs Frage zum Problem des Zusammenfallens zweier Geraden im Hinblick auf evtl. dahinter stehende Lernschwierigkeiten und epistemologische Probleme. (b) Welche Antwort können Sie Christoph geben?
4) Untersuchen Sie Schulbücher daraufhin, welche Lerngelegenheiten Schüler in bezug auf die Nichteindeutigkeit der Parametergleichung einer Geraden und das Zusammenfallen zweier Geraden erhalten.
5) Führen Sie selbst explorative Gespräche mit Schülern zur Parametergleichung einer Geraden und werten Sie diese aus.
6) (a) Lösen Sie die in den Beispielen 11 und 12 gegebenen Prüfungsaufgaben und beschreiben Sie die dabei von Ihnen angewendeten Strategien. (b) Legen Sie die in den Beispielen 11 und 12 gegebenen Prüfungsaufgaben Schülern vor. Lassen Sie sich deren Lösungsansätze erläutern (Methode des „lauten Denkens").
7) Ein Schüler fragt Sie im Unterricht: „Wir haben doch schon die Parametergleichung für die Ebene. Wozu brauchen wir dann noch die Normalengleichung?" Wie können Sie darauf reagieren?

---

[30] Hier zeigen sich Parallelen zur historischen Entwicklung der Linearen Algebra (vgl. 1.4). Die ersten Axiomensysteme von *Peano* und *Weyl* finden keine Beachtung, da die zeitgenössischen Mathematiker an geometrischen Kalkülen interessiert sind. Die Situation ändert sich erst durch die Beschäftigung mit anschaulich nicht mehr faßbaren Funktionenräumen in der Funktionalanalysis. Dort erweist sich die Axiomatisierung als sinnvoll, da sie eine Ordnung und Systematisierung der Theorie der Differential- und Integralgleichungen ermöglicht.

2.4 Zur Rechtfertigung und Realisierung eines veränderten Unterrichts in Analytischer Geometrie und Linearer Algebra

Rückt man die in Kapitel 1 des ersten Bandes entwickelten Gedanken der *Allgemein-bildung* und der *Wissenschaftsorientierung* in den Vordergrund, so erhält man damit eine Begründungsbasis für die Behandlung geometrischer und linear-algebraischer Themen in der Oberstufe. Mathematikunterricht an einer allgemeinbildenden Schule hat nicht die Aufgabe, Mathematik in Form einer speziellen Berufsvorbereitung für Mathematiker und Physiker zu vermitteln. Als unmittelbare Konsequenz hieraus ergibt sich, daß nicht die mathematische Struktur oder der mathematische Kalkül im Zentrum stehen, sondern das Problem und seine mathematische Lösung. Dieser Gedanke ist nicht neu, sondern bereits wesentlicher Bestandteil der Meraner Reformvorstellungen und der *Lietzmannschen* Didaktik (seit 1916).

Das Ziel Wissenschaftsorientierung, so wie es heute im allgemeinen verstanden wird, bedeutet nicht eine reduzierte Einführung in die Fachwissenschaft, sondern ist im Gegensatz dazu die unmittelbare Auseinandersetzung mit Problemen, in der sich unterschiedliche Entwicklungsstufen allgemeinen wissenschaftlichen Arbeitens wiederfinden (vgl. Band 1, 1.1.3). *Klafki* (1994) etwa präzisiert diesen Gedanken wie folgt. Es geht darum:

- Fragen zu stellen und vage Ausgangsfragen zu differenzieren,
- gezielt zu beobachten und Experimente durchzuführen,
- Wege und Verfahren auszudenken und auszuprobieren, um Fragen zu beantworten,
- Lösungen zu kontrollieren und zu analysieren,
- zu fragen, was man nun weiß und was noch nicht.

Deutet man diese Aktivitäten für den Mathematikunterricht, so lassen sich dort Grundtätigkeiten hervorheben, in denen *allgemeine verhaltensbezogene Qualifikationen* erworben werden können:

- Hypothesen entwickeln und überprüfen, Probleme formulieren und lösen;
- Mathematisieren, Modellbilden, Anwenden;
- rationales Argumentieren und allgemeingültiges Begründen.

Diese Qualifikationen sind Bestandteil einer allgemeinen *Studierfähigkeit*.

2.4.1 Neue Formen des Unterrichtens, Veränderungen in der Unterrichtskultur und in den Zielen

Die genannten Forderungen setzen voraus, daß im Unterricht Inhalte und Problemfelder behandelt werden, die den Schülern solche Tätigkeiten möglich machen. Die Förderung der genannten Qualifikationen beinhaltet aber auch Forderungen an die Unterrichtskultur, an die im Unterricht vorherrschende Form der Kommunikation und die Art, wie man miteinander umgeht. Es muß Raum sein für ein gleichberechtigtes Aushandeln von Bedeutungen, für Fehler und für abweichende Vorstellungen. Umwege sind erlaubt, ungewöhnliche Ideen und individuell unterschiedliche Lösungswege werden akzeptiert und, wenn möglich, gefördert. Mathematiklernen kann und sollte, zumindest streckenweise, als ein Erkundungsprozeß erfahren werden.

Mathematische Inhalte müssen in einer Form in den Unterricht eingebracht werden, die Interpretationen, Deutungen und Entdeckungen zuläßt. Damit gewinnen Objektstudien, experimentelles Arbeiten mit konkreten Materialien und mit dem Rechner sowie schülernahes, mathematisches Modellieren eine besondere Bedeutung für den Unterricht. Die neuen technischen Entwicklungen, wie etwa grafikfähige Taschenrechner, Computeralgebrasysteme und dynamische Geometrieprogramme, bedeuten eine große Bereicherung.

Mathematikunterricht kann aber nicht nur eine Ansammlung anregender Problemkontexte sein, sondern muß auch geeignete Routinen vermitteln sowie die Inhalte vielfältig vernetzen und zugleich an Vorstellungen und Konzepte anbinden, die dem Schüler vertraut sind. Es hat sich gezeigt, daß für diese Vernetzung die entwickelte mathematische Theorie wenig geeignet ist, eher schon das Herausarbeiten fundamentaler Ideen, zentraler Mathematisierungsmuster und bereichsspezifischer Strategien sowie das Hervorheben didaktischer Ideen, wie z.B. der vom „geometrischen Ort".[31] Auf eine andere Form der Vernetzung macht *Lietzmann* (1949) aufmerksam, wenn er das Herausarbeiten vielfältiger mathematischer Methoden und Ideen an *einem Objekt* fordert; er sieht z.B. in der Behandlung der Kegelschnitte eine „günstige Gelegenheit, die verschiedenen in der Geometrie angewandten Methoden an einem einfachen Objekt aufzuweisen" (ebd., 6). Wir werden jeweils konkrete Vernetzungsmöglichkeiten für Themengebiete aufzeigen.

Mathematikunterricht hat nicht nur die Aufgabe, den einzelnen Schüler möglichst optimal zu fördern, sondern muß auch dafür sorgen, daß die Gesellschaft eine positive und zugleich reflektierte Einstellung zur Mathematik und zur mathematischen Modellbildung entwickelt. Dazu gehört ein Bild von der Mathematik als einer lebendigen Wissenschaft, die vielfältige, interessante, zugängliche sowie lebens- und gesellschaftsrelevante Tätigkeiten beinhaltet. Mathematik darf weder in der Schule noch an der Hochschule zu einem gefürchteten Selektionsfach oder zu einem Gebiet der Unverständlichkeit entarten. Das Basteln einer Sattelfläche, das Experimentieren mit der Fadenkonstruktion für Kegelschnitte, das konkrete und vielfältige Projizieren eines Kantenmodells des Würfels oder das Arbeiten mit einem dynamischen Geometrieprogramm sowie das mit diesen Experimenten verbundene Entdecken mathematischer Zusammenhänge und Anwendungen ist unter dieser Zielsetzung sinnvoller als das Vermitteln einer geschlossenen Vektorraumtheorie. Das bedeutet keineswegs, daß auf eine vernetzende Systematik verzichtet werden muß.

In den Kapiteln 3 und 4 geben wir an vielen Stellen Hinweise für problemorientierte Erweiterungen und Vertiefungen. Einige Problemfelder sind auch geeignet, (hoch)begabten und/oder speziell interessierten Schülern zusätzliche Anregungen zu geben für eigenständige mathematische Aktivitäten, die über den normalen Unterricht, auch im Leistungskurs, hinausreichen. Der Lehrer sollte bei solchen Anregungen sorgfältig die spezielle Interessenslage des Schülers berücksichtigen. Zusätzliche Anregungen können sich insbesondere auf zwei große Bereiche von Aktivitäten beziehen, die wir an einigen Beispielen verdeutlichen:

---

[31] Ansätze, Inhalte durch zentrale Mathematisierungsmuster und bereichsspezifische Strategien zu vernetzen, finden sich in einigen neueren Schulbüchern, insbesondere in *Kroll et al.* (1997) (vgl. Abs. 2.1.4.5). Die Vernetzung mittels einheitlicher Konstruktionsverfahren oder durch die Idee des geometrischen Ortes war für einige Schulbücher des Traditionellen Mathematikunterrichts typisch (vgl. 2.1.1.1).

- Objektstudien oder die Erarbeitung interessanter anwendungsbezogener Gebiete, die dem alltäglichen Unterricht benachbart sind, z.B. spezielle Kurven, Flächen und konvexe Körper; Kartografie, mathematische Geografie und Kugelgeometrie; Projektionen und darstellende Geometrie mit dem Rechner; Markoff-Prozesse, Populationsdynamik, Ströme in Netzen und lineares Optimieren.
- fachwissenschaftliche Vertiefungen, wie z.B. allgemeine Fragen der Abstands- und Volumenmessung und deren Formalisierung; Vektorraumtheorie von Zahlenquadraten; Elemente der Differentialgeometrie.

Es ist bekannt, daß im alltäglichen Unterricht oft nicht nur der schwache Schüler, sondern auch der hochbegabte Schüler nicht ausreichend gefördert wird oder gefördert werden kann.

Wir fassen die sich für den Mathematikunterricht ergebenden Forderungen zusammen:

(1) der Mathematikunterricht soll allgemeinbildend und wissenschaftspropädeutisch sein und damit zu einer allgemeinen Studierfähigkeit beitragen;

(2) er vermittelt ein angemessenes Bild von Mathematik, das insbesondere auch mathematische Modellbildung sowie den algorithmusorientierten und experimentellen Aspekt von Mathematik umfaßt; er soll problem- und anwendungsorientiert sein, aber auch Sicherheit in Basis-Routinen und ein angemessen vernetztes Wissen vermitteln;

(3) er ist inhaltlich und methodisch an den fundamentalen Ideen, die dem Gebiet zugrunde liegen, zu orientieren;

(4) er soll den Kenntnissen, Fähigkeiten und Motiven der unterrichteten Schülergruppe angemessen sein; er soll konstruktives und experimentelles Arbeiten ermoglichen; spielerische Elemente, die Kreativität fördern können, sind wünschenswert;

(5) die Inhalte sollen vom Lehrer überzeugend vermittelt werden können; eigene mathematische Neugier und Interesse können den Unterricht vor Erstarrung und Routine bewahren; das Experimentieren mit einem CAS oder einem dynamischen Geometrieprogramm kann auch für den Lehrer spannend sein;

(6) die vorangegangenen Forderungen verlangen ein breites Spektrum von Unterrichtsverfahren; neben den üblichen fragend-entwickelnden Unterricht treten Phasen eines entdeckenlassenden Unterrichts und (kleinere) Projekte; auch kurze Phasen eines expositorischen Unterrichts sind sinnvoll. (Vgl. Band 1, 2.4.2.)

Wir plädieren nicht für eine radikale und damit kaum realisierbare Veränderung des gegenwärtigen Mathematikunterrichts, sondern eher für eine allmähliche Verlagerung der Gewichte: zunächst etwa eine Reduzierung der Fachsystematik und ein paar Routineaufgaben aus traditionellen Aufgabeninseln weniger, dafür einige Phasen eines problem- oder anwendungsorientierten Unterrichts mehr. *Blum* (1995, 69) hebt zu Recht für den Analysisunterricht hervor, daß sich wünschenswerte Veränderungen erst dann in der Unterrichtspraxis durchsetzen, wenn entsprechende neuartige Aufgabenstellungen vorliegen und erprobt sind. Das gilt auch für den Themenkreis Analytische Geometrie und Lineare Algebra. Wir behandeln diese Fragestellung im folgenden Abschnitt. Auf entsprechende Aufgabenbeispiele gehen wir in Kap. 3 und 4 ein.

Ferner spielt das Problem einer angemessenen Leistungsbeurteilung eine wesentliche Rolle (vgl. *Schmidt* 1993b). Hier liegt eines der wichtigsten Entwicklungsziele für die kommenden Jahre. Ein besonderes Problem des Mathematikunterrichts in der Sekundarstufe II besteht in der Vorbereitung auf das Abitur. Es gilt, auch in Phasen eines problemorientierten, experimentellen und anwendungsbezogenen Unterrichts diesen Aspekt nicht zu vergessen. Wichtige Voraussetzung für eine Harmonisierung der zum Teil konkurrierenden Zielsetzungen sind unseres Erachtens insbesondere die folgenden Punkte bei Ge-

staltung der Abiturprüfung: (a) Zulassung des grafikfähigen Taschenrechners als Hilfs-
mittel, (b) Einbeziehung aufsatzähnlicher Aufgaben und (c) ein größerer Spielraum des
Lehrers bei der Erstellung der Abituraufgaben. In Ländern mit Zentralabitur könnte diese
Forderung bedeuten, daß man neben zentral auch lokal gestellte Aufgaben zuläßt.

Vergleichende internationale Untersuchungen zur Leistungsfähigkeit von Schülern im
Mathematikunterricht haben insbesondere deutliche Defizite deutscher Schüler beim
Lösen mathematischer Aufgaben, die keine Routineaufgaben sind, gezeigt (TIMSS 1993-
1999; z.B. *Baumert et al.* 1999). Das gilt auch für die gymnasiale Oberstufe. Der deutsche
Mathematikunterricht hat also einen Nachholbedarf.

2.4.2 Offene Probleme und das „Öffnen" von Schulbuchaufgaben

In den meisten Mathematikaufgaben geht es darum, aus gegebenen Voraussetzungen
vorgebene Fragen vor dem Hintergrund eingeführter Methoden zu beantworten. Für
einen problem- und anwendungsorientierten Unterricht benötigt man offenere und diver-
gentere Problemstellungen.[32] Wir unterscheiden hier zwei Problemklassen, die unserer
Beobachtung nach im Mathematikunterricht nicht häufig vorkommen, aber, wie wir
meinen, häufiger vorkommen sollten: „Suche von Voraussetzungen" und „Suche nach
möglichen Folgerungen". Das *Aufsuchen von Voraussetzungen* kann z.B. bedeuten, daß
der Schüler den Gültigkeitsbereich von Regeln, Algorithmen oder Sätzen analysieren soll
(z.B. bei der Produkt-, Quotienten-, Kettenregel für Ableitungen) oder die für die
Konstruktion einer geometrischen Figur notwendige Information bestimmen soll (z.B.
„Beschreiben Sie die Angaben, die Sie brauchen, um eindeutig eine Ellipse zeichnen
bzw. deren Gleichung erstellen zu können"). Problemstellungen dieser Art sind geeignet,
Qualifikationen des Analysierens zu fördern; sie können Ausgangspunkt für Exaktifizierungen sein. Probleme, bei denen die wesentliche Information erst aus einem Überan-
gebot an Information herausgefiltert werden muß oder umgekehrt wesentliche Information nicht bzw. nur teilweise vorgegeben ist und vom Schüler selbst beschafft werden
muß, gehören ebenfalls hierher. Bei Problemen vom Typ *Suche nach möglichen Folgerungen* handelt es sich um einen weiteren Typ *offener* Aufgabenstellung, der insbesondere divergentes (produktives und vom Üblichen abweichendes) Denken fördern kann
und einer Fixierung des Schülers auf genormte Fragestellungen entgegenwirkt.

Blum/Wiegand (1999) schlagen als ersten Schritt vor, aus üblichen Schulbuchaufga-
ben offene Aufgaben zu machen, indem man die Fragestellung ganz oder teilweise weg-
läßt oder sehr offen gestaltet, Angaben oder Teile der Voraussetzung wegläßt, das Ergebnis angibt und nach geeigneten Voraussetzungen sucht oder zusätzliche, redundante
Information hinzunimmt.

Beispiel 1 (Öffnen von Routineaufgaben): (a) Aufgabe: Gegeben seien die Koordinatengleichungen zweier Ebenen. Gesucht wird nach der Gleichung der Schnittgeraden. Eine Öffnung der
Aufgabe könnte darin bestehen, daß man nach weiteren Ebenenpaaren fragt, die sich in derselben
Geraden schneiden, und ob es Ebenenpaare gibt, die besonders interessant sein könnten.
(b) Aufgabe: Gegeben sei eine Ebene *E* und ein Punkt *P*. Gesucht ist der Abstand zwischen Punkt
und Ebene. Öffnung: Die Frage wird weggelassen, statt dessen sollen Fragestellungen entwickelt
und diese dann beantwortet werden. Mögliche Fragen: Gib eine Gerade/Ebene an, die durch *P* geht

---

[32] Für Details vgl. Band 1, Abs. 3.2 und Abs. 4.3.1 Von der Einkleidung zum Sachproblem.

und konstanten Abstand von E hat / E nicht schneidet. Gib eine Gerade/Ebene an, die durch P geht und senkrecht auf E steht / E unter $45°$ schneidet. (Für weitere Beispiele vgl. Aufg. 1-3.)

2.4.3 Sprache und Verstehen

Ein zentrales Problem im Mathematikunterricht ist der angemessene Umgang mit der mathematischen Fachsprache[33]. Wir listen einige Aspekte dieses Problems auf:

- Mathematische Ausdrücke werden vom Schüler in erster Linie verfahrensorientiert verstanden und zu wenig mit Bedeutung verbunden. So etwa ist x beim Lösen von Gleichungen oft nur das Ergebnis des Lösungsalgorithmus und nicht zugleich ein Ausdruck, der die Gleichung erfüllt.
- Die Differenz zwischen Fachsprache und Umgangssprache wird häufig nicht ausreichend bearbeitet. So ist „Gerade" in der Fachsprache eine Kurve, in der Umgangssprache dagegen nicht. Der gemeinsame Oberbegriff für „Gerade" und „Kurve" ist hier die Linie. „Schneiden" bedeutet in der Umgangssprache etwas anderes als in der Fachsprache. Ein besonderes Problem ist der unterschiedliche Gebrauch von „und" und „oder" sowie von „wenn ... , dann ... ".
- Zahlreiche Fachwörter haben je nach Kontext für Schüler sehr unterschiedliche Bedeutungen, die nicht miteinander vernetzt sind. So bedeutet „Tangente" etwa im Zusammenhang mit dem Kreis und der Ellipse eine Gerade, die diese Kurven in einem Punkt berührt. In der Analysis ist die Tangente in einem Punkt P des Funktionsgraphen dagegen eine Gerade durch P, deren Anstieg gleich der dortigen Ableitung ist. Das kann zu Widersprüchen führen. (Für die vielfältigen Bedeutungen von Tangente vgl. Band 1, 2.2.1 und 8.2.1.)
- Die Anzahl der fachsprachlichen Ausdrücke im Unterricht bzw. im Schulbuch ist meist zu hoch.
- Zahlreiche Fachausdrücke haben je nach Kontext und Theorie unterschiedliche Bedeutung. Winkel bedeutet z.B. Winkelfeld, Winkelmaß oder auch zwei von einem Punkt ausgehende Halbgeraden. „Gerade" kann ein Objekt, eine Menge von Punkten, eine Gleichung oder ein (implizit definierter) mathematischer Grundbegriff sein. Hier können sich vielfältige Probleme für den Schüler ergeben.

Insbesondere eine angemessene Vernetzung von Umgangs- und Fachsprache muß ein wichtiges Ziel des Mathematikunterrichts sein. Das setzt eine freie Kommunikation voraus, in der die unterschiedlichen Bedeutungsvorstellungen von Lehrer und Schüler erkennbar hervortreten und verbindliche Bedeutungen ausgehandelt werden.

2.4.4 Rechnereinsatz

Die Verwendung von Rechnern sollte nicht nur zugelassen, sondern ihr Einsatz sollte gezielt genutzt werden, um ein Vorherrschen des Kalküls zu vermeiden, Defizite aus der Mittelstufenalgebra auszugleichen und Problem- und Anwendungsaufgaben zu ermöglichen, die interessanter und relevanter als die heute üblichen sind. Rechner gestatten ein experimentelles Arbeiten und vielfältige Objektstudien sowie die Benutzung mathematischer Formeln und Ausdrücke, beispielsweise für Krümmung oder Bogenlänge, als „black box". Die Benutzung einzelner Rechner-Anwendungen als Black box ermöglicht nicht nur den leichteren Zugang zu interessanten Fragestellungen, sondern fördert auch eine Form des Arbeitens, die im Zeitalter der EDV an Bedeutung gewinnen wird. So kann es sinnvoll sein, den Matrizenkalkül im Zusammenhang mit Gleichungssystemen und Abbildungen zunächst als nicht weiter erklärten Kalkül zu benutzen, zum einen um Routineaufgaben schnell zu lösen, zum anderen um mit mathematischen Ideen experi-

---

[33] Vgl. dazu *Maier/Schweiger* 1999, ferner Band 1, Abschnitt 2.2.1 zur Begriffsbildung und Abschnitt 5.2.1 zum Definieren.

mentell Erfahrung zu sammeln, bevor deren systematische Behandlung erfolgt. Unter
Rechnereinsatz verstehen wir hier die Verwendung von allgemeinen Plotprogrammen
(z.B. PARAPLOT), von Computeralgebrasystemen (CAS) (z.B. DERIVE, MAPLE), von
dynamischen Geometrieprogrammen (DGP) (z.B. EUKLID), von allgemeinen Schulpro-
grammen (z.B. WINFUNKTION) und von themenspezifischen Programmen (z.B. GEO-
SEKII). Da die algebraisch-arithmetische Beschreibung räumlicher Sachverhalte und die
linear-algebraische Modellbildung zentrale Inhalte sind, stehen Computeralgebrasysteme
und Funktionsplotprogramme in Vordergrund. Wir werden aber zeigen, daß insbesondere
im Zusammenhang mit dem Themenkreis Kurven auch die dynamischen Geometrieprogramme interessant und hilfreich sind. Für die Arbeit der Schüler sind beim derzeitigen
Stand der Handhabbarkeit einfachere CAS wie etwa DERIVE vorzuziehen, der Lehrer
sollte aber auch komplexere Systeme wie MATHEMATICA und MAPLE, insbesondere wegen der leistungsfähigeren 3D-Grafik, benutzen. Wir gehen, nach Rücksprache mit Ver-
lagen, davon aus, daß es bald für den Mathematikunterricht adaptierte Versionen solcher
CAS wie MAPLE geben wird. Besonders geeignet für den alltäglichen Mathematikunterricht könnten grafikfähige Taschenrechner sein, die über solche Programme verfügen
(z.B. TI92); allerdings weist die derzeitige Gerätegeneration noch Mängel auf (zu kleines
Bild, ungeeignete Tastatur). Der Rechner kann als Medium, als Werkzeug und als Entdecker, insbesondere im Zusammenhang mit der Behandlung von Kurven, Flächen und
Körpern, eingesetzt werden. Über das Internet läßt sich interessante Information zu
einzelnen mathematischen Themen abrufen, etwa zu außermathematischen Anwendungen; wir werden Beispiele dazu in Abschnitt 4.1 geben. (Für weitere Details vgl. 2.1.5.1
oder Band 1, 1.4.)

Die Liste der in unsere Überlegungen einbezogenen Computerprogramme ist weder
vollständig noch repräsentativ. Wir haben in der Regel die Programme berücksichtigt, die
zum Zeitpunkt der Fertigstellung des Buchs in der didaktischen Literatur eine Rolle spielten. Da sich Soft- und Hardware sehr schnell ändern, haben wir grundsätzliche Überlegungen in den Vordergrund gerückt, um aber anschaulich und konkret zu bleiben, auch
spezielle Software-Anwendungen dargestellt.

2.4.5 Inhalte

Die Inhalte, die hier zur Diskussion stehen, umfassen zum einen die mathematische Beschreibung von Phänomenen des realen Raums und von räumlich-zeitlichen Vorgängen
aus dem Alltag und den Bereichen Physik und Technik, zum anderen die Modellierung
einer großen Klasse von Realsituationen aus der Ökonomie, aus den Sozial- und den
Naturwissenschaften, die sich linear-algebraisch modellieren lassen. Diese beiden Problemfelder haben Gemeinsames, klaffen aber an vielen Stellen auseinander. Hier liegt die
wesentliche Schwierigkeit, angemessene curriculare Entwürfe für Kurse zur Analytischen Geometrie und Linearen Algebra zu entwickeln. Die Fachwissenschaft löst dieses
Problem durch Beschränkung der Phänomene und Abstraktion zugunsten einer geschlossenen Theorie, der Theorie der Linearen Algebra. Die Schulmathematik kann diesen Weg
nicht gehen. Zum einen wird dadurch das Anliegen der mathematischen Raumerfassung
unzulässig eingeschränkt, zum anderen die Bedeutung der Anschauung für ein Verstehen

linear-algebraischer Modellierungen weitgehend ausgeklammert. Darüber hinaus gehen vielfältige konkret-konstruktive und experimentelle Tätigkeiten für den Unterricht verloren.

Die strenge Trennung zwischen Analysis und dem Bereich Analytische Geometrie und Lineare Algebra, die die Schulmathematik von der universitären Anfängerausbildung übernommen hat, steht den oben diskutierten allgemeinen Zielsetzungen entgegen. Ihr fällt zum Beispiel die Behandlung von Kurven, Flächen und Körpern zum Opfer – ein Gebiet, das vielfältige Möglichkeiten für einen experimentellen, problem- und anwendungsorientierten Unterricht bietet und nur auf den ersten Blick schwierig ist. Auch eine strenge Abgrenzung gegenüber der Stochastik ist wegen interessanter Überschneidungen (z.B. Markoff-Ketten, Populationsdynamik, lineare Regression und Korrelation) wenig sinnvoll.

Wenn wir in Kap. 4 für eine Behandlung der Kegelschnitte plädieren, so bedeutet das keineswegs eine Rückkehr zum Traditionellen Mathematikunterricht. *Lietzmann* (1916) schreibt: „... die analytische Geometrie soll uns die Geometrie arithmetisieren. Die erste Aufgabe der analytischen Geometrie wird also sein, die elementaren Aufgaben der Dreiecks- und Kreisgeometrie in die arithmetische Form umzusetzen" (ebd., 375). Ein zeitgemäßer Mathematikunterricht wird nicht die Arithmetisierung der Geometrie, sondern die *Arithmetisierung des Anschauungsraums* in den Vordergrund rücken. Damit bekommt die Geometrie und speziell der Themenkreis Kegelschnitte einen anderen Stellenwert und wird unter anderer Perspektive gesehen.

Im Mittelpunkt eines Unterrichts zum Gebiet Analytische Geometrie und Lineare Algebra stehen somit die folgenden inhaltlichen Zielsetzungen:
- die Beschreibung geometrischer und – allgemeiner – anschaulich gegebener Sachverhalte mit Hilfe von linearen und quadratischen Gleichungen und umgekehrt die Geometrisierung solcher algebraischer Sachverhalte;
- die experimentelle und/oder anwendungsorientierte Behandlung von Kurven in Ebene und Raum und von Flächen und konvexen Körpern; Ausgangspunkt kann die Betrachtung von Kegelschnitten sein;
- die Modellierung außermathematischer Sachverhalte mit Hilfe linearer und quadratischer Modelle und deren Geometrisierung;
- die Einbeziehung auch nichtalgebraischer Methoden zur Lösung von Problemen; die Vernetzung von Konzepten und Verfahren der Analytischen Geometrie mit solchen aus der synthetischen Geometrie und der Analysis (etwa beim Tangentenbegriff).

Im Mittelpunkt algebraischer Beschreibungen stehen *Koordinatensysteme*, insbesondere die Auswahl geeigneter Koordinatensysteme und deren Transformation sowie entsprechende Koordinatengleichungen. Hinzu kommen die Hilfsmittel aus der Linearen Algebra, nämlich Vektor, Skalarprodukt, Matrix und lineare Abbildung. Es muß diskutiert werden, wie und in welchem Umfang man diese Hilfsmittel der Linearen Algebra in den Unterricht mit einbeziehen soll. Diese Frage stellt sich insbesondere deshalb, weil der Begriff des *Vektors* für viele Schüler schwer zu erfassen ist und seine Einführung in Grundkursen oft einen großen Teil des Kurses beansprucht (vgl. 2.1 – 2.3). Unter den oben diskutierten allgemeinen Zielsetzungen ist aber die Behandlung des Vektorbegriffs nur dann zu rechtfertigen, wenn seine Funktion als Hilfsmittel bei der Beschreibung von Phänomenen des Anschauungsraums oder bei der mathematischen Modellbildung im Mittelpunkt steht und deutlich wird. Eine Einführung des Vektorbegriffs muß daher so einfach, so zugänglich und so knapp wie möglich sein. Ein solcher Weg wurde in 2.1.4.3

beschrieben. Der Begriff Vektor wird als n-Tupel (zunächst für $n = 1, 2$) eingeführt und der Vektorkalkül als eine Erweiterung des Rechnens mit Zahlen verstanden. Vektor und Vektorkalkül können dann flexibel geometrisch interpretiert und verwendet werden. Wir werden in Abschnitt 3.1.1 in einer Gegenüberstellung verschiedener Vektorbegriffe deutlich machen, daß das n-Tupel-Modell oder zumindest eine schnelle Arithmetisierung des Vektorbegriffs nicht nur aus Gründen eines erleichterten Begriffslernens vorzuziehen ist, sondern auch deshalb, weil es zugleich die Behandlung geometrischer Sachverhalte wie auch die Mathematisierung außermathematischer Modellbildungen gestattet.

Eine Behandlung des Begriffs *Matrix* und des Matrizenkalküls scheint uns in einem anwendungsorientierten Mathematikunterricht sinnvoll, wenn man die Matrix als eine Art „Superzeichen" sieht, als ein Hilfsmittel zur verkürzten und übersichtlichen Darstellung von Information (z.B. als (Entfernungs-)Tabelle, Übergangs- und Verflechtungsmatrix, LGS-Matrix und Abbildungsmatrix[34]). Der Matrizenkalkül stellt dann eine Erweiterung der Mittelstufenalgebra dar, der die Darstellung von Rechenvorgängen und deren Durchführung, insbesondere bei Rechnereinsatz, vereinfacht und verkürzt.

Wir haben darauf hingewiesen, wie wichtig die Betonung von Anwendungs- und Problemorientierung im Mathematikunterricht für das Erreichen allgemeiner verhaltensorientierter Qualifikationen und die Entwicklung eines angemessenen Bildes von Mathematik ist. Dabei darf aber nicht die Bedeutung sogenannter *Aufgabeninseln* unterschätzt werden. Es handelt sich hierbei um Felder von Aufgaben, die eng miteinander verbunden sind, die sich nach ihrer Schwierigkeit gut staffeln lassen und für die der Schüler halbalgorithmische Lösungsverfahren erlernen kann. Das klassische Beispiel hierfür sind die Kurvendiskussion in der Analysis und, wie bereits oben erwähnt, die Berechnung von Schnittgebilden in der Ebene und im Raum sowie das Lösen von Abstandsfragen. Es erfordert vom Lehrer viel Einfühlungsvermögen und Flexibilität, ein angemessenes Gleichgewicht zwischen der Vermittlung notwendiger Routinen und einer Problem- und Anwendungsorientierung zu halten.

Wir ergänzen hier einen kurzen methodischen Hinweis. Bei der Erarbeitung von allgemeinen Gleichungen und Sätzen ist es notwendig, parallel zur Entwicklung des algebraischen Ausdrucks jeweils mit konkreten Zahlen zu arbeiten und beide Vorgehensweisen fortlaufend aufeinander zu beziehen. Man sollte bedenken, daß etwa bei der Koordinatengleichung der Ebene mit 7 (!) Variablen gearbeitet wird ($ax + by + cz = d$).

Wenn man bedenkt, wie schwer sich viele Oberstufenschüler selbst mit den einfachsten algebraischen Darstellungen tun (vgl. Bd. 1, Abs. 2.3), so ist ein solches paralleles Vorgehen zwingend – aber auch, wie wir feststellen konnten, oft erfolgreich.

Grund- und Leistungskurs

Entsprechend den unterschiedlichen allgemeinen Zielsetzungen von Grund- und Leistungskurs heben wir einige inhaltliche und methodische Schwerpunkte hervor. Der *Grundkurs*

- sollte sich an konkret-anschaulichen Begriffsbildungen und solchen Begründungsformen orien-

---

[34] Etwa als Tabelle der Koeffizienten eines LGS bzw. der Koordinatenspalten der Bilder der Einheitspunkte.

tieren, die zum Verstehen des Sachverhalts beitragen und zugleich allgemeine verhaltensorientierte Qualifikationen, wie die des rationalen Argumentierens, fördern;

- sollte an möglichst vielen Stellen problem- und anwendungsorientiert sein, etwa im Sinne von Objektstudien; die Basis eines solchen Unterrichts sollte eine einfache und ausreichend geübte Systematik sein.

- Inhalte eines solchen Kurses können neben einer vereinfachten vektoriellen Beschreibung von linearen Gebilden und einfachen Abstandsfragen ein experimentelles und anwendungsbezogenes Arbeiten mit Kurven und Flächen unter Rechnereinsatz sein (vgl. Kap. 3 und 4). Man konnte auch einen Verzicht auf den Vektorbegriff in Erwägung ziehen und dafür eine Koordinatengeometrie interessanter geometrischer Objekte betreiben (vgl. Beispiel 2).[35]

Beispiel 2 (Analytische Geometrie ohne Vektoren im GK: geometrische Objekte im Koordinatensystem): Man behandelt zunächst im R^2 Geraden und damit verbunden Gleichungssysteme sowie Ungleichungssysteme und das lineare Optimieren. Daran kann sich die Erörterung von Kegelschnitten als geometrische Örter unter Einsatz von Modellen (z.B. der Fadenkonstruktion) und von dynamischen Geometrieprogrammen und/oder CAS anschließen. Wir plädieren für ein experimentelles und problemorientiertes Arbeiten mit einfachen Kurven (z.B. Spirale und Rosette) als Erweiterung des Themas Kegelschnitte und als Brücke zur Analysis. Dabei können andere Koordinatensysteme im Sinne einer Erleichterung von Darstellungen (etwa Polarkoordinaten bei der Spirale) eingeführt und das Koordinatensystem als fundamentale Idee herausgearbeitet werden. Kegelschnitte und einfache Kurven lassen Betrachtungen zu außermathematischen Anwendungen zu (etwa optische Spiegel und Reflektoren, Bewegung von Körpern, Formen in der Kunst, vgl. auch *Schmidt* 1995).

Abweichend von den Schulbüchern des Traditionellen Mathematikunterrichts sollte der R^3 nicht ausgeklammert bleiben, insbesondere auch unter dem Gesichtspunkt der Förderung von Raumanschauung. Eine koordinatenbezogene Diskussion von Ebenen und deren Anbindung an das algorithmische Lösen von Gleichungen (z.B. die geometrische Interpretation des Gaußschen Algorithmus) ist sinnvoll. Die Behandlung von Geraden im Raum ist ohne Vektoren erschwert, aber als koordinatenbezogene Parameterdarstellung oder auch durch andere Darstellungen gut möglich (vgl. 3.1.2). Sie kann ergänzt werden durch die parametrische Darstellung einfacher Kurven im Raum, etwa der Schraubenlinie.[36] Der Gedanke des geometrischen Ortes kann auf den Raum ausgedehnt werden und zur Betrachtung ausgewählter Flächen zweiter Ordnung führen. Eine breite Unterstützung des Unterrichts durch Modelle sowie durch Grafik- und dynamische Geometrieprogramme ist empfehlenswert. Der Vorteil eines solchen Kurses ist, daß er sehr flexibel gestaltet werden kann und dennoch das Herausarbeiten von Routine- und von Abituraufgaben ermöglicht. (Für Details vgl. Abschnitt 3.1 und Kap. 4.)

In *Leistungskursen* ist der Vektorbegriff ein angemessenes Hilfsmittel bei der Beschreibung und Analyse linearer Gebilde in Ebene und Raum sowie der Klärung von Abstandsfragen. Wenn man davon ausgeht, daß auch ein Leistungskurs nicht der speziellen Berufsvorbereitung dient, so ist eine formale Vektorraumtheorie nicht zu rechtfertigen, wohl aber einzelne Beispiele für die formale Kennzeichnung konkret-inhaltlicher Begriffe (vgl. Aufg. 4). Über den Grundkurs hinaus sind die folgenden ergänzenden Themenkreise denkbar:

- Eine exemplarische Vertiefung des Aspekts theoretische Mathematik, etwa im Rahmen einer Analyse und Formalisierung des Messens von Längen und Winkeln im Koordinatensystem (vgl. 1.1.6 und 3.2.2) oder eine formale Charakterisierung eines als orientiertes Volumenmaß eingeführten Determinantenbegriffs (vgl. 1.1.5 und 3.3.3) sowie eine Erweiterung der Begriffe auf den R^n. Die

---

[35] Sofern die jeweiligen Rahmenrichtlinien bzw. Lehrplane dies zulassen.

[36] Durch $x = r \cdot \cos(f \cdot 2\pi t)$, $y = r \cdot \sin(f \cdot 2\pi t)$, $z = vt$. Vgl. Schraubenlinie in Abschnitt 4.2 und in 1 2.1.1 Beispiel 5; ferner *Winter* (1989).

Frage nach der Längenmessung könnte auch die Diskussion anderer Geometrien, etwa der Kugel-
geometrie und damit verbundener kartografischer Probleme, einbeziehen.
– Eine anwendungsorientierte Einführung in den Matrizenkalkül (vgl. 3.3.2).
– Die problemorientierte und experimentelle Behandlung von interessanten Kurven und Flächen
   und von elementaren Fragen der Differentialgeometrie bei Benutzung eines CAS (vgl. Kap. 4).
– Eine exemplarische Vertiefung des Aspekts Modellbildung, insbesondere im Zusammenhang mit
   Verflechtungsproblemen, Markoff-Prozessen und Bevölkerungsdynamik. Auch hier würde sich
   der Einsatz von Rechnern anbieten. In diesem Kontext lassen sich die universellen Ideen des Algorithmus und der Approximation vertiefen. (Vgl. 1.3 und 3.3.2.)
– Ein Herausarbeiten von Verzahnungen zu anderen Gebieten der Oberstufenmathematik: (a)
   Stochastik: Regressionsanalyse, Korrelation, Markoff-Prozesse (vgl. 1.2.1); (b) Analysis: Elemente der Differentialgeometrie, insbesondere die Betrachtung von Kurven im R^2 und R^3
   sowie Flächen im R^3, zugleich im Sinne einer Erweiterung und Vertiefung der Geometrie wie
   auch des Funktionsbegriffs aus dem Analysisunterricht (vgl. Kap. 4).

Perspektiven

Durch den Verzicht auf eine enge Orientierung an der Fachsystematik gewinnt der Ma-
thematikunterricht in der Oberstufe an Flexibilität. Der Lehrer erhält Raum, sich in neue
Gebiete einzuarbeiten und damit seinem Unterricht eine gewisse Lebendigkeit zu bewah-
ren und zugleich das Bild einer Mathematik als dynamischer Wissenschaft zu vermitteln.
Ein solcher Unterricht fordert vom Lehrer fachliches Können in einer aspektreichen
Mathematik sowie didaktische und pädagogische Kompetenz.

Aufgaben, Anregungen zur Diskussion

1) Suchen Sie nach weiteren Aufgaben zu Schnittgebilden in Schulbüchern. Versuchen Sie einige
    der Aufgaben zu öffnen.

2) Suchen Sie nach Abstandsaufgaben in Schulbüchern. Versuchen Sie einige der Aufgaben zu
    öffnen.

3) Suchen Sie nach Anwendungsaufgaben für die Parameterdarstellung von Geraden $\vec{x} = \vec{a} + r\vec{b}$.
    Welche Fragen lassen sich in diesem Kontext stellen? (Hinweis: Interpretation von $\vec{a}$, $\vec{b}$ und r.)

4) Vergleichen Sie die hier vorgetragene didaktische Position zur Vektorraumtheorie mit den Auffas-
    sungen von Herrn E. in Absatz 2.2.2.

3 Didaktische Behandlung von Einzelthemen

In diesem Kapitel widmen wir uns didaktischen Einzelfragen. Wir knüpfen dabei an die Überlegungen zu Leitideen, zentralen Mathematisierungsmustern und bereichsspezifischen Strategien in Kapitel 1 sowie an die allgemein-didaktische Diskussion in Kapitel 2 an. Wir setzen diese Inhalte hier voraus. Darüber hinaus greifen wir auf eine umfangreiche didaktische Literatur zurück.[1] Auf ausfuhrliche Beweise bzw. Beweisdetails wird immer dann verzichtet, wenn sie für die didaktische Diskussion nicht unmittelbar von Bedeutung sind. Wir verweisen dann auf Schulbücher und auf *DIFF* (1982–1986) sowie auf einschlägige Lexika, Handbücher[2] und elementar-fachwissenschaftliche Lehrwerke. Aus Gründen der Praxisnähe scheint es uns wichtig, an möglichst vielen Stellen die Schulbuchliteratur in die Diskussion mit einzubeziehen. Wir haben uns bemüht, die didaktische Erörterung von Inhalten und zugehörigen Methoden an die allgemeine Zieldiskussion anzubinden (vgl. 2.4 und Band 1). Wir gehen davon aus, daß nicht nur Einführungs- und Grundkurse, sondern auch Leistungskurse in erster Linie allgemeinbildenden Charakter haben sollten. In allen Abschnitten werden die Möglichkeiten und Grenzen des Rechnereinsatzes diskutiert. Ferner erörtern wir Exaktifizierungen und Vertiefungen. Diese Vorschläge sollen Möglichkeiten aufzeigen, den theoretischen Aspekt von Mathematik und zugehörige philosophische Fragen in den Unterricht mit einzubeziehen. An vielen Stellen geben wir Beispiele eines problem- oder anwendungsorientierten Unterrichts.

Die Abschnitte 3.1 und 3.2 widmen sich den Grundfragen der Analytischen Geometrie, insbesondere der Einführung und Verwendung der Begriffe Vektor und Skalarprodukt sowie der Beschreibung von Geraden und Ebenen, den Anwendungen linearer Gleichungssysteme und den Anwendungen des Skalarprodukts. Es werden zudem Elemente einer vektorfreien Koordinatengeometrie des R^3 betrachtet. Im Abschnitt 3.3 werden die fundamentalen Ideen Abbildung und Matrix unter algebraischer, geometrischer und anwendungsorientierter Perspektive betrachtet.

3.1 Punkte, Geraden, Ebenen sowie Vektoren und lineare Gleichungssysteme
3.1.1 Vektoren und Punkte

Wir haben deutlich gemacht, daß eine axiomatische Einführung des Vektorbegriffs didaktisch nicht zu rechtfertigen ist (vgl. 2.4). Uns geht es hier daher um einen Vergleich inhaltlich-konkreter Definitionen. Es gibt fünf schulrelevante Interpretationen des abstrakten Vektorbegriffs für die Dimensionen 2 und 3 (vgl. Schema 3.1): das arithmetische Modell der n-Tupel, das Punkt-, das Zeiger- und das Pfeilklassenmodell sowie das Modell der Translationen. Punkt- und Zeigermodell sind eng miteinander verwandt, beide müssen im Zusammenhang mit einem festen Ursprungspunkt gesehen werden. Verwandt sind ebenfalls das Translations- und das Pfeilklassenmodell – Pfeilklassen sind Darstellungen von Translationen. Jeder arithmetische Vektor läßt sich, bezogen auf ein Koordinatensystem, geometrisch als Punkt, Zeiger, Translation oder als Pfeil deuten. Jedem arithmetischen Vektor entsprechen dabei unendlich viele Pfeile, die gleichsinnig parallel und gleich lang sind. Umgekehrt kann man jedem Vektor der geometrischen Modelle nach Einführung eines Koordinatensystems ein n-Tupel zuordnen.

---

[1] Wir beschränken die Literaturhinweise auf Arbeiten, die nach 1980 erschienen sind – mit Ausnahme sehr prägender Arbeiten. Für ältere stoffdidaktische Arbeiten vgl. *Tietze/Klika/Wolpers* (1982). Für die didaktische Diskussion hier spielen ausschließlich strukturorientierte Arbeiten eine eher geringe Rolle.

[2] Z.B *Duden* (1994), *Bronstein et al.* (1995, 1996), *Gottwald et al.* (1988), dtv Atlas zur Mathematik.

Schema 3.1: Schulrelevante Interpretationen des Vektorbegriffs

	Arithmetisches Modell	geometrische Modelle			
	n-Tupel	Punkte	Zeiger, Ortsvektoren	Pfeilklassen	Translationen
Addition	koordinatenweise	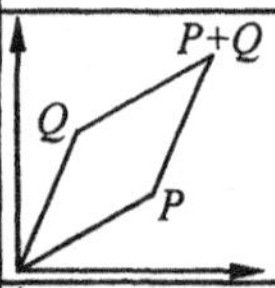 $P+Q$	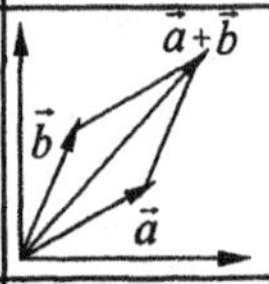 $\vec{a}+\vec{b}$	Aneinanderhängen von Repräsentanten	Verkettung
S-Multiplikation	koordinatenweise	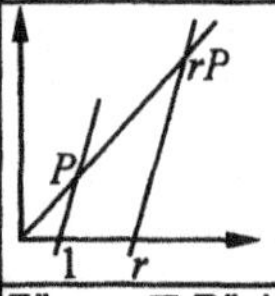 rP	Streckung des Zeigers	Streckung eines Repräsentanten	Durch Rückgriff auf andere Modelle (etwa Pfeilklassenmodell)
Schulbezogene Vereinfachung der S-Multiplikation		Für $r \in \mathbb{Z}$ Rückführung auf die Addition, für $r = 1/n$ auf die Zerlegbarkeit von Vektoren $\vec{v}$. Man kann jeden Vektor $\vec{v}$ in eindeutiger Weise als $n\vec{w}$ darstellen. Der Übergang zu irrationalem r erfolgt durch Plausibilitätsbetrachtungen.			
Methodische Schwächen bzw. Schwierigkeiten (Details und Erweiterungen im Text)	Probleme bei der Interpretation, ob Punkt, Pfeil oder Verschiebung	– die Vorstellung, Punkte zu addieren – Ausdrücke wie $2P, -P$ – Orthogonalität und Länge von Punkten – Abhängigkeit von einem Koordinatenursprung	eignet sich kaum zur Darstellung von Geraden	– Klassenbildung – Unabhängigkeit der Verknüpfungen von der Wahl der Repräsentanten – Asymmetrie bei der Definition der Addition	Multiplikative Schreibweise der Addition, exponentielle Schreibweise der S-Multiplikation
Besondere Eignung (Details und Erweiterungen im Text)	– gut motivierbare Verknüpfungen (als Verallgemeinerung des Rechnens mit Zahlen) – zentrales Mathematisierungsmuster – zur Beschreibung von Gleichungssystemen		Mathematisierungsmuster in der Physik	bei geometrischen Fragestellungen (insbesondere bei Beweisen elementargeometrischer Sätze)	zur Rechtfertigung der Addition von Pfeilklassen
Als Einführungsmodell benutzt/ vorgeschlagen in	*Bürger et al.* 1989ff., *Artmann/ Törner* 1988	*Dieudonné* 1966	*Stowasser/ Breinlinger* 1973	*Köhler et al.* 1964ff.	*Lambacher et al.* 1995ab, *Kroll et al.* 1997

Wir wollen im folgenden die verschiedenen Vektorbedeutungen unter dem Gesichtspunkt ihrer inner- und außermathematischen Verwendung darstellen.

(a) Das *arithmetische Modell*

n-Tupel sind ein zentrales Mathematisierungsmuster. Sie betonen den Kalkül- bzw. Rechenaspekt. Sie sind wichtig für die Behandlung von Gleichungssystemen – als Lösungsvektoren, als Zeilen- und Spaltenvektoren der zugehörigen Matrix – und bei der Algebraisierung von geometrischen Sachverhalten im Zusammenhang mit einem Koordinatensystem bzw. einer Basis. Dabei soll die Geometrie einer algorithmisch-rechnerischen Beschreibung zugänglich gemacht werden: Geraden und Ebenen werden Systeme von linearen Gleichungen oder Parametergleichungen in n-Tupeln zugeordnet. Affine Abbildungen werden auf Matrizen und die Längen- und Winkelmessung auf quadratische Terme in den Koordinaten zurückgeführt. Inhaltsberechnungen und Fragen der Orientierung werden durch Determinanten als quadratische Zahlenschemata erklärt. Umgekehrt lassen sich n-Tupel und ihre Verknüpfungen in vielfältiger Weise geometrisch interpretieren. $\vec{a}$, $\vec{b}$ und $\vec{x}$ seien n-Tupel (für $n = 2, 3$). Bei einer Interpretation der Gleichung $\vec{x} = \vec{a} + r\vec{b}$ werden $\vec{x}$ und $\vec{a}$ als Punkte, $r\vec{b}$ als frei verschiebbare Pfeile gleicher Richtung und das +-Zeichen als „Anhängen" (eines Pfeils an einen Punkt) gedeutet.

(b) Die *geometrischen Modelle* in außermathematischen Anwendungssituationen

(b$_1$) Bei Anwendungen in den *Sozial-, Human- und Wirtschaftswissenschaften* kann die geometrische Interpretation von „Informations-Tupeln" und deren Verknüpfungen dazu dienen, sich komplexe numerische Methoden zu veranschaulichen und dadurch deren Funktionsweise besser verstehen und kritisch beurteilen zu können. Beim linearen Optimieren und der linearen Regression werden n-Tupel als Punkte, bei der Faktoren- und Korrelationsanalyse als Zeiger interpretiert.

(b$_2$) In der *Physik* sind mehrere Veranschaulichungen bedeutsam. Gerichtete Größen wie Kräfte, die an einem Punkt angreifen, und deren mögliche Überlagerung lassen sich durch Zeiger und deren Addition mathematisieren, Felder durch Pfeile, die jeweils an den Punkten des Raumes angeheftet sind. Homogene Felder (z.B. Wind, Strömung) lassen sich durch Pfeilklassen darstellen. *Schweiger* (1976) weist darauf hin, daß die Beschränkung auf das Pfeilklassenmodell in der Physik problematisch ist. Man könnte das „Mißverständnis fördern, daß die Wirkung antiparalleler Kräfte sich aufhebe und die Wichtigkeit des Aufpunktes übersehen".

(c) Die *geometrischen Modelle* im Rahmen geometrischer Fragestellungen

Wir analysieren einige geometrische Fragestellungen und ihre Behandlung in unterschiedlichen Vektormodellen.

(c$_1$) Die Parameterdarstellung der Geraden $\vec{x} = r\vec{b} + \vec{a}$:

– Bei der Behandlung im Punktemodell werden die Vektoren $r\vec{b}$ als Punkte interpretiert, die auf einer Geraden durch den Ursprung liegen. Der Punkt $r\vec{b} + \vec{a}$, r fest, ergänzt die Punkte $\vec{0}$, $r\vec{b}$ und $\vec{a}$ zu einem Parallelogramm. Es ist ist ohne genaue Zeichnung nicht unmittelbar einsichtig, daß Punkte, die zu verschiedenen Skalaren r gehören, auf einer Geraden liegen. Das Verfahren erscheint dem Lernenden daher wenig anschaulich. Schwierigkeiten bereitet auch das Aufstellen der Parametergleichung bei zwei vorgegebenen Punkten.

- Eine weitere Interpretation ist gegeben, wenn man $+\vec{a}$ als eine Translation der durch den Ursprung gehenden Geraden $\vec{x} = r\vec{b}$ auffaßt.

- In vielen Schulbüchern zur vektoriellen Analytischen Geometrie werden $\vec{a}$ und $\vec{x}$ als sogenannte „gebundene Vektoren" (Ortsvektoren) und $\vec{b}$ als „freier Vektor" (Pfeilklasse) gedeutet.

(c₂) Affine Sätze der Elementargeometrie: Die Behandlung solcher Sätze geschieht – der Sache am angemessensten – koordinatenfrei. Diese Forderung erfüllen die Pfeilklassenvektoren. Als Argumentationsbasis dienen deren Vektorraumeigenschaften. Beim Beweisen affiner Sätze ist das Aneinanderhängen von Pfeilen die heuristisch wichtigste Interpretation der Vektoraddition. (Vgl. Beispiel 26-27 in 1.2.2.1.) Zwar lassen sich auch einige Sätze auf einfache Weise im Zeigermodell beweisen – hierauf heben *Stowasser/Breinlinger* (1973) ab, doch in vielen Fällen führt diese Vorstellung zu Schwierigkeiten und engt die heuristischen Möglichkeiten des Schülers ein. Wir illustrieren das an dem folgenden Satz: In einem Viereck bilden die Verbindungslinien der Seitenmittelpunkte ein Parallelogramm. Für das Formalisieren der Aufgabe ist es wichtig, daß man die Voraussetzung Viereck durch die Vorstellung des Aneinanderhängens von Pfeilen auf die Form $\vec{a} + \vec{b} + \vec{c} + \vec{d} = \vec{0}$ bringen kann.

(c₃) Berechnung von Schwerpunkten: Beim Arbeiten im Punktemodell nimmt die Formel für den Schwerpunkt S_2 einer Strecke bzw. S_3 eines Dreiecks eine elegante und leicht zu verallgemeinernde Form an, die für den Schüler aber eher schwieriger zu verstehen ist (vgl. 3.1.3):

$$S_2 = \frac{A+B}{2} \quad \text{bzw.} \quad S_3 = \frac{A+B+C}{3}.$$

Umständlicher ist die Darstellung im Pfeilklassenmodell:

$$\overrightarrow{OS_2} = \frac{\overrightarrow{OA} + \overrightarrow{OB}}{2} \quad \text{bzw.} \quad \overrightarrow{OS_3} = \frac{\overrightarrow{OA} + \overrightarrow{OB} + \overrightarrow{OC}}{3}.$$

In den derzeitigen deutschen Schulbüchern zur vektoriellen Analytischen Geometrie dominiert bei der Einführung des Vektorbegriffs das Pfeilklassenmodell bzw. eine Verbindung von Pfeilklassen- und Translationsmodell. Dabei sind zwei Wege möglich. In älteren Schulbüchern geht man von Klassen gleichgerichteter, gleichorientierter und gleichlanger Pfeile aus. Vielen Schülern fällt das Arbeiten mit mathematischen Objekten, die ihrerseits wieder aus Objekten zusammengesetzt sind, schwer. Darüber hinaus ist es aufwendig und zum Teil auch schwierig, die Unabhängigkeit der Addition und der S-Multiplikation für Vektoren von der Wahl der Repräsentanten nachzuweisen. Das gilt insbesondere für die Überprüfung der Eigenschaft „gleichorientiert" (vgl. Aufg. 1). Neuere Schulbücher zur vektoriellen Analytischen Geometrie vermeiden einige dieser Probleme, indem sie Pfeilklassen als Verschiebungspfeile von Translationen einführen. Diesen Vorteil erkauft man sich allerdings mit einem Verständnisproblem, das Schüler haben, wenn sie eine Abbildung als aus unendlich vielen Punktzuordnungen zusammengesetzt verstehen müssen (vgl. 2.3.1). Die Schülervorstellung von Translation beinhaltet in der Regel die konkrete Verschiebung eines als starr, beschränkt und konvex gedachten Ebenenstücks, das potentiell erweiterbar ist, etwa im Sinne eines vergrößerbaren Blatt Papiers. Es handelt sich um eine ganzheitliche, gestaltorientierte Sichtweise, in deren Zentrum Bilder von größeren Figuren wie Gerade, Dreieck, Kreis oder Körper stehen. Sie ist nur schwer in Richtung der üblichen mathematischen Denkweise zu modifizieren.

Ein weiteres Problem besteht darin, daß man zwischen zwei Typen von Vektoren –
„Ortsvektoren" und „freien Vektoren" – unterscheidet, etwa im Zusammenhang mit der
Parameterdarstellung von Geraden bzw. Ebenen. Bei der Arithmetisierung ordnet man
einem Punkt eine Koordinatenzeile, einem Ortsvektor und einem freien Vektor eine Spal-
te zu. Diese Konventionen erscheinen vielen Schülern wenig plausibel, da sie die fachlichen
Hintergründe dafür nicht kennenlernen (vgl. 1.1.2). Sie können zu Lernproblemen führen.

Um diese Schwierigkeiten und Ungereimtheiten zu vermeiden, geht man in dem
Lehrwerk *Bürger et al.* (1989-1993) so vor, daß man den Terminus Vektor an das *n*-
Tupel-Modell bindet und das *n*-Tupel dann flexibel geometrisch als Punkt, Zeiger, Pfeil
oder Translation interpretiert, ohne die zugehörigen geometrischen Strukturen als eigen-
ständige Modelle zu behandeln. (Für eine genauere Darstellung vgl. 2.1.4.3) Das
Rechnen mit solchen arithmetischen Vektoren (Spaltenvektoren) kann man als ein
Rechnen mit „verallgemeinerten Zahlen" verstehen. Auch die geometrische Interpretation weist Analogien zu den Zahlen auf. Die Interpretation eines arithmetischen
Vektors als Punkt entspricht der Deutung einer Zahl als Zustand (Stelle auf der Zahlenge-
raden), die Interpretation als Pfeil der Operatorvorstellung[3] von Zahlen. Die Addition
zweier Vektoren bzw. Zahlen kann als Anwenden eines Operators auf einen Zustand oder
als Verketten zweier Operatoren interpretiert werden. Anders als bei Zahlen können für
arithmetische Vektoren je nach Interpretation unterschiedliche Zeichen benutzt werden:
A steht für Punkt, $\vec{a}$ für Pfeil oder Punkt. Der formale Ausdruck für eine Parameterdarstellung einer Geraden oder Ebene kann daher auch die Form $X = A + r\vec{b}$ bzw.

$X = A + r\vec{b} + s\vec{c}$ annehmen. Auch das Zeichen $\overrightarrow{AB}$ ist möglich. Die unterschiedliche Be-
nennung einer Spalte je nach Interpretation vermeidet Brüche gegenüber den Kon-
ventionen der synthetischen Mittelstufengeometrie.

Erste empirische Untersuchungen machen deutlich, daß auch der Ansatz über arithmetische Vektoren nicht ganz ohne Schwierigkeiten für die Schüler ist. Insbesondere die
freie Interpretierbarkeit kann bei einigen Schülern zu Schwierigkeiten führen, sofern die
Deutung nicht eindeutig aus dem Kontext hervorgeht. Es zeigt sich ferner, daß die
geometrischen Interpretationen im Laufe eines Kurses schnell an Eigenständigkeit
gewinnen und zunehmend die Rolle des Referenzobjektes übernehmen (vgl. Abschnitt
2.3.1). Trotzdem sprechen mehrere Gründe für die Einführung über den arithmetischen
Vektor bzw. für verwandte Wege (vgl. die Zusammenfassung unten). Wir gehen davon
aus, daß der zeitliche Aufwand geringer ist, weil die aufwendigen strukturellen Überlegungen zum Pfeilklassenmodell bzw. die mathematische Klärung des Begriffs Translation entfallen. Der Zugang über den arithmetischen Vektor hat weitere Vorteile:

– Er eröffnet sowohl einen Zugang zur Beschreibung geometrischer Sachverhalte als auch zu
  einer anwendungsorientierten Linearen Algebra.

---

[3]   Diese naive Operatorvorstellung von Zahlen spiegelt sich auch in der Sprechweise
      „Hinzufügen" und „Wegnehmen" für + und – wider. Man kann $a + b$ für positives b folgender-
      maßen interpretieren: auf der Zahlengeraden wird die Stelle a um b nach rechts verschoben
      bzw. ein Pfeil der Länge b nach rechts angehängt.

- Er läßt sich zu einer arithmetischen Einführung der Matrizenrechnung als einer weiteren Verallgemeinerung des Zahlenrechnens ausbauen.
- Die Summe zweier arithmetischer Vektoren läßt sich auch als Addition zweier Zeiger bzw. Punkte geometrisch interpretieren. Damit sind entsprechende physikalische Anwendungen gut zugänglich (s.o.).
- Es entfällt die strukturelle Behandlung geometrischer Vektoren. Bei der geometrischen Deutung arithmetischer Vektoren kann man – statt mit dem mathematischen Begriff Pfeilklasse – mit dem intuitiven Konzept eines Pfeils, der frei verschiebbar ist, arbeiten.

Den Terminus Vektor an das n-Tupel zu binden hat den Vorteil, daß man es mit einer sehr einfachen Struktur zu tun hat, die sich über die Fälle $n = 2, 3$ hinaus gut verallgemeinern läßt und zugleich ein zentrales Mathematisierungsmuster darstellt. Die n-Tupel können als Bindeglied in einem Kurs fungieren, der sowohl geometrische Inhalte als auch Themen einer anwendungsorientierten Linearen Algebra umfaßt. Der zwanglose Wechsel zwischen arithmetischem Modell und geometrischen Interpretationen und zwischen den geometrischen Interpretationen untereinander ist ein wichtiges heuristisches Hilfsmittel. Der arithmetische Vektorbegriff erfährt im Verlauf der Arbeit eine Bedeutungserweiterung, die zunehmend die geometrischen Modelle umschließt. Daß die beschriebenen Interpretationen nicht auf Widersprüche führen, ist in dem Umstand begründet, daß man es mit isomorphen Strukturen zu tun hat. Im Sinne der hier zugrunde gelegten allgemeinen Zielsetzungen wird man diese Strukturgleichheit im normalen Unterricht nicht systematisch behandeln. Das schließt aber nicht aus, daß man eine solche Exaktifizierung zum Gegenstand eines Exkurses macht, in dem theoretische und philosophische Fragen das Thema sind (vgl. 3.1.4).

Die Einführung über den arithmetischen Vektor erleichtert u.E. auch den Weg zu einer tragfähigen Vorstellung der Translation. Schreibt man etwa die Parametergleichung einer Geraden in der Form $\vec{x} = r\vec{b} + \vec{a}$, so bietet sich die folgende Interpretation an: man hängt an jeden Punkt der durch den Ursprung gehenden Geraden mit der Gleichung $\vec{x} = r\vec{b}$ einen Pfeil gleicher Art $\vec{a}$ an; so erhält man eine neue Punktmenge, und zwar durch Verschiebung der einzelnen Punkte. Ein solcher Weg könnte helfen, die Punkt-zu-Punkt-Vorstellung von Abbildungen zu entwickeln.

Als Nachteil dieser Vorgehensweise mag man ansehen, daß man geometrische Sachverhalte, etwa elementargeometrische Sätze, inhomogen behandelt, nämlich unter Auszeichnung eines Koordinatensystems. Methodisch läßt sich der Unterricht allerdings so einrichten, daß das Koordinatensystem bei der Behandlung elementargeometrischer Sätze zurücktritt. Zudem haben wir an anderer Stelle deutlich gemacht, daß das vektorielle Beweisen elementargeometrischer affiner und metrischer Sätze vor den in Abschnitt 2.4 entwickelten allgemeinen Zielsetzungen eher ein geringes Gewicht hat.

Zusammenfassung (Einführung des Vektorbegriffs in neueren Schulbüchern): Es ist eine Annäherung zu beobachten. Die geometrische und die arithmetische Sichtweise werden fast gleichzeitig und eng miteinander verzahnt behandelt; die Einführung der geometrischen Modelle erfolgt weniger strukturorientiert als früher. Damit verwischen sich auch die oben geschilderten Vor- und Nachteile. Wir unterscheiden drei Vorgehensweisen: (a) der Begriff Vektor wird geometrisch eingeführt und arithmetisch interpretiert (vgl. etwa *Lambacher/Schweizer* 1995ab; *Kroll et al.* 1997); (b) der Vektor wird arithmetisch eingeführt und geometrisch interpretiert (*Bürger et al.* 1989-1993);

(c) der Begriff wird gleichgewichtig an beide Modellvorstellungen gebunden (vgl. etwa *Hahn/ Dzewas* 1992). Die Mehrzahl der Schulbücher widmet der Vektorraumtheorie ein eigenes Kapitel (Ausnahme: *Kroll et al.* 1997).

Als Konsequenz aus Defizitstudien mit Schülern und mit Studenten der Mathematik ist hervorzuheben, daß räumliche Geometrie nicht nur als Tafel- und Kreidegeometrie betrieben werden sollte. Tragfähige Vorstellungen werden in der Regel nur im Umgang mit konkretem Material entwickelt. 3D-Software kann hier unterstützend benutzt werden, ersetzt aber keineswegs das Arbeiten mit konkreten Modellen. Wichtig ist insbesondere das flexible Betrachten von Geraden, Ebenen und deren Schnittgebilden. Ein Programm muß es ermöglichen, etwa den Schnitt zweier Ebenen aus unterschiedlicher Perspektive zu untersuchen.[4] Speziell konzipiert für das Thema Lineare Algebra und gut geeignet ist das Programm aus dem Klett-Verlag (*Ziegler* 1993).[5] Das an Schulen benutzte CAS DERIVE verfügt nicht über eine ausreichende 3D-Grafik; leistungsstärkere CAS wie MAPLE und MATHEMATICA lassen dagegen keine Wünsche offen, sind aber in der Regel nicht an Schulen eingeführt. Ein Verzicht auf das – zugegebenermaßen aufwendige – Arbeiten mit Materialien ist ein Kunstfehler. Wir geben einige methodische Hinweise.

Beispiel 1 (Modelle zur geometrischen Deutung/Einführung des Vektorbegriffs und zur Entwicklung weiterer Grundvorstellungen): Im Sinne des operativen Prinzips der Didaktik (vgl. Bd. 1, 2.5.1) ist es sinnvoll, Details aus der Arbeit mit dem Modell in ein Schrägbild auf der Tafel bzw. im Heft einzutragen und umgekehrt. Wesentlich ist es, daß die Schüler eine stabile Vorstellung davon entwickeln, daß die Punkte $r\begin{pmatrix} a \\ b \\ c \end{pmatrix} = \begin{pmatrix} ra \\ rb \\ rc \end{pmatrix}$ auf einer Geraden liegen und umgekehrt jede

Gerade durch den Ursprung sich algebraisch so darstellen läßt. Dabei muß deutlich werden, daß dieser Umstand mit dem Strahlensatz (bzw. den Ähnlichkeitssätzen) zusammenhängt und daß der Strahlensatz eine zentrale Bedeutung für die Vektorrechnung hat. Wir erläutern das Arbeiten mit Modellen u.a. an diesem Kontext.

- *Demonstrationsmodell*: Ein stabiles, zerlegbares Dreibein aus Holzleisten mit Zahlenmarkierungen (etwa ein Textilzentimetermaß); im Ursprung ist z.B. ein Styroporwürfel angebracht, in den sich lange Stricknadeln zur Darstellung von Ursprungsgeraden stecken lassen. Bei $x = a$ wird senkrecht zur Achse ein Rechteck aus stabiler Folie befestigt. Dann werden die Koordinaten b und c als Längen eingezeichnet, entsprechend verfährt man für ra, rb und rc, indem man für r unterschiedliche Werte einsetzt. Man zeigt mit Hilfe einer Stricknadel, daß alle Punkte auf einer Geraden liegen. Man bearbeitet die Umkehrung. Die Koordinaten(längen) können dann auch mit Hilfe von Gummiband dargestellt werden. Gut geeignet sind auch Modelle aus Maschendraht.
- *Schülermodell*: Für den einzelnen Schüler genügt ein einfacheres Modell, das aus einem Styroporwurfel besteht, in den Stricknadeln oder Holzstäbchen zur Darstellung von Achsen und Geraden gesteckt werden. Durch drei verschieden lange Stricknadeln stellt man drei Punkte dar. Man verbindet die Enden mit Gummiband oder durch eine steife Folie und erhält so das Modell einer Ebene. Geeignet sind auch Modelle aus ineinandergesteckten Trinkhalmen.

---

[4]   In dem Programm GEOSEKII wird die Anschaulichkeit z.B. von Ebenendarstellungen in anderer Weise dadurch erhöht, daß man die Ebene mit einem an die Koordinatenebenen angefügten Quader zum Schnitt bringt und die Schnittgeraden einzeichnet.

[5]   Befragte Lehrer äußerten sich positiv zum Einsatz dieses Programms im Unterricht.

- *Dynamische Geometrieprogramme* (z.B. EUKLID): Man erstellt das Schrägbild eines Dreibeins sowie einer Geraden *g* mit einem Punkt *P* und den zugehörigen „Koordinatenlängen". Man zieht den Punkt *P* entlang *g* (Zugmodus) und überprüft die entsprechenden Längenverhältnisse.
- *Strahlensatz*: Man projiziert ein (rechtwinkliges) Dreieck mit einer punktförmigen Lichtquelle (oder mit Hilfe eines Diaprojektors) und stellt Vergleiche an zwischen den Seitenlängen des Bild- und des Urbilddreiecks in Abhängigkeit vom Verhältnis Bild- zu Gegenstandsweite.

Die in diesem Kapitel gemachten Aussagen über Schülervorstellungen zu den Begriffen Vektor, Pfeilklasse und Abbildung beruhen auf Fallstudien (vgl. 2.3) und langjähriger Beobachtung von Schülern und Studenten durch den Autor sowie auf epistemologischen Analysen. Sie sind durch zahlreiche Gespräche mit Kollegen in der Praxis abgesichert. Sie besagen, daß viele Schüler so denken, keineswegs alle. Wichtig ist ferner der folgende Punkt. Wenn Schüler die üblichen Standardaufgaben lösen können, besagt das noch nicht, daß sie ein angemessenes und ausreichendes Verständnis der zentralen mathematischen Begriffe haben, da etwa Aufgaben zu Schnittgebilden oder Abstandsfragen halbalgorithmisch, d.h. auch ohne ein tieferes Begriffsverständnis, gelöst werden können. Wir sehen in diesen Erkenntnissen über Schülervorstellungen zu mathematischen Begriffen weniger einen zwingenden Grund, sich für dieses oder jenes didaktische Modell zu entscheiden, sondern eher die Möglichkeit, die Kommunikation zwischen Lehrer und Schüler zu verbessern.

3.1.2 Geraden, Ebenen und lineare Gleichungssysteme

In der Schule beschränkt man sich in der Regel auf die Behandlung von Geraden im $\mathbb{R}^2$ und von Geraden und Ebenen im $\mathbb{R}^3$. Anknüpfend an die allgemein-didaktische Diskussion gehen wir davon aus, daß Gerade und Ebene nicht formal-axiomatisch eingeführt werden. Deren Koordinaten- und Parameterdarstellungen werden also nicht als Definitionen,[6] sondern als mathematische Beschreibungen anschaulich gegebener Phänomene aufgefaßt. Das entspricht auch unserer Prämisse, daß der beschreibend-mathematisierende Aspekt der Mathematik von großer Wichtigkeit ist. Eine formal-axiomatische Sichtweise scheint nur dann sinnvoll, wenn das Lösen von der ontologischen Bindung an weniger selbstverständlichen Sachverhalten bereits erfahren wurde, etwa im Zusammenhang mit endlichen oder anderen nichteuklidischen Geometrien. Unter „Pfeil" verstehen wir im folgenden einen frei verschiebbaren Pfeil. Wir werden auf Darstellungen, die die Begriffe „Ortsvektor" und „freie Vektoren" benutzen, nicht eingehen. Man erhält sie durch einfache Übersetzung.

In der Mehrzahl der Schulbücher steht die *Parameterdarstellung der Geraden* am Anfang der geometrischen Betrachtungen. Daß eine Gerade in der Ebene oder im Raum, die durch einen Punkt und einen Pfeil (Richtung) bzw. durch zwei Punkte gegeben ist,

mittels der Gleichung $X = A + r\vec{b}$ bzw. $X = A + r\vec{AB}$ dargestellt werden kann, ist anschaulich einsichtig und kann als nicht hinterfragte Grundlage genommen werden.

---

[6] Etwa dadurch, daß man Geraden und Ebenen als 1- bzw. 2-dimensionale Nebenklassen eines Vektorraums auffaßt oder durch den Ausdruck $P + U$ beschreibt, wobei P ein Punkt eines affinen Raums und U ein 1- bzw. 2-dimensionaler Unterraum des zugehörigen Vektorraums ist.

Dennoch können Fehlvorstellungen entstehen. In geometrischen Kontexten wird die Gerade in erster Linie eher als statisches Phänomen gesehen. Diese statische Sichtweise findet sich verstärkt bei Schülern wieder, wenn sie die Gleichung $X = A + r\vec{b}$ (bzw. $\vec{x} = \vec{a} + r\vec{b}$) auf die Information reduzieren: A ist ein Punkt der Geraden und $\vec{b}$ deren Richtung. Diese Schüler können dann die anderen Bestandteile der Gleichung wie X und r nicht interpretieren (vgl. 2.3.2). Man kann einer solchen eingeschränkten Sichtweise entgegenwirken, indem man den dynamischen Aspekt stärker betont.

Beispiel 2 (dynamische Sicht der Geraden): Faßt man t als Zeitvariable auf, so kann man die Geradengleichung als die Beschreibung der Bahn eines Körpers auffassen, der sich zum Zeitpunkt $t = 0$ im Punkt A befindet und sich in Richtung des Pfeils $\vec{b}$ mit der Geschwindigkeit $|\vec{b}|$ bewegt. Für Erweiterungen ist es sinnvoll, auch die folgenden Schreibweisen mit einzubeziehen:
$$\vec{x} = \begin{pmatrix} a_1 + tb_1 \\ a_2 + tb_2 \\ a_3 + tb_3 \end{pmatrix}$$
und die Koordinatendarstellung $x_i = a_i + tb_i$ mit $i = 1, 2, 3$. Bei geeigneter Aufgabenstellung kann es interessant sein, nach der Bedeutung der b_i zu fragen; es sind dies die Partialgeschwindigkeiten in Richtung der Koordinatenachsen (vgl. Aufg. 2). Die Gerade kann so Ausgangspunkt für Betrachtungen zu weiteren Bahnkurven sein (Kreis, Spirale etc., vgl. 4.1 und 4.2).

Für die Einführung der *Parametergleichung der Ebene* bieten sich die folgenden Vorgehensweisen an.

(1) Üblich ist der folgende Weg[7]: Eine Ebene wird durch einen Punkt A und zwei nichtkollineare Pfeile (Vektoren) $\vec{b}$ und $\vec{c}$, die an A angeheftet sind, festgelegt (vgl. Bild 3.1). Gesucht sei die Existenz einer Gleichung für einen beliebigen Punkt X. Man zeigt geometrisch, daß sich der Pfeil $\overrightarrow{AX}$ durch $\overrightarrow{AX} = r\vec{b} + s\vec{c}$ (*) darstellen läßt, und erhält damit die Parameterdarstellung $X = A + r\vec{b} + s\vec{c}$ (**). Wichtig ist hier das Arbeiten mit

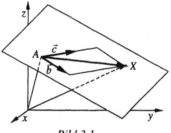

Bild 3.1

konkreten Modellen, da sich viele Fehlvorstellungen einschleichen können (vgl. 2.3.3 Beispiel 9). Die Tatsache, daß die durch (**) gegebenen Punkte in einer Ebene liegen, ist unserer Beobachtung nach für viele Schüler keineswegs unmittelbar einsichtig.

(2) Um den arithmetischen und den algebraischen Ansatz stärker zu betonen, kann es sinnvoll sein, parallel zu (1) eine arithmetische Lösung zu suchen. Dazu gibt man A, $\vec{b}$, $\vec{c}$ und ausgewählte X als n-Tupel vor und faßt die Gleichung (*) als Gleichungssystem mit den Variablen r und s auf. Dann diskutiert man die Lösbarkeit dieses LGS. Hieran läßt sich eine Diskussion anschließen, die den Begriff „linear abhängig" und die Lösbarkeitskriterien von Gleichungssystemen vorbereitet. In diese Diskussion findet eventuell auch die Frage Eingang, welche Bedeutung Gleichungen wie $X = A + r\vec{b} + s\vec{c} + t\vec{d}$ oder $X = A + r\vec{b} + s\vec{c} + t\vec{d} + u\vec{d}$ im $\mathbb{R}^3$ haben

---

[7] Allerdings werden, anders als hier, meist die Begriffe „Ortsvektor" und „freier Vektor" benutzt (vgl. etwa *Krämer et al.* 1989).

können. Die Verkürzbarkeit dieser Gleichungen und der Begriff „linear abhängig" werden aufeinander bezogen.

(3) Hat man bereits die Koordinatendarstellung der Ebene erarbeitet, ist folgendes Vorgehen möglich und kann gegebenenfalls eine sinnvolle Ergänzung von Weg (1) sein (vgl. auch Beispiel 5). Wir beschränken uns dabei auf Ebenen, die nicht senkrecht auf der xy-Koordinatenebene stehen und deren Koordinatengleichung sich daher in der Form $z = ax + by + c$ beschreiben läßt. Wir „wandern" zu einem beliebigen, aber festen Punkt auf der xy-Koordinatenebene mit den Koordinaten $x = r$ und $y = s$, der unmittelbar „über/unter diesem Punkt liegende" Punkt der Ebene hat als dritte Koordinate $z = ar + bs + c$. Man erhält so die nebenstehende Parameterdarstellung. Die freie Wahl von r und s rechtfertigt den Begriff „Parameter". Ein Vergleich

$$X = \begin{pmatrix} r \\ s \\ ar+bs+c \end{pmatrix} = \begin{pmatrix} 0 \\ 0 \\ c \end{pmatrix} + r\begin{pmatrix} 1 \\ 0 \\ a \end{pmatrix} + s\begin{pmatrix} 0 \\ 1 \\ b \end{pmatrix}$$

mit dem Weg (1) führt auf viele Interpretationsfragen und vertieft dabei die Einsicht in die Bedeutung der Parameter und die Vielgestaltigkeit der Parameterdarstellung.

Wir wenden uns der *Koordinatendarstellung von Gerade und Ebene* zu. Ein Verzicht auf die Koordinatendarstellung, wie er in einigen Lehrbüchern erfolgt, ist in Hinblick auf wichtige Anwendungen wenig wünschenswert. So ist die Deutung linearer Gleichungen bzw. Ungleichungen als Geraden und Ebenen bzw. als Halbebenen und Halbräume ein wichtiges Hilfsmittel bei der Diskussion von Lösungsmengen linearer Gleichungssysteme, beim linearen Optimieren und bei der linearen Regression. Diese Verwendungssituationen legen es nahe, auch Hyperebenen in Räumen höherer Dimension zu behandeln, und zwar mit dem Ziel, daß der Schüler in ihnen so etwas wie „verallgemeinerte Ebenen" sieht.[8] Hier geht es um die Entwicklung des „verallgemeinerten Anschauungsraums" als zentrales Mathematisierungsmuster.

Die Koordinatendarstellung der Geraden $y = mx + k$ im $\mathbb{R}^2$ ist bereits aus der Mittelstufe und der Analysis bekannt. Um auch die Parallelen zur y-Achse mit zu erfassen, wählt man die Form $ax + by = c$. Ferner behandelt man die Abschnittsform $\frac{x}{a} + \frac{y}{b} = 1$, aus der man die Schnitte mit den Achsen unmittelbar ablesen kann. Die Koordinatendarstellung der Ebene gewinnt man in der Regel durch Elimination von Parametern aus der Parameterdarstellung (vgl. Aufg. 4).

Eine Reihe von Mathematisierungssituationen läßt es sinnvoll erscheinen, Koordinatengleichungen von Ebenen durch Auflösen nach einer Variablen unter funktionalen Gesichtspunkten zu diskutieren: $(x, y) \mapsto z$ mit $z = ax + by + d$ (vgl. LO in 3.1.3). Man kann damit eine Grundlage für ein verständiges Umgehen mit Funktionen mehrerer Veränderlicher schaffen. Funktionen mehrerer Veränderlicher sind ein wichtiges Mathematisierungsmuster in fast allen Wissenschaften, die Mathematik verwenden. Ihre analytische Behandlung liegt außerhalb des Rahmens der Schule. Für ein verständiges Anwenden ge-

---

[8] Ausgangspunkt hierfür ist ein Herausarbeiten der Analogie zwischen den Gleichungen $ax + by = c$ über dem $\mathbb{R}^2$ und $ax + by + cz = d$ über dem $\mathbb{R}^3$ und deren jeweilige geometrische Interpretation.

nügt in der Regel eine anschauungsbezogene Beschreibung solcher Funktionen und ihrer Eigenschaften mit den intuitiven Konzepten von Maximum, Minimum und Krümmung und mit Hilfe von ebenen Schnitten (vgl. Kap. 4.3).

Beispiel 3 (Standardaufgaben zu Geraden und Ebenen sowie deren Schnittgebilden): (a) *Parameterdarstellung einer Geraden*, bestimmt durch zwei Punkte, durch einen Punkt und vorgegebene Richtung, als Schnittgebilde zweier Ebenen (Elimination von Parametern); (b) *Parameterdarstellung einer Ebene* durch drei Punkte, aufgespannt durch zwei sich schneidende oder parallele Geraden, gegeben durch einen Punkt und eine nicht durch diesen Punkt gehende Gerade, durch einen Punkt und parallel zu einer zweiten Ebene; (c) *Schnittgebilde* von Gerade und Ebene, Schnitt zweier Geraden, zweier bzw. dreier Ebenen. Diese Aufgaben lassen sich zusätzlich dadurch variieren, daß man die Darstellung von Ebenen wechselt (von der Parameterdarstellung zur Koordinatendarstellung und umgekehrt). Das Lösen dieser Aufgabentypen führt in der Regel auf das Lösen von Gleichungssystemen. Für weitere Aufgaben vgl. 2.1.1.2 und Aufg. 3 und 4.

Beispiel 4 (Flugzeuge auf Kollisionskurs – Modellierung von Problemen der Flugsicherung mittels der Parameterdarstellung von Geraden; nach *Maaß* 2000): Wir beschreiben die Modellierung des Anflugkurses von Flugzeugen mit Hilfe der Parameterdarstellung von Geraden. Als Parameter dient die Flugzeit. Zentrales Anliegen ist die Vermeidung von Kollisionen. Ausgangspunkt der Unterrichtseinheit kann eine reale Information über einen entsprechenden Unfall sein. Diese Problemstellung kann als Anwendungsaufgabe der zuvor behandelten Parameterdarstellung dienen, sie ermöglicht umgekehrt aber auch eine problemorientierte Einführung. Der Tower eines Flughafens erhält zu jedem Zeitpunkt die folgende Information über die anfliegenden Flugzeuge: Höhe, Richtung (Abweichung von Norden in Grad) und Entfernung vom Flughafen. Zunächst einmal geht es darum, diese Angaben bzgl. eines Polarkoordinatensystems in ein kartesisches Koordinatensystem mit dem Tower im Ursprung und der y-Achse in Nord-Süd-Richtung zu übertragen. Schüler vernachlässigen beim Modellieren oft die Höhe und erhalten dann $x = \text{Abstand} \cdot \sin(\text{Richtungswinkel})$ und $y = \text{Abstand} \cdot \cos(\text{Richtungswinkel})$. Eine Verbesserung des Modells kann darin bestehen, eine allgemeinere Positionsangabe zu finden. Dazu bedient man sich des Erdkoordinatensystems.

Die Frage nach einer möglichen Kollision zweier Flugzeuge führt auf Kurs und Geschwindigkeit als weitere notwendige Information, die man aus einer zweiten Positionsangabe, etwa eine Minute später, errechnen kann. Mit diesen Angaben erarbeitet man die Parameterdarstellung der beiden „Kursgeraden" und interpretiert die Parameter als Zeitangabe. Eine Schnittpunktberechnung im konkreten Fall ergibt als Resultat, daß die beiden Geraden windschief sind, und wird zugleich als unangemessene Modellierung erkannt. Die Flugsicherung verlangt einen Mindestabstand von 8 km. Man kann nach dem minimalen Abstand der beiden windschiefen Geraden fragen und verwirft auch diesen Lösungsansatz als unangemessen (vgl. Aufg. 6). Man überprüft dann den Abstand für einzelne Zeitpunkte und kommt zu einer angemessenen Lösung. Im Zusammenhang mit dem Skalarprodukt wird das Thema noch einmal aufgenommen und eine Formel für den Abstand in Abhängigkeit von der Zeit t aufgestellt.

Am Ende der Unterrichtseinheit wird untersucht, welche Vereinfachungen man bei der Modellbildung vorgenommen hat. Man überprüft die Zulässigkeit einzelner Annahmen (z.B. konstante Wetterverhältnisse, Konstanz der Fluggeschwindigkeit, Geradlinigkeit des Fluges) und mögliche Ungenauigkeiten (etwa bei der geschilderten Ermittlung der Fluggeschwindigkeit). Man unterscheidet zwischen Realität, Realmodell und mathematischem Modell (vgl. 1.2.1). Man klärt, wie Fluglotsen real mit diesem Problem umgehen. Die hier angesprochenen Fragen lassen sich zu einem Themenkreis Bahnkurven ausbauen (vgl. Kap. 4.2).

Die stark gekürzte Darstellung dieser Modellbildung macht bereits einige unterrichtsrelevante Punkte deutlich:

– Man kann mit einfachen mathematischen Hilfsmitteln interessante Realitätssituationen modellieren. Die Modellbildung ist ausbaufähig.

- Man kann davon ausgehen, daß ein solcher Modellbildungsvorgang dem Schüler ein anderes Bild von Mathematik vermittelt als ein Unterricht, in dem statt dessen zwei Geraden durch jeweils zwei vorgegebene Punkte berechnet werden und deren Schnittpunkt bestimmt wird.
- Man erhofft sich bei einigen Schülern einen Gewinn an Motivation.
- Man benötigt Zeit, auch für die Vorbereitung.

Geraden und Ebenen in der Koordinatengeometrie

Häufig läßt es der Aufbau eines Kurses wünschenswert erscheinen, die Koordinatendarstellung der Ebene schon vor Einführung des Vektorbegriffs zur Verfügung zu haben. Eventuell will man sogar auf den Vektorbegriff ganz verzichten (vgl. 2.4). Dann muß man beachten, daß die Herleitung der Koordinatengleichung der Ebene etwas schwieriger ist. Andererseits eröffnet diese Herleitung ein Feld für argumentatives und problemorientiertes Arbeiten. Die Ebenengleichung kann man in Analogie zur Geradengleichung im $\mathbb{R}^2$ entwickeln.

Beispiel 5 (Herleitung der Koordinatengleichung der Ebene ohne Vektoren): Wir skizzieren mehrere mögliche Schritte. Die Sonderfälle von Ebenen, die parallel zu einer oder zwei der Koordinatenachsen sind, lassen sich direkt stringent überprüfen. Ausgangspunkt für das weitere Vorgehen sind Analogiebetrachtungen zwischen Ebene und Raum. Wir betrachten die Ebene E, die die Koordinatenachsen in $x = a$, $y = b$ und $z = c$ mit a, b, $c > 0$ schneidet. Ausgehend von der Geradengleichung $\frac{x}{a} + \frac{y}{b} = 1$ im $\mathbb{R}^2$ gelangt man zu der Vermutung $\frac{x}{a} + \frac{y}{b} + \frac{z}{c} = 1$ als Ebenengleichung. Zur Hypothesenüberprüfung betrachtet man die Schnitte mit den Koordinatenebenen und arbeitet evtl. mit einem Grafikprogramm. Damit hat die Vermutung einen hohen Plausibilitätsgrad, man kann sich daher mit dieser Argumentation zufrieden geben. Die Schnittgeraden sind zugleich eine wichtige Bezugsvorstellung, um die Koordinatengleichung als Ebene *sehen* zu können. Auch ein stringenter Beweis für den allgemeinen Fall ist zumutbar.

Sei $P(x_0|y_0|z_0)$ ein beliebiger, aber fester Punkt auf der Ebene E (im Bild gekennzeichnet durch ein fettumrandetes Dreieck). E schneidet die xy-Ebene $z = 0$ in der Geraden h mit der Gleichung $y = -\frac{b}{a}x + b$, die Ebene $z = z_0$ in einer parallelen Geraden

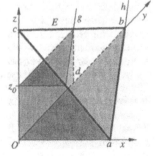

Bild 3.2

g mit der Gleichung $y = -\frac{b}{a}x + d$. Für dieses d gilt mit dem Ähnlichkeits- bzw. Strahlensatz $d : b = (c - z_0) : c$ (vgl. Dreiecke in der yz-Ebene), also $y = -\frac{b}{a}x + \frac{bc}{c} - \frac{b}{c}z_0$. P liegt auf g und muß daher diese Gleichung erfüllen. Es gilt also $\frac{x_0}{a} + \frac{y_0}{b} + \frac{z_0}{c} = 1$. Da P ein beliebiger Punkt der Ebene sein sollte, kann man nun auch den Index weglassen und erhält damit eine Gleichung für E. An dieser Darstellung wird deutlich, welche Bedeutung der Strahlsatz hat.

Durch das Arbeiten mit Vektoren wird er quasi (in der S-Multiplikation) versteckt. Bei der Herleitung ist die Verwendung eines räumlichen Modells wünschenswert. Ferner sollte man neben der algebraischen Erarbeitung mit konkreten Zahlen operieren. Die obige Herleitung betont in erster

Linie die mathematische Beschreibung eines räumlichen Sachverhalts und nicht die Anwendung eines Kalküls.

Kaum schwieriger ist die Behandlung einer Geraden im $\mathbb{R}^3$. Wir erläutern die Darstellungsmöglichkeiten an einem Beispiel, das direkt verallgemeinert werden kann. Wir arbeiten also mit einem repräsentativen Spezialfall.

Beispiel 6 (Darstellung einer Geraden im $\mathbb{R}^3$): Die Gerade g sei als Schnittgebilde zweier Ebenen gegeben. Das zugehörige Gleichungssystem formen wir mit dem Gaußschen Algorithmus um:

$$x + 2y + z = 4 \qquad\qquad x + 2y + z = 4 \qquad\qquad x + \quad -z = 2$$
$$\Leftrightarrow \qquad\qquad \Leftrightarrow$$
$$x + 3y + 2z = 5 \qquad\qquad y + z = 1 \qquad\qquad y + z = 1.$$

g ist nun dargestellt als Schnitt zweier Ebenen, die jeweils senkrecht auf einer Koordinatenebene stehen (hier xz-Ebene bzw. yz-Ebene). Man könnte diesen Sachverhalt auch so deuten, daß g durch die Parallelprojektion entlang jeweils einer der Koordinatenachsen beschrieben ist (hier y-Achse bzw. x-Achse). Man kann die Punkte $P(x\,|\,y\,|\,z)$ von g aber auch in Parameterform darstellen, indem man das frei wählbare z durch den Parameter t oder – im Sinne physikalischer Anwendungen – durch at ersetzt, wobei t ein Zeitparameter und a eine Geschwindigkeitskonstante ist. Damit erhält man drei Parametergleichungen für die Koordinaten von P: $x = 2 + at$, $y = 1 - at$, $z = at$. Dieses Vorgehen ermöglicht zugleich eine dynamische Sichtweise. (Vgl. Aufg. 7.)

Ein weiterer Weg betont die Bedeutung des Ähnlichkeitssatzes. Wir beschränken uns bei der Darstellung auf eine Gerade g durch den Ursprung und den Punkt $(1\,|\,a\,|\,b)$. $P(x\,|\,y\,|\,z)$ sei ein beliebiger Punkt auf g. Aus dem Bild entnimmt man durch Betrachtung von ähnlichen Dreiecken die

Gleichungen $y = ax$, $z = \dfrac{b}{a}y$ und $z = bx$, die sich jeweils als

Ebenendarstellungen interpretieren lassen. Die Gerade kann man als Schnittgebilde von mindestens zwei dieser Ebenen sehen, die jeweils senkrecht auf Koordinatenebenen stehen. Man kann die Gleichungen $y = ax$ und $z = bx$ aber auch als eine „Parameterdarstellung" von g auffassen.

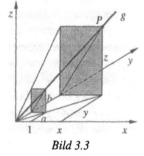

Bild 3.3

Lineare Gleichungssysteme und lineare mathematische Modelle

Lineare Gleichungssysteme sind ein zentrales Mathematisierungsmuster und ein universelles Hilfsmittel zur Lösung vielfältiger innermathematischer Probleme. Es gibt sehr verschiedene Darstellungsformen und Lösungsverfahren. Daher taucht das Thema lineare Gleichungssysteme (LGS) an vielen Stellen in diesem Buch auf:

- Darstellungsformen und Lösbarkeitskriterien zu LGS (vgl. 1.1.7);
- LGS als zentrales Mathematisierungsmuster (vgl. 1.2.1.5);
- unterschiedliche Behandlung von LGS in Schulbüchern (vgl. 2.1.1.2, 2.1.3, 2.1.4.5);
- Gaußscher Algorithmus (GA): Lösung linearer Gleichungssysteme mittels des GA, geometrische Interpretation des GA, der GA als bereichsspezifische Strategie (vgl. 1.1.7 und 1.2.2.4), Behandlung des GA in Schulbüchern und Lehrplänen (vgl. 2.1.3, 2.1.4.5).

Wir ergänzen einige didaktische Überlegungen zur Behandlung linearer Gleichungssysteme. In den üblichen Kursen zur Linearen Algebra werden lineare Gleichungssysteme in erster Linie im Zusammenhang mit der Berechnung von Ebenen, Geraden und Schnittgebilden verwendet. Zu deren Lösung bedient man sich meist der Verfahren aus der Mittelstufe (Additions-, Gleichsetzungs- und Einsetzungsverfahren). Neuere Schulbücher enthalten eine systematische Behandlung der linearen Gleichungssysteme. Dazu wird der Gaußsche Algorithmus entwickelt. In einigen Schulbüchern werden zusätzlich auch strukturelle Aspekte der Lösungsmenge erarbeitet (vgl. etwa *Lambacher/Schweizer* 1995a, 22ff.). Durch die Behandlung des Gaußschen Algorithmus kann man Schüler mit der fundamentalen Idee des Algorithmus vertraut machen. *Kroll et al.* (1997, 103ff.) arbeiten die Bedeutung der linearen Gleichungssysteme für das mathematische Modellieren heraus. Im Zusammenhang mit der algorithmischen Lösung von linearen Gleichungssystemen untersuchen sie auch numerische Aspekte und führen damit in Grundfragen der numerischen Mathematik ein (vgl. Aufg. 8, ferner *Schuppar* 1999).

Wir plädieren dafür, schwierig zu lösende lineare Gleichungssysteme mit einem entsprechenden Lösungsbefehl eines CAS zu lösen (etwa DERIVE). Bei eindeutig zu lösenden Gleichungssystemen kann man auch die Befehle zur Matrizenrechnung benutzen, wenn man den Gedanken der algebraischen Umformung betonen möchte. Einige CAS erlauben es, das Verfahren des Gaußschen Algorithmus schrittweise nachzuvollziehen (vgl. etwa das CAS des TI92).

Zahlreiche außermathematische Situationen lassen sich mit Hilfe von linearen Gleichungssystemen modellieren: z.B. Ströme in Netzen, Transport-, Mischungs- und Verflechtungsprobleme. Aus didaktischen Gründen sollte man Verflechtungsprobleme eher im Zusammenhang mit Matrizen behandeln (vgl. 3.3.2). Wir vertiefen hier die Behandlung von Strömen in Netzen als Beispiel für eine Modellbildung, die sich flexibel in den Unterricht integrieren läßt und zahlreiche Fragen eröffnet. Wir knüpfen dabei an das Beispiel 22 in Abschnitt 1.2.1.5 an, in dem die Verteilerstation eines Wasserversorgungsnetzes beschrieben wird (nach *Kroll et al.* 1997, 103ff.).

Beispiel 7 (didaktische Überlegungen zur Modellierung eines Wasserversorgungsnetzes): Die Modellierung des Wasserversorgungsnetzes hatte auf einen gewichteten Graphen geführt, der sich durch das folgende Gleichungssystem mathematisieren läßt:

$$s_4 = s_1 + 75, \quad s_1 + 200 = s_2, \quad s_2 + 100 = s_3 + 25, \quad s_3 + 100 = s_4 + 300 \text{ mit } s_i \in \mathbb{R} .$$

Die s_i sind die Stromstärken, die durch die 4 Hauptleitungen des Systems geleitet werden. Die

Lösungen lassen sich durch die Vektorgleichung $\vec{s} = \begin{pmatrix} -75 \\ 125 \\ 200 \\ 0 \end{pmatrix} + s_4 \begin{pmatrix} 1 \\ 1 \\ 1 \\ 1 \end{pmatrix}$ beschreiben. Die Lösung ist

nicht eindeutig. Man hat also einen „Freiheitsgrad" und kann s_4 als „Steuergröße" auffassen und den Wasserfluß durch Einsatz von Schiebern in dem Netzabschnitt A_4 verändern (vgl. Bild zu Beispiel 22 in Abschnitt 1.2.1.5). Damit kann Einfluß auf Baukosten und/oder Reparaturfreundlichkeit genommen werden. Um die Baukosten niedrig zu halten, verwendet man möglichst kleindimensionierte Rohre. Eine solche optimale Lösung ist etwa für $s_4 = -62{,}5$ gegeben (vgl. Aufg. 9a). Wichtiger als die Baukosten kann aber die Reparaturfreundlichkeit des Systems sein. Es soll möglich sein, einzelne Teile des Systems stillzulegen. Im Fall $s_4 = 75$ etwa läßt sich der Leitungsabschnitt A_1 stillegen, ohne daß die Funktionstüchtigkeit des Netzes gefährdet ist (vgl. Aufg. 9b).

Die Untersuchung der Wasserverteilerstation ist nur ein Beispiel für die Bearbeitung von Fragestellungen zu *Strömen in Netzen*. Andere Beispiele sind Kanalisationsnetze oder Pipelines für Gas oder Öl. Die Modellierung eignet sich auch zur Erfassung von „Strömen" von Autos und Flugzeugen auf Straßen oder Luftwegen, von elektrischen Ladungen in Leiternetzen und von Geld- oder Warenbewegungen in Geschäfts- oder Produktionszusammenhängen.

3.1.3 Konvexe Mengen, lineares Optimieren

Freudenthal (1973) und *Führer* (1979) haben während der Phase der Neuen Mathematik, insbesondere in den Kursen zur damals üblichen Linearen Algebra, den Mangel an konkreter Mathematik beklagt und für die Behandlung von konvexen Gebilden und von Schwerpunkten plädiert. In dem Aufsatz von *Führer* werden zahlreiche Vorschläge zur Beschreibung konvexer Flächen und Körper gemacht. Wenngleich der Unterricht zur Analytischen Geometrie und Linearen Algebra inzwischen durch Rücknahme einer übermäßigen Strukturorientierung, durch Rückbesinnung auf nichtlineare Gebilde und den Einsatz des Rechners wieder „konkreter" geworden ist, so bleiben dennoch erhebliche Defizite. Die Betrachtung von konvexen Figuren und Körpern und ausgewählten Punkten kann die Basis für interessante geometrische Objektstudien bilden, die eine enge Verzahnung von Methoden der analytischen und der synthetischen Geometrie sowie der Algebra nahelegen. Zudem gestatten solche Objektstudien, Teilthemen der Analytischen Geometrie miteinander zu vernetzen und damit einer Aufsplitterung des Gebietes in Aufgabeninseln entgegenzuwirken. Ein solches Unterrichtselement kann die Raumanschauung fördern, bietet vielfältige Möglichkeiten für einen konkreten und experimentellen Mathematikunterricht, der auch spielerische Elemente umfassen kann, und vermittelt damit ein aspektreiches Bild von Mathematik.

Es geht in diesem Abschnitt darum, Strecken, konvexe Polygone und konvexe Polyeder zu beschreiben. Im Zentrum unserer Überlegungen stehen reguläre Figuren und Körper. Eine Punktmenge M des $\mathbb{R}^2$ bzw. des $\mathbb{R}^3$ heißt *konvex*, wenn sie von einer Geraden höchstens in einem Punkt oder einem Intervall getroffen wird, oder gleichwertig dazu, wenn sie mit je zwei Punkten auch deren Verbindungsstrecke enthält. Die *konvexe Hülle H* einer Punktmenge M ist die kleinste konvexe Punktmenge, die M umfaßt (vgl. Aufg. 10). Die konvexe Hülle von n Punkten ist in der Ebene ein Polygon, im Raum ein Polyeder. Die mathematische Charakterisierung einer konvexen Fläche und eines konvexen Körpers kann anhand von Beispielen und Gegenbeispielen erarbeitet werden. Für das lineare Optimieren ist der Umstand wichtig, daß der Durchschnitt von Halbebenen im $\mathbb{R}^2$ bzw. von Halbräumen im $\mathbb{R}^3$ konvex ist. Auf ein formales Überprüfen der Konvexität wird man in den meisten der hier angeführten Beispiele eher verzichten, da der Tatbestand zu offensichtlich ist. Der mathematische Nachweis kann durch Rückgriff auf die Definition – ein meist schwieriges Unterfangen – oder durch Benutzung des Umstandes, daß der Durchschnitt konvexer Gebilde wieder konvex ist, geführt werden. Wir skizzieren im folgenden einige Beispiele für den Unterricht.

Beispiel 8 (Polygone, Polyeder und Schwerpunkte): Ausgehend von der Beschreibung des Mittelpunkts einer Strecke mit den Eckpunkten $\vec{a}$ und $\vec{b}$ (bzw. A und B) durch $\frac{1}{2}\vec{a} + \frac{1}{2}\vec{b}$ gelangt man zur Beschreibung der Strecke durch $\{\vec{a} + r(\vec{b} - \vec{a}) \mid r \in [0;1]\}$ oder $\{r\vec{a} + s\vec{b} \mid r,s \in [0;1], r+s = 1\}$.

Das Dreieck Δ mit den Eckpunkten $\vec{a}$, $\vec{b}$ und $\vec{c}$ läßt sich als Vereinigung von Strecken darstellen: $\Delta = \{r\vec{a} + s\vec{b} + t\vec{c} \mid r,s,t \in [0;1], r+s+t = 1\}$. Als nächster Schritt könnte sich die Frage nach dem *Schwerpunkt* einer Strecke, eines Dreiecks und ganz allgemein eines Polygons anschließen. Experimente und Plausibilitätsüberlegungen führen darauf, daß ein im Mittelpunkt aufgehängter Stab sich in Gleichgewichtslage befindet; Entsprechendes gilt für ein im Schnittpunkt der Seitenhalbierenden aufgehängtes Papierdreieck. Man nennt einen solchen Punkt den Schwerpunkt $\vec{s}$. Für das Dreieck gilt: $\vec{s} = \frac{1}{3}(\vec{a} + \vec{b} + \vec{c})$. Dazu überlegt man, daß ein entlang einer Seitenhalbierenden, etwa s_c, aufgehängtes Dreieck sich im Gleichgewicht befindet. Man denke sich etwa das Dreieck parallel zur Seite c in „ganz schmale" Papierstreifen zerlegt; deren „Mittelpunkte" liegen alle auf s_c.

In Analogie zu Strecke und Dreieck stellt man für das Viereck die Vermutung auf, daß für dessen Schwerpunkt $\vec{s} = \frac{1}{4}(\vec{a} + \vec{b} + \vec{c} + \vec{d})$ gilt. Zunächst untersucht man die Lage des Punktes $\vec{s}$. Aus $\vec{s} = \frac{1}{2}[\frac{1}{2}(\vec{a} + \vec{b}) + \frac{1}{2}(\vec{c} + \vec{d})]$ und entsprechenden Gleichungen ergibt sich daß $\vec{s}$ der Schnittpunkt der Strecken ist, die die Mitten gegenüberliegender Seiten verbinden. Dabei kann man auch entdecken, daß das Mittenviereck jedes beliebigen, auch nicht ebenen Vierecks ein Parallelogramm ist (vgl. Aufg. 11a). Betrachtet man etwa ein homogen mit Masse belegtes Trapez, so sieht man sofort, daß $\vec{s}$ i.a. nicht der Schwerpunkt sein kann. Die Formel ist dagegen richtig, wenn man das Gewicht der realen Fläche gleichmäßig auf die 4 Eckpunkte verteilt. (Allgemein gilt: Sind k Massenpunkte $\vec{x}_i$ mit den Massen m_i gegeben, dann gilt für den Schwerpunkt $\vec{s} = \dfrac{1}{m_1 + \ldots + m_k} \displaystyle\sum_{i=1}^{k} m_i \vec{x}_i$.)

Man kann 4 Punkte im Raum als Eckpunkte einer dreieckigen Pyramide auffassen. Eine einfache Analogiebetrachtung zu den Schwerpunktformeln von Strecke und Dreieck führt auf die Vermutung, daß für den physikalischen Schwerpunkt $\vec{s}$ die Gleichung $\vec{s} = \frac{1}{4}(\vec{a} + \vec{b} + \vec{c} + \vec{d})$ gilt.

Ebenso naheliegend ist die Hypothese, daß sich die Verbindungslinien g_i der 4 Eckpunkte mit den Schwerpunkten der jeweils gegenüberliegenden Dreiecke in einem Punkt schneiden. Plausibilitätsbetrachtungen in Analogie zur Zerlegung des Dreiecks legen nahe, daß es sich dabei um den physikalischen Schwerpunkt $\vec{s}$ eines aus homogenem Material gefertigten dreieckigen Pyramidenkörpers handelt. Der Schnittpunkt der g_i ist, sofern existent, auch Schnittpunkt der 6 Ebenen, die durch jeweils 2 Eckpunkte und durch den Mittelpunkt der Verbindungsstrecke der anderen beiden Ecken gehen. Der direkte Nachweis, daß sich die 6 Ebenen in einem Punkt $\vec{s}$ schneiden, ist in allgemeiner Form umständlich zu führen. Man betrachtet daher zunächst den Spezialfall einer dreieckigen Pyramide, die den Ursprung und die 3 Einheitspunkte als Ecken hat. Hier gelingt der Nachweis mit $\vec{s} = (\frac{1}{4}, \frac{1}{4}, \frac{1}{4})$ schnell und bietet zugleich die Möglichkeit, die Koordinatengleichungen von einfachen Ebenen in Sonderfällen zu üben (vgl. Aufg. 11b). Für einen Beweis des allgemeinen Falls werden die Eckpunkte z.B. durch Scherungen, Drehungen, Spiegelungen und Translationen in die allgemeine Lage gebracht, so daß $\vec{0} \mapsto \vec{a}_0$ und $\vec{e}_i \mapsto \vec{a}_i$ für $i = 1$ bis 3 abgebildet wird und damit

auch $\frac{1}{4}(\vec{0} + \vec{e}_1 + \vec{e}_2 + \vec{e}_3)$ nach $\frac{1}{4}(\vec{a}_0 + \vec{a}_1 + \vec{a}_2 + \vec{a}_3)$. Da bei diesen geradentreuen Abbildungen die

Eigenschaft, Mittelpunkt einer Strecke zu sein, erhalten bleibt, wird der Schnittpunkt der 6 Ebenen im Spezialfall in den entsprechenden Schnittpunkt im allgemeinen Fall überführt. Damit ist $\vec{s}$ der Schnittpunkt auch im allgemeinen Fall.

Im folgenden rücken wir den Würfel und andere Platonische sowie verwandte Körper in den Mittelpunkt. Wir beschreiben die Begrenzungsebenen, Drehachsen, ausgewählte Strecken (wie etwa Diagonalen) und Deckabbildungen analytisch. Dabei versucht man zunächst, sich Sachverhalte vorzustellen, arbeitet ergänzend mit einem Modell und beschreibt und beweist dann mit Mitteln der synthetischen Geometrie und/oder Methoden der Analytischen Geometrie. Die geometrischen Objekte können zur Vernetzung der Inhalte führen, indem man mit ihnen zunächst affine Fragen erörtert und später dieselben Objekte unter metrischer und abbildungsgeometrischer Sichtweise behandelt. Wegen ihrer vielfältigen Symmetrie- und Regularitätseigenschaften wirft die Betrachtung dieser Objekte eine Fülle von Fragen auf.[9] Dabei tritt der Gedanke der Konvexität zunehmend in den Hintergrund. Auf die Möglichkeiten fachübergreifenden Arbeitens weist *Maaß* (1998) in einem aspektreichen Aufsatz zum Thema „Kristallgeometrie als verbindende Disziplin zwischen Mathematik, Kunst, Physik und Chemie" hin.

Beispiel 9 (Platonische und verwandte Körper): Es ist sinnvoll, mit Styropormodellen und durchsichtigen und zerlegbaren Modellen[10] zu arbeiten. Man sollte keineswegs glauben, daß das Basteln solcher Modelle nur von Mittelstufenschülern akzeptiert wird. Selbst Mathematikstudenten höheren Semesters befriedigt diese Tätigkeit; sie schätzen die Möglichkeit, durch konkrete Modelle ihrer Raumanschauung „aufzuhelfen". Wir betrachten zunächst einen Würfel, der symmetrisch zu den Koordinatenachsen und -ebenen liegt und die Kantenlänge 2 hat. Wir listen einige Aktivitäten auf:

- Man beschreibt Begrenzungs- und Schnittebenen mittels Koordinaten- und Parametergleichungen, desgleichen die Symmetrieachsen; man betrachtet die Schnitte von Symmetrieachsen; die Schnitteigenschaften untersucht man zunächst am Modell, anschließend analytisch.
- Durch Streckung entlang der x- und y-Achse erzeugt man einen Quader, der symmetrisch zu den Koordinatenachsen liegt; auch hier untersucht man die Schnitte von Symmetrieachsen und erfährt dabei, daß Inzidenzen und die Mittelpunkteigenschaft bei diesen (affinen) Abbildungen erhalten bleiben.
- Man schneidet die Ecken eines Würfels ab und erhält bei geeigneter Dreiteilung der Würfelkanten einen regulären Körper, der aus 6 gleichseitigen Achtecken und 8 gleichseitigen Dreiecken besteht, bei Zweiteilung der Würfelkanten entsteht ein sogenanntes Kuboktaeder (6 Quadrate und 8 gleichseitige Dreiecke). Solche Polyeder, deren Seitenflächen aus zwei verschie-

---

[9] Während es uns eher um Objektstudien zur Vertiefung von Grundlagen der vektoriellen Analytischen Geometrie geht, wird in *Buchholz* (1991) eine systematische Behandlung der Platonischen Körper mit vektoriellen Methoden dargestellt.

[10] Wir weisen hier insbesondere auf das „effect-system" hin, mit dessen Hilfe man vielfältige reguläre Körper bauen kann, die variiert und zerlegt werden können, durchsichtig sind und sich wie ein Kantenmodell projizieren lassen (vgl. etwa *Maier* 1999). Wir weisen ferner auf die vielen Möglichkeiten hin, Körper durch Falten von Papier und Karton oder mit Hilfe von Strohhalmen und Plasteline (Platonische Körper) zu gewinnen (*Lörcher* 1999 und die Literatur dort) oder als Abwicklungen darzustellen (vgl. *Duden* 1994, 485).

denen Arten von regelmäßigen Polygonen bestehen, nennt man halbregulär oder auch Archimedische Körper. Die abgeschnittenen Körper sind reguläre Tetraeder. Aktivitäten wie oben.

- Man schneidet parallel zur xz-Ebene 8 Prismen aus dem Würfel und erhält so ein Oktaeder. Aktivitäten wie oben.
- Weitere Experimente können darin bestehen, nach Körpern zu suchen, die den Würfel möglichst optimal umfassen; das Wort „optimal" läßt viel Spielraum.

Die Platonischen und Archimedischen Körper und allgemeiner die konvexen Polyeder eröffnen zudem vielfältige Experimentiermöglichkeiten, die außerhalb der Analytischen Geometrie liegen, und sind als Thema für ergänzende Schülerarbeiten sehr geeignet (vgl. etwa *Buchholz* 1991; *Steibl* 1998 und die Literatur dort; vgl. Aufg. 12).

Lineares Optimieren

Eine Literaturrecherche in der Datei für Mathematikdidaktik mathdi ergibt, daß dies Thema insbesondere in den 70er Jahren in der didaktischen Diskussion eine Rolle spielte. Curriculare Vorschläge beziehen sich in erster Linie auf Aufgaben in zwei Variablen zur Behandlung in der 8. und 9. Jahrgangsstufe. Neuere Literatur zur Simplexmethode gibt es fast nicht (Ausnahme *Hettich* 1990). Die Simplexmethode ist in leistungsfähigen Computeralgebrasystemen implementiert; das Schulprogramm WINFUNKTION kann Systeme mit bis zu 4 Variablen mit der Simplexmethode lösen. Wir gehen auf dieses Thema noch einmal in Kapitel 4.3 im Zusammenhang mit leistungsstarken CAS wie MATHEMATICA und MAPLE ein.

In der didaktischen Literatur dominieren, wie auch für die anderen Gebiete, fachlich-elementarisierende Arbeiten (vgl. *Schick* 1972; *Schick et al.* 1974). Es fehlt an differenzierten fachdidaktisch-methodischen Analysen und Erfahrungsberichten bzw. Fallstudien. Eine Ausnahme bildet eine interessante Arbeit von *Blum* (1978). Wenngleich sich diese Arbeit auf die Sekundarstufe I bezieht, so sind die meisten Argumente gut auf die Sekundarstufe II – insbesondere für Grundkurse – übertragbar. Das lineare Optimieren beleuchtet folgende Mathematisierungsmuster: Gleichungs- und Ungleichungssysteme; deren geometrische Interpretation als Geraden, Ebenen, verallgemeinerte Ebenen; die verallgemeinerte Anschauung (vgl. 1.2.1). Der außermathematische Inhalt ist für den Schüler gut erfaßbar und vielfältig (Gewinn-, Stückzahlmaximierung, Kosten-, Schadstoff-, Abfall-, Zeitminimierung etc.). Die Übersetzung der außermathematischen Sachverhalte in einen mathematischen Kontext ist für den Schüler gut zugänglich. Hier und bei der mathematischen Lösung im Fall von 2 und 3 Variablen können auch heuristische Aspekte des Mathematisierens realisiert werden (vgl. 1.2.2 und Band 1, 3.1). Die Behandlung des linearen Optimierens kann die analytische Behandlung von Ebenen und konvexen Körpern vertiefen und bietet einen Einstieg für das Thema Funktionen mehrerer Veränderlicher.

Die Bereitstellung der Simplexmethode erfordert einen vergleichsweise hohen zeitlichen Aufwand, der sich weder durch Übertragbarkeit und grundlegende Bedeutung des Algorithmus noch durch allgemeine Zielsetzungen rechtfertigen läßt. Die Anwendung der Linearen Algebra ist dabei sehr einseitig und eng. Für Grund- bzw. einführende Leistungskurse scheint eine Begrenzung auf die geometrische Behandlung im Fall von 2 und 3 Variablen sinnvoll, da sich dort bereits die allgemeinen Gesichtspunkte entwickeln lassen, wie der Satz, daß das Maximum der Zielfunktion in einer der Ecken angenommen wird (Hauptsatz). Wünschenswert wäre der Einsatz eines Lösungsprogramms als Black box. Legt man Wert auf eine Betonung des algorithmischen Aspekts, so ist eine Behandlung von Transportproblemen zu empfehlen (vgl. *Schick et al.* 1977; *Schmidt* 1979). Wir fügen je ein Beispiel für den 2- und den 3-dimensionalen Fall an. (Weitere mit Kopiervorlagen versehene Beispiele findet man in *Schmidt* 1994; vgl. ferner *Tietze* 1995.)

Beispiel 10 (lineares Optimieren mit 2 Variablen): Ein Landwirt möchte höchstens 40 Hektar seines Landes bebauen. Er will Weizen und Zuckerrüben anbauen, das bedeutet 4 bzw. 8 Tage Arbeitsaufwand pro Hektar. Er hat höchstens 220 Arbeitstage im Jahr und 13600 DM Kapital für sein Vorhaben zur Verfügung. Der Anbau von 1 ha Weizen kostet 320 DM, der Anbau von 1 ha Zuckerrüben kostet 425 DM. Für die Anzahl der mit Weizen bepflanzten Hektare setzen wir x, für die Anzahl der mit Zuckerrüben bepflanzten Hektare setzen wir y. Dann gilt:

(1) $x, y \geq 0$;   (2) $x + y \leq 40$;   (3) $4x + 8y \leq 220$;   (4) $320x + 425y \leq 13600$

Durch die Ungleichungen (1) bis (4) (Ungleichungssystem) wird das Planungsvieleck (Planungspolygon) festgelegt. Jeder Punkt im Innern oder auf dem Rand des Planungsvielecks ist mit den Nebenbedingungen (1) bis (4) verträglich, alle anderen Punkte der Koordinatenebene sind es nicht. Der Gewinn pro Hektar beträgt für Weizen 1800 DM, für Zuckerrüben 2100 DM. Das Maximum der Zielfunktion, hier $z(x, y) = 1800x + 2100y$, wird auf einer Ecke, hier $(680/21, 160/21)$, angenommen. Dazu deutet man die Zielfunktion als Ebene. Man kann aber auch die zu einem festen Gewinn $z = k$ gehörige Gerade betrachten und diese solange parallel verschieben, bis der Gewinn maximal wird, ohne daß die Gerade einen leeren Schnitt mit dem Planungspolygon hat (vgl. 1.2.1.2, Beispiel 12). Die Aufgabe läßt sich gut auf drei Sorten von Anbaugut erweitern.

Beispiel 11 (lineares Optimieren mit 3 Variablen, vgl. Bild 3.4): Die Funktion u mit $u(x, y, z) = 2x + 3y + 5z$ soll ihren größten Wert unter folgenden Nebenbedingungen annehmen:

(1) $x, y, z \geq 0$;   (2) $x + y + z \leq 7$;
(3) $2x + y + z \leq 8$;   (4) $4x + y + 2z \leq 12$.

Das Planungspolyeder ist im nebenstehenden Bild dargestellt. Da die Zielfunktion nicht mehr im Raum darstellbar ist, kann man nur analog zum zweiten Weg des zweidimensionalen Falls verfahren. Man betrachtet die zu einem festen Gewinnwert $u = k$ gehörige Ebene und verschiebt diese solange parallel, bis Ebene und Polyeder sich nur noch berühren; k wird dabei maximal. Der Schnitt kann ein Eckpunkt oder eine Kante oder eine Seitenfläche sein. In jedem Fall wird das Maximum in einer der Ecken angenommen (Hauptsatz). Ein naheliegendes Verfahren besteht darin, die Koordinaten der Eckpunkte zu berechnen und dann jeweils den Wert von u festzustellen. Dieses Verfahren ist mühevoll; man sollte einen Rechner zur Hilfe nehmen.

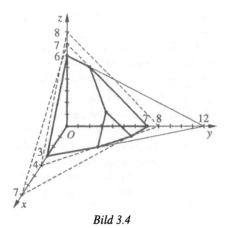

Bild 3.4

3.1.4 Exkurse zur Vertiefung des theoretischen Aspekts von Mathematik
Problemorientierte Entdeckung der Vektorraumstruktur

Wir haben an mehreren Stellen Bedenken gegen die abstrakte Behandlung des Vektorraumbegriffs angemeldet (vgl. z.B. 2.4). Wir werden in diesem und dem nächsten Abschnitt aber Möglichkeiten aufzeigen, sich problemorientiert und beziehungshaltig mit dem Vektorraumbegriff und zugehörigen Begriffen auseinanderzusetzen. Wir verstehen diesen Abschnitt als einen möglichen Exkurs, um den theoretischen Aspekt von Mathematik exemplarisch zu vertiefen. Im Mittelpunkt der nachfolgenden Überlegungen stehen Vektorräume von Zahlenquadraten. Wir stützen uns wesentlich auf die Aufsätze von *Bungartz* (1983/1984) und von *Botsch* (1973). Weitere Anregungen zum Thema Zahlenquadrate und Lineare Algebra finden sich in *Klemenz* (1985) und *Klouth* (1990).

Unter einem Zahlenquadrat versteht man ein quadratisches Schema aus n^2 beliebigen Zahlen, bei welchem die Zahlen in jeder Zeile, jeder Spalte, der Hauptdiagonale und der Nebendiagonale die gleiche Summe haben ($Z = S = H = N$). Addiert man zwei Zahlenquadrate der Ordnung n „stellenweise", d.h. im Sinne der Addition von Matrizen, dann erhält man wieder ein solches. Multipliziert man alle Zahlen in einem Zahlenquadrat mit einer festen Zahl, dann erhält man ebenfalls wieder ein Zahlenquadrat. Die Zahlenquadrate der Ordnung n bilden also einen Vektorraum Z_n. Läßt man nur die Zahlen 1 bis n^2 jeweils genau einmal zu, so spricht man von einem „magischen Quadrat". (Zu mystischen und astrologischen Aspekten vgl. *Biedermann* 1998, 281ff.)

Beispiel 12 („Dürerquadrate"): Es handelt sich um Zahlenquadrate, für die zusätzlich gilt, daß die Summe T der Zahlen jeweils in den Teilquadraten, die zu den vier Ecken gehören, ebenfalls gleich den oben genannten Summen ist. Es gilt also für das nebenstehende Dürerquadrat: $Z = S = H = N = T = 34$. Die Quadrate sind nach einem Dürer-Bild benannt, in dem ein solches Quadrat vorkommt. (Nach *Bungartz* 1983, vgl. auch *Botsch* 1973.)

16	3	2	13
5	10	11	8
9	6	7	12
4	15	14	1

Man kann den Unterricht damit beginnen, daß man nach weiteren Dürerquadraten fragt. Schnell erhält man Quadrate, die durch Drehungen von 90°, 180° und 270° und Spiegelungen an den 4 Symmetrieachsen des Quadrats entstehen. Insgesamt hat man also 8 Quadrate. (Die Diedergruppe D_4 hat 8 Elemente.) Man stellt schnell fest, daß die „Summe" zweier Quadrate und die „Multiplikation" eines Quadrats mit einer Zahl (s.o.) wieder auf Dürerquadrate führen. Die Dürerquadrate bilden also einen Vektorraum D_4.

Man fragt nun nach möglichst einfachen Quadraten, z.B. nach solchen, die nur die Zahlen 0 und 1 enthalten und für die $Z = S = H = N = T = 1$ gilt. Man erhält z.B. das nebenstehende Quadrat und durch die Abbildungen der D_4 insgesamt 8 solcher „Basisquadrate" Q_i. Es stellen sich zwei Fragen:

1	0	0	0
0	0	1	0
0	0	0	1
0	1	0	0

(1) Lassen sich alle Quadrate mit Hilfe dieser Q_i (als Linearkombinationen) darstellen?
(2) Braucht man alle Q_i, oder kommt man mit weniger als 8 Basisquadraten aus?

Hier ist jetzt viel Raum für Experimente. Es geht um die Frage nach einem minimalen Erzeugendensystem, also um die Einführung der Begriffe linear abhängig und unabhängig, Basis und Dimension. In diesem Kontext ist eine konkret-operative und als relevant einleuchtende Definition dieser Begriffe möglich. Man stellt fest, daß man 7 der Q_i braucht, der Vektorraum D_4 also die Dimension 7 hat (vgl. Aufg. 14).

Die Betrachtung von Zahlenquadraten läßt vielfältige Variationen zu.

Beispiel 13 (weitere Typen von Zahlenquadraten): Verzichtet man auf die Bedingung, daß die Summe T der Zahlen in den Teilquadraten gleich der Zeilensumme Z ist, so erhält man den eingangs erwähnten Vektorraum Z_4 mit der Dimension 8. Begnügt man sich mit der Bedingung $Z = S$, so erhält man einen Vektorraum E_4 mit der Dimension 10. Verzichtet man auf sämtliche Bedingungen, so erhält man den Raum der 4-reihigen quadratischen Matrizen mit der Dimension 16. Eine Verschärfung der Bedingungen ist auch sinnvoll. In der älteren Literatur liest man oft, eine wesentliche Eigenschaft von magischen Quadraten sei die Pandiagonalität, d.h., daß die Summationen

17	2	11	16
16	11	22	−3
12	7	6	21
1	26	7	12

über alle möglichen „Diagonalen" das gleiche Ergebnis liefern, also auch die Summation über alle zur Haupt- und Nebendiagonale „parallelen Diagonalen" P: Z = S = H = N = T = P. Was unter den „parallelen Diagonalen" zu verstehen ist, erläutern wir an dem obenstehenden Zahlenquadrat. Neben der Hauptdiagonale 17–11–6–12 zählen dazu auch die zusammengesetzten „Diagonalen" 16#16–7–7 und 11––3#12–26 und 2–22–21#1. Entsprechendes gilt für die Nebendiagonale. Die pandiagonalen Quadrate bilden einen Vektorraum der Dimension 5. Basen zu dem beschriebenen Vektorraum finden sich in *Bungartz* (1984). Natürlich kann man auch den Versuch machen, die Ordnung zu ändern; so gilt dim $(\mathbf{Z}_3)$ = 3.

Die Zahlenquadrate eröffnen ein weites Feld für mathematische Experimente mit und ohne Einsatz eines CAS. Wir betrachten hier exemplarisch den Vektorraum der dreizeiligen Zahlenquadrate $\mathbf{Z}_3$. Man versucht eine Vorschrift zu finden, um alle Zahlenquadrate zu erzeugen. Dazu belegt man die Zellen mit Variablen a, b, ... bzw. mit Termen in diesen Variablen und führt eventuell noch die Zeilensumme s ein. Man versucht mit möglichst wenigen Buchstaben auszukommen. Das nebenstehende Quadrat $\bar{q}$ ist dafür ein Beispiel. Man braucht mindestens 3, aber auch nicht mehr als

a	$-a+b+c$	$2b-c$
$-a+3b-c$	b	$a-b+c$
c	$a+b-c$	$-a+2b$

3 Buchstaben. Problemlöser beginnen meist mit 5 Buchstaben. Man kann aber auch mit den 9 + 1 möglichen Variablen beginnen. Man stellt ein LGS auf und löst dieses experimentell mit Hilfe eines CAS, indem man Mengen von Variablen als unabhängig vorgibt. Dabei ist zu beachten, daß die Position der ausgewählten Buchstaben eine Rolle spielt (vgl. Aufg. 15a). Dieses Verfahren läßt sich auf andere Vektorräume von Zahlenquadraten übertragen. Die Zahlenquadrate des $\mathbf{Z}_4$ kann man mit genau 8 Buchstaben erzeugen, die des $\mathbf{D}_4$ mit genau 7 Buchstaben.

Diese Erfahrungen legen den Gedanken nahe, daß die Mindestanzahl der „erzeugenden Buchstaben" etwas mit den Begriffen „Basis" und „Dimension" zu tun hat. Man kann die Erfahrungen aber auch dazu nutzen, diese Begriffe im Sinne eines „genetischen Unterrichts" (vgl. Band 1) einzuführen.

Beispiel 14 (Basis für den $\mathbf{Z}_3$): Wir suchen nach einfachen Zahlenquadraten, aus denen sich alle als Linearkombination erzeugen lassen. Für den Vektorraum der Dürerquadrate haben wir bereits eine Basis angegeben (s.o.). Für den Vektorraum der dreireihigen Zahlenquadrate erzeugen wir nun mit obigem „Buchstabenquadrat" $\bar{q}$ drei möglichst einfache Grundquadrate, indem wir einen der Buchstaben a, b, c gleich 1 und die beiden anderen Buchstaben gleich 0 setzen. Man erhält so die nebenstehenden „Vektoren" $\bar{v}_i$ und sieht sofort, daß $\bar{q} = a\bar{v}_1 + b\bar{v}_2 + c\bar{v}_3$ ist und die $\bar{v}_i$ damit Erzeugende sind. Man kann ferner (sehr einfach mit einem CAS) nachweisen, daß die $\bar{v}_i$ linear unabhängig sind. (Vgl. Aufg. 15b.)

$\bar{v}_1 =$

1	-1	0
-1	0	1
0	1	-1

$\bar{v}_2 =$

0	1	2
3	1	-1
0	1	2

$\bar{v}_3 =$

0	1	-1
-1	0	1
1	-1	0

Um die oben gemachten Erfahrungen mit Vektorräumen sinnvoll an den normalen Kanon der Analytischen Geometrie und Linearen Algebra anzubinden, bedarf es des Isomorphiebegriffs bzw. einer Vorform dieses Begriffs. Man muß zeigen, daß jeder der diskutierten Räume zu einem $\mathbf{R}^n$ „isomorph" ist. Da unserer Erfahrung nach ein formaler

Isomorphiebegriff für Schüler nur schwer faßbar ist, sollte man hierbei exemplarisch vorgehen und sich eventuell auch mit Plausibilitätsbetrachtungen zufrieden geben.

Beispiel 15 (weitere Vektorräume): Wir erwähnen einige zusätzliche, weniger bekannte, aber interessante Typen von Vektorräumen: den Raum der arithmetischen Fogen und den der Fibonacci-Folgen sowie die Polynomräume P_n. *Kreiner* (1995) entwickelt eine kleine Theorie des Vektorraums der Fibonacci-Folgen; er zeigt unter anderem, daß der Raum die Dimension 2 hat. Bei der Betrachtung der Polynomräume kann man Aspekte der Funktionendiskussion (Nullstellen) und solche der Linearen Algebra (Dimension von Unterräumen) in Beziehung zueinander setzen. Man muß allerdings fragen, ob diese Inhalte den Schwerpunkt eines Kurses nicht zu sehr in Richtung der Strukturmathematik verschieben.

Exaktifizierungen und Erweiterungen

Die folgenden Exaktifizierungen und Erweiterungen können dazu dienen, in Leistungskursen den theoretischen Aspekt von Mathematik zu vertiefen und ansatzweise philosophische Fragen zur Mathematik zu erörtern. Es kann hier nicht darum gehen, die folgenden Inhalte im Sinne der Neuen Mathematik kanonisch darzustellen, sondern ihre epistemologische Bedeutung im Gespräch zu erarbeiten. Wir diskutieren vier Themen:

(1) Zum Verhältnis des arithmetischen Vektors zu seinen geometrischen Interpretationen;
(2) Dimension und geometrische Ausdehnung;
(3) Formalisierung des Punktraums;
(4) Vektorräume in der Physik.

Zu 1. Bei dem oben geschilderten Vorgang der geometrischen Interpretation des $\mathbb{R}^n$ ($n = 2, 3$) handelt es sich um eine Zwischenstufe zwischen Identifikation und totaler Trennung. Identifikation von algebraischem und geometrischem Sachverhalt ist Grundlage des Ansatzes von *Dieudonné* (1966; vgl. 1.1.2), totale Trennung würde vorliegen, wenn geometrische und algebraische Strukturen unabhängig voneinander entwickelt und anschließend die Isomorphie der Strukturen nachgewiesen würde. Wir hatten bereits didaktische Gründe angegeben, die gegen den Weg der Identifikation sprechen, so daß sich für ein Exaktifizieren der Weg über die Isomorphie anbietet. Es geht nicht darum, einen formalen Isomorphiebegriff einzuführen, sondern Vorstufen im Sinne einer „mathematischen Ähnlichkeit" zu entwickeln. Ein solches Vorgehen könnte so aussehen, daß man die Eigenständigkeit der geometrischen Modelle herausarbeitet und einander entsprechende Sachverhalte in den unterschiedlichen Vektorraummodellen gegenüberstellt.

Beispiel 16 (Ähnlichkeit/Isomorphie unterschiedlicher Vektorraummodelle): (a) Die Kommutativität und Assoziativität der Addition arithmetischer Vektoren entspricht der Kommutativität und Assoziativität im Pfeilklassenmodell, die man mit Hilfe von Sätzen über das Parallelogramm nachweist. Ähnliches gilt für die anderen geometrischen Modelle. Die Distributivität der skalaren Multiplikation $r(\vec{u} - \vec{v}) = r\vec{u} - r\vec{v}$ im n-Tupel-Modell ist in den geometrischen Modellen im Prinzip nichts anderes als der Strahlen- bzw. der Ähnlichkeitssatz. Es gibt viele solcher Entsprechungen, und es stellt sich die Frage, ob man geometrische Sätze nicht einfach arithmetisch beweisen kann. Diese Frage haben wir eingehend in 1.2.2.1 erörtert. (Vgl. Aufg. 16 und 17.)

Die Vektorraumaxiome werden nach solchen Betrachtungen dann als gemeinsame Eigenschaften der verschiedenen Modelle abstrahiert; für die dabei möglicherweise auftretenden Probleme vgl. 2.3.4. Daß unter den abstrakten Begriff Vektorraum auch ganz andersartige Strukturen fallen, haben wir im vorangegangenen Abschnitt gezeigt. Für diesen Exkurs sprechen zwei Gründe: er liefert eine nachträgliche mathematische Rechtfertigung der geometrischen Interpretation von arithmetischen Vektoren, und er thematisiert zugleich Vorstufen der zentralen mathematischen Begriffe Struktur und Isomorphie. Möglicherweise kann sich hieran eine philosophische Diskussion über den speziellen Charakter mathematischer Gegenstände und Aussagen anschließen (vgl. Bd. 1, Kap. 5).

Zu 2. Es stellt sich die Frage, wie weit der Ausbau der Vektorraumtheorie durch die Einführung mathematischer Ideen wie *lineare Abhängigkeit, Dimension, Basis, Dimensionssatz und Steinitzscher Austauschsatz* getrieben werden soll. Wir machen anhand der Analyse zweier unterschiedlicher Definitionen der linearen Abhängigkeit deutlich, daß die Beantwortung dieser Frage vom jeweils gewählten Kontext abhängt.

Definition 1: $\vec{v}_1, ..., \vec{v}_n \in V$ heißen linear abhängig, wenn es Zahlen $k_1, ..., k_n \in \mathbb{R}$ gibt, die nicht alle 0 sind, so daß gilt: $k_1\vec{v}_1 + ... + k_n\vec{v}_n = \vec{0}$.

Definition 2: $\vec{v}_1, ..., \vec{v}_n \in V$ heißen linear abhängig, wenn mindestens einer der Vektoren eine Linearkombination der anderen ist.

Man verwendet die erste Definition, wenn man die lineare Abhängigkeit von n-Tupeln überprüfen will. Die Überprüfung ist schwieriger, wenn man die Definition 2 benutzt. Die erste Aussage wird auch oft beim Beweisen von Sätzen aus der Elementargeometrie benutzt – etwa im Zusammenhang mit der bereichsspezifischen Strategie „Aufsuchen von geschlossenen Vektorzügen", wenn man aus $\vec{a}, \vec{b}, \vec{c}$ l.u. und $r\vec{a} + s\vec{b} + t\vec{c} = \vec{0}$ folgert: $r = s = t = 0$ (vgl. 1.2.2.1).

Mit der zweiten Definition läßt sich der naheliegende Gedanke der Verkürzung oder der Reduktion verbinden, daß man z.B. bei der Behandlung eines Sachverhalts mit weniger als den zunächst benutzten Vektoren auskommen kann.

Beispiel 17 (Dimension als geometrische Ausdehnung): Ausgangspunkt ist die Behandlung von unterbestimmten linearen Gleichungssystemen, die Darstellung der Lösungen in Parameterform und deren geometrische Interpretation. Dabei werden auch die Begriffe Gerade, Ebene, Raum im $\mathbb{R}^n$, $n > 3$, entwickelt (vgl. verallgemeinerter Anschauungsraum). In diesem Kontext ergeben sich folgende Überlegungen:

– Man kann eine Parametergleichung z.B. von der Form $\vec{x} = \vec{a} + r\vec{b} + s\vec{c} + t\vec{d}$ erst dann geometrisch interpretieren, wenn man sie so weit wie möglich verkürzt hat. Es könnten $\vec{c}$ und $\vec{d}$ Vielfache von $\vec{b}$ sein und die Gleichung, entgegen der Erwartung, eine Gerade darstellen.

– Es ist sinnvoll, ein Maß für „geometrische Ausdehnung" zu haben.

Der Gedanke der Verkürzung führt unmittelbar auf die Definition 2 der linearen Abhängigkeit. Die Zahl n in einer nicht weiter zu kürzenden Darstellung $\vec{x} = \vec{a} + r_1\vec{b}_1 + ... + r_n\vec{b}_n$ läßt sich als ein sinnvolles Maß für „geometrische Ausdehnung" (Dimension) verstehen. Die Frage, ob verschiedene Vorgehensweisen beim Verkürzen auf dieselbe Dimension führen, könnte Anlaß sein, den Steinitzschen Austauschsatz zu behandeln. Der Beweis bereitet aber in der Regel Schwierigkeiten. Unseres Erachtens sollte daher ein Hinführen auf das Problem und eine Mitteilung des Satzes genügen. (Für eine methodisch interessante Behandlung der Satzgruppe vgl. auch *Papy* 1978.)

In der Regel wird man sich mit einer solchen Propädeutik begnügen. Die Begriffe linear unabhängig, Basis und Dimension voll zu entwickeln, scheint uns nur dann sinnvoll, wenn der Schüler die Bedeutsamkeit dieser Begriffe erkennen kann, also etwa im Zusammenhang mit komplexeren Inhalten wie Abbildungen, Determinanten und einer Vertiefung der Theorie der linearen Gleichungssysteme, insbesondere wenn man in einem R^n, $n > 3$, arbeitet. Die Behandlung dieser Begriffe darf nicht zum Selbstzweck werden, so wie es im Rahmen der Neuen Mathematik geschah (vgl. 2.1.2). Wir geben zusätzlich einige Kontexte an, die eine Einführung des Begriffs Basis nahelegen und dessen Nützlichkeit und Tragfähigkeit deutlich machen.

Beispiel 18 (zur Bedeutung des Basis-Begriffs): Die Einführung des Begriffs Basis kann in Zusammenhängen erfolgen, in denen es mit Hilfe einer Basis gelingt, einen Überblick z.B. über alle Zahlenquadrate (s.o.) oder alle Lösungen von einfachen Differenzen- bzw. Differentialgleichungen zu geben (etwa Fibonacci-Folgen, vgl. *Wode* 1977; *Bauhoff* 1976; *Steinen* 1977; *Kreiner* 1995).

Zu 3. Als weitere Exaktifizierungsmöglichkeit wird die Präzisierung der Verknüpfung „Punkt–Vektor" hin zur axiomatischen Kennzeichnung des affinen Raumes vorgeschlagen. Hierzu meint *Kirsch* (1978, 163): „Mathematisch bedeutet dieser Übergang (vom Vektorraum zum Punktraum; Anm. des Autors) eine (überflüssige) 'Verdopplung' des Vektorraumes ... Die Verwendung des Werkzeugs 'Vektorraum' wird unökonomisch, wenn man die zu seiner Anwendung auf die Geometrie erforderliche Verdopplung auch axiomatisch explizit machen muß, wenn man die Fähigkeit zur intuitiven Herstellung von Anwendungsbezügen nicht voraussetzen kann. Tafelskizzen mit Pfeilen, räumliche Modelle geometrischer Körper sollten außerhalb der Theorie bleiben. Nur der Vektorraum wird axiomatisch gefaßt."

Zu 4. Wir betrachten eine nichtgeometrische Verwendung des Vektorraumbegriffs in der Physik. Durch die Einbeziehung des folgenden Beispiels aus der Physik bekommt der Begriff einen anderen Charakter.

Beispiel 19 (Überlagerung von Wechselströmen, Beziehungsnetze): Es besteht eine direkte Beziehung zwischen der Überlagerung von Wechselströmen in Schaltungen und der Zeigeraddition. Sie beruht darauf, daß die Funktionen $f : t \mapsto a \sin(\omega t + \alpha)$ (= $a_1 \sin \omega t + a_2 \cos \omega t$) einen zweidimensionalen Vektorraum bilden und daß die Zuordnung $f \mapsto (a_1, a_2)$ ein Isomorphismus ist. (Für eine detailliertere Darstellung und weitere Beispiele vgl. *Seyfferth* 1976.) Dieses Beispiel paßt in ein interessantes Beziehungsnetz, das auch harmonische Schwingungen, Wechselströme und Differentialgleichungen ($y'' + ay = 0$) umfaßt.

Wiederholung, Aufgaben, Anregungen zur Diskussion

Wichtige Begriffe und Inhalte

Unterschiedliche Vorstellungen zum Vektorbegriff: Vektor als n-Tupel, als Pfeilklasse, als Translation, als Zeiger, als Punkt, als Element eines Vektorraums, als Zahlenquadrat, Polynom, arithmetische Folge, Fibonacci-Folge.

Unterschiedliche Darstellungen von Geraden und Ebenen: Koordinatengleichung, Abschnittsform, Parametergleichung.

Standardaufgaben: Gerade durch zwei Punkte, als Schnittgebilde zweier Ebenen; Ebene durch drei Punkte, aufgespannt durch zwei Geraden, gegeben durch einen Punkt und eine Gerade, durch Punkt und parallel zu einer zweiten Ebene; Schnittgebilde von zwei bzw. drei Ebenen, von einer Ebene und einer Geraden.

Konvexe Körper, Platonische Körper, Schwerpunkte, lineares Optimieren: konvex, konvexe Hülle, Schwerpunkt, Platonische und verwandte Körper, deren Begrenzungsflächen und Drehachsen, Einbeschreiben und Umschreiben von Platonischen Körpern, Hauptsatz des linearen Optimierens, Planungspolygon/-polyeder, Zielfunktion.
Vektorraumtheorie: l.u., l.a., Erzeugendensystem, Basis, Dimension, Deutungen des Dimensionsbegriffs, Steinitzscher Austauschsatz; Lösungsmenge eines LGS, Dimensionsformel.

1) Der Vektor als Pfeilklasse ist eine Klasse gleichlanger, paralleler (gleichgerichteter) und gleichorientierter Pfeile. Finden Sie eine angemessene geometrische Kennzeichnung für den Begriff „gleichorientiert". Beweisen Sie die Wohldefiniertheit der Addition und der S-Multiplikation von Pfeilklassenvektoren; beachten Sie dabei insbesondere die Überprüfung der Eigenschaft „gleichorientiert". Beweisen Sie ferner das Assoziativgesetz für die Addition, das Distributivgesetz $s(\vec{a}+\vec{b}) = s\vec{a} + s\vec{b}$, das Distributivgesetz $(r+s)\vec{a} = r\vec{a} + s\vec{a}$ und die „Assoziativität" $r(s\vec{a}) = (rs)\vec{a}$. Listen Sie die elementargeometrischen Sätze auf, die Sie benutzt haben. (Bezug 3.1.1.)

2) Konstruieren Sie eine Anwendungsaufgabe zur Parameterdarstellung von Geraden aus den Themenkreisen Segeln, Fliegen oder Ballonfahren (vgl. 1.2.1.1 Beispiel 1). (Bezug Beispiel 2.)

3) Gegeben seien die Ebenen E_1: $\vec{x} = \begin{pmatrix} 4 \\ 0 \\ -3 \end{pmatrix} + r \begin{pmatrix} 0 \\ -1 \\ 0 \end{pmatrix} + s \begin{pmatrix} -2 \\ 0 \\ 3 \end{pmatrix}$ und E_2: $\vec{x} = \begin{pmatrix} -2 \\ 3 \\ 0 \end{pmatrix} + \hat{r} \begin{pmatrix} 0 \\ 0 \\ -1 \end{pmatrix} + \hat{s} \begin{pmatrix} 2 \\ -1 \\ 3 \end{pmatrix}$.

Geben Sie eine Parameterdarstellung der Schnittgeraden g der beiden Ebenen an. Interpretieren Sie die einzelnen Tripel. (Hinweis: Setzen Sie die beiden Vektorgleichungen gleich, und betrachten Sie das zugehörige System von Koordinatengleichungen.)

4) Geben Sie eine Koordinatendarstellung der Ebene E_1 in Aufg. 3 an. (Hinweis: Eliminieren Sie die Parameter.)

5) Gegeben sei die Gleichung einer Kugelschar K_r: $(x-1)^2 + (y-2)^2 + z^2 = r^2$. Untersuchen Sie das Schnittverhalten der Geraden g aus Aufg. 3 mit der Kugelschar K_r.

6) Wir knüpfen an Beispiel 4 an. Geben Sie je Flugzeug zwei Positionsangaben vor. (a) Berechnen Sie den minimalen Abstand a der beiden Kursgeraden. Hätten die Schüler diesen Modellierungsansatz mit dem bisher erworbenen Wissen lösen können? (b) Der tatsächliche minimale Abstand b zwischen den beiden Flugzeugen ist zu „jeder Zeit" größer als a. Warum? Berechnen Sie b. Berechnen Sie den Abstand zwischen den beiden Flugzeugen zu unterschiedlichen Zeitpunkten mittels eines CAS. Erarbeiten Sie so eine Näherungslösung für b.

7) (a) Geben Sie alle Ebenen in Koordinatendarstellung an, (a$_1$) die senkrecht auf der yz-Koordinatenebene stehen, (a$_2$) die parallel zur x-Achse sind, (a$_3$) die parallel zur xy-Ebene sind. (b) Stellen Sie die Gerade g aus Aufg. 3 als Schnittgebilde zweier Ebenen dar, die jeweils senkrecht auf einer Koordinatenebene stehen. (Bezug Beispiel 6.)

8) Die *maschinelle Lösung* von linearen Gleichungssystemen mit direkten Verfahren wie dem Gaußschen Algorithmus führt oft zu Schwierigkeiten. Bestimmte lineare Gleichungssysteme haben die Eigenschaft, auf kleine Änderungen der Ausgangsdaten stark zu reagieren (sog. schlecht konditionierte Gleichungssysteme). Solche Änderungen können etwa bei mehrfachem Messen auftreten. Ferner können Rundungsfehler bei großen linearen Gleichungssystemen eine Rolle spielen. Man arbeitet beim maschinellen Lösen deshalb in der Regel mit iterativen Verfahren, die den Vorteil haben, daß Rundungsfehler wenig stören, und die bei geeigneter Wahl des Verfahrens mit vergleichsweise wenigen Schritten auskommen. (a) Untersuchen Sie

solche Verfahren anhand von *Kroll et al.* (1997, 129ff.). (b) Zeigen Sie, daß das nebenstehende lineare Gleichungssystem schlecht konditioniert ist. Ersetzen Sie dazu den Koeffizienten 1,1 durch 1,01. Suchen Sie nach Erklärungen.

$$x_1 + x_2 = 2$$
$$x_1 + 1{,}1x_2 = 5$$
Lösung: (-28,30)

9) (a) Minimieren Sie die Baukosten für das Wassernetz in Beispiel 7. (b) Es sollen alle Einzelstücke A_i des Netzsystems für Reparaturarbeiten stillgelegt werden können. Machen Sie Aussagen zur Dimensionierung der einzelnen Rohrleitungen. (c) Entwickeln Sie eine analoge Aufgabe für den Bereich Verkehr.

10) Erörtern Sie Probleme der Begriffsbildung *konvexe Hülle H*, insbesondere für den Unterricht.

11) (a) Beweisen Sie den Satz über das Mittenparallelogramm eines Vierecks, indem Sie die 4 Eckpunkte als Ausgangsvektoren nehmen. Beachten Sie, daß der Beweis des Satzes üblicherweise mittels eines geschlossenen Vektorzuges geführt wird. (b) Führen die Überlegungen zum Schwerpunkt einer dreieckigen Pyramide aus Beispiel 8 im Detail aus. Berechnen Sie insbesondere den Schwerpunkt für den Spezialfall nach dem dort angegebenen Verfahren.

12) (a) Geben Sie alle Drehachsen des Würfels und des regulären Tetraeders an. Beweisen Sie, daß sich alle Deckdrehungen des Würfels als Permutationen der 4 Raumdiagonalen darstellen lassen. Es gibt 24 Drehungen. Die Drehungen des Tetraeders lassen sich als Permutationen der 4 Ecken darstellen; es gibt 12 Drehungen (Nachweis). (b) Überprüfen Sie den Eulerschen Polyedersatz an den Platonischen Körpern (PK). Zeigen Sie mit Hilfe dieses Satzes, daß es nicht mehr als die bekannten 5 PK geben kann. Die Bezeichnung der PK ist griechisch und bezieht sich auf die Anzahl der Flächen: Tetraeder (4), Hexaeder (6, Würfel), Oktaeder (8), Dodekaeder (12), Ikosaeder (20).

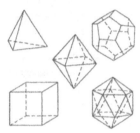

Bild 3.5

(c) Verbindet man in einem PK die Mittelpunkte benachbarter Seitenflächen, so erhält man wieder einen PK. Überprüfen Sie diese Aussage. (d) Suchen Sie weitere Sätze über PK. Diskutieren Sie, welche Sätze man in einen Kurs zur Analytischen Geometrie einfügen kann. (e) Beweisen Sie, daß die Verbindungsstrecken der Mittelpunkte gegenüberliegender Kanten im Tetraeder einander halbieren. (Vgl. Beispiel 9; vgl. *DIFF* 1972 (Bd. II.2); *Steibl* 1998.) (f) Berechnen Sie Gleichungen der In- und Umkugeln von Platonischen Körpern. Geben Sie ein geeignetes Koordinatensystem an. Die aufgeführten Fragestellungen sind auch für eine Facharbeit geeignet.

13) Lösen Sie die Aufgaben des linearen Optimierens in Beispiel 10 und 11 (a) geometrisch, (b) durch Berechnen der Ecken und Vergleich der Funktionswerte der Zielfunktion in diesen Ecken, (c) gegebenenfalls mit Hilfe der Simplexmethode und/oder einem geeigneten Computerprogramm (z.B. MAPLE).

14) (a) Geben Sie die Q_i, $i = 1, ..., 8$, in Beispiel 12 an, und beweisen Sie deren lineare Abhängigkeit. (b) Beweisen Sie, daß die Q_i, $i = 1, ..., 7$, eine Basis von D_4 bilden.

15) (a) Zeigen Sie, daß Buchstaben in einer Diagonale das Quadrat nicht „erzeugen". (b) Übertragen Sie die Überlegungen zu Z_3 auf Z_4. Benutzen Sie ein CAS. (Vgl. Beispiel 14 und die Absätze davor.)

16) Warum ist es nicht sinnvoll, die Ähnlichkeitssätze bzw. Sätze zur zentrischen Streckung vektoriell zu beweisen? Wiederholen Sie die Ähnlichkeitssätze und die Sätze zur zentrischen Streckung. (Bezug Beispiel 16.)

17) Beweisen Sie die folgenden elementargeometrischen Sätze vektoriell: (a) Verbindet man die Seitenmittelpunkte eines Vierecks, so erhält man ein Parallelogramm. (b) Die Diagonalen eines Parallelogramms halbieren einander. (Bezug Beispiel 16.)

3.2 Länge, Abstand, Winkelmaß und Skalarprodukt

3.2.1 Zur Einführung des Skalarprodukts

Im folgenden geben wir einen Überblick über verschiedene, in der didaktischen Literatur vorgeschlagene Zugänge zum Skalarprodukt. Der fachwissenschaftlich übliche Zugang über positiv definite symmetrische Bilinearformen oder noch allgemeiner über Normen kommt als Einführung nicht in Frage; inwieweit er dazu geeignet ist, in einer Ergänzungs- und Exaktifizierungsphase den theoretischen Aspekt von Mathematik herauszuarbeiten, diskutieren wir in Abschnitt 3.2.2. Wir analysieren vier Typen von inhaltlich-konkreten Definitionen, wie sie in Schulbüchern zu finden sind. Das Skalarprodukt $\vec{a} \cdot \vec{b}$ ist eine Abbildung $\mathbb{R}^n \times \mathbb{R}^n \to \mathbb{R}$; es handelt sich hier also nicht um ein Produkt im üblichen Sinne. Die wichtigsten inner- und außermathematischen Anwendungen des Skalarprodukts beziehen sich auf das Messen und die Definition von Längen und Winkeln. Es sollte daher im Unterricht angestrebt werden, daß der Begriff Skalarprodukt unter dem Oberbegriff Messen in der kognitiven Struktur des Schülers verankert wird (vgl. Ankeridee und Etikett in Band 1, Kap. 2).

(1) *Geometrische Einführungen*

Man definiert: (a) $\vec{a} \cdot \vec{b} = |\vec{a}| |\vec{b}| \cos \gamma$, wobei $\gamma = |\sphericalangle (\vec{a}, \vec{b})|$ mit $0° \leq \gamma \leq 180°$ und $\sphericalangle (\vec{a}, \vec{b})$ der von den beiden Vektoren eingeschlossene kleinere Winkel ist, oder

(b) $\vec{a} \cdot \vec{b} = |\vec{a}| |\vec{b}_{\vec{a}}|$, wobei $\vec{b}_{\vec{a}}$ die orthogonale Projektion von $\vec{b}$ auf $\vec{a}$ ist.

Die Motivierung dieser Definition, die typisch für die vektorielle Analytische Geometrie ist, erfolgt oft über physikalische Fragestellungen, z.B. über das Gesetz der Arbeit $A = \vec{K} \cdot \vec{s}$ oder über die Berechnung des Anteils einer Kraft $\vec{K}$, der in Wegrichtung $\vec{s}$ wirksam ist. Bei diesen Definitionen werden die Begriffe Länge und Winkelmaß als intuitiv gegeben vorausgesetzt. Aus der ersten Definition folgt unmittelbar, daß das Skalarprodukt symmetrisch, aus der zweiten, daß es positiv definit und bilinear ist.

(2) *Arithmetische Einführung*

Man definiert: $\vec{a} \cdot \vec{b} = \sum_{\iota=1}^{n} a_\iota b_\iota$ mit $\vec{a}, \vec{b} \in \mathbb{R}^n$.

Diese Einführung erfolgt häufig über Anwendungen aus den Wirtschaftswissenschaften, z.B. Gesamtpreis ist gleich Stückzahlliste mal Preisliste. Fachliche Probleme ergeben sich bei der geometrischen Interpretation des obigen Ausdrucks für $n = 2, 3$. Korrekterweise müßte man zeigen, daß der Ausdruck für die Zeiger $\vec{a}$ und $\vec{b}$ unabhängig von der Wahl des Orthonormalsystems, also invariant gegenüber orthogonalen Abbildungen ist.

(3) *„Gemischte" Einführung 1*

Ausgangspunkt für diese Darstellung ist der Kosinussatz $|\vec{c}|^2 = |\vec{a}|^2 + |\vec{b}|^2 - 2|\vec{a}||\vec{b}|\cos\gamma$ (vgl. *Fletcher* 1967; *Reichel* 1980). Die Vektoren werden auf ein Koordinatensystem bezogen. Man ersetzt $\vec{c}$ durch $\vec{a} - \vec{b}$ (Bild 3.6) und das Längenquadrat eines Vektors $|\vec{x}|^2$ durch $x_1^2 + x_2^2$ und erhält so:

$$(a_1 - b_1)^2 + (a_2 - b_2)^2 = a_1^2 + a_2^2 + b_1^2 + b_2^2 - 2|\vec{a}||\vec{b}|\cos\gamma$$

und daraus $|\vec{a}||\vec{b}|\cos\gamma = \sum_{i=1}^{n} a_i b_i$, $n = 2$.

Die Formel gilt auch für $n = 3$, die Herleitung ist übertragbar
(vgl. etwa *Lambacher/Schweizer* 1995a, 118ff.). Man bezeichnet
den durch die Gleichung herausgestellten Ausdruck mit $\vec{a}\cdot\vec{b}$,

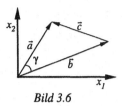

Bild 3.6

erhält also gleichzeitig eine Beschreibung des Skalarprodukts durch den geometrischen
Ausdruck $|\vec{a}||\vec{b}|\cos\gamma$ und den Koordinatenterm $a_1 b_1 + a_2 b_2 + a_3 b_3$. Beschränkt man sich
auf eine algebraische Beschreibung der Orthogonalität, so kann man dazu den Satz des
Pythagoras benutzen: In einem Dreieck gilt $\vec{a}\perp\vec{b}$ genau dann, wenn $|\vec{a}|^2 + |\vec{b}|^2 = |\vec{c}|^2$ ist.

Durch ähnliche Umformungen wie oben erhält man daraus: $\vec{a}\perp\vec{b} \Leftrightarrow \sum_{i=1}^{n} a_i b_i = 0$,

$n = 2, 3$ und $\vec{a}, \vec{b} \neq \vec{0}$.

(4) *Einführung über sogenannte Produkteigenschaften*
In einigen Lehrbüchern, die der Position vektorielle Analytische Geometrie zuzuordnen
sind, führt man das Skalarprodukt durch die Forderung von „Produkteigenschaften" ein.
Ziel ist eine „axiomatische Einführung" (*Krämer et al.* 1989, 185ff.) bzw. eine formale
Kennzeichnung, die allerdings problematisch ist. Das Produkt soll eine reelle Zahl sein.
Man verlangt in Analogie zum Produkt von Zahlen die Kommutativität und die Distributi-
vität. Ferner fordert man das „gemischte Assoziativgesetz" $r(\vec{a}\cdot\vec{b}) = (r\vec{a})\cdot\vec{b} = \vec{a}\cdot(r\vec{b})$ und
$\vec{a}\cdot\vec{a} > 0$ für $\vec{a} \neq 0$. Damit hat man die Eigenschaften einer positiv definiten symmetrischen Bilinearform. Die Eigenschaft $\vec{a}\cdot\vec{a} > 0$ erlaubt die Einführung eines Vektorbetrags
durch $|\vec{a}| = \sqrt{\vec{a}\cdot\vec{a}}$. Um die Probleme der Existenz und Eindeutigkeit zu umgehen (vgl.
1.1.6), werden zusätzliche Forderungen gestellt. In der didaktischen Literatur finden sich
dazu mehrere Vorgehensweisen (s.u.). Bei der Herleitung muß man zudem auf Sachverhalte der naiven, anschaulichen Geometrie zurückgreifen, insbesondere auf eine anschauliche Einführung des Kosinus. Es handelt sich bei diesem Vorgehen also keineswegs um eine formale axiomatische Kennzeichnung.
(a) Es gilt $\vec{c}^2 = (\vec{a} - \vec{b})^2 = \vec{a}^2 + \vec{b}^2 - 2\vec{a}\cdot\vec{b}$ (vgl. Bild 3.6). Durch Hinzunahme des anschaulich hergeleiteten Kosinussatzes und durch Gleichsetzung des Vektorbetrages mit
der Pfeillänge erhält man $\vec{a}\cdot\vec{b} = |\vec{a}||\vec{b}|\cos\gamma$.

(b) *Krämer et al.* (1989, 185ff.) fordern zusätzlich $\vec{a}\perp\vec{b} \Leftrightarrow \vec{a}\cdot\vec{b} = 0$
für $\vec{a}, \vec{b} \neq \vec{0}$ (vgl. auch *Reidt et al.* 1967). Für eine Berechnung von
$\vec{a}\cdot\vec{b}$ zerlegt man $\vec{b}$ in einen Vektor mit der Richtung $\vec{a}$ – die orthogonale Projektion von $\vec{b}$ auf $\vec{a}$ – und einen dazu senkrecht stehenden Vektor $\vec{c}$ (vgl. Bild 3.7):

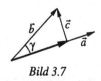

Bild 3.7

$$\vec{a} \cdot \vec{b} = \vec{a} \cdot \left(\frac{|\vec{b}|}{|\vec{a}|} (\cos \gamma) \vec{a} + \vec{c} \right) = |\vec{a}| |\vec{b}| \cos \gamma \quad (*) \text{ (vgl. Aufg. 1).}$$

(5) *„Gemischte" Einführung 2*

Ausgehend vom Satz des Pythagoras erhält man für die Orthogonalität von Vektoren im $\mathbb{R}^3$ die Bedingung $\vec{a} \perp \vec{b} \Leftrightarrow |\vec{a}|^2 + |\vec{b}|^2 = |\vec{a} - \vec{b}|^2$ bzw. in Koordinatenschreibweise $a_1 b_1 + a_2 b_2 + a_3 b_3 = 0$ (vgl. *Kroll et al.* 1997). Damit wird die Bedeutung des Terms $a_1 b_1 + a_2 b_2 + a_3 b_3$ hervorgehoben und als Skalarprodukt $\vec{a} \cdot \vec{b}$ bezeichnet. Das Skalarprodukt hat die in (4) geforderten Eigenschaften. Entsprechend läßt sich wie unter Ansatz (4) die Formel $(*)$ herleiten.

Didaktische Überlegungen

Für eine didaktische Bewertung dieser Vorgehensweisen analysieren wir inner- und außermathematische Verwendungen des Skalarprodukts. Die geometrische Einführung (1) erfährt ihre Rechtfertigung in erster Linie durch die Behandlung metrischer Sätze und Probleme der Elementargeometrie, wie sie in Beispiel 28 in Abschnitt 1.2.2.1 angegeben sind. Für solche Probleme ist ein koordinatenfreies Vorgehen der adäquate Weg. Der arithmetische Ansatz (2) und seine Verwendung in der Ökonometrie ist, wie *Profke* (1977, 12) betont, von geringer Bedeutung. Die zugehörige Bindung des Vektorbegriffs an das arithmetische Modell ist bei metrischen Fragen kaum noch sinnvoll (vgl. 3.1.1). Begriffe wie „senkrecht", „Länge" und „Normalenvektor" sind für den Schüler nur in bezug auf ein geometrisches Modell einsichtig (vgl. 2.3.1). Ein weites Verwendungsfeld, das wir in Beispiel 1 auflisten, ergibt sich dagegen für die „gemischten" Einführungen (3) und (5). Sie sind besonders geeignet für Fragen, in denen geometrische und arithmetische Gesichtspunkte verknüpft sind. Dabei spielen die algebraische Kennzeichnung der Orthogonalität und die Formel für die Länge eines Vektors $|\vec{a}|$ und damit der Rückgriff auf den Satz des Pythagoras die zentrale Rolle. Ein verkürztes Vorgehen scheint uns für Grundkurse daher vertretbar.

Beispiel 1 (Anwendungen des Skalarprodukts): Für die mit $(*)$ gekennzeichneten Probleme reichen eine algebraische Kennzeichnung der Orthogonalität und die Formel für die Länge aus.
- Abstand zwischen Punkt und Gerade bzw. Ebene, zwischen windschiefen Geraden $(*)$;
- Berechnung des Schnittwinkels zweier Geraden bzw. Ebenen, einer Geraden mit einer Ebene;
- Koordinatenberechnung des Fußpunktes eines Lots $(*)$;
- geometrische Behandlung der Theorie linearer Gleichungssysteme $(*)$ (vgl. 1.1.7);
- geometrische Interpretation der Korrelation (vgl. 3.2.3).

Für die gemischte Einführung (3) sprechen neben den vielfältigen Verwendungsmöglichkeiten weitere Gründe:
- Beim Nachweis von Eigenschaften des Skalarprodukts und der zugehörigen Norm $|\vec{x}| = \sqrt{\vec{x} \cdot \vec{x}}$ ist die Möglichkeit des Wechsels von geometrischer zu algebraisch-arithmetischer Darstellung und umgekehrt hilfreich. Man kann z.B. so die Cauchy-Schwarzsche Ungleichung $|\vec{x} \cdot \vec{y}| \leq |\vec{x}| \cdot |\vec{y}|$ unmittelbar über $|\cos \gamma| \leq 1$ begründen.
- Eine gemischte Definition erleichtert die Einführung eines Längen- und Winkelmaßbegriffs für höherdimensionale Räume. Hierbei geht es uns im wesentlichen um die Entwicklung des zen-

tralen Mathematisierungsmusters „verallgemeinerte Anschauung", also um die Übertragung geometrischer Sprech- und Denkweisen auf den $\mathbb{R}^n$, $n > 3$ (vgl. Abschnitt 3.2.2).

Der in Ansatz (4) gemachte Versuch einer axiomatischen Kennzeichnung erscheint uns ungeeignet. Auf die fachlichen Probleme haben wir bereits hingewiesen. Da zudem nur eine exemplarische Behandlung der mathematischen Methodologie zu rechtfertigen ist, muß man sich fragen, ob es nicht geeignetere Inhalte gibt. Wir werden in 3.3.3 z.B. die axiomatische Charakterisierung der Determinante hervorheben. Auch eine axiomatische Kennzeichnung affiner Abbildungen ist interessant. Beide Beispiele sind wesentlich einfacher und zudem fachlich unproblematisch.

Auch der Gedanke, den Begriff Skalarprodukt durch ein Anknüpfen an „Produkt"-Vorstellungen in der kognitiven Struktur des Schülers zu verankern, überzeugt nicht. Das Wort Produkt wird überstrapaziert. Zum einen ist das Verknüpfungsergebnis zweier Vektoren kein Vektor, zum anderen muß man auf die Assoziativität verzichten. Hier ist zudem ein grundsätzliches, lernpsychologisches Problem zu bedenken. Das Wort Produkt verleitet Schüler häufig dazu, den Ausdruck $\vec{a} \cdot \vec{b}$ oder $\vec{a}^2$ unter den Begriff Produkt von Zahlen zu subsumieren. So konnten wir z.B. beobachten, daß die Schüler eines Grundkurses das Quadrat in der vektoriellen Kreisgleichung diffus im Sinne eines Quadrates von Zahlen deuteten und keineswegs mit der Vorstellung vom Skalarprodukt verbanden (vgl. Bd. 1, 2.4.2 Beispiel 7). Wesentlich angemessener ist die Verankerung über den Begriff des Messens von Längen und Winkeln (s.o.).

Bei einem Verzicht auf das Skalarprodukt in Grundkursen, z.B. in einer „Analytischen Geometrie ohne Vektorbegriff" (vgl. 3.1), sind Aufgaben zu Abstandsfragen und zur Winkelberechnung nur sehr umständlich zu lösen – und zwar mit Hilfe des Satzes von Pythagoras bzw. des Kosinussatzes.

Innermathematische Anwendungen des Skalarprodukts

Wir fassen hier die wichtigsten innermathematischen Anwendungsbereiche für das Skalarprodukt noch einmal zusammen:
- Metrische Sätze der Elementargeometrie (vgl. 1.2.2.1 Beispiel 28, 2.1 Aufg. 5, 3.2 Aufg. 2);
- Abstandsfragen und Winkelberechnung;
- Berechnung der Gleichung von Lot und Senkrechte;
- Lösung von Gleichungen (vgl. 1.1.7 Darstellungsform (5));
- orthogonale und isometrische Abbildungen (vgl. 3.3.2);
- Einführung von Längen- und Winkelmaß im $\mathbb{R}^n$ mit $n > 3$.

Die Aufgaben zu Abstandsfragen und zur Winkelberechnung bilden neben den Aufgaben zu Schnitten eine der beiden zentralen Aufgabeninseln von Schulbüchern der vektoriellen Analytischen Geometrie. Wichtiges Hilfsmittel ist die Hessesche Normalenform (vgl. Beisp. 2). Aufgaben und zusätzliche didaktische Fragen zu dem Themenkomplex Skalarprodukt / Abstand finden sich in Abschnitt 2.1 (Beisp. 5 und Aufg. 7, 8) und unter den Aufgaben dieses Abschnitts (vgl. Aufg. 3 – 9). In Beispiel 3 und 4 gehen wir auf die schwierigste der Standardaufgaben „Abstand zwischen windschiefen Geraden" vertiefend ein.

Beispiel 2 (Hessesche Normalenform der Ebene/Geraden im $\mathbb{R}^3/\mathbb{R}^2$): $\vec{n}_0 \cdot \vec{x} - d = 0$; $\vec{n}_0$ ist ein Normaleneinheitsvektor, $|d|$ gibt den Abstand der Geraden bzw. Ebene vom Koordinatenursprung an.

Setzt man die Koordinaten eines nicht auf der Ebene/Geraden liegenden Punktes $\vec{x}$ ein, so ergibt $\vec{n}_0 \cdot \vec{x} - d$ den orientierten Abstand. Ist die Ebene E durch die Parametergleichung $\vec{x} = \vec{a} + r\vec{b} + s\vec{c}$ gegeben, so berechnet man einen Normalenvektor mit Hilfe zweier Bedingungsgleichungen ($\vec{n} \cdot \vec{b} = 0 \wedge \vec{n} \cdot \vec{c} = 0$) oder gibt ihn mittels des Vektorprodukts $\vec{b} \times \vec{c}$ an, sofern dieses eingeführt wurde (vgl. 3.2.2). Ist die Ebene E durch die Koordinatengleichung $a_1 x + a_2 y + a_3 z = b$ gegeben, so ist der Spaltenvektor $\vec{n} = (a_i)$ ein Normalenvektor. (Begründung: Seien $\vec{x}_1$ und $\vec{x}_2$ zwei beliebige Punkte auf E, so gilt $\vec{n} \cdot (\vec{x}_2 - \vec{x}_1) = \vec{n} \cdot \vec{x}_2 - \vec{n} \cdot \vec{x}_1 = b - b = 0$; $\vec{n}$ steht also senkrecht auf E.) (Vgl. Aufg. 3 und 4.)

Beispiel 3 (Vorstellungen zu windschiefen Geraden): Im Zusammenhang mit Abstandsfragen lohnt sich ein Exkurs über windschiefe Geraden. Schüler haben sehr verschwommene Vorstellungen über den Sachverhalt „windschief", wie die folgenden Schüleräußerungen belegen (nach *Göthner* 1995, 115). Windschief sind:
- „Geraden, die in einem Raum derart verlaufen, daß, wenn man sie auf eine Ebene projizieren wurde, sie einander in einem Punkt schneiden würden."
- „Geraden, die sich im Raum schneiden (in den Augen des Betrachters) ohne sich zu berühren."
- „Geraden, die 3-dimensional im Raum liegen."
- „Geraden, die in den Raum hinein verlaufen."
- „Windschiefe Geraden sind Geraden, die sich im Raum nicht schneiden, auf zweidimensionalen Bildern aber einen Schnittpunkt besitzen."

Ein einfaches und hilfreiches Modell für windschiefe Geraden ist ein aufgeschlagenes Buch (vgl. Bild 3.8). Mit diesem Modell lassen sich alle möglichen Konstellationen realisieren (möglichst im Beisein eines Koordinatendreibeins). Es

Bild 3.8

wird deutlich, daß es zu zwei zueinander windschiefen Geraden g_1 und g_2 zwei parallele Ebenen E_1 und E_2 gibt, so daß g_1 auf E_1 und g_2 auf E_2 liegt. Man sieht dann, daß die kürzeste Verbindung zwischen g_1 und g_2 auf den beiden Geraden senkrecht steht und daß dieses „gemeinsame Lot" eindeutig ist. Dieser kürzeste Abstand ist im Bild durch den Buchrücken gegeben. In Schulbüchern wird in der Regel so vorgegangen, daß man die Ebene E angibt, in der g_1 liegt und die parallel zu g_2 ist. Seien die beiden Geraden durch die Parametergleichungen $\vec{x} = \vec{a} + r\vec{b}$ und $\vec{x} = \vec{a}' + s\vec{b}'$ gegeben, so läßt sich E durch die Gleichung $\vec{x} = \vec{a} + r\vec{b} + s\vec{b}'$ beschreiben. Das Abstandsproblem zweier windschiefer Geraden wird damit zurückgeführt auf das Problem „Abstand eines Punktes von einer Ebene", das sich unmittelbar mit Hilfe der Hesseschen Normalenform lösen läßt.

Wir konnten im Unterricht beobachten, daß das Problem des Abstandes windschiefer Geraden sehr schnell auf den geschilderten, quasi-algorithmischen Losungsweg reduziert wird, obwohl es interessante Fragen beinhaltet. Es wird gefragt nach der kürzesten Entfernung zwischen zwei Geraden; es handelt sich also um ein Minimierungsproblem. Gesucht wird nach zwei Punkten P_i, die jeweils auf der Geraden g_i liegen und deren Abstand minimal ist. Ferner ist zu zeigen, daß die Punkte eindeutig bestimmt sind und daß ihre Verbindungslinie senkrecht auf den beiden Geraden steht. Es ist interessant, daß sich dieses Problem auch mit den elementaren, den Schülern bekannten Methoden der Analysis lösen läßt (vgl. Beispiel 4).

Mit Hilfe des Vektorprodukts läßt sich eine Formel für den Abstand der beiden Geraden $g_i : \vec{x} = \vec{a}_i + t_i \vec{b}_i$, $i = 1, 2$, direkt angeben: $d(g_1, g_2) = \left| (\vec{a}_2 - \vec{a}_1) \cdot (\vec{b}_1 \times \vec{b}_2) / |\vec{b}_1 \times \vec{b}_2| \right|$. *Göthner* (1995) und *Rüdiger* (1996) schlagen eine Übertragung des Problems auf höherdimensionale Räume vor.

Wir gehen davon aus, daß sich diese Vorschläge nicht mit den in Abschnitt 2.4 entwickelten Begründungsmustern rechtfertigen lassen.

Lot und Senkrechte lassen sich direkt über das Skalarprodukt berechnen; die Fragestellung führt auf ein lineares Gleichungssystem (vgl. Aufg. 10). Man kann auch das Vektorprodukt benutzen (s.u.).

Beispiel 4 (Abstand zwischen zwei windschiefen Geraden als Minimierungsproblem; nach *Schroth/Tietze*): Gesucht sind je ein Punkt der ersten und der zweiten Geraden so, daß deren Abstand kleiner oder gleich dem Abstand von einem beliebigen Punkt der ersten und einem beliebigen Punkt der zweiten Geraden ist. Es handelt sich um eine Extremwertaufgabe, also um ein Standardproblem der Analysis. Wir wollen hier skizzieren, wie sich diese Abstandsbestimmung mit sehr elementaren Methoden behandeln läßt; der kürzeren Darstellung wegen benutzen wir hier das Skalarprodukt, es genügt aber der Satz des Pythagoras. Im Raum seien die Geraden g: $\vec{x}(s) = \vec{a} + s\vec{b}$ und h: $\vec{y}(t) = \vec{c} + t\vec{d}$ gegeben. Der Abstand der Punkte $\vec{x}(s)$ und $\vec{y}(t)$, den es zu minimieren gilt, ist die Quadratwurzel aus $(\vec{y}(t) - \vec{x}(s)) \cdot (\vec{y}(t) - \vec{x}(s))$. Da die Wurzelfunktion streng monoton wachsend ist, nimmt die Wurzel genau dann ein Minimum an, wenn auch der Radikand dies tut. Zur Ermittlung der Extremstellen genügt es daher, den Radikanden zu untersuchen. Bei der Bestimmung des Abstandes muß die Wurzel natürlich wieder berücksichtigt werden. Wir suchen demnach die Extremwerte der Funktion $q(s, t) = (\vec{y}(t) - \vec{x}(s)) \cdot (\vec{y}(t) - \vec{x}(s))$, also eines Polynoms zweiten Grades in den beiden Veränderlichen s und t. Im ersten Schritt wählen wir auf der Geraden g einen beliebigen Punkt $\vec{x}(s)$ fest aus und ermitteln analytisch seinen Abstand von der Geraden h; wir fassen s damit quasi als Scharparameter einer Schar von Funktionen in der unabhängigen Variablen t auf. Das Quadrat des Abstandes vom Punkt $\vec{x}(s)$ zu $\vec{y}(t)$ ist durch $q_s(t) := q(s, t)$ gegeben, also ein quadratisches Polynom in t, wobei der Koeffizient $\vec{d} \cdot \vec{d}$ von t^2 positiv ist. Für jedes s ist der Graph der Funktion q_s daher eine nach oben geöffnete Parabel. Bezeichnet $\hat{t}(s)$ die t-Koordinate des Scheitelpunktes dieser Parabel, so weist die Funktion q_s genau in $\hat{t}(s)$ eine Extremstelle auf, wobei es sich um ein absolutes Minimum handelt.

Als zweites untersuchen wir die minimalen Abstände $q(s, \hat{t}(s)) = q_s(\hat{t}(s)) =: r(s)$. r ist ein Polynom höchstens zweiten Grades in s, denn $\hat{t}(s)$ ist ein Polynom höchstens ersten Grades in s. Aus elementargeometrischen Überlegungen folgt: r ist genau dann konstant, wenn die Geraden g und h parallel sind; r ist genau dann ein vollständiges Quadrat, wenn sich g und h in einem Punkt schneiden; ist der Grad von r zwei und ist r kein vollständiges Quadrat, so sind g und h windschief. In jedem Fall ergibt sich der Abstand der Geraden g und h als Minimum des Polynoms r. Im Unterricht würde man den geschilderten Sachverhalt anhand eines konkreten Beispiels und dessen Übertragbarkeit behandeln (vgl. Aufg. 9).

Im Sinne der Entwicklung einer verallgemeinerten Anschauung ist es wünschenswert, aber nicht einfach, den euklidischen Längenbegriff, das Skalarprodukt und ein entsprechendes Winkelmaß auch für den $\mathbf{R}^n$ mit $n > 3$ einzuführen, und zwar dadurch, daß man in Analogie zu den Fällen $n = 2, 3$ folgende Festsetzungen trifft:

$$(*)\quad |\vec{a}|^2 = \sum_{i=1}^{n} a_i^2, \quad \vec{a} \cdot \vec{b} = \sum_{i=1}^{n} a_i b_i, \quad \cos\gamma = \frac{\vec{a} \cdot \vec{b}}{|\vec{a}||\vec{b}|} \quad \text{mit } \gamma = |\sphericalangle(\vec{a}, \vec{b})| \text{ und } 0° \leq \gamma \leq 180°.$$

Eine solche Einführung könnte zunächst rein informatorisch sein. Für manchen Leistungskurs könnte ein späteres Hinterfragen dieser Definitionen interessante Problemstellungen bieten (s.u.). Es scheint uns der Überlegung wert, ob man im Zusammenhang mit der Verallgemeinerung des Winkelmaßbegriffs Anwendungsbezüge herausarbeiten sollte, z.B. durch die Behandlung eines Themenkreises „Korrelation" (vgl. 3.2.3). Wir ergänzen hier eine Objektstudie.

Beispiel 5 (Objektstudie zu Winkeln und Längen in Platonischen Körpern): In Fortsetzung der Aktivitaten in 3.1.3 Beispiel 9 zu Platonischen Körpern lassen sich auch unter metrischer Perspektive zahlreiche Fragen und Studien entwickeln und bearbeiten. Die Objektstudie hat damit eine integrative Funktion. Wir listen einige Beispiele auf.

– Würfel: Länge der Diagonalen, Länge der Verbindungsstrecken gegenüberliegender Kantenmittelpunkte sowie gegenüberliegender Flächenmitten; Winkel zwischen Diagonalen, Winkel zwischen Diagonalen und den Verbindungsstrecken von Flächenmitten sowie Winkel zwischen Diagonalen und den Verbindungsstrecken gegenüberliegender Kantenmittelpunkte;
– Tetraeder: Länge der Höhe, Länge der Verbindungsstrecken zwischen Kantenmittelpunkten, Winkel zwischen Kanten, Winkel der Kanten zur Seitenfläche, Winkel zwischen Seitenflächen.

3.2.2 Fachliche Erweiterungen und Vertiefungen

Wir diskutieren folgende Vorschläge und Möglichkeiten zur fachlichen Erweiterung und Vertiefung:

(1) Vektor- und Spatprodukt;
(2) allgemeine Fragen der Längen- und Abstandsmessung;
(3) echte Produkte von Vektoren;
(4) Einführung von Skalarprodukt, Länge und Winkelmaß im $\mathbb{R}^n$ mit $n > 3$;
(5) zur formal-axiomatischen Einführung von Metrik und Skalarprodukt.

Das erste Thema gehört in vielen Schulbüchern zum Standard, das zweite Thema betont die Mathematisierung allgemeiner räumlicher Sachverhalte, die Themen (3) bis (5) beziehen sich auf den theoretischen Aspekt von Mathematik, (4) zusätzlich auf Anwendungsfragen.

Vektorprodukt und Spatprodukt

Bei der schulischen Einführung des Vektorprodukts lassen sich im wesentlichen drei Wege unterscheiden:

a) arithmetisch: $\vec{a} \times \vec{b} = \begin{pmatrix} a_2 b_3 - a_3 b_2 \\ a_3 b_1 - a_1 b_3 \\ a_1 b_2 - a_2 b_1 \end{pmatrix}$;

b) geometrisch: $\vec{a} \times \vec{b}$ steht senkrecht auf $\vec{a}$ und $\vec{b}$ und bildet mit ihnen ein Rechtssystem; es gilt $|\vec{a} \times \vec{b}| = |\vec{a}||\vec{b}| \sin\gamma$ mit $\gamma = \sphericalangle (\vec{a}, \vec{b})$; der Betrag ist also gleich dem Flächeninhalt des von den Vektoren aufgespannten Parallelogramms;

c) axiomatische Kennzeichnung.

Die überwiegende Mehrzahl der neueren Schulbücher zur vektoriellen Analytischen Geometrie führt das Vektorprodukt arithmetisch ein. Die geometrischen Eigenschaften (b) lassen sich bis auf die Eigenschaft „Rechtssystem" unmittelbar mit dem Skalarprodukt nachrechnen. Der Nachweis der Eigenschaft „Rechtssystem" ist dagegen auf elementarem Wege schwierig; einige Bücher verzichten auf einen solchen Nachweis (vgl. Aufg. 11). *Krämer/Höwelmann/Klemisch* (1989, 269ff.) kennzeichnen das Vektor-produkt axiomatisch. Dies geschieht analog zu ihrem Vorgehen beim Skalarprodukt; ähnliche didaktische Einwände gelten auch hier. Der Seitenaufwand in Schulbüchern für das Vektorprodukt schwankt zwischen ca. 5 bis 20 Seiten. Das Vektorprodukt wird in den folgenden Kontexten verwendet:

- zur Berechnung von Flächen- und Volumenmaßen: das von $\vec{a}$ und $\vec{b}$ aufgespannte Parallelo-gramm hat das Maß $|\vec{a} \times \vec{b}|$, der von $\vec{a}$, $\vec{b}$ und $\vec{c}$ aufgespannte Spat das Maß $|(\vec{a} \times \vec{b}) \cdot \vec{c}|$; daraus lassen sich weitere Volumenmaße herleiten, z.B. das der Pyramide;

- zur mathematischen Definition bzw. Behandlung von Begriffen der Physik, wie z.B. des Drehmoments (vgl. 1.2.1.1, z.B. Beispiel 3 und 4);

- zur Berechnung des Normaleneinheitsvektors $\vec{n}_0$ für die Hessesche Normalenform der Ebene
  $\vec{x} = \vec{a} + r\vec{b} + s\vec{c}$; es gilt: $\vec{n}_0 = (\vec{a} \times \vec{b})/|\vec{a} \times \vec{b}|$;

- für die Geradengleichung $g : \vec{x} = \vec{a} + r\vec{b}$ erhält man als *Plückersche Form* die Gleichung
  $(\vec{x} - \vec{a}) \times \vec{b} = \vec{0}$. (Beweis: Der Punkt $\vec{x}$ liegt auf g genau dann, wenn $(\vec{x} - \vec{a})$ und $\vec{b}$ l.a. sind.);

- Berechnung des Abstands windschiefer Geraden g_i mit der Gleichung $\vec{x} = \vec{a}_i + r\vec{b}_i$: $d(g_1, g_2) = \left| (\vec{a}_2 - \vec{a}_1) \cdot (\vec{b}_1 \times \vec{b}_2)/|\vec{b}_1 \times \vec{b}_2| \right|$.

Die Einführung des Vektorprodukts dient in erster Linie einer formelhaften Bearbeitung von Abstands- und Winkelfragen. Damit wird das Ziel „Mathematisierung räumlicher Sachverhalte als problemlösender Prozeß" eher behindert. Das Vektorprodukt stellt zu-dem eine unnötige Aufblähung des Kalküls dar. Seine Behandlung ist dann zu rechtferti-gen, wenn Fragen aus der Physik im Kurs eine Rolle spielen. Es genügt eine kurze informatorische Behandlung, die auch dann sinnvoll ist, wenn man einen Computer zur schnellen Berechnung von Normalenvektoren einsetzt.

Das Spatprodukt $\left(\vec{a} \times \vec{b} \right) \cdot \vec{c}$ ist gleich dem orientierten Volumenmaß des von den drei Vektoren aufgespannten Spats und entspricht damit der dreireihigen Determinante. Die Begriffsbildung Spatprodukt erscheint uns überflüssig.

Exkurs: Allgemeine Fragen der Längen- und Abstandsmessung

Lietzmann hat vielfach auf die Bedeutung der „Fadengeometrie" hingewiesen (vgl. ebd. 1959, 65ff.). Mit dem Faden läßt sich ein experimenteller, an Objektstudien orientierter Unterricht realisieren. Das gilt insbesondere für die Konstruktion von Kegelschnitten und anderen Kurven. Der Faden ist aber auch ein geeignetes Hilfsmittel, den Gedanken der geometrischen Längen- und Abstandsmessung zu konkretisieren und zu verallgemeinern. Der Abstand zwischen zwei Punkten A und B ist die Länge ihrer kürzesten Verbindungs-linie als Teil einer Geraden. In der Ebene ist dies die Strecke AB. Man kann diese Strecke durch einen Faden realisieren. Spannen wir einen Faden zwischen zwei Punkten auf einer Kugel, so ergibt sich keine Strecke, wohl aber wird durch das so realisierte Kurvenstück die kürzeste Verbindungslinie angegeben. Der Abstand der beiden Punkte ist das kleinere Stück des Großkreises, der durch die Punkte geht und eindeutig bestimmt ist, sofern die Punkte nicht Gegenpunkte, d.h. Endpunkte eines Kugeldurchmessers sind. Dann nämlich gibt es unendlich viele kürzeste Verbindungen. (Ein Großkreis einer Kugel ist ein Kreis, der aus der Kugeloberfläche von einer durch den Kugelmittelpunkt gehenden Ebene ausgeschnitten wird.) Kurven auf Flächen, die – wie die Großkreise auf Kugeln – zur Abstandsmessung dienen, nennt man geodätische Linien. Meridiane auf dem Globus sind geodätische Linien, Breitenkreise dagegen nicht.

Es ist eine Aufgabe der Differentialgeometrie, auf beliebig vorgegebenen Flächen die geodätischen Linien zu untersuchen. Die geodätischen Linien auf der Kugel sind geschlossen. Es stellt sich z.B. die Frage, ob es andere Flächen gibt, auf denen es geschlossene geodätische Linien gibt. Auf dem Kreiszylinder findet man – etwa mit Hilfe eines Fadens – geschlossene, aber auch nichtgeschlossene geodätische Linien. Die weitergehende Frage, ob es außer der Kugel eine Fläche gibt, auf der alle geodätischen Linien geschlossen sind, sprengt den Rahmen der Schule. (Die *Zollsche* Fläche erfüllt diese Bedingung.) Nicht auf allen Flächen lassen sich die geodätischen Linien mittels eines Fadens bestimmen; ein Beispiel für eine solche Fläche ist der Torus. Interessant ist eine Vertiefung der Kugelgeometrie unter dem Gesichtspunkt Kartografie. (Vgl. auch *Lietzmann* 1959.)

Beispiel 6 (didaktische Überlegungen zum Entfernungsbegriff in der Erd- und Himmelskunde): Man fragt nach der Entfernung zwischen zwei Städten, etwa zwischen Havanna und Paris. Man benutzt dabei zunächst die Karte, verbindet die beiden Städte mit einer Strecke und berechnet die entsprechende Entfernung mittels der Maßstabsangabe der Karte. Dabei werden Überlegungen zu dem geografischen Koordinatensystem angestellt. Ein Versuch, in Analogie zur Ebene das zugehörige Koordinatendreieck zu zeichnen, um dann den „Pythagoras" anwenden zu können, führt auf Probleme. Der Globus wird mit einbezogen und die oben skizzierte „Fadengeometrie" zur Entfernungsmessung eingeführt. Man berechnet die Entfernung erneut und stellt gravierende Abweichungen fest. Man kann zudem erfahren, daß auf der Karte die Verbindungsstrecke zwischen den beiden Städten durch die Azoren, auf dem Globus dagegen der Großkreis durch Havanna und Paris aber weit entfernt von den Azoren verläuft. Betrachtet man Flugrouten etwa von der BRD in die USA, so stellt man fest, daß der Flug viel nördlicher verläuft als vermutet (vgl. auch Bild 3.14 gestrichelte Linie). Nach dieser Erfahrung sollten Überlegungen über die Entstehung von Karten angestellt werden (vgl. Beispiel 4 in 3.3.1).

Es gibt vielfältige weitere Fragestellungen. Nachdem man den Mittelpunktswinkel des zugehörigen Großkreisstückes zur Entfernungsmessung (genauer Abstandsmessung) zwischen den beiden Städten herangezogen hat, fragt man, ob sich dieser aus den Angaben zur jeweiligen geografischen Breite und Länge berechnen läßt.

Wir plädieren hier keineswegs für eine systematische Behandlung der Kugelgeometrie, wie sie zum Teil in Schulbüchern des Traditionellen Mathematikunterrichts (vgl. etwa *Reidt/Wolff* 1961b) erfolgte, sondern eher für ein Entwickeln von Fragen und deren mehr informatorische Beantwortung. Erste Hinweise geben das nachfolgende Beispiel 7 und die Ausführung zur Kartografie in Abs. 3.3.1 Beispiel 4. Die Kartografie beschreibt Verfahren zur Abbildung der Erdoberfläche auf die Ebene einer Karte. (Für eine systematische Behandlung der Kugelgeometrie und der mathematischen Geografie vgl. etwa *Hole et al.* 1983, für eine erste Einführung *Duden* 1994, 404ff.)

Beispiel 7 (Information zur mathematischen Geografie): Die durch Nordpol und Südpol verlaufenden Großkreise heißen Längenkreise oder Meridiane. Die Kreise, die in einer zur Erdachse rechtwinkligen Ebene liegen, heißen Breitenkreise. Die geografische Breite φ eines Ortes ist der Winkel zwischen dem Erdradius durch diesen Punkt und der Äquatorebene. Er wird von der Äqua-

torebene aus nach Nord- und nach Südpol jeweils von 0° bis 90°
gezählt. Die geografische Länge λ eines Ortes ist der Winkel am
Pol zwischen dem Meridian von Greenwich (Nullmeridian) bei
London und dem Meridian des Ortes. Die geografische Länge
wird vom Nullmeridian nach Osten und Westen von 0° bis 180°
gezählt. Die Entfernung d zwischen Punkten A und B auf der
Erde wird durch den Mittelpunktswinkel $\delta = \sphericalangle AMB$ gemessen;
dabei ist M der Erdmittelpunkt. Mit Hilfe von Sätzen der
sphärischen Trigonometrie ergibt sich für δ die folgende
Gleichung (vgl. Bild 3.9):

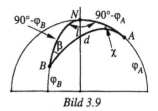

Bild 3.9

$$\cos\delta = \sin\varphi_A \sin\varphi_B + \cos\varphi_A \cos\varphi_B \cos\lambda \text{ mit } \lambda = \lambda_B - \lambda_A .$$

Mit einer solchen Sequenz, die gut durch Kursarbeiten ergänzt werden kann, werden allgemeine verhaltensbezogene und inhaltsspezifische Ziele gefördert: Anwendungsorientierung, Allgemeinbildung sowie die Erweiterung der Vorstellung von Koordinaten und
koordinatenbezogenen Entfernungsberechnungen. Ein möglicher anderer Weg, solche
allgemeinen Ziele anzustreben, könnte die Behandlung nichteuklidischer Metriken sein
(vgl. Aufg. 12).

Drei Exkurse zum theoretischen Aspekt von Mathematik

(1) *Echte Produkte von Vektoren*
Auf eine weitere Vertiefung hat *Reichel* (1980) hingewiesen. Eine Diskussion von Ska-
lar- und evtl. Vektorprodukt unter dem Gesichtspunkt „Produkt" führt auf die Mängel
dieser „Produktbildungen". Es scheint daher legitim zu fragen, ob es so etwas wie ein
„echtes" Produkt von Vektoren gibt. Für den $\mathbb{R}^2$ läßt sich diese Frage positiv beantwor-
ten. Mit der Multiplikation $\begin{pmatrix} a_1 \\ a_2 \end{pmatrix} \cdot \begin{pmatrix} b_1 \\ b_2 \end{pmatrix} := \begin{pmatrix} a_1 b_1 - a_2 b_2 \\ a_1 b_2 + a_2 b_1 \end{pmatrix}$ bildet der $\mathbb{R}^2$ einen kommutativen Körper, den Körper der komplexen Zahlen. Er kann Ausgangspunkt für eine Reihe
von algebraischen Fragen sein: kann man die komplexen Zahlen anordnen, kann man so
etwas wie einen Betrag einführen etc.? Für den $\mathbb{R}^n$, $n \geq 3$, gibt es diese Möglichkeit nicht
mehr (Satz von *Frobenius*). Einen elementaren Beweis für den Fall $n = 3$ gibt *Reichel* an.
Verzichtet man auf die Kommutativität, so erhält man auch für den Fall $n = 4$ eine Multiplikation mit Umkehroperation, beim Verzicht auf die Assoziativität im Fall $n = 8$
entsprechend: der $\mathbb{R}^4$ bildet mit der Quaternionenmultiplikation einen Schiefkörper, der
$\mathbb{R}^8$ mit der Oktaven-Multiplikation eine nichtassoziative, nichtkommutative Algebra, die
sog. Cayley-Zahlen. (Vgl. auch *Profke* 1982, ferner Abschnitt 1.4.)

(2) *Einführung von Skalarprodukt, Länge und Winkelmaß im $\mathbb{R}^n$ mit $n > 3$*
Die oben angegebene Definition von Skalarprodukt, Länge und Winkelmaß im $\mathbb{R}^n$, $n > 3$,
impliziert einige Probleme. Exaktifizieren würde hier bedeuten, danach zu fragen, ob die
Definitionen für $n > 3$ überhaupt zulässig sind und ob sie – wie etwa beim Längenbegriff – den üblichen Vorstellungen entsprechen. Die Eigenschaften positiv definit, symmetrisch und bilinear sind unmittelbar einsichtig oder können direkt nachgerechnet werden. Ferner muß gelten:

$\dfrac{\vec{a} \cdot \vec{b}}{|\vec{a}||\vec{b}|} \leq 1$ (Cauchy-Schwarzsche Ungleichung), um $|\cos \gamma| \leq 1$ zu erfüllen;

$|\vec{a} + \vec{b}| \leq |\vec{a}| + |\vec{b}|$ (Dreiecksungleichung);

$|\vec{a}| \geq 0$; $|\vec{a}| = 0 \Leftrightarrow \vec{a} = \vec{0}$ und $|r\,\vec{a}| = |r||\vec{a}|$.

Es geht hier in erster Linie um die Cauchy-Schwarzsche-Ungleichung, da die Dreiecksungleichung direkt aus ihr abgeleitet werden kann und die restlichen Sätze unmittelbar einsichtig sind.

Beispiel 8 (Beweis der Cauchy-Schwarzschen Ungleichung): Man könnte die Cauchy-Schwarzsche Ungleichung $|\vec{x} \cdot \vec{y}| \leq |\vec{x}| \cdot |\vec{y}|$ unmittelbar über $|\cos \gamma| \leq 1$ begründen. Dieser Weg kann hier nicht gegangen werden, da man umgekehrt mit der Cauchy-Schwarzschen Ungleichung die Formel $|\cos \gamma| \leq 1$ beweisen will. Aus der Tatsache, daß $\vec{a} \cdot \vec{b}$ positiv definit, symmetrisch und bilinear ist, folgt für $\vec{b} \neq \vec{0}$ unmittelbar $0 \leq (\vec{a} - r\vec{b})^2 = |\vec{a}|^2 - 2r\vec{a} \cdot \vec{b} + r^2 |\vec{b}|^2$ und daraus mit $r = \vec{a} \cdot \vec{b} / |\vec{a}||\vec{b}|$ die Cauchy-Schwarzsche Ungleichung. Für $n = 2$ kann man den Satz durch Übergang zur Koordinatendarstellung direkt nachrechnen, wenn man $(a_1 b_2 - a_2 b_1)^2 \geq 0$ berücksichtigt.

(3) Zur formalen Einführung von Metrik und Skalarprodukt
An anderen Stellen haben wir auf Möglichkeiten hingewiesen, die ontologische Bindung der Begriffe Länge und Winkelmaß noch weiter zu lösen, indem man den Längenbegriff verallgemeinert und Normen diskutiert (vgl. 1.1.6). Ausgangspunkt kann die Betrachtung von Eichkurven oder die Betrachtung anderer Skalarprodukte sein, z.B. $\vec{a} \cdot \vec{b} := a_1 b_1 + 2a_2 b_2$. Hieran kann sich eine vektorielle Behandlung der Kegelschnitte anschließen. Eine weitere Formalisierung sprengt u.E. den Rahmen der Schule und läßt sich, insbesondere nach Abkehr von den Zielen der Neuen Mathematik, didaktisch nicht rechtfertigen. Wir skizzieren zwei solche Vorschläge (für fachliche Details vgl. 1.1.6):

- *Formale Einführung des Skalarprodukts als positiv definite, symmetrische Bilinearform.* Es läßt sich zeigen, daß für den Grundkörper $\mathbb{R}$ jede dieser Bilinearformen bei geeigneter Wahl der Basis durch die Einheitsmatrix dargestellt werden kann. Dazu braucht man das Schmidtsche Orthogonalisierungsverfahren und die Formeln zur Koordinatentransformation (vgl. 1.1.1). Mit Hilfe des Skalarprodukts werden nun die Begriffe „Länge" und „Winkelmaß" eingeführt.
- *Einführung des Skalarprodukts über die Betrachtung metrischer Räume.* Wir haben in Abschnitt 1.1.6 drei Wege aufgezeigt, um die euklidische Norm $|\vec{x}| = \sqrt{B(\vec{x}, \vec{x})}$ (mit B als positiv definiter, symmetrischer Bilinearform) unter den Normen auszuzeichnen:
  - durch die Forderung nach ausreichend vielen Drehungen;
  - durch die Gültigkeit der Parallelogrammregel;
  - durch die Existenz eines Lots.

Der Beweis, daß eine Norm, die der Parallelogrammregel genügt, eine euklidische Norm ist, scheint uns trotz einiger gegenteiliger Ansichten auch für Leistungskurse zu schwierig. Etwas einfacher scheint eine Kennzeichnung der euklidischen Norm durch die Forderung nach der Existenz eines „Lots", wie sie *Drumm* (1978) vorschlägt.

3.2.3 Die Korrelation als Skalarprodukt und andere Anwendungen

In der Wahrscheinlichkeitsrechnung versteht man unter „Korrelation" die lineare Abhängigkeit zweier Zufallsgrößen voneinander. In der beschreibenden Statistik entspricht dies einem Maß für den Zusammenhang zweier Meßreihen in einer Stichprobe von der Größe n, etwa zu Größe und Gewicht (für Details vgl. Abschnitt 1.2.1.4 Klärung von Zusammenhängen zwischen Merkmalsvariablen/Meßgrößen). Der Korrelationskoeffizient r läßt sich geometrisch über das Skalarprodukt deuten. Transformiert man die Meßwertreihen jeweils auf den Mittelwert 0, so gilt für den Korrelationskoeffizienten r der so transformierten Meßwertreihen $\vec{x}$ und $\vec{y}$ der Ausdruck $r = \vec{x} \cdot \vec{y} / |\vec{x}||\vec{y}| = \cos\varphi$, wobei φ der von den Zeigern $\vec{x}$ und $\vec{y}$ aufgespannte Winkel mit $0° \leq \varphi \leq 180°$ ist. Der Korrelationskoeffizient hängt also eng mit dem Winkel zwischen den beiden Zeigern zusammen und kann so veranschaulicht werden. Eine solche geometrische Deutung des Korrelationskoeffizienten ist eine Hilfe, komplexe Verfahren wie etwa die Faktorenanalyse, die auf der Berechnung von Korrelationskoeffizienten beruht, angemessen zu verstehen. Entsprechend läßt sich das übliche Streuungsmaß für die Meßreihe $\vec{x}$, die sog. Varianz $s_{\vec{x}}^2$, als $|\vec{x}|/n$ deuten. (In der beschreibenden Statistik findet man auch $s^2 = |\vec{x}|/(n-1)$.)

Damit stellen diese Inhalte eine Vorbereitung der Stochastik dar und tragen zur Vernetzung des Unterrichts in der Oberstufe bei. Ähnliches gilt für die geometrische Behandlung der Regressionsgeraden, durch die sich Fragen und Methoden der Stochastik, der Analysis und der Analytischen Geometrie/Linearen Algebra verknüpfen lassen (vgl. 1.2.1.4 Beispiel 18).

Wir erwähnen hier einen Vorschlag von *Zühlke* (1991), das lineare Regressionsproblem auf Polynome zu erweitern. Dazu arbeitet er mit dem Vektorraum der stetigen Funktionen und dem für diesen Raum üblichen Skalarprodukt. Die Unterrichtssequenz ist interessant, aber nur für sehr leistungsstarke und an speziellen Fragen der Mathematik interessierte Schüler geeignet.

Beispiel 9 (Berechnung der Korrelation): Für $n = 5$ Versuchspersonen soll die Fertigkeit beim Lösen von bestimmten Konstruktionsaufgaben gemessen werden. Dazu mißt man den Zeitverbrauch bei Lösungen ähnlicher Aufgaben und berechnet den Korrelationskoeffizienten für jeweils zwei verschiedene Meßreihen. Für die jeweiligen Mittelwerte des Zeitverbrauchs x_i und y_i (in Sekunden) der fünf Probanden erhält man $\bar{x} = 10$ und $\bar{y} = 6$. Die nebenstehende Tabelle gibt die bereits transformierten Meßwerte der fünf Personen für zwei Aufgaben an. Für r gilt:

x_i	y_i
-7	-3
-1	-1
1	1
4	0
5	3

$$r = \frac{\vec{x} \cdot \vec{y}}{|\vec{x}||\vec{y}|} = \frac{38}{\sqrt{92}\sqrt{20}} = 0{,}886 = \cos\varphi \text{, also } \varphi \approx 31°.$$

Die Zeiger stehen also eher eng beieinander, die beiden Aufgaben messen also in etwa die gleiche Fertigkeit.

Wiederholung, Aufgaben, Anregungen zur Diskussion

Wichtige Begriffe und Inhalte

Unterschiedliche Einführungen des Skalarprodukts: geometrisch, arithmetisch, gemischt, als Produkt.
Inner- und außermathematische Anwendungen des Skalarprodukts: metrische Sätze der Elementargeometrie, Abstandsfragen und Winkelberechnung, Berechnung von Lot und Senkrechte; Lösung von Gleichungen, orthogonale und isometrische Abbildungen, Einführung von Längen- und Winkelmaß im $\mathbb{R}^n$ mit $n > 3$; Korrelation, Faktorenanalyse, Regression.
Entfernungsmessung: auf der Kugel, auf Karten; nichteuklidische Metriken.

1) Untersuchen Sie die axiomatische Einführung des Vektorbetrages bei *Krämer et al.* (1989, 187) unter fachlichen und didaktischen Gesichtspunkten.

2) Beweisen Sie den Satz des Apollonios vektoriell: Der geometrische Ort aller Punkte C, deren Abstandsverhältnis zu zwei festen Punkten A, B gleich einer Konstanten $c \neq 1$ ist, ist ein Kreis.

3) Gegeben sei die Ebene E durch die Gleichung $12x + 3y + 4z + 26 = 0$. (a) Berechnen Sie die Hessesche Normalenform für E. Geben Sie den Abstand der Ebene E vom Koordinatenursprung an. (b) Berechnen Sie den Abstand des Punktes $P(1 \mid 1 \mid -2)$ von E mit Hilfe der Hesseschen Normalenform. Begründen Sie Ihre Berechnung. (b) Beweisen Sie folgende Formel für den Abstand $d(\vec{p}, g)$ eines Punktes $\vec{p}$ von der Geraden g $\vec{x} = \vec{a} + r\vec{b}$: $d^2(\vec{p}, g) = (\vec{p} - \vec{a})^2 - ((\vec{p} - \vec{a}) \cdot \vec{b}_0)^2$, wobei $\vec{b}_0$ der Einheitsvektor in Richtung $\vec{b}$ ist. (Hinweis: Wenden Sie den Satz des Pythagoras auf das Dreieck mit Eckpunkten $\vec{a}$, $\vec{p}$ und den Fußpunkt des Lots von $\vec{p}$ auf die Gerade g an.) (Bezug Beispiel 2.)

4) Sachanalyse zum Themenkreis Skalarprodukt/Abstandsfragen: (a) Arbeiten Sie verschiedene Ansätze zum Skalarprodukt heraus (Art der Definition, Art der Beweise, fachliche Voraussetzungen). (b) Untersuchen Sie die Hessesche Normalenform für Geraden und Ebenen (Herleitung, Verwendungsmöglichkeiten). (c) Stellen Sie didaktische Modelle und Darstellungsmöglichkeiten zusammen. Welche Rolle kann der Rechner spielen? Fassen Sie Hauptergebnisse in einem Ergebnispapier (großer Papierbogen für Darstellung im Seminar) zusammen.

5) Ordnen und analysieren Sie das Aufgabenmaterial zum Themenkreis Skalarprodukt/Abstandsfragen in ausgewählten Schulbüchern: (a) Welche Abstandsfragen tauchen auf (z.B. in der Ebene: Punkt-Punkt, Punkt-Gerade; im Raum: Punkt-Punkt, Punkt-Gerade, Punkt-Ebene etc.)? Wie werden diese Grundaufgaben fachlich behandelt? Welche Vorkenntnisse sind nötig? Welche Einkleidungen bzw. Anwendungen dieser Grundaufgaben finden sich in den Schulbüchern? (b) Beschreiben Sie verwandte Aufgaben (z.B. Winkelberechnungen). (c) Welche Aufgaben finden Sie interessant? Welche Aufgaben sollte man in den Unterricht einbeziehen (GK, LK)? Warum? Analysieren Sie die Schwierigkeiten/fachlichen Voraussetzungen der einzelnen Aufgabentypen. Welche Aufgaben lassen sich ohne das Skalarprodukt behandeln?

6) Didaktisch-methodische Analyse zum Themenkreis Skalarprodukt/Abstandsfragen (unter Einbeziehung der Aufgaben 4 und 5): (a) Suchen Sie nach Gründen und Gegengründen für eine Behandlung des Skalarprodukts im GK bzw. LK (Ziel-Mittel-Argumentation). (b) Entscheiden Sie sich für *eine* fachlich-methodische Vorgehensweise. Begründen Sie Ihre Entscheidung. (c) Entwickeln Sie einen Verlaufsplan für eine Unterrichtssequenz zum Themenkreis Skalarprodukt/Abstandsfragen (großer Papierbogen für Darstellung im Seminar).

7) (a) Lösen Sie die nachfolgende Schulbuchaufgabe aus *Hahn/Dzewas* (1990, 247). (b) Klären Sie die notwendigen Wissensvoraussetzungen. Welche inhaltsspezifischen und welche allgemeinen Kompetenzen muß ein Schüler haben, um die Aufgabe eigenständig lösen zu können? (c) Diskutieren Sie den „Schwierigkeitsgrad" der Aufgabe. Entwickeln Sie dazu Gesichtspunkte bzw. Kriterien, die Sie für bedeutsam halten. (d) Welche allgemeinen Fähigkeiten werden durch diese Aufgabe gefördert?

Schulbuchaufgabe: Gegeben sind eine Ebene E durch $x + y + z = 4$ und eine Kugel K durch

$$\left[\vec{x} - \begin{pmatrix} 5 \\ 3 \\ 5 \end{pmatrix} \right]^2 = 36 \text{, die Punkte } P_1(1 \mid -1 \mid 3) \text{ und } P_2(2 \mid -1 \mid 3).$$

(1) Zeige, daß P_1 auf der Kugel K und P_2 in der Ebene E liegt!

(2) Die Gerade g führt durch P_1 und P_2. Berechne die Länge der Sehne, die von der Kugel K aus der Geraden g ausgeschnitten wird!

(3) Zeige, daß die Ebene E die Kugel K schneidet! Berechne die Koordinaten des Mittelpunktes M^* und den Radius r^* des Schnittkreises K^*!

$$E: \vec{x} = r\begin{pmatrix} 1 \\ 0 \\ 0 \end{pmatrix} + s\begin{pmatrix} 0 \\ 2 \\ 3 \end{pmatrix}$$

(4) Ermittle eine Gleichung der Tangentialebene T_1, die die Kugel K in P_1 berührt!

(5) Die zu T_1 parallelen Ebenen, die die Kugel K schneiden, bilden eine Ebenenschar $E(k)$. Ermittle die zulässigen Werte von k und bestimme eine Gleichung der Schar!

(6) Ermittle diejenigen Ebenen der Schar $E(k)$, die aus der Kugel Kreise mit den Radien $r_1 = 2\sqrt{5}$ und $r_2 = \sqrt{3}$ ausschneiden!

(7) Ermittle eine Gleichung derjenigen Kugel, die durch Spiegelung der Kugel K an der Ebene E entsteht!

8) Bearbeiten Sie folgende Abituraufgabe für einen Leistungskurs (Niedersachsen 1997) nach denselben Gesichtspunkten wie in Aufgabe 9. *Aufgabe*: Gegeben sind die Punkte $A(0 \mid 0 \mid 0)$, $B(3 \mid 6 \mid 0)$, $C(1 \mid 2 \mid 6)$ und die Punktmenge $D_s(5 - 2s \mid s \mid 1)$ mit $s \in \mathbb{R}$.

   (a) Bestimmen Sie die Seitenlängen des Dreiecks ABC, den Fußpunkt F der Höhe von C auf die Seite AB sowie den Flächeninhalt des Dreiecks.

   (b) Berechnen Sie den Abstand d_s der Punkte D_s von der Ebene E durch A, B und C in Abhängigkeit von s, und geben Sie an, für welches $s = s_0$ der Punkt D_s in der Ebene E liegt.

   (c) Für $s \neq s_0$ bilden A, B, C und D_s eine dreiseitige Pyramide. Berechnen Sie deren Volumen in Abhängigkeit von s. Bestimmen Sie diejenigen Punkte D_s, für die dieses Volumen $V = 60$ VE beträgt. Zeichnen Sie diese Pyramiden. (Hilfsmittel: Formelsammlung, nicht programmierbarer Taschenrechner.)

9) (a) Berechnung des Abstandes zweier konkreter, windschiefer Geraden als Minimierungsproblem (vgl. Beispiel 4): Die Geraden g und h seien durch die nebenstehenden Gleichungen gegeben. Berechnen Sie den minimalen Abstand jeweils eines Punktes auf g und auf h.

$$g: \vec{x}(s) = \begin{pmatrix} 1 \\ 1 \\ 1 \end{pmatrix} + s\begin{pmatrix} -1 \\ 0 \\ 1 \end{pmatrix}; \quad h: \vec{y}(t) = \begin{pmatrix} -2 \\ 4 \\ 1 \end{pmatrix} + t\begin{pmatrix} 1 \\ 1 \\ 0 \end{pmatrix}$$

Vergleichen Sie Ihr Ergebnis mit der Lösung, die sich auf dem üblichen Weg über die Hessesche Normalenform ergibt. (b) Diskutieren Sie, ob, in welcher Form und warum der geschilderte Ansatz in den Unterricht eingebracht bzw. nicht eingebracht werden sollte (z.B. nur über Beispiele, informatorisch oder nur durch Erörtern des Problems).

10) Berechnen Sie eine Senkrechte zur Ebene E aus Aufg. 7 im Punkt $(1 \mid 1 \mid a)$ mit Hilfe des Skalarprodukts.

11) (a) Zeigen Sie elementar, daß $\vec{a}$, $\vec{b}$ und $\vec{a} \times \vec{b}$ ein Rechtssystem bilden (vgl. dazu *Kroll et al.* 1997, 68). (b) Beweisen Sie die Behauptung mit Hilfe der Determinante. (c) Untersuchen Sie aus didaktischer Sicht den Vorschlag von *Holl* (1994), das Produkt $(\vec{a} \times \vec{b}) \times \vec{c}$ zu behandeln.

12) Wie kann man in Manhattan eine angemessene Entfernungsmessung einführen? Diese Frage kann auf die Betragsmetrik führen (vgl. 1.1.6).

13)*Analysieren Sie die Arbeit von *Drumm* (1983). Mathematische Wandmuster und ihre Symmetrien werden mit Hilfe der Vektorrechnung und insbesondere des Skalarprodukts beschrieben. Suchen Sie nach Textstellen, in denen (a) die mathematische Beschreibung anschaulich-konkreter Sachverhalte im Vordergrund steht, und nach solchen, in denen (b) umgekehrt der konkrete Sachverhalt zur Einkleidung mathematischer Sätze und Theorien dient. Wiederholen Sie dazu den Gegensatz Sachaufgabe und Textaufgabe in Bd. 1, Kap. 4.

3.3 Abbildungen, Matrizen und Determinanten

Die Begriffe Abbildung, Matrix und Determinante werden in neueren Schulbüchern meist behandelt, allerdings mit sehr unterschiedlichem Gewicht. Sie spielen aber im Unterricht – nach Auskunft vieler Lehrer, die wir befragt haben – kaum eine Rolle. Neben der Skizzierung üblicher Formen der Behandlung werden wir auch alternative Wege und neue Formen der Visualisierung aufzeigen. Abbildung und Matrix sind fundamentale Ideen, sowohl als Leitideen einer strukturorientierten Linearen Algebra wie auch als zentrale Mathematisierungsmuster einer anwendungsorientierten Mathematik. Wir gehen davon aus, daß sich ihre Behandlung im Unterricht in erster Linie über den letzteren Aspekt rechtfertigen läßt. Die Benutzung von Computeralgebrasystemen (CAS) eröffnet einen gänzlich neuen Zugang zu diesem Themenkreis.

3.3.1 Lineare und affine Abbildungen

Unterschiedliche didaktische Ansätze

Als Einführung werden unterschiedliche Vorgehensweisen zum Themenkreis lineare und affine Abbildungen, die sich in Schulbüchern oder der didaktischen Literatur finden lassen, übersichtsartig dargestellt. Wir knüpfen dabei an die fachliche Beschreibung in den Abschnitten 1.1.1 und 1.1.4 und an die Betrachtungen zu unterschiedlichen didaktischen Strömungen und Entwicklungen im Abschnitt 2.1 an. Es lassen sich die folgenden Ansätze und Vorgehensweisen unterscheiden:

(1) Orientierung an der Fachsystematik der Linearen Algebra,

(2) Orientierung an der vektoriellen Analytischen Geometrie,

(3) Zugang über lineare Gleichungssysteme und Matrizen,

(4) Zugänge über Projektionen und die darstellende Geometrie,

(5) Visualisierung von linearen Abbildungen und Computergrafik.

(1) *Orientierung an der Fachsystematik*

Man betrachtet Strukturen und strukturerhaltende Abbildungen. Die linearen Abbildungen sind genau die strukturerhaltenden Abbildungen von Vektorräumen. Die affinen Abbildungen sind die Abbildungen des affinen Punktraumes, deren zugehörige Vektorabbildungen $V \rightarrow V$ linear sind. Hauptthemen sind die Eigenschaften und die Klassifikation linearer, affiner, orthogonaler und isometrischer Abbildungen. Bei der Behandlung dominiert die linear-algebraische Vorgehensweise und Diktion. Man arbeitet mit dem Matrizenkalkül, mit Determinanten und Eigenvektoren. In der Regel beschränkt man sich dabei auf den zweidimensionalen Fall (vgl. etwa *Jehle et al.* 1978). Eine solche Einführung der Abbildungen gilt heute als nicht vertretbar; die Ablehnung gilt für den Gesamtansatz, nicht für einzelne Elemente zur Vertiefung des theoretischen Aspekts von Mathematik.

(2) *Orientierung an der vektoriellen Analytischen Geometrie*

In vielen Schulbüchern zur vektoriellen Analytischen Geometrie abstrahiert man die formale Beschreibung von affinen Abbildungen aus einer vergleichenden Analyse der Gleichungen von Abbildungen, die aus dem Mathematikunterricht der Sekundarstufe I her bekannt sind, wie Geradenspiegelungen, Drehungen, Translationen, Streckungen,

Schrägspiegelungen und Scherungen (vgl. Aufg. 1 und 2). Man gibt als allgemeine Abbildungsgleichung $x_i' = a_i x_1 + b_i x_2 + c_i$, $i = 1$, 2, an; oft wird zusätzlich die Matrizenschreibweise ergänzt (vgl. etwa *Krämer et al.* 1989; *Lambacher/Schweizer* 1995a). Man beschränkt sich in der Regel auf die bijektiven Abbildungen; dabei bereitet es Schwierigkeiten, diese algebraisch plausibel zu beschreiben. Es wird verlangt, daß das Einheitsquadrat in ein nichtausgeartetes Parallelogramm überführt wird. *Krämer et al.* greifen auf eine elementare Flächenberechnung zurück ($A = |a_1 b_2 - a_2 b_1|$) und fordern $a_1 b_2 - a_2 b_1 \neq 0$. Der Ausdruck $a_1 b_2 - a_2 b_1$ wird als Determinante bezeichnet.

Nach dieser Einführung untersucht man die Invarianten der affinen Abbildungen: sie sind geraden- und parallelentreu und erhalten das Teilverhältnis. Zusätzlich zu den Abbildungen aus der Sekundarstufe I wird die Eulersche Affinität eingeführt, um etwa Kreise in Ellipsen zu überführen und damit zugehörige Sätze und Gleichungen in einfacher Weise herleiten zu können, z.B. die Gleichung der Ellipse, der Tangente und der Polare. Einige Schulbücher thematisieren zusätzlich die Klassifikation der affinen Abbildungen durch Erarbeitung der Normalform mit Hilfe von Eigenvektoren, wie wir sie in Abschnitt 1.1.4 (Satz 5 und 6) beschrieben und bewiesen haben (vgl. *Lambacher/Schweizer* 1995a). Dabei wird zwischen affinen Abbildungen ohne und mit Fixpunkt unterschieden. Letztere entsprechen genau den linearen Abbildungen. In diesem Kontext werden oft auch Fixgeraden untersucht (vgl. neben Schulbüchern auch *Raussen* 1990). Auf eine abbildungstheoretische Behandlung der Kegelschnitte gehen wir im Abschnitt 4.1 ein.

Einen anderen Weg bei der Einführung der affinen Abbildungen gehen *Lambacher/Schweizer* (1995a), indem sie diese Abbildungen durch die Eigenschaften bijektiv und geradentreu kennzeichnen. Man zeigt dann, daß sie auch parallelen- und teilverhältnistreu sind. Ein einfacher Beweis ist in 1.1.4 (Weg 2) angegeben. Ein modifizierter Zugang findet sich in *Profke* (1977, 29). Der Autor stellt die Parallelprojektionen von einer Ebene auf eine andere an den Anfang, vergleicht deren Eigenschaften mit denen bekannter Kongruenz- und Ähnlichkeitsabbildungen und definiert die affinen Abbildungen zusätzlich zur Geradentreue durch die Teilverhältnistreue.

(3) Zugang über lineare Gleichungssysteme und Matrizen
Lineare Abbildungen werden mit Hilfe von Matrizen in der Form $\vec{x} \mapsto A\vec{x}$ eingeführt. Eine solche Einführung erfolgt etwa bei *Artmann/Törner* (1988) in Verbindung mit der Behandlung von Gleichungssystemen, die in Zusammenhang mit wichtigen Anwendungskontexten stehen (z.B. Verflechtungsproblemen). Manchmal geht man auch von Kodierungsproblemen aus (vgl. *Fletcher* 1967), aber auch die Übergänge zwischen Zuständen bei Populationsproblemen oder Markoff-Ketten können zur Einführung von linearen Abbildungen benutzt werden. Der Abbildungsbegriff wird im Schulbuch *Artmann/Törner* (1988) verwendet, um die Theorie der linearen Gleichungssysteme zu vertiefen und um geometrische Sichtweisen in einen Kurs zur anwendungsorientierten Linearen Algebra einzubinden.

Kroll/Reiffert/Vaupel (1997) führen die Zuordnung $\vec{x} \mapsto A\vec{x}$ anhand einer Parallelprojektion des $\mathbb{R}^3$ auf eine Ebene ein. Matrizen und lineare Abbildungen werden als fundamentale Ideen, sowohl als fachwissenschaftlich orientierte Leitideen (z.B. bei der Entwicklung der Normalform) wie auch als zentrale Mathematisierungsmuster (z.B. bei Übergangs- und Verflechtungsproblemen, vgl. 1.2.1.2/3), herausgearbeitet und nehmen einen großen Raum ein.

(4) *Zugänge über Projektionen und die darstellende Geometrie*
(a) *Kroll/Reiffert/Vaupel* (1997) behandeln Projektionen, insbesondere Parallelprojektionen, in Zusammenhang mit Fragen der darstellenden Geometrie (vgl. Beispiel 1). Dadurch wird bei der Betrachtung von Abbildungen der Raum mit einbezogen. Sie entwickeln dann den Begriff der affinen Abbildung und Teile des Matrizenkalküls aus der Formalisierung von Parallelprojektionen (vgl. Beispiel 3).
(b) Einen ungewöhnlichen Weg gehen auch *Artmann/Törner* (1988), indem sie Projektionen als Abbildungen $\vec{x} \mapsto A\vec{x}$ mit $A^2 = A$ einführen, sie geometrisch untersuchen und damit eine Beziehung zwischen anwendungsorientierter Linearer Algebra und Analytischer Geometrie herstellen. Sie zeigen, daß sich jedes lineare Gleichungssystem mit Hilfe des Gaußschen Algorithmus in ein solches mit einer Projektionsmatrix A überführen läßt. In einem zweiten Schritt beschreiben sie dann systematisch die geometrische Gestalt der Lösungsmengen (vgl. Aufg. 14 in 2.1).
(c) Eine andersartige, an der Systematik einer älteren Geometrie orientierte Behandlung der Projektionen findet sich in einigen Schulbüchern des Traditionellen Mathematikunterrichts (etwa bei *Reidt/Wolff* 1961b). *Reidt/Wolff* betrachten nacheinander und jeweils in vielen inner- und außermathematischen Anwendungen die Parallelprojektion, die Zentralprojektion und die zentrische Kollineation. Zentrische Kollineationen sind Abbildungen einer Ebene auf sich, bei deren Konstruktion bzw. Definition Zentralprojektionen eine Rolle spielen. Sie sind ein wichtiges Element der Projektiven Geometrie, die in der heutigen didaktischen Diskussion keine Rolle mehr spielt. Projektionen der Kartenkunde (Kartografie) werden in einem eigenen Kapitel zur Kugelgeometrie dargestellt.

(5) *Visualisierung von linearen Abbildungen und Computergrafik*
Geeignete Visualisierungen sind ein wichtiges Hilfsmittel mathematischen Arbeitens. Eine aussagekräftige Bildsprache ist eine Voraussetzung für Kreativität. Während man Kurven durch ihre Graphen, Vektoren durch Pfeile, Flächen und Körper mit den Mitteln der darstellenden Geometrie, Steigungen durch das Steigungsdreieck oder den ε-Sektorstreifen und Integrale durch schraffierte Flächen gut visualisieren kann, sind die üblichen Visualisierungen von Abbildungen, insbesondere von linearen und affinen Abbildungen, unzureichend. Lineare Abbildungen werden meist durch die Bilder der Basisvektoren in einem kartesischen Koordinatensystem oder seltener durch das Bild eines Gitternetzes aus Einheitsquadraten dargestellt. Durch den Einsatz von Computeralgebrasystemen mit ihren leistungsstarken Grafikprogrammen ergeben sich neue Möglichkeiten. *Schaper* (1994) benutzt zur Darstellung eine vergleichsweise komplexe Figur, so daß sich aus deren Bild viel an Information „ersehen" läßt (vgl. Bild 3.10). So

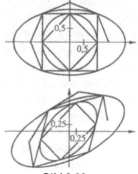

Bild 3.10

sagt das Bild des Einheitsquadrats etwas über den Betrag der Abbildungsdeterminante und das Bild des unvollständigen Achtecks etwas über deren Vorzeichen bzw. die Orientierung der Abbildung aus. Erste Vermutungen über die Veränderung von rechten Winkeln und Vorstellungen, wie man die Abbildung als Verkettung von bekannten einfachen Abbildungen darstellen kann, und entsprechende Experimente sind möglich. Eigenwerte und Eigenvektoren lassen sich ebenfalls experimentell mit CAS erarbeiten (s.u.). Wir sehen in einem solchen Vorgehen eine Chance, den Begriffsbildungsprozeß zu unterstützen.

Projektionen

Da Projektionen bisher kaum behandelt worden sind, gehen wir ausführlicher auf das Thema ein. Eine Projektion ist eine Abbildung einer Ebene E auf eine Ebene E', wenn die Verbindungsgeraden der Punkte aus E mit ihren Bildpunkten aus E' entweder alle parallel sind oder alle durch einen Punkt Z verlaufen. Im ersten Fall spricht man von einer *Parallelprojektion,* im zweiten

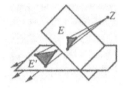

Bild 3.11

Fall von einer *Zentralprojektion* (vgl. Bild 3.11). Die Verbindungsgeraden der Punkte aus E mit ihren Bildpunkten in E' heißen Projektionsstrahlen. Sind die Projektionsstrahlen rechtwinklig zur Projektionsebene E', so nennt man diese spezielle Parallelprojektion Orthogonalprojektion.

Man spricht auch von Projektion, wenn man in analoger Weise den $\mathbb{R}^3$ auf eine Ebene E abbildet. Bei der Parallelprojektion zeichnet man eine Gerade g als Projektionsrichtung aus. Das Bild eines Punktes P ist der Schnittpunkt der Parallelen h von g durch P mit der Ebene E. Bei der Zentralprojektion zeichnet man einen Punkt Z als Projektionszentrum aus. Das Bild eines Punktes P ist der Schnittpunkt der Geraden h durch Z und P mit der Ebene E. Man verwendet solche Projektionen zum Zeichnen räumlicher Objekte. Zur Realisierung einer Zentralprojektion eignet sich eine Taschenlampe mit zugeklebtem Spiegel, für die Parallelprojektion eine Neonschreibtischlampe mit breitem, rechteckigem Schirm.

Projektionen spielen auch in der Kartografie eine Rolle. In vielfältiger Weise wird dabei ein Globus projiziert, so daß eine ebene Karte entsteht: (a) Parallelprojektion auf eine Ebene, (b) Zentralprojektion auf eine Ebene, z.B. von einem Pol aus, (c) Zentralprojektion auf einen Berührungszylinder, (d) Zentralprojektion auf einen Berührungskegel. In mehreren Schulbüchern des Traditionellen Mathematikunterrichts wurde die Kartografie eingehend behandelt, z.B. in *Reidt/Wolff* (1961b). Eine interessante mathematische Modellierung ist die der Fotografie mittels der Zentralprojektion. Zentrum ist der Brennpunkt des Objektivs, die Projektionsebene der Film. Vielfältige Anregungen für eine Unterrichtssequenz zu diesem Thema findet man in *Müller* (1993). In Objektstudien zur Kartografie und insbesondere zur Fotografie sollte elementargeometrisches Arbeiten eine wichtige Rolle spielen. In solchen Unterrichtseinheiten sollte die Information über das mathematische Modell im Vordergrund stehen, nicht die detaillierte mathematische Lösung. Eine angemessene Form, solche Unterrichtselemente auch in Klausuren mit einzubeziehen, könnte der mathematische Aufsatz sein. In manchen Bundesländern gewinnt er zur Zeit wieder an Bedeutung. Im folgenden geben wir curriculare Beispiele zum Thema Projektion.

Beispiel 1 (darstellende Geometrie und Projektionen): Um räumliche Objekte durch ebene Bilder möglichst anschaulich darzustellen, verwendet man die Methode der *Projektion*.[11] Dabei entsteht der beste räumliche Eindruck, wenn die projizierenden (Licht-)Strahlen von einem Punkt ausgehen, weil dies dem Sehvorgang am nächsten kommt. In der Malerei hat sich hierfür der Name Perspektive eingebürgert, in der Mathematik spricht man von Zentralprojektion. Zeichnerisch leichter zu realisieren ist die Parallelprojektion, die für das Zeichnen meist völlig ausreicht. Sie entspricht dem Schattenwurf durch Sonnenlicht, da die Lichtstrahlen auf Grund der weiten Entfernung der Sonne praktisch parallel sind. Das Bild 3.12 zeigen beide Projektionsarten im Vergleich anhand eines einfachen Objekts (nach *Kroll et al.* 1997; dort finden sich auch umfangreiche Anregungen für eine unterrichtliche Realisierung). Je nachdem, ob die Projektionsstrahlen senkrecht oder schräg auf die Zeichenebene fallen, spricht man von Normal- oder Schrägbildern.

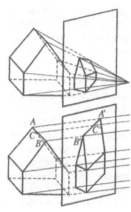

Bild 3.12

Beispiel 2 (Eigenschaften der Parallelprojektion):
- Geraden (Strecken), die nicht in Projektionsrichtung liegen, werden auf Geraden (Strecken) abgebildet, sonst auf einen Punkt; Ebenen, die nicht parallel zu den Projektionsstrahlen verlaufen, auf die ganze Bildebene, sonst auf eine Gerade.
- Die Bilder von parallelen Geraden (Strecken) sind, sofern Geraden (Strecken), wieder parallel.
- Das Längenverhältnis paralleler Strecken, insbesondere solcher, die auf der gleichen Geraden liegen, bleibt unverändert (wenn sie nicht auf einen Punkt abgebildet werden). Es bleibt also das Teilverhältnis erhalten.

Beispiel 3 (Matrix einer Parallelprojektion): Es soll eine Formel für die Berechnung der Bilder von beliebigen Raumpunkten $P(x|y|z)$ bei der Parallelprojektion in Richtung des Vektors $\vec{v}$ (s.u.) auf die Bildebene E: $2x - 3y + z = 0$ aufgestellt werden. Dazu bestimmen wir den Bildpunkt $P'(x'|y'|z')$ als Schnittpunkt der Ebene E mit der durch den Punkt P und die Richtung $\vec{v}$ gegebenen Geraden g (∗) und erhalten als Ergebnis das untenstehende Gleichungssystem (∗∗). Die Abbildung läßt sich nun durch die Matrizengleichung $\vec{x}' = A\vec{x}$ beschreiben.

$$\vec{v} = \begin{pmatrix} 5 \\ 4 \\ 3 \end{pmatrix}, \ (*) \ g : \vec{r} = \vec{p} + k\vec{v} = \begin{pmatrix} x \\ y \\ z \end{pmatrix} + k \begin{pmatrix} 5 \\ 4 \\ 3 \end{pmatrix}, \ (**) \ \begin{array}{l} x' = -9x + 15y - 5z \\ y' = -8x + 13y - 4z \\ z' = -6x + 9y - 2z \end{array}, \ A = \begin{pmatrix} -9 & 15 & -5 \\ -8 & 13 & -4 \\ -6 & 9 & -2 \end{pmatrix}.$$

Für die Abbildungsmatrix gilt: $A^2 = A$. Die Eigenschaften der Parallelprojektion sind leicht nachprüfbar, z.B. daß jede Gerade auf eine Gerade oder einen Punkt abgebildet wird. (Vgl. Aufg. 3, 4, 5.)

Beispiel 4 (Kartografie – die Entstehung von Karten): Bei der Projektion der Erde bzw. eines Globusses auf eine ebene Karte muß man, abgesehen von der Abbildung sehr begrenzter Gebiete, große Verzerrungen in Kauf nehmen. Für größere Gebiete legt man, je nach dem Verwendungszweck Wert auf Winkel-, Flächen- oder Längentreue und wählt danach die Art der Projektion; Längentreue ist nur in beschränktem Umfang möglich.

(a) Bei der orthografischen Projektion wird eine (Globus-)Halbkugel orthogonal auf eine Tangentialebene projiziert. Für die Navigation hat diese Abbildung keine besondere Bedeutung, da sie am Rande sehr stark verzerrt.

---

[11] Einen Überblick über die Verfahren der darstellenden Geometrie findet man in *Duden* (1994).

(b) Bei der gnomonischen Projektion wird die Kugeloberfläche aus dem Mittelpunkt als Zentrum auf eine Tangentialebene projiziert. Ist der Berührpunkt einer der Pole, so werden alle Meridiane zu Geraden durch den Berührpunkt. Darüber hinaus werden alle Großkreise zu Geraden (vgl. Bild 3.13). Man nennt solche Karten Großkreiskarten. Die Abbildungsgleichungen lauten:

$$x = R \cot \varphi \, \sin \lambda, \ y = -R \cot \lambda \, \cos \lambda$$

mit R Erdradius, φ geografische Breite, λ geografische Länge.

Die Großkreiskarte ist nicht winkeltreu, außer im Kartenmittelpunkt. Sie zeigt starke Verzerrungen zu den Rändern hin. Trotzdem ist sie eine der wichtigsten Karten in der Langstreckennavigation, weil die geradlinige Verbindung zwischen zwei Punkten der Erde auf ihr den kürzesten Weg, die Orthodrome, angibt (zu Entfernungen auf der Erde vgl. Beispiel 6 in 3.2.2).

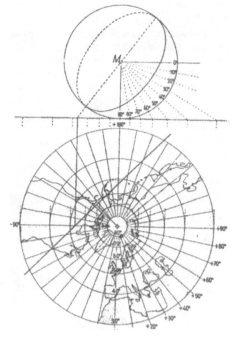

(c) Die stereografische Projektion ist eine Zentralprojektion, bei der das Projektionszentrum auf der Kugel liegt. Bildebene ist die Tangentialebene des diametral gegenübergelegenen Punktes. Das Zentrum liegt meist in einem Pol. Die Abbildung ist winkeltreu.

(d) Eine weitere, ebenfalls winkeltreue Abbildung ist die sog. Mercator-Projektion. Das Kugelnetz geht in ein Netz sich rechtwinklig schneidender Geraden über. Die Mercator-Karte ist neben den Großkreiskarten die wichtigste Karte der See- und Luftfahrt, da bei ihr die Linien gleichen Kurses, die Loxodromen, als Geraden erscheinen und sich daher der Kurs zwischen zwei Orten unmittelbar aus der Karte ablesen läßt (vgl. Bild 3.14 mit Orthodrome (Bild eines Großkreises) --- und Loxodrome ——). (Vgl. *Duden* 1994; *Hole et al.* 1983, 56ff.; *Reidt/Wolff* 1961b, 279ff.; *Laussermayer* 1993.)

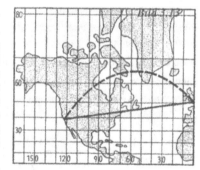

Bild 3.14 (nach *Hole*)

Weitere Themenkreise zur Projektion wurden oder werden an anderer Stelle diskutiert:

- Kegelschnitte werden durch Parallel- und Zentralprojektionen aufeinander abgebildet, und dabei werden geometrische Verwandtschaften festgestellt. Eine wichtige Rolle spielen in diesem Zusammenhang die „Dandelinschen Kugeln". (Vgl. 4.1.2.)
- Projektionen bilden in *Artmann/Törner* (1988) die Klammer, um Geometrie in einem Kurs zur anwendungsorientierten Linearen Algebra zu integrieren (vgl. Abschnitt 2.1.4.4). Die Projektionen werden dort als Abbildungen $\varphi : \mathbb{R}^3 \rightarrow \mathbb{R}^3$, $\vec{x} \mapsto A\vec{x}$ mit $A^2 = A \neq 0$, E eingeführt. Es handelt sich um ausgeartete affin-lineare Abbildungen, die den Ursprung festlassen und einen Kern von der Dimension 1 oder 2 haben. Im ersten Fall werden Punkte des $\mathbb{R}^3$ parallel zu einer festen Geraden auf eine Ebene durch den Ursprung projiziert, im zweiten Fall parallel zu einer Ebene auf eine Ursprungsgerade abgebildet (vgl. Aufg. 6).

Objekt- und Computerstudien

Wir geben einige Beispiele für Objekt- und Computerstudien zu diesem Themenkreis. (Für weitere Anregungen vgl. *Lehmann et al.* 1994). Mit den ersten beiden Beispielen setzen wir die Objektstudien zum Würfel und anderen Platonischen Körpern aus den Abschnitten 3.1 (Beispiel 9) und 3.2 (Beispiel 5) fort. Die Platonischen Körper werden damit zum roten Faden einer Einheit.

Beispiel 5 (Abbildungen des Würfels und anderer Platonischer Körper): Ausgangspunkt ist ein Würfel, dessen Seitenflächenmittelpunkte die Einheitspunkte des Koordinatensystems sind. Die Deckdrehungen lassen sich durch Matrizen darstellen, die in jeder Spalte genau eine 1 oder −1 enthalten und deren Determinante positiv ist. Für die erste Spalte der Matrix gibt es 6 Möglichkeiten, für die zweite 4 und für die letzte 2, insgesamt also 48 Möglichkeiten für die Matrix, von denen die Hälfte eine positive Determinante hat. Statt mit der Determinante kann auch mit dem Begriff der orientierungserhaltenden Abbildung arbeiten. Man sucht nach den Abbildungen, deren Bilddreibein positiv orientiert ist. Interessant ist es, auch andere Formen der Darstellung der Deckdrehungen des Würfels mit heranzuziehen. So kann man diese Abbildungen auch als Permutationen der vier Diagonalachsen darstellen. Numeriert man diese Achsen, erhält man eine Darstellung der Würfelabbildungen als Permutationen der Zahlen 1 bis 4. Mit der Permutationsdarstellung lassen sich kombinatorische Formen des Auszählens verbinden. Diese Objektstudie kann dazu genutzt werden, die Verkettung von Abbildungen mit der Multiplikation von Matrizen in Verbindung zu setzen. Sie läßt sich ausweiten, indem man weitere Platonische Körper betrachtet. Ähnliche Überlegungen lassen sich auch für andere Platonische Körper, insbesondere das Tetraeder und das Oktaeder, anstellen.

Beispiel 6 (Kavalier-Darstellung eines Würfels und seiner Abbildungen): Wir skizzieren die Befehlsabfolge in DERIVE. Zunächst muß man den „Connected"-Modus (im Menü Grafik-Einstellungen-Modus) einschalten, um Punkte durch Strecken zu verbinden.[12] Punkte werden als Zeilen, Matrizen zeilenweise geschrieben (im „Schreibe"-Modus). Man gibt die 8 Eckpunkte eines Würfels ein, z.B.: $a := [1,1,1]$, $b := [-1,1,1]$, $c := [-1,-1,1]$, $d := [1,-1,1]$, $e := [1,1,-1]$ usw. Die Matrix des Würfels $W :=$ $[a, b, c, d, a, e, ...]$ ist so zu gestalten, daß alle Kanten des Würfels vorkommen. Eine direkte Darstellung des Würfels

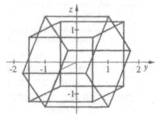

Bild 3.15

über das 3D-Grafikprogramm ist hier (im Gegensatz zu einem CAS wie MAPLE) nicht möglich. Man muß eine Abbildung der darstellenden Geometrie vorschalten. Wir benutzen hier die Kavalierprojektion mit der 3×2-Matrix $P := [[-0.5,-0.25],[1,0],[0,1]]$. Die 3×2-Matrix $W \cdot P$ läßt sich nun mit Hilfe des 2D-Grafikprogramms zeichnen (schaltet sich automatisch ein durch das Aufrufen des Menüs „Grafik". Der Würfel erscheint in Kavalierprojektion (vgl. Bild 3.15). Möchte man den Würfel drehen, so kann man eine Rotationsmatrix benutzen:

$R(a) := [[\cos(a), 0, \sin(a)], [0, 1, 0], [-\sin(a), 0, \cos(a)]]$.

„Zeichnet" man die Matrix $W \cdot R(45) \cdot P$, so erhält man den gedrehten Würfel in Bild 3.15. Das „Koordinatenkreuz" wird durch $[e_1, 0, e_2, 0, e_3] \cdot P$ dargestellt. Es gibt vielfältige Erweiterungen, z.B die Darstellung einer Kirche oder des Schattens einer Pyramide (vgl. *Weller* 1997 und Aufg. 9).

Die folgenden Beispiele dienen der enaktiven und ikonischen Erarbeitung der Begriffe Abbildung und Eigenvektor und einem anschließenden operativen Durcharbeiten.[13]

---

[12] Wir beziehen uns auf die DOS-Version. Die Befehle können direkt auf die WINDOWS-Version übertragen werden. Die 2D-Grafik findet man dort unter „Fenster", den „Connected"-Modus unter „Extras-Punkte-Verbinden". $[a, b, c]$ ist dann der Kantenzug von a nach b und von da nach c.

[13] Für die Ausdrücke „ikonisch" (bildhaft), „enaktiv" (handlungsbezogen) und „operatives Durcharbeiten" (als spezielle Form des Übens) vgl. Band 1, Abs. 2.5.1 Fachdidaktische Prinzipien.

Beispiel 7 (Visualisierung von Abbildungen): Wir knüpfen an die oben dar-
gestellte Visualisierung linearer Abbildungen an. Anstelle der komplexen
Figur in Bild 3.10 genügt für den schulischen Zweck die einfachere Figur in
Bild 3.16. Wir beschreiben dazu die Darstellung eines Quadrats und seiner

Bild 3.16

Abbildung mit DERIVE. Noch einfacher zu realisieren, aber weniger aussage-
kräftig ist ein Bild, bei dem das Quadrat mit Hilfe von Geraden gekennzeichnet wird (vgl.
Aufg. 7). Zur Beschreibung von Strecken zwischen Punkten in DERIVE ist der „Connected"-Modus
einzuschalten (im Menü: Grafik-Einstellungen-Modus, s.o.). Wir geben das Quadrat Q durch die
folgende Matrix in DERIVE-Schreibweise wieder: $Q:= [[1,1],[-1,1],[-1,-1],[1,-1],[1,1]]$. „Zeichnet"
man Q mittels des Grafikmenüs, so erhält man ein Quadrat. Sei nun D etwa eine Drehmatrix, so
erhält man beim Zeichnen von $Q \cdot D$ das gedrehte Quadrat.

Beispiel 8 (Computerexperimente mit Abbildungen): Schon einfache CAS erlauben vielfältige, gut
zugängliche Experimente mit Abbildungen, insbesondere wenn man auf die Matrizenmultiplikation zurückgreift. Wir listen einige Fragen und Probleme auf. (a) Läßt sich jede affine Abbildung
durch Nacheinanderausführen (Verketten) von Achsenstreckungen an den und durch Scherungen
entlang der Koordinatenachsen erzeugen? Wie viele Abbildungen braucht man höchstens? (b) Welche
Abbildungen erhält man durch Verketten oder durch Potenzieren von Scherungen entlang der
Koordinatenachsen? (c) Gegeben sei die Visualisierung einer linearen Abbildung (im Sinne von
Beispiel 7). Versuchen Sie experimentell, die zugehörige Abbildung durch Nacheinanderausführen
(Verketten) von Achsenstreckungen und Scherungen entlang der Achsen näherungsweise zu erzeu-
gen, ihre Abbildungsmatrix zu entdecken usw. (d) Die Entwicklung entsprechender Fragestellun-
gen ist eine für Schüler lohnende Aufgabe.

Beispiel 9 (Visualisierung von Eigenwerten und Eigenvektoren durch Com-
putersimulation): Mit einem geeigneten interaktiven Programm, das mit
einem CAS erstellt werden kann, soll nicht die Berechnung von Eigenwerten
und Eigenvektoren geübt werden, sondern deren Begrifflichkeit. Kurz ge-
schildert verläuft das Programm folgendermaßen. Nach Eingabe der Matrix
wandert ein Vektor der Länge Eins schrittweise durch den Einheitskreis. Der
jeweilige Bildvektor wird ebenfalls angezeigt. Die Vektoren ziehen „Spu-
ren" hinter sich her. Existieren Eigenvektoren, so fallen Urbildvektor und

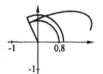

Bild 3.17

Bildvektor irgendwann fast zusammen. Durch Verfeinerung der Schrittweite läßt sich eine
Überlagerung der beiden Vektoren erreichen (vgl. Bild 3.17). Durch Längenvergleich von Urbild-
und Bildvektor findet man den Eigenwert ebenfalls geometrisch. Schließlich können die gefunde-
nen Werte mit den berechneten (exakten) Werten verglichen werden. (Vgl. *Schaper* 1994.)

Didaktische Wertung und Einordnung

Bei der didaktischen Analyse und Bewertung der Ansätze, die in den beiden vorangegangenen Abschnitten skizziert wurden, knüpfen wir an die allgemeine Diskussion in den
Abschnitten 2.1 und 2.4 an, ohne die Argumente im Detail zu wiederholen. Von besonderer Bedeutung ist in diesem Zusammenhang die Vermittlung von Qualifikationen und
Kenntnissen in den folgenden Bereichen:

- die Beschreibung ebener und insbesondere räumlicher Sachverhalte mit Hilfe von linearen und
  quadratischen Gleichungen und umgekehrt die Geometrisierung solcher algebraischer Sachverhalte; methodologische Aspekte der Mathematik sind exemplarisch zu behandeln;
- die Modellierung außermathematischer Sachverhalte mit Hilfe linearer und quadratischer Modelle und deren Geometrisierung;
- die Einbeziehung auch nichtalgebraischer Methoden zur Lösung von Problemen; die Vernetzung von Konzepten und Verfahren der Analytischen Geometrie mit solchen aus der synthetischen Geometrie und der Analysis.

Vor diesem normativen Hintergrund läßt sich der Ansatz (1) der strukturorientierten Linearen Algebra nicht begründen. Aber auch die Ansätze (2) der vektoriellen Analytischen Geometrie werden den Kriterien nur unzureichend gerecht. Strukturorientierte Inhalte und solche der elementaren ebenen Geometrie stehen ganz im Vordergrund, räumliche Sachverhalte und mathematische Modellbildung werden nicht behandelt. Allgemeine Qualifikationen, wie z.B. die Raumanschauung, werden kaum gezielt gefördert. Die Klassifikation linearer und affiner Abbildungen des $\mathbb{R}^2$ ist geeignet, den theoretischen Aspekt von Mathematik hervorzuheben. Will man diesen Gesichtspunkt in einem leistungsstarken Kurs besonders herausarbeiten, so kann man auch die Klassifikation von Isometrien des $\mathbb{R}^3$ mit einbeziehen (vgl. 1.1.4). Interessant ist in diesem Zusammenhang ferner die axiomatische Charakterisierung der affinen Abbildungen durch die plausiblen Merkmale Bijektivität und Geradentreue.

Bei der Behandlung von Abbildungen darf man die begrifflichen Schwierigkeiten, die viele Schüler mit der spezifisch mathematischen Auffassung von geometrischen Abbildungen haben, nicht aus dem Auge verlieren; gemeint ist die mengentheoretische Sicht der geometrischen Abbildung als Punkt-zu-Punkt-Zuordnung (vgl. 2.3.1). Insbesondere eine starke Betonung der Kongruenz- und Ähnlichkeitsabbildungen trägt vermutlich nicht zu der hier angestrebten Begriffsentwicklung bei, sondern behindert sie eher. Lernpsychologische Überlegungen legen die Vermutung nahe, daß die Einführung der affinlinearen Abbildungen über die Zuordnung $\vec{x} \mapsto A\vec{x}$ und deren vielfältige geometrische Interpretation dagegen eher eine angemessene Begriffsbildung fördern.

Spielraum für die Behandlung von Objekten und für einen experimentellen Mathematikunterricht sowie für eine Einbeziehung von Anwendungsbezügen läßt der Ansatz von *Kroll et al.* (1997), der zunächst Projektionen in Anwendungssituationen betrachtet und über sie zu einer Einführung der affin-linearen Abbildungen als Zuordnung $\vec{x} \mapsto A\vec{x}$ und zu den Matrizen gelangt (vgl. Ansatz (3) und (4)). Damit ist der Weg offen für zahlreiche lineare mathematische Modelle, wie sie in 1.2.1 beschrieben sind. Wir plädieren dafür, an verschiedenen Stellen dieses Curriculumelements fachliche Vereinfachungen vorzunehmen und Objektstudien (z.B. Projektionen von Platonischen Körpern, Kegelschnitte als Projektionen) und den Einsatz von konkreten Modellen (z.B. unterschiedliche Arten von Lampen) einzubeziehen. Interessante Erweiterungen wie etwa die Kartografie oder die Fotografie können hinzugenommen oder im Rahmen von Kursarbeiten behandelt werden. Kartografie und Fotografie sind Themen, die insbesondere unter allgemeinbildenden Gesichtspunkten bedeutsam sind. Dabei denken wir etwa bei der Kartografie nicht an eine detaillierte fachliche Bearbeitung des Gebietes, sondern eher an eine übersichtsartige Darstellung. In einer Unterrichtseinheit Kartografie lassen sich auch die wesentlichen Schritte mathematischer Modellbildung exemplarisch entwickeln (vgl. Einleitung von 1.2.1 oder Band 1, Kap. 4).

Der Ansatz von *Artmann/Törner* (1988) rückt Gleichungssysteme, deren Behandlung im Matrizenkalkül und die Untersuchung mathematischer Modellierungen, insbesondere in den Wirtschafts- und Sozialwissenschaften, in den Mittelpunkt. Der Abbildungsgedanke, der durch die Zuordnung $\vec{x} \mapsto A\vec{x}$ und deren geometrische Deutung im Zusammenhang mit speziellen Projektionen eingeführt wird, bleibt eher am Rande. Damit kommt die zentrale Idee der Analytischen Geometrie, die algebraisch-arithmetische Beschreibung des Raumes, zu kurz. Das Curriculum von *Artmann/Törner* läßt wenig Raum für Objektstudien und ein experimentelles Umgehen mit der Mathematik.

Das Arbeiten mit computergrafischen Visualisierungen und die dargestellten Objekt- und Computerstudien entsprechen den eingangs aufgeführten Zielsetzungen. Sie lassen sich in mehrere der geschilderten Ansätze einbinden. Das Arbeiten mit der Kavalierprojektion in Beispiel 6 ermöglicht ein besseres Verstehen der darstellenden Geometrie und ist damit von allgemeinbildendem Wert. Es geht hier um mathematische Modellbildung in einem sehr allgemeinen Sinn. Das als „richtig" empfundene (ebene) Zeichnen räumlicher Gegenstände ist ein überraschendes Phänomen, das sich durch die Kavalierprojektion angemessen mathematisch modellieren läßt. Der geschilderte Ansatz ermöglicht ein weites Feld für einen experimentellen Mathematikunterricht mit dem Computer (für weitere Anregungen vgl. z.B. *Elschenbroich/Meiners* 1994; *Kayser* 1997; *Schumann* 1995).

3.3.2 Matrizen und lineare mathematische Modelle

Matrizen spielen in der Mehrzahl der neueren Schulbücher eher eine marginale Rolle. Sie werden als mögliche Schreibweise für lineare Gleichungssysteme erwähnt (vgl. *Krämer et al.* 1989, 14) oder als eine zusätzliche Darstellungsmöglichkeit für lineare und affine Abbildungen benutzt; dabei geht der *Lambacher/Schweizer* (1995a) vergleichsweise weit, wenn er die Matrizenmultiplikation im Zusammenhang mit der Verkettung linearer Abbildungen einführt. Einen deutlich anderen Stellenwert hat der Matrizenkalkül nur in dem anwendungsorientierten Schulbuch von *Lehmann* (1990) und dem Lehrwerk von *Kroll/Reiffert/Vaupel* (1997); dort wird die Bedeutung der Matrix als Leitidee und als zentrales Mathematisierungsmuster herausgearbeitet.

Wir möchten einen weiteren Weg, den Matrizenkalkül zu behandeln, hier zur Diskussion stellen. Es handelt sich dabei um einen Weg, der der Einführung des Vektors als arithmetischer Vektor ähnelt. Das Rechnen mit rechteckigen Zahlenschemata (Matrizen) kann man analog als ein Rechnen mit „verallgemeinerten Zahlen" verstehen. Bei rechnerunterstütztem Arbeiten kann man die Matrix zunächst als eine Art „black box" ansehen, deren Eigenschaften schrittweise erforscht werden. Die Deutung der neuen Verknüpfungen erfolgt algebraisch und auch geometrisch.

Beispiel 10 (Matrizenkalkül als Verallgemeinerung des Zahlenrechnens und der elementaren Algebra): Untersucht man die Matrizenmultiplikation $A \cdot B$ mit einem CAS, so erhält man die übliche formale Darstellung des Matrizenprodukts und erfährt zugleich die Bedingungen, unter denen die Produktbildung möglich ist. Für den Fall, daß A eine $(n \times n)$- und B eine $(n \times 1)$-Matrix (Spalte $\vec{b}$) ist, ergibt sich, daß durch die Matrizenmultiplikation $A\vec{b}$ der Spalte $\vec{b}$ eine Spalte $\vec{b}'$ zugeordnet wird, geometrisch gesprochen, jedem Punkt des $\mathbb{R}^n$ ein Bildpunkt im $\mathbb{R}^n$. Man stellt ferner fest, daß sich jede lineare Gleichung in der Form $A\vec{x} = \vec{b}$ schreiben läßt. In Analogie zur elementaren Algebra stellt sich die Frage, ob die Gleichung nach $\vec{x}$ auflösbar ist, und damit die Frage nach dem Inversen von A (vgl. auch 1.2.1.2). Das Problem der Existenz von Inversen gibt Raum für experimentelles Arbeiten. Das gleiche gilt auch für das Problem, welche geometrische Form das Bild des $\mathbb{R}^3$ unter der Abbildung $\vec{x} \mapsto A\vec{x}$ hat. Dabei liegt es nahe, die Bilder der Einheitspunkte

$\vec{e}_1, \vec{e}_2$ und $\vec{e}_3$ zu untersuchen, die genau den Spalten der Matrix entsprechen. Man kann die Verknüpfung $A \, \vec{b}$ in Analogie zur Zahlenmultiplikation $a \cdot b$ deuten, bei der a in vielen Kontexten (etwa in der Bruchrechnung) als Operator gesehen wird. Mit Hilfe des Rechners läßt sich gut entdecken, daß das Nacheinanderausführen (Verketten) von Abbildungen der Form $\vec{x} \mapsto A\vec{x}$ auf die Matrizenmultiplikation führt. Man deutet die Matrix als Informationsspeicher (vgl. Schema 1.2 in 1.2.1: Matrix als (verallgemeinerte) Verflechtungsmatrix, Übergangsmatrix).

Ein solches Vorgehen vermittelt dem Schüler die Erfahrung, in welch vielfältiger Form sich ein mathematischer Kalkül für das Darstellen und Bearbeiten inner- und außermathematischer Probleme und Fragestellungen verwenden läßt. Es ist zudem nicht auszuschließen, daß eine solche Erweiterung der Algebra auch eine positive Auswirkung auf die Einstellung von Schülern zur elementaren Algebra hat. Substantielle Erfahrungsberichte zu dieser Art des Vorgehens gibt es bisher nicht, aber es lohnt sich u.E., hierzu Erfahrungen zu sammeln.

Matrizen sind ein zentrales Mathematisierungsmuster und ein universelles Hilfsmittel zur Lösung vielfältiger innermathematischer Probleme. Daher taucht das Thema Matrizen an vielen Stellen in diesem Buch auf, die wir hier kurz kennzeichnen:
- *Abbildungen und deren Verkettungen* (1.1.1; 1.1.4; 3.3.1);
- *lineare Gleichungssysteme und deren (algebraische) Lösung* (1.1.7; 3.1.2);
- *Kegelschnitte und Flächen zweiter Ordnung* (1.1.1; 1.1.3);
- *Matrix als (verallgemeinerte) Verflechtungsmatrix* (Teileverflechtung, Stücklistenproblem, Leontief-Modell; Korrelationsmatrizen; Kommunikationsmatrizen; Inzidenzmatrizen bei endlichen Geometrien; Entfernungstabellen; Formalisierung gewichteter gerichteter Graphen) (1.2.1.2);
- *Matrix als Übergangsmatrix* (Übergangsmatrizen bei Markoff-Ketten; Populationsmatrizen; Abbildungsmatrizen; Formalisierung gewichteter gerichteter Graphen) (1.2.1.3).

Lineare mathematische Modelle

Wir ergänzen einige didaktisch-methodische Überlegungen zur Behandlung von Matrizen bei mathematischen Modellierungen. Wir knüpfen dabei an unsere Überlegungen in den Abschnitten 1.2.1.2 und 1.2.1.3 an und greifen zudem auf die Beobachtung zahlreicher Problemlöseprozesse zurück.[14] Unser Hauptbeispiel bezieht sich auf ein Problem aus dem marktwirtschaftlichen Bereich, es geht um die Modellierung von Konkurrenzsituationen.

Beispiel 11 (die Entwicklung von Marktanteilen und Übergangsmatrizen): Zwei Fabrikanten stellen zwei miteinander konkurrierende Kaffeemischungen M_1 und M_2 her. Der herrschende Trend für den Wechsel von Kunden von einer Sorte zu einer anderen wird durch die Übergangsmatrix P bestimmt. Der Produzent von Mischung M_2 plant nun die Einführung einer der beiden Kaffeemischungen M_3 oder M_4, um seinen Marktanteil insgesamt zu vergrößern. Eine Marktanalyse ergibt, daß sich dann die Trends innerhalb eines Vierteljahres gemäß den Übergangsmatrizen S und T verhalten würden:

---

[14] Die Beobachtungen basieren auf der langfristigen Kleingruppenarbeit mit Studenten. Sie sind schulrelevant, da wir feststellen konnten, daß sich die Problemlöseprozesse von Studenten und von interessierten Schülern bei unbekannten, anwendungsbezogenen Problemkontexten kaum voneinander unterscheiden.

$$
\begin{array}{c}
\begin{array}{cc} M_1 & M_2 \end{array} \\
\begin{array}{c} M_1 \\ M_2 \end{array}\!\!\begin{pmatrix} 0,9 & 0,1 \\ 0,2 & 0,8 \end{pmatrix} = P,
\end{array}
\qquad
\begin{array}{c}
\begin{array}{ccc} M_1 & M_2 & M_3 \end{array} \\
\begin{array}{c} M_1 \\ M_2 \\ M_3 \end{array}\!\!\begin{pmatrix} 0,8 & 0,1 & 0,1 \\ 0,2 & 0,7 & 0,1 \\ 0,1 & 0,5 & 0,4 \end{pmatrix} = S,
\end{array}
\qquad
\begin{array}{c}
\begin{array}{ccc} M_1 & M_2 & M_4 \end{array} \\
\begin{array}{c} M_1 \\ M_2 \\ M_4 \end{array}\!\!\begin{pmatrix} 0,8 & 0,1 & 0,1 \\ 0,1 & 0,7 & 0,2 \\ 0,3 & 0,4 & 0,3 \end{pmatrix} = T.
\end{array}
$$

Verfolgen Sie den Marktanteil des Produzenten von M_2 über die nächsten zwei Jahre bei zusätzlicher Einführung von Mischung M_3 bzw. M_4. Nehmen Sie dazu an, daß anfangs 60% der Käufer M_1 und 40% M_2 kauften. Kann der Produzent von M_2 langfristig seinen Marktanteil vergrößern? Soll er M_3 oder M_4 auf den Markt bringen? Gibt es eine stationäre Verteilung? (Nach *Lehmann* 1983, 153ff.)

Wir unterziehen diese Aufgabe einer didaktischen Analyse und betrachten dabei insbesondere Problemlöseprozesse in Kleingruppen. Der einfacheren Darstellung wegen haben wir die Marktveränderungen hier in Matrizenform dargestellt. In den von uns beobachteten Problemlöseprozessen ist die Problemstellung offener. Es wird zunächst das Marktgeschehen vor Einführung neuer Kaffeesorten betrachtet. Das Marktgeschehen wird durch die Matrix P beschrieben. Nicht selten ist die folgende Argumentation: „Letztlich verliert der Hersteller der Marke M_2 pro Zeiteinheit 10%; er wird also nach einer gewissen Zeit aus dem Markt geworfen." Einige Studenten behaupten dagegen, daß der Hersteller von M_2 sich auf dem Markt halten wird, wenngleich mit einem niedrigeren Marktanteil. Sie argumentieren wie folgt: „10% von 60% sind 6%, und 20% von 40% sind 8%. Der Produzent von M_1 vergrößert seinen Marktanteil, aber nur geringfügig. Nehmen wir an, er hätte bereits 65% des Marktes, dann gilt für die nächste Periode: „10% von 65% sind 6,5%, und 20% von 35% sind 7%. Das geht so weiter. Ungefähr bei einer Marktaufteilung von 67% zu 33% stabilisiert sich das Ganze." Als Ergebnis der anschließenden Kontroverse im Plenum kommt man zu dem Schluß, daß man es hier nicht mit absoluten, sondern mit relativen Größen zu tun hat. Der Lehrende möchte, daß man die langfristige Entwicklung mit einem CAS überprüft. Die notwendige Formalisierung erfolgt in den Arbeitsgruppen in der Regel zunächst über ein LGS, in mehreren Gruppen zusätzlich durch eine Vereinfachung mittels des Matrizenkalküls. Die Gruppen gelangen dann alle zur Matrizengleichung $\vec{s}_n = \vec{s}_0\, P^n$ mit $\vec{s}_0, \vec{s}_n \in \mathbb{R}^2$, wobei $\vec{s}_0$ die Marktaufteilung am Anfang und $\vec{s}_n$ diejenige nach n Beobachtungsperioden ist. Experimente mit wachsendem n ergaben, daß die Marktaufteilung $\vec{s}_n$ sich stabilisiert.

Die zweite Fragestellung nach der Aufteilung des Marktes auf 3 Kaffeesorten wird nun vergleichsweise schnell gelöst. Dabei zeigen sich drei Vorgehensweisen:

a) Es wird ein LGS aufgestellt und anschließend in die Matrizengleichung $\vec{s}_1 = \vec{s}_0\, S$ mit $\vec{s}_t \in \mathbb{R}^3$ übersetzt; die Betrachtung mehrerer Perioden wird mit Hilfe der Potenzbildung mathematisiert.

b) Es wird ein Graph über die Kundenwanderung angefertigt und die Gleichung für die Sorte M_1 aus dem Graphen abgelesen: $s_{11} = 0,8\, s_{01} + 0,2\, s_{02} + 0,1\, s_{03}$ mit $s_{01} = 0,6$, $s_{02} = 0,4$ und $s_{03} = 0$ sowie $\vec{s}_0 = (s_{01}, s_{02}, s_{03})$. Daraus wird die Matrizengleichung $\vec{s}_1 = \vec{s}_0\, S$ erschlossen.

c) Nach der (prozeßorientierten) Hilfe des Lehrenden, man solle sich „doch einen Graphen für die Kundenwanderung zeichnen", verläuft die Lösung wie unter b).

Eine genauere Befragung der Studenten zu den Lernhilfen nach solchen und ähnlichen Problemlöseeinheiten ergibt, daß einige Studenten die grafische Darstellung als sehr hilfreich für die Lösung des Problems ansehen, andere dagegen stärker in Form von Gleichungen denken und grafische Darstellungen eher unwichtig finden.

Die Fragen nach der langfristigen Marktentwicklung und nach einer stationären Anfangsverteilung werden durch Computerexperimente gelöst. Von einigen Studenten kommt der Hinweis auf eine Lösung mit Hilfe von Eigenvektoren.

Eine genauere Betrachtung der Matrizen und der Vektoren zur Marktaufteilung zeigt, daß es sich um stochastische Matrizen und Vektoren handelt. Es liegt, mathematisch gesehen, eine Markoff-Kette vor. Um dies auch inhaltlich einsehen zu können, braucht man den „Marktanteil" einer Kaffeesorte nur als die Wahrscheinlichkeit zu interpretieren, mit der eine bestimmte Kaffeesorte verlangt wird. Man kann diese Aufgabe sehr gut ohne stochastische Vorkenntnisse der Schüler in einem Kurs zur Analytischen Geometrie und Linearen Algebra behandeln und sie anschließend im Sinne der Wahrscheinlichkeitsrechnung umdeuten. Damit ist ein fließender Übergang zur Stochastik möglich: der Wahrscheinlichkeitsbegriff und der Satz zur Multiplikation von Wahrscheinlichkeiten können so vorbereitet werden.

Wir haben in unseren Seminaren die Problemlöseprozesse zu den folgenden beiden Problemkontexten miteinander verglichen: (a) Fragen, die auf Übergangsmatrizen führen (wie Markoff-Prozesse und Fragen zur Bevölkerungsentwicklung), (b) die in 1.2.1.2 beschriebenen Verflechtungsprobleme (etwa das Stücklistenproblem und die innerbetriebliche Leistungsverrechnung). Dabei zeigte sich, daß die Eigenständigkeit und das Engagement der Studenten bei dem ersten Problemtyp größer waren und die Problemlöseprozesse weniger stark gesteuert werden mußten.

Arbeitet man in der Schule mit Verflechtungsproblemen und Modellierungen mittels Markoff-Ketten, so sind Realmodell und mathematisches Modell oft vorgegeben. Im Vordergrund steht hier die mathematische Problemlösung. Dennoch ist eine kritische Diskussion der Modellbildung meist möglich und sinnvoll. Beim oben diskutierten Beispiel stellt sich etwa die Frage, ob das passive Verhalten des Produzenten von M_1 und damit die gesamte Modellbildung realistisch ist und welche Modifikationen man eventuell vornehmen muß.

3.3.3 Determinanten

Der Begriff Determinante spielt in der Linearen Algebra eine zentrale Rolle. Als Hilfsmittel ist die Determinante wichtig in der Theorie der Matrizen (z.B. Inversion), der Gleichungssysteme, der linearen Abbildungen und in der Eigenwerttheorie sowie zur Einführung einer Orientierung und eines Volumenmaßes im $\mathbb{R}^n$ (vgl. Abschnitt 1.1.5). Es handelt sich dabei allerdings meist um Kontexte, die im wesentlichen außerhalb des Rahmens der Schulmathematik liegen. Eine Reihe von Schulbüchern führt die Determinante im Zusammenhang mit den linearen Gleichungssystemen ein, um Kriterien für die eindeutige Lösbarkeit und Lösungsformeln angeben zu können. Wir haben in den Abschnitten 2.1.1.2 und 2.1.4.1 deutlich gemacht, daß es für diese Zwecke didaktisch sinnvoller ist, den Gaußschen Algorithmus oder die elementaren Verfahren der Mittelstufenalgebra zu benutzen. Auch auf die Verwendung der Determinante im Zusammenhang mit den Abbildungen des $\mathbb{R}^2$ und deren Klassifikation, wie sie in manchen Schulbüchern angegeben wird, kann ohne Verlust verzichtet werden; die Bestimmung der Eigenwerte könnte direkt über einfache lineare Gleichungssysteme erfolgen (vgl. dazu Beispiel 8 in 1.1.3). Insgesamt kann man sagen, daß sich die Behandlung der Determinante aus rein inhaltsbezogenen Gründen nicht rechtfertigen läßt.

Es gibt dennoch eine Reihe von gewichtigen Stimmen, die dem Themenkreis Determinante einen hohen Wert für den Mathematikunterricht beimessen (vgl. *Freudenthal* 1973, 394ff.). Die Determinantenlehre kann auch in der Schule zu einem beziehungsreichen Stück Mathematik werden, das geeignet scheint, allgemeine Qualifikationen wie Argumentieren, heuristisches Arbeiten, Axiomatisieren und Analogisieren zu fördern. Dazu ist allerdings eine andere Sichtweise des Determinantenbegriffs notwendig: die Determinante muß inhaltlich-konkret definiert und aus ihrer Rolle als bloßes Hilfsmittel entlassen werden. Ausgangspunkt ist die Inhaltsmessung. Die Determinante wird als Inhaltsfunktion eingeführt – wie in Abschnitt 1.1.5 beschrieben: $|\vec{a}\ \vec{b}|$ mit $\vec{a}, \vec{b} \in \mathbb{R}^2$ ist der orientierte Flächeninhalt des von den Vektoren $\vec{a}$ und $\vec{b}$ aufgespannten Parallelogramms, entsprechend ist $|\vec{a}\ \vec{b}\ \vec{c}|$ mit $\vec{a}, \vec{b}, \vec{c} \in \mathbb{R}^3$ das orientierte Volumen eines Spats. Grundlage der nachfolgenden Überlegungen ist der Satz, daß Scherungen das Flächenmaß eines Parallelogramms bzw. das Inhaltsmaß eines Spats nicht verändern.

Beispiel 12 (Herleitung der Determinantenformel und zulässige Determinantenumformungen): Der geometrische Ansatz ermöglicht mehrere Verfahren, den Wert der 2-reihigen Determinante zu bestimmen:

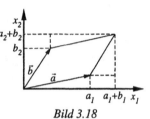

Bild 3.18

(a) über Zerlegungen (vgl. Bild 3.18):

$$|\vec{a}\ \vec{b}| = (a_1 + b_1) \cdot (a_2 + b_2) - a_1 a_2 - b_1 b_2 - 2a_2 b_1 = a_1 b_2 - a_2 b_1;$$

(b) über Scherungen (an einem Beispiel, vgl. Bild 3.19):

$$\begin{vmatrix} 5 & 2 \\ 1 & 3 \end{vmatrix} = \begin{vmatrix} 5 & 0 \\ 1 & \frac{13}{5} \end{vmatrix} = \begin{vmatrix} 5 & 0 \\ 0 & \frac{13}{5} \end{vmatrix} = 13;$$

(c) über elementare Spalten- und Zeilenumformungen: Man fragt nach Spalten- und Zeilenumformungen, die den Wert der Determinante (orientiertes Flächenmaß) nicht verändern; die Begründung erfolgt abbildungsgeometrisch. Die Scherung entlang einer Parallelogrammseite bedeutet die Addition des Vielfachen einer Spalte zu einer anderen. Fragt man umgekehrt nach dem geometrischen Analo-

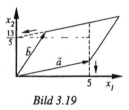

Bild 3.19

gon zur Addition des Vielfachen einer Zeile zu einer anderen, so erhält man als Antwort die Scherung entlang der x- bzw. y-Achse (vgl. Schema 3.2). Mit Hilfe dieser Elementarumformungen wird die Determinante auf Diagonalform gebracht und dann berechnet. Dabei kann man an die Strategie des Gaußschen Algorithmus anknüpfen.

Die Übertragung der so gewonnenen Aussagen auf den Raum beinhaltet eine Reihe von interessanten Problemstellungen und fördert insbesondere das Analogisieren, die Raumanschauung und andere heuristische Qualifikationen. Diese Übertragung kann auf rein geometrischer Ebene erfolgen, indem man z.B. mit räumlichen Scherungen arbeitet, oder aber auf algebraischer Ebene, indem man die im Fall $n = 2$ gewonnenen kennzeichnenden Eigenschaften zur Definition der 3reihigen Determinante benutzt (linear in den Spalten, alternierend, $|E| = 1$), und erst dann eine geometrische Interpretation vornimmt. Unter heuristischen Gesichtspunkten scheint es uns sinnvoll, dem Schüler beide Wege offen zu lassen. Hingewiesen sei auch auf den Aspekt der charakterisierenden Axiomatik (s.u.). Entsprechende Kurselemente haben sich in der Praxis bewährt (vgl. z.B. *Venus* 1982).

Schema 3.2 Analogien bei Determinanten

Umformungen von 2-reihigen Determinanten   *geometrische Entsprechung*

(1) a) Addition des Vielfachen einer   Scherung entlang einer Parallelogrammseite
        Spalte zu einer anderen

    b) Addition des Vielfachen einer   Scherung entlang der *x*- bzw. *y*-Achse
        Zeile zu einer anderen

(2) (a) Vertauschung von Spalten   Änderung der Orientierung

    (b) Vertauschung von Zeilen   Spiegelung an der Geraden *y* = *x*

(3) (a) Multiplikation mit −1 bei Spalten   Affinspiegelung, deren Achse durch eine
                                             Parallelogrammseite gegeben ist

    (b) Multiplikation mit −1 bei Zeilen   Spiegelung jeweils an einer Achse

(4) (a) Multiplikation einer Spalte mit   schiefe Affinität, deren Affinitätsachse und -rich-
        einem positiven Skalar   tung durch die Parallelogrammseiten gegeben sind

    (b) Multiplikation einer Zeile mit   normale Affinität mit der *x*- bzw. *y*-Achse als einer
        einem positiven Skalar   Affinitätsachse

(5) Stürzen der Determinante   Scherung entlang einer Seite ∘ Scherung entlang
                                             der *y*-Achse

(6) (a) Additivität bzgl. Spalten   mit Hilfe von Scherungen entlang von Seiten

    (b) Additivität bzgl. Zeilen   kompliziert (Scherung entlang der *x*-Achse, Sche-
                                             rung entlang einer Seite, Additivität bzgl. Spalten)

Umformungen von 3-reihigen Determinanten   *geometrische Entsprechung*

(1) Addition des Vielfachen einer   Scherung mit einer Spatfläche als Fixpunktebene
    Spalte zu einer anderen   und entlang einer parallelen Spatkante

(2) (a) Vertauschung von Spalten   Änderung der Orientierung

    (b) Vertauschung von Zeilen   Spiegelung an der Ebene *y* = *x* usw.

(3) (a) Multiplikation mit −1 bei Spalten   Affinspiegelung, deren Spiegelebene durch eine
                                             Spatfläche gegeben ist

    (b) Multiplikation mit −1 bei Zeilen   Spiegelung an einer Koordinatenebene

Die Bilinearität der Determinante als Funktion ihrer Spalten läßt sich ebenfalls geometrisch gewinnen (vgl. Bild 3.20). Da in dieser Sequenz zur Determinantenlehre Abbildungen eine wichtige Rolle spielen, stellt sie zugleich einen gut motivierten, problemorientierten Zugang zu einer analytischen Behandlung affiner Abbildungen dar (vgl. Schema 3.2).

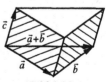

Bild 3.20

Beispiel 13 (Determinante und affine Abbildungen sowie andere Ergänzungen): Ausgangspunkt für die Behandlung linearer und affiner Abbildungen kann hier die Frage nach inhaltstreuen Abbildungen sein. Sind die affinen bzw. linearen Abbildungen bereits behandelt worden, so ergibt sich im Sinne des Integrationsprinzips die Möglichkeit, sie unter anderem Blickwinkel erneut zu erörtern. Weitere interessante Fragen und Themen in diesem Kontext sind die Frage nach der Veränderung des Inhaltsmaßes bei affinen Abbildungen, die Frage nach orientierungserhaltenden Abbildungen, ferner die Beziehung zwischen Vektorprodukt und Determinante und die formale Einführung von Inhaltsmaß und Orientierung in höherdimensionalen Räumen. Auch eine (erneute)

Behandlung der linearen Gleichungssysteme unter Verwendung von Determinanten ist didaktisch nun sinnvoll (Lösbarkeitskriterium, Cramersche Regel, Eigenwertprobleme).

Am Beispiel der Determinante läßt sich ein wichtiger Aspekt mathematischer Methodologie auf einfache Weise entwickeln. Analysiert man einige der oben angeführten Berechnungen der Determinantenformel im Fall $n = 2, 3$, so wird deutlich, daß die Eigenschaften „bi- bzw. trilinear" und „alternierend" eine wichtige Rolle spielen und daß sie zusammen mit der Bedingung $|E| = 1$ bereits eine Herleitung der Determinantenformeln gestatten. Es handelt sich bei diesen drei Forderungen also um eine charakterisierende Axiomatik (vgl. 2.1.4.1 Beispiel 12). Dem Schüler kann an dieser Stelle deutlich werden, daß er die ursprünglich benutzten geometrischen Eigenschaften nicht mehr braucht und daß die algebraische Kennzeichnung hinreichend ist (Lösung von der ontologischen Bindung). Auf dieser Basis scheint es uns möglich, den Schüler zu einem ersten Verstehen von Begriffsverallgemeinerungen wie Inhaltsmaß und Orientierung im $\mathbb{R}^n$, n beliebig, hinzuführen. Auf die didaktische Bedeutung der charakterisierenden Axiomensysteme haben wir bereits in Abschnitt 2.1.4.1 (Exkurs: Abstrahierende oder charakterisierende Axiomatik) hingewiesen. Die obige Kennzeichnung der Determinante bildet ein sehr einfaches und einleuchtendes Beispiel.

Als vorstrukturierende Lernhilfe für Determinanten eignet sich der Gedanke des Messens von Flächen und Volumina. Damit erfolgt zugleich eine erste Anbindung an das Skalarprodukt, das wir zum Messen von Winkeln und Strecken in Beziehung gebracht haben. Die zweite Anbindung ist struktureller Natur und beinhaltet das Herausarbeiten der Linearität als Leitidee.

In Schulbüchern der vektoriellen Analytischen Geometrie wird die dreireihige Determinante oft über das Spatprodukt als zusätzlicher Begriff eingeführt. Das Spatprodukt ist durch den orientierten Inhalt eines Spats, der durch $\vec{a}$, $\vec{b}$, $\vec{c}$ aufgespannt wird, gegeben und wird in diesen Büchern durch den Term $\left(\vec{a} \times \vec{b}\right) \cdot \vec{c}$ berechnet, wobei $\times$ für das Vektorprodukt steht. Ein solcher Zugang macht die oben genannten Zielsetzungen unmöglich, setzt die Behandlung des Vektorprodukts voraus und ist nicht verallgemeinerungsfähig.

Wiederholung, Aufgaben, Anregungen zur Diskussion

Wichtige Begriffe und Inhalte

Unterschiedliche Ansätze zur Behandlung der Abbildungen: strukturorientiert, im Sinne der vektoriellen Analytischen Geometrie, als zentrales Mathematisierungsmuster, unter Hervorhebung der Projektion.

Projektion: Parallelprojektion, Zentralprojektion; Projektion einer Ebene auf eine Ebene, des Raumes auf eine Ebene; als affin-lineare Abbildung mit einer idempotenten Matrix $A^2 = A$; Anwendungen in der darstellenden Geometrie, in der Kartografie.

Unterschiedliche Zugänge zum Matrizenkalkül: über LGS, über Abbildungen; als Verallgemeinerung des Zahlenrechnens; die Multiplikation von Matrizen als Verkettung von Abbildungen.

Unterschiedliche Zugänge zur Determinante: Determinante in der Gleichungslehre; als Determinante einer Abbildung; als Flächen- oder Volumenmaß; über elementare Spalten- und Zeilenumformungen; über eine charakterisierende Axiomatik.

---

1) (a) Geben Sie alle Typen von Kongruenzabbildungen und Ähnlichkeitsabbildungen an.
   (b) Überlegen Sie Beweisansätze, um zu zeigen, daß Sie alle Typen von Kongruenzabbildungen erfaßt haben. (Hinweis: Jede Kongruenzabbildung läßt sich als Produkt von höchstens 3 Geradenspiegelungen darstellen.)

2) (a) Geben Sie die Abbildungsgleichung an für: die Drehungen um den Ursprung, Scherungen entlang der x-Achse, Spiegelungen an den Koordinatenachsen, an der Winkelhalbierenden des ersten Quadranten. (b) Beweisen Sie: Eine affine Abbildung von der Form $\vec{x} \mapsto A\vec{x} + \vec{c}$, wobei A aus den Spalten $\vec{a}, \vec{b}$ mit $\vec{a}, \vec{b} \in \mathbb{R}^2$ besteht, ist genau dann eine Ähnlichkeitsabbildung, wenn $\vec{a}\,\vec{b} = 0$ und $|\vec{a}| = |\vec{b}|$ gilt, eine Kongruenzabbildung, wenn $\vec{a} \cdot \vec{b} = 0$ und $|\vec{a}| = |\vec{b}| = 1$ gilt.

   (c) Die Scherungen sind flächenmaßtreu. Beweisen Sie diesen Satz für das Beispiel der Scherungen mit der x-Achse als Scherungsachse.

3) Geben Sie die Matrix einer Parallelprojektion auf die xy-Ebene an. Ist die Bildebene eine Koordinatenebene, so kann man die Abbildung auch durch eine 3×2-Matrix beschreiben.

4) Zeigen Sie analytisch, daß (a) die Abbildung aus Beispiel 3, (b) die in Aufgabe 3 gefundene Parallelprojektion auf die xy-Ebene die in Beispiel 2 angegebenen Eigenschaften hat.

5) Zeigen Sie an einem Modell, daß es eine geeignete Parallelprojektion eines Würfels gibt, die ihn auf ein reguläres Sechseck abbildet. Beweisen Sie dieses Ergebnis formal.

6) (a) Beweisen Sie, daß die Abbildungen $\varphi \colon \mathbb{R}^3 \to \mathbb{R}^3$, $\vec{x} \mapsto A\vec{x}$ mit $A^2 = A \neq 0$, E affin-lineare Abbildungen sind, bei denen der $\mathbb{R}^3$ entweder parallel zu einer Geraden auf eine Ebene oder parallel zu einer Ebene auf eine Gerade projiziert wird. (b) $A = \begin{pmatrix} 0 & p & 0 \\ 0 & 1 & 0 \\ 0 & q & 0 \end{pmatrix}$ Untersuchen Sie die Abbildung $\varphi \colon \vec{x} \mapsto A\vec{x}$ mit nebenstehendem A.

7) (a) Die Scherung φ sei durch die folgenden Abbildungsgleichungen gegeben: $u = x + 2y$ und $v = y$. Zeichnen Sie die Bilder der folgenden 7 Kurven mit den Gleichungen: $y = \pm 1, 0$; $x = \pm 1, 0$; $x^2 + y^2 = 1$ (vgl. Beispiel 7). Wir skizzieren ein Vorgehen mit Hilfe von DERIVE. Man löst die Abbildungsgleichungen nach x und y auf und erhält $x = u - 2v$ und $y = v$ und substituiert x und y entsprechend. Man kann auch auf die Einführung neuer Buchstaben verzichten. Zur Realisierung ruft man den Menü-Befehl Zusatz-Substituieren auf und ersetzt x durch $x - 2y$ und y durch y. Man erhält die Kurvengleichungen der Abbildungen der 7 Kurven und zeichnet diese in dasselbe Bildfenster hinein. (b) Führen Sie weitere Abbildungen des Quadrats wie oben aus (Drehungen, (Schräg-)Spiegelungen). Um die Abbildungsgleichungen nach x und y aufzulösen, arbeitet man sinnvollerweise mit dem Matrizenkalkül und der Inversenbildung.

8) (a) Beweisen Sie die Linearität der geometrisch eingeführten zweireihigen Determinante.
   (b) Beweisen Sie die Linearität der geometrisch eingeführten dreireihigen Determinante.

9) Zeichnen Sie mit DERIVE die Kavalierprojektion (a) einer Kirche, (b) einer Pyramide mit Schatten. (Bezug Beispiel 6.)

3.4 Exemplarische Curriculumelemente

Wir stellen in Schema 3.3 exemplarisch einige Curriculumelemente stichwortartig zusammen, die in der Diskussion der vorangegangenen Abschnitte entwickelt wurden und die u.E. gut in den Rahmen eines allgemeinbildenden, problem- und anwendungsorientierten Mathematikunterrichts passen. Wir heben insbesondere Möglichkeiten des mathematischen Experimentierens hervor. An einigen Stellen greifen wir auf Kapitel 4 voraus. Bekannte Schulbuchcurricula sind hier nicht aufgeführt (vgl. dazu 2.1).

Schema 3.3 Exemplarische Curriculumelemente

Curriculumelement 1 (ein Minimalprogramm einer nichtvektoriellen Analytischen Geometrie): Die Parameterdarstellung der Geraden in der Form $x = at$, $y = bt$, $z = ct$ und die Koordinatendarstellung der Ebene werden unter Benutzung konkreter Modelle aus dem Strahlensatz entwickelt. Auf Vektoren wird verzichtet. Bei der Behandlung von Schnittgebilden bedient man sich des Gaußschen Algorithmus; der Gaußsche Algorithmus wird geometrisch gedeutet (vgl. 1.1.7, z.B. Beispiel 19 und 1.2.2.4, z.B. Beispiel 33 und 34). Einfache Abstandsfragen und das Senkrechtstehen werden mittels des Satzes von Pythagoras geklärt (vgl. 3.2.1 Didaktische Überlegungen). Erweiterungen: Die Kegelschnitte und die Spirale werden fadengeometrisch realisiert und in Koordinatensystemen dargestellt. Die Parameterdarstellung der Geraden wird zur Parameterdarstellung von Kreis, Ellipse und Spirale ausgebaut. Koordinatensysteme und das Durchlaufen von Kurven können Schwerpunkt eines solchen Kurselements sein (vgl. 4.1/2).

Curriculumelement 2 (ein Minimalprogramm zum Skalarprodukt): Mit Hilfe des Satzes von Pythagoras entdeckt man, daß sich die Vektorlänge des Vektors $\vec{a} = (a_i)$ durch $|\vec{a}|^2 = a_1 a_1 + a_2 a_2 + a_3 a_3$ berechnen läßt und daß $\vec{a} \perp \vec{b} \Leftrightarrow a_1 b_1 + a_2 b_2 + a_3 b_3 = 0$ gilt. Man definiert mit dem Ausdruck $a_1 b_1 + a_2 b_2 + a_3 b_3$ das Skalarprodukt $\vec{a} \cdot \vec{b}$. Die produktähnlichen Eigenschaften (Symmetrie und Bilinearität) sind unmittelbar einsichtig. Man zeichnet die Werte von $\vec{a} \cdot \vec{b}$ für $|\vec{a}|, |\vec{b}| = 1, 2$ in Abhängigkeit des Winkels $|\sphericalangle (\vec{a}, \vec{b})|$ und erhält so Graphen von Kosinusfunktionen. Man erschließt $\vec{a} \cdot \vec{b} = |\vec{a}||\vec{b}|\cos(\vec{a}, \vec{b})$. Einen Beweis über den Kosinussatz halten wir für entbehrlich. Es werden einfache Abstandsfragen mit Hilfe der Lotbildung behandelt (vgl. 3.2.1). Eine Ergänzung kann die Entfernungsmessung auf Kugel, Globus und Karte sein (vgl. Curriculumelement 3).

Curriculumelement 3 (eine Skizze zur Längen- und Entfernungsmessung in der Geografie im GK): Mit Hilfe eines Fadens konstruiert man die kürzeste Verbindung zwischen Havanna und Paris, sowohl auf der Karte wie auf dem Globus. Man vergleicht die berechneten Entfernungen. Man betrachtet markante Punkte (Städte, Inseln, Berge) auf den beiden Linien und stellt Unterschiede fest. Man entwickelt Elemente der Kugelgeometrie und des geografischen Koordinatensystems. Man diskutiert Erweiterungen zum Entfernungsbegriff (z.B. Zeitspanne für eine zurückgelegte Entfernung). Man überlegt, ob man anhand einer Karte mit Höhenlinien und auf der Basis des veränderten Entfernungsbegriffs eine neue „Karte" zeichnen kann. Ein solcher Kurs erlaubt es, nicht nur „interessante Mathematik zu machen", sondern auch in vielfältiger Form über Mathematik zu reden. (Vgl. 3.2.2, z.B. Beispiel 6, 7.)

Curriculumelement 4 (eine theoretische Diskussion zur Längen- und Entfernungsmessung im LK): Man betrachtet alternative Entfernungsmaße (Maximums-, Betrags-, „Ellipsen"-Metrik). Man entwickelt anhand der Beispiele eine Begriffsexplikation für „Metrik". Man vergleicht die diskutierten Metriken mit der „Kreis"-Metrik. Man überlegt die Möglichkeit, mit Hilfe einer Metrik den Begriff „orthogonal" und ein Winkelmaß einzuführen (vgl. 1.1.6, 3.2.2 Drei Exkurse (3)).

Curriculumelement 5 (ein Minimalprogramm zur vektoriellen Geometrie): (a) Man behandelt die Koordinatendarstellung der Ebene und die Parameterdarstellung der Geraden. Dabei wird der arithmetische Vektorbegriff eingeführt. Die Parameterdarstellung der Ebene entfällt oder wird nur informatorisch behandelt (vgl. 3.1.1). Damit wird der Parameterbegriff verständlicher; die Parameterdarstellung der Geraden kann ausgeweitet werden zur Darstellung einfacher, nichtlinearer Kurven (vgl. 4.2). Die Berechnung der Ebenengleichung bei vorgegebenen Punkten erfolgt mittels eines LGS. Bei der Lösung von LGS bedient man sich des Gaußschen Algorithmus; eine einfache geometrische Interpretation des Gaußschen Algorithmus ist wünschenswert (vgl. 1.1.7, z.B. Beispiel 19 und 1.2.2.4, z.B. Beispiel 33 und 34). (b) Das Skalarprodukt wird im Sinne von Curriculumelement 2 eingeführt. Die Hessesche Normalenform der Ebene wird direkt aus der Koordinatendarstellung hergeleitet und ermöglicht die Behandlung von Abstandsfragen. Die üblichen Routineaufgaben bleiben in einfacher Form weitgehend erhalten. (c) Ein derartig redu-zierter Kurs betont ein beschreibendes Arbeiten und erlaubt interessante Ergänzungen in Richtung der arithmetisch-algebraischen Beschreibung komplexer Objekte (Curriculumelement 6) oder linearer Modellbildung in den Wirtschafts- und Sozialwissenschaften (z.B. Mischungs-, Verflechtungs- und Populationsprobleme, Markoff-Prozesse; vgl. 1.2.1;1.2.2; 3.3.2).

Curriculumelement 6 (Würfel und weitere Platonische Körper): Basis wie unter Curriculumele-ment 5. Roter Faden ist die Betrachtung des Würfels, des Tetraeders und weiterer Platonischer Körper. Kanten, Diagonalen, Seiten- und Diagonalflächen werden vektoranalytisch beschrieben, auffallende Winkel mit dem Skalarprodukt untersucht. Die Deckbewegungen des Würfels und des Tetraeders werden mittels Matrizen und eventuell auch beim Würfel mittels Permutationen (der Hauptdiagonalen) erfaßt. Der Gedanke der darstellenden Geometrie wird am Beispiel des Würfels entwickelt und mit Hilfe von DERIVE realisiert. (Vgl. 3.1.3 Beispiel 9, 3.2.1 Beispiel 5 und 3.3.1 Beispiel 5 und 6.)

Curriculumelement 7 (lineare Modellbildung A): Basis ist ein einfacher arithmetischer Vektor-begriff und seine geometrische Interpretation. Länge und Senkrechtstehen werden auf den Satz des Pythagoras zurückgeführt. Probleme aus den Wirtschafts- und Sozialwissenschaften (z.B. Mi-schungsfragen, Ströme in Netzen, Populationsdynamik, Markoff-Prozesse, Verflechtungsproble-me; vgl. 1.2.1, 3.1.2/3, 3.3.2) werden mit Hilfe von linearen Gleichungssystemen, Matrizenglei-chungen und dem Abbildungsbegriff mathematisiert und geometrisch interpretiert. Wichtige Lösungsverfahren sind der Gaußsche Algorithmus und Elemente der Matrizenalgebra (vgl. 1.1.7, z.B. Beispiel 19 und 1.2.2.4, z.B. Beispiel 33). Als Hilfsmittel kann ein CAS eingesetzt werden. (Vgl. auch Curriculumelement 9 und 10.)

Curriculumelement 8 (Projektion als Mathematisierungsmuster): Basis wie unter Curriculumele-ment 7. Es werden drei Modellbildungen mittels des Projektionsbegriffs entwickelt: darstellende Geometrie, Kartografie und Fotografie (vgl. 3.3.1., z.B. Beispiel 4, 5, 6). Die darstellende Geome-trie wird mittels DERIVE realisiert.

Curriculumelement 9 (lineare Modellbildung B – Ströme in Netzen): Es wird ein Wasserver-sorgungsnetz mit Hilfe eines Graphen und eines LGS mathematisiert. Es werden Fragen nach Baukosten und Reparaturfreundlichkeit des Netzes gestellt. Es werden analoge Realsituationen untersucht. Die Unterrichtseinheit verlangt keine besonderen Vorkenntnisse. Sie kann auch ohne den Vektorbegriff bearbeitet werden. (Vgl. Abschnitt 3.1.2 Beispiel 7.)

Curriculumelement 10 (lineare Modellbildung C – Übergangsmatrizen): Es wird die Entwicklung einer Population untersucht (z.B. Käferpopulation in Abschnitt 1.2.1.3 Beispiel 16). Dabei geht man zunächst sehr konkret vor und fragt nach der Entwicklung nach einem, zwei, drei Monaten usw. Dann werden folgende allgemeine Fragen erörtert: Unter welchen Reproduktionsbedingungen (a) ist die Bevölkerungsentwicklung zyklisch, (b) stirbt die Population aus, (c) wächst sie? Als zweiten Aufgabentyp behandelt man ein Problem zur Marktentwicklung (vgl. Abschnitt 3.3.2 Bei-spiel 11). Dieser Problemkontext kann als erste Einführung in Begriffe der Wahrscheinlichkeits-rechnung dienen. Beide Problemkontexte sind gut für einen entdeckenlassenden Unterricht geeignet. Sie können eventuell zur problemorientierten Einführung des Matrizenkalküls benutzt werden.

4 Beispiele für einen problem- und anwendungsorientierten Unterricht: Kurven und Flächen

Wir sehen Problemorientierung und Anwendungsorientierung als sinnvolle wechselseitige Ergänzung an. Der in Band 1, Kapitel 3 und 4 dargestellte Ansatz zur Problem- und Anwendungsorientierung im Mathematikunterricht macht deutlich, daß es nicht darum geht, die Inhalte des Mathematikunterrichts radikal zu ändern, sondern darum, bekannte Inhalte unter veränderter Perspektive zu sehen, sie durch konkrete Sachverhalte und mathematische Modellierungen von Realsituationen zu ergänzen sowie neue Hilfsmittel und eine größere Breite von Lehrverfahren einzusetzen. Ein solcher Unterricht verfolgt die in 2.4 beschriebenen Zielsetzungen eines allgemeinbildenden Unterrichts, die sich auf das mathematische Modellbilden, auf rationales Argumentieren, kreatives Verhalten und auf die Vermittlung eines angemessenen Bildes von Mathematik beziehen. Die Beispiele in diesem Kapitel reichen von größeren Unterrichtseinheiten über kleinere „Projekte" bis hin zu Einzelthemen, die eher beiläufig in den Unterricht integriert werden können. Einige Themen eignen sich auch für Facharbeiten oder zur Förderung besonders interessierter Schüler. Zahlreiche Beispiele zum mathematischen Modellieren mittels linearer Modelle haben wir bereits in Abschnitt 1.2.1 und bei der Diskussion der Standardthemen in Kapitel 3 behandelt. Letztlich ist es die konsequente Berücksichtigung der kleineren Beispiele, die für einen problem- und anwendungsorientierten Mathematikunterricht wesentlich ist. In Kap. 4.1 betrachten wir Kegelschnitte, in 4.2 allgemeine Kurven und in 4.3 Flächen und Funktionen mehrerer Veränderlicher.

Verfolgt man die derzeitigen Themen didaktischer Kolloquien und die von Aufsätzen in stoffdidaktisch ausgerichteten Zeitschriften, so findet man zunehmend Arbeiten, die man als *Objektstudien* bezeichnen kann. Es geht dabei um die Analyse eines eng umrissenen, konkreten bzw. anschaulich gegebenen mathematischen Sachverhalts: etwa die Sattelfläche als geometrischer Ort aller Punkte, die von zwei windschiefen Geraden gleichen Abstand haben, realisiert als konkretes Modell oder als Computergrafik, spezielle ebene oder räumliche Bahnkurven (etwa die Kurve, die die Propellerspitze eines startenden Flugzeugs beschreibt), die Geometrie von Kirchenfenstern, Dächern oder Dachrinnen und durch einfache Konstruktionsverfahren gegebene geometrische Gebilde, wie die Ellipse, Parabel oder Hyperbel, sowie eine durch ein Grafikprogramm realisierbare Kurvenschar, die innermathematisch und/oder als mathematisches Modell interessant ist. Die Objekte werden mit Hilfe vielfältiger experimenteller Methoden untersucht. Charakteristisch für diesen Ansatz sind darüber hinaus die folgenden beiden Merkmale: (a) die Betrachtung des Objekts führt auf gut nachvollziehbare und interessante Fragen, (b) es steht nicht eine mathematische Methode, Theorie oder Struktur im Vordergrund, sondern das Objekt und das mathematische Experiment. Hier wird zum Teil an eine Mathematik angeknüpft, wie sie vor der Phase der Strukturorientierung an den Universitäten gelehrt wurde, an Lehrwerke wie „Einführung in die höhere Mathematik" von *Mangoldt/Knopp* (1958[11]), sowie an Aufgaben aus Schulbüchern und Didaktiken des Traditionellen Mathematikunterrichts (vgl. *Lambacher/Schweizer* 1954; *Reidt/Wolff* 1952f., 1953f.; *Lietzmann* 1916-68). Im folgenden gehen wir in verkürzter Form auf einige Aspekte eines problemorientierten Mathematikunterrichts ein.[1] Allgemeine Fragen der Anwendungsorientierung wurden bereits in 1.2.1 behandelt.

Lehrverfahren eines problemorientierten Unterrichts

Unter den oben beschriebenen allgemeinen Zielsetzungen soll ein problemorientierter Unterricht dem Schüler viel Eigenständigkeit gestatten. Ein stark lehrerzentrierter Unterricht ist hierfür ungeeignet. Bezogen auf den alltäglichen Mathematikunterricht ist ein Entdeckungsprozeß realistisch, der nicht vollständig frei ist, sondern bei dem es sich eher um ein Entdecken unter Führung handelt. *Bruner* (1973) spricht von „guided discovery" (entdeckenlassender Unterricht). Dafür sind die folgenden beiden Bedingungen wichtig:

(1) eine angemessene Problemvorgabe,
(2) der Einsatz von heuristischen Hilfen, die den Entdeckungsprozeß voranbringen und steuern.

Zu 1: Bei der *Problemvorgabe* sollten die folgenden Gesichtspunkte beachtet werden:
- das Problem muß relevant sein in Hinblick auf die Sachstruktur oder das mathematische Modell, die im Unterricht vermittelt werden sollen;
- das Problem soll zu Vermutungen, gezielten Experimenten und Hypothesen anregen, also möglichst offen sein. Es soll vielfältige Lösungswege mit unterschiedlichen mathematischen Methoden und Lösungen unterschiedlicher Allgemeinheit und Abstraktheit zulassen (vgl. etwa Beispiel 8 in Abschnitt 1.1.3);
- der Schüler muß die Problemstellung inhaltlich gut erfassen können;
- die Problemlösung muß von mittlerer Schwierigkeit sein, d.h. (a) planvolles Entdecken ist Voraussetzung für das Finden einer Lösung, (b) bei Unterstützung durch Lernhilfen sollte die überwiegende Mehrzahl der Schüler das Problem lösen können;
- das Problem muß den Vorkenntnissen, Vorerfahrungen und Interessen der Schüler möglichst gut entsprechen.

Einen ersten und relativ einfachen Schritt, offene Probleme in den üblichen Mathematikunterricht mit einzubeziehen, gestattet das „Öffnen" von Schulbuch-Aufgaben (vgl. 2.4.2).

Zu 2: Es ist sinnvoll, zwei Typen von Hilfen zu unterscheiden:
- *ergebnisorientierte Hilfen*: sie weisen auf relevante Information oder Vorkenntnisse hin, geben inhaltliche Zusammenhänge oder Teillösungen vor;
- *prozeßorientierte Hilfen*: sie sollen den Schüler bei einem planvollen und überlegten Vorgehen unterstützen, etwa bei der Analyse des Problems, beim Generieren von Hypothesen und deren Überprüfung. Die heuristischen Regeln lassen sich in dieser Weise verwenden. Auch anhand der bereichsspezifischen Strategien in 1.2.2 lassen sich prozeßorientierte Hilfen konstruieren.

Der Lehrer sollte wenig mit ergebnisorientierten Hilfen, sondern vorrangig mit motivations- und prozeßorientierten Hilfen arbeiten. Als Sozialform des entdeckenlassenden Unterrichts empfiehlt sich die Gruppe mit 4-5 Schülern. Bei 4-5 Gruppen im Kurs bzw. in der Klasse ist der Lehrer noch in der Lage, den Entdeckungsprozeß zu verfolgen und durch prozeßorientierte Hilfen zu fördern. Das Arbeiten mit prozeßorientierten Hilfen erfordert von seiten des Lehrers Erfahrung und die Fähigkeit, sich mögliche Vorgehensweisen der Schüler vorstellen zu können. Wir geben einige einfache Beispiele für prozeßorientierte Hilfen:

---

[1] Für eine ausführliche Darstellung vgl. Band 1, Kap. 3 und 4.

- Kläre „Frage" und „Voraussetzungen"; formuliere das Problem um, benutze eigene Worte.
- Veranschauliche oder konkretisiere das Problem (z.B. durch Diagramm, Tafel, Graph, Bild, CAS, Grafik- oder Geometrieprogramm, durch ein konkretes Modell, durch mathematische Experimente).
- Suche nach ähnlichen bzw. analogen Fragen oder Problemen, auch in anderen mathematischen Bereichen.
- Übersetze algebraische Probleme in geometrische und umgekehrt.
- Untersuche systematisch Einzelfälle; experimentiere gezielt; variiere das Problem, die Voraussetzungen und die Frage; suche nach geeigneten Parametern für das Variieren; verallgemeinere Einzelfälle.
- Zerlege das Problem bzw. die Frage in Teilfragen.

In einem problem- und anwendungsorientierten Unterricht muß Raum sein für ein gleichberechtigtes Aushandeln von Bedeutungen, für Fehler und für abweichende Vorstellungen. Umwege sind erlaubt, ungewöhnliche Ideen und individuell unterschiedliche Lösungswege werden akzeptiert und, wenn möglich, gefördert.

Merkmale eines experimentellen Unterrichts

Bei den Problemkontexten, die in diesem Kapitel aufgeführt werden, spielt mathematisches Experimentieren eine wichtige Rolle. Der Gedanke des mathematischen Experimentierens mit Objekten wurde bereits in der älteren didaktischen Literatur herausgestellt (vgl. z.B. *Lietzmann* 1959), wird zur Zeit wiederentdeckt und hat durch die Möglichkeiten des Rechners und neuartige Schulsoftware sehr an Bedeutung gewonnen. Der Rechner hat zudem neue Gebiete für das experimentelle Arbeiten erschlossen. Wir listen einige allgemeine Merkmale eines experimentellen Arbeitens auf:

- Arbeiten mit Modellen von 3-dimensionalen Koordinatenkreuzen, variable Darstellung von Geraden und Ebenen sowie deren Abbildungen; Arbeiten mit variablen bzw. zerlegbaren Modellen von Körpern, z.B. aus Knetmasse oder Styropor (etwa zur Realisierung von Kegelschnitten, von Platonischen Körpern und deren Deckabbildungen);
- Schnitte von Körpern und Flächen; Konstruktion von Flächen durch Rotation oder Verschieben einfacher Kurven entlang von Kurven (Sattelfläche);
- die Fadengeometrie und andere Konstruktionsverfahren: die Benutzung eines Fadens zur Konstruktion von Kurven (z.B. die Gärtnerkonstruktionen von Kegelschnitten), zur Realisierung der Abstandsmessung auf konvexen Körpern (insbesondere Kugel- und Zylindergeometrie); die sich drehende Scheibe zur Konstruktion von Spiralen; der Spirograph[2] zur Realisierung von Rollkurven verschiedenster Art;
- dynamische Geometrieprogramme (DGP)[3];
- Parametervariation bei Kurvenscharen, bei der Potenzbildung von Matrizen (etwa in der Bevölkerungsdynamik oder bei Markoff-Prozessen);
- experimentelle Veränderung von Koordinatensystemen (z.B. wiederholtes Drehen um einen festen Winkel); systematisches und fortgesetztes Abbilden von ebenen Figuren und Körpern (z.B. Drehen von Dreiecken und daraus entstehende Figuren);
- Black-box-Ansatz: experimentelles Umgehen mit einem komplexen mathematischen Ausdruck (z.B. für Abbildungsmatrix, Krümmung oder Bogenlänge) durch ein Programm oder Makro; Erforschung der Eigenschaften einer solchen Black box.

In diesem Zusammenhang ist es sinnvoll, den Begriff des Objektes sehr weit zu fassen, als etwas, das man konkret, virtuell oder gedanklich von verschiedenen Seiten betrach-

---

[2]   Hierbei handelt es sich um ein im Handel erhältliches Malwerkzeug für Kinder (BM Creativ).
[3]   Bei den Konstruktionen in diesem Kapitel haben wir in der Regel EUKLID 2 benutzt.

ten, räumlich bewegen, verändern, zerschneiden oder mit anderen Objekten zusammenfügen kann. In diesem Sinne können viele grafische Rechner-Realisationen von Kurven, Flächen und Körpern oder von (anderen) formalen Ausdrücken als Objekte gesehen werden. Bei der Beschaffung von Information über solche mathematischen Objekte, insbesondere deren Vorkommen in Anwendungssituationen, kann das *Internet* dem Schüler wertvolle Hilfe leisten. Mit dem Arbeiten im Internet fördert man zudem eine wichtige neue Kulturtechnik. Beim Suchen im Internet zu Stichwörtern wie Kegelschnitte, Spirale, Zykloide, Projektion und Kartografie sind wir auf umfangreiche, interessante Information gestoßen.

Die oben beschriebenen Konstruktionsverfahren ermöglichen eine sog. konstruktive oder auch operative Begriffsbildung, wie etwa die Einführung der Begriffe Kreis, Ellipse, Parabel durch die Fadenkonstruktion. Die besonderen Möglichkeiten eines solchen Begriffslernens liegen weitgehend auf der Hand (vgl. aber auch Abschnitt 2.2 in Band 1).

Eine übergreifende Idee für den Geometrieunterricht: der geometrische Ort

Eine leistungsstarke Idee zur Vernetzung von Inhalten und zur Konstruktion von Problemen und Aufgaben ist die des *geometrischen Ortes*. Dies belegt die folgende Zusammenstellung von Beispielen. Die Idee sollte im Unterricht systematisch herausgearbeitet werden.

Schema 4.1 Geometrische Örter

Wir listen einige Charakterisierungen für solche Punktmengen auf.

In der Ebene: Menge aller Punkte mit

– gleichem Abstand von einem Punkt	Kreis
– gleichem Abstand von zwei Punkten	Mittelsenkrechte
– gleichem Abstand von zwei Geraden	Winkelhalbierende, Mittelparallele
– gleichem Abstand von Punkt und Gerade	Parabel
– konstanter Abstandssumme von zwei Punkten	Ellipse
– konstanter Abstandsdifferenz von zwei Punkten	Hyperbel
– konstantem Abstandsprodukt von zwei Punkten	Cassinische Linie (vgl. Beispiel 1)
– konstantem Abstandsquotienten von zwei Punkten	Kreis
– gleichem Abstand von Kreis und einem Punkt im Inneren des Kreises	Ellipse
– gleichem Abstand von Kreis und einem Punkt außerhalb des Kreises	Hyperbel
– der Eigenschaft, Krümmungskreismittelpunkt zu einer vorgegebenen Kurve zu sein	Evolute

Im Raum: Menge aller Punkte mit

– gleichem Abstand von einem Punkt	Kugel
– gleichem Abstand von zwei Punkten	„Mittelsenkrechten-Ebene"
– gleichem Abstand von 2 windschiefen Geraden	Sattelfläche
– gleichem Abstand von zwei Ebenen	„Winkelhalb.-/Mittelparallel-Ebene"
– gleichem Abstand von einem Pkt. und einer Ebene	Rotationsparaboloid
– konstanter Abstandssumme von zwei Punkten	Rotationsellipsoid
– konstanter Abstandsdifferenz von zwei Punkten	(zweischaliges) Rotationshyperboloid

Beispiel 1 (Cassinische Linien und die Lemniskate): Der geometrische Ort für alle Punkte mit konstantem Abstandsprodukt a^2 von zwei festen Punkten – in Analogie zu Ellipse und Hyperbel auch Brennpunkte genannt – ist eine Cassinische Linie. Die beiden festen Punkte seien in einem geeigneten kartesischen Koordinatensystem durch $(0 \mid -e)$

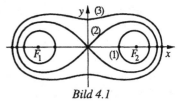

Bild 4.1

und $(0 \mid e)$ beschrieben. Die Bedingung für die Cassinischen Linien läßt sich dann durch die Gleichung $\sqrt{(x+e)^2 + y^2} \cdot \sqrt{(x-e)^2 + y^2} = a^2$ fassen.

Cassini (1628-1712) glaubte, daß die Planeten sich auf solcher Art von Kurven bewegten. In der DERIVE-Grafik (Bild 4.1) haben wir drei Kurven für verschiedene *a* gezeichnet: (1) $a < e$, (2) $a = e$ und (3) $a > e$. Für $a = e$ erhält man die sog. Lemniskate, eine nichteinfache, geschlossene Kurve. Besonders einfach läßt sich die Lemniskate in Polarkoordinaten darstellen: $r^2 = 2e^2 \cos(2\varphi)$; in kartesischen Koordinaten gilt: $(x^2 + y^2)^2 - 2e^2(x^2 - y^2) = 0$.

Das Schema 4.1 wird später an mehreren Stellen erweitert und in seinen Details diskutiert. Die Frage nach geometrischen Örtern in Ebene und Raum ist ein reiches Feld für die Hypothesenbildung. Interessant sind insbesondere die Analogien zwischen Ebene und Raum.

Einführung zum Thema Kurven

Kurven sind geometrische Phänomene, die in vielfältiger Form in der Natur, Kunst und Technik realisiert sind. Die algebraisch-formale Beschreibung solcher Kurven ist seit Jahrhunderten ein wichtiger Gegenstand mathematischer Aktivität. Umgekehrt dienen Kurven oft zur geometrischen Veranschaulichung algebraisch-formaler Zusammenhänge, die innermathematisch eine Rolle spielen oder Teil einer mathematischen Modellbildung sind. Kurven

– dienen zur Darstellung der Bewegung von Körpern,
– sind Durchdringungslinien, die sich bei der Durchdringung von Körpern zeigen,
– helfen bei der Beschreibung von Formen,
– sind Ortslinien, also eine Menge von Punkten mit gemeinsamer Eigenschaft,
– sind Graphen von Funktionen.

Aus der Vielfalt der Phänomene ergibt sich eine gewisse Breite bei der Begriffsdefinition. Eher umgangssprachlich ist eine Kurve eine Linie, die man ohne abzusetzen zeichnen bzw. durchlaufen kann. Im Sinne größerer mathematischer Exaktheit und Formalisierung bedeutet „Kurve" eine stetige Abbildung eines Intervalls in die Ebene oder den Raum. Manche Autoren fordern statt „stetig" auch „differenzierbar" oder „genügend oft differenzierbar". Das Wort Kurve wird häufig auch für den Graphen einer solchen Abbildung gebraucht. Die algebraisch-formale Darstellung einer Kurve kann sich auf verschiedene Koordinatensysteme (z.B. kartesisches, Polar-, Zylinder-, Kugelkoordinatensystem) beziehen und von unterschiedlicher Art sein (explizit, implizit, in Parameterform) (vgl. Abschnitt 1.2.1.1 und 4.2). Anhand des Begriffs Kurve läßt sich exemplarisch der historische Prozeß der Begriffsentwicklung in der Mathematik darstellen (vgl. Band 1, Abschnitt 2.2.2 Beispiel 4). Interessant sind sogenannte Kurvenmonster, wie die Kochsche oder die Peano-Kurve, die in ihrer Entstehungszeit dazu dienten, die Unangemessenheit jeweils aktueller Begriffsexplikationen zu verdeutlichen.

Die Bedeutung des Kurvenbegriffs für einen problem- und anwendungsorientierten Mathematikunterricht besteht zum einen in seiner Rolle als zentrales Mathematisierungsmuster (vgl. 1.2.1.1), zum anderen darin, daß sich Kurven oft in vielfältiger Weise realisieren und variieren lassen und damit interessante Entdeckungen erlauben, etwa:

- durch Apparaturen oder Materialien, z.B. den Spirographen zur Konstruktion von Rollkurven, die Drehscheibe und aufgerollte Seile unterschiedlicher Stärke für Spiralen;
- durch eine „Fadenkonstruktion": Kegelschnitte; die Erzeugung von Spiralen mit Hilfe eines um einen Bleistift gerollten Fadens; die Erzeugung von Evolventen (für weitere Beispiele vgl. *Lietzmann* 1959, 69f.). (Die Evolvente ist eine Kurve, die durch Abwicklung einer anderen Kurve entsteht, vgl. *Duden* 1994, 150f. Die Kreisevolvente etwa ist ein spiralförmiges Kurvenstück, vgl. Bild 4.33);
- durch das Arbeiten mit Schnitten von Flächen und Körpern (z.B. Kegel-, Zylinder-, Sattelflächenschnitte, Durchdringungskurven von Dachrinnen, Rohren u.ä.);
- durch die Konstruktion der Krümmungskreismittelpunkte zu einer vorgegebenen Kurve; man nennt die so entstehende Kurve Evolute; die Ausgangskurve ist eine Evolvente ihrer Evolute;
- durch Grafikprogramme, indem man die Parameter von Kurvenscharen variiert;
- durch dynamische Geometrieprogramme (DGP): mittels Variation von Konstruktionsfiguren oder mittels einfacher Abbildungen von Geraden und Kreisen.

Beispiel 2 (Beispiele für Kurvenkonstruktion mit einem DGP): (a) Man variiert geometrische Konfigurationen bzw. Konstruktionen: z.B. konstruiert man zu einem festen Punkt F und zu einem auf einer festen Geraden g liegenden variablen Punkt G einen Punkt P, der von beiden Punkten gleichen Abstand hat. Zieht man G mit Hilfe des sog. Zugmodus entlang von g, so durchläuft P eine Parabel. Das DGP zeichnet solche Ortskurven. Vielfältige Ortskurven bzw. Beschreibungen von geometrischen Örtern (z.B. für Ellipse und Hyperbel) lassen sich so realisieren.

Bild 4.2

(b) Man bildet Geraden, Kreise und andere Kurven ab: (b_1) die Inversion einer Geraden an einem Kreis führt auf einen Kreis; (b_2) die punktweise „Spiegelung" einer Geraden g an der Kreislinie (in Analogie zur Geradenspiegelung) führt, je nach Abstand der Geraden g vom Kreismittelpunkt M, auf unterschiedliche Konchoiden (algebraische Kurven 4. Ordnung) (vgl. Bild 4.2 und *Weth* 1998, 51f.). Man spiegelt $P \in g$ an der Tangente des Kreises im Punkt S; dabei ist S der Schnittpunkt der Halbgeraden $\vdash MP$ mit der Kreislinie.

Obwohl dynamische Geometrieprogramme eine Fülle von Kurvenkonstruktionen ermöglichen, sprechen lernpsychologische Überlegungen und auch Äußerungen von erfahrenen Lehrern dafür, das „Begreifen von Mathematik" wörtlich zu nehmen und auch mit konkreten Modellen zu arbeiten.

Die mathematische Behandlung von Kurven kann mit sehr unterschiedlichen mathematischen Methoden erfolgen: mittels Strategien (a) der synthetischen und (b) der Analytischen Geometrie in verschiedenen Koordinatensystemen sowie mit Verfahren (c) der Analysis und (d) der elementaren Differentialgeometrie. Das Gebiet Kurven eignet sich daher nicht nur für einen experimentellen Unterricht, sondern bietet auch die Möglichkeit, Analysis und Analytische Geometrie und Lineare Algebra miteinander zu verzahnen sowie die Mittelstufengeometrie integrativ zu wiederholen. Themen zu Kurven sind geeignet, einige mathematische Modellierungen aus der Physik wieder in den Mathematikunterricht zu integrieren, auch wenn die Schüler und eventuell auch der Lehrer nur über wenige Physikkenntnisse verfügen.

Während die Kegelschnitte schon seit vielen Jahrzehnten in der Schule und in der didaktischen Diskussion eine wichtige Rolle spielen – mal abgelehnt, mal intensivst befürwortet, liegt das Augenmerk heute zunehmend auf der Vielfalt von Kurvenphänomenen. Es gibt inzwischen zahlreiche aktuelle Vorschläge zur Behandlung von Kurven (z.B. *Heitzer* 1998; *Knichel* 1998; *Kroll/Vaupel* 1989; *Schupp* 1998; *Steinberg* 1993, 1995, 1998; *Weth* 1993, 1998; Der MU 1998, H. 4/5). Dabei wird auf eine Fülle von Kurvenbetrachtungen aus älterer fachwissenschaftlicher Literatur zurückgegriffen (z.B. *Loria* 1902; *Schmidt* 1949; *Mangoldt/Knopp* 1953). Einen interessanten und umfassenden Überblick geben *Schupp/Dabrock* (1995). Es stellt sich hier die Frage nach Auswahl und Einbindung in Oberstufenkurse. Mathematikunterricht sollte nicht zu einem Spaziergang in einem „Zoo der Kurven" werden. Art und Zugänglichkeit von Realisierungen und von Experimentiermöglichkeiten, Relevanz und Vielfalt der Hypothesen, die sich aus solchen Experimenten ergeben, die Anbindungsmöglichkeit an andere Inhalte des Mathematikunterrichts sowie insbesondere die Anwendungsrelevanz sind Merkmale, die bei dieser didaktischen Entscheidung eine Rolle spielen sollten. Während die unzureichende Beziehungshaltigkeit der üblichen Kursinhalte in Analysis sowie Analytischer Geometrie und Linearer Algebra beklagt wird, stellt sich die Situation für den Themenkreis Kurven genau umgekehrt dar. Die Fülle von Phänomenen und der Reichtum an Bezügen und Vernetzungen ist kaum überschaubar. Das didaktische Interesse, zum Teil angeregt durch die Möglichkeiten von CAS und DGP, zeigt sich in den zahlreichen aktuellen Veröffentlichungen zu diesem Thema. Dieser Umstand kann aber nicht darüber hinwegtäuschen, daß es an einer didaktischen Durchdringung und methodischen Aufbereitung, die dem realen Unterricht gerecht wird, zur Zeit noch fehlt. Das gilt insbesondere für die Entwicklung von geeigneten Aufgabensequenzen. Eine Ausnahme bilden die Kegelschnitte, die im Traditionellen Mathematikunterricht über Jahrzehnte hinweg eine wichtige Rolle gespielt haben. Hier gilt es, vorhandenes didaktisch-methodisches Material zu sichten und unter neuer Perspektive zu gewichten und auszuwählen.

Wir betrachten im folgenden Beispiele eines problem- und anwendungsorientierten Unterrichts zu den Themen:
- Kurven (Kegelschnitte, allgemeine Kurven);
- Flächen (Flächen zweiter Ordnung, Regelflächen und andere Sonderformen, Funktionen zweier Veränderlicher).

Dabei integrieren wir einige Aspekte des fachwissenschaftlichen Hintergrunds in knapper Form.

4.1 Kegelschnitte als spezielle Kurven

In Abschnitt 1.1.3 haben wir die Kegelschnitte aus algebraischer Perspektive dargestellt, dabei dominierte die moderne fachwissenschaftliche Systematik. Unter Verwendung von Computeralgebrasystemen konnten dennoch vereinzelte Elemente eines entdeckenlassenden und experimentellen Unterrichts aufgezeigt werden (vgl. 1.1.3 Beispiel 8). Im folgenden sollen mathematische Experimente und Objektstudien im Vordergrund stehen. Fragen einer geometrischen Systematik werden ergänzend eingebunden.

Wir haben in Abschnitt 2.1 herausgearbeitet, daß die Kegelschnittlehre zentraler Inhalt der Schulbücher im Traditionellen Mathematikunterricht war. Die damalige Oberstufengeometrie beinhaltete nicht nur die Analytische Geometrie, sondern ein breites Spektrum geometrischer Ansätze und Methoden. Im Sinne *Lietzmanns* (1949) bediente man sich bei der Behandlung der Kegelschnitte vielfältiger Erzeugungs-, Untersuchungs-

und Darstellungsmethoden (synthetische, Analytische Geometrie, Abbildungsgeometrie, affine, metrische und ansatzweise projektive Geometrie). „Will man auch in der Oberstufe der höheren Schulen im Unterricht von der Vielgestaltigkeit der mathematischen Methoden ein Bild vermitteln und den Lehrstoff nicht allzusehr in diskrete Kapitel zerhacken, dann dürfte sich eine Konzentrierung auf eine geringe Zahl großer Themen als empfehlenswert erweisen, und dazu dürfte neben der Kugelgeometrie, dem Funktionsbegriff, dem Zahlbegriff usf. die Kegelschnittlehre besonders geeignet sein" (ebd. 1949, 10). Wir sehen im Gegensatz zu *Lietzmann* in der Vielfalt der methodischen Zugänge weniger die Möglichkeit, ein Bild von der „Vielgestaltigkeit der mathematischen Methoden" zu vermitteln, sondern eher die zahlreichen Anregungen für einen problem- und anwendungsorientierten Mathematikunterricht.

Die didaktische Monographie über Kegelschnitte von *Schupp* (1988) bietet eine umfassende Darstellung und zahlreiche zusätzliche Anregungen für den Unterricht. Auch das Buch von *Lietzmann* (1949) ist heute noch interessant. Wir verweisen ferner auf ältere Schulbücher, insbesondere auf *Lambacher/Schweizer* (1954) und *Reidt/Wolff* (1953). Diese Schulbuchansätze sind in *Scheid* (1985) erneut dargestellt worden.

Wir betrachten Kegelschnitte im folgenden unter drei Blickwinkeln: als Gegenstand der ebenen Geometrie, als Gegenstand der räumlichen Geometrie und als Gegenstand der Abbildungsgeometrie. Es geht uns nicht so sehr um eine systematische Behandlung der Kegelschnitte, wir wollen vielmehr aufzeigen, daß sich in diesem Gebiet vielfältige Problemstellungen im Sinne von Objektstudien finden lassen. Dabei spielen konstruktive Ideen, wie die der geometrischen Örter, eine große Rolle, ferner Realisierungen durch gegenständliche Modelle, durch materiale Konstruktionsverfahren, wie die Konstruktion mit dem Faden oder mittels Schneiden, und durch computergestützte Konstruktionsverfahren, wie sie Computeralgebrasysteme und dynamische Geometrieprogramme ermöglichen.

Lesehinweis: Wir bitten den Leser, beim Lesen der folgenden Seiten von Papier und Bleistift sowie von einem DGP Gebrauch zu machen.

4.1.1 Die Kegelschnitte als Gegenstand der ebenen Geometrie

In der Ebene lassen sich die nichtausgearteten Kegelschnitte über folgende Wege erarbeiten bzw. kennzeichnen:

(1) *Brennpunkteigenschaft*: Ellipse bzw. Hyperbel sind der geometrische Ort aller Punkte, deren Abstandssumme bzw. -differenz von zwei Punkten, den sog. *Brennpunkten*, konstant ist (vgl. Beispiel 4).

(2) *Leitlinieneigenschaft*: Der geometrische Ort aller Punkte, für welche das Verhältnis der Abstände von einem Punkt F und einer Geraden l den festen Wert ε hat, ist für $\varepsilon < 1$ eine Ellipse, für $\varepsilon > 1$ eine Hyperbel und für $\varepsilon = 1$ eine Parabel; l nennt man *Leitlinie*, F Brennpunkt und ε *numerische Exzentrizität* (vgl. Beispiel 3).

(3) *Leitkreiseigenschaft*: Der geometrische Ort aller Punkte, die von einem Kreis und einem Punkt innerhalb (außerhalb) des Kreises gleichen Abstand haben, ist eine Ellipse (Hyperbel) (vgl. Beispiel 7).

(4) *Als affines Bild*: Die Ellipse ist das Bild eines Kreises bei einer Axialstreckung, deren Achse durch den Kreismittelpunkt geht, also ein gestauchter bzw. gelängter Kreis.

Die verschiedenen Kennzeichnungen sind kompatibel. Ein Brennpunkt etwa im Sinne von (1) ist auch ein Brennpunkt im Sinne von (2) und umgekehrt. Die Leitlinieneigenschaft erlaubt eine einheitliche Darstellung der drei nichtausgearteten Kegelschnitte als geometrischer Ort.

In Schulbüchern des Traditionellen Mathematikunterrichts wurden Ellipse und Hyperbel meist über die Brennpunkteigenschaft und die Parabel über die Leitlinieneigenschaft definiert, die Ellipse oft aber auch als gestauchter Kreis. In neueren Schulbüchern steht auch die algebraische Kennzeichnung über die quadratische Gleichung oder die Leitlinieneigenschaft am Anfang.

Beispiel 3 (die Leitlinieneigenschaft von Kegelschnitten): Wir knüpfen an die obige Leitliniendefinition der Kegelschnitte an und wählen eine Scheiteldarstellung, d.h. der Ursprung wird in den (linken) Scheitelpunkt gelegt, die *x*-Achse in die Hauptachse. *q* bezeichne den Abstand des Koordinatenursprungs von der Leitlinie *l*, dann ist εq der Abstand des Brennpunkts *F* vom Ursprung (vgl. Bild 4.3). Die Herleitung erfolgt am Beispiel der Ellipse, ist aber übertragbar. Mit Hilfe des Satzes von Pythagoras ergibt sich für die Ortsbedingung $\sqrt{(x-\varepsilon q)^2 + y^2} = \varepsilon(x+q)$ und daraus die Gleichung $y^2 = 2\varepsilon(1+\varepsilon)qx - (1-\varepsilon^2)x^2$. Setzt man zur Abkürzung $p := \varepsilon(1+\varepsilon)q$, so erhält man mit $y^2 = 2px - (1-\varepsilon^2)x^2$ (∗) die sog. *Scheitelgleichung* eines Kegelschnitts, *p* wird Parameter des Kegelschnitts genannt. Der Brennpunkt liegt an der Stelle εq, die zugehörigen *y*-Werte sind $\pm p$. Der Kegelschnittparameter sagt etwas über die „Öffnungsweite" des Kegelschnitts aus. In Polarkoordinaten lautet die Kegelschnittgleichung $r = \dfrac{p}{1-\varepsilon\cos\varphi}$, wenn der Brennpunkt als Pol und die Hauptachse als Polarachse gewählt werden. (Für eine Präzisierung und den Nachweis vgl. Aufg. 2.)

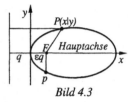

Bild 4.3

Wir vergleichen diese Scheitelgleichung mit der üblichen Brennpunktgleichung für die Ellipse, wobei wir hier den Ursprung ebenfalls in den linken Scheitel legen (vgl. Bild 4.4): $\dfrac{(x-a)^2}{a^2} + \dfrac{y^2}{b^2} = 1$ (∗∗); *a* ist die halbe Länge der Hauptachse, *b* die

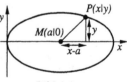

Bild 4.4

halbe Länge der Nebenachse und *e* der Abstand der Brennpunkte vom Mittelpunkt, die sogenannte lineare Exzentrizität. Aus der Untersuchung von 2 Spezialfällen ergibt sich der Zusammenhang $a^2 = b^2 + e^2$ (vgl. Beispiel 4). Durch Umformung von (∗∗) erhält man $y^2 = 2\dfrac{b^2}{a}x - \dfrac{b^2}{a^2}x^2$ (∗∗∗) und weiter durch Vergleich mit (∗) die Gleichungen $p = \dfrac{b^2}{a}$ und $\varepsilon^2 = 1 - \dfrac{b^2}{a^2} = \dfrac{a^2 - b^2}{a^2} = \dfrac{e^2}{a^2}$, also $\varepsilon = \dfrac{e}{a}$. Ferner erhält man durch einfaches Nachrechnen $\varepsilon q = a - e$. Das bedeutet, daß die beiden Brennpunktdefinitionen übereinstimmen (vgl. Aufg. 3).

Wir beschreiben eine Reihe von Problemkontexten und mathematischen Experimenten zum Thema Kegelschnitte. Die Experimente beziehen sich auf konkrete Modelle und das Arbeiten mit dem Rechner. Die Begriffsbildung ist handlungsorientiert. Als übergreifende Ideen dienen uns die Idee des geometrischen Ortes, die Idee der geometrischen Variation mittels eines dynamischen Geometrieprogramms (DGP) und die Idee der

Fadenkonstruktion. Viele der Problemkontexte eignen sich für einen entdeckenlassenden Unterricht.

Man betrachtet zunächst Kreis, Mittelsenkrechte, Winkelhalbierende und Parabel als geometrische Örter, entwickelt in Einzelfällen Formeln und wiederholt und integriert dabei Elemente der Mittelstufengeometrie. Ausgehend von der Ellipse als geometrischem Ort der Punkte, die eine konstante Abstandssumme von zwei Punkten haben, und der sogenannten „Gärtnerkonstruktion" der Ellipse lassen sich entsprechende Konstruktionsverfahren für Parabel und Hyperbel entwickeln. Der Lehrer regt die Schüler an, den Gedanken des geometrischen Ortes auf den Raum zu übertragen. So erhalten sie u.a. das Rotationsellipsoid und -hyperboloid. Es stellt sich die Frage, ob man auch das allgemeine Ellipsoid auf diese Weise erhalten kann. Bei der Auswahl der Problemstellungen sollten Originalität und integrierendes Wiederholen eine Rolle spielen; keinesfalls sollte Vollständigkeit oder eine diffizile Systematik angestrebt werden.

Ellipse

Beispiel 4 (Ausgangsproblem für einen entdeckenlassenden Unterricht – die Fadenkonstruktion der Ellipse): Wir beschreiben einen möglichen Verlauf des Unterrichts. Der Lehrer möchte mit den Schülern eine Ellipsenschablone für die Arbeit an der Tafel herstellen. Er bringt ein Stück Pappe mit, aus dem die Schablone gefertigt werden soll. Er erklärt die „Gärtnermethode" zur Konstruktion einer Ellipse: „Man befestigt die Enden einer Schnur an zwei Stellen auf der Tafel und

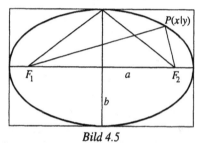

Bild 4.5

umzeichnet die beiden Befestigungspunkte F_1 und F_2 bei gespannter Schnur." Man möchte eine möglichst „große" Ellipsenschablone aus der Pappe herstellen: „Wie lang muß die Schnur sein? Wo befestigt man deren Enden auf der Pappe?" Wir skizzieren im folgenden ein Gedankenexperiment, das auf eigenen Unterrichtserfahrungen basiert.

Die Schüler *experimentieren* in Gruppen mit verschieden langen Fäden und unterschiedlichen Abständen für die Befestigungspunkte; sie erkennen Symmetrien und damit die Hauptachsen von Ellipsen. Einige Schüler tabellieren Zusammenhänge zwischen der Fadenlänge l bzw. dem Abstand e und den Achsenlängen ($2a$ bzw. $2b$) und gelangen so zu der Vermutung $l = 2a$. Andere arbeiten mit ausgewählten Spezialfällen und stellen fest, daß die Länge der Schnur genauso lang wie die große Achse sein muß und daß die Befestigungspunkte im Abstand $2e$ voneinander liegen mit $e = \sqrt{a^2 - b^2}$. In einigen Gruppen wird dieser Weg erst gegangen, nachdem der Lehrer auf die Idee der Untersuchung von Spezialfällen aufmerksam gemacht hat (vgl. prozeßorientierte Hilfe). Die Gruppen entwickeln aus der „Gärtnerkonstruktion" – teils mit Hilfe, teils ohne – eine Definition der Ellipse als geometrischer Ort aller Punkte, deren Abstandssumme von zwei festen Punkten konstant ist.

Die Klasse bzw. der Kurs überlegt, ob eine Ellipse, deren Symmetrieachsen parallel zu den Kanten der Pappe sind, die größte Fläche hat. Man ist sich nicht sicher, entschließt sich aber, zunächst eine solche Ellipse herzustellen.

Der Lehrer fragt nach einer Beschreibung der Kurve durch eine Formel. Als Hilfe wiederholt er die Herleitung der Kreisgleichung. Die Schüler in allen Gruppen wählen als Koordinatensystem dasjenige, das durch die Achsen der Ellipse bestimmt ist. Als Gründe für diese Wahl führen einzelne Schüler Symmetrieargumente an. Man zeichnet einen allgemeinen Punkt $P(x|y)$ ein. Durch zweimalige Anwendung des Satzes von Pythagoras oder durch Anwendung des Skalarprodukts erhalten die einzelnen Gruppen – meist mit starker Unterstützung des Lehrers – eine Gleichung für x und y: $\sqrt{(e+x)^2+y^2}+\sqrt{(e-x)^2+y^2}=2a$. Indem man diese Formel weiter umformt

(z.B. durch zweimaliges Quadrieren) und dabei a^2-e^2 durch b^2 ersetzt, erhält man $\dfrac{x^2}{a^2}+\dfrac{y^2}{b^2}=1$;

a und b sind die halben Längen der sog. Haupt- bzw. Nebenachse.

Der Unterricht ist über lange Passagen hinweg entdeckenlassend; der Lehrer unterstützt den Problemlöseprozeß mit prozeßorientierten Hilfen (s.o.). Bei der späteren Erstellung der üblichen Ellipsenformel steuert er das Umformen der Gleichung relativ stark durch ergebnisorientierte Hilfen. Hier ist es zudem sinnvoll, ein CAS bzw. einen TR wie den TI 92 einzusetzen; dadurch wird eine Auflösung nach y erleichtert und eine Behinderung durch Algebraprobleme vermieden. Bei den beiden Strategien „Auswahl eines geeigneten Koordinatensystems" und „Arbeiten mit dem Satz des Pythagoras" handelt es sich um wichtige Strategien, die bei zahlreichen Problemen aus diesem Bereich von Nutzen sind. Wir nennen solche Strategien *bereichsspezifische Strategien* (vgl. 1.2.2).

Der geschilderte Problemkontext läßt zahlreiche Vertiefungen und Erweiterungen zu, zunächst bezogen auf die Ellipse, dann auf andere Kegelschnitte und schließlich auf Flächen 2. Ordnung und zahlreiche andere geometrische Gebilde. Die Gärtnerkonstruktion der Ellipse läßt sich auch mit einem DGP realisieren.

Beispiel 5 (Konstruktion der Ellipse mit einem DGP): Man nehme einen beliebigen Punkt A, der den Abstand $2a$ von F_1 hat und zeichne die Mittelsenkrechte zu F_2A. Der Schnittpunkt S der Mittelsenkrechten mit F_1A ist ein Punkt der Ellipse mit der Hauptachsenlänge $2a$ und den Brennpunkten F_1 und F_2. Indem man A um F_1 herumzieht, durchläuft S die Ellipse (Simulationsmodus). (Die Konstruktion gehört zu den mit dem Programm EUKLID gelieferten Beispielen.)

Hyperbel

Bild 4.6 zeigt die Konstruktion der Hyperbel als geometrischen Ort aller Punkte, deren Abstandsdifferenz von zwei Punkten F_1 und F_2 konstant ist. Das Lineal wird um F_2 gedreht; der Faden ist in F_1 und am freien Ende des Lineals befestigt; die Länge des Lineals vermindert um die Länge des gespannten Fadenstücks ist gleich der Abstandsdifferenz. Der zweite Ast der Hyperbel wird analog gezeichnet. Man erkennt aus der Konstruktionsvorschrift die Existenz zweier Symmetrieachsen: die Gerade (F_1F_2) und die Mittelsenkrechte zu F_1F_2. Diese Hypothese läßt sich mit einer Analyse

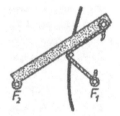

Bild 4.6
(*Lambacher* 1954)

des Konstruktionsverfahrens erhärten. Man wählt, wie schon bei der Ellipse, diese beiden Geraden als Träger eines Koordinatensystems. Bezeichnet man die Abstandsdifferenz mit $2a$, so ist der Abstand zwischen den Hauptscheitelpunkten $2a$. Den Abstand zwischen den beiden Brennpunkten F_1 und F_2 bezeichnet man wie bei der Ellipse mit $2e$. Man kann nun wie oben durch zweimaliges Anwenden des Satzes von Pythagoras die Wurzelformel der Hyperbel herleiten. Umformungen, die analog zu denen bei der Ellipse sind, führen auf $\frac{x^2}{a^2} - \frac{y^2}{b^2} = 1$. Dabei ersetzt man zur Vereinfachung $e^2 - a^2$ durch b^2. (Auch

hier ist eine Konstruktion mit einem DGP ohne weiteres möglich, vgl. Aufg. 4.)

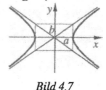

Bild 4.7

Im Unterschied zur Ellipse hat b hier zunächst keine unmittelbar einsichtige Bedeutung. Überlegungen zum Verhalten der Formel für betragsmäßig große x führen darauf, daß man die Hyperbel näherungsweise durch $\frac{x^2}{a^2} = \frac{y^2}{b^2}$ darstellen kann. Die Hyperbel verläuft

also asymptotisch zu den Geraden $y = \frac{b}{a}x$ und $y = -\frac{b}{a}x$ (vgl. Bild 4.7). Damit bekommt

die Variable b eine geometrische Bedeutung. Man nennt die Schnittpunkte der Hyperbel mit der x-Achse die Hauptscheitel S_1 und S_2 und deren Verbindungsstrecke Hauptachse. Die zwei Punkte der y-Achse, die den Abstand b vom Ursprung haben, nennt man die Nebenscheitel S_3 und S_4. Die Strecke S_3S_4 mit der Länge $2b$ heißt in Analogie zur Ellipse die Nebenachse.

Wir schlagen vor, im Unterricht auf die Herleitung der Hyperbelformel zu verzichten und sich statt dessen der Formel argumentativ zu nähern (vgl. Beispiel 6).

Beispiel 6 (Erschließen der Formel der Hyperbel): Symmetrieüberlegungen führen wie bei der Ellipse auf die Hypothese, daß x und y nur quadratisch vorkommen können. Man erhält folglich –

in Abgrenzung zur Ellipse – die Gleichung $\frac{x^2}{a^2} - \frac{y^2}{b^2} = 1$ als die Darstellung für die Hyperbel. Eine

Analyse des Ausdrucks belegt die folgenden Merkmale: (a) die Kurve ist symmetrisch zur x- und zur y-Achse, (b) die Kurve schneidet die x-Achse bei $x = -a$ und $x = a$ und verläuft außerhalb des zugehorigen Streifens, (c) für betragsmäßig großes x ist y ebenfalls betragsmäßig groß ($|x| \to \infty \Rightarrow |y| \to \infty$). Überlegungen wie oben führen auf die Asymptoten.

Eine weitere Variation des Themas bietet die Frage nach dem geometrischen Ort der Punkte, deren Abstandsprodukt bzw. Abstandsquotient von zwei Punkten konstant (gleich a^2) ist. Die Frage führt auf Cassini-Kurven, Lemniskaten und Kreise (vgl. Beispiel 1 und Aufg. 5).

Die Ellipse und die Hyperbel lassen sich auch als geometrischer Ort aller Punkte, die von einem Kreis und einem Punkt F innerhalb bzw. außerhalb des Kreises gleichen Abstand haben, beschreiben. Dieser Ansatz erlaubt interessante Experimente auf dem Rechner; man verwendet dazu ein dynamisches Geometrieprogramm (wie etwa EUKLID).

Beispiel 7 (Rechnerexperimente zur Leitkreiseigenschaft von Ellipse und Hyperbel): Die Konstruktion wird mit einem dynamischen Geometrieprogramm so durchgeführt, daß man einen Punkt K der Kreislinie mit dem Mittelpunkt M verbindet und die Mittelsenkrechte von FK mit (MK) zum Schnitt bringt. Der Schnittpunkt P durchläuft eine Ellipse, wenn K den Kreis durchläuft. Experimente legen die Vermutung nahe, daß der Punkt F und der Kreismittelpunkt M die Brennpunkte der Ellipse sind. Indem man den Rechner jeweils die relevanten Streckenlängen berechnen läßt, gelangt man zu einer zweiten Vermutung, daß nämlich die Abstandssumme l der Ellipsenpunkte von den beiden Brennpunkten gleich dem Kreisradius r ist. Ein Beweis ergibt sich folgendermaßen (vgl. 1.2.2.5 Bild 1.7). Es gilt: $|MP| + |PF| = |MP| + |PK| = r$.

Läßt man den Punkt F nach außerhalb des Kreises wandern, erhält man dann eine Hyperbel (vgl. Bild 4.8). Der Mittelpunkt und F sind wie bei der Ellipse die Brennpunkte; die Abstandsdifferenz ist gleich r. Der Beweis ist analog zu dem für die Ellipse. Liegt der Punkt F genau auf dem Kreis, so ist der geometrische Ort der Mittelpunkt des Kreises. (Vgl. auch *Meyer* 1996. Zahlreiche methodische Anregungen zur Behandlung von Kegelschnitten als Ortslinien unter Verwendung eines DGP finden sich in der Examensarbeit *Ewers* 1999.)

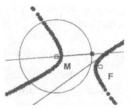

Bild 4.8 EUKLID-Grafik

Parabel

Wie bei der Hyperbel beginnt man mit der Beschreibung als geometrischer Ort aller Punkte, die von einer Geraden l und einem Punkt F gleichen Abstand haben, und sucht nach einer Fadenkonstruktion (vgl. Bild 4.9). Man wählt das Koordinatensystem wieder unter Symmetriegesichtspunkten: die x-Achse ist die Lotgerade von F auf l, der Ursprung halbiert den Abstand p des Brennpunktes F von der Leitlinie l. Die Algebraisierung führt unmittelbar auf

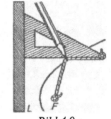

$x+\frac{p}{2}=\sqrt{(x-\frac{p}{2})^2+y^2}$ (für $x \geq 0$) und damit auf die übliche Darstel-

Bild 4.9
(Lambacher 1954)

lung. Die Fadenkonstruktion läßt sich durch ein DGP simulieren.

Beispiel 8 (Rechnerexperimente zur Parabel): Die Parabelkonstruktion mit dem Rechner basiert auf der Kennzeichnung der Parabel als geometrischer Ort aller Punkte P, die von einer Geraden g und einem Punkt F gleichen Abstand haben. Man zeichnet einen beliebigen Punkt Q auf g, errichtet dort eine Senkrechte und bringt diese mit der Mittelsenkrechten von QF zum Schnitt. Der Schnittpunkt P ist ein Punkt der Parabel. Man läßt Q auf der Geraden laufen, P durchläuft eine Parabel. (Vgl. Aufg. 6.)

Tangente, Normale und Polare

Beispiel 9 (Vertiefungsproblem – Brennpunkte einer Ellipse): „In dem Kloster *Chaise Dieu* in der Auvergne gibt es einen eigenartigen, ellipsenförmigen Beichtraum, angeblich im Mittelalter für Aussätzige gedacht. Der Priester steht am Altar und der Beichtende kniet weit entfernt an einem dafür vorgesehenen Platz. Es sind andere Gläubige in dem Raum, und trotzdem bleibt das Gespräch vertraulich." (nach *Scheid* 1991, 196) Das Problem läßt sich allgemeiner formulieren: Wie lassen sich Licht-, Schallwellen oder Wellen in flüssigen Medien, die von einem Punkt ausgehen, in einem anderen Punkt konzentrieren? Sie taucht in vielen Sachkontexten auf, in der Medizin etwa, wenn es darum geht, Steine durch fokussierende Schallwellen zu zertrümmern, oder beim Einsatz von Röntgenstrahlen zur lokalen Tumorbestrahlung. Es stellt sich dann zusätzlich die Frage, ob die jeweils benutzten Problemlösungen etwas mit der unten angegebenen Lösung zu tun haben.

Diese Aufgabe führt auf den folgenden Sachverhalt (vgl. Bild 4.10): „Ein von F_1 ausgehender Strahl wird an der Ellipse so reflektiert, daß er durch F_2 geht" (∗). Man nennt diese Punkte daher auch Brennpunkte, die von ihnen ausgehenden Strahlen Brennstrahlen. Man muß zeigen, daß die Ellipsennormale in einem Punkt P den Winkel zwischen den zugehörigen Brennstrahlen halbiert (∗∗). Damit ist zugleich gezeigt, daß die Winkel ($<90°$) zwischen $F_1 P$ und der Tangente sowie $F_2 P$ und der Tangente gleich sind und damit Einfall- und Ausfallwinkel des von F_1 ausgehenden und in P reflektierten Strahls sind. Man erhält zugleich ein

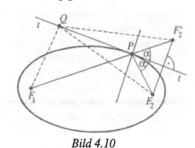

Bild 4.10

Konstruktionsverfahren für die Ellipsentangente (s.u.).

Der Nachweis des Sachverhalts (∗∗) gelingt den Schülern nur mit weitreichenden Hilfen. Die Problemstellung wird von Schülern als interessant empfunden; sie entspricht aber nur dann den Schwierigkeitsanforderungen eines entdeckenlassenden Unterrichts, wenn man sich auf das Entdecken von Teilaspekten des Problems beschränkt (Formulierung der Aussagen (∗) und (∗∗)).

Beispiel 10 (Normalen- und Tangentenkonstruktion bei Kegelschnitten – Sätze und Beweise):

(a) *Satz 1*: Die Normale einer *Ellipse* in einem Punkt P halbiert den Winkel zwischen den Brennstrahlen $\vdash F_1 P$ und $\vdash F_2 P$, die Tangente den zugehörigen Nebenwinkel von $\sphericalangle F_2 PF_2'$ (vgl. Bild 4.10). Beweis: Man verbindet den Punkt P mit den beiden Brennpunkten und konstruiert auf $\vdash F_1 P$ einen Punkt F_2' so, daß das Dreieck $F_2'PF_2$ gleichschenklig ist. Die Winkelhalbierende ist die gesuchte Tangente t. Betrachtet man nämlich einen beliebigen von P verschiedenen Punkt Q auf t, so gilt $|QF_1|+|QF_2| = |QF_1|+|QF_2'| > |PF_1|+|PF_2'| = 2a$. Q liegt also nicht auf der Ellipse, und t ist demnach die Tangente. Aus dieser Konstruktion ergibt sich unmittelbar, daß die Normale in P den Winkel der Brennstrahlen halbiert. Dieser Beweisgedanke ist direkt auf die Konstruktion der Parabel- und der Hyperbeltangente übertragbar.

(b) *Satz 2*: Die Tangente an eine *Hyperbel* in einem Punkt P halbiert den Winkel zwischen den Brennstrahlen $\vdash F_1 P$ und $\vdash F_2 P$.

(c) *Satz 3*: Die Tangente an eine *Parabel* in einem Punkt P halbiert den Winkel zwischen dem Brennstrahl $\vdash FP$ und dem Lot von P auf die Leitlinie.

Legt man von einem Punkt P außerhalb[4] eines Kegelschnitts die Tangenten an den Kegelschnitt, so nennt man die Verbindungsgerade der beiden Berührpunkte die *Polare p*. In umgekehrter Weise kann man in der Regel zu einer den Kegelschnitt schneidenden Geraden p einen sog. *Pol P* konstruieren. (Beim Kreis etwa muß man die durch den Mittelpunkt gehenden Geraden ausschließen.) Die beiden Zuordnungen sind invers zueinander (vgl. Aufg. 7). Die Gleichung der Polaren des Punktes P erhält man, indem man die Koordinaten von P in die Tangentengleichung einsetzt.

Beispiel 11 (Parabolspiegel als Grenzfall eines elliptischen Spiegels): Wir überlegen, was passiert, wenn man eine Ellipse immer „länger" macht, ohne sie in gleicher Weise „breiter" werden zu lassen (vgl. Beispiel 3). Wir halten z.B. die „Öffnungsweite" $p = b^2/a$ konstant, dann folgt aus $a \to \infty$ auch $e \to \infty$. Der rechte Brennpunkt F_2 wandert ins Unendliche, und die von F_1 ausgehenden Strahlen werden durch Spiegelung parallel gebündelt. In der Gleichung (∗∗∗) in Beispiel 3 kann man den Term mit x^2 vernachlässigen; im Grenzfall hat man eine Parabel mit der Gleichung $y^2 = 2px$.

Die Herleitung der jeweiligen *Tangentengleichungen* aus der obigen Konstruktionsvorschrift ist für Ellipse und Hyperbel umständlich. Einfach ist dagegen der folgende Weg: man sehe die Ellipse als „gestauchten" Kreis an und die Tangente an die Ellipse als Bild einer Kreistangente.

Beispiel 12 (die Ellipse als gestauchter Kreis): Man bildet den Kreis mit der Eulerschen Affinität ab: $\hat{x} = ax$ und $\hat{y} = by$. Aus der Gleichung des Einheitskreises wird die nebenstehende Gleichung der Ellipse. Entsprechend wird aus der Gleichung der Kreistangente $xx_1 + yy_1 = 1$ (∗) die nebenstehende Gleichung der Ellipsentangente (∗∗); dabei ist $P(x_1|y_1)$

$$\frac{\hat{x}^2}{a^2} + \frac{\hat{y}^2}{b^2} = 1$$

$$\frac{\hat{x}\hat{x}_1}{a^2} + \frac{\hat{y}\hat{y}_1}{b^2} = 1 \;(\ast\ast)$$

---

[4] „innerhalb" und „außerhalb" werden dabei anschaulich festgelegt.

ein Punkt des Kreises und $\hat{P}(\hat{x}_1|\hat{y}_1)$ der Bildpunkt auf der Ellipse. Ist P ein Punkt außerhalb des Kreises, so ist (∗) die Gleichung der Kreispolare durch den Punkt P, (∗∗) die der Ellipsenpolare (vgl. Aufg. 8). Das Bild 4.11 gibt ein einfaches Konstruktionsverfahren für die Ellipse an (vgl. Aufg. 9).

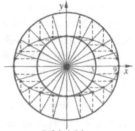

Die Tangentengleichung der Hyperbel kann im Unterricht durch Analogie aus der Tangentengleichung der Ellipse erschlossen werden. Die Tangentengleichung der Parabel sollte dagegen vollständig hergeleitet werden. Die algebraische Darstellung ist einfach, da die Tangente im Punkt $P(x_0|y_0)$ die x-Achse an der Stelle x_0 schneidet (vgl. Aufg. 10).

Bild 4.11

4.1.2 Kegelschnitte als Gegenstand der räumlichen Geometrie – ein Exkurs

Wir betrachten im folgenden Kegelschnitte als Gegenstand der räumlichen Geometrie und zwar im unmittelbaren Sinn des Wortes als Schnitte eines Doppelkegels mit einer Ebene. Die heutige Behandlung der Kegelschnitte geht auf die Belgier *Dandelin* (1794-1847) und *Quetelet* (1796-1874) zurück. Die Kegelschnitte lassen sich aufgrund ihrer unterschiedlichen Formen klassifizieren (vgl. Bild 4.12). Die in der Schule üblichen durchsichtigen Plexiglasmodelle sind Einfachkegel; sie sind zum Erkennen des Unterschieds zwischen Parabel und Hyperbel eher ungeeignet.

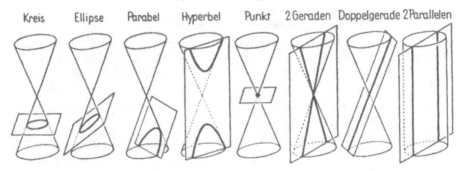

Kreis   Ellipse   Parabel   Hyperbel   Punkt   2 Geraden   Doppelgerade   2 Parallelen

Bild 4.12 (aus Reidt/Wolff 1961b, 165)

Geht die Schnittebene durch die Spitze des Doppelkegels, so entstehen entartete Kegelschnitte. Die Klassen lassen sich durch den Größenvergleich zwischen dem halben Öffnungswinkel des Doppelkegels φ und dem Schnittwinkel der Ebene α beschreiben (Bild 4.13).

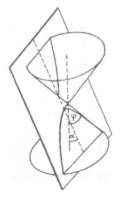

Unter Zuhilfenahme der Dandelinschen Kugeln kann man die Eigenschaften der Kegelschnitte ableiten. Es handelt sich dabei um Kugeln, die den Kegel in einem Kreis und die Ebene in einem Punkt berühren; im Fall von Ellipse und Hyperbel sind dies zwei Kugeln, im Fall der Parabel eine. Wir beschränken uns exemplarisch auf die Betrachtung der Ellipse, für die Behandlung der anderen Kegelschnitte verweisen wir etwa auf

Bild 4.13

die übersichtliche Darstellung in *Scheid* (1991), der wir hier auch folgen.

Sei P ein Punkt der Ellipse, und seien F_1 und F_2 die Berührpunkte der Dandelinschen Kugeln und der Schnittebene (Bild 4.14). Die Mantellinie des Kegels durch P berührt die Dandelinschen Kugeln in den Punkten B_1 und B_2. Nun sind die Strecken PF_1 und PB_1 gleich lang (∗), weil beide Abschnitte vom Punkt P aus Teile der Tangenten an eine Kugel sind. Dasselbe gilt für die Strecken PF_2 und PB_2 (∗). Also ist: $|PF_1| + |PF_2| = |PB_1| + |PB_2| = |B_1B_2|$ (∗∗). Die Länge $|B_1B_2|$ ist durch die Schnittebene und den Kegel eindeutig festgelegt und kann mit $2a$ bezeich-

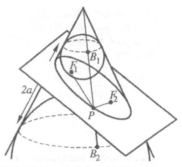

Bild 4.14 (nach Scheid 1991,182)

net werden. Daraus ergibt sich die *Brennpunkteigen-schaft der Ellipse* $|PF_1| + |PF_2| = 2a$. Die Punkte F_1 und F_2 sind die Brennpunkte der Ellipse. Das Arbeiten mit der Figur in Bild 4.14 sollte zum besseren Verständnis durch die Einbeziehung eines Plexiglasmodells ergänzt werden.

Bild 4.15 dient dazu, die *Leitlinieneigenschaft der* Ellipse herzuleiten. Es entsteht aus Bild 4.14 dadurch, daß man die zum Doppelkegel gehörigen Linien weg-läßt und die Ebenen durch die Berührkreise hinzu-nimmt. Die Berührkreise der Dandelinschen Kugeln lie-gen in zwei parallelen Ebenen, die mit der Schnittebene jeweils eine gemeinsame Gerade l_1 und l_2 haben. Die Lotfußpunkte des Ellipsenpunktes P auf diese Geraden

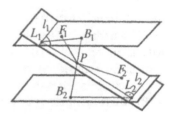

Bild 4.15 (Scheid 1991, 183)

seien L_1 und L_2. Gleichzeitig ist $|L_1L_2|$ der Abstand der Geraden l_1 und l_2, welcher größer ist als $2a$. Mit einem $\varepsilon < 1$ gilt demnach $|PF_1| + |PF_2| = \varepsilon\,(|PL_1| + |PL_2|)$ und folglich we-gen (∗∗) $|B_1B_2| = \varepsilon\,|L_1L_2|.^5$ ε ist die numerische Exzentrizität.

Mit Hilfe des Strahlensatzes lassen sich folgende Verhältnisse ableiten:
$|PB_1| : |PL_1| = |PB_2| : |PL_2| = |B_1B_2| : |L_1L_2| = \varepsilon$, also gilt wegen (∗) auch:
$|PF_1| : |PL_1| = |PF_2| : |PL_2| = \varepsilon$.
Für jeden Ellipsenpunkt P gilt also allgemein die *Leitlinieneigenschaft der Ellipse* $|PF| : |PL| = \varepsilon$.

Entsprechend lassen sich die Brennpunkteigenschaft der Hyperbel sowie die Leitlinien-eigenschaft der Hyperbel mit $\varepsilon > 1$ und der Parabel mit $\varepsilon = 1$ herleiten (vgl. *Scheid* 1991, 184ff.; *DIFF* MG4 1986). Für die Ellipse gilt, wie wir gesehen haben, $\varepsilon < 1$. Aufgrund dieses Zusammenhangs läßt sich vermuten, daß die numerische Exzentrizität ε von dem (halben) Öffnungswinkel des Doppelkegels φ und dem Schnittwinkel der Ebene α abhängt. Es gilt: $\varepsilon = \cos\alpha\,/\cos\varphi$.

---

5   Damit ist insgesamt gezeigt, daß sich ein Kegelschnitt mit $\varepsilon < 1$ durch die Gleichung $\dfrac{x^2}{a^2} + \dfrac{y^2}{b^2} = 1$

beschreiben läßt; es gilt aber auch die Umkehrung. Für einen Beweis vgl. *DIFF* MG4 (1986, 173f.).

Beweis: Bei allen Kegelschnitten spannen die Schnittebene, eine Mantellinie und die Ebene durch den Berührkreis das Dreieck *LBP* auf. Dieser Zusammenhang ist anhand des Querschnitts durch den Kegel mit Schnittebene und Leitlinie in Bild 4.16 für $\varphi < \alpha$ als Beispiel dargestellt. Nach dem Sinussatz gilt:

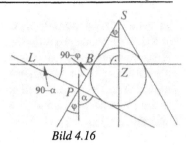

$$\frac{|PB|}{|PL|} = \frac{\sin(90°-\alpha)}{\sin(90°-\varphi)} = \frac{\cos\alpha}{\cos\varphi}.$$

Bild 4.16

Mit $|PB| = |PF|$ folgt: $\varepsilon = \dfrac{\cos\alpha}{\cos\varphi}$.

Kegelschnitt als projektives Bild eines Kreises

Räumliche Parallelprojektionen eines Kreises führen auf Ellipsen. Wir geben hier eine übersichtliche Darstellung wieder (vgl. Schulbuch *Scheid* 1985). Wir betrachten in einem räumlichen kartesischen Koordinatensystem den Kreis in der *yz*-Ebene mit dem Mittelpunkt $M(0 \mid 0 \mid r)$ und dem Radius *r* sowie die Zentralprojektion mit dem Zentrum $L(-1 \mid 0 \mid h)$ (mit $h > 0$) und der *xy*-Ebene als Projektionsebene. Das Bild eines beliebigen Kreispunktes $K(0 \mid u \mid v)$ sei $P(x \mid y \mid 0)$ (vgl. Bild 4.17). Die wesentlichen Variablen lassen sich als Seitenlängen eines Dreiecks in der *xz*-Ebene und eines Dreiecks in der *xy*-Ebene auffassen (vgl. Bild 4.18). Mit dem Strahlensatz erhält man die folgenden Abbildungsgleichungen:

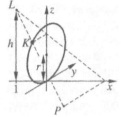

Bild 4.17

$\dfrac{u}{y} = \dfrac{1}{x+1}$ und $\dfrac{v}{h} = \dfrac{x}{x+1}$. Man löst die Gleichungen nach *u* und *v* auf. Durch

Einsetzen in die Kreisgleichung $u^2 - (v-r)^2 = r^2$ ergibt sich die Gleichung

des Bildes: $\left(\dfrac{y}{x+1}\right)^2 + \left(\dfrac{hx}{x+1} - r\right)^2 = r^2$ bzw. $y^2 = 2rhx - h(h-2r)x^2$. Das

ist für $h > 2r$ die Scheitelgleichung einer Ellipse, für $h = 2r$ die einer Parabel und für $h < 2r$ die einer Hyperbel.

   Ähnliche Darstellungen der Kegelschnitte als Bild eines Kreises unter einer Zentralprojektion finden sich in Schulbüchern des Traditionellen Mathematikunterrichts (z.B. *Lambacher/Schweizer* 1954). Man kann die Projektion des Kreises realisieren, indem man einen Ring mit einer Taschenlampe, deren Spiegel verklebt ist, auf weiße Pappe projiziert.

Bild 4.18

Kegelschnitt als Schnitt eines Doppelkegels mit einer Ebene, algebraisch betrachtet

Wir arbeiten im folgenden mit repräsentativen Spezialfällen; die Betrachtungen des Einzelfalls lassen sich also ohne weiteres auf beliebige andere Fälle übertragen. Wir betrachten einen geraden Kreisdoppelkegel mit einem Öffnungswinkel von 90°. Das Koordinatensystem legen wir durch die Spitze der Kegel und senkrecht zu deren Achse. Betrachtet man die Schnitte des Doppelkegels mit den Koordinatenebenen, so gelangt man zu der sehr plausiblen Vermutung, daß sich der Doppelkegel durch die Gleichung

$x^2 + y^2 - z^2 = 0$ (∗) darstellen läßt. Man betrachtet nun die zur y-Achse parallele Ebene E durch den Einheitenpunkt $(0, 0, 1)$ mit der Gleichung $z = kx + 1$. Durch Substitution von z in (∗) erhält man die allgemeine Gleichung $x^2(1 - k^2) - 2kx + y^2 - 1 = 0$. Diese führt für $k = 1, 2, \frac{1}{2}$ auf die Flächengleichungen

(a) $y^2 = 2x + 1$,   (b) $3x^2 + 4x - y^2 + 1 = 0$,   (c) $\frac{3}{4}x^2 - x + y^2 - 1 = 0$.

Im ersten Fall handelt es sich um einen parabolischen Zylinder, im zweiten um einen hyperbolischen und im dritten um einen elliptischen. Man kann die Gleichungen natürlich auch als Beschreibungen der Parallelprojektionen der drei Zylinder in die xy-Ebene deuten. Eine geometrische Interpretation dieser Sachverhalte in einer Diskussion mag bereits genügen. Wer die genaue algebraische Darstellung der drei Kegelschnitte möchte, muß die xy-Ebene so drehen, daß sie parallel zur Schnittebene E liegt – das gelingt mit einem CAS durch einfache Substitution (vgl. Aufg. 11).

4.1.3 Kegelschnitte in Alltag und Anwendung

Im folgenden beschreiben wir einige außermathematische Anwendungen von Kegelschnitten und deren Vorkommen im Alltag. Auf Beweise und detaillierte Darstellungen verzichten wir in der Regel und begnügen uns mit einer didaktischen Einordnung. Auf innermathematische Anwendungen gehen wir nicht ein; sie sind meist für einen problemorientierten Unterricht zu schwierig (für Beispiele vgl. *Schupp* 1988, 58ff.). Interessante Anwendungen von Kegelschnitten lassen sich über das Internet finden. Dabei sollte man auch englischsprachig suchen.

Beispiel 13 (Spiegel, Reflektor und Linse): In der Optik spielen Rotationsellipsoide, -hyperboloide und -paraboloide eine Rolle, und zwar im Zusammenhang mit Spiegeln, Reflektoren und Linsen. Die entsprechenden mathematischen Probleme lassen sich in der Ebene mit Hilfe von Kegelschnitten behandeln. Die Sätze über Tangenten und Normalen von Kegelschnitten ermöglichen Aussagen über das Spiegelungs- und Brechungsverhalten (vgl. Beispiel 10, Satz 1–3).

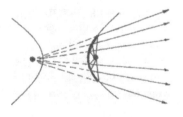

(1) *Ellipse*: Befindet sich in einem Brennpunkt einer Ellipse eine punktförmige Lichtquelle, dann werden die von ihr ausgehenden Strahlen an der Ellipse so reflektiert, daß die reflektierten Strahlen durch den zweiten Brennpunkt gehen (vgl. auch Beispiel 9).

(2) *Hyperbel*: Befindet sich in einem Brennpunkt einer Hyperbel eine punktförmige Lichtquelle, dann werden die von ihr ausgehenden Strahlen an der Hyperbel so reflektiert, daß sie alle vom anderen Brennpunkt auszugehen scheinen. Dies folgt unmittelbar aus der Tatsache, daß die Tangente an eine Hyperbel in einem Punkt P den Winkel zwischen den Brennstrahlen $F_1 P$ und $F_2 P$ halbiert.

(3) *Parabel*: Entsprechend erzeugt ein Parabolspiegel ein paralleles Strahlenbündel. Diese Tatsache ergibt sich unmittelbar aus dem Satz über die Tangente: Die Tangente an eine Parabel in einem Punkt P halbiert den Winkel zwischen dem Brennstrahl PF und dem Lot von P auf die Leitlinie (vgl. auch Beispiel 11). Umgekehrt vereinigt ein parabolischer Hohlspiegel achsenparallele Strahlen in einem exakten Brennpunkt, dem geometrischen Brennpunkt der zugehörigen Parabel. Fällt

das parallele Strahlenbündel allerdings nur geringfügig schief ein, so ist der Parabolspiegel wesentlich schlechter als ein sphärischer. Es entsteht eine zissoidenförmige Brennlinie (vgl. *Gehrthsen* 1982[14]ff.).

Der sphärische Hohlspiegel ist optisch stabiler als der parabolische. Jedes parallele Strahlenbündel wird so reflektiert, daß es sich (angenähert) in einem Brennpunkt vereinigt, der in der Mitte zwischen dem Kugelmittelpunkt und der Kugeloberfläche liegt (vgl. Aufg. 12 und das Bild dort). Voraussetzung ist, daß das Strahlenbündel nicht zu breit ist. Schneidet man den Spiegel einer Taschenlampe quer durch, so stellt man meist fest, daß es sich um einen sphärischen Spiegel handelt. Parabolische Spiegel sind in der Herstellung zu teuer.

Das Gebiet Reflexion und Optik ist auch geeignet für Projekte, in denen man Experimente zur Optik durchführt und Information über Anwendungen sammelt.

Beispiel 14 (geneigtes Wasserglas, rotierendes Wasserglas): (a) Neigt man ein mit Wasser teilweise gefülltes Glas, so bildet die Wasseroberfläche eine elliptische Fläche. Ähnliches gilt für das Aufschneiden einer Wurst oder das schräge Durchsägen eines Rohres. Mathematisch gesehen handelt es sich um das Schneiden eines Zylinders mit einer Ebene. In Analogie zum Doppelkegel führt man zwei Dandelinsche Kugeln ein und weist dann die Brennpunkteigenschaft einer Ellipse nach. (b) Läßt man ein teilweise gefülltes Glas um seine Achse rotieren, so nimmt die Wasseroberfläche eine parabolische Gestalt an. Der Nachweis erfordert Kenntnisse zur Fliehkraft (vgl. *Schupp* 1988, 49). Häufig wird die Vermutung geäußert, daß ein durchhängendes Seil oder eine entsprechend an zwei Punkten aufgehängte Kette eine Parabel bilden. Das ist nicht der Fall, es handelt sich hier um eine sog. Kettenlinie, die sich mit einer Hyperbelfunktion mathematisch darstellen läßt (vgl. Aufg. 13).

Kegelschnitte spielen bei der Beschreibung von wichtigen Klassen von Bahnlinien eine zentrale Rolle. So etwa bewegen sich geworfene bzw. abgeschossene Körper auf Parabelbahnen; die Planetenbahnen lassen sich durch Ellipsen beschreiben. Wurfbahnen und Planetenbahnen werden wir unter dem Gesichtspunkt der Parameterdarstellung von Kurven im Abschnitt 4.2.1 erarbeiten.

Nähert sich ein Komet der Sonne, so wird seine Bahn durch die Anziehungskraft der Sonne gekrümmt. Fast alle Kometen kommen auf einer elliptischen Bahn in den zentralen Bereich des Sonnensystems. Durch die Anziehung der massereichen Planeten Jupiter oder Saturn kann aber die elliptische Bahn in eine hyperbolische verwandelt werden, auf der dann der Komet das Sonnensystem für immer verläßt. Rechnerisch unbestimmbar große Umlaufzeiten haben jene Kometen, deren sehr langgestreckte elliptische Bahn auf dem kurzen beobachtbaren Abschnitt nicht von einer Parabel zu unterscheiden ist.

In der Atomphysik dienen Kegelschnitte zur mathematischen Modellbildung. Kleine Elementarteilchen werden durch Krafteinfluß auf ellipsen- oder hyperbelförmige Bahnen gelenkt.

Beispiel 15 (Hyperbel – Interferenz von Wellen): Die Hyperbel hat Bedeutung für die Wellenphysik. Man denke sich etwa die Ebene als Wasseroberfläche. In den „Brennpunkten" F_1 und F_2 werden auf der Oberfläche durch periodisch und gleichphasig eintauchende Stifte zwei Systeme von Kreiswellen mit den Zentren F_1 und F_2 erzeugt. Je zwei aufeinander folgende Wellenberge sollen den konstanten Abstand λ (Wellenlänge) haben. Ist P ein Punkt der Ebene, für den die Wegdifferenz zu den beiden Zentren $1/2\lambda$ beträgt, so löschen sich dort die beiden ankommenden Wellen zu jeder Zeit (im Idealfall) aus. Die Punkte P liegen auf einer Hyperbel. Entsprechendes gilt für die

Bild 4.19

Wegdifferenz $(2n + 1) \cdot 1/2\lambda$ mit $n \in \mathbb{N}$ (vgl. übliche Schulbücher für Physik). Die Ruhepunkte liegen also auf einer Hyperbelschar (vgl. Bild 4.19).

4.1.4 Didaktische Wertung und Einordnung

Wir haben in Abschnitt 4.1.1 dargelegt, daß sich der Themenkreis „Kegelschnitte als Gegenstand der ebenen Geometrie" gut für einen problemorientierten Mathematikunterricht und für Objektstudien eignet. Interessantes Experimentieren mit einem DGP ist möglich. (Hierzu finden Sie weitere Beispiele in dem folgenden Kapitel 4.2 über Kurven.) Zudem erlauben die oben beschriebenen, einfachen mathematischen Modelle, insbesondere zum Thema Reflexion und Optik, Phasen eines anwendungsorientierten Unterrichts. In vielfältiger Form lassen sich ebene Sachverhalte arithmetisch-algebraisch beschreiben und damit dieser Vorgang als fundamentale Idee herausarbeiten. Die Grenzen eines allgemeinbildenden Unterrichts sind dann überschritten, wenn die Themen einer älteren Fachsystematik der Geometrie den Unterricht bestimmen (s.o.). Wir knüpfen mit diesen Argumenten an die allgemeinen Begründungszusammenhänge in Abschnitt 2.4 an. Ein weiteres Argument für die Behandlung von Kegelschnitten ist deren umfassende didaktisch-methodische Aufbereitung.

Wir plädieren gegen die rein geometrische, räumliche Behandlung der Kegelschnitte, obwohl es sich hier u.E. um ein interessantes Stück Mathematik handelt. Der Ansatz über die Dandelinschen Kugeln und der Ansatz über die Projektion sind gedanklich vergleichsweise aufwendig, erlauben kein experimentelles Arbeiten der Schüler und sind nicht von allgemeinbildendem Charakter. Wenn diese Ansätze in Schulbüchern des Traditionellen Mathematikunterrichts dennoch dargestellt wurden, wie etwa in *Reidt/Wolff* (1953) oder *Lambacher/Schweizer* (1954[6]), so lag die Rechtfertigung im wesentlichen in der Anbindung an eine Fachsystematik der wissenschaftlichen Geometrie um die Jahrhundertwende. Dieselben Argumente sprechen umgekehrt für den oben dargelegten kurzen Exkurs zur Algebraisierung des Schneidens eines Doppelkegels. Für Facharbeiten bietet der Themenkreis „räumliche Behandlung der Kegelschnitte" interessante Möglichkeiten.

Wiederholung, Aufgaben, Anregungen zur Diskussion

Wichtige Begriffe und Inhalte

Lehrverfahren eines problemorientierten Unterrichts: entdeckenlassender Unterricht, Projektunterricht; angemessene Problemvorgabe, offene Aufgaben, Öffnung von Aufgaben; ergebnis- versus prozeßorientierte Hilfen, bereichsspezifische Strategien; angemessene Unterrichtskultur.

Merkmale eines experimentellen Unterrichts, Konkretisierungen: Objektstudien, mathematische Experimente; konkrete Modelle von 3-dimensionalen Koordinatensystemen und deren Einsatzmoglichkeiten, konkrete Modelle für spezielle Objekte (z.B. für Sattelfläche, Platonische Korper); materiale Konstruktionsverfahren (z.B. Schneiden, Arbeiten mit dem Faden); Konstruktionsverfahren mit dem DGP; Computerrealisation von Kurven und Flächen; das black-box-Vorgehen.

Idee des geometrischen Ortes: ebene/räumliche Beispiele.

Kegelschnitte: algebraische und geometrische Definitionen; Leitlinieneigenschaft, Brennpunkteigenschaft, Leitkreiseigenschaft, numerische/lineare Exzentrizität; ebene/räumliche Sicht von Kegelschnitten, Dandelinsche Kugeln, „Kegelschnitt im Raum" algebraisch; abbildungstheoretische Ansätze zu Kegelschnitten; Realisierung von Kegelschnitten; Tangente, Normale, Pol, Polare; Anwendungen.

1) (a) Untersuchen Sie den geometrischen Ort für alle Punkte, deren Abstandsprodukt von zwei Punkten konstant ist. Benutzen Sie ein CAS. Solche Kurven nennt man Cassinische Linien

(vgl. Beispiel 1). (b) Skizzieren Sie mögliche Abläufe der Problemlöseprozesse von Schülern. Entwickeln Sie (prozeßorientierte) Hilfen zur Unterstützung der Schüler.

2) (a) Beweisen Sie die in Beispiel 3 angegebene Gleichung der Kegelschnitte für Polarkoordinaten. Beachten Sie, daß die Formel nur einen Ast einer Hyperbel darstellt, der andere wird durch

$$r = \frac{-p}{1 + \varepsilon \cos \varphi}$$ beschrieben. Hinweis: Aus Bild 4.3 ergibt sich $r = \varepsilon(x + q)$ und

$r \cos \varphi = (x - \varepsilon q)$. Eliminieren Sie x, lösen Sie nach r unter Beachtung von $p = \varepsilon(1 + \varepsilon)q$ auf. (b) Suchen Sie nach einfacheren Wegen. (c) Zeichnen Sie die Kurve für $\varepsilon = 0,5$, 1, $1,5$ mit $p = 2$. Geben Sie die Länge der Achsen an, die Brennpunkte und die Gleichungen der Leitlinien in kartesischen Koordinaten.

3) Beweisen Sie anhand des nebenstehenden Bildes, daß der Brennpunkt in der Leitliniendefinition mit dem in der Brennpunktdefinition übereinstimmt (vgl. Beispiel 3). Hinweis: *Scheid* (1995, 61).

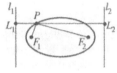

Bild zu Aufg.3

4) (a) Führen Sie die Fadenkonstruktion der Hyperbel (Bild 4.6) konkret durch. Erläutern Sie das Konstruktionsverfahren. (b) Simulieren Sie die Gärtnerkonstruktion der Hyperbel auf einem DGP (in Analogie zu Beispiel 5).

5) Untersuchen Sie die Cassini-Kurven für großes a (vgl. Beispiel 1).

6) Simulieren Sie die Gärtnerkonstruktion der Parabel auf einem DGP. Begründen Sie die Konstruktionsvorschrift. (Vgl. Beispiel 8.)

7) Untersuchen Sie die „Ausnahmefälle" bei der Definition von Pol und Polare. (Vgl. Absatz nach Beispiel 10.)

8) Leiten Sie die Formel der Kreistangente und der Kreispolare her. (Vgl. Beispiel 12.)

9) Beweisen Sie das Konstruktionsverfahren der Ellipse in Beispiel 12.

10. Gegeben sei die Parabel mit der Gleichung $y = 2px$. Beweisen Sie: Die Tangente im Punkt $P(x_0, y_0)$ wird durch die Gleichung $yy_0 = p(x + x_0)$ beschrieben. (Bezug: Absatz nach Beispiel 12.)

11) Eine Ellipse sei als Schnitt eines elliptischen Zylinders mit der Gleichung $\frac{3}{4}x^2 - x + y^2 - 1 = 0$ und der Ebene E mit $z = \frac{1}{2}x + 1$ gegeben. Drehen Sie das Koordinatensystem so, daß die xy-Ebene parallel zur Ebene E ist. Durch diese Transformation erhalten Sie eine Gleichung für die Ellipse in der (neuen) xy-Ebene. Benutzen Sie ein CAS. (Vgl. 4.1.2 Abschnitt: Kegelschnitt ..., algebraisch betrachtet.)

12)*Begründen Sie, daß jedes parallele Strahlenbündel an einem sphärischen Spiegel so reflektiert wird, daß es sich (angenähert) in einem Brennpunkt F vereinigt, der in der Mitte zwischen dem Kugelmittelpunkt M und S liegt. Machen Sie dazu Experimente mit EUKLID. Ein schulnaher Beweis findet sich in dem Physiklehrbuch *Gehrthsen et al.* (1982, 424f.). (Bezug Beispiel 13.)

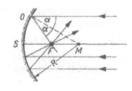

13)*(a) Entnehmen Sie die Formel für die Kettenlinie dem Mathematik-Duden. Zeichnen Sie die Kurve mit einem CAS. Vergleichen Sie die Kurve grafisch mit passenden Parabeln. (b) Versuchen Sie, die Formel der Kettenlinie zusammen mit einem Physiker abzuleiten. (Vgl. Beispiel 14.)

4.2 Allgemeine Kurven in der Ebene und im Raum

In der Schulanalysis wird „Kurve" meist synonym mit „Graph einer reellen Funktion" gebraucht und fast ausschließlich in einem kartesischen (x, y)-Koordinatensystem dargestellt. Die eingangs vorgestellten Beispiele für Kurven und deren Rolle in der Umwelt und bei der mathematischen Modellbildung sind ein ausreichender Grund, diese Einschränkung aufzugeben (vgl. auch *Steinberg* 1996a). Wir wollen zunächst verschiedene Formen der Darstellung von Kurven, eine Begriffsexplikation und exemplarische Kurveneigenschaften diskutieren. Die Darstellungsunterschiede beziehen sich auf die Wahl des Koordinatensystems und die Typen der beschreibenden Gleichungen. Daran schließen sich mehrere Objektstudien zu Kurven an. Wir behandeln in erster Linie ebene Kurven, da, abgesehen von einer phänomenologischen Betrachtung, die Diskussion von räumlichen Kurven die Grenzen der Schulmathematik schnell überschreitet.

Kurven in kartesischen Koordinaten

Durch die *implizite Darstellung* wird eine ebene Kurve als Menge von Nullstellen einer Funktion $F(x, y)$ in zwei Veränderlichen gegeben. Oft läßt sich eine implizit gegebene Kurve auch ganz oder in Teilen explizit darstellen. Die implizite Darstellung taucht in der Schule meist im Zusammenhang mit der Umkehrfunktion auf. So ist $\cos y - x = 0$ die implizite Darstellung der Umkehrfunktion(en) von $y = \cos x$. Ist $F(x, y)$ ein Polynom, so nennt man die durch $F(x, y) = 0$ dargestellte Kurve eine algebraische Kurve. Die übliche Darstellung von Kreis, Ellipse, Parabel oder Hyperbel ist implizit. Explizit läßt sich etwa der Kreis nur durch zwei Funktionsgleichungen, die jeweils einen Halbkreis beschreiben, darstellen: $y = \pm\sqrt{r^2 - x^2}$. Ein Nachteil der impliziten Darstellung ist die geringe Anschaulichkeit: aus einer Gleichung $F(x, y) = 0$ kann man im allgemeinen nur schwer die geometrische Gestalt der Nullstellenmenge erschließen. Die Gleichung gibt für alle Punkte quasi gleichzeitig an, ob sie zur Kurve gehören oder nicht. Insbesondere fehlt der Aspekt des „Durchlaufens" einer Kurve; die Darstellung hat „statischen" Charakter.

Die *explizite Darstellung* $y = f(x)$ einer Kurve als Funktion ist dem Schüler aus der Analysis bekannt. Obwohl sie der Anschauung stärker Hilfestellung leistet bei der Generierung des zugehörigen geometrischen Objekts, des Funktionsgraphen, drückt sie vorrangig die Beziehung zwischen zwei Größen aus, ist also im umgangssprachlichen Sinne ebenfalls eher statisch. Zudem ist die Funktionsdarstellung nicht dazu geeignet, geometrische Objekte zu definieren, da die zugehörigen Begriffe auf ein festes Koordinatensystem bezogen sind. Geometrische Operationen, wie das Drehen eines Graphen, verändern schnell den Status einer Funktion: eine Parabel (beschrieben etwa durch $f(x) = x^2$) ist keine Funktion mehr, wenn sie um einen (beliebig kleinen) Winkel gedreht wird. Der „Scheitelpunkt" der obigen Parabel, von Schülern meist als Extremum mißverstanden, ist nur dann ein Extremum, wenn diese Parabel nicht gedreht wird. Der „Scheitelpunkt" als Punkt extremaler Krümmung ist dagegen invariant gegenüber Kongruenzabbildungen; der Begriff ist im Gegensatz zum Extremum kein Begriff der elementaren Analysis, sondern der Differentialgeometrie.

Die in der Differentialgeometrie übliche Darstellung einer Kurve in *Parameterform* beschreibt die Kurve als Bild eines Intervalls in der Ebene oder im Raum. Sie wird in der

Ebene durch zwei stetige Funktionen mit $x = x(t)$ und $y = y(t)$ dargestellt oder – in lediglich anderer Schreibweise – durch eine stetige vektorwertige Abbildung eines endlichen oder unendlichen Intervalls $I \rightarrow \mathbb{R}^2$, $t \mapsto (x(t), y(t))$; im Raum analog.[6] Interpretiert man dieses Intervall als Zeitraum, der durchlaufen wird, ergibt sich die Möglichkeit, die Kurve *dynamisch* zu interpretieren. Dieser Interpretation liegt die Vorstellung zugrunde, daß sich ein bewegter Punkt (als idealisierter Körper) in der Ebene (oder im Raum) zum Zeitpunkt t an der Position $(x(t)|y(t))$ befindet und bei stetiger zeitlicher Veränderung eine Kurve k „kontinuierlich" *durchläuft*. Man kann jede explizite Kurvendarstellung $y = f(x)$ auf einfache Weise durch $(x(t), y(t)) = (t, f(t))$ in eine Parameterdarstellung umwandeln; die Umkehrung gilt nicht.

Beispiel 1 (Parameterdarstellung von Gerade, Kreis und Ellipse): (a) $(x(t), y(t)) = (at, bt) = t(a, b)$ mit $(a, b) \neq (0, 0)$ beschreibt eine *Gerade*. Wir deuten die Gerade nun als Geschoßbahn. Die x-Achse sei durch Erdboden und Geschoßrichtung bestimmt, die y-Achse stehe senkrecht dazu. Dann gibt a die Geschwindigkeit an, mit der sich das Geschoß über den Boden bewegt, b die Geschwindigkeit, mit der es an Höhe gewinnt. (b) $(x(t), y(t))$ beschreibt für $x = \cos t$ und $y = \sin t$ den Einheitskreis. Staucht bzw. streckt man diesen Kreis mit den Faktoren a und b ($a, b \neq 0$) in Richtung der Koordinatenachsen, so erhält man eine Ellipse mit der Parameterdarstellung $x = a \cos t$, $y = b \sin t$.

Wir wollen uns Gedanken zur Bedeutung und Wahl des Parameters machen. In der obigen Kreisdarstellung ist der Parameter der orientierte Winkel $\sphericalangle EOP$, wobei O der Koordinatenursprung und gleichzeitig Mittelpunkt des Kreises ist, E der Einheitspunkt auf der x-Achse und P ein Punkt des Kreises. Bei der Parameterdarstellung der Ellipse ist t nicht mehr so einfach zu interpretieren. Man muß den Gedanken zur Hilfe nehmen, daß die Ellipse das affine Bild eines Kreises in dem oben beschriebenen Sinne ist (vgl. Aufg. 1).

Kurven im Raum lassen sich ebenfalls durch Parametergleichungen beschreiben. So kann man etwa eine Schraubenlinie durch $(x(t), y(t), z(t)) = (a \cos t, a \sin t, b t)$ mit $t \in [0; c]$ darstellen. Das Gewinde einer Metallschraube, die üblicherweise zylindrisch ist, hat die Form einer Schraubenlinie. Eine solche Schraube hätte den Durchmesser $2a$, durch $b \cdot 2\pi$ ist die Gewindebreite (Ganghöhe) und durch $b \cdot c$ die Schraubenlänge festgelegt. Holzschrauben sind nicht zylindrisch, sondern konisch. Man kann sie dadurch beschreiben, daß man a zusätzlich als Funktion von t ansieht (vgl. Aufg. 2). Die Kurve, die der Propeller eines Flugzeugs oder eines Motorbootes beschreibt, wird in 1.2.1.1 Beispiel 5 diskutiert.

Beispiel 2 (Raumkurven in Analogie zu ebenen Kurven – ebene Kurven im Raum): Ausgangspunkt ist die Frage danach, wie man eine ebene Kurve, etwa eine Parabel, die man in den Raum „stellt", formal beschreiben kann. Hier ergibt sich ein reiches Feld für gut gestufte Problemstellungen und zugleich ein Zugang zum Themenkreis Flächen. Die Parameterdarstellung $t \mapsto (t, 0, t^2)$ etwa stellt eine Normalparabel in der xz-Ebene dar. Dreht man diese Parabel um die z-Achse um 45°, so erhält man $t \mapsto (\frac{\sqrt{2}}{2}t, \frac{\sqrt{2}}{2}t, t^2)$, allgemein bei einer Drehung um den Winkel α die Parameterdarstellung $t \mapsto (t \cos \alpha, t \sin \alpha, t^2)$. Diese Darstellung einer Kurvenschar mit dem Parameter α läßt sich auch als Parameterdarstellung einer Rotationsfläche mit den Parametern t und α auffassen. Zur Unterstützung dieser Entdeckung sollte man einen Funktionenplotter (etwa PARAPLOT), besser

---

[6] Aus Platzgründen schreiben wir Vektoren in diesem Abschnitt meist als Zeilen (a, b). Soll der Punktcharakter besonders hervorgehoben werden, benutzen wir den Ausdruck $(a \mid b)$.

noch ein Computeralgebrasystem (etwa MAPLE) einsetzen. Setzt man oben für t^2 einen allgemeinen Funktionsterm $f(t)$ ein, so erhält man die Parameterdarstellung von Flächen, die durch die Rotation eines Funktionsgraphen entstehen. Man kann sich die Flächen jeweils auch als aus Ringen zusammengesetzt vorstellen. Man „zerlegt" die xy-Ebene in Kreise mit dem Radius t und der Parameterdarstellung ($t\cos\alpha$, $t\sin\alpha$) und verschiebt diese jeweils in Richtung der z-Achse um den Wert $f(t)$.

Die Parameterdarstellung eignet sich insbesondere zur Beschreibung von Bahnkurven. Man möchte z.B. wissen, wo sich ein bewegter Körper zu einem bestimmten Zeitpunkt befindet, mit welcher Geschwindigkeit er sich dort bewegt, ob Beschleunigungen auf ihn wirken, wie stark die Bewegungsbahn dort gekrümmt ist und wie lang der bisher zurückgelegte Weg ist. Solche Körper können sein: ein Ball, ein Geschoß, ein Auto, ein Eisenbahnwaggon, ein Flugzeug, eine Rakete, ein Planet u.a.m. Es bietet sich hier ein Problemfeld an, in dem Methoden der Analysis und der Analytischen Geometrie zur Lösung interessanter und sehr konkreter Anwendungen verknüpft werden können.

Die Parameterdarstellung einer Kurve stellt eine Erweiterung des Funktionsbegriffs $f: \mathbb{R} \to \mathbb{R}$ aus der Schulanalysis dar. Wegen der beabsichtigten Anwendungskontexte würde u.E. eine derartige gedankliche Begriffsanbindung jedoch eher verwirren als zu einer angemessenen Begriffsverankerung führen.

Zum Kurvenbegriff

Mit dem Begriff „Kurve" verbindet man umgangssprachlich die Vorstellung einer in freiem Zug zu zeichnenden Linie. Wir wollen den Begriff der Kurve anhand der Parameterdarstellung präzisieren. Zunächst ist es sinnvoll zu fordern, daß x und y stetige Funktionen von t sind. Wären sie beide konstant, würde die Kurve nur aus einem Punkt bestehen. Diesen Fall wollen wir ausschließen. Unter die Definition einer stetigen Kurve fallen überraschenderweise auch die nach ihrem Entdecker benannten Peano-Kurven, welche Flächenstücke der Ebene vollkommen ausfüllen. Die zugehörige Funktion ist nicht injektiv. Eine weitere Exaktifizierung von „Kurve" in Form des Jordanschen Kurvenstücks als topologisches Bild eines Intervalls ist auch noch weit von der anschaulichen Vorstellung entfernt, wenn man an die Kochsche Kurve denkt. Diese Kurve erhält man, indem man die durch die Bilder angedeutete Konstruktion fortsetzt. Die Kochsche Kurve ist das topologische Bild einer Strecke, besitzt in keinem ihrer Punkte eine Tangente und ist nicht rektifizierbar. Um der ursprünglichen anschaulichen Vorstellung in einer formalen Definition näher zu kommen, muß man neben der Rektifizierbarkeit auch noch verlangen, daß die Kurve glatt ist. „Glatt" heißt, daß die Funktionen der Parameterdarstellung ($x(t)$, $y(t)$) stetige Ableitungen erster Ordnung haben. Eine auf einem kompakten Intervall definierte glatte Kurve ist auch rektifizierbar.

Kurven in Polarkoordinaten

Eine weitere Möglichkeit, Kurven geeignet zu beschreiben, stellt die Verwendung eines anderen Koordinatensystems dar, z.B. der *Polarkoordinaten*. Zeichnet man in der Ebene einen Punkt O, den Pol, und eine Halbgerade h, die Polarachse, aus, so läßt sich jeder Punkt ($\neq O$) durch seine Entfernung r von O

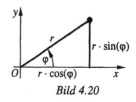

Bild 4.20

und durch den orientierten Winkel φ zwischen h und dem Leitstrahl OP beschreiben; h ist die positive x-Achse. Oft werden auch negative r zugelassen, wobei die folgende Konvention zu beachten ist: man trägt den Leitstrahl mit der Länge $|r|$ in entgegengesetzter Richtung zum Winkel φ an (vgl. *Kroll/Vaupel* 1989, 201). Für den Zusammenhang von kartesischen und Polarkoordinaten gelten die folgenden Transformationsgleichungen: $x = r\cos\varphi$, $y = r\sin\varphi$. Die Umkehrung ist eindeutig, wenn man das Vorzeichen von r festlegt und φ auf das Intervall $[0; 2\pi[$ beschränkt. Kurven lassen sich explizit durch eine Gleichung $r = f(\varphi)$ beschreiben oder auch implizit, wie in der folgenden Darstellung einer Spirale „höherer Ordnung" mit zwei Ästen $r^2 = a^2\varphi$ mit $\varphi > 0$.

Die Polarkoordinaten *im Raum* sind durch den Pol O, die Polarebene E und die Polarachse h gekennzeichnet (vgl. Bild 4.21). Sie spielen z.B. in der Erd- und Himmelskunde eine Rolle (vgl. mathematische Geografie).

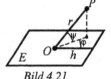

Bild 4.21

Beispiel 3 (Kurvendarstellungen in Polarkoordinaten): (a) Kreis: $r = c$.

(b) Kegelschnitte: $r = \dfrac{p}{1 - \varepsilon\cos\varphi}$ (wenn ein Brennpunkt als Pol und die Hauptachse als Polarachse gewählt werden), für $\varepsilon < 1$ wird so eine Ellipse beschrieben, für $\varepsilon > 1$ der rechte Ast einer Hyperbel und für $\varepsilon = 1$ eine Parabel (vgl. Beispiel 3 in 4.1). (c) Lemniskate: $r = \sqrt{2\cos 2\varphi}$ (vgl. Beispiel 1 in Kap. 4 Einführung). (d) Archimedische Spirale: $r = a\varphi$.

Die Darstellung mittels Polarkoordinaten eignet sich meist für Kurven, die umgangssprachlich formuliert, „um einen Punkt herum liegen", wie z.B. die archimedische Spirale. Eine Parameterdarstellung kann sich auch auf Polarkoordinaten beziehen. Anstelle der kartesischen x- und y-Koordinaten werden die Polarkoordinaten r, φ als Funktionen des Parameters t aufgefaßt. (Eine schulbezogene Behandlung von Polarkoordinaten bietet das Buch von *Steinberg* 1993.)

Beispiel 4 (die Spirale als Bahnkurve): Ein Körper bewegt sich mit der Winkelgeschwindigkeit ω auf einer archimedischen Spirale mit dem Windungsabstand $2\pi a$. Dann läßt sich seine Bahnkurve folgendermaßen beschreiben: $(r, \varphi) = (a\omega t, \omega t)$ mit t als Zeitparameter.

4.2.1 Betrachtung der Eigenschaften von Kurven

Bei der Betrachtung von Kurven im Mathematikunterricht geht es um die Beschreibung anschaulicher Phänomene. Die Objektstudie steht im Vordergrund. Eine Kurve wird als konkretes Objekt, durch materiale Konstruktion oder durch grafische Darstellung auf dem Rechner eingeführt. Die zugehörige Begrifflichkeit sollte daher auch konkret-anschaulich sein, Existenz- und Eindeutigkeitsfragen sollten nur eine geringe Rolle spielen. Der formale Aufwand sollte begrenzt sein. Es genügt daher z.B., die Formeln für Krümmung und Bogenlänge beispielorientiert oder nur als Black box einzuführen, deren Eigenschaften sukzessive erarbeitet werden. Der Rechnereinsatz ist wegen der schwierigen Ausdrücke zwingend. Als Gegenstand für Untersuchungen bieten sich u.a. die folgenden Eigenschaften von Kurven an.

Eigenschaften von Kurven: *Symmetrien* (samt Achsen und Zentren), *Lagebereiche* (Bereiche, in denen die Kurve liegen muß), *besondere Punkte* (Scheitel-, Knoten-, Mittel-, Extrem- und Wendepunkte, Spitzen), *besondere Geraden* (Tangenten, Normalen, Asymptoten), *Krümmungskreise*

(Mittelpunkte, Radien, Krümmung und Krümmungsfunktion), *Länge von Kurven(-stücken)*, *Inhalt* (bei geschlossenen Kurven(-stücken)).

Hierbei sollte man sorgfältig zwischen konkret-geometrischen und koordinatenbezogenen Merkmalen trennen. Die Frage „Was bleibt erhalten, wenn man die Kurve etwas dreht, was nicht?" liefert ein brauchbares Unterscheidungskriterium. Die Betrachtung von Kurven als Bahnkurven („dynamische" oder „kinematische" Sicht) gestattet es, interessante Modellbildungen aus dem Bereich Physik, auch bei geringen Fachkenntnissen, in den Unterricht einzubringen.

Beispiel 5 (einfache Eigenschaften der Lemniskate): Die Lemniskate ist zweifach achsensymmetrisch und punktsymmetrisch. Der Mittelpunkt der Kurve ist der Mittelpunkt der Strecke zwischen den „Brennpunkten" mit dem Abstand $2e$ (vgl. Kap. 1 Beispiel 1). Die Kurve muß in den beiden Kreisen um die Brennpunkte mit dem Radius e liegen, und außerdem zwischen den beiden Winkelhalbierenden $y = \pm x$ entlang der x-Achse. Sie durchdringt sich rechtwinklig im Mittelpunkt und hat dort einen doppelten Wendepunkt. Die Lemniskate läßt sich als Bahnkurve eines speziellen Punktes in einem Getriebegestänge realisieren (vgl. Aufg. 3); sie findet sich auch bei Modellbahnen.

Die dynamische Sichtweise von Kurven

Wir illustrieren die dynamische Sichtweise an einigen einfachen Beispielen zur Modellierung von Bahnkurven.

Beispiel 6 (die Wurfparabel): Um die rechnerische Durchführung dieser Überlegungen möglichst einfach zu gestalten, wählen wir ein Koordinatensystem mit horizontaler x-Achse und vertikaler y-Achse. Im Nullpunkt möge der Massenpunkt seine Bewegung mit der Anfangsgeschwindigkeit $\vec{v}_0$ beginnen. Die Fallbe-

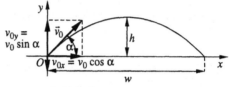

Bild 4.22 Wurfparabel

schleunigung wirkt in Richtung der y-Achse. Die Anfangsgeschwindigkeit wird in zwei Komponenten $\vec{v}_{0x}$ und $\vec{v}_{0y}$, die in Richtung der Achsen verlaufen, zerlegt. Für die Komponente in Richtung der x-Achse ergibt sich aus Bild 4.22 der Betrag $v_{0x} = v_0 \cos\alpha$. Da die Fallbeschleunigung immer senkrecht auf dieser Horizontalkomponente steht, kann sie deren Betrag nicht verändern. Der Massenpunkt führt also in Richtung der x-Achse eine gleichförmige Bewegung aus. Der in der Zeit t in x-Richtung zurückgelegte Weg ist dann $x = v_0 t \cos\alpha$.

In Richtung der y-Achse liegt eine Bewegung vor, bei der die konstante Bahnbeschleunigung g wirkt (Erdbeschleunigung $g = 9{,}81 \mathrm{ms}^{-2}$). Da die Anfangsgeschwindigkeit in dieser Richtung $v_{0y} = v_0 \sin\alpha$ ist, beträgt die Geschwindigkeit zur Zeit t also $v_y = v_0 \sin\alpha - gt$. Für den Weg erhält man: $y = v_0 t \sin\alpha - \frac{1}{2} g t^2$ (*). Insgesamt erhält man als Parameterdarstellung: $(x(t), y(t)) = (\, v_0 t \cos\alpha \,, v_0 t \sin\alpha - \frac{1}{2} g t^2)$.

Eliminiert man t aus den Parametergleichungen, so erhält man die Funktionsgleichung einer nach unten offenen Parabel: $y = x \tan\alpha - \dfrac{g}{2 v_0^2 \cos^2\alpha} x^2$.

Aus den obigen Gleichungen ergeben sich unmittelbar und elementar die Steigzeit, die Steighöhe, die Wurfzeit t_w und damit die Wurfweite w. Aus der Gleichung (*) ergibt sich für $y = 0$:

$t_w = (2 v_0 \sin\alpha)/g$ und damit $w = (v_0^2 \sin 2\alpha)/g$.

Die maximale Flugweite wird also bei einem Wurfwinkel von 45° erreicht.

Eine interessante Beschreibung von Bahnkurven beinhaltet die antike Theorie der Planetenbewegung.

Beispiel 7 (Epizykeltheorie der Planetenbewegung): Nach Ansicht der griechischen Philosophen war die gleichförmige Kreisbewegung die einzige, die in ihrer Vollkommenheit dem Wesen der überirdischen Vorgänge der Planetenbewegung entsprach. Um die damals schon genauen Beobachtungen mit diesem Prinzip in Einklang zu bringen, schuf *Ptolemäus* (ca. 85-160 n. Chr.) seine Epizykeltheorie, die so präzise war, daß sie die Bewegungen der Planeten (mit Ausnahme des Merkur) mit fast der gleichen Genauigkeit wiedergab wie 1400 Jahre später die Keplerschen Gesetze. *Ptolemäus* Theorie war 1400 Jahre lang vorherrschend in der Astronomie, ist allerdings erheblich komplizierter als die Theorie der ellipsenförmigen Planetenbahnen. *Ptolemäus* beschrieb die Planetenbahnen jeweils durch sich überlagernde Kreisbewegungen. Insgesamt brauchte er rund 80 Kreise, um die Bewegung aller ihm bekannten Himmelskörper zu beschreiben. Wir betrachten hier nur ein äußerst vereinfachtes Beispiel, um die Epizykelmethode zu verdeutlichen.

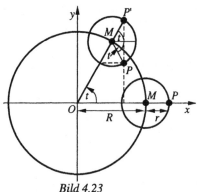

Bild 4.23

Auf dem Umfang eines Kreises mit dem Radius R bewege sich gleichförmig der Mittelpunkt M eines zweiten Kreises mit dem Radius r. Auf dem Umfang des zweiten Kreises befindet sich ein Punkt P (Planet), der sich um M ebenfalls gleichförmig, aber entgegengesetzt und mit doppelter Winkelgeschwindigkeit bewegt (verglichen mit der Bewegung von M auf dem großen Kreis) (Bild 4.23). Wenn OM den Winkel t überstreicht, hat sich P um den Winkel $2t$ entgegengesetzt gedreht. Da die Parallele zur x-Achse durch M mit MP' den Winkel t bildet, liegt P bezüglich dieser Parallele symmetrisch zu P'. Infolgedessen gilt für seine Koordinaten:

$$x = R\cos t + r\cos t = (R + r)\cos t, \quad y = R\sin t - r\sin t = (R - r)\sin t .$$

Es handelt sich um eine Parameterdarstellung einer Ellipse mit den Achsenlängen $R + r$ und $R - r$. Die Überlagerung der beiden Kreisbewegungen läßt sich also als eine elliptische Bahnkurve deuten. (Nach *Kroll et al.* 1989, 196ff.)

So führen zwei gänzlich verschiedene Modellierungsansätze, der von *Kepler* und der von *Ptolemäus*, auf fast gleichwertige Beschreibungen. An diesem Beispiel läßt sich der Unterschied zwischen Realität und Modell gut herausarbeiten. An der Gegenüberstellung der beiden Theorien läßt sich ferner ein weiterer Aspekt von Modellbildung deutlich machen, der Wert einer Theorie für die Voraussage von Phänomenen und der Wert als Erklärungstheorie. Während die Erklärung der Planetenbewegung durch *Ptolemäus* eher mystischen Charakter trägt, läßt sich die Erklärung durch *Kepler* als Teil einer Gesamttheorie verstehen, der modernen Mechanik, die auch vielfältige andere Phänomene beschreiben und insgesamt widerspruchsfrei erklären kann. In Abschnitt 1.2.1.1 Beispiel 4 haben wir einen Teil der Keplerschen Theorie, den Flächensatz, hergeleitet; Hinweise und Beweise für weitere Teile gibt Aufg. 12.

Richtung, Bogenlänge und Krümmung

Für Objektstudien und zahlreiche Modellbildungen ist die *Krümmung* ein interessanter Begriff. Für das Behandeln der Krümmung sprechen die folgenden Argumente:
- die Vernetzung von Methoden der Analysis mit denen der Analytischen Geometrie;
- das Vorhandensein von problemorientierten und anwendungsbezogenen Unterrichtsvorschlägen zum Thema Gleis- und Straßenbau;

- anschauliche Begriffsbildung und die gänzlich neuartigen Fragestellungen;
- die Möglichkeit, in vielfältiger Weise Hypothesen zu entwickeln und zu überprüfen, ähnlich wie beim grafischen Differenzieren;
- das Generieren von neuartigen Kurven, sog. Evoluten, die von den bisher bekannten Kurventypen stark abweichen (vgl. Bild 4.25 und 4.26).

Für die Einführung des Krümmungsbegriffs bieten sich zwei Wege an, die mit ganz verschiedenen Vorstellungen einhergehen, aber auf dieselben Berechnungsgleichungen führen. Zum einen läßt sich die Krümmung als Winkeländerung pro Längenänderung $d\alpha/ds$ bestimmen. Wenn sich auf gleichlangen Kurvenabschnitten der Winkel stärker ändert, sollte auch die Krümmung größer sein. Es ist dies der heute in der Fachwissenschaft übliche Weg. Voraussetzung hierfür ist die Längenformel. Damit ist dieser Weg für die Schule ungeeignet; zudem ist er vergleichsweise unanschaulich. Anschaulicher und problemnäher läßt sich der Krümmungsbegriff dagegen in Analogie zum Begriff Steigung entwickeln. Zur Beschreibung der Tangente an eine Kurve in einem Punkt P geht man von den Sekanten PQ mit $Q \neq P$ aus und läßt den Punkt Q gegen P gehen. Dieses anschaulich-konkrete Verfahren dient der Begriffsexplikation von Tangente und Steigung sowie zugleich deren Berechnung. Ausgangspunkt ist die Gerade als eine Kurve mit konstanter Steigung.

Analog basiert der Begriff der Krümmung auf der Vorstellung, daß ein Kreis eine konstante Krümmung hat, die man in naheliegender Weise durch $1/r$ mißt. Um ein Maß für die Krümmung einer Kurve in einem Punkt zu erhalten, sucht man einen Kreis, der mit der Kurve in diesem Punkt „möglichst gut" übereinstimmt. Dies gilt es zu explizieren. Man

Bild 4.24

geht von einem Kreis aus, der durch den Kurvenpunkt P und zwei weitere Kurvenpunkte R und S bestimmt ist. (Sonderfälle und Existenzfragen lassen wir hier unberücksichtigt.) Man konstruiert den Kreismittelpunkt als Schnittpunkt der Mittelsenkrechten der Strecken PS und PR (vgl. Bild 4.24). Gehen die Punkte R und S gegen P, so erhält man als Grenzkreis den sogenannten Krümmungskreis und durch dessen Radius ein Maß für die lokale Krümmung. Dieses Verfahren gestattet es, simultan den Mittelpunkt des Krümmungskreises und seine Krümmung zu bestimmen. Beschreibt man zu jedem Punkt P einer Kurve C

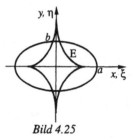

Bild 4.25

den Mittelpunkt des zugehörigen Krümmungskreises, so erhält man eine zweite Kurve, die *Evolute* von C. Bild 4.25 zeigt die Evolute einer Ellipse, eine sogenannte *Astroide*, Bild 4.26 die Evolute einer Parabel.

Man kann allerdings auch so verfahren, daß man von P und nur einem weiteren Punkt R ausgeht, zusätzlich aber die Normalen in diesen Punkten vorgibt. Man verlangt, daß der Kreis durch die beiden Punkte P und R geht und die Normalen auch Normalen des Kreises sind. Oft begnügt man sich nicht mit dem so berechneten Betrag der Krümmung, sondern möchte noch zwischen Links- und Rechtskrümmung unterscheiden. Dies geschieht bei Funktionsgraphen, wie aus der elementaren Analysis bekannt, mittels der zweiten Ableitung der Funktion f. Bei allgemeinen Kurven muß ein Durchlaufungssinn beachtet werden. In Hinblick auf die oben benutzte Analogie sei daran erinnert, daß der Steigungsbegriff koordinatenbezogen ist, der Krümmungsbegriff nicht.

Beispiel 8 (Problemkontext Krümmungskreise und Krümmung einer Kurve $y = f(x)$): Ausgangspunkt kann die folgende Situation sein. Man dreht die Normalparabel im Koordinatensystem und stellt fest, daß der „Scheitelpunkt" kein Minimum mehr ist, aber weiterhin ein auffälliger Punkt. Ähnliche Erfahrungen macht man mit den „Scheitelpunkten" der Ellipse. Wie kann man einen Scheitelpunkt kennzeichnen? Man entdeckt, daß die Kurve dort entweder sehr „flach" oder sehr stark „gekrümmt" ist – in einem umgangssprachlichen Sinne. Was ist Krümmung?

Wir berechnen die Krümmung der Parabel ($y = \frac{1}{2}x^2$) in den Punkten $P_1(0 \mid 0)$

und $P_2(2 \mid 2)$. Dazu betrachten wir zusätzlich den Punkt $R_1(h \mid \frac{1}{2}h^2)$ bzw.

$R_2(2 + h \mid \frac{1}{2}(2 + h)^2)$. Als Gleichungen der Kurvennormalen in P_1 erhalten wir

$x = 0$ und entsprechend für R_1 $\dfrac{y - \frac{1}{2}h^2}{x - h} = -\dfrac{1}{h}$. Man berechnet den Schnitt-

punkt; für $h \to 0$ erhält man als Mittelpunkt des Krümmungskreises $M_1(0 \mid 1)$

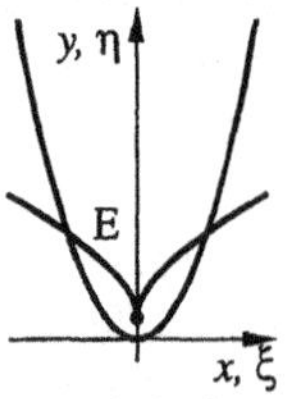

und die Krümmung $k_1 = \dfrac{1}{1} = 1$. Für P_2 ergibt sich entsprechend $M_2(-8 \mid 7)$ und $k_2 = \dfrac{\sqrt{5}}{25}$. Weitere

Bild 4.26

Experimente zeigen, daß die Krümmung für Parabelpunkte mit wachsender Ordinate abnimmt. Die Krümmungsmittelpunkte liegen auf der Kurve E in Bild 4.26 (Evolute einer Parabel). Wendet man das Verfahren auf einen beliebigen festen Punkt $P(x_0 \mid y_0)$ an, so erhält man (mit erheblichem Rechenaufwand) die nebenstehenden Gleichungen für den Mittelpunkt (ξ, η) des Krümmungskreises und dessen Radius r: $\xi = -x_0^3$, $\eta = 1 + \frac{3}{2}x_0^2$, $r = (1 + x_0^2)^{\frac{3}{2}}$ (vgl. Aufg. 4). Es wird deutlich, daß (anders als bei der ersten Ableitung, die unmittelbar ein Maß für die Kurvensteigung bedeutet) die zweite Ableitung im allgemeinen kein direktes Maß für die Kurvenkrümmung darstellt. Sie eignet sich aber dazu, einen Krümmungswechsel von rechts nach links bzw. von links nach rechts festzustellen.

Im Sinne eines problemorientierten Unterrichts scheint es sinnvoll, die Schüler Erfahrungen mit einzelnen Punkten machen zu lassen und Hypothesen zur Evolute und zur Krümmungskurve zu entwickeln, dann die Gleichungen für die Krümmung k und den Krümmungsmittelpunkt mitzuteilen und die vorangegangenen Ergebnisse damit zu kontrollieren. In der Regel wird man zur Berechnung ein CAS heranziehen. Ähnliches gilt für Krümmungsgleichungen in Parameter- und Polarkoordinatendarstellung (vgl. Bild 4.27).

Ein anderer Weg zur Herleitung der Gleichungen für den Mittelpunkt des Krümmungskreises bei explizit dargestellten Kurven führt über die Analysis. Wir betrachten die (in einem Intervall zweimal differenzierbare) Kurve f mit der Gleichung $y = f(x)$ an einer Stelle x_0 mit $f''(x_0) > 0$. (Die anderen Fälle werden analog behandelt.) Man verlangt, daß die Kurve und der Krümmungshalbkreis in den Funktionswerten an der Stelle x_0 und den ersten beiden Ableitungen übereinstimmen. Für den Krümmungshalbkreis mit der Gleichung $y = k(x)$ gilt daher: $k(x_0) = f(x_0)$, $k'(x_0) = f'(x_0)$ und $k''(x_0) = f''(x_0)$ (*). Man differenziert die Kreisgleichung $(x - \xi)^2 + (k(x) - \eta)^2 = r^2$ zweimal und nimmt Ersetzungen entsprechend (*) vor. Auf diese Weise erhält man drei Gleichungen für den Radius r und die Mittelpunktskoordinaten ξ und η. Dieses Vorgehen findet sich in einigen Schulbüchern des Traditionellen Mathematikunterrichts (z.B. *Reidt/Wolff* 1961[7]a, 317ff.).

Darstellung	$y = f(x)$	$(x = x(t), y = y(t))$	$r = f(\varphi)$
Ableitung	Tangentenanstieg $\tan\gamma = \dfrac{dy}{dx}$	Tangentenrichtung $(\dot{x}(t), \dot{y}(t))$	Winkel OP-Tangente $\tan\beta = r\dfrac{d\varphi}{dr}$
Bogenlänge	$s = \displaystyle\int_a^b \sqrt{1+(f'(x))^2}\,dx$	$s = \displaystyle\int_{t_1}^{t_2} \sqrt{\dot{x}^2 + \dot{y}^2}\,dt$	$s = \displaystyle\int_{\varphi_1}^{\varphi_2} \sqrt{r^2 + \left(\dfrac{dr}{d\varphi}\right)^2}\,d\varphi$
Krümmung	$k = \dfrac{f''(x)}{(1+(f'(x))^2)^{\frac{3}{2}}}$	$k = \dfrac{\dot{x}\ddot{y} - \dot{y}\ddot{x}}{(\dot{x}^2 + \dot{y}^2)^{\frac{3}{2}}}$	$k = \dfrac{r^2 + 2r'^2 - rr''}{(r^2 + r'^2)^{\frac{3}{2}}}$
Mittelpunkt des Krümmungskreises	$\xi = x - f'(x)\dfrac{1+(f'(x))^2}{f''(x)}$ $\eta = f(x) + \dfrac{1+(f'(x))^2}{f''(x)}$	$\xi = x - \dot{y}\dfrac{\dot{x}^2 + \dot{y}^2}{\dot{x}\ddot{y} - \dot{y}\ddot{x}}$ $\eta = y + \dot{x}\dfrac{\dot{x}^2 + \dot{y}^2}{\dot{x}\ddot{y} - \dot{y}\ddot{x}}$	nicht schulrelevant

Bild 4.27: Formeln zur Ableitung, zur Bogenlänge, zur Krümmung und zum Krümmungskreis

Es liegt auf der Hand, daß dieses Vorgehen für einen problemorientierten Unterricht weniger geeignet ist als der Weg in Beispiel 8. In einem differenzierenden Unterricht (LK) kann man einen interessierten Schüler eventuell mit dieser Fragestellung fördern. Das Thema ist auch für eine Facharbeit geeignet.

Ein interessantes Feld, in dem die Krümmung als mathematisches Modell eine Rolle spielt, ist der Straßen- und Gleisbau.

Beispiel 9 (Gleisverbindung): „Zwei parallele Gleise g und g' sollen möglichst optimal miteinander verbunden werden. Dafür steht nur ein begrenzter Gleisabschnitt AB bzw. $A'B'$ zur Verfügung. Man sucht nach einer 'optimalen' Verbindungskurve." Um diese Kurve beschreiben zu können, wählt man ein gut geeignetes Koordinatensystem. Hier handelt es sich um ein zentrales Mathematisierungsmuster. Aus Symmetriegründen wählen Problemlöser (Schüler bzw. Studenten) in der Regel den Mittelpunkt von AB' als Ursprung, eine Parallele zu den Gleisen als x-Achse. Sie experimentieren mit verschiedenen Kurven, meist Kreisstücken, Winkel- und ganzrationalen Funktionen, in einem konkreten Modell (mit Schienen und einem Wagen oder einer Kugel). (Bei Unterrichtsversuchen mit Studenten war eine Seminargruppe so interessiert an der Problemstellung, daß sie ein großes Modell mit zahlreichen verschiedenen Gleisverläufen gebaut hat.) Der Versuch mit zwei Viertelkreisen erweist sich als ungeeignet – der Wagen fliegt bereits bei geringer Geschwindigkeit aus der Bahn. Es gelingt nun, die Optimalitätsforderung zu präzisieren bzw. zu mathematisieren: (a) die abzweigende Kurve muß im Abzweigungspunkt dieselbe Richtung wie die parallelen Gleise haben (gleicher Wert der ersten Ableitung), und (b) starke Krümmungsänderungen und Abschnitte mit hoher Krümmung sind zu vermeiden. Man zeichnet zu den Kurven, die man untersucht, die jeweils entsprechende Krümmungskurve und kann so eine geeignete Verbindungskurve finden. Dabei greift man auf DERIVE bzw. auf den GTR zurück. Die Überprüfung im konkreten Experiment bestätigt die Wahl einer ganzrationalen Funktion 5. Grades als geeignet – der Wagen bleibt auch bei hoher Geschwindigkeit in seiner Bahn. Es kommen noch Verbesserungsvorschläge und Bedenken auf: „Ist die maximale Krümmung nicht zu groß?" – das mathematische Modellieren geht weiter. (In Anlehnung an *Steinberg* 1995.)

Didaktische Einordnung und Bewertung: Dieses Modellierungsproblem läßt sich entdeckenlassend bearbeiten, es ist gut zugänglich, anschaulich und herausfordernd. Die Schüler experimentieren, arbeiten mit Rechnern und lernen deren Nützlichkeit kennen.

Man diskutiert und argumentiert, man lernt ungewohnte Aspekte der Mathematik kennen. Man wiederholt und festigt wichtige Aspekte des Funktionsbegriffs; man „erfährt" die Bedeutung des Krümmungsbegriffs. Die Erfahrungen mit dieser Aufgabe im MU, aber auch beim Problemlösen mit Studenten sind sehr positiv; die Problemstellung ist stark motivierend und löst lebhafte Diskussionen aus. Für einen Modellbildungsprozeß im anwendungsorientierten Unterricht erscheint uns die Problemstellung dagegen weniger gut geeignet. Die auftretenden Modellbildungen sind bei genauerer Betrachtung komplex und für Schüler nicht leicht nachvollziehbar, geschweige denn selbsttätig durchzuführen. Insbesondere kann die Frage, ob neben der „Steigungsgleichheit am Abzweigungspunkt" die Krümmung das einzige, weitere Optimalitätskriterium darstellt, ohne profunde Kenntnis der physikalischen und technischen Zusammenhänge nicht beantwortet werden. Zwei wichtige Aspekte des mathematischen Modellierens, nämlich das Hinterfragen und das begründete Modifizieren von Modellen, lassen sich an diesem Beispiel nicht bzw. nur schwer lernen, da Fragen bzw. Verbesserungsvorschläge, wie überhöhte Kurven und geeignete Dämpfung der Wagenfederung, sowie Bedenken bzgl. der maximal tolerierbaren Krümmung schwer abzuklären sind. (Anm.: Die Auskunft eines Professors für Ingenieurwissenschaften ergab, daß ein Zug die im obigen Aufsatz errechneten Gleisverbindungen mit etwa 5 km/h (!) passieren dürfte; vgl. *Steinberg* 1996b.)

Beispiel 10 (die Klothoide als Verbindung von Wegstücken):
Bei der Trassierung von Verkehrswegen muß das Problem gelöst werden, zwei Wegstücke durch eine Übergangskurve zu verbinden (vgl. z. B. *Bungartz* 1985, 203). Dabei kann das eine Stück gerade, das andere ungerade sein oder beide ungerade mit unterschiedlicher Krümmung. Die Krümmungen der Wegstücke sollen stetig ineinander überführt werden, weil keine ruckartigen Bewegungen auftreten sollen. Eine Kurve, die zur Lösung des Problems herangezogen wird, ist die Klothoide. Ihre Besonderheit besteht darin, daß ihre Krümmung proportional zur von einem Punkt O aus gemessenen Bogenlänge ist. Man verwendet

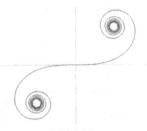

Bild 4.28

im Straßenbau oft geeignete Stücke einer Klothoide als Übergangskurven. (Vgl. auch *Brüning/ Spallek* 1979.) Die formale Darstellung der Klothoide und deren Herleitung ist sehr komplex, eine Behandlung im Unterricht sollte daher nur informatorischer Natur sein:

$$x = a\sqrt{\pi} \int_0^t \cos\frac{\pi u^2}{2} du, \quad y = a\sqrt{\pi} \int_0^t \sin\frac{\pi u^2}{2} du \quad \text{mit } t = \frac{s}{a\sqrt{\pi}} \text{ und } s \text{ Bogenlänge.}$$

Die Trassierung von Autobahnen führt auf zusätzliche Probleme (vgl. *Böer/Volk* 1982; *Henn* 1997, 75ff. und Band 1, Abs. 9.2.3). Die Konstruktion der Trasse sollte möglichst „glatt" sein, um die Unfallgefahr zu vermindern oder eine möglichst zügige Durchfahrt beim Autobahnwechsel zu gestatten. Der Platzbedarf sollte aus ökologischen und ökonomischen Gründen so gering wie möglich ausfallen. Die Stauräume sollten möglichst groß sein, um einen Rückstau auf die eigentliche Autobahn zu verhindern. Mathematisch geht es hierbei um (a) die Funktionsbestimmung durch Interpolation, (b) Krümmungsbetrachtungen, (c) die Integration dieser Funktionen zur Feststellung des jeweiligen Flächenbedarfs und (d) die Berechnung der Bogenlängen zur Bestimmung der Stauräume der einzelnen Modelle. Wir betrachten das letzte Problem. Bei Einsatz eines CAS sind gute Näherungslösungen ohne großen Aufwand möglich. Man ersetzt das Kurvenstück durch einen Polygonzug, dessen Längenberechnung sich, besonders bei explizit darstellbaren Kurven, sehr einfach gestaltet (vgl. Aufg. 5). Man kann die Problemstellung aber auch zu einer anwendungsorientierten Einführung der *Bogenlänge* nutzen.

Beispiel 11 (Herleitung der Bogenlänge): Wir knüpfen hier an die ausführlichere Darstellung in Bd. 1, Abschnitt 6.2.2 an. Man stelle sich vor, man solle die Länge eines Straßenstücks zwischen den Ortschaften A und B bestimmen. Wie geht man dabei vor? Ein Vorschlag könnte darin bestehen, eine bestimmte geradlinige Meßlatte von gewisser Länge immer wieder abzutragen. Möglicherweise muß in engen Kurven eine Verfeinerung der Meßlatte vorgenommen werden. Übertragen wir diese Idee auf eine durch $(x(t), y(t))$ gegebene Kurve, so erhalten wir einen Polygonzug, der einer Intervallteilung $a = t_0 < t_1 < ... < t_n = b$ für den Parameter t entspricht und die Länge

$\sum_{i=1}^{n} \sqrt{\left(\Delta x_i\right)^2 + \left(\Delta y_i\right)^2}$ hat. Diesen Ausdruck wandeln wir um in $\sum_{i=1}^{n} (\Delta t_i)\sqrt{\left(\frac{\Delta x_i}{\Delta t_i}\right)^2 + \left(\frac{\Delta y_i}{\Delta t_i}\right)^2}$ (*).

Wenn die Ableitungsfunktionen $\dot{x}$ und $\dot{y}$ (nach t) stetig sind, so geht der Ausdruck bei zunehmender Verfeinerung der Unterteilung gegen einen festen Wert, der durch das Integral $s = \int_a^b \sqrt{\dot{x}^2 + \dot{y}^2}\, dt$ beschrieben wird und die Länge s des Kurvenstücks darstellt, auch Bogenlänge genannt. Für die Parameterdarstellung des Kreises erhält man: $s = \int_0^\varphi \sqrt{(r\cos t)'^2 + (r\sin t)'^2}\, dt = \int_0^\varphi r\, dt = r\varphi$.

In manchen Kontexten möchte man etwas über die *Richtung* einer Kurve in einem Punkt aussagen. Dazu betrachtet man die Tangente in diesem Punkt. Bei der expliziten Darstellung einer Kurve $y = f(x)$ berechnet man hierzu in bekannter Weise den Tangens des Winkels γ (mit $0° \leq \gamma < 90°$, $90° < \gamma < 180°$) zwischen Tangente und positiver x-Achse: $\tan\gamma = \frac{df}{dx}$. Diese Beschreibung durch den Winkel γ kann auch im Zusammenhang mit der Parameterdarstellung benutzt werden, üblich ist aber die Angabe eines Richtungsvektors (vgl. Bild 4.27). In Polarkoordinaten wird die Tangente meist durch den Winkel β zwischen Tangente und Leitstrahl OP beschrieben. Es gilt $\tan\beta = r/r'$ (s.u.).

Beispiel 12 (die Ableitung und die Tangente einer Kurve in Parameterdarstellung): Wir untersuchen den Anstieg von Sekanten und betrachten dabei zunächst den Fall $\dot{x}(t) \neq 0$; dann gilt für hinreichend kleines h die Ungleichung $\Delta x \neq 0$ und damit:

$$\frac{\Delta y}{\Delta x} = \frac{y(t_0 + h) - y(t_0)}{x(t_0 + h) - x(t_0)} = \frac{[y(t_0 + h) - y(t_0)]/h}{[x(t_0 + h) - x(t_0)]/h} \rightarrow \frac{\dot{y}(t)}{\dot{x}(t)} \quad \text{für } h \rightarrow 0.$$

Die Steigung der Tangente ist also durch den Ausdruck $\frac{\dot{y}(t)}{\dot{x}(t)}$ gegeben; folglich ist der Vektor $(\dot{x}(t), \dot{y}(t))$ ein Richtungsvektor der Tangente. Dies gilt auch für den Fall $\dot{x}(t) = 0$ und $\dot{y}(t) \neq 0$.

Sind beide Ableitungen gleichzeitig 0, so heißt der zugehörige Punkt singulär. Ist t der Zeitparameter, so läßt sich der Vektor $(\dot{x}(t), \dot{y}(t))$ als Geschwindigkeitsvektor deuten, sein Betrag gibt die lokale Geschwindigkeit an.

Wir ergänzen ein weiteres Beispiel zur Trassenführung.

Beispiel 13 (die Neilsche Parabel als Beschreibung eines Kopfbahnhofs): Die sog.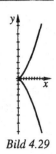
Neilsche Parabel ist durch die Parameterdarstellung $(x(t), y(t)) = (t^2, t^3)$ mit dem
Zeitparameter t gegeben (vgl. Bild 4.29). Sie hat für $t = 0$ einen singulären Punkt. Wir
betrachten diese Kurve als Darstellung eines Kopfbahnhofs. Der Zug kommt „von
unten", hält im Punkt $(0, 0)$ und fährt „nach oben" wieder hinaus. Für die
Geschwindigkeit gilt: $|(\dot{x}(t), \dot{y}(t))| = \sqrt{4t^2 + 9t^4}$; die Geschwindigkeit nimmt stetig
ab, wenn der Zug sich dem Bahnhof nähert, ist dort Null und wächst danach an.
Eliminiert man den Parameter t, so erhält man eine implizite Darstellung der Kurve: *Bild 4.29*
$y^2 - x^3 = 0$. (Nach *Bungartz* 1985, 149ff.)

Die *Standardfragestellungen* zu Kurven beziehen sich auf die übliche Berechnung
–   der Kurvengleichung eines bestimmten Typs zu vorgegebenen Punkten;
–   des Tangentenanstiegs;
–   der Krümmung;
–   der Bogenlänge;
–   von Flächenmaßen.

Diese Berechnungen sind in der Regel rechenaufwendig und sollten daher mit dem
Rechner durchgeführt werden (vgl. Formeln in Bild 4.27, ferner *Wippermann* 1996).
Doch es sind nicht diese Standardaufgaben, die im Zentrum eines problem- und anwendungsorientierten Unterrichts stehen, sondern einzelne Entdeckungen, besondere Wege
und realitätsnahe Problemstellungen. Interessant sind insbesondere kinematische Fragen
und Trassierungsprobleme.

Ausblick auf die Behandlung räumlicher Kurven

Die Betrachtung räumlicher Kurven ist u.E. nur dann sinnvoll, wenn man im Unterricht
mit einem leistungsfähigen Computeralgebrasystem wie etwa MAPLE arbeitet. Es kann
sich dabei nur um einzelne Objektstudien handeln, die interessant sind (s.u.) oder an
denen man dann die Unterschiede zu ebenen Kurven exemplarisch entdecken lassen
möchte. Eine Einführung in den theoretischen Apparat der mathematischen Analyse
räumlicher Kurven übersteigt den Rahmen der Schulmathematik. Betrachtet man die (zy-
lindrische) Schraubenlinie, etwa am Beispiel einer Feder, im Vergleich zu den „in den
Raum gestellten ebenen Kurven" (vgl. Beispiel 2), so stellt man fest, daß es Schwierigkeiten bei der Übertragung des ebenen Krümmungsbegriffs gibt und daß ein Maß für das
„Ausziehen" der Feder fehlt. Unmittelbar übertragbar vom $\mathbb{R}^2$ auf den $\mathbb{R}^3$ ist der Tangentenbegriff; die Tangente wird durch den Vektor $(\dot{x}(t), \dot{y}(t), \dot{z}(t))$ aufgespannt. Als weitere Hilfsmittel führt man in der Differentialgeometrie das begleitende Dreibein und die
Schmiegebene ein. Wir setzen für das folgende voraus, daß der Parameter s die Bogenlänge
von einem festem Punkt aus angibt. Das begleitende Dreibein besteht aus dem Tangen-
tenvektor $\vec{t} = (x'(s), y'(s), z'(s))$, dem Hauptnormalenvektor $\vec{n} = (x''(s), y''(s), z''(s))$
und dem Binormalenvektor $\vec{b} = \vec{t} \times \vec{n}$. Es gilt: $|\vec{t}| = 1$ und $|\vec{n}| = 1/\rho$, wenn ρ der Krüm-
mungsradius an der Stelle s ist; $\vec{t}$ und $\vec{n}$ spannen die Schmiegebene auf, und die Ände-
rung der Binormalenrichtung mit der Bogenlänge ist ein Maß, die sog. Torsion, dafür,
wie „schnell" sich die Kurve an der Stelle s aus der Schmiegebene herauswindet. (Für
eine Einführung vgl. *Reckziegel et al.* 1998.)

Beispiel 14 (Objektstudie zu Spiralen im Raum): Man kann die Schraubenlinie $(a\cos t,\ a\sin t,\ bt)$ als eine über einem Kreis „aufgespannte" Kurve betrachten. Wir übertragen diesen Gedanken auf Spiralen, und zwar nehmen wir eine Kreisevolvente wegen ihrer vergleichsweise einfachen Parameterdarstellung: $x = (\cos t + t\sin t)$, $y = (\sin t - t\cos t)$. Wir spannen darüber den Graphen einer „geradlinigen" und den Graphen einer quadratischen Funktion auf und erhalten $(x,\ y,\ \sqrt{x^2 + y^2})$ und $(x,\ y,\ x^2 + y^2)$. Im ersten Beispiel hat man für $t \geq 0$ eine auf einem Kegel, im zweiten Beispiel eine auf einem Paraboloid nach oben laufende Spirale.

4.2.2 Objektstudien zum Kreis

Der Kreis eignet sich als Ausgangspunkt und Bindeglied vielfältiger Phänomene und mathematischer Inhalte zum Kurvenbegriff:

(1) Kegelschnitte als Bilder des Kreises unter affinen Abbildungen und unter Zentralprojektionen (vgl. 4.1.1/2);
(2) Einführung des dynamischen Aspekts von Kurven: die Beschreibung des Durchlaufens eines Kreises mittels der Parameterdarstellung;
(3) Einführung des Krümmungsbegriffs über den Krümmungskreis;
(4) Rollkurven und Abrollkurven – Übergänge zur Spirale (Kreisevolvente);
(5) Rosetten;
(6) Verallgemeinerungen der Kreisgleichung: (a) vom Kreis zum Quadrat, (b) der Satz von Fermat.

Auf die ersten drei Punkte sind wir bereits ausführlich eingegangen. Die Punkte (4) und (5) bezeichnen Klassen von Kurven, die zum einen als Bahnkurven eine Rolle spielen, zum anderen sich zur Beschreibung vielfältiger Formen in Natur und Kunst eignen. Beide Klassen von Kurven erlauben ein experimentelles und problemorientiertes Arbeiten. Punkt (6) bezieht sich auf ein interessantes Einzelphänomen und führt zugleich auf einen bedeutenden Satz der Zahlentheorie, die Fermatsche Vermutung.

Beispiel 15 (Rollkurven): Im Mittelpunkt steht das Abrollen eines Kreises. Betrachtet man ein Treibrad einer fahrenden Dampflokomotive, so lassen sich sehr unterschiedliche Bahnkurven beobachten, sog. Zykloiden (vgl. Bild 4.30). Ein Punkt auf dem Laufkranz bewegt sich auf

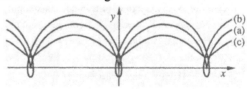

Bild 4.30 Zykloiden

einer gewöhnlichen Zykloide (a), ein Punkt auf dem Radkranz auf einer gestreckten Zykloide (b), der Bolzen für die Schubstange auf einer gekürzten Zykloide (c) und der Mittelpunkt auf einer Geraden. Die Parameterdarstellung für die gewöhnliche Zykloide entnimmt man dem Bild 4.31 $x = rt - rc\sin t$, $y = r - rc\cos t$ mit $c = 1$; man beachte dabei die Gleichungen $\sin(180° - t) = \sin t$ und $\cos(180° - t) = -\cos t$.

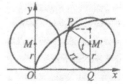

Bild 4.31

Für $c > 1$ erhält man eine gestreckte und für $c < 1$ eine gekürzte Zykloide.

Mit dem sog. Spirographen lassen sich nicht nur Zykloiden, sondern auch Rollkurven, bei denen ein Kreis im Inneren bzw. außerhalb eines zweiten Kreises auf dessen Bogen abgerollt wird, zeichnen. Im ersten Fall spricht man von Hypozykloiden, im zweiten von Epizykloiden (vgl. Bild 4.32 und Aufg. 6).

Hat man die Parameterdarstellung abgeleitet, so lassen sich Experimente mit einem CAS machen. Man kann z.B. einzelne Punkte einer mit dem Spirographen gezeichneten Kurve in den Rechner eingeben und überprüfen, ob die Punkte auf der theoretisch erarbeiteten Kurve liegen.

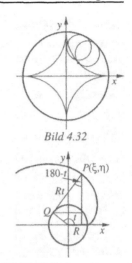

Bild 4.32

Ein weiteres Experiment mit Kreisen führt auf eine gänzlich andere Kurve. Man nimmt zwei runde Bleistifte und befestigt an beiden jeweils ein Ende eines Stück Fadens. Dann rollt man den Faden auf einen der Stifte auf, setzt diesen locker auf ein Stück Papier und zeichnet mit dem anderen Stift bei abrollendem Faden eine Kurve. Durch dieses „Abrollen eines Kreises" erhält man die Evolvente des Kreises (Bild 4.33). Sie ist spiralenförmig. Die formale Beschreibung läßt sich aus einer allgemeinen Formel für Evolventen herleiten, die mit dem Begriff der Bogenlänge arbeitet (vgl. *Duden* 1994), oder direkt durch einfache geometrische Überlegungen entwickeln (s.u.). Der erste Weg ist für einen problemorientierten Unterricht eher ungeeignet.

Bild 4.33 Kreisevolvente

Beispiel 16 (Kreisevolvente): Geht man vom Kreis mit der Darstellung $x = R\cos t$, $y = R\sin t$ aus, so erhält man für die Evolvente die Parametergleichungen $\xi = Rt\sin t + R\cos t$, $\eta = -Rt\cos t + R\sin t$, die sich unter Berücksichtigung von $\sin(180°-t) = \sin t$ und $\cos(180°-t) = -\cos t$ aus Bild 4.33 ablesen lassen. Dabei ist zu beachten, daß der abgewickelte Faden eine Tangente an den Kreis darstellt. Zeichnet man die Kreisevolvente mit einem CAS, stellt man fest, daß schon von der zweiten Windung an der Abstand zwischen zwei Windungen nahezu konstant ist. Man fragt nach einer Darstellung dieser Näherungskurve mit konstantem Windungsabstand, von der man annimmt, daß sie sich einfacher beschreiben läßt. Diese Näherungskurve ist eine archimedische Spirale, die in Polarkoordinaten die einfache Gleichung $r = a\varphi$ hat (s.u.). Die Kreisevolvente läßt sich nur auf komplizierte Weise in Polarkoordinaten darstellen. Aus der Konstruktionsvorschrift geht unmittelbar hervor, daß die Tangente der Evolvente senkrecht zur Tangente an den Erzeugerkreis steht und daß der Krümmungsradius den Wert Rt hat (vgl. Bild 4.33). Daraus ergibt sich, daß die Evolute der Kreisevolvente der Ausgangskreis ist. Diesen Zusammenhang kann man verallgemeinern: Jede Kurve ist die Evolute jeder ihrer Evolventen.

Der aufgezeigte Weg, von einer algebraischen Darstellung auszugehen und Hypothesen anhand der Grafik zu entwickeln, ist auch für das Arbeiten mit *Rosetten* geeignet.

Beispiel 17 (Rosetten): Ausgangspunkt ist die Funktionsgleichung $r = \sin\varphi$ (Kreis). Bevor man den Ausdruck mittels eines CAS in Polarkoordinaten darstellt, werden grobe Skizzen gemacht. Anschließend führt man Experimente mit den Kurvenscharen $r = a\sin\varphi$ und $r = \sin k\varphi$ durch; die erste stellt Kreise dar. Besonders die zweite Kurvenschar läßt viel Raum für einen experimentellen, hypothesenentwickelnden Unterricht. Am Ende steht die Erkenntnis, daß für gerades k die Rosette $2k$ Blätter, für ungerades k nur k Blätter hat. Dieses Ergebnis führt auf die

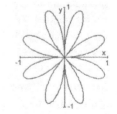

Bild 4.34 Rosetten

Frage, ob im letzteren Fall Blattränder doppelt durchlaufen werden, und zusätzlich auf allgemeinere Fragen, wie die nach dem Durchlaufen solcher Kurven und nach der Existenz von „Spitzen".

Hypothesen hierzu lassen sich mit dem sog. Spurmodus[7] eines CAS überprüfen. Weitere Frage-stellungen ergeben sich für $k = \frac{1}{2}$ oder $k = \sqrt{2}$, usw. Es entstehen „Überlappungen" mit teils ge-schlossenen, teils beliebig „weiterdrehenden" Kurven. (Für weitere Anregungen vgl. *Steinberg* 1993.) Interessante Modellierungen findet man im Bereich der Kunst. So lassen sich vielfältige künstlerische Formelemente an Kirchen teilweise oder ganz durch Rosetten beschreiben. Hier ist Raum für Projekte und Facharbeiten (vgl. Aufg. 7).

Das Beispiel 18 rückt die implizite Darstellung des Einheitskreises in den Mittelpunkt.

Beispiel 18 (Verallgemeinerungen der Kreisgleichung): Ausgangspunkt ist die implizite Darstel-lung des Einheitskreises $x^2 + y^2 = 1$. Wir betrachten die Kurven $x^n + y^n = 1$, $n \in \mathbb{N}^* \setminus \{1\}$, mit Hilfe eines CAS. Ist n ungerade, so läßt sich die Gleichung reell eindeutig nach y auflösen. Die Funktionsgraphen verlaufen für $x \to \pm\infty$ asymptotisch zur Geraden mit der Gleichung $y = -x$ und haben in der Nähe des Koordinatenursprungs „einen Buckel nach rechts", der mit wachsendem n immer eckiger wird. Für gerades n gilt, daß die Kurve sich mit wachsendem n einem Quadrat annähert. Der Themenkreis gibt Raum zum Argumentieren.

Diese Überlegungen können in Betrachtungen zur Zahlentheorie übergehen. Die berühmte und über Jahrhunderte hinweg unbewiesene Vermutung von *Fermat* besagt, daß die Gleichung $a^n + b^n = c^n$ für $n > 2$ nicht ganzzahlig ($a, b, c \neq 0$) lösbar ist. Die Fermat-Gleichung kann durch Einführen der Variablen $x = a/c$ und $y = b/c$ in die Gleichung $x^n + y^n = 1$ überführt werden. Die Fermatsche Vermutung besagt dann, daß auf diesen Kurven für $n > 2$, abgesehen von den Punkten $(0, \pm1)$ und $(\pm1, 0)$, keine weiteren Punkte mit rationalen Koordinaten liegen. Diese Vermutung wurde 1993 von dem englischen Mathematiker *Wiles* bewiesen.

4.2.3 Objektstudien zu Spiralen

„Spiralen begegnen dem Menschen sowohl in der Natur als auch in der Technik. Unzweifelhaft haben sie zu jeder Zeit eine enorme Faszination auf ihn ausgeübt: Es gibt praktisch keinen Kulturkreis und keine Epoche, in deren Kunst das Spiralmotiv nicht aufgegriffen worden wäre. In vielen Kulturen hat das Spiralsymbol sogar tiefe religiöse oder mystische Bedeutung. ... Spiralen (machen) also ein an Vielfältigkeit und Beziehungs-reichtum beispielhaftes Phänomen unserer Umwelt aus. ... Ein Blick auf die Geschichte zeigt ..., dass die vom Spiralphänomen ausgehende Faszination für die Entwicklung der Mathematik tatsächlich nicht ohne Einfluss gewesen ist: Spiralen waren in bedeutenden Neuerungsphasen Gegenstand des Interesses großer Mathematiker. Sie zählen zu den konkreten Objekten, deren Untersuchung zur Bildung wichtiger Begriffe und Methoden der Analysis geführt hat und an denen der noch ungesicherte Infinitesimalkalkül erprobt wurde." *Heitzer* (1998, 7f.)

Wir weisen mit diesem Zitat auf ein Buch hin, in dem das Phänomen Spirale eingehend mathematisch untersucht wird. Es enthält zahlreiche Anregungen für den Mathematik-unterricht.

Beispiel 19 (Spiralen in der Umwelt, der Kunst und der Technik): (a) in der Natur: Schneckenhäu-ser, (fossile) Kopffüßer, Samenkapseln, der Fruchtstand der Sonnenblume, Luftwirbel, Wirbelstür-

---

[7]   Bei DERIVE (WINDOWS-Version) in der 2D-Grafik unter „Extras".

me, Wasserwirbel, Luftströmung in Hoch- und Tiefdruckgebieten, Spiralnebel (in der Galaxis), Spinnennetze (näherungsweise); (b) in der Kunst: als Ornament (z.B. auf antiken Vasen), als Schmuck an Säulenkapitellen, als Stilelement in der Malerei (etwa bei Van Gogh); (c) in der Technik: Schallplatte, aufgerolltes Seil, eine Rolle Tesafilm, Kuchenuntersatz, Korbboden, Bambustisch, Turbine, Klothoide im Straßenbau, Schneide einer Blechschere, Auslaufstrudel bei Badewannen, Schraubenlinie von Holzschrauben, Abrollkurve bei einer kreisförmigen Rolle.

Unter den aufgeführten Beispielen gibt es räumliche und ebene Kurven, wobei man erstere in eine Ebene projizieren kann. Wir wollen uns hier auf ebene Kurven beschränken. Die Beispiele legen die folgende Definition nahe:

Definition 1 (Spirale): Unter einer Spirale versteht man eine Kurve, die sich in Polarkoordinaten durch eine stetige und streng monotone Funktion f als $r = f(\varphi)$ darstellen läßt. (Es gilt, daß jede Spirale eine transzendente Kurve ist, vgl. Aufg. 8.)

Ein Unterschied zwischen den Beispielen bezieht sich auf den Abstand zwischen zwei benachbarten Windungen. In vielen Fällen ist dieser Abstand konstant, etwa beim aufgerollten Seil und beim Korbboden, in anderen wächst er, etwa beim Spiralnebel oder bei Luft- und Wasserwirbeln. Die Spiralen unterscheiden sich auch in ihrem Durchlaufungssinn. Ein Ausflußstrudel einer Badewanne verläuft von außen nach innen, ebenso die Luftbewegung bei einem Tiefdruckgebiet im Gegensatz zu einem Hochdruckgebiet. Mathematisch unterscheidet man die folgenden Typen.

Definition 2 (Typen von Spiralen):
- *Archimedische Spirale*: f ist linear: $r = a\varphi$. Der Abstand zwischen den Windungen ist konstant gleich $2\pi a$.
- *Logarithmische Spirale*: $r = r_0 e^{a\varphi}$. Der Abstand zwischen zwei Windungen wächst.
- *Hyperbolische Spirale*: $r = a/\varphi$. Die Spirale verläuft von außen nach innen. Jede archimedische Spirale geht durch Inversion an einem Kreis um ihr Zentrum in eine hyperbolische Spirale über.
- *Spiralen höherer Ordnung*: (a) Fermatsche Spirale: $r^2 = a^2\varphi$ mit $a \neq 0$. Die Windungsabstände werden zunehmend kleiner. Sie hat zwei Äste. (b) Galileische Spirale: $r = a^2\varphi^2$ mit $a \neq 0$. Die Windungsabstände werden zunehmend größer. Die Verallgemeinerungen sind offensichtlich.
- *Evolvente des Kreises*: Evolventen werden durch die Konstruktionsvorschrift des „Abrollens" definiert. Betrachtet man die Kreisevolvente unter Polarkoordinaten (r, φ), so geht aus der Konstruktionsvorschrift hervor, daß r eine stetige, monoton wachsende Funktion von φ ist. Es handelt sich also um eine Spirale im Sinne der Definition 1 (vgl. Beispiel 16).

Es sind nicht Standardaufgaben (Routineberechnung von Tangentenanstieg, Krümmung, Bogenlänge und eingeschlossener Fläche), die im Zentrum eines problem- und anwendungsorientierten Unterrichts zur Spirale stehen, sondern einzelne Entdeckungen, besondere Wege und realitätsnahe Problemstellungen. Interessant sind insbesondere kinematische Fragen.

Wir gehen zunächst noch einmal auf die Beziehung zwischen Kreisevolvente und archimedischer Spirale ein. Mit dem „Abwickeln am Kreis" haben wir eine Konstruktion beschrieben, die eine Strecke zum Kurvenpunkt linear mit dem Drehwinkel wachsen läßt. Bei der Kreisevolvente ist diese Strecke die tangentiale Entfernung vom Kreisrand, während es bei der archimedischen Spirale die radiale Entfernung vom Kreismittelpunkt ist. Diese Abweichung wird jedoch schon am Ende der ersten Windung sehr klein. Gleichzeitig wird anhand der Zeichnung in Bild 4.35 der mathematische Zusammenhang zwischen Kreisevolvente und archimedischer Spirale klar: Die Lote vom Pol auf die Tangenten der Kreisevolvente sind die Radien der archimedischen Spirale. Die Spiralen auf antiken Vasen wurden sehr wahrscheinlich gezeichnet, indem man in der oben beschriebenen Weise einen Faden abrollte. Wir betrachten im folgenden Eigenheiten der beiden wichtigsten Spiralentypen, der archimedischen und der logarithmischen Spirale.

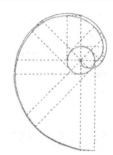

Beispiel 20 (Bogenlänge einer archimedischen Spirale): Es wird im Unterricht die folgende Frage gestellt: „Auf einem Segelboot liegt ein aufgerolltes Seil mit 14 Windungen und einer Dicke von 8 mm. Wie lang ist das Seil?" Schülerantwort: „Gleich 14 mal dem mittleren Kreisumfang von $2\pi(14/2)8$ mm ($2\pi \cdot$ mittlerer Kreisradius r_m), also $14\cdot25,1$ cm" (nach *Knichel* 1998). Allgemein würde nach dieser Näherungs-

Bild 4.35 n. Heitzer, 103

rechnung für die Länge einer Spirale mit der Gleichung $r = a\varphi$ und n Windungen gelten: $l = 2\pi r_m \cdot n = 2\pi((n/2)\,2\pi a)\,n = 2\pi^2 a n^2$. Dabei ist $2\pi a$ die Windungsbreite (s.o.). Eine alternative Näherungsrechnung mit demselben Ergebnis erhält man, wenn man die Fläche, die das Seil bedeckt, zweimal berechnet: gestreckt als Rechteck ($l \cdot 2\pi a$) und aufgerollt als Kreisfläche ($\pi(2\pi a \cdot n)^2$). Eine korrekte Berechnung über die Bogenlänge zeigt, daß es sich hier um eine gute Näherung für nicht zu kleine n handelt (vgl. Aufg. 9). Im Unterricht sollte man diskutieren, warum die Näherung mit wachsendem n besser wird. An diese Fragestellungen können sich Fragen nach der „Länge" eines Schlagers auf einer Schallplatte anschließen. (Für nicht zu große Bereiche kann man eine Schallplatte als archimedische Spirale auffassen.) Weitere Ergänzung und Vertiefung: näherungsweise Berechnung von Kreisumfang und -fläche (vgl. *Duden* 1994).

Mathematische Fragen über Kurven, etwa zur Tangentenberechnung, lassen sich häufig dadurch beantworten, daß man eine kinematische Sicht einnimmt. Man betrachtet die Kurve als eine Bahnkurve $(x(t), y(t))$ bzw. $(r(t), \varphi(t))$ mit dem Zeitparameter t. Bei einem kinematischen Problem läßt sich so z.B. der gesuchte, schwer zu beschreibende Geschwindigkeitsvektor häufig aus zwei gut erfaßbaren Geschwindigkeitsvektoren additiv zusammensetzen und damit eine einfache Lösung finden (vgl. Beispiel 6 Wurfparabel). So kann die Bewegung auf Spiralen oft als eine Bewegung aufgefaßt werden, die aus einer kreisförmigen und einer radialen Bewegung zusammengesetzt ist.

Beispiel 21 (Bewegungen auf der archimedischen Spirale): Eine Raupe kriecht mit konstanter Geschwindigkeit v_0 auf dem Zeiger einer Kirchenuhr nach außen, ein Käfer auf dem Deckglas versucht, mit der Raupe mitzuhalten. Der Zeiger bewegt sich mit der Winkelgeschwindigkeit ω_0. Die Bewegung des Käfers läßt sich durch die Parametergleichungen $\varphi(t) = \omega_0 t$ und $r(t) = v_0 t$ in Polarkoordinaten darstellen. Die explizite Darstellung der Bahnkurve erhält man durch Eliminieren des Parameters t: $r = (v_0/\omega_0)\,\varphi$. Es handelt sich um eine archimedische Spirale. Die Bewegung des Kafers läßt sich aus zwei Bewegungen zusammensetzen, aus der Radialbewegung der Raupe und der Kreisbewegung von Punkten auf dem Zeiger. Die Eigenbewegung der Raupe erfolgt mit konstanter Geschwindigkeit in radialer (r) Richtung: $v_r = v_0$. Die Bewegung des Zeigers erzeugt eine Geschwindigkeit senkrecht (s) zum Radius, die mit wachsender Entfernung von der Zeigerachse zunimmt: $v_s = \omega_0 r(t) = \omega_0 v_0 t$. Hieraus kann man die Richtung und den Betrag der resultierenden momentanen Gesamtgeschwindigkeit in einem Punkt P ablesen und damit die Tangente erfassen.

Die Tangente läßt sich durch den Winkel γ, den sie mit dem Radius (Leitstrahl) bildet, beschreiben. Trägt man bewegungsentsprechend v_r in P in Richtung des Radius und v_s senkrecht dazu an und betrachtet das zugehörige Rechteck, so liegt der Geschwindigkeitsvektor auf der Diagonalen. Es gilt: $\tan\gamma = \dfrac{v_s}{v_r} = \omega_0 t = \varphi$. Für große t bzw. φ steht die Tangente nahezu senkrecht auf dem Leitstrahl. Mit Hilfe des Satzes von Pythagoras läßt sich auch der Betrag der Geschwindigkeit angeben: $v = \sqrt{v_r^2 + v_s^2} = \sqrt{v_0^2 + \omega_0^2 v_0^2 t^2} = v_0 \sqrt{1 + (\omega_0 t)^2}$ ($\approx v_0 \omega_0 t = v_s$ für große t).

Beispiel 22 (Bewegungen auf der logarithmischen Spirale): Zur Berechnung der Tangente gehen wir analog zu unseren Überlegungen bei der archimedischen Spirale vor. Die logarithmische Spirale ist durch die Parametergleichungen $\varphi(t) = \omega_0 t$ und $r(t) = r_0 e^{a\omega_0 t}$ gegeben. Die so beschriebene Bewegung läßt sich in eine radiale und eine dazu senkrechte Bewegung zerlegen. Für die zum Leitstrahl senkrechte Geschwindigkeit v_s gilt, wie oben, $v_s = \omega_0 r(t)$. Für die Radialgeschwindigkeit erhält man $v_r = \dot{r}(t) = a\omega_0 r(t)$. Damit läßt sich die Richtung der Tangente beschreiben:

$\tan\gamma = \dfrac{v_s}{v_r} = \dfrac{1}{a}$. Der Winkel zwischen Tangente und Radius ist konstant.

Diese Tatsache der Winkelkonstanz der Tangente spielt in einigen Modellierungen und Anwendungen eine Rolle, so etwa bei der Beschreibung der Flugbahn von Motten und bei der Gestaltung von Schneiden für Scheren und Spezialmesser. Beim Schneiden von Materialien ist es günstig, zwischen der Richtung des ausgeübten Drucks (senkrecht zur Materialoberfläche) und der Schneide einen Winkel von mehr als $\pi/4$ zu halten, um den Widerstand des Materials zu verringern. Um bei Scheren oder ähnlichen Schneidegeräten, bei denen sich zumindest eine Schneide um einen Punkt dreht, zu erreichen, daß der Winkel stets spitz bleibt, gestaltet man eine der Schneiden in Form einer logarithmischen Spirale (vgl. Aufg. 10).

Beispiel 23 (Mottenflug)[8]: Motten behalten während ihres Fluges einen optischen Reiz stets unter konstantem Blickwinkel im Auge. In der unmittelbaren Nähe von (künstlichen) Lichtquellen weicht der Weg der Motten von der geradlinigen Gestalt ab. Indem sie die Strahlen einer etwa punktförmigen Lichtquelle unter konstantem Winkel schneiden, fliegen die Motten in enger werdenden Windungen um das Lichtzentrum herum. Gesucht ist also eine Kurve, die alle durch ein gemeinsames Zentrum verlaufenden Geraden unter dem gleichen Winkel schneidet, deren Tangente also mit dem Radius stets den gleichen Winkel einschließt. Eine logarithmische Spirale hat diese Eigenschaft, es stellt sich hier die Umkehrfrage. Eine sinnvolle Aktivität ist das Zeichnen eines Richtungsfeldes, durch das man anschließend eine Kurve zieht. Durch Verfeinerung wird plausibel, daß es nur eine derartige Kurve geben kann. (Vgl. Aufg. 11.)

Weitere Fragestellungen und Problemkontexte zum Thema Spiralen sowie interessante historische Lösungen von Problemen, deren Lösung heute mit dem entwickelten Kalkül einfach ist, finden sich in *Heitzer* (1998).

4.2.4 Generierung von Kurven

Wir listen Verfahren zur Generierung von Kurven auf. Ist eine Kurve und ein entsprechendes Konstruktionsverfahren gegeben, so lassen sich daraus neue Kurven finden durch Bilden der

- Ableitungsfunktion (für Kurven mit der expliziten Gleichung $y = f(x)$),
- Stammfunktionen (für Kurven mit der expliziten Gleichung $y = f(x)$),
- Krümmungsfunktion,
- Evolute,
- Evolvente; sowie durch
- Modifizieren von Konstruktionsverfahren und durch
- Analogisieren.

Die ersten drei Verfahren beziehen sich auf Funktionsgraphen, sie gehören zum Standardhandwerkszeug der elementaren Analysis. Das Bilden der Evolute führt auf interes-

---

[8]   Die Darstellung erfolgte in Anlehnung an *Heitzer* (1998, 118ff.).

sante unbekannte Kurven und stellt eine problemhaltige Ergänzung zum Arbeiten mit Krümmung und Krümmungskreis dar. Das Variieren und Modifizieren von Sachverhalten und Verfahren sowie das Entwickeln neuer Sachverhalte und Verfahren durch Analogiebildung sind wichtige Merkmale kreativen Verhaltens und erfolgreichen Problemlösens (vgl. Kap. 3 in Band 1). *Weth* (1998) versucht, durch „Modifizieren" und „Analogisieren" kreative Zugänge zum Kurvenbegriff zu gewinnen. Er arbeitet dabei mit einem dynamischen Geometrieprogramm. Wir illustrieren an zwei Beispielen ein entsprechendes Erzeugen neuer Kurven.

Beispiel 24 (Erzeugen von Kurven durch Modifizieren): Man zeichnet mit einem DGP ein Dreieck *ABC* und eine Parallele *g* zu *AB* durch C sowie den Höhenschnittpunkt *H* als Schnittpunkt zweier Höhen. Bewegt man *C* im „Zugmodus" auf *g*, so durchläuft *H* eine Kurve, von der man durch Algebraisierung zeigen kann, daß es sich dabei um eine Parabel handelt (vgl. *Meyer* 1997). Die Modifikation besteht nun darin, daß man statt des Höhenschnittpunktes den Schnittpunkt *S* zweier Seitenhalbierenden, zweier Winkelhalbierenden, zweier Mittelsenkrechten oder einer Höhe und einer Seitenhalbierenden usw. nimmt. Man betrachtet die Bahnkurven von *S*, wenn man *C* über *g* hinwegzieht. Das Verfahren produziert Kegelschnitte. Läßt man *C* statt auf einer Geraden auf dem speziellen Kreis wandern, dessen Mittelpunkt die Strecke *AB* im Verhältnis 3:1 teilt und dessen Radius |*AB*|/4 ist, so erhält man eine dem Schüler ganz unbekannte Kurve, eine *Strophoide* (hat die Form einer Schleife). Entscheidend ist, daß man, ausgehend von einer kreativen Idee und dem Werkzeug DGP, Phänomene erhält, die bei mathematischer Durchdringung einen überraschenden Zugang zu Kegelschnitten und algebraischen Kurven dritter Ordnung eröffnen (vgl. *Weth* 1998, 41ff.).

Ein Beispiel für das Erzeugen von Kurven durch Analogisieren haben wir bereits in Beispiel 2 (in Kap. 4) aufgeführt, indem wir vom „Spiegeln an einer Geraden" zum „Spiegeln an einer Kreislinie" übergegangen sind. Aus Geraden wurden durch solches „Spiegeln" u.a. so interessante Kurven wie z.B. eine Konchoide.

Man kann dieses Vorgehen auch so interpretieren, daß es darum geht, zu bekannten Fragestellungen ganz neue Probleme zu konstruieren. Nicht das Lösen von Problemen steht im Vordergrund, sondern deren Generierung.

4.2.5 Didaktische Einordnung und Bewertung

Betrachtet man Kurven unter dem Gesichtspunkt der *Modellbildung*, so erweisen sich zwei Aspekte als wichtig: die Beschreibung von Bahnkurven (im physikalischen Sinne) und die Beschreibung von Formen. Wir diskutieren zunächst die Bahnkurven. Steht der Gesichtspunkt des Durchlaufens einer Kurve im Vordergrund, so spielen die Parameterdarstellung mittels des Zeitparameters und Fragen der (lokalen) Bewegungsrichtung und -geschwindigkeit eine wichtige Rolle, eventuell auch die Frage nach der Länge zurückgelegter Wegstrecken. Ein für die Physik wichtiges Modellierungsmuster, nämlich die Addition von Geschwindigkeitsvektoren, läßt sich erfolgreich in den dargestellten Modellierungen anwenden. Bei der Modellierung von Bahnkurven im Mathematikunterricht müssen zum einen die physikalischen Betrachtungen einfach sein, zum anderen sollte die mathematische Kurve im Rahmen der Schulmathematik kein isoliertes Phänomen darstellen. Unter diesen Gesichtspunkten sind insbesondere geradlinige Bahnkurven, die Wurfparabel und Spiralen geeignet. Die vollständige Herleitung der Keplerschen Planetenbahnen dürfte in der Regel zu schwierig sein, hier sollte der Unterricht eher informatorischen Charakter tragen. Gut herleiten läßt sich dagegen ein einfaches Beispiel der Epizyklentheorie für Planetenbewegungen. In einem Vergleich der antiken Epizykeltheo-

rie mit der heute noch gültigen Keplerschen Theorie der Planeten lassen sich interessante
Aspekte mathematischer Modellbildung ansprechen, der Wert einer Theorie für die
Beschreibung von Phänomenen und ihr Wert als Erklärungstheorie.

Sieht man Bahnkurven unter dem eher statischen Gesichtspunkt der Trassierung von
Wegstrecken (Straße, Bahn), so stehen Fragen des gleichmäßigen Übergangs (Ableitung), der Krümmung, der Länge von Wegstrecken (Bogenlänge) und des Platzver-
brauchs (Integral) im Vordergrund. Bogen- und Flächenintegrale können meist näherungsweise mit einem CAS berechnet werden. Auch bei der Berechnung von Krümmungen sollte man auf ein CAS zurückgreifen. Bei Trassierungsfragen geht es häufig um
Optimierungs- bzw. Entscheidungsfragen. Dabei spielt experimentelles Arbeiten eine
wichtige Rolle. Die Kurvendarstellung erfolgt in den angeführten Beispielen explizit und
bezogen auf ein geeignetes kartesisches Koordinatensystem.

Die Wichtigkeit anderer Koordinatensysteme wird am Beispiel von Spirale und Rosette deutlich. Interessante Formen und Ornamente lassen sich mit Hilfe dieser beiden
Kurventypen modellieren.

Die in Abschnitt 4.2.4 geschilderte Generierung von Kurven erlaubt *kreatives und
experimentelles Arbeiten* und gibt Raum für das *Algebraisieren ebener Sachverhalte*. Mit
einem dynamischen Geometrieprogramm (DGP) kann man geometrische Örter als Bahnkurven sehen. Die angeführten Beispiele führen auf Kegelschnitte, aber auch auf andere
Kurven (vgl. auch die Beispiele 7, 8 in 4.1.1 und 36 in 1.2.2.5). Damit ermöglichen sie
den Übergang von den Kegelschnitten zur Betrachtung allgemeiner Kurven.

Wir betrachten den Themenkreis Kurven unter zwei weiteren didaktischen Gesichtspunkten: *Begriffsbildung* und *Gestaltung von Aufgabenkomplexen*. Die Bildung des
Krümmungsbegriffs über den Radius des Krümmungskreises ist gut zugänglich und gestattet einen handelnden Zugang sowie qualitative Betrachtungen zur Krümmung und zur
Evolute. Sie ist ein Bindeglied zwischen Analysis und Analytischer Geometrie. In einigen interessanten Fällen lassen sich die Krümmung (für die Kreisevolvente und näherungsweise für die archimedische Spirale) und die Evolute (für die Kreisevolvente) elementar erschließen. Im allgemeinen wird man die Krümmung mittels eines CAS berechnen. Eine wichtige Vertiefung erfährt die fundamentale Idee des Koordinatensystems
durch die Einbeziehung von ebenen und räumlichen Polarkoordinaten. Dabei sind (informatorische) Exkurse zur mathematischen Geografie hilfreich für die Begriffsbildung; sie
eröffnen zugleich einen wichtigen Zweig mathematischer Modellbildung und vermitteln
dem Schüler einen Eindruck von der Vielgestaltigkeit der Mathematik.

Ein wichtiger Aspekt bei der Beurteilung eines Curriculumelements sind vorhandene
bzw. mögliche *Aufgabenkomplexe*. Zu mehreren der geschilderten Themenkreise lassen
sich Aufgabenkomplexe zusammenstellen, die hinreichend ausbaubar und in ihrer
Schwierigkeit staffelbar sind. Damit ist das Thema Kurven „abiturtauglich", insbesondere wenn man, wie hier vorgesehen, die Kegelschnitte mit einbezieht. Es ist allerdings
noch viel didaktisch-methodische Arbeit zu leisten. Die Krümmungsberechnung und die
Bestimmung der Bogenlänge als Routineaufgaben einer „erweiterten Kurvendiskussion"
zu betrachten, ist mit den Zielen eines allgemeinbildenden Unterrichts nicht vereinbar.
Bei der Betrachtung von Kurven stehen eher die Objektstudie, das Experiment und die

Modellbildung im Vordergrund. Der Rechner (DGP, CAS) spielt eine wichtige Rolle; die Behandlung von Kurven ohne Rechner, abgesehen von Kegelschnitten, sprengt meist den Rahmen eines allgemeinbildenden Unterrichts. Bei Lehramtsstudenten beobachten wir ein wachsendes Interesse an den aufgezeigten Fragestellungen.

Alle diese Argumente sprechen für ein vorsichtiges Einbeziehen des Themenkreises Kurven in den Mathematikunterricht. Dadurch können manche überkommene Aufgabenstellungen, insbesondere in der Analysis (wie z.B. Integrationsverfahren), ersetzt und der Unterricht zur Analysis und zur Analytischen Geometrie vernetzt werden.

Wiederholung, Aufgaben, Anregungen zur Diskussion

Wichtige Begriffe und Inhalte

> *Kurven*: Definitionen und Darstellungen in Ebene und Raum; Bedeutung, Verwendung und Vorkommen; Realisierung/Konkretisierung von Kurven.
>
> *Eigenschaften von Kurven*: statischer vs. dynamischer Aspekt; Richtung (Tangente), Krümmung, Krümmungskreis, Evolute; Bogenlänge; Evolvente; spezielle Klassen von Kurven, Besonderheiten von Kurven im Raum; Anwendungen.
>
> *Didaktisch interessante Beispiele für Kurven*: Kegelschnitte, Rollkurven, Rosetten, Spiralen in Ebene und Raum.

1) Interpretieren Sie den Parameter t in der Parameterdarstellung der Ellipse in Beispiel 1.

2) Beschreiben Sie mathematisch das Gewinde einer Schraube von 10 cm Länge und 1 cm maximalem Gewindedurchmesser vom Typ (a) Metallschraube, (b) konische Holzschraube.

3) Gegeben sei das im Bild dargestellte Gestänge. Die Bahnkurve des Mittelpunkts P des mittleren Stabes ist eine Lemniskate. Erzeugen Sie die Bahnkurve von P und Q mittels eines DGP. (Vgl. *Schupp* 1998, 6.)

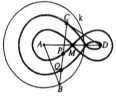

Bild 4.36

4) Berechnen Sie den Mittelpunkt und den Radius des Krümmungskreises der Parabel zur Gleichung $y = x^2$ mit dem in Beispiel 8 angegebenen Verfahren und mit Hilfe der in Bild 4.27 aufgeführten Formeln.

5) Berechnen Sie die Länge eines konkreten Hyperbelstückes näherungsweise durch einen Polygonzug mit Hilfe eines CAS.

6) (a) Zeichnen Sie Epi- und Hypozykloiden mit dem Spirographen. Entwickeln Sie vorher Hypothesen zum Graphen. Das Verhältnis der Radien ist eine interessante Variable. Entnehmen Sie *Bronstein et al.* (1995, 58ff.) die Formeln für die Epi- und die Hypozykloide. Entwickeln und untersuchen Sie weitere Hypothesen mit Hilfe eines CAS. (b) Beweisen Sie die Formeln für die Epi- und die Hypozykloide. (Bezug Beispiel 15.)

7) Machen Sie Aufnahmen von rosettenähnlichen Formelementen an gotischen Kirchen (Fenster, Ornamente etc.). Versuchen Sie die Formelemente mit einem CAS mathematisch zu erfassen. Messen Sie einzelne Punkte auf Ihren Fotografien aus und überprüfen Sie, ob Ihr Modell diese Punkte erfaßt. Entnehmen Sie weitere Anregungen der Arbeit von *Schmidt* (1995).

8) Beweisen Sie, daß jede Spirale eine transzendente Kurve ist. Hinweis: Jede algebraische Kurve vom Grad n hat mit jeder Geraden höchstens n Schnittpunkte.

9) Berechnen Sie die Bogenlänge für die archimedische Spirale $r = a\varphi$ für die Grenzen 0 und $2\pi n$ (mit Hilfe eines CAS), und vergleichen Sie das Ergebnis mit der in Beispiel 20 berechneten Näherung für nicht zu kleine n.

10) Berechnen Sie ein Schneidegerät (etwa für Brot), bei dem der Schnittwinkel konstant 75° beträgt. Eine der Schneiden ist fest und geradlinig, die andere bewegt sich um einen Drehpunkt. Die Schneiden können sich aneinander vorbeibewegen. (Vgl. Beispiel 22 und nachfolgenden Text.)

11) Klären Sie den fachlichen Hintergrund für das Umkehrproblem in Beispiel 23.

12) Leiten Sie das 1. Keplersche Gesetz „die Planeten bewegen sich auf Kegelschnittbahnen" her, indem Sie den hier skizzierten Beweis (*Schroth/Tietze*) im Detail ausführen. Basis der Herleitung ist das 2. Keplersche Gesetz $\vec{x} \times \dot{\vec{x}} = \vec{c}$, wobei $\vec{c}$ ein konstanter Vektor ist (bewiesen in

1.2.1.1 Beispiel 4). Auf Grund der beiden Newtonschen Gravitationsgesetze $m\ddot{\vec{x}} = \vec{F}$ und

$\vec{F} = -(gmM/|\vec{x}|^2)\,\vec{x}_0$ (mit $\vec{x}_0 = \frac{\vec{x}}{|\vec{x}|}$ und m, M Erd- bzw. Sonnenmasse, g Gravitationskonstante)

gelten für die Bahnkurve $\vec{x}(t)$ die Beziehungen $\ddot{\vec{x}} = -\frac{gM}{|\vec{x}|^2}\,\vec{x}_0$ bzw. $\ddot{\vec{x}} = -\frac{gM}{|\vec{x}|^2}\begin{pmatrix} \cos\varphi \\ \sin\varphi \\ 0 \end{pmatrix}$ (*) für

ein Koordinatensystem, in dessen Ursprung die Sonne liegt und in dessen xy-Ebene die Bahnkurve verläuft. φ ist der Winkel zwischen $\vec{x}$ und x-Achse. φ und $\vec{x}$ sind Funktionen des Zeitparameters t. In diesem Koordinatensystem nimmt das 2. Keplersche Gesetz die Form

$r^2\dot{\varphi} = c$ (**) mit $r = |\vec{x}|$ und $\vec{c} = \begin{pmatrix} 0 \\ 0 \\ c \end{pmatrix}$ an.

Zur Abkürzung setzen wir für den Geschwindigkeitsvektor $\dot{\vec{x}}$ den Vektor $\vec{v}$. Mit Hilfe von (**)

erhalten wir aus (*) für die Ableitung von $\vec{v}$ die Gleichung $\dot{\vec{v}}(t) = -\frac{gM}{c}\,\dot{\varphi}(t)\begin{pmatrix} \cos\varphi(t) \\ \sin\varphi(t) \\ 0 \end{pmatrix}$. Durch

Integration mit Hilfe der Kettenregel ergibt sich $\vec{v}(t) = \frac{gM}{c}\begin{pmatrix} k_1 - \sin\varphi(t) \\ k_2 + \cos\varphi(t) \\ 0 \end{pmatrix}$; dabei sind k_1 und

k_2 Integrationskonstanten. Setzt man diesen Ausdruck in das 2. Keplersche Gesetz $\vec{x} \times \vec{v} = \vec{c}$ ein,

so erhält man: $\frac{gM}{c}r(t)\begin{pmatrix} 0 \\ 0 \\ \cos\varphi(t)(k_2 + \cos\varphi(t)) - \sin\varphi(t)(k_1 - \sin\varphi(t)) \end{pmatrix} = \begin{pmatrix} 0 \\ 0 \\ c \end{pmatrix}$ (***). Für

$\vec{k} = \begin{pmatrix} k_2 \\ k_1 \end{pmatrix}$ ist $\frac{\vec{k}}{l}$ mit $l = |\vec{k}|$ ein Punkt des Einheitskreises, läßt sich also durch $\begin{pmatrix} \cos\varphi_0 \\ \sin\varphi_0 \end{pmatrix}$ für

ein φ_0 darstellen. Es gilt also $k_2 = l \cos\varphi_0$ und $k_1 = l \sin s\varphi_0$. Unter Benutzung der trigonometrischen Additionssätze (vgl. *Duden* 1994, 619) ergibt sich aus (***) die folgende Gleichung:
$c = (gM/c)\, r\, (1 + l(\cos\varphi \cos\varphi_0 - \sin\varphi \sin\varphi_0)) = (gM/c)\, r\, (1 + l\cos(\varphi + \varphi_0))$ und   damit

$r = \dfrac{c^2/gM}{1 - l\cos\psi}$ für $\psi = \varphi + \varphi_0 - \pi$. Dieser Ausdruck kennzeichnet die Gleichung eines

Kegelschnitts in Polarkoordinaten (vgl. Beispiel 3 in 4.1.1). Damit ist das 1. Keplersche Gesetz bewiesen. Mit Hilfe weiterer physikalischer Überlegungen weist man $l < 1$ nach. Die Bahnkurve ist also eine Ellipse.

4.3 Flächen und Funktionen mehrerer Veränderlicher[9]

Wir betrachten Flächen wesentlich unter zwei Gesichtspunkten:
- als Objekte des Raumes, die es zu untersuchen und algebraisch zu beschreiben gilt (Abs. 4.3.1/3);
- als Graphen von Funktionen zweier Veränderlicher (Abs. 4.3.2).

Dabei steht das experimentelle Arbeiten im Vordergrund. Es geht hier weder um die Erweiterung der Analysis einer Veränderlichen zu einer Analysis mehrerer Veränderlicher noch um eine Einführung in die Theorie der Differentialgeometrie. Vielmehr sollen Methoden der elementaren Analysis und der Analytischen Geometrie zusammengeführt werden, um ausgewählte Flächen untersuchen und beschreiben zu können. Wir analysieren Flächen in erster Linie unter den folgenden allgemeinen Gesichtspunkten:
- Suche nach Symmetrien (Spiegelsymmetrien, Drehsymmetrien);
- Wahl eines geeigneten Koordinatensystems zur algebraischen Beschreibung einer Fläche; die Wahl erfolgt häufig unter Symmetriegesichtspunkten;
- Analyse von ebenen Schnitten, insbesondere mit Ebenen, die parallel zu den Koordinatenebenen liegen;
- Betrachtung von Flächen als Kurvenscharen und Untersuchung solcher Kurvenscharen mit Hilfe der Analysis einer Veränderlichen.

In Anwendungskontexten, die durch Funktionen mit der Gleichung $z = f(x, y)$ modelliert werden, analysiert man insbesondere die Schnitte mit den zur xy-Ebene parallelen Ebenen. Weil z durch den Punkt $P(x, y)$ eindeutig bestimmt ist, spricht man auch von Isohöhenlinien oder *Niveaulinien*. Man kann die *Isohöhenlinien* als Kurvenscharen mit z als Parameter auffassen. Das Umgehen mit solchen Höhenlinien gehört zur Allgemeinbildung; man denke etwa an das Lesen von Landkarten. Wir wollen aber nicht nur vorgegebene Flächen analysieren, sondern es sollen auch konstruktive und experimentelle Elemente, wie schon bei den Kurven, eine Rolle spielen. Wir listen einige Strategien zur Konstruktion von Flächen auf; dabei können unterschiedliche Verfahren zu ein und derselben Fläche führen:
- Rotation von Kurven (z.B. Rotationsellipsoid);
- Erzeugung von Flächen als Regelflächen[10], d.h. die Erzeugung von Flächen aus Geraden (z.B. Doppelkegel, Sattelfläche, einschaliges Hyperboloid, Beispiel 8);
- Verschieben einer Kurve C_1 entlang einer Kurve C_2 (z.B. Sattelfläche, Torus, Zylinder);
- Flächen als geometrischer Ort (z.B. Rotationsellipsoid, Sattelfläche, vgl. Schema 4.1);
- Erzeugung von Flächen in Analogie zu ebenen Kurven, indem man eine Kurvengleichung geeignet zu einer Flächengleichung erweitert oder die Beschreibung einer ebenen Kurve als geometrischer Ort auf den Raum überträgt (vgl. Schema 4.1).

Wir haben drei *Formen der Darstellung* von Flächen kennengelernt: (a) die Koordinatendarstellung in einem kartesischen Koordinatensystem, (b) die Parameterdarstellung in einem kartesischen Koordinatensystem und (c) die Darstellung mittels Polarkoordinaten. Erstere ist die wichtigste Form, wie die nachfolgenden Beispiele für den Unterricht zeigen werden; die Parameterdarstellung spielt in erster Linie bei der Beschreibung von

---

[9] von *Peter Schroth* und *Uwe-Peter Tietze*
[10] Eine Fläche heißt Regelfläche, wenn sie durch Bewegung einer Geraden im Raum erzeugt werden kann, vgl. auch 4.3.3.

Ebenen eine Rolle, die Darstellung in Polarkoordinaten in der Erd- und Himmelskunde. Bei der Beschreibung von allgemeinen Rotationsflächen benutzt man in der Regel die Parameterdarstellung, wie z.B. in der nebenstehenden Beschreibung eines Torus: man dreht den Kreis mit dem Radius r um die z-Achse (vgl. Kasten).

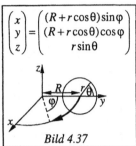

$$\begin{pmatrix} x \\ y \\ z \end{pmatrix} = \begin{pmatrix} (R + r\cos\theta)\sin\varphi \\ (R + r\cos\theta)\cos\varphi \\ r\sin\theta \end{pmatrix}$$

Bild 4.37

Im Rahmen der Behandlung von Flächen kann der Umgang mit 3D-Grafik-Programmen erlernt und dabei die Raumanschauung gefördert werden. Wir erläutern den Umgang mit solchen Programmen anhand von Beispielen in den Abschnitten 4.3.2. und 4.3.3. Während die 2D-Grafik auch einfacher Computeralgebrasysteme wie DERIVE den Schulanforderungen vollauf genügt, gilt dies für die 3D-Grafik nicht. Insbesondere ist DERIVE nicht in der Lage, Schnittgebilde darzustellen, und akzeptiert nur explizite Funktionsgleichungen. Der Blick auf die Fläche kann variiert werden. Spezielle Funktionsplot-Programme wie z.B. PARAPLOT können Schnitte darstellen, verarbeiten aber ebenfalls nur explizite Funktionsdarstellungen. Leistungsstarke CAS wie MATHEMATICA und MAPLE können dagegen auch Flächen, die implizit oder durch eine Parameterdarstellung gegeben sind, veranschaulichen; sie können ferner vielfältige Formen der Schnittbildung übersichtlich und variabel darstellen.

4.3.1 Flächen zweiter Ordnung

In Abschnitt 1.1.3 haben wir die Flächen zweiter Ordnung unter der in der Fachwissenschaft üblichen linear-algebraischen Sichtweise dargestellt. Hier werden sie als mathematische Objekte eines problem- und anwendungsorientierten Unterrichts diskutiert. Ausgangspunkt können die Kegelschnitte und zugehörige Analogiebetrachtungen sein.

Beispiel 1 (erste didaktisch-methodische Überlegungen zum Ellipsoid, Hyperboloid und Paraboloid): Wir diskutieren die Möglichkeit, die Beschreibung ebener geometrischer Gebilde als geometrische Örter (z.B. Winkelhalbierende, Mittelparallele, Kegelschnitte) auf den Raum zu übertragen (vgl. Schema 4.1). Wir verdeutlichen das Vorgehen am Beispiel des Ellipsoids. Man fragt nach dem geometrischen Ort der Punkte, deren Abstandssumme von zwei festen Punkten F_1 und F_2 konstant ist. Fadengeometrische Überlegungen führen auf den Gedanken, daß der geometrische Ort eine Fläche ist, die durch Rotation einer Ellipse entsteht. Die Mathematisierung erfolgt wie bei der Ellipse mit Hilfe des Satzes von Pythagoras oder mit dem Skalarprodukt und führt auf die

Gleichung $\dfrac{x^2}{a^2} + \dfrac{y^2}{b^2} + \dfrac{z^2}{b^2} = 1$[11]. Schnitte parallel zu den Koordinatenebenen bestätigen die anschaulich gefundene Hypothese. Man sollte insbesondere die Isohöhenlinien untersuchen. Auch die Leitliniencharakterisierung der Ellipse läßt sich in gleicher Weise auf den Raum übertragen. Streckt man das Rotationsellipsoid in Richtung der z-Achse in Analogie zum Kreis, so erhält man als transformierte Gleichung die Koordinatendarstellung des allgemeinen Ellipsoids (vgl. 4.1 Beisp. 12).

Dieses Vorgehen kann weitgehend auf das Paraboloid und das zweischalige Hyperboloid übertragen werden. Es sei ergänzt, daß man das Ellipsoid auch durch Stauchen einer Kugel in zwei Koordinatenrichtungen erhält. Im Anschluß an diese Beschreibungen von anschaulich gegebenen

---

[11] Es liegt nahe, die x-Achse durch die Punkte F_1 und F_2 zu legen und den Mittelpunkt von $F_1 F_2$ als Ursprung zu wählen.

Flächen lohnt es sich, nach geeigneten geometrischen Definitionen der Flächen zu suchen und die dabei entstehenden Schwierigkeiten zu diskutieren (vgl. Aufg. 1).

Wir skizzieren einen zweiten Weg.

Beispiel 2 (weitere didaktisch-methodische Überlegungen zu Rotationsflächen 2. Ordnung): Die Gleichungen der Rotationsflächen 2. Ordnung kann man auch aus den zugehörigen Kurvengleichungen erschließen. Wir untersuchen ein Rotationsellipsoid, das symmetrisch zum Ursprung liegt, die *x*-Achse als Rotationsachse hat und sie bei *a* und −*a* schneidet. Die Schnitte parallel zur *yz*-Koordinatenebene ergeben Kreise, deren Radiusquadrat eine Funktion *t* von *x* ist: $r^2 = t(x)$ mit $x \in [-a; a]$. Die Gleichung des Rotationsellipsoids lautet also $y^2 + z^2 = t(x)$. Der Schnitt mit der *xz*-Ebene hat die Gleichung $z^2 = t(x)$ und ist eine Ellipse, deren Mittelpunkt der Ursprung und deren Hauptachse die *x*-Achse ist. Sie hat die Gleichung $\dfrac{z^2}{b^2} + \dfrac{x^2}{a^2} = 1$, wobei *b* der Radius des Schnittkreises von *yz*-Ebene und Rotationsellipsoid ist. Folglich ist *t* eine quadratische und zur *z*-Achse symmetrische Funktion mit der Gleichung $t(x) = -\dfrac{b^2}{a^2} x^2 + b^2$. Für das Rotationsellipsoid erhält man die Gleichung $\dfrac{y^2}{b^2} + \dfrac{z^2}{b^2} + \dfrac{x^2}{a^2} = 1$.

Interessant sind auch die Überlegungen zur Hyperbel; je nach Wahl der Rotationsachse erhält man das ein- oder das zweischalige Hyperboloid. Die Gleichung des Doppelkegels läßt sich entsprechend aus der Kreisgleichung $y^2 + z^2 = t(x)$ (s.o.) und einer Gleichung für „Doppelgeraden" $z^2 = (ax)^2$ erschließen. Analogiebetrachtungen ermöglichen weitere Einsichten. So führt eine Übertragung der Tangentengleichung für die Kegelschnitte auf den Raum zu den Gleichungen der Tangentialebenen von Ellipsoid, Hyperboloid und Paraboloid.

Nach unserer Erfahrung lassen sich die hier dargestellten Überlegungen zumindest in Teilen bei Einsatz geeigneter Hilfen und Materialien sowie ausreichender Zeit und Vorbereitung in einem entdeckenlassenden Unterricht bearbeiten. Diese Aussage gilt nur für Leistungskurse und leistungsstarke Grundkurse. Wichtig für eine „gelenkte Entdeckung" ist es, daß die Problemstellung geklärt ist. Der Lehrer muß insbesondere absichern, daß für alle Schüler die konkret-anschaulichen Begriffe Ellipsoid, Hyperboloid und Paraboloid tragfähig sind, ohne daß er dabei inhaltlich zu viel vorwegnimmt. Dafür eignet sich das konkrete Modell eines Ellipsoids.

Mehrere der hier dargestellten Überlegungen beziehen sich auf spezielle Rotationsflächen. Wir versuchen eine Verallgemeinerung.

Beispiel 3 (allgemeine Rotationsflächen: Grenzen von Analogiebetrachtungen): Der Schnitt eines Rotationsparaboloids mit der *xz*- und der *yz*-Koordinatenebene führt auf Parabeln mit den bekannten Gleichungen $z = ax^2$ und $z = ay^2$. Aus diesen beiden Gleichungen erschließt man dann die Gleichung des Rotationsparaboloids $z = ax^2 + ay^2$. Dieser Zusammenhang wirft die Frage auf, ob sich in ähnlicher Weise auch andere Funktionsgleichungen zu Gleichungen von Rotationsflächen „erweitern" lassen. Wir gehen von der Gleichung $z = -(x^4 - 5x^2 + 4)$ mit den Nullstellen $\{1, -1, 2, -2\}$

aus. Nach den vorangegangenen Überlegungen ist die folgende Hypothese naheliegend: $z = -(x^4 - 5x^2 + 4) - (y^4 - 5y^2 + 4)$ ist die Gleichung der gesuchten Rotationsfläche. Eine Darstellung mit einem CAS ergibt die Grafik in Bild 4.38.

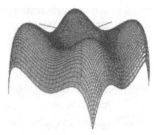

Bild 4.38 (DERIVE-Grafik)

Man untersucht, warum der Versuch fehlgeschlagen ist. Die grafische Analyse des „Gebirges" in Bild 4.38 mit Hilfe von Schnitten, insbesondere mit Hilfe von Niveaulinien, ist eine lohnende Aufgabe (vgl. Bild 4.39). Die Schnitte parallel zur xz-Ebene (und entsprechend zur yz-Ebene) kann man als Kurvenschar auffassen und mit Hilfe der Analysis einer Veränderlichen untersuchen.

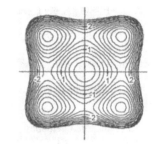

Bild 4.39 Niveaulinien (DERIVE)

Wir listen einige Problemstellungen auf: (1) Wo und in welcher Höhe liegen der Boden des Kraters, die Spitze der Berge? (2) Suchen Sie nach einem möglichst flachen Aufstieg auf einen der Berge. (3) Geben Sie den Abstand zwischen den Bergspitzen an. Diese Fragen lassen sich näherungsweise mit Hilfe des Grafikprogramms, aber auch exakt mit Methoden der Analysis beantworten.

Auch die Behandlung der „richtigen Rotationsfläche" ist möglich, nur muß man die Vorgehensweise ändern. In Abschnitt 4.2 Beispiel 2 haben wir einen Zugang über ebene Kurven im Raum beschrieben. Man erhält die folgende Parameterdarstellung der gesuchten Fläche (vgl. Bild 4.40):

$$t \mapsto (t\cos\alpha,\, t\sin\alpha,\, -(t^4 - 5t^2 + 4)).$$

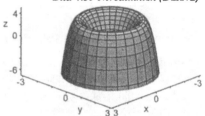

Bild 4.40 (MAPLE-Grafik)

Ein interessantes und vielseitiges Objekt für mathematische Studien ist die Sattelfläche. Die Sattelfläche ist der geometrische Ort aller Punkte, die von zwei windschiefen Geraden gleichen Abstand haben. Sie ist ein hyperbolisches Paraboloid und läßt sich erstaunlicherweise aus Geraden aufbauen, d.h. sie ist eine Regelfläche.

Beispiel 4 (didaktisch-methodische Überlegungen zur Sattelfläche)[12]: Wir betrachten zwei windschiefe Geraden. Zunächst verschafft man sich einen Überblick über die Lage von windschiefen Geraden f und g. Dazu eignet sich insbesondere das Modell eines aufgeklappten Buches (vgl. Beispiel 3 in 3.2.1). Dann gilt es, ein geeignetes Koordinatensystem zu finden, in dem sich die Geraden f und g möglichst einfach darstellen lassen. Symmetrieüberlegungen anhand des „Buchmodells" legen die Wahl des folgenden Koordinatensystems nahe: Der Buchrücken „kennzeichnet" die z-Achse, seine Mitte den Koordinatenursprung. Die Gerade durch die Mitte des Buchrückens, die den Öffnungswinkel des geöffneten Buches halbiert, eignet sich als x-Achse. Die y-Achse ist dann die Ergänzung zu einem positiv orientierten kartesischen Koordinatendreibein. In diesem Koordinatensystem haben die beiden Geraden bei geeigneter Wahl der Einheitspunkte folgende Parameterdarstellungen: f: $\vec{x} = (0, 0, 1) + r(1, m, 0)$ und g: $\vec{x} = (0, 0, -1) + r(1, -m, 0)$.

---

[12] Vgl. dazu auch *Meyer* (1995a), ferner Beispiel 10 in 1.1.3.

In einem nächsten Schritt gilt es, die umgangssprachliche Beschreibung des geometrischen Ortes zu mathematisieren. Dazu greifen wir auf die Grundaufgabe „Abstand $d(\vec{x}, g)$ eines Punktes $\vec{p}$ von einer Geraden g: $\vec{x} = \vec{a} + r\vec{b}$" in Abschnitt 3.2 Aufgabe 3(b) zurück: $d^2(\vec{p}, g) =$ $= (\vec{p} - \vec{a})^2 - ((\vec{p} - \vec{a})\,\vec{b}_0)^2$. Setzt man in die Bedingung $d^2(\vec{p}, f) = d^2(\vec{p}, g)$ die Gleichungen für f und g ein und vereinfacht, so erhält man: $z(1 + m^2) + xym = 0$. Hier ist der Einsatz eines CAS sinnvoll. Mit $n := -\dfrac{m}{1 + m^2}$ erhält man daraus die Funktionsgleichung $z = nxy$. Wir untersuchen im folgenden die Flächengleichung $z = xy$. Erste Einsichten vermittelt die Darstellung mit einem CAS. Wirklich interessante Erkenntnisse liefert erst die Untersuchung von Schnitten. Die Schnitte mit den Ebenen $y = k$ und $x = k$, die parallel zur xz- bzw. zur yz-Koordinatenebene liegen, sind Geraden g_{yk} und g_{xk}. Die Sattelfläche läßt sich aus diesen Geraden „zusammensetzen", ist also eine Regelfläche (vgl. Aufg. 3). Die Niveaulinien sind Hyperbeln mit den Gleichungen $y = k/x$.

Weitere Information über die Fläche erhält man durch Symmetriebetrachtungen. Die beiden durch $y = \pm x$ beschriebenen Symmetrieebenen entdeckt man unmittelbar. Damit bietet sich der Übergang zu einem neuen Koordinatensystem an, dessen Achsen durch Drehen der x- und der y-Achse um die z-Achse um $45°$ entstehen (vgl. Beispiel 8 in Abschnitt 1.1.3). In diesem Koordinatensystem wird die diskutierte Sattelfläche durch die

Gleichung $z = \dfrac{x^2}{2} - \dfrac{y^2}{2}$ beschrieben. Die Schnitte

mit den zur xz- bzw yz-Ebene parallelen Ebenen führen auf Parabeln. Aus dieser Darstellung ist auch ersichtlich, daß man die Fläche durch Verschieben einer nach oben geöffneten Parabel entlang einer nach unten geöffneten Parabel erzeugen kann (vgl. Bild 4.41). Indem man die binomische Gleichung $x^2 - y^2 = (x + y)(x - y)$ betrachtet, kann man den Weg rückwärts gehen.

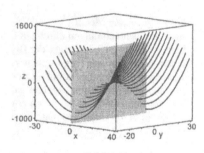

Bild 4.41

Ein einfaches Modell für eine Sattelfläche erhält man, wenn man zwei Stäbe mit einer Zentimetereinteilung, die windschief zueinander sind, mit Fäden so verspannt, daß Punkte auf entsprechender gleicher Position miteinander verbunden sind (vgl. Aufg. 4).

Anwendungen, die sich mit der Gleichung $z = cxy$ beschreiben lassen, finden sich insbesondere in der Physik: Ohmsches Gesetz ($U = R \cdot I$), Gasgleichung ($P \cdot V = c \cdot T$), Gravitationsgesetz ($F = c \cdot m_1 \cdot m_2$), Coulombsches Gesetz ($F = c \cdot q_1 \cdot q_2$). Man sollte dabei bedenken, daß in der physikalischen Diskussion eine solche Funktion, etwa $U = R \cdot I$, in der Regel über mehrere Funktionen einer Veränderlichen interpretiert wird, indem man eine Variable konstant hält. Dies entspricht dem üblichen Meßvorgang in der Physik. So kennzeichnen $U = R_0 \cdot I$ oder $I = (1/R_0) \cdot U$ bei konstantem Widerstand R_0 lineare Funktionen für U bzw. I. Damit gewinnt der Begriff der Regelfläche in diesem Zusammenhang eine physikalische Bedeutung.

Didaktische Einordnung und Bewertung: Die skizzierten Probleme sind vielfältig vernetzt; sie sind nicht vorrangig formaler Natur, sondern beziehen sich auf konkrete,

mathematische „Objekte". Diese Objekte lassen sich zwar, bezogen auf ein Koordinatensystem, formelmäßig darstellen, aber sie „existieren" auch unabhängig von dieser Darstellung als konkrete Modelle und durch praktische Konstruktionsverfahren. Sie sind gut
zugänglich, interessant und erlauben in vielfältiger Weise das Experimentieren (gedanklich, am Modell oder mittels eines Grafikprogramms), das Argumentieren und das Entwickeln von Hypothesen. Solche *Objektstudien* können daher allgemeine verhaltensbezogene Ziele fördern (vgl. Band 1, Abschnitt 1.2.2). Bei Objektstudien und beim *experimentellen Vorgehen* geht es nicht um die Lösung einer festumrissenen, vorgegebenen
Fragestellung, sondern darum, zunächst Fragen zu stellen und Probleme zu entdecken.
An vielen Stellen ist ein entdeckenlassender Unterricht möglich. Voraussetzung dafür ist,
daß die Problemstellung den jeweiligen Möglichkeiten eines Kurses bzw. einzelner Schü-
lergruppen angepaßt wird. Dies soll am Beispiel der Sattelfläche verdeutlicht werden.
Die selbständige Erarbeitung der Gleichung kann erleichtert werden, wenn

- das Berechnungsverfahren für den Abstand Punkt-Gerade vorab wiederholt wird;
- geeignete Modelle für windschiefe Geraden bereitgestellt werden. Dazu gehört das „Buch-
  modell". Besonders geeignet für das Finden eines passenden Koordinatensystems scheint uns
  das folgende Modell: man verbindet zwei windschiefe Stäbe durch einen runden Stab s, der die
  kürzeste Verbindung darstellt. s läßt man durch eine Plastilinkugel gehen. Die gesuchten Koordinatenachsen werden durch Stäbchen, die man in die Plastilinkugel steckt, dargestellt.
  Durch Verschieben und Drehen der Kugel findet man das unter Symmetriegesichtspunkten am
  besten geeignete Modell;
- die Zwischenrechnungen durch ein Computeralgebrasystem erfolgen;
- bereits die erste Übersetzung der Beschreibung des geometrischen Ortes in eine Gleichung mit
  einem CAS grafisch dargestellt wird. Dadurch wird der Prozeß abgekürzt, und auch weniger
  leistungsstarke Schüler kommen zu einem Erfolgserlebnis.
- prozeßorientierte Hilfen gegeben werden: „Zerlege die Aufgabe in Teilaufgaben" (Darstellung
  der windschiefen Geraden durch ein Modell, Wahl eines geeigneten Koordinatensystems, Berechnung von Abständen, mathematische Übersetzung der Bedingung); Hinweis auf mögliche
  Symmetrien.

4.3.2 Funktionen zweier Veränderlicher

Manche Funktionen mehrerer Veränderlicher sind im Mathematikunterricht verbreitet,
ohne als solche thematisiert zu werden. So können z.B. die Multiplikation und die Divisi-
on von Zahlen als Funktion $(x, y) \mapsto xy$ bzw. $(x, y) \mapsto x/y$ aufgefaßt werden; der zugehörige Graph ist eine Sattelfläche bzw. eine Fläche mit Singularitäten. Entsprechend führen
die Addition und die Subtraktion auf lineare Funktionen. Die Fläche eines Dreiecks ist
eine Funktion der Längen einer Seite und der zugehörigen Höhe, (einparametrige) Funk-
tionenscharen lassen sich i.a. als Funktionen zweier Variablen auffassen, und auch die
Lösungen der quadratischen Gleichung $x^2 + px + q = 0$ sind Funktionen der zwei Veränderlichen p und q. Wir haben im vorigen Abschnitt auf einige Funktionen zweier Veränderlicher hingewiesen, die in der Physik eine wichtige Rolle spielen, aber dort nicht als
solche interpretiert werden, etwa das Ohmsche Gesetz $U = R \cdot I$. Ein weiteres elementares
Beispiel aus dem Physikunterricht bezieht sich auf das Fadenpendel, etwa daß die
rücktreibende Kraft von der Masse des Pendels und dem Sinus des Auslenkwinkels
abhängt.

Wir ergänzen einige Typen von Funktionen zweier Veränderlicher, die als solche bereits im Mathematikunterricht eine Rolle spielen oder aber spielen sollten.[13]

(1) *Lineare Funktionen*: Die Graphen linearer Funktionen von $\mathbb{R}^2$ in R sind i.a. Ebenen im $\mathbb{R}^3$; sie spielen, insbesondere im Zusammenhang mit linearen Gleichungssystemen und dem linearen Optimieren, eine wichtige Rolle (vgl. 3.1.2/3). Das lineare Optimieren werden wir vertiefen (s.u.).

(2) *Quadratische Funktionen*: Die quadratischen Funktionen wurden bereits in Abschnitt 4.3.1 behandelt, schwerpunktmäßig unter dem Gesichtspunkt der geometrischen Objektstudie. Im Zusammenhang mit der Sattelfläche wurde auch der funktionale Aspekt hervorgehoben.

(3) *Diskrete Funktion*: Graphen diskreter Funktionen zweier Veränderlicher dienen zur Darstellung von Zusammenhangen in fast allen Publikationsmedien, insbesondere in Zeitungen und im Fernsehen. Die Funktionswerte werden in der Regel als Balken über einer Ebene dargestellt. Der verständige Umgang mit solchen Graphen gehört zur Allgemeinbildung und sollte im Unterricht geübt werden. Tabellenkalkulations- und auch manche Textverarbeitungsprogramme (z.B. WinWord) enthalten entsprechende Unterprogramme. In Bild 4.42 ist eine Funktion dargestellt, die die Verkaufszahl in Abhängigkeit von Produkt und Quartal angibt.

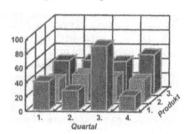

Bild 4.42 (WinWord-Grafik)

(4) *Weitere Funktionen*: Insbesondere in Lehrbüchern der Wirtschaftswissenschaften findet man Graphen vielfältiger funktionaler Zusammenhänge. Dabei handelt es sich um empirische Funktionsgraphen oder um Graphen formal gegebener Funktionen zweier oder mehrerer Veränderlicher. Wichtige Typen sind die sog. Produktionsfunktionen, wobei der Output x (etwa die Anzahl der produzierten Güter) in Abhängigkeit von der Einsatzmenge von Produktionsfaktoren r_i (etwa Kapital- und Personaleinsatz) angegeben wird, oder Marktfunktionen, z.B. die Funktion Verkaufszahl (Verkaufspreis, Werbeaufwand). Ein wichtiges Hilfsmittel ist die sog. Partialanalyse, bei der man alle r_i bis auf ein oder zwei konstant hält. (Vgl. Produktionsfunktion in *Tietze* 1995.)

Die Behandlung von Funktionen zweier Veränderlicher kann den Funktionsbegriff erweitern und als Brücke zwischen verschiedenen mathematischen Teilgebieten und zu anderen schulischen Inhalten (insbesondere Wirtschaft, Geografie und Naturwissenschaften) dienen. Wir gehen davon aus, daß Funktionen zweier Veränderlicher nicht als eigenständiges Gebiet, sondern zur Ergänzung und Vertiefung anderer Themen behandelt werden. So etwa können Ebenen, LGS und lineares Optimieren als Anknüpfungspunkte für lineare Funktionen dienen; entsprechend können die Sattelfläche und Produktionsfunktionen auf quadratische und allgemeine Funktionen zweier und mehrerer Veränderlicher führen. Möglicherweise kann auch die Behandlung interessanter Funktionen in einem anderen Schulfach Ausgangspunkt für entsprechende funktionale Betrachtungen im Mathematikunterricht sein.

Wir wollen im folgenden an ausgewählten Aufgabenstellungen einige Möglichkeiten des Einsatzes von CAS, hier stellvertretend MAPLE[14], zu ihrer Visualisierung und Lösung vorstellen. Dabei kann es im Rahmen dieses Buches natürlich nicht um eine Einführung

---

[13] Weitere Hinweise und Beispiele finden sich in *Weigand/Flachsmeyer* (1997), *Klika* (1986, 2000), *Kirsch* (1986) und Band 1, Kap. 6.

[14] Verwendet wurde die Version MAPLEV™ Release 4. Die aufgeführten MAPLE-Prozeduren lassen sich problemlos in MATHEMATICA übertragen. Es gibt sogar Programme, die den MAPLE-Code in MATHEMATICA übersetzen und umgekehrt.

in die grundlegende Bedienung von CAS gehen; speziellere Befehle und verwendete Programme werden jedoch zur leichteren Reproduzierbarkeit explizit aufgeführt.

Unser erstes Beispiel ist ein lineares Optimierungsproblem, da die besonders einfache geometrische Gestalt des Graphen der Zielfunktion einen leichten Einstieg in die Arbeit mit Graphen von Funktionen zweier Veränderlicher ermöglicht.

Beispiel 5 (lineares Optimieren): Zur Herstellung einer Mengeneinheit (ME) des Waschmittels *Super* arbeiten die Mischmaschinen M_1 und M_2 jeweils zwei Stunden, für das Waschmittel *Para* sind pro ME Laufzeiten von vier Stunden der Maschine M_1, zwei Stunden von M_2 und sechs Stunden von M_3 nötig. M_1 kann pro Monat für 170 Stunden, M_2 für 150 Stunden und M_3 für 180 Stunden eingesetzt werden. Der Gewinn pro ME *Super* beträgt 300 DM und für eine ME *Para* 500 DM. Wie viele ME von *Super* und *Para* müssen monatlich produziert werden, um einen möglichst großen Gewinn zu erzielen?

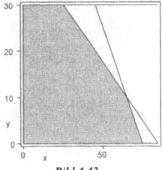

Bild 4.43

Mit x bzw. y bezeichnen wir die Mengeneinheiten von *Super* bzw. *Para*, die pro Monat produziert werden; der monatliche Gewinn (Zielfunktion der Optimierungsaufgabe) beträgt also $z(x, y) = 300x + 500y$, und es gilt $0 \leq x$, $0 \leq y$. Die hierzu benötigten Arbeitszeiten der Maschinen M_1, M_2 und M_3 sowie deren pro Monat maximal zur Verfügung stehende Laufzeiten führen auf $2x + 4y \leq 170$ wegen M_1, $2x + 2y \leq 150$ wegen M_2 und $6y \leq 180$.

Durch die fünf Ungleichungen wird ein konvexes Polygon in der xy-Ebene definiert, das sich mit dem Befehl `inequal` sofort zeichnen läßt (Bild 4.43):

```
with(plots):
inequal({0<=x, 0<=y, 2*x+4*y<=170,
         2*x+2*y<=150, 6*y<=180},
         x=0..85, y=0..30, optionsfeasible=(color=grey),
         optionsexcluded=(color=white) );
```

In der ersten Zeile wird das Programmpaket `plots`, das den Befehl `inequal` bereitstellt, geladen; innerhalb der geschweiften Klammern stehen die fünf definierenden Restriktionen für das Polygon; die Intervalle für x bzw. y wurden wegen der dritten bzw. der fünften Ungleichung gewählt; die beiden folgenden Optionen `optionsfeasible` und `optionsexcluded` definieren die Farben der Punkte innerhalb bzw. außerhalb des Polygons. Um den Graphen der Zielfunktion über dem Polygon als Definitionsbereich zu plotten, bestimmen wir mit Hilfe von Bild 4.43 zunächst rechnerisch die Koordinaten der Eckpunkte des Polygons, die sich als Schnittpunkte der zu den entsprechenden Ungleichungen gehörenden Geraden ergeben. Es handelt sich um die Punkte mit den Koordinaten (0, 0), (75, 0), (65, 10), (25, 30) und (0, 30). Der Graph der Zielfunktion mit dem Polygon als Definitionsbereich ist gerade das Polygon mit den fünf Eckpunkten (0, 0, $z(0, 0)$), (75, 0, $z(75, 0)$), ..., (0, 30, $z(0, 30)$). Um das Definitionspolygon und den Graphen der Zielfunktion räumlich zu zeichnen, schreiben wir ein kleines, allgemeines MAPLE-Programm (eine `procedure`), das nach Übergabe der Eckpunktkoordinaten als Liste und der Zielfunktion sofort das Definitionspolygon und den Graphen der Zielfunktion in einem eigenen Fenster plottet, wo sie mit der Maus beliebig gedreht werden können, um den günstigsten Blickwinkel zu ermitteln:

```
> restart;
  with(plots): with(plottools):
  lingraph := proc(p::list,u::procedure)
    local q1, q2, i, polygon1, polygon2;
    q1 := array(1..nops(p)):
    q2 := array(1..nops(p)):
        for i from 1 to nops(p) do
            q1[i] := [op(1,p[i]),op(2,p[i]),0]:
            q2[i] := [op(1,p[i]),op(2,p[i]),
                      u(op(1,p[i]),op(2,p[i]))]:
        od:
    q1 := convert(q1,list):
    polygon1 := polygon(q1):
    q2 := convert(q2,list):
    polygon2 := polygon(q2):
    display3d({polygon1,polygon2},axes=boxed,
              labels=[`x`,`y`,`z`]);
  end:
```

Um den Graphen für unser Beispiel 5 auf dem Monitor zu zeichnen (Bild 4.44)[15], genügt die folgende Eingabe:

```
> P := [[0,0],[0,30],[25,30],[65,10],[75,0]]:
  f := (x,y)->300*x+500*y:
  lingraph(P,f);
```

Dem Graphen entnehmen wir, daß das Gewinnmaximum für Beispiel 5 im Eckpunkt (65, 10) angenommen wird. Selbstverständlich beherrschen leistungsstarke CAS auch die Methoden der linearen Optimierung. Eine Kontrolle unseres abgelesenen Ergebnisses ermöglicht uns das Simplexverfahren:

```
> with(simplex):
  maximize( 300*x+500*y, { 2*x+4*y<=170, 2*x+2*y<=150,
                           6*y<=180 } );
```

Hieran könnte sich eine direkte Verifizierung inklusive der zum Hauptsatz des linearen Optimierens gehörigen elementargeometrischen Überlegungen anschließen.

Wir möchten an dieser Stelle betonen, daß es sich bei diesen und den folgenden kleinen MAPLE-Routinen nicht um Programme handelt, die die Möglichkeiten der Programmiersprache von MAPLE voll ausschöpfen. Es geht uns vielmehr darum zu verdeutlichen, wie sich mit einem modernen CAS zu vielen Problemen in wenigen Zeilen und mit geringem zeitlichen Aufwand Programme erstellen lassen, die das Problemverständnis steigern und bei der Lösung helfen können.

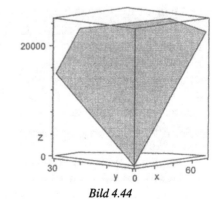

Bild 4.44

---

[15] Die Bilder hier geben als Schwarzweißbilder nur einen sehr unvollständigen Eindruck der MAPLE-Grafik wieder.

Beispiel 6 (Produktionsfunktion): Zur Herstellung ihrer Spezialität *Fusoil* setzt die Schnapsbrennerei *Delirius* angelernte Hilfskräfte (h), Destillationsmeister (m) und diplomierte Chemiker (c) ein. Eine Hilfskraft verdient pro Stunde 40 DM, ein Meister 120 DM und ein Chemiker 240 DM. Jahrzehntelange Datenerhebungen zeigen, daß sich der Ausstoß an *Fusoil* in Zentilitern pro Stunde je nach Anzahl der bei der Produktion eingesetzten Hilfskräfte, Meister und Chemiker durch die Funktion

$$F: (h, m, c) \mapsto 4975 - h^2/2 - hm - hc + 100h - 9m^2/2 - 17mc + 580m - 54c^2 + 1310c - c^4/16 + 5c^3/2$$

ermitteln läßt. Gibt es eine maximale Menge an *Fusoil*, die sich pro Stunde erzeugen läßt, wie groß ist diese ggf., und wie hoch sind die entstehenden Lohnkosten? Welche Menge *Fusoil* läßt sich höchstens herstellen, falls pro Stunde ein Kapital von 6000 DM für Arbeitslöhne zur Verfügung steht?

Zur Ermittlung eines globalen Maximums einer Funktion stellt MAPLEV die Funktion `maximize` bereit, die allerdings zunächst durch `readlib(maximize);` geladen werden muß. Die Eingabe von `maximize(F(h,m,c),{h,m,c});` (wobei *F(h, m, c)* vorher durch `F := unapply(4975 - h^2/2 - hm ... , h,m,c);` definiert werden sollte) liefert sofort das (korrekte) Ergebnis 25000. Pro Stunde lassen sich also höchstens 250 l *Fusoil* herstellen, wie sich mit Hilfe der Analysis mehrerer Veränderlicher oder auch mit dem geschickten Einsatz binomischer Formeln zur Umformung von *F* verifizieren läßt. Ein anderes MAPLE-Kommando, nämlich `extrema`, ist erheblich leistungsfähiger als `maximize`. Es ermittelt Extrema von Funktionen einer oder mehrerer Veränderlicher ohne oder auch mit einschränkenden Nebenbedingungen und gibt nicht nur die extremen Funktionswerte, sondern auch die Extremstellen, in denen diese angenommen werden, aus.

```
>  readlib(extrema):
   extrema(F(h,m,c),{},{h,m,c},`lsg`);
   lsg;
```

(Die leeren geschweiften Klammern nach `F(h,m,c)` bedeuten, daß keine Nebenbedingungen vorliegen; `{h,m,c}` gibt die Variablen an, bzgl. derer die Extrema gesucht sind; `lsg` schließlich bezeichnet einen String, in dem die Extremstellen abgelegt werden und durch `lsg;` abgerufen werden können.) Man erhält das Ergebnis {25000}, also den Funktionswert an der (einzigen) Extremstelle, und {{h=50, c=10, m=40}}, nämlich die Extremstelle (50, 40, 10). Der Einsatz von *h* Hilfskraft-, *m* Meister- und *c* Chemikerstunden erfordert ein Kapital von $40h + 120m + 240c$. Die für den Maximalausstoß von 250 l pro Stunde nötigen 50 Hilfskräfte, 40 Meister und 10 Chemiker kosten damit 9200 DM.

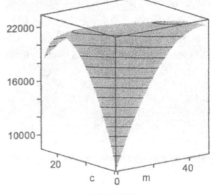

Während bei diesem Problem die 3D-Grafik keine Rolle spielte, der Graph von *F* ist ja eine Teilmenge eines vierdimensionalen Raumes, erlaubt die zweite Fragestellung deren Einsatz. Die Kapitalbeschränkung auf 6000 DM pro Stunde bedeutet wegen der vereinbarten

Bild 4.45

Löhne $40h + 120m + 240c = 6000$. Indem wir diese Gleichung nach h auflösen, können wir die Variable h in der Funktion F durch m und c ausdrücken und erhalten eine Funktion G der zwei Veränderlichen m und c, deren Graph sich im dreidimensionalen Raum darstellen läßt. Bild 4.45 zeigt diesen Graphen für $0 \leq m \leq 50$, $0 \leq c \leq 25 - 0{,}5m$. Er weist einen Extremwert auf, der sich mit der Routine extrema an der Stelle $m = 39{,}3$, $c = 4{,}2$ mit dem zugehörigen Funktionswert 23094,07 lokalisieren läßt. Bei Einsatz von 6,9 Hilfskraft-, 39,3 Meister- und 4,2 Chemikerstunden lassen sich 231 l *Fusoil* zu Kosten von 6000 DM erzeugen.

Stehen statt 6000 DM nur 1200 DM pro Stunde zur Verfügung, gilt also $40h + 120m + 240c = 1200$, so liefert extrema $m = 24$ und $c = 2$ mit einem Output von 125 l. Bestimmt man jedoch aus der Nebenbedingung die zugehörige Zahl von Hilfskraftstunden, ergibt sich $h = -54$, ein nicht zulässiger Wert. Da extrema Restriktionen der Form $h \geq 0$ nicht akzeptiert und MAPLE auch keinen anderen Algorithmus für nichtlineare Optimierungsaufgaben implementiert hat, ersetzen wir die Variable h in F wieder mit Hilfe der Nebenbedingung durch einen Ausdruck in m und c und erhalten eine Funktion H der Variablen m und c, deren Graphen wir

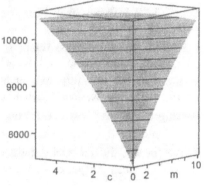

Bild 4.46

für $0 \leq m \leq 10$, $0 \leq c \leq 5 - 0{,}5m$ von MAPLE zeichnen lassen (Bild 4.46). Ihm entnehmen wir, daß das Maximum auf dem oberen Rand des Graphen, also für Werte von m und c, die die Gleichung $120m + 240c = 1200$ erfüllen, angenommen wird. Ersetzen wir die Variable c in der Funktion H durch $5 - m/2$, so erhalten wir eine Funktion der Veränderlichen m mit $m \mapsto 110 - 19m + (5 - m/2)^3/8 - 15(5 - m/2)^2/4$. Standardanalysis ergibt ein Maximum dieser Funktion für $m = 4{,}374$ mit dem Funktionswert 10526,12. Dazu gehören die Werte $c = 2{,}813$ und $h = 0$. Der Ausstoß an *Fusoil* beträgt 105,3 l.

4.3.3 Exkurs: Regelflächen

Wie bereits erwähnt, soll es hier weniger um eine strukturorientierte Mathematik gehen, als vielmehr um ein eher experimentelles, rechnergestütztes Umgehen mit geometrischen Objekten. Die grafische Darstellung räumlicher Flächen am Computer bietet eine visuelle Basis für Vermutungen, die (natürlich inklusive ihrer Verifikationen) zu einem vertieften Verständnis der bisher behandelten Begriffe und Methoden der Analytischen Geometrie führen können.

Wir wollen uns hier exemplarisch mit Beziehungen zwischen Geradenscharen und algebraischen Flächen im euklidischen Raum, also Flächen, die sich als Nullstellengebilde von Polynomen in drei Veränderlichen ergeben, beschäftigen. Ästhetisch ansprechende Flächen, die sich aus Geraden aufbauen lassen (Regelflächen), können beispielsweise als architektonisch interessante Dachkonstruktionen eingesetzt werden, deren Erstellung wegen der einfachen Gestalt der verwendeten Grundbausteine relativ kostengünstig gestaltet werden kann. Betrachten Sie dazu die Sattelfläche in Beispiel 4 und eine interessante Klasse von Regelflächen in Beispiel 8. Wir werden dieses Konzept unter einem *synthetischen* und einem *analytischen Gesichtspunkt* betrachten. Einerseits suchen wir ein Verfahren, aus einer gegebenen einparametrigen Geradenschar eine Fläche im Raum zu konstruieren. Andererseits wollen wir eine gegebene Fläche daraufhin untersuchen, ob sie sich durch das Aneinandersetzen geeigneter Geraden realisieren läßt.

Bei der *synthetischen Problemstellung* liegt folgende Ausgangssituation vor: Jedem Parameterwert t eines Intervalls I der reellen Achse sei eine Gerade g_t durch den Koordinatenursprung zugeordnet. Dieser Sachverhalt läßt sich auch anders formulieren. Da jede der Geraden g_t durch einen beliebigen ihrer Richtungsvektoren eindeutig festgelegt ist, genügt es, jedem $t \in I$ einen normierten Vektor $\vec{w}(t) \in \mathbb{R}^3$ zuzuordnen. Gesucht sind Flächen F im euklidischen Raum $\mathbb{R}^3$, deren Punkte genau die Punkte der Geraden h_t, $t \in I$, einer Geradenschar sind, wobei für alle $t \in I$ die Gerade h_t parallel zu g_t ist, sich von g_t also nur im Aufpunkt, nicht aber im Richtungsvektor unterscheidet. Ist nun $\vec{a}(t) + s \cdot \vec{w}(t)$, $s \in \mathbb{R}$, eine Parameterdarstellung von h_t, so ergeben sich die Punkte einer derartigen Fläche F aus der Parameterdarstellung $\vec{x}(t,s) = \vec{a}(t) + s \cdot \vec{w}(t)$; $t \in I$, $s \in \mathbb{R}$. Die Abbildung $\vec{a}$ ordnet jedem $t \in I$ einen Punkt $\vec{a}(t)$ des $\mathbb{R}^3$ zu, beschreibt also eine Kurve im $\mathbb{R}^3$, die i.a. nicht stetig zu sein braucht, da wir zu jeder der Geraden h_t willkürlich einen Aufpunkt $\vec{a}(t)$ gewählt haben. Richtig interpretiert, enthält die obige Parameterdarstellung eine Handlungsanweisung, wie sich aus einer einparametrigen Geradenschar Flächen im $\mathbb{R}^3$ konstruieren lassen. Man gehe von einer beliebigen Kurve $\vec{a} : I \to \mathbb{R}^3$ aus und hefte jeweils im Kurvenpunkt $\vec{a}(t)$ die Gerade g_t an. Eine derartig aufgebaute Fläche heißt die von $\vec{a}$ und $\vec{w}$ erzeugte Regelfläche.

Als erstes wollen wir eine kleine MAPLE-Routine erstellen, die uns nach Übergabe eines Intervalls I für t, eines Intervalls K für s, einer Parameterdarstellung einer Kurve $\vec{a} : I \to \mathbb{R}^3$ und einer Abbildung $\vec{v} : I \to \mathbb{R}^3$, die jedem $t \in I$ einen (nicht unbedingt normierten) Vektor $\vec{v}(t)$ des $\mathbb{R}^3$ zuordnet, die von $\vec{a}$ und dem normierten $\vec{w} := \vec{v}/|\vec{v}|$ erzeugte Regelfläche grafisch darstellt. Wiederum geht es uns nur um ein kurzes, funktionierendes Programm, weshalb wir u.a. auch darauf verzichten, Typ und Bauart der an die Prozedur übergebenen Parameter auf Korrektheit zu überprüfen oder zu testen, ob es sich bei einem Vektor, der normiert wird, vielleicht um den Nullvektor handelt (in kritischen Fällen gibt MAPLE eine Fehlermeldung aus). Es bereitet keinerlei Schwierigkeiten, Programme um derartige Routinen zu ergänzen.

```
with(plots) : with(linalg) :
> regelflaeche := proc(J::list, K::list,
                       a_pfeil::procedure, v_pfeil::procedure)
   local t,s,E,tmin,tmax,smin,smax;
   tmin := op(1,J); tmax := op(2,J);
   smin := op(1,K); smax := op(2,K);
   w := t -> 1/norm(v_pfeil(t),2)*v_pfeil(t); # Normieren von
                                                v_pfeil(t)
   E := (t,s) -> evalm(a_pfeil(t)+s*w(t));
   plot3d(E(t,s),t=tmin..tmax,s=smin..smax,
          axes=boxed,labels=[`x`,`y`,`z`]);
end;
```

Ein Prozeduraufruf, der einen Ausschnitt eines hyperbolischen Paraboloids (Sattelfläche) zeichnet, ist

```
> J:=[-3,3];  K:=[-3,3];  a_pfeil:= t -> [t,t,0];
v_pfeil := t -> [1,-1,t]; regelflaeche(J,K,a_pfeil,v_pfeil);
```

Dabei bedeutet `J` das Parameterintervall der Kurve $\vec{a}$ (`a_pfeil`), `K` das Parameterintervall für die vektorwertige Funktion $\vec{v}$ (`v_pfeil`), aus der sich durch Normierung der jeweilige Richtungsvektor $\vec{w}(t)$ ergibt. Eine günstige Blickrichtung erhält man, wenn man die Grafik unter dem horizontalen Blickwinkel $\theta = -80°$ und dem vertikalen Winkel $\varphi = 75°$ betrachtet, indem in `plot3d` die zusätzliche Option `orientation=[-80,75]` aufgenommen wird (oder die Zeichnung im Fenster entsprechend gedreht wird). Die folgende Tabelle enthält einige Datensätze zur Visualisierung vertrauter Flächen. Als räumliche Ausgangskurve ist stets die Parametrisierung `a_pfeil:= t -> [cos(t),sin(t),0]` mit dem Definitionsintervall `J:=[0,2*Pi]` des Einheitskreises der xy-Ebene einzusetzen.

K	$\vec{v}(t)$	Typ
[−3, 3]	[0, 0, 1]	Zylinder
[−6, 3]	[cos(t), sin(t), −1]	Doppelkegel
[−2, 2]	[-sin(t), cos(t), 0]	einschaliges Hyperboloid
[−1, 1]	[cos(t/2)*cos(t), cos(t/2)*sin(t), sin(t/2)]	Möbiusfläche

Prozedurbeispiele für Regelflächen

Wir empfehlen, eigene Experimente, natürlich auch mit nichtebenen Kurven, durchzuführen. Die grafische Darstellung einer Regelfläche mit Hilfe eines CAS erfordert nur wenige Sekunden, während der Versuch, sie von Hand zu skizzieren, ein ungleich aufwendigeres Unterfangen ist. Ohne Schwierigkeiten lassen sich auch Singularitäten einer Flächenparametrisierung bestimmen und quasi mikroskopierend visualisieren.

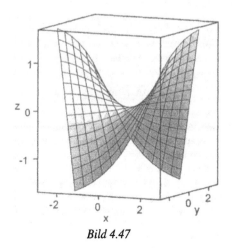

Bild 4.47

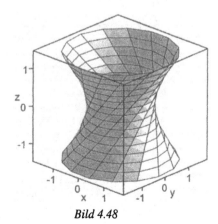

Bild 4.48

Die Bilder 4.47 und 4.48 zeigen eine mit der Prozedur `regelflaeche` erzeugte Sattelfläche bzw. ein einschaliges Hyperboloid.

Die Prozedur gibt auch einen Hinweis, wie in den Punkten der Kurve $\vec{a}$ keine Geraden, sondern die Kurven einer gegebenen einparametrigen Kurvenschar angefügt werden können. Zum Beispiel läßt sich die durch $z = xy$ gegebene Sattelfläche auch dadurch erzeugen, daß im Punkt $(t/2, t/2, t^2/4)$ der nach oben geöffneten Normalparabel über der Winkelhalbierenden des ersten Quadranten der xy-Ebene jeweils die durch $s \mapsto (s - t/2, t/2 - s, -(t/2 - s)^2)$ gegebene nach unten geöffnete Parabel über einer Parallele zur Winkelhalbierenden des zweiten Quadranten der xy-Ebene angeheftet wird, was sich durch

```
E(t,s):=(t,s)->evalm([t/2,t/2,t^2/4]+[s-t/2, t/2-s,-(t/2-s)^2]);
```
realisieren und visualisieren läßt (vgl. Bild 4.41).

Die *analytische Fragestellung* beinhaltet, daß eine gegebene Fläche daraufhin untersucht werden soll, ob sie sich aus Geraden zusammensetzen läßt. Die Behandlung dieser Fragestellung erfordert auch bei Einsatz eines CAS erheblich mehr mathematisches Fingerspitzengefühl und scheint damit eher zur Förderung besonders begabter Schüler eines Leistungskurses geeignet zu sein. Eine mögliche Lösungsstrategie ergibt sich aus den folgenden Überlegungen. Liegt eine Gerade ganz in einer gegebenen Fläche, so muß sie sich als Schnittkurve einer geeigneten Ebene mit dieser Fläche darstellen lassen. Daher liegt es nahe, im ersten Schritt das Schnittgebilde zwischen der Fläche und einer beliebigen Ebene, bestimmt durch eine Gleichung $ax + by + cz + d = 0$, zu ermitteln.

Im zweiten Schritt gilt es zu entscheiden, für welche Werte der Ebenenparameter a, b, c und d es sich bei diesem Schnittgebilde um eine Gerade handelt. Sei das Schnittgebilde durch $t \mapsto (u(t), v(t), w(t))$ gegeben, und sei t_0 ein fest gewählter Parameterwert. Falls es sich hierbei um eine Gerade handelt, muß es einen Vektor (q, r, s) und eine reellwertige Funktion l so geben, daß für jeden zulässigen Parameterwert t die Gleichung $(u(t), v(t), w(t)) = (u(t_0), v(t_0), w(t_0)) + l(t)(q, r, s)$ erfüllt ist. Gilt nun beispielsweise $u(t) - u(t_0) = q\, l(t) \neq 0$, so läßt sich l eliminieren, und es folgen die Gleichungen $v(t) - v(t_0) = r/q\, (u(t) - u(t_0))$ und $w(t) - w(t_0) = s/q\, (u(t) - u(t_0))$, also damit insgesamt $(u(t), v(t), w(t)) - (u(t_0), v(t_0), w(t_0)) = (u(t) - u(t_0))\,(1, r/q, s/q)$. Dies impliziert, daß die Quotienten $(v(t) - v(t_0))/(u(t) - u(t_0))$ und $(w(t) - w(t_0))/(u(t) - u(t_0))$ jeweils konstant sind. Entsprechendes gilt für $v(t) - v(t_0) \neq 0$ oder $w(t) - w(t_0) \neq 0$. Wir wollen an einem Beispiel verdeutlichen, wie sich mit Hilfe dieser Vorbetrachtungen Ebenen bestimmen lassen, deren Schnitt mit einer gegebenen Fläche eine Gerade ist.

Beispiel 7 (Sattelfläche): Wir gehen noch einmal von der Sattelfläche aus, wobei das Koordinatensystem so gewählt sei, daß die Fläche durch $xy - z = 0$ beschrieben wird. Um eine Gleichung des Schnittes mit der Ebene $ax + by + cz + d = 0$ zu ermitteln, geben wir

```
> solve({x*y-z=0, a*x+b*y+c*z+d=0},{x,y,z});
```
ein, woraufhin MAPLE als Resultat $\{y = y, x = -(by + d)/(a + cy), z = -((by + d)y)/(a + cy)\}$ ausgibt. Es liegt nahe, hier den Parameter t durch $t := y$ festzulegen, was auf die Koordinatenfunktionen $u(t) = -(bt + d)/(a + ct)$, $v(t) = t$ und $w(t) = -((bt + d)t)/(a + ct)$ in der Parameterdarstellung des Schnittgebildes führt. Wir setzen nun t_0 gleich 0, falls 0 nicht gerade die Nullstelle der Nenner von u und w ist (Fallunterscheidung). Für $t \neq 0$ gilt dann $(w(t) - w(t_0))/(v(t) - v(t_0)) = -(bt + d)/(a + ct)$, und dieser Quotient muß konstant sein, falls es sich bei der Schnittkurve um eine Gerade handeln

sollte. Elementare Arithmetik (oder auch die Theorie der Möbiustransformationen) zeigt, daß dies genau dann der Fall ist, wenn sich der Bruch kürzen läßt, die Funktionen $t \mapsto -(bt + d)$ und $t \mapsto ct + a$ also linear abhängig sind. Gilt $-(bt + d)/(a + ct) =: k =$ const., so folgt $(u(t), v(t), w(t)) = (k, t, kt)$, der Schnitt zwischen Ebene und Sattelfläche ist also tatsächlich eine Gerade. Ist nun (x, y, xy) ein beliebiger Punkt der Sattelfläche, so liegt er auf der durch $t \mapsto (x, t, xt)$ definierten Geraden, die ganz in der Sattelfläche enthalten ist. Die Sattelfläche ist somit eine Regelfläche.

Durch die obige Wahl des Parameters t, nämlich $t := y$, wird durch jeden Punkt der Sattelfläche genau eine Regelgerade bestimmt. Setzen wir statt dessen $t := x$, lösen durch

```
> solve(x = -(b*y+d)/(a+c*y),y);
```

die Gleichung $x = -(by + d)/(a + cy)$ nach y auf, was auf $y = -(ax + d)/(b + cx)$ führt, substituieren diesen Term für y in der obigen Darstellung von z durch

```
> subs(y = -(a*x+d)/(c*x+b),-(b*y+d)*y/(c*y+a));
```

und vereinfachen das Ergebnis durch `simplify(%)`, so ergibt sich die Gleichung $z = -x(ax + d)/(cx + b)$.

Dieselben Überlegungen wie oben ergeben, daß $-(ax + d)/(b + cx) =: m =$ const. gelten muß. Daraus erhalten wir die Parameterdarstellung $(u(t), v(t), w(t)) = (t, m, mt)$ für die Schnittgerade. Ein beliebiger Punkt (x, y, xy) der Sattelfläche liegt demnach auch auf der durch die Parameterdarstellung $t \mapsto (t, y, yt)$ definierten Geraden, die Sattelfläche enthält demnach zwei Scharen von Regelgeraden.

Nutzt man die Bedingung $-(ax + d)/(b + cx) = m =$ const. in der Form $a = -mc$ und $d = -mb$ und bestimmt dann das Schnittgebilde von Sattelfläche und Ebene durch

```
> solve({x*y - z = 0,-m*c*x+b*y+c*z -m*b = 0},{x,y,z});
```

so gibt MAPLE $\{z = xm, y = m, x = x\}$, $\{x = -b/c, z = -by/c, y = y\}$ zurück, findet also unmittelbar beide Scharen von Regelgeraden. Hieran wird deutlich, daß auch moderne CAS einen umsichtigen Einsatz verlangen, um ihre Leistungsfähigkeit voll ausnutzen zu können und sie nicht zu überfordern. Ihre Verwendung bedarf fundierter mathematischer Kenntnisse; eine gute mathematische Grundbildung werden sie unterstützen, jedoch nie ersetzen können.

Es sei noch darauf hingewiesen, daß unsere Überlegungen selbstverständlich einer mathematischen Präzisierung bedürfen. U.a. sind die von MAPLE gelieferten Gleichungen für das Schnittgebilde für $a = c = 0$ bzw. $b = c = 0$ sinnlos; dieser Fall müßte also separat diskutiert werden. Diese Situation ist typisch für den Einsatz symbolischer Computeralgebrasysteme: die zurückgegebenen Ergebnisse sollten stets hinsichtlich ihres Geltungsbereichs untersucht werden.

Wir wollen nicht verschweigen, daß unser Beispiel wegen der besonders einfachen Gestalt der Flächengleichung nicht als repräsentativ gelten kann. Andere Gleichungen führen häufig auf Darstellungen für das Schnittgebilde, deren Handhabung erheblich aufwendiger und komplizierter ist und die ungleich schwierigere mathematische Überlegungen erfordern.

Zum Abschluß werden wir dem massiven Einsatz von Computeralgebra noch einen Gedankengang gegenüberstellen, der es gestattet, gleich für eine ganze Klasse von Flächen nachzuweisen, daß es sich um Regelflächen handelt.

Beispiel 8 (eine interessante Klasse von Regelflächen):
Sei $f : \mathbb{R} \to \mathbb{R}$ eine beliebige Funktion. Dann wird
durch $z = x\, f(y)$ eine Fläche im $\mathbb{R}^3$ definiert. Beispielsweise ergibt sich für $f : y \mapsto y$ eine Sattelfläche. Wird
nun y_0 fest gewählt, so ergibt sich als Schnittgebilde
zwischen der Fläche und der durch $y = y_0$ bestimmten
Ebene die Schnittgerade $t \mapsto (t, y_0, t\, f(y_0))$. Ist
$(x_0, y_0, x_0\, f(y_0))$ ein beliebiger Punkt der Fläche, so
liegt er auf der Geraden $t \mapsto (t, y_0, t\, f(y_0))$, die zur
Fläche gehört. Daher handelt es sich um eine Regelfläche. Analoge Überlegungen sichern, daß es sich auch
bei Flächen, die durch eine Gleichung der Form
$z = x + f(y)$ definiert sind, um Regelflächen handelt.
Außerdem bleiben beide Resultate gültig, wenn man in
den Flächengleichungen x durch einen Ausdruck der
Form $ax + g(y) + c$ mit einer beliebigen reellen Funktion g ersetzt. Für derartige Flächen spielen also die

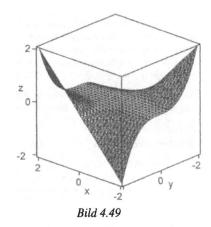

Bild 4.49

Schnitte mit zur xz-Ebene parallelen Ebenen eine besondere Rolle. Bild 4.49 zeigt einen Ausschnitt
der durch $z = xy^3/8$ definierten Fläche, auf dem sich die Schnittgerade mit der Ebene $y = 2$ gut erkennen läßt.

Wiederholung, Aufgaben, Anregungen zur Diskussion

Wichtige Begriffe und Inhalte

Flächen: Rotationsflächen, Regelflächen; Ellipsoid, Hyperboloid, Paraboloid, Doppelkegel.

Betrachtungen zu Flächen: Schnitte parallel zu Koordinatenebenen, Isohöhenlinien, Flächen als Kurvenscharen, Berechnung von Extrema; Tangentialebenen bei Flächen zweiter Ordnung.

Schulrelevante Funktionen zweier Veränderlicher: diskrete, empirische, lineare, quadratische Funktionen; Produktionsfunktionen; Verknüpfungen von Zahlen als Funktionen.

Heuristische Betrachtungen: Symmetriebetrachtungen und die Wahl eines geeigneten Koordinatensystems; Suche nach geeigneten Koordinatentransformationen; Rechnerexperimente.

---

1) (a) Geben Sie geometrische Definitionen für das Ellipsoid an. Diskutieren Sie Ihre Definitionen. (b) Geben Sie entsprechende geometrische Definitionen für das Hyperboloid und das
   Paraboloid an.

2) Leiten Sie eine Parametergleichung der Rotationsfläche her, die durch Rotation der Kurve mit
   der Gleichung $z = -(x^4 - 5x^2 + 4)$ um die z-Achse entsteht (vgl. Beispiel 3). Untersuchen Sie
   auch andere Kurven unter der gleichen Fragestellung.

3) Vertiefung zu Beispiel 4: (a) Beschreiben Sie die Schnittgeraden der Sattelfläche mit den
   Ebenen, die parallel zur xz- bzw. zur yz-Koordinatenebene sind, für die beiden angegebenen
   Darstellungen. (b) Beweisen Sie, daß die Sattelfläche jeweils die Vereinigung der Punkte der
   Geraden aus den beiden angegebenen Geradenscharen, also eine Regelfläche ist.

4) Ein einfaches Modell für eine Sattelfläche erhält man, wenn man zwei Stäbe mit einer
   Zentimetereinteilung, die windschief zueinander sind, mit Fäden so verspannt, daß Punkte auf
   entsprechender gleicher Position miteinander verbunden sind. Beweisen Sie, daß dieses Modell
   tatsächlich eine Sattelfläche ist. (Vgl. *Meyer* 1995a.)

5) Zeichnen Sie den Graphen der diskreten Funktion mit der Gleichung $l = mn$ $(m, n \in \mathbb{Z})$ mit
   Hilfe eines Textverarbeitungssystems, einer Tabellenkalkulation und eines CAS.

6) In einer mechanischen Werkstatt werden u.a. Rasenmäher und Nähmaschinen unter Mit-
   wirkung von Feinmechanikern, Schlossern und Einfädlern repariert, wobei für diese Geräte pro
   Tag maximal 44 Feinmechanikerminuten, 80 Schlosserminuten und 42 Einfädlerminuten bereitgestellt werden. Die Reparatur einer Nähmaschine erfordert 4 Feinmechaniker-, 4 Schlos-

ser- und 6 Einfädlerminuten, bei einem Rasenmäher ergibt sich ein Bedarf von 2 Feinmechaniker-, 5 Schlosser- und 0 Einfädlerminuten. Der Gewinn pro reparierter Nähmaschine beträgt 28 DM und bei jedem Rasenmäher 14 DM. Wie viele Nähmaschinen und wie viele Rasenmäher sollten pro Tag repariert werden, um einen maximalen Gewinn zu erzielen, und wie hoch ist dieser Gewinn? (Die Anzahlen der zu reparierenden Nähmaschinen und Rasenmäher sollten aus naheliegenden Gründen ganzzahlig sein.)

Lösen Sie diese Aufgabe zunächst von Hand und dann mit den implementierten Algorithmen eines CAS. Dies wird Ihnen dabei helfen, Ihr gesundes Mißtrauen gegenüber dem Einsatz von Computeralgebrasystemen zu konservieren.

7) Ein Präsidentschaftskandidat eines Karnevalsvereins setzt zur politischen Landschaftspflege Werbegeschenke (w), gezielte Verleumdungen (v) und direkten Stimmenkauf (k) ein. Aus langjähriger Erfahrung weiß er, daß die Zahl der hierdurch gewonnenen Wählerstimmen durch die Funktion $S: (w, v, k) \mapsto 143 + 4w + 14v + 8k + 2wv + 2wk + 10vk - w^2 - 10v^2 - 6k^2$ bestimmt wird. Ein Werbegeschenk kostet ihn 30 DM, eine Verleumdung 60 DM und ein Stimmenkauf 120 DM. Ermitteln Sie ggf. die maximale Zahl an Stimmen, die er mit seinen Methoden erzielen kann und den dazu nötigen Kapitalaufwand. Wie viele Stimmen kann er sich sichern, wenn ihm ein Betrag von 1170 DM zur Verfügung steht?

8) Zeigen Sie, daß es sich bei den mit der Prozedur `regelflaeche` erzeugten Flächen Zylinder, Doppelkegel und einschaliges Hyperboloid jeweils tatsächlich um Flächen dieses Typs handelt.

9) Bestimmen Sie mit Hilfe eines CAS Ebenen, deren Schnitte mit dem durch die Gleichung $2x^2 + 4y^2 - z^2 = 1$ definierten einschaligen Hyperboloid Geraden sind. (Hinweis: Gilt in der Ebenengleichung $ax + by + cz + d = 0$ z.B. $a \neq 0$, so darf o.B.d.A. $a = 1$ gesetzt, also das Schnittgebilde zwischen dem Hyperboloid und der durch $x + by + cz + d = 0$ gegebenen Ebene betrachtet werden. In den vom CAS errechneten Gleichungen für den Schnitt treten Quadratwurzeln auf, deren Radikand ein quadratisches Polynom in einer der Koordinaten ist. Mit Hilfe des CAS ermittle man eine algebraische Beziehung zwischen den Ebenenparametern b, c und d, die, wenn sie erfüllt ist, den Radikanden zu einem vollständigen Quadrat macht, und weise nach, daß das Schnittgebilde dann tatsächlich eine Gerade ist.)

Literaturverzeichnis

(Es werden die folgenden Abkürzungen verwandt: BzMU: Beiträge zum MU; DdM: Didaktik der Mathematik; DIFF: Deutsches Institut für Fernstudien an der Universität Tübingen; EStM: Educational Studies in Mathematics; IDM: Schriftenreihe des Instituts für Didaktik der Mathematik, Universität Bielefeld; IDM Materialien: Institut für Didaktik der Mathematik, Universität Bielefeld, Materialien und Studien; IMU: Informationen zum Mathematikunterricht; JMD: Journal für Mathematik-Didaktik; JRME: Journal for Research in Mathematics Education; math. did.: mathematica didactica; MidSch: Mathematik in der Schule; ml: Mathematiklehren; MNU: Der mathematische und naturwissenschaftliche Unterricht; MPhS: Mathematisch-Physikalische Semesterberichte; MS: Mathematische Semesterberichte; MU: Der Mathematikunterricht; PM: Praxis der Mathematik; ZDM: Zentralblatt für Didaktik der Mathematik; Z.f.Päd.: Zeitschrift für Pädagogik; ZmnU: Zeitschrift für math. u. nat. Unterricht; Diss.: Dissertation; (SB): Schulbuch.

Andelfinger, B. (1985): Arithmetik, Algebra und Funktionen. Didaktischer Informationsdienst Mathematik. Soest: Landesinstitut für Schule und Weiterbildung

Andelfinger, B. (1988): Geometrie. Didaktischer Informationsdienst Mathematik. Soest: Landesinstitut für Schule und Weiterbildung

Andelfinger, B./Pickert, G. (Bearb.) (1975): Mathematik S-2. Fachwissenschaftliche Grundlagen. Freiburg: Herder

Andelfinger, B./Radbruch, K. (Bearb.) (1979): Mathematik S-2. Analytische Geometrie und lineare Algebra L. Freiburg: Herder

Andelfinger, B./Schmidt, G. (Bearb.) (1978): Mathematik S-2. Lineare Algebra und analytische Geometrie G. Freiburg: Herder

Artin, E. (1964): Geometric Algebra. New York: Interscience Publishers

Artmann, B. (1981): Ansichten der Linearen Algebra. MU 27(2), 68-75

Artmann, B./Törner, G. (1980): Lineare Algebra. Grund- und Leistungskurs. Göttingen: Vandenhoeck & Ruprecht (SB)

Artmann, B./Törner, G. (1981): Bemerkungen zur Geschichte der Linearen Algebra. MU 27(2), 59-67

Artmann, B./Törner, G. (1988): Lineare Algebra und Geometrie. Grund- und Leistungskurs. Göttingen: Vandenhoeck & Ruprecht (SB)

Artmann, B./Weller, H. (1981): Eine gestufte Hinführung zur Axiomatik in der linearen Algebra. MU 27(2), 48-58

Bachmann, H. (1972): Vektorgeometrie. Frankfurt: Diesterweg/Salle (SB)

Banach, S. (1922): Sur les opérations dans les ensembles abstraits et leur application aux équations intégrales. Fundamenta Mathematicae 3, 133-181

Barth, E./Barth, F./Krumbacher, G. (1993², 1995⁴): Anschauliche Analytische Geometrie. München: Ehrenwirth (SB)

Barth, E./Barth, F./Krumbacher, G./Ossiander, K. (1985): Anschauliche Geometrie 7. München: Ehrenwirth (2. Auflage) (SB)

Bauhoff, E. P. (1976): Methoden der linearen Algebra in der Analysis - ein Beispiel 1, 2. PM (1), (2)

Baumert, J./Bos, W./Klieme, E. et al. (1999): Testaufgaben zu TIMSS/III. Mathematisch-naturwissenschaftliche Grundbildung und voruniversitäre Mathematik und Physik der Abschlußklassen der Sekundarstufe II (Population 3). Materialien aus der Bildungsforschung, Bd. 62. Berlin: Max-Planck-Institut für Bildungsforschung

Baumert, J./Bos, W./Watermann, R. (1999): TIMSS/III. Schülerleistungen in Mathematik und den Naturwissenschaften am Ende der Sekundarstufe II im internationalen Vergleich. Zusammenfassung deskriptiver Ergebnisse. Studien und Berichte, Bd. 64. Berlin: Max-Planck-Institut für Bildungsforschung (2. Auflage)

Beck, U. (1975): Populationsdynamik und Mathematikunterricht. DdM (3), 194-212

Behnke, H./Bachmann, F./Fladt, K./Kunle, H. (Hg.) (1971): Grundzüge der Mathematik. Band II: Geometrie, Teil B: Geometrie in analytischer Behandlung. Göttingen: Vandenhoeck & Ruprecht

Bekken, O. (1995): Wessel on Vectors. In: *Swetz* u.a (1995), 207-213

Bender, P. (1982): Abbildungsgeometrie in der didaktischen Diskussion. ZDM 14(1), 9-24

Bender, P. (1994): Probleme mathematischer Begriffsbildung diskutiert am Beispiel der Vektor-Addition. math. did. 17(1), 3-27

Beutelspacher, A. (1996): A survey of Grassmann's Lineale Ausdehnungslehre. In: *Schubring* (1996), 3-6

Biedermann, H. (1998): Lexikon der magischen Künste. Wiesbaden: VMA-Verlag

Birkhoff, G. (1973): Current Trends in Algebra. American Mathematical Monthly 80, 760-782

Birkhoff, G./Kreyszig, E. (1984): The Establishment of Functional Analyis. Historia Mathematica 11(3), 258-321

Blum, W. (1978): Lineares Optimieren mit zwei Variablen im Mathematikunterricht. Erziehungswiss. Beruf. 26(1), 48-58

Blum, W. (1995): Analysisunterricht: Aktuelle Tendenzen und Perspektiven für das Jahr 2000. MidSch 33 (1 und 2), 1-11 und 67-75

Blum, W./Wiegand, B. (1999): Offene Probleme für den Mathematikunterricht - kann man Schulbücher dafür nutzen? BzMU 1999, 590-593

Böer, H./Volk, D. (1982): Trassierung von Autobahnkreuzen autogerecht oder ... Göttingen: Gegenwind Verlag (vergriffen, aber über die *MUED* noch erhältlich)

Botsch, O. (1973): Zahlenquadrate und Vektorräume. MU 19(5)

Bourbaki, N. (1947): Éléments des Mathématique. VI. Première Partie: Les structures fondamentales de l'analyse. Livre II: Algèbre. Chapitre 2: Algèbre linéaire. Paris: Hermann

Boyer, C. B. (1956): History of Analytic Geometry. New York: Scripta Mathematica

Brieskorn, E. (1983/85): Lineare Algebra und Analytische Geometrie. Noten zu einer Vorlesung mit historischen Anmerkungen von Erhard Scholz. 2 Bde. Braunschweig/Wiesbaden: Vieweg

Bronstein, I. N. u.a. (1995, 1996): Taschenbuch der Mathematik. Frankfurt/M: Deutsch

Bruning, A./Spallek, K. (1979): Analysis und geometrisch anschauliches Denken im Schulunterricht. MU 25(2)

Bruner, J. S. (1973, 1976[4]): Der Prozeß der Erziehung. Berlin

Buchholz, I. (1991): Zur vektoriellen Behandlung der regulären Polyeder. MU 37(4), 30-44

Bungartz, P. (1983/1984): Problemorientierte Entdeckung der Vektorraumstruktur. Teil 1 in DdM 1983 (4), 307-312 und Teil 2 in DdM 1984 (1), 45-56

Bungartz, P. (1985): Elementare Differentialgeometrie auf der Sekundarstufe II. Teil 1 MNU 38(3), 145-155 und Teil 2 MNU 38(4), 199-206

Bürger, H./Fischer, R./Malle, G. (1978-1980): Mathematik Oberstufe 1-3. Wien: Hölder-Pichler-Tempsky (SB)

Bürger, H./Fischer, R./Malle, G./Kronfellner, M./Mühlgassner, T./Schlöglhofer, F. (1989-1993): Mathematik Oberstufe 1-4. Wien: Hölder-Pichler-Tempsky (SB)

Bürger, H./Fischer, R./Malle, G./Reichel, H.-C. (1980): Zur Einführung des Vektorbegriffs: Arithmetische Vektoren mit geometrischer Deutung. JMD 1(3), 171-187

Campbell, H. G. (1971): Linear Algebra with Applications. Englewood Cliffs

Claus, H. J. (1975): Über das Vektorraumaxiom $1 \cdot x = x$. PM 17(7), 188-191

Clauß, G./Ebner, H. (1972): Grundlagen der Statistik für Psychologen, Pädagogen und Soziologen. Frankfurt/M: Deutsch

Crowe, M. J. (1967): A History of Vector Analysis. The Evolution of the Idea of a Vectorial System. Notre Dame/London: University of Notre Dame Press

Dantzig, G. B. (1984): Reminiscences about the Origins of Linear Programming. Memoirs of the American Mathematical Society 48, 1-11

Deutsche Mathematiker Vereinigung (1976): Denkschrift der DMV zum MU an Gymnasien. ZDM (4)

Deutscher Hochseesportverband (Hg.) (1960, 1996): Seemannschaft. Berlin: Delius/Klasing

Dieudonné, J. (1966): Winkel, Trigonometrie, komplexe Zahlen. MU 12(1)

Dieudonné, J. (1985): Geschichte der Mathematik 1700 – 1900. Braunschweig/Wiesbaden: Vieweg

DIFF (1972): Elemente der Gruppentheorie. Grundkurs Mathematik II.2. Tübingen: Deutsches Institut für Fernstudien

DIFF (1972-1977): Grundkurs Mathematik II, III, IV, V. Tübingen: Deutsches Institut für Fernstudien

DIFF (Bearb. Herfort, P., Reinhardt, G., Schuster, W.) (1982, 1983, 1984, 1986): Mathematik Studienbriefe zur Fachdidaktik für Lehrer der Sekundarstufe II. Geometrie und lineare Algebra MG1 – MG4. Tübingen: Deutsches Institut für Fernstudien

DIFF (Bearb. Schupp, P., Schweizer, U., Wagenknecht, N.) (1980): Mathematik Studienbriefe zur Fachdidaktik für Lehrer der Sekundarstufe II. Beschreibende Statistik – Stochastik MS1. Tübingen: Deutsches Institut für Fernstudien

Dirichlet, P. G. L. (1871): Vorlesungen über Zahlentheorie. Herausgegeben und mit Zusätzen versehen von R. Dedekind. Braunschweig: Vieweg (2. Auflage)

Dirichlet, P. G. L. (1893): Vorlesungen über Zahlentheorie. Herausgegeben und mit Zusätzen versehen von R. Dedekind. Braunschweig: Vieweg (4. Auflage). Reprint 1968. New York: Chelsea

Dörfler, W. (Hg.) (1988a): Kognitive Aspekte mathematischer Begriffsentwicklung, Schriftenreihe Didaktik der Mathematik, Bd. 16. Wien/Stuttgart: Hölder-Pichler-Tempsky/Teubner

Dörfler, W. (1988b): Die Genese mathematischer Objekte und Operationen aus Handlungen als kognitive Konstruktion. In: *Dörfler* (1988a), 55-125

Dörfler, W./Fischer, R. (Hg.) (1976): Anwendungsorientierte Mathematik in der S II. Klagenfurt

Dörfler, W./Fischer, R. (Hg.) (1979): Beweisen im MU. Wien/Stuttgart: Hölder u.a./Teubner

Dorier, J. L. (1995a): A General Outline of the Genesis of Vector Space Theory. Historia Mathematica 22(3), 227-261

Dorier, J. L. (1995b): Meta Level in the Teaching of Unifying and Generalizing Concepts in Mathematics. EStM 29(5), 175-197

Dorier, J. L. (1996): Basis and Dimension – From Grassmann to Van der Waerden. In: *Schubring* (1996), 175-196

Drumm, V. (1978): Eine einfache Kennzeichnung der euklidischen Vektorräume. DdM (4)

Drumm, V. (1983): Wandmuster und ihre Symmetrien; eine Anwendung der Vektorrechnung und des Skalarprodukts. DdM 11(1), 52-75 und DdM 11(2), 152-168

Duden (*Bearb. Scheid, H.*) (1994): Rechnen und Mathematik. Mannheim: Dudenverlag

Ebenhöh, W. (1990): Mathematische Modellierung – Grundgedanken und Beispiele. MU 36(4), 5-15

Eckart, R./Jehle, F./Vogel, W. (1991): Analytische Geometrie N. München: BSV (SB)

Edwards, H. M. (1983): Dedekind's Invention of Ideals. Bulletin of the London Mathematical Society 15, 8-17

Elschenbroich, H.-J./Meiners, J.-C. (1994): Computergraphik und Darstellende Geometrie im Unterricht der Linearen Algebra. Bonn: Dümmler

Engel, A. (1976): Wahrscheinlichkeitsrechnung und Statistik. Stuttgart: Klett

Ewers, A. (1999): Kegelschnitte als Ortslinien und Dynamische Geometriesysteme. Braunschweig: Staatliches Studienseminar Braunschweig II

Faber, K./Brixius, H. (1974/1975): Lineare Algebra und Analytische Geometrie. Stuttgart (SB)

Favaro, A. (1881): Justus Bellavitis. Eine Skizze seines Lebens und wissenschaftlichen Wirkens. Zeitschrift für Mathematik und Physik 26. Historisch-literarische Abteilung, 153-169

Fischer, G. (1994): Analytische Geometrie. Braunschweig: Vieweg

Fischer, G. (1997): Lineare Algebra. Braunschweig: Vieweg

Fischer, R./Malle, G. (1985): Mensch und Mathematik. Mannheim: BI-Wissenschaftsverlag

Fletcher, T. J. (Hg.) (1967): Exemplarische Übungen zur modernen Mathematik. Freiburg: Herder

Fletcher, T. J. (1968): A Heuristic Approach to Matrices. EStM (1/2)

Fletcher, T. J. (1972): Linear Algebra through its Applications. London

Flohr, F. (1966): Klassifikation der ebenen affinen Abbildungen. MU 12(5)

Flohr, F./Raith, F. (1971): Affine und euklidische Geometrie. In: *Behnke u.a.* (1971), 1-103

Freudenthal, H. (1963): Was ist Axiomatik, und welchen Bildungswert kann sie haben? MU 9(4), 5-29

Freudenthal, H. (1973): Mathematik als pädagogische Aufgabe. Bd. 1, Bd. 2. Stuttgart: Klett

Freudenthal, H. (1983): Didactical phenomenology of mathematical structures. Dordrecht: Reidel

Frobenius, G. (1905): Zur Theorie der linearen Gleichungen. Journal für die reine und angewandte Mathematik 129, 175-180

Führer, L. (1979): Objektstudien in der Vektorgeometrie. DdM (1), 32-61

Gaensslen, H./Schubö, W. (1973): Einfache und komplexe statistische Analyse. München: UTB

Gehrthsen, C./Kneser, H./Vogel, H. (1982[14]ff.): Physik. Berlin: Springer

Gieding, M. (1991): Wider die Armut an geometrischen Formen im Unterricht zur Analytischen Geometrie/Linearen Algebra. Manuskript (nach *Schmidt* 1993a)

Göthner, P. (1995): Windschiefe Geraden – ein Beitrag zur Analytischen Geometrie. MidSch 33(2), 114-124

Gottwald, S./Ilgauds, H.-J./Schlote, K. H. (Hg.) (1990): Lexikon bedeutender Mathematiker. Leipzig: Bibliographisches Institut

Gottwald, S./Küstner, H./Hellwich, M./Kästner, H. (Hg.) (1988): Mathematik Ratgeber. Frankfurt/M: Deutsch

Grassmann, H. (1894-1911): Gesammelte mathematische und physikalische Werke. 3 Bde. Hg. von F. Engel *u.a.* Leipzig: Teubner. Reprint 1972. New York/London: Johnson

Griesel, H./Postel, H. (Hg.) (1986): Mathematik heute. Leistungskurs Lineare Algebra/Analytische Geometrie. Hannover: Schroedel (SB)

Griffiths, H. B./Hilton, P. J. (1976): Klassische Mathematik in zeitgemäßer Darstellung. Band 2 Geometrie und Algebra. Göttingen: Vandenhoeck & Ruprecht

Hahn, O./Dzewas, J./Pfetzer, W. (Bearb.) (1979ff.): Mathematik Grundkurs Lineare Algebra. Braunschweig: Westermann (SB)

Hahn, O./Dzewas, J. (1990, 1992): Lineare Algebra/Analytische Geometrie. Braunschweig: Westermann (SB)

Hamilton, R. W. (1967): The Mathematical Papers. Vol. III, Algebra. Hg. von H. Halberstam und R. E. Ingram. Cambridge: University Press

Heckhausen, H. (1972): Förderung der Lernmotivierung und der intellektuellen Tüchtigkeiten. In: Roth, H. (Hg.): Begabung und Lernen. Stuttgart

Heckhausen, H. (1989): Motivation und Handeln. Berlin: Springer

Hefendehl-Hebeker, L. (1996): Aspekte des Erklärens von Mathematik. math. did. 19(1), 23-38

Heitzer, J. (1998): Spiralen – ein Kapitel phänomenaler Mathematik. Leipzig: Klett Schulbuchverlag

Henn, H.-W. (1997): Realitätsnaher Mathematikunterricht mit DERIVE. Bonn: Dümmler

Hettich, R. (1990): Lineare Optimierung als Anwendungsgebiet der analytischen Geometrie: MU 36(1), 29-37

Heymann, H. W. (1993): Mathematische Schulbildung 2001. Versuch einer Akzentuierung aus bildungstheoretischer Sicht. MidSch 31(9), 449-456

Heymann, H. W. (1996a): Allgemeinbildung und Mathematik. Weinheim und Basel: Beltz

Heymann, H. W. (1996b): Mathematikunterricht in der Gymnasialen Oberstufe. Z.f.Päd. 42(4), 541-556

Höfler, A. (1910): Didaktik des mathematischen Unterrichts. Leipzig: Teubner

Hole, H./Lambacher, T./Siedentopf, H./Schweizer, W. (Bearb. Groschopf, G.) (1983): Kugelgeometrie. Stuttgart: Klett (SB)

Holl, W. (1994): Zum dreifachen Vektorprodukt $(a \times b) \times c$. MidSch 32(10), 553-556

Honsberg, H. (1967): Vektorielle analytische Geometrie. München: BSV (SB)

Hund, F. (1996): Geschichte der physikalischen Begriffe. Heidelberg/Berlin/Oxford: Spektrum

Inhetveen, H. (1976): Die Reform des gymnasialen Mathematikunterrichts zwischen 1890 und 1914 - Eine sozioökonomische Analyse. Bad Heilbrunn

Jahner, H. (1978) Methodik des mathematischen Unterrichts. Begründet von Walther Lietzmann. Heidelberg: Quelle&Meyer

Jehle, F./Spremann, K./Zeitler, H. (1978): Lineare Geometrie (Leistungskurs). München: BSV (SB)

Jung, W. (1978): Zum Begriff einer mathematischen Bildung. Rückblick auf 15 Jahre Mathematikdidaktik. math. did. 1(4)

Kaske, R. (1995): Hamiltons geometrische Begründung des Quaternionen-Kalküls. Unveröffentlichte Staatsexamensarbeit. Universität Bielefeld

Kayser, H.-J. (1997): Lineare Algebra und Geometrie mit DERIVE. Bonn: Dümmler

Kemeny, J. G./Schleifer, A./Snell, J. L./Thompson, G. L. (1966): Mathematik für die Wirtschaftspraxis. Berlin: De Gruyter

Kirsch, A. (1977): Aspekte des Vereinfachens im MU. DdM (2), 87-101

Kirsch, A. (1978): Bemerkungen zur linearen Algebra und analytischen Geometrie in der S II. IDM Materialien Bd. 13

Kirsch, A. (1986): Lineare Funktionen zweier Veränderlicher als erschließender Unterrichtsgegenstand. math. did. 9, 133-158

Kirsch, A. (1991): Formalismen oder Inhalte? Schwierigkeiten mit linearen Gleichungssystemen im 9. Schuljahr. DdM 19(4), 294-308

Klafki, W. (1994[4]): Neue Studien zur Bildungstheorie und Didaktik – Zeitgemäße Allgemeinbildung und kritisch-konstruktive Didaktik. Weinheim

Kleiner, I. (1998): From Numbers to Rings: The Early History of Ring Theory. Elemente der Mathematik 53, 18-35

Klemenz, J. (1985): Magische Quadrate als Einführung in die lineare Algebra. MNU 38(1), 15-18

Klika, M. (1986): Zeichnen und zeichnen lassen. Funktionen von zwei Variablen. ml (14), 61-63

Klika, M. (2000): Modellbildung und Realitätsbezug am Beispiel der Funktionen von zwei Variablen. Erscheint in BzMU

Kline, M. (1972): Mathematical Thought from Ancient to Modern Times. New York: Oxford University Press

Klouth, R. (1990): Dürerquadrate in Theorie und Praxis der linearen Algebra. PM 32(3), 97-102

Knichel, H. (1998): Spiralen. MU 44(4/5), 22-37

Köhler, J./Höwelmann, R./Krämer, H. (1964, 1967[4], 1974[9]a): Analytische Geometrie in vektorieller Darstellung. Frankfurt/M: Salle/Diesterweg (SB)

Köhler, J./Höwelmann, R./Krämer, H. (1968, 1974b): Analytische Geometrie und Abbildungsgeometrie in vektorieller Darstellung. Frankfurt/M: Salle (SB)

Kowalsky, H. J. (1979[9]): Lineare Algebra. Berlin: de Gruyter

Krämer, H./Höwelmann, R./Klemisch, I. (1989): Analytische Geometrie und Lineare Algebra. Frankfurt/M: Diesterweg (SB)

Kreiner, K.-H. (1995): Der Vektorraum der Fibonaccifolgen. MidSch 33(2), 108-113

Krengel, U. (1991): Einführung in die Wahrscheinlichkeitstheorie und Statistik. Braunschweig: Vieweg

Kroll, W. (1983): Bericht: Oberwolfacher Tagung über den Mathematikunterricht in der Sekundarstufe II vom 28.11. bis 3.12.1982

Kroll, W. (1988): Grund- und Leistungskurs Analysis Bd. 1. Bonn: Dümmler (SB)

Kroll, W./Vaupel, J. (1989): Grund- und Leistungskurs Analysis Bd. 2. Bonn: Dümmler (SB)

Kroll, W./Reiffert, H. P./ Vaupel, J. (1997): Analytische Geometrie/Lineare Algebra. Bonn: Dümmler

Kühner, E./Lesky, P. (1977): Grundlagen der Funktionalanalysis und Approximationstheorie. Göttingen: Vandenhoeck & Ruprecht

Kultusministerium Rheinland-Pfalz (Hg.) (1983): Lehrplan Mathematik. Grund- und Leistungsfach in der Oberstufe des Gymnasiums (Mainzer Studienstufe). Worms (nach *Schmidt* 1993a)

Kuypers, W./Lauter, J. (Hg.) (1992): Mathematik Sekundarstufe II. Analytische Geometrie und Lineare Algebra. Berlin: Cornelsen (2. Auflage) (SB)

Lambacher, T./Schweizer, W. (1954[6],1958[9]): Analytische Geometrie. Stuttgart: Klett (SB*)*

Lambacher/Schweizer (1995a): Analytische Geometrie - mit Linearer Algebra, LK. Stuttgart: Klett (SB) (Erstauflage 1988)

Lambacher/Schweizer (1993, 1995b): Analytische Geometrie - mit Linearer Algebra, GK. Stuttgart: Klett (SB)

Lambacher/Schweizer (1993B): Analytische Geometrie - mit Linearer Algebra, GK. Stuttgart: Klett (Erstauflage 1990, B Ausgabe Bayern) (SB)

Laugwitz, D. (1958): Die Geometrie von H. Minkowski. MU 4(4)

Laugwitz, D. (1975): Motivationen in der linearen Algebra. In: Neue Aspekte der mathematischen Anwendungen im Unterricht. Luxembourg, 175-189

Laugwitz, D. (1977): Motivationen im mathematischen Unterricht. Das Beispiel Lineare Algebra. In: *Glatfeld, M.* (Hg.) (1977): Mathematik Lernen. Braunschweig, 40-75

Laussermayer, R. (1993): Ebene Kugelschnitte und ein wenig Astronomie. Informationsblätter für Darstellende Geometrie 12(2), 5-12

Lehmann, E. (1983): Lineare Algebra mit dem Computer. Stuttgart: Teubner (SB)

Lehmann, E. (1990): Lineare Algebra mit Vektoren und Matrizen. Stuttgart: Metzler (SB)

Lehmann, E. (1993): Lineare Algebra und Analytische Geometrie. Ein Kurskonzept auf den Grundlagen von Matrizenrechnung und Computereinsatz. MU 39(4), 31-64

Lehmann, E. (und Schülerinnen und Schüler) (1994): Projektbericht – Potenzen besonderer (2,2)-Matrizen. MU 40(6), 50-70

Lenné, H. (1969, 1971[2]): Analyse der Mathematikdidaktik in Deutschland. Stuttgart: Klett

Leppig, M. (1978): Mathematikleistungen von Studienbewerbern 1976. ZDM (2)

Leppig, M. (1979): Anmerkungen zu Beweisfähigkeiten bei Abiturienten und Studienbewerbern. In: *Dörfler/Fischer* (1979), 297-306

Lietzmann, W. (1916, 1919): Methodik des mathematischen Unterrichts, Bd.1, Bd.2. Leipzig: Quelle&Meyer

Lietzmann, W. (1949): Elementare Kegelschnittlehre. Bonn: Dümmler

Lietzmann, W. (1951, 1953[2]): Methodik des mathematischen Unterrichts. Heidelberg: Quelle&Meyer

Lietzmann, W. (1959): Experimentelle Geometrie. Stuttgart: Teubner

Lietzmann, W./Graf, U. (1941): Mathematik in Erziehung und Unterricht. Leipzig: Quelle&Meyer

Lietzmann, W./Jahner, H.. (Bearb.) (1968): Methodik des mathematischen Unterrichts. Heidelberg: Quelle&Meyer

Lietzmann, W./Stender, R. (Bearb.) (1961): Methodik des mathematischen Unterrichts. Heidelberg: Quelle&Meyer

Lorcher, G. A. (1999): Platonische Körper falten. MU 45(3), 50-63

Loria, G. (1902): Spezielle algebraische und transcendente ebene Kurven. Theorie und Geschichte. Leipzig: Teubner

Maaß, K. (1998): Kristallgeometrie als verbindende Disziplin zwischen Mathematik, Kunst, Physik und Chemie. MU 44(6), 54-73

Maaß, K. (2000): „Flugsicherung" in einem Kurs Analytische Geometrie. Erscheint in: MU 46(1)

Mach, E. (1933): Die Mechanik: Historisch-kritisch dargestellt. Leipzig: Brockhaus (9. Auflage). Reprint 1973. Darmstadt: Wissenschaftliche Buchgesellschaft

Mader, P. (1992): Mathematik hat Geschichte. Hannover: Metzler

Maier, H. /Schweiger, F. (1999): Mathematik und Sprache. Wien: öbv&hpt

Maier, P. H. (1999): Das effect-system – Herstellung und didaktische Einsatzmöglichkeiten. MU 45(3), 32-49

Mainzer, K. (1980): Geschichte der Geometrie. Mannheim: BI-Wissenschaftsverlag

Malle, G. (1988): Die Entstehung neuer Denkgegenstände – untersucht am Beispiel der negativen Zahlen. In: *Dörfler* (1988a), 259-319

Malle, G. (1993): Didaktische Probleme der elementaren Algebra. Braunschweig: Vieweg

Malle, G. (1997): Didaktische Probleme der Vektorrechnung. Unveröffentlichtes Manuskript. Universität Wien

Mangoldt, H. von/Knopp, K. (1953, 1958[11], 1964): Einführung in die höhere Mathematik, Bd. 1, 2, 3. Stuttgart: Hirzel

Merziger, G./Wirth, T. (1995): Repetitorium der Höheren Mathematik. Springe: Binomi

Meschkowski, H. (Hg.) (1973): Didaktik der Mathematik III. Stuttgart: Klett

Meyer, J. (1995a): Die Sattelfläche im Grundkurs. PM 37(6), 250-255

Meyer, J. (1995b): Kegelschnitte: Ein entdeckender Zugang. MU 41(1), 34-42

Meyer, J. (1996): Kegelschnitte mit Geometrie-Software. Aachen: Bergmoser+Höller

Meyer, J. (1997): Bahnkurven als geometrische Objekte. In: *Hischer, H. (Hg.)* : Computer und Geometrie – Neue Chancen für den Geometrieunterricht. Hildesheim: Franzbecker, 90-95

Möbius, A. F. (1885-87): Gesammelte Werke. 4 Bde. Hg. von *R. Baltzer u.a.* Leipzig: Hirzel. Reprint 1967. Wiesbaden: Sändig.

Moore, G. H. (1995): The Axiomatization of Linear Algebra: 1875 – 1940. Historia Mathematica 22(3), 262-303

Muller, K. P. (1993): Fotografie und Zentralprojektion. MU 39(5), 41-69

Müller-Merbach, H. (1971): Operations Research. München

Nevanlinna, R. (1956): Erhard Schmidt zu seinem 80. Geburtstag. Mathematische Nachrichten 15, 3-6

Otte, M. (1989): The Ideas of Hermann Grassmann in the Context of the Mathematical and Philosophical Tradition since Leibniz. Historia Mathematica 16(1), 1-35

Pahl, F. (1913): Geschichte des naturwissenschaftlichen und mathematischen Unterrichts. Leipzig

Papy, G. (1965): Ebene affine Geometrie und reelle Zahlen. Göttingen

Papy, G. (1978): Der Dimensionssatz für Vektorräume. In: *Steiner, H.-G. (Hg.)*: Didaktik der Mathematik. Darmstadt

Peano, G. (1888): Calcolo geometrico secondo l'Ausdehnungslehre di H. Grassmann. Turin: Bocca

Peschek, W. (1988): Untersuchungen zur Abstraktion und Verallgemeinerung. In: *Dörfler* (1988a), 127-190

Peschek, W. (1989): Abstraktion und Verallgemeinerung im mathematischen Lernprozeß. JMD 10(3), 211-285

Pfeiffer, H. (1981): Zur sozialen Organisation von Wissen im Mathematikunterricht. IDM (Universität Bielefeld) Materialien und Studien, Bd. 21

Pfeiffer, H./Steiner, H.-G. (Hg.) (1982): Fragen der Differenzierung im Mathematikunterricht der gymnasialen Oberstufe, Materialien aus dem DIMGO-Projekt. Bielefeld: IDM

Pickert, G. (1964a): Axiomatische Begründung der ebenen euklidischen Geometrie in vektorieller Darstellung. MPhS

Pickert, G. (1964b): Deduktive Geometrie im Gymnasialunterricht. MPhS

Pickert, G. (1965): Bilinearformen und Kegelschnitte. In: Les Répercussions de la Récherche Mathématique sur l'Enseignement. Echternach

Pickert, G. (1971a): Ebene Inzidenzgeometrie. Frankfurt/M

Pickert, G. (1971b): The Introduction of Metric by the Use of Conics. EStM (1)

Polya, G. (1966/1967): Vom Lösen mathematischer Aufgaben. Bd. 1 /Bd. 2. Basel

Profke, L. (1977): Zur Behandlung der linearen Algebra in der S II. In: Hessisches Institut für Lehrerfortbildung: Lineare Algebra. Fuldatal 1/Kassel

Profke, L. (1982): Kann man Vektoren miteinander multiplizieren? DdM (3), 183-196

Raussen, B. (1990): Fixgeraden bei affinen Abbildungen. MU 36(1), 17-28

Reckziegel, H./Kriener, M./Pawel, K. (1998): Elementare Differentialgeometrie mit Maple. Braunschweig: Vieweg

Reich, K. (1995): Who Needs Vectors? In: *Swetz u.a.* (1995), 215-224

Reichel, H.-C. (1977): Zur Einführung des Vektorbegriffes und zum Verhältnis Vektorräume – affine Räume im MU der S II. Mathematische Schriften Kassel

Reichel, H.-C. (1978): Vektorbegriff und axiomatische Fragen im Rahmen der Linearen Algebra in der gymnasialen Oberstufe. BzMU

Reichel, H.-C. (1980): Zum Skalarprodukt im Unterricht an der Sekundarstufe, eine didaktische Analyse. DdM (2), 102-132

Reichel, H.-C. (1991): Wie Ellipse, Hyperbel und Parabel zu ihrem Namen kamen und einige allgemeine Bemerkungen zum Thema „Kegelschnitte" im Unterricht. DdM 19(2), 111-130

Reidt, F./Wolff, G. (1952, 1961[7]a): Die Elemente der Mathematik. Bd. 3 Oberstufe. Paderborn: Schöningh

Reidt, F./Wolff, G. (1953): Die Elemente der Mathematik. Bd. 4 Oberstufe. Paderborn: Schöningh

Reidt, F./Wolff, G. (1961[6]b): Die Elemente der Mathematik, Bd. 4 Oberstufe. Hannover/Paderborn: Schroedel/Schöningh

Reidt, F./Wolff, G./Athen, H. (1967): Elemente der Mathematik. Oberstufe 4. Hannover: Schroedel (SB)

Rödder,W. (1997): Wirtschaftsmathematik für Studium und Praxis 1. Lineare Algebra. Berlin: Springer

Rüdiger, K. (1996): Windschiefe Ebenen im R^4 und R^5. PM 38(4), 164-166

Sawyer, W. W. (1972): An Engineering Approach to Linear Algebra. London

Schaper, R. (1994): Computergraphik und Visualisierung am Beispiel zweier Themen aus der linearen Algebra. ZDM (3), 86-92

Scheid, H. (unter Mitarbeit von *Irrgang, R.-E. u.a.*) (1985, 1995): Themenheft Mathematik Kegelschnitte. Stuttgart: Klett

Scheid, H. (1991): Elemente der Geometrie. Mannheim: BI-Wissenschaftsverlag

Schick, K. (1972): Lineares Optimieren. Frankfurt/M: Diesterweg/Salle

Schick, K. (1977): Ein Thema aus dem Bereich "Operations Research". MU 23(5)

Schick, K./Schmitz, G. (1974): Wirtschaftsmathematik I. Düsseldorf: Schwann

Schick, K./Schmitz, G. (1977): Mathematik und Wirtschaftswissenschaften. MU 23(5)

Schmidt, G. (1993a): Curriculare Gedanken und Reflexionen zur Analytischen Geometrie (und Linearen Algebra) im Unterricht der gymnasialen Oberstufe. MU 39(4), 15-30

Schmidt, G. (1993b): „Kommt das auch in der Arbeit dran?" MU 39(1), 10-27

Schmidt, G. (1995): „Mathematik kommt vor." Vielfältige und bedeutungsvolle Schüleraktivitäten zur Geometrie von Maßwerken in gotischen Kirchen. MU 41(3), 61-74

Schmidt, H. (1949): Ausgewählte höhere Kurven. Wiesbaden: Kesselringsche Buchhandlung

Schmidt, H. J. (1994): Lineares Optimieren. Kommentierte Kopiervorlagen Mathematik. Köln: Aulis

Schmidt, K. (1979): Algebraische Behandlung von Transportproblemen. DdM (1), 16-31

Schneider, I. (Hg.) (1988): Die Entwicklung der Wahrscheinlichkeitstheorie von den Anfängen bis 1933. Darmstadt: Wissenschaftliche Buchgesellschaft

Scholz, E. (Hg.) (1990): Geschichte der Algebra. Mannheim: BI-Wissenschaftsverlag

Schönwald, K. (1968/1969): Einführung in die Vektorrechnung I, II. Stuttgart: Klett (SB)

Schreiber, A. (1979): Universelle Ideen im mathematischen Denken. math. did. 2(3), 165-171

Schreiber, A. (1983): Bemerkungen zur Rolle universeller Ideen im mathematischen Denken. math. did. 6(2), 65-76

Schröder, H./Uchtmann, H. (1970): Einführung in die Mathematik. Analytische Geometrie. Frankfurt/M: Diesterweg (SB)

Schubring, G. (Hg.) (1996): Hermann Günther Grassmann (1809-1877): Visionary Mathematican, Scientist and Neohumanist Scholar. Dordrecht: Kluwer

Schülerduden (Bearb. Scheid, H.) (1990, 1991): Die Mathematik I, II. Mannheim: Dudenverlag
Schumann, H. (1995): Körperschnitte. Raumgeometrie interaktiv mit dem Computer. Bonn: Dümmler
Schupp, H. (1988): Kegelschnitte. Mannheim: BI-Wissenschaftsverlag
Schupp, H. (1998): Einige Thesen zur sogenannten Kurvendiskussion. MU 44(4/5), 5-21
Schupp, H./Dabrock, H. (1995): Höhere Kurven. Situative, mathematische, historische und didaktische Aspekte. Mannheim: BI-Wissenschaftsverlag
Schuppar, B. (1999): Elementare Numerische Mathematik. Braunschweig: Vieweg
Schweiger, F. (1976): Vektoren für die Physik. In: *Dörfler /Fischer* (1976)
Seebach, K. (1973): Vektorräume. In: *Meschkowski* (1973)
Seyfferth, S. (1976): Prozeßlinien und -netze im MU der S II. In: *Dörfler /Fischer* (1976)
Sperner, E. (1959): Einführung in die Analytische Geometrie und Algebra. Göttingen: Vandenhoeck & Ruprecht
Steibl, H. (1998): Warum ist das Quadrat so krumm. Ein Streifzug durch die räumliche und ebene Geometrie. Hildesheim: Franzbecker
Steinberg, G. (1993): Polarkoordinaten. Hannover: Metzler (SB)
Steinberg, G. (1995): Sanft krümmt sich, was ein Gleis werden will. ml (69), 61-64
Steinberg, G. (1996a): Kurven sind mehr als Graphen von Funktionen. MU 42(6), 26-40
Steinberg, G. (1996b): Zu *Steinberg, G.*: „Sanft krümmt sich, was ein Gleis werden will". ml (75), 69
Steinberg, G. (1998): Evoluten und Evolventen. MU 44(4/5), 61-73
Steinen, J. v. d. (1977): Ein Stück Eigenwerttheorie. MU 23(1)
Steiner, H.-G./Tietze, U.-P. (1982): Ziele von Kursen zur Linearen Algebra/Analytischen Geometrie in der differenzierten Oberstufe. In: *Pfeiffer, H./Steiner, H.-G.* (1982), 235-240
Steinitz, E. (1910): Algebraische Theorie der Körper. Journal für die reine und angewandte Mathematik 137, 167-309
Stoppler, S. (1972, 1981): Mathematik für Wirtschaftswissenschaftler: Lineare Algebra und ökonomische Anwendung. Opladen: Westdeutscher Verlag
Stowasser, R./Breinlinger, K. (1973): Zum Stoff und zur Methode der analytischen Geometrie. MU 19(5)
Strang, G. (1976): Linear Algebra and its Applications. New York
Struve, H. (1990): Grundlagen einer Geometriedidaktik. Mannheim: BI-Wissenschaftsverlag
Swetz, F./Fauvel, J./Bekken, O./Johannson, B./Katz, V. (Hg.) (1995): Learn from the masters! Washington: Mathematical Association of America
Tholen, R. (1986): Wie falsch sind falsche Lösungswege? Auswertungen der Lösung einer Klausuraufgabe und eines anschließenden Gesprächs. Mathe-Journal 86/1, 2-3
Thom, R. (1974): „Moderne" Mathematik – ein erzieherischer und philosophischer Irrtum? In: *Otte, M.* (Hg.): Mathematiker über die Mathematik. Berlin
Tietze, J. (1995): Einführung in die angewandte Wirtschaftsmathematik. Braunschweig: Vieweg
Tietze, U.-P. (1981): Analytische Geometrie und lineare Algebra im MU - unterschiedliche Ansätze und deren didaktische Rechtfertigung. math. did. Sonderheft
Tietze, U.-P. (1982); Analytische Geometrie und lineare Algebra. In: *Tietze/Klika/Wolpers*, 150-229
Tietze, U.-P. (1986): Der Mathematiklehrer in der Sekundarstufe II, Bad Salzdetfurth: Franzbecker
Tietze, U.-P. (1992): Materialien zu: Berufsbezogene Kognitionen, Einstellungen und Subjektive Theorien von Mathematiklehrern an der gymnasialen Oberstufe. Göttingen: Seminar für Didaktik der Mathematik, der Chemie und der Physik Universität Göttingen
Tietze, U.-P./Klika, M./Wolpers, H. (1982): Didaktik des Mathematikunterrichts in der SII. Braunschweig: Vieweg
Tietze, U.-P./Klika, M./Wolpers, H. (1997): Mathematikunterricht in der Sekundarstufe II. Band 1: Fachdidaktische Grundfragen - Didaktik der Analysis. Braunschweig: Vieweg
Timm, N. H. (1975): Multivariate Analysis with Applications in Education and Psychology. Belmont
Tischel, G. (1975/1977): Lineare Algebra I/II. Frankfurt/M: Diesterweg/Salle (SB)
Van der Waerden, B. L. (1930/31): Moderne Algebra. 2 Bde. Berlin: Springer
Van der Waerden, B. L. (1966): Die Algebra seit Galois. Jahresbericht der DMV 68, 155-165
Van der Waerden, B. L. (1973): Hamiltons Entdeckung der Quaternionen. Göttingen: Vandenhoeck & Ruprecht
Van der Waerden, B. L. (1975): On the Sources of my Book Moderne Algebra. Historia Mathematica 2(1), 31-40

Venus, R. (1982): Förderung von mathematischen Fähigkeiten bei den Schülern eines Leistungs-kurses der Jahrgangsstufe 12 am Problemkreis „Determinanten". Prüfungsarbeit Studiensemi-nar Leer

Vogt, H. (1976): Aufgaben und Beispiele zur Wirtschaftsmathematik. Würzburg: physica

Volkert, K. (1988): Geschichte der Analysis. Mannheim: BI-Wissenschaftsverlag

Wegner, B. (1972): Über eine charakteristische Eigenschaft affiner Abbildungen. MPhS

Weigand, H.-G./Flachsmeyer, J. (1997): Ein computerunterstützter Zugang zu Funktionen von zwei Veränderlichen. math. did. 20(2), 3-23

Weller, H. (1997): Analytische Geometrie des Raumes mit DERIVE – Platonische und Archimedische Körper als roter Faden. In: *Hischer, H.* (Hg.): Computer und Geometrie. Hildesheim: Franzbecker

Wellstein, H. (1976): Heuristische Aktivitäten an der Thomsen-Figur. DdM (4)

Weth, T. (1993): Zum Verständnis des Kurvenbegriffs im Mathematikunterricht. Hildesheim: Franzbecker

Weth, T. (1998): Kreative Zugänge zum Kurvenbegriff. MU 44(4/5), 38-60

Weyl, H. (1918): Raum, Zeit, Materie. Vorlesungen über allgemeine Relativitätstheorie. Berlin: Springer.

Winter, M. (1989): Läßt sich allgemeinbildender Mathematikunterricht im Grundkurs realisieren? ml (33), 43-49

Wippermann, H. (1996): Bogenlänge und Krümmung im Analysisunterricht unter Verwendung mathematischer Software. Folge 1 und 2. MiSch 34(6) und 34(7/8)

Wirths, H. (1990): Regression – Korrelation. DdM (1), 52-60

Wittmann, G. (1996): Eine Unterrichtssequenz zum Vektorbegriff in der Sekundarstufe I. math. did. 19(1), 93-116

Wittmann, G. (1998): Lernschwierigkeiten zu Beginn der Analytischen Geometrie. BzMU, 655-658

Wittmann, G. (1999): Schülerkonzepte zur geometrischen Deutung der Parametergleichung einer Geraden. math. did. 22(1), 23-36

Wittmann, E. (1976): Ein genetischer Zugang zu linearen Codes. In: *Dörfler/Fischer* (1976)

Wode, D. (1977): Fibonacci-Folgen, lineare Differentialgleichungen und stochastische Prozesse als verwandte Anwendungsgebiete der linearen Geometrie. MPhS

Ziegler, W. R. (1993): Mathematik-Software. Lambacher-Schweizer Analytische Geometrie mit Grafik. Stuttgart: Klett

Zühlke, B. (1991): Anwendung des Skalarproduktes auf ein Approximationsproblem der Analysis. MNU 44(4), 203-205

Stichwortverzeichnis[1]

---

[1] Bei wichtigen fachdidaktischen Begriffen
haben wir auch Seitenhinweise auf Band 1
aufgenommen; sie sind kursiv gesetzt. Bei
Oberbegriffen wie Darstellung, Objektstudie, Problemkontext, Unterrichtsbeispiel
u.ä. ist der Bezug inhaltlich zu verstehen.

Lineare Algebra
leicht verständlich

Albrecht Beutelspacher
Lineare Algebra
Eine Einführung in die
Wissenschaft der Vektoren,
Abbildungen und Matrizen.
Mit liebevollen Erklärungen,
einleuchtenden Beispielen
und lohnenden Übungsaufgaben,
nicht ohne lustige Sprüche,
launigen Ton und leichte Ironie,
dargestellt zum Nutzen der Studie

4., durchges. Aufl. 1999. XII, 289 S.
Br. DM 39,80
ISBN 3-528-36508-0

Inhalt: Mathematik: Eine Mutfrage?
- Was wir wissen müssen, bevor
wir anfangen können - Körper -
Vektorräume - Anwendungen von
Vektorräumen - Lineare Abbildungen - Polynomringe - Determinanten - Diagonalisierbarkeit - Elemen-
tarste Gruppentheorie - Skalarprodukte - Adieu! - Lösungsvektoren

Eine Einführung in die Wissenschaft
der Vektoren, Abbildungen und
Matrizen. Mit liebevollen Erklärungen, einleuchtenden Beispielen und
lohnenden Übungsaufgaben, nicht
ohne lustige Sprüche, launigem Ton
und leichte Ironie, dargestellt zum
Nutzen der Studierenden der ersten
Semester.
Leicht verdauliche, unterhaltsame,
mit vielen Übungsaufgaben und
Lernhilfen versehene Darstellung
der wichtigsten Themen der Linearen Algebra. Das Buch unterscheidet
sich von anderen Lehrbüchern durch
seinen lockeren Stil - der aber dazu
dient, die Mathematik klar zu
fassen. Man könnte das Buch den
Studierenden als „mein erstes
Mathematikbuch" nahebringen.

vieweg

Abraham-Lincoln-Straße 46
D-65189 Wiesbaden
Fax 0611. 78 78-400
www.vieweg.de

Stand 1.4.2000
Änderungen vorbehalten.
Erhältlich im Buchhandel oder beim Verlag.